光盘使用说明

光盘主要内容

本光盘为《AutoCAD 2013应用与开发系列》丛书的配套多媒体教学光盘，光盘中的内容包括与图书内容同步的视频教学录像、相关素材和源文件以及多款CAD设计软件。

光盘操作方法

将DVD光盘放入DVD光驱，几秒钟后光盘将自动运行。如果光盘没有自动运行，可双击桌面上的【我的电脑】图标，在打开的窗口中双击DVD光驱所在盘符，或者右击该盘符，在弹出的快捷菜单中选择【自动播放】命令，即可启动光盘进入多媒体互动教学光盘主界面。

光盘运行后会自动播放一段片头动画，若您想直接进入主界面，可单击鼠标跳过片头动画。

光盘运行环境

- ★ 赛扬1.0GHz以上CPU
- ★ 512MB以上内存
- ★ 500MB以上硬盘空间
- ★ Windows XP/Vista/7操作系统
- ★ 屏幕分辨率1024×768以上
- ★ 8倍速以上的DVD光驱

U0251329

查看案例的源文件

图 - 01

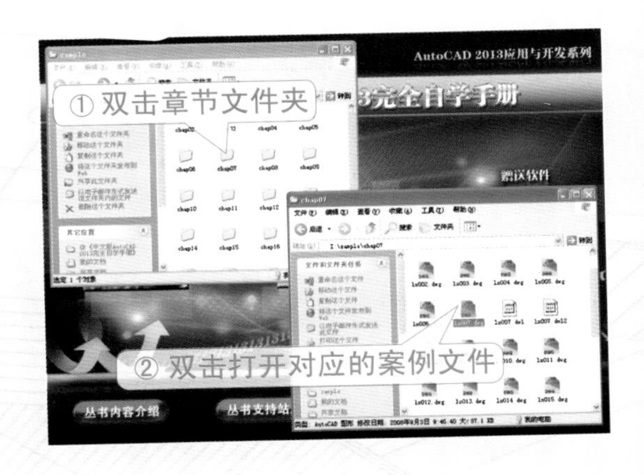

光盘使用说明

sample文件夹包含了全书案例的源程序DWG文件，用户可以使用AutoCAD 2010 ~ 2013版本打开。

video文件夹包含了全书案例的多媒体语音教学视频，以及AutoCAD 2011 ~ 2013版本的教学视频，如果您使用的是AutoCAD 2009或2010版本，也可以使用本教学视频辅助学习。

查看案例的视频教学文件

图-01

图-02

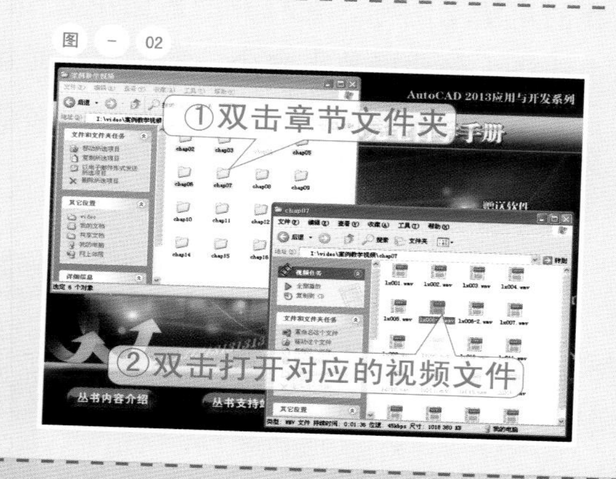

图-03

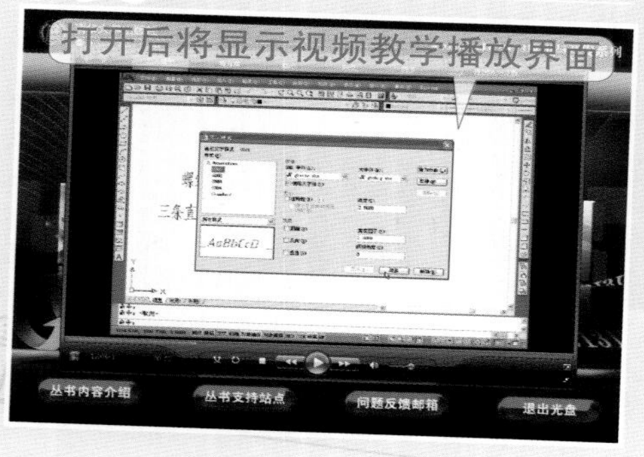

本说明是以Windows Media Player为例，给用户演示视频的播放，在播放界面上单击相应的按钮，可以控制视频的播放进度。此外，用户也可以安装其他视频播放软件打开视频教学文件。

查看赠送的CAD设计软件

图-01

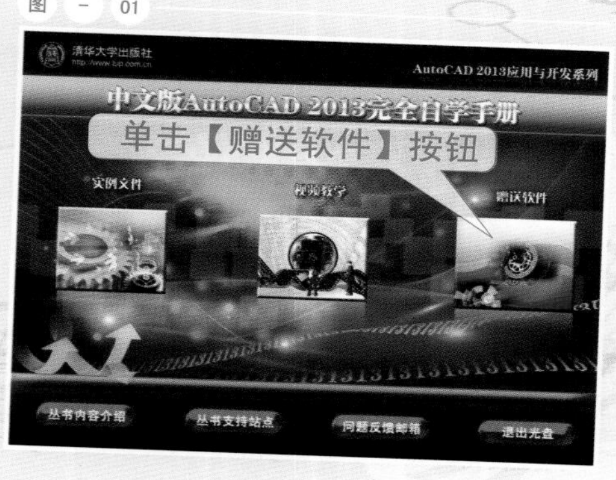

图-02

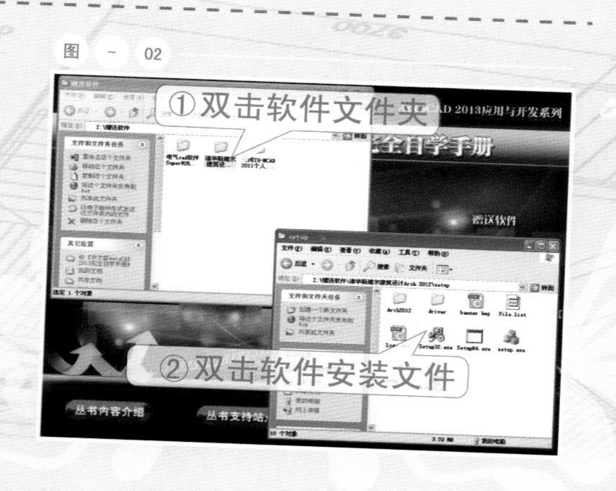

0.000

标高图块

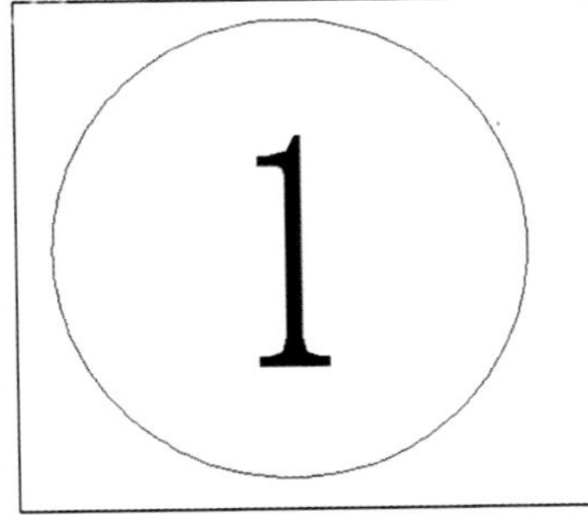

竖向轴线编号图块

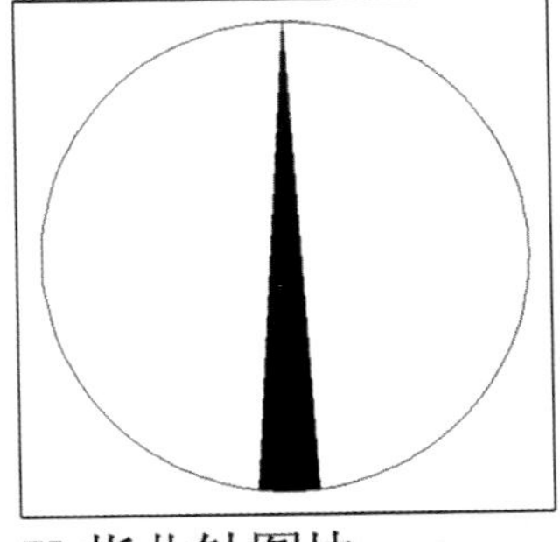

指北针图块

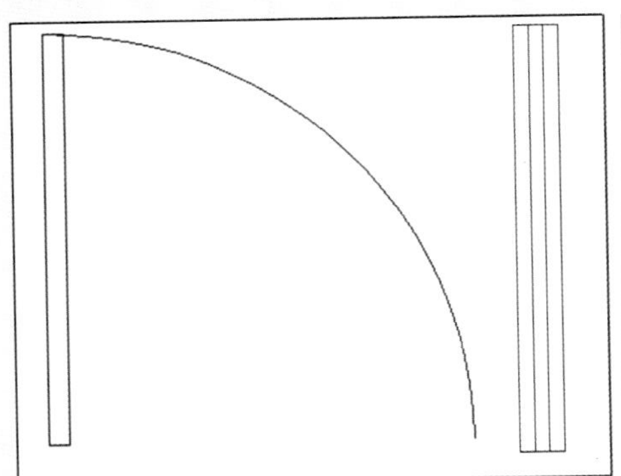

门图块

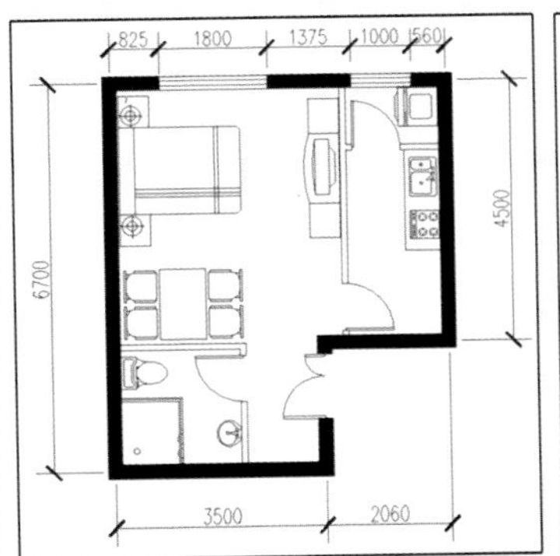

户型图

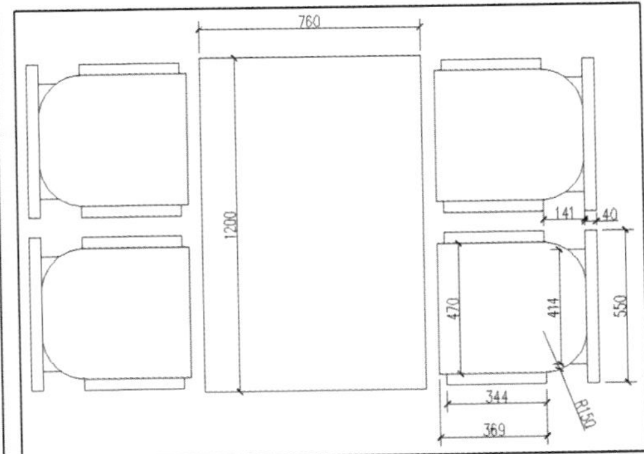

餐桌图块

建筑设计说明								
一	设计依据							
	项目批文及国家现行设计规范							
	本工程建设场地地形图以及规划图							
	建设单位委托设计单位设计本工程的合同							
二	设计规模							
	地理位置	钢院与铁道学院交叉路口						
	使用功能	住宅						
	建筑面积	1200平米	地下	平米	地上	平米		平米
	建筑层数	4层	地下	层	地上	层	局部	5层
	建筑性质	建筑规模	用的面积	基底面积	容积率	覆盖率	绿化率	总高度
	住宅	小型		430平米				20.4米
三	一般说明							
	本工程图尺寸除标高外，其余尺寸以毫米计							
	图注标高为相对标高，相对标高正负零相当于绝对标高9.4米							
	墙身防潮层从地基开始，向上6米							
	砌体采用混凝土空心砖							
	结构抗震烈度8度							
	建筑耐火等级二级							

建筑设计说明（表格）

门窗数量表

门窗型号	宽×高	数量					备注
		地下一层	一层	二层	三层	总数	
C1212	1200×1200	0	2	0	0	2	铝合金窗
C2112	2100×1200	0	2	0	0	2	铝合金窗
C1516	1500×1600	0	0	1	1	2	铝合金窗
C1816	1800×1600	0	0	1	1	2	铝合金窗
C2119	2100×1900	8	6	0	0	14	铝合金窗
C2116	2100×1600	0	0	11	11	22	铝合金窗

门窗表

建筑施工图设计说明

一、工程概况

（1）本建筑为办公楼，本楼地下一层层高4.2米，首层层高3.6米，二三层层高3米
总建筑面积1800平方米
地下建筑面积600平方米
地上建筑面积1200平方米
抗震设防烈度8度
建筑耐火等级2级
室内外高差0.5米

（2）根据《建筑结构设计统一标准》，本工程使用年限为50年。

（3）地下室防水采用防水混凝土结构自防水，外包防水卷材保护。

（4）地下部分外墙厚370mm，内墙厚250mm，地上部分外墙厚250mm，内墙厚200mm。

建筑设计说明（单行文字）

建筑施工图设计说明

一、建筑设计

本设计包括A、B两种独立的别墅设计和结构设计

（一）图中尺寸

除标高以米为单位外，其他均为毫米

（二）地面

1.水泥砂浆地面：20厚1：2水泥砂浆面层，70厚C10混凝土，80厚碎石垫层，素土夯实。

2.木地板底面：18厚企口板，50×60木搁栅，中距400（涂沥青），Φ6，L=160钢筋固定@1000，刷冷底子油二度，20厚1：3水泥砂浆找平。

（三）楼面

1.水泥砂浆楼面：20厚1：2水泥砂浆面层，现浇钢筋混凝土楼板。

2.细石混凝土楼面：30厚C20细石混凝土加纯水泥砂浆，预制钢筋混凝土楼板。

建筑施工图设计说明

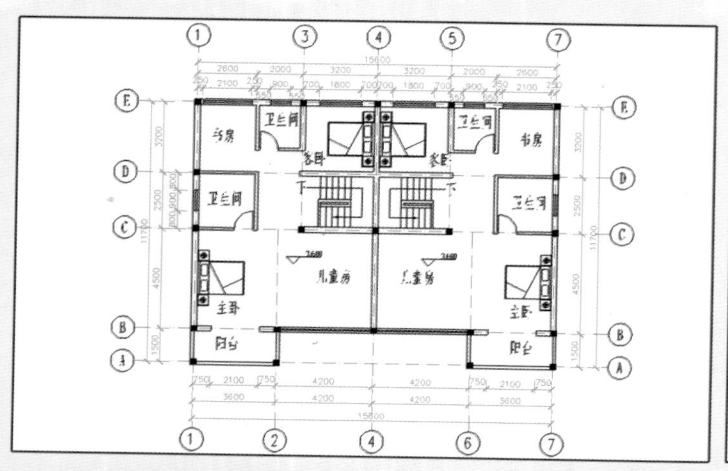

胡杨双拼别墅二层平面图

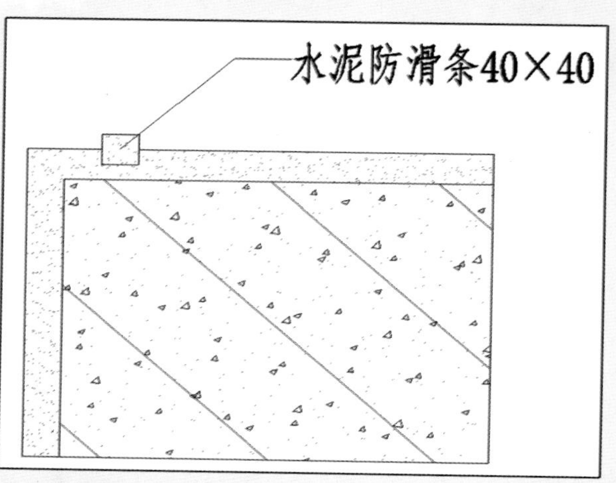

引线说明

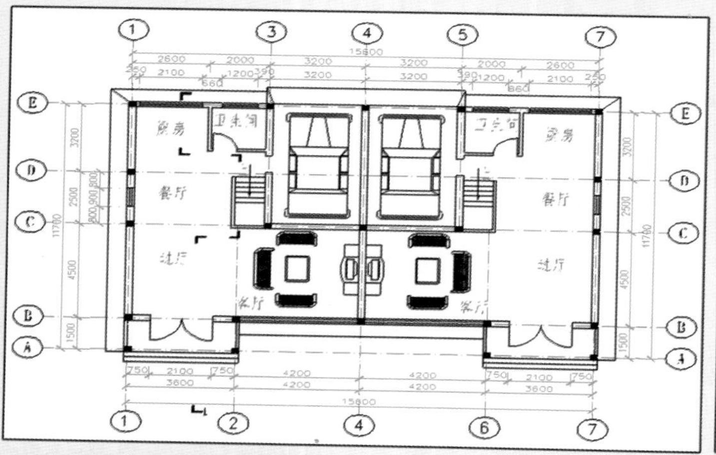

胡杨双拼别墅底层平面图

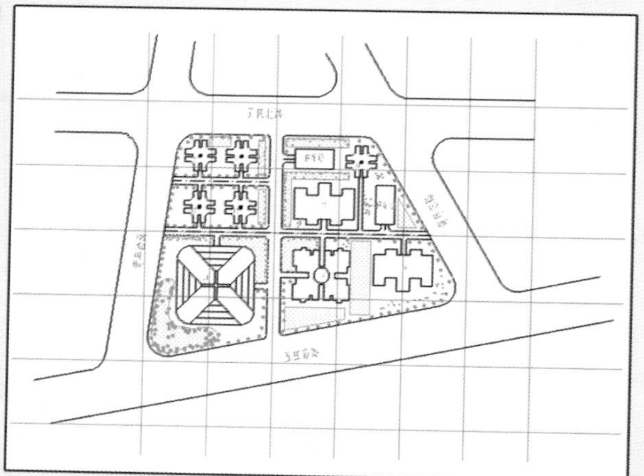

建筑总平面图

建筑工程概况

层数	建筑面积/平米	平均每户使用面积/平米	每户居住面积/平米	每户使用面积/平米	每户面宽/米	居住面积系数	使用面积系数
首层	196.59	98.20	45.21	71.01	7.42	46.6%	71.5%
二层	182.35	91.08	37.52	62.51	7.42	42.6%	69.2%
三层	154.36	76.98	28.83	52.99	7.42	37.12	68.9%

变建筑工程概况表

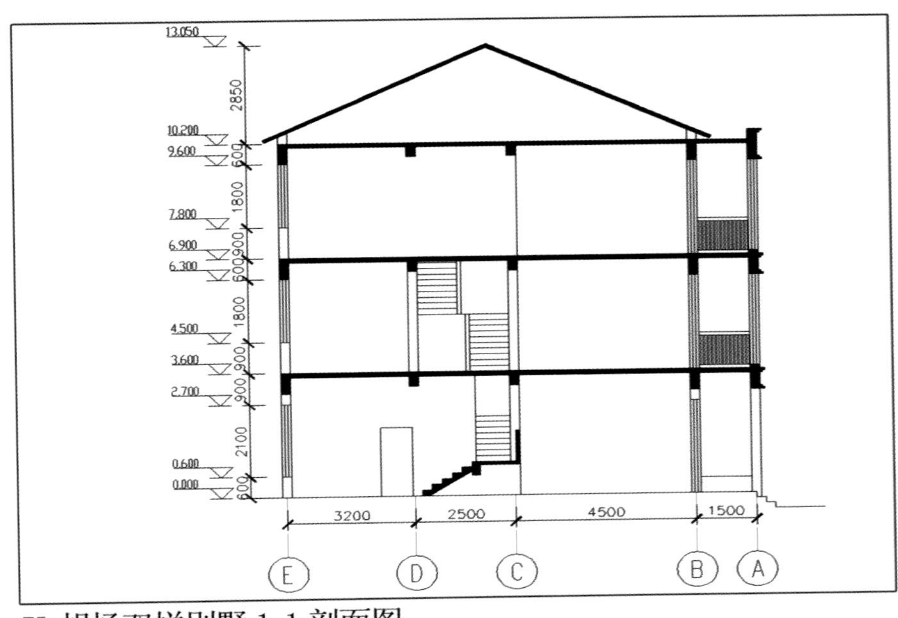

胡杨双拼别墅 1-1 剖面图

楼梯剖面详图

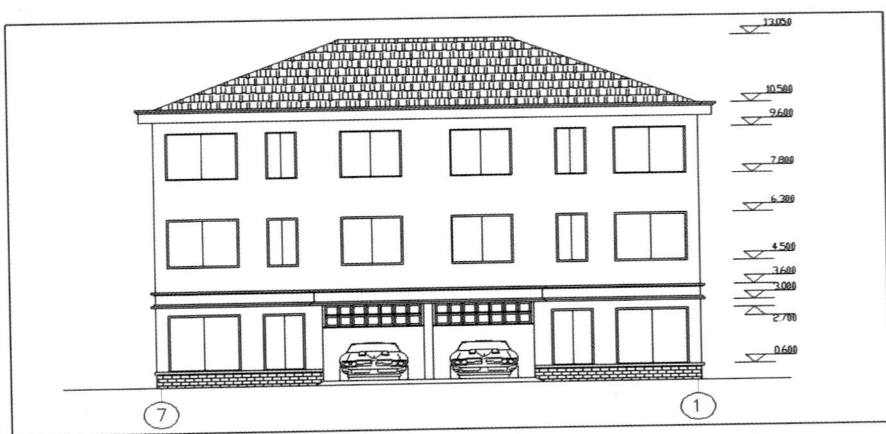

胡杨双拼别墅北向立面图

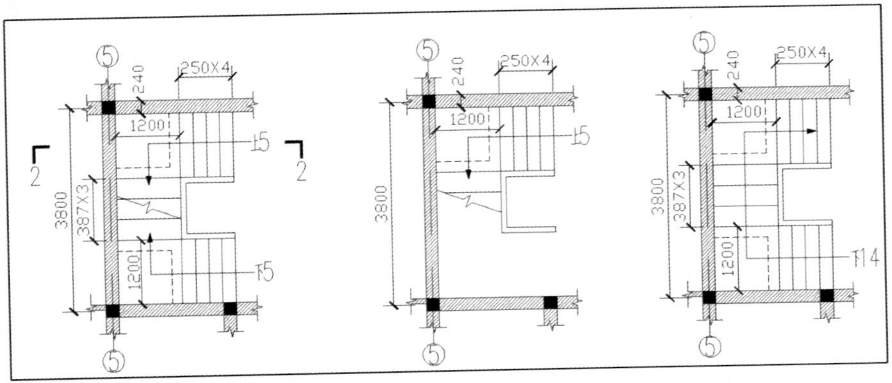

楼梯平面详图

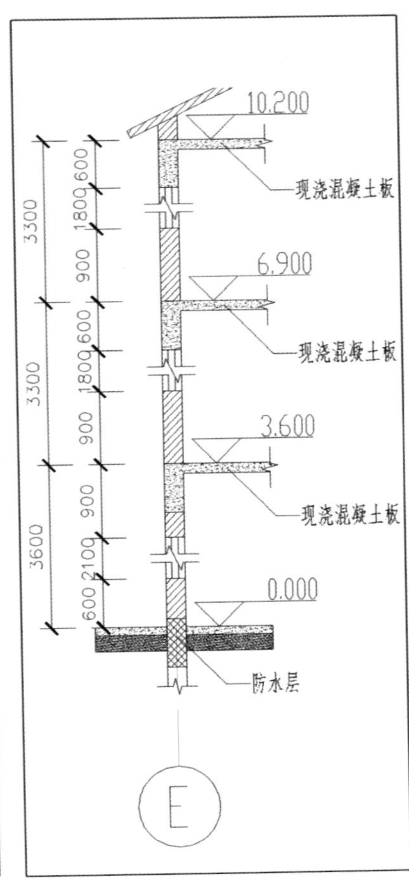

外墙身详图

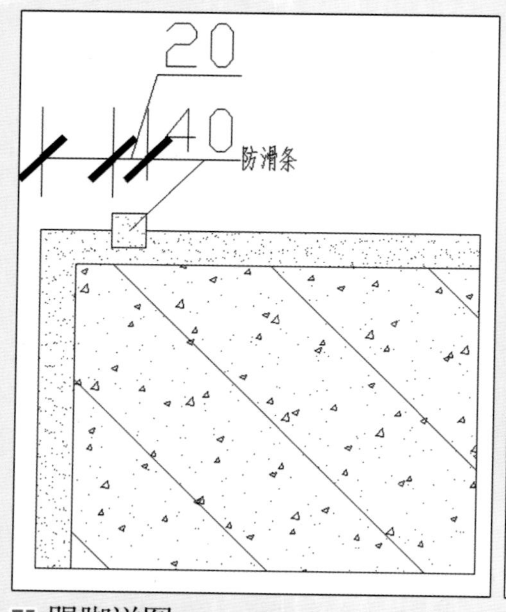

踢脚详图

室内三维效果

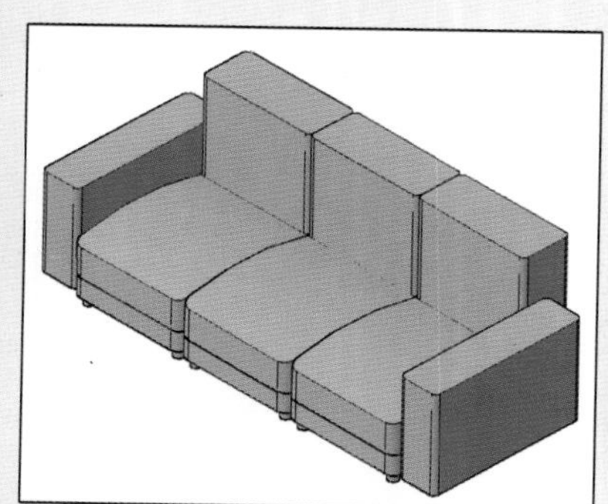

沙发

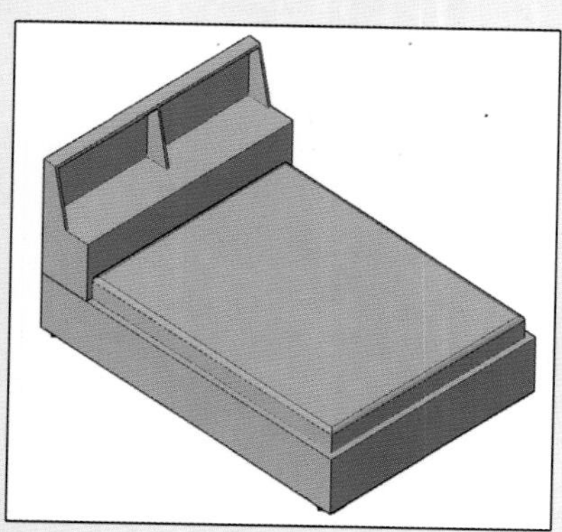

双人床

小区三维效果图

AutoCAD 2013
应用与开发系列

中文版 AutoCAD 2013 建筑图形设计

施 勇 胡中杰 ◎编著

清华大学出版社
北 京

内容简介

本书通过对建筑样板图、建筑制图中的标准图形和常用图形、施工总说明、总平面图、平面图、立面图、剖面图、建筑详图，以及三维家具、室内三维效果图、小区三维效果图等的绘制，向读者全面讲解了使用AutoCAD 2013中文版绘制建筑施工图的思路和方法。

本书共分为12章。第1～4章分别介绍AutoCAD 2013的基本界面、二维绘图编辑命令、文字和尺寸标注方法以及三维图形绘制和编辑命令。第5章介绍建筑样板图的创建。第6章介绍建筑制图中标准图形和常用图形的绘制方法并使用了大量图块技术。第7～10章分别介绍建筑施工总说明、建筑总平面图、建筑平立剖面图和建筑详图的绘制方法。第11章和第12章分别介绍三维家具、室内三维效果图和小区三维效果图的绘制方法。本书最后提供了3个附录，附录部分通过丰富的基础、技能和专业测试题，帮助读者巩固使用AutoCAD绘制建筑施工图纸的技术和方法。

本书内容丰富，结构清晰，可读性强，既适合作为大中专院校相关专业学生的教材，又适合作为建筑设计专业人员的参考书。

本书的辅助电子教案可以到http://www.tupwk.com.cn/AutoCAD下载，并可以通过该网站进行答疑。

图书在版编目(CIP)数据

中文版AutoCAD 2013建筑图形设计 / 施勇，胡中杰 编著. —北京：清华大学出版社，2013.8
(AutoCAD 2013应用与开发系列)
ISBN 978-7-302-33249-7

Ⅰ.①中… Ⅱ.①施… ②胡… Ⅲ.①建筑设计—计算机辅助设计—AutoCAD软件 Ⅳ.①TU201.4

中国版本图书馆CIP数据核字(2013)第166028号

责任编辑：胡辰浩　易银荣
装帧设计：牛艳敏
责任校对：成凤进
责任印制：沈　露

出版发行：清华大学出版社
　网　　址：http://www.tup.com.cn，http://www.wqbook.com
　地　　址：北京清华大学学研大厦A座　**邮　　编**：100084
　社 总 机：010-62770175　**邮　　购**：010-62786544
　投稿与读者服务：010-62776969，c-service@tup.tsinghua.edu.cn
　质 量 反 馈：010-62772015，zhiliang@tup.tsinghua.edu.cn
　课 件 下 载：http://www.tup.com.cn，010-62794504
印 刷 者：清华大学印刷厂
装 订 者：三河市新茂装订有限公司
经　　销：全国新华书店
开　　本：203mm×260mm　**印　张**：20.75　**插　页**：4　**字　　数**：500千字
(附光盘1张)
版　　次：2013年8月第1版　**印　　次**：2013年8月第1次印刷
印　　数：1～4000
定　　价：42.00元

产品编号：047869-01

编审委员会

丛书序

出版目的

AutoCAD 2013 版的成功推出，标志着 Autodesk 公司顺利实现了又一次战略性转移。同 AutoCAD 以前的版本相比，在功能方面，AutoCAD 2013 对许多原有的绘图命令和工具都做了重要改进，同时保持了与 AutoCAD 2012 及以前版本的完全兼容，功能更加强大，操作更加快捷，界面更加个性化。

为了满足广大用户的需要，我们组织了一批长期从事 AutoCAD 教学、开发和应用的专业人士，潜心测试并研究了 AutoCAD 2013 的新增功能和特点，精心策划并编写了"AutoCAD 2013 应用与开发"系列丛书，具体书目如下：

- 精通 AutoCAD 2013 中文版
- 中文版 AutoCAD 2013 机械图形设计
- 中文版 AutoCAD 2013 建筑图形设计
- 中文版 AutoCAD 2013 室内装潢设计
- 中文版 AutoCAD 2013 电气设计
- AutoCAD 机械制图习题集锦(2013 版)
- AutoCAD 建筑制图习题集锦(2013 版)
- AutoCAD 2013 从入门到精通
- 中文版 AutoCAD 2013 完全自学手册
- AutoCAD 制图快捷命令一览通(2013 版)

读者定位

本丛书既有引导初学者入门的教程，又有面向不同行业中高级用户的软件功能的全面展示和实际应用。既深入剖析了 AutoCAD 2013 的核心技术，又以实例形式具体介绍了 AutoCAD 2013 在机械、建筑等领域的实际应用。

涵盖领域

整套丛书各分册内容关联，自成体系，为不同层次、不同行业的用户提供了系统完整的 AutoCAD 2013 应用与开发解决方案。

本丛书对每个功能和实例的讲解都从必备的基础知识和基本操作开始，使新用户轻松入门，并以丰富的图示、大量明晰的操作步骤和典型的应用实例向用户介绍实用的软件技术和应用技巧，使用户真正对所学软件融会贯通、熟练在手。

丛书特色

本套丛书实例丰富，体例设计新颖，版式美观，是 AutoCAD 用户不可多得的一套精品丛书。

(1) 内容丰富，知识结构体系完善

本丛书具有完整的知识结构，丰富的内容，信息量大，特色鲜明，对 AutoCAD 2013 进行了全面详细的讲解。此外，丛书编写语言通俗易懂，编排方式图文并茂，使用户可以领悟每一个知识点，轻松地学通软件。

(2) 实用性强，实例具有针对性和专业性

本丛书精心安排了大量的实例讲解，每个实例解决一个问题或是介绍一项技巧，以便使用户在最短的时间内掌握 AutoCAD 2013 的操作方法，解决实践工作中的问题，因此，本丛书有着很强的实用性。

(3) 结构清晰，学习目标明确

对于用户而言，学习 AutoCAD 最重要的是掌握学习方法，树立学习目标，否则很难收到好的学习效果。因此，本丛书特别为用户设计了明确的学习目标，让用户有目的地去学习，同时在每个章节之前对本章要点进行了说明，以便使用户更清晰地了解章节的要点和精髓。

(4) 讲解细致，关键步骤介绍透彻

本丛书在理论讲解的同时结合了大量实例，目的是使用户掌握实际应用，并能够举一反三，解决实际应用中的具体问题。

(5) 版式新颖，美观实用

本丛书的版式美观新颖，图片、文字的占用空间比例合理，通过简洁明快的风格，大大提高了用户的阅读兴趣。

周到体贴的售后服务

如果读者在阅读图书或使用计算机的过程中有疑惑或需要帮助，可以登录本丛书的信息支持网站 http://www.tupwk.com.cn/autocad，也可以在网站的互动论坛上留言，本丛书的作者或技术人员会提供相应的技术支持。本书编辑的信箱：huchenhao@263.net，电话：010-62796045。

前　言

计算机辅助设计软件 AutoCAD(Computer Aided Design)一问世，就以其快速、准确的优势，取代了手工绘图。使用 AutoCAD 专业软件绘制建筑图形，可以提高绘图精度，缩短设计周期；还可以成批量地生产建筑图形，大大缩短出图周期。在建筑设计行业中，熟练地使用 AutoCAD 专业绘图软件，已经成为建筑设计师们迫切需要掌握的一项技能，也是建筑设计师们必备的一种基本能力。使用 AutoCAD 软件的熟练程度，已经成为衡量建筑设计水平高低的重要尺度。

AutoCAD 2013 是 Autodesk 公司目前推出的最新版本，对各种功能进行了改进和完善，强大的平面和三维绘图功能，使用户绘图更加快捷方便；增强的三维建模、视图功能，使 AutoCAD 在三维制图方面功能更强。

本书是一本全面介绍建筑施工图设计的实例教程，通过一系列典型的建筑施工图纸的绘制示例，介绍了各种 AutoCAD 绘图的编辑命令在建筑施工图中的应用，同时详细讲解了各种建筑施工图的绘制方法和技巧。

本书共分为 12 章，第 1 章详细介绍 AutoCAD 2013 界面组成、图形文件的基本操作方法、绘图环境的设置、图层的创建和管理、绘图辅助工具的使用、对象的选择、对象特性的修改、夹点编辑、视图的调整以及图形的打印输出；第 2 章讲解 AutoCAD 2013 中二维图形对象绘制和编辑的方法以及图块创建参数化建模和填充图案；第 3 章讲解 AutoCAD 中文字和尺寸标注的方法；第 4 章讲解三维图形对象绘制和编辑的方法；第 5 章讲解建筑样板图的创建方法；第 6 章讲解建筑制图中标准图形和常见图形的创建方法；第 7 章讲解建筑施工图中各种建筑说明的绘制方法；第 8 章至第 10 章分别讲解建筑总平面图、建筑平立剖面图和建筑详图的绘制方法；第 11 章讲解单体家具和室内效果图的绘制方法；第 12 章讲解小区三维效果图的绘制方法。本书最后提供了 3 个附录，主要包括 15 道基础测试题、50 道技能测试题和 5 道专业测试题等内容，以帮助读者巩固 AutoCAD 的基本制图技术，掌握建筑施工图纸绘制的思路和方法。

为了使读者能够更加直观地学习本书内容，随书配置了精美的多媒体教学光盘，其中提供了 AutoCAD 的软件教学视频、书中所有案例以及所有测试题的教学视频、书中实例和测试题的源文件。

本书内容翔实，很好地将 AutoCAD 技术和建筑施工图结合在一起，全面讲解了各种建筑图形的绘制方法和技巧。本书适合各类从事建筑相关工作的工程技术人员阅读，也可作为各高等院校、高职高专、中职中专相关专业的教材和指导用书。

除封面署名的作者外，参与编写和制作的还有王忠云、徐岩、张鹏飞、刘霞、刘辉、王艳、王明、严林、邱红、贺川、梁媛、高权、周建、王亚洲、程涛、张玉兰、李建华、张满、张秀梅等人。在此，编者对以上人员致以诚挚的谢意。在编写本书的过程中参考了相关文献，在此向这些文献的作者深表感谢。

由于时间紧迫，书中难免有错误与不足之处，恳请专家和广大读者批评指正。我们的邮箱是 huchenhao@263.net，电话是 010-62796045。

编　者

2013 年 4 月

目录

目录

第1章 AutoCAD 2013 制图基础

AutoCAD 是由美国 Autodesk 公司于 20 世纪 80 年代初为在计算机上应用 CAD 技术而开发的绘图程序软件包，是国际上最流行的绘图工具之一。AutoCAD 可以绘制任意二维和三维图形，广泛应用于航空航天、造船、建筑、机械、电子、化工和轻纺等众多领域。

经过十几年的发展，AutoCAD 建筑制图在中国得到了广泛的应用。几乎所有的设计院都采用 AutoCAD 绘图，各高等院校、中职中专以及培训机构的相关专业都开设了 AutoCAD 建筑制图的相关课程。AutoCAD 2013 是 Autodesk 公司目前推出的最新版本，在参数化绘图、三维建模和渲染等功能方面进行了加强，可以帮助用户更便捷地设计建筑图形。

本章主要介绍了 AutoCAD 2013 的一些基础知识，包括基本界面及其基本操作。通过本章的学习，用户可以初步了解 AutoCAD 2013 的界面、图形管理方法、绘图环境设置方法、辅助工具的用法、对象的选择方法、对象特征的修改方法、夹点编辑方法、视图调整方法以及图形的打印输出。

1.1 AutoCAD 2013 用户界面

选择“开始”|“程序”| Autodesk | AutoCAD 2013-Simplified Chinese | AutoCAD 2013 命令，或双击桌面上的快捷图标，都可以启动 AutoCAD 软件。如果是第一次启动 AutoCAD 2013，系统将对初始化界面进行初始化，这可能需要一段时间，用户须耐心等待。初始化完毕后，弹出“欢迎”对话框，通过对话框用户可以获得新功能学习视频、AutoCAD 的教学视频、各种应用程序等，通过该对话框，还可以直接创建新文件或打开已经创建的文件和最近使用过的文件。

关闭“欢迎”对话框则进入 AutoCAD 2013 的“草图与注释”工作空间的工作界面，效果如图 1-1 所示。

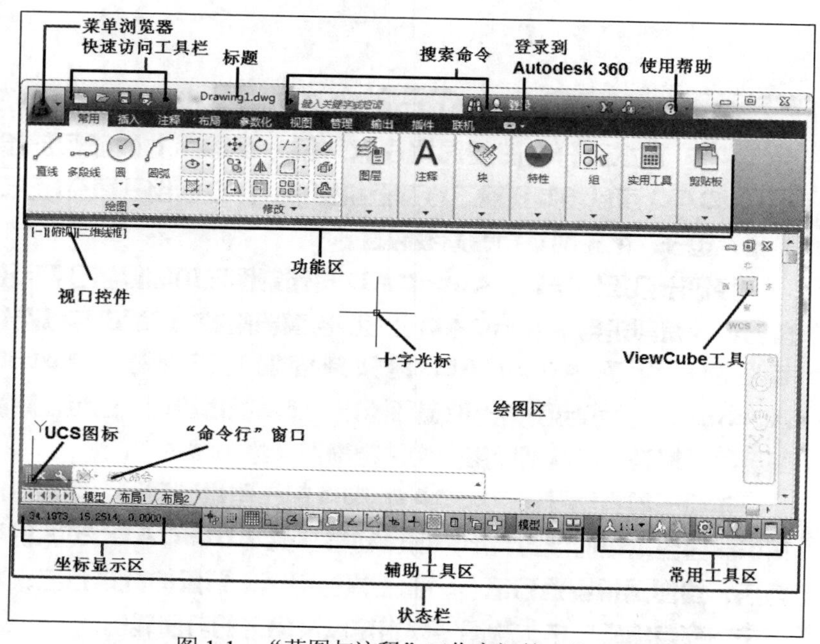

图 1-1 “草图与注释”工作空间的工作界面

系统给用户提供了“草图与注释”、“AutoCAD 经典”、“三维基础”和“三维建模”4 种工作空间。用户第一次打开 AutoCAD 时，系统自动显示如图 1-1 所示的“草图与注释”工作空间，该工作空间仅包含与草图和注释相关的工具栏、菜单和选项板。

对于常用用户来说，如果习惯以往版本的界面，可以单击状态栏中的“切换工作空间”按钮，在打开的快捷菜单中选择“AutoCAD 经典”命令，将切换到如图 1-2 所示的“AutoCAD 经典”工作空间的工作界面。

与“AutoCAD 经典”工作空间相比，“草图与注释”工作空间的界面增加了功能区，缺少了菜单栏。下面将给读者讲解两个工作空间的常见界面元素。

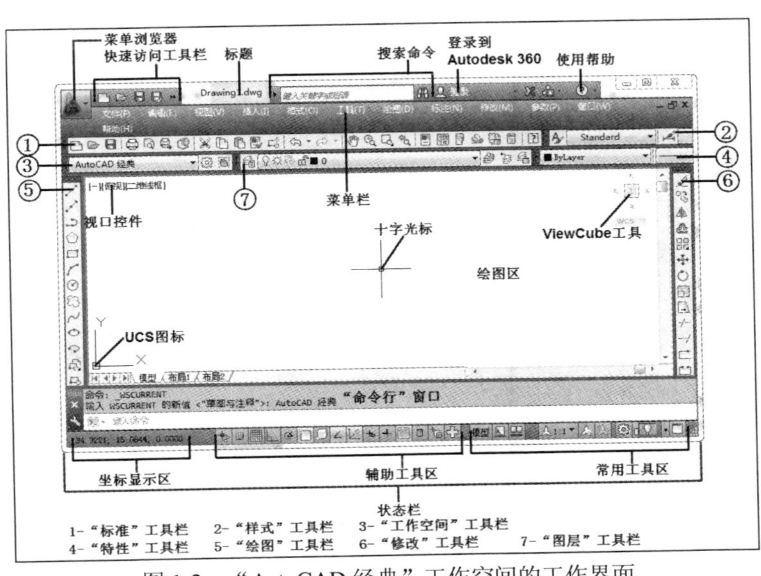

图 1-2　"AutoCAD 经典"工作空间的工作界面

1. 标题栏

在标题栏中除了可以看到当前图形文件的标题和最小化、最大化(还原)及关闭按钮之外，还可以看到菜单浏览器、快速访问工具栏、搜索命令以及使用帮助等功能区域。

菜单浏览器将所有可用的菜单命令都显示在一个位置，用户可以在其中选择要使用的菜单命令，也可以标记常用命令以便日后查找，功能类似于菜单栏。

快速访问工具栏定义了一系列经常使用的工具，单击相应的按钮即可执行相应的操作，用户可以自定义快速访问工具，系统默认提供工作空间、新建、打开、保存、另存为、打印、放弃、重做、工作空间工具栏等 9 个快速访问工具，用户将光标移动到相应按钮上，系统将打开相应功能提示。

搜索命令可以帮助用户同时搜索多个源(例如，帮助、新功能专题研习、网址和指定的文件)，也可以帮助用户搜索单个文件或位置。

在把光标移动到命令按钮上时，会显示如图 1-3 所示的提示信息。在 AntoCAD 2013 版本中，光标第一次停在命令或控件上时，可得到基本内容提示，其中包含对该命令或控件的概括说明、命令名、快捷键和命令标记。当光标在命令或控件上的悬停时间累积超过特定数值时，将显示补充工具提示。该功能对于新用户学习软件有很大的帮助。

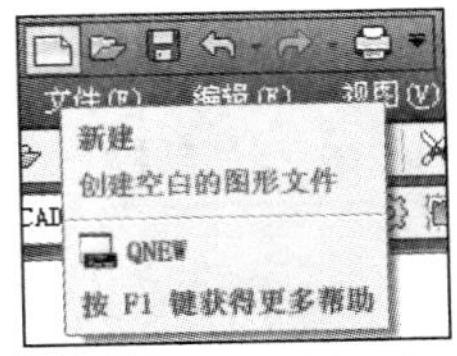

图 1-3　工具提示

2. 菜单栏

菜单栏仅在"AutoCAD 经典"工作空间的工作界面中存在，位于标题栏之下，AutoCAD 2013 包含 12 个主菜单项，用户可以根据需要加入自己或他人的自定义菜单。如果选装了 Express Tools，则会出现一个 Express 菜单。用户选择任意一个菜单命令，系统将打开一个下拉菜单，可以从中选择相应的命令进行操作。

如果界面上没有菜单栏，用户可以单击快速访问工具栏中的▼按钮，在弹出的菜单中选择“显示菜单栏”命令使菜单栏显示。

3. 工具栏

工具栏是由一些工具按钮组成的长条，单击工具栏上的相应按钮就可以执行它所代表的命令。

在默认状态下，“草图与注释”工作空间中并不包含菜单栏和工具栏，用户单击快速访问工具栏中的▼按钮打开下拉菜单，选择“显示菜单栏”命令，则会显示传统的菜单栏。

用户选择菜单栏中的“工具”|“工具栏”|AutoCAD 命令，会弹出 AutoCAD 工具栏的子菜单，在子菜单中用户可以选择相应的工具栏显示在界面上。

在“AutoCAD 经典”工作空间的界面上，系统提供了“工作空间”、“标准”、“绘图”和“修改”等几个常用工具栏。当用户要打开其他工具栏时，可以采用“二维绘图与注释”空间打开工具栏，也可以在任意工具栏上右击，在弹出的快捷菜单中选择相应的命令调出该工具栏。

4. 绘图窗口

绘图窗口是用户的工作窗口，用户所做的一切工作(如绘制图形、输入文本及标注尺寸等)均要在该窗口中得到体现。该窗口中的选项卡用于图形输出时模型空间和图纸空间的切换。

绘图窗口的左下方有一个 L 型箭头轮廓，即坐标系(UCS)图标，它指示了绘图的方位。三维绘图在很大程度上依赖于这个图标。图标上的 X 和 Y 标示指出了图形的 X 轴和 Y 轴方向，字母 W 说明用户正在使用世界坐标系(World Coordinate System)。

5. 命令行提示区

命令行提示区显示了用户通过键盘输入的命令，位于绘图窗口的底部。用户可以通过上下滚动鼠标滑轮放大或缩小该窗口。如果命令行关闭了，可以选择“工具”|“命令行”命令打开命令行提示区。

通常命令窗口最底部显示的信息为“命令:”，表示 AutoCAD 正在等待用户输入指令。命令窗口显示的信息是用户操作 AutoCAD 的记录。用户可以通过其右边的滚动条查看操作的历史记录。

6. 状态栏

状态栏位于工作界面的最底部。状态栏左侧显示十字光标当前的坐标位置，中间显示辅助绘图的几个功能按钮，这些按钮的说明将在第 1.5 节中详细讲述，右侧显示一些常用的工具。

7. 十字光标

十字光标用于定位点、选择和绘制对象，是由定点设备(如鼠标和光笔等)来控制。当移动定点设备时，十字光标的位置会做相应的移动，就像手工绘图时用笔一样方便。

8. 功能区

功能区为当前工作空间相关的操作提供了一个单一的放置区域。使用功能区时无须显示多个工具栏，这使得应用程序窗口变得简洁有序。功能区可以理解为集成的工具栏，由选项卡组成，不同的选项卡下又集成了多个面板，不同的面板上放置了大量的某一类工具，效果如图 1-4 所示。

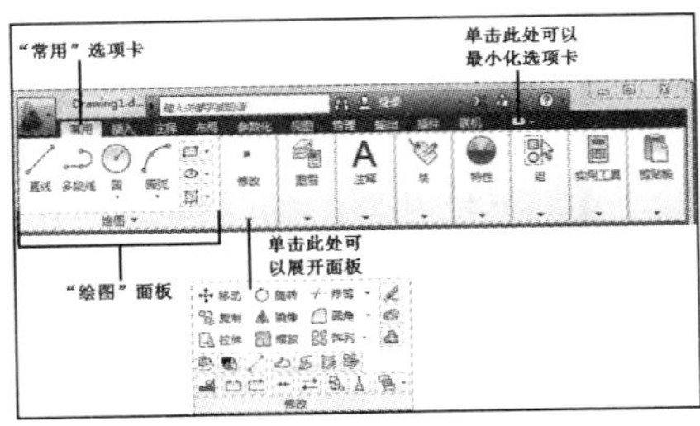

图 1-4　功能区

9. 视口控件

视口控件显示在每个视口的左上角，提供更改视图、视觉样式和其他设置的便捷方式。

10. ViewCube 工具

ViewCube 是一种方便的工具，用来控制三维视图的方向。

1.2 AutoCAD 图形管理

创建、打开和关闭图形文件是绘制图形的基础。本节将要介绍如何使用 AutoCAD 实现这些功能。

1. 创建新文件

如 1.1 节所述，第一次打开 AutoCAD 系统就自动创建了一个新文件，如果用户要在 AutoCAD 打开状态下创建新文件，则要通过以下的几种方式实现：选择"文件"|"新建"命令或者单击"标准"工具栏中的"新建"按钮。

对于新建文件来说，创建的方式由 STARTUP 系统变量确定，当 STARTUP 变量值为 0 时，系统将显示如图 1-5 所示的"选择样板"对话框。打开该对话框后，系统会自动定位到 AutoCAD 安装目录的样板文件夹中，用户可以选择使用样板或选择不使用样板来创建新图形。

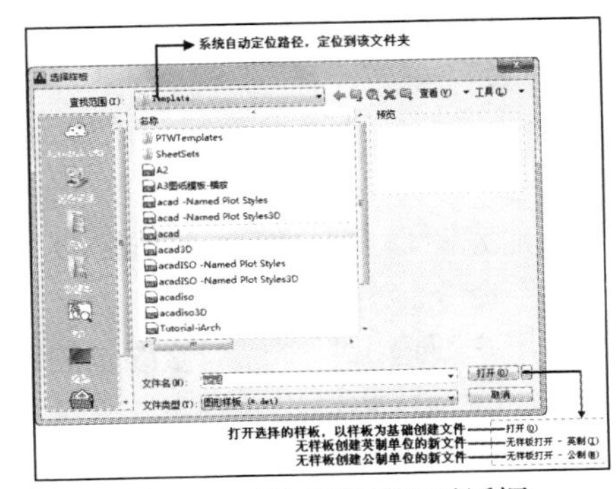

图 1-5　"选择样板"对话框

当 STARTUP 变量值为 1 时，要新建文件，系统将弹出如图 1-6 所示的"创建新图形"对话框。系统提供了从草图开始创建、使用样板创建和使用向导创建 3 种方式创建新图形。使用样板创建与在"选择样板"对话框中选择样板打开操作类似。

草图开始创建时，系统提供了如图 1-6 所示的英制和公制两种创建方式，这与如图 1-5 所示的"无样板打开-英制"和"无样板打开-公制"类似。

使用向导提供了"高级设置"和"快速设置"两种创

建方式，快速设置仅设置单位和区域，在使用向导进行设置时，用户只需根据向导的提示进行相关设置即可。

2. 打开图形

选择“文件”|“打开”命令，弹出如图 1-7 所示的“选择文件”对话框，在“查找范围”下拉列表框中选择所要打开的图形文件，单击“打开”按钮，即可打开已有文件。

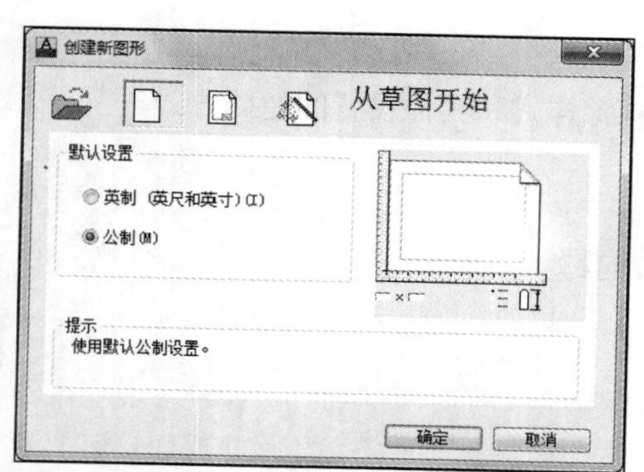

图 1-6 “创建新图形”对话框

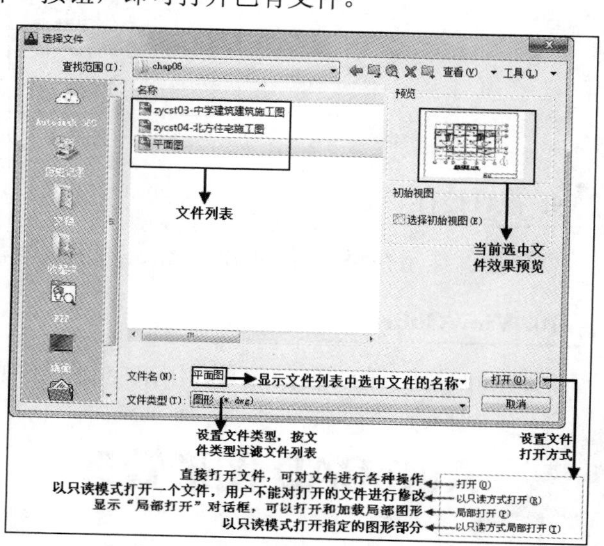

图 1-7 “选择文件”对话框

3. 保存图形

选择“文件”|“保存”命令、单击“快速访问”工具栏中的“保存”按钮或在命令行中输入 SAVE，都可以对图形文件进行保存。若当前的图形文件已经命名，则按此名称保存文件。如果当前图形文件尚未命名，则弹出如图 1-8 所示的“图形另存为”对话框，该对话框用于保存已经创建但尚未命名的图形文件。

在如图 1-8“图形另存为”对话框中，“保存于”下拉列表框用于设置图形文件保存的路径，“文件名”文本框用于输入图形文件的名称，“文件类型”下拉列表框用于选择文件保存的格式。在文件格式中，DWG 是 AutoCAD 的图形文件，DWT 是 AutoCAD 的样板文件，这两种格式在 AutoCAD 中最常用。

4. 关闭图形

创建完图形后要关闭 AutoCAD，此时可以单击右上角的“关闭”按钮，也可以选择“文件”|“退出”命令。

当用户要退出一个已经修改过的图形文件时，系统会弹出图 1-9 所示的提示对话框。单击“是”按钮，AutoCAD 将退出该图形文件并保存用户对该图形文件所做的修改；单击“否”按钮，AutoCAD 将退出并不保存所做的修改；单击“取消”按钮，AutoCAD 将取消退出。这样用户可以再次确认自己的选择，以免丢失文件。

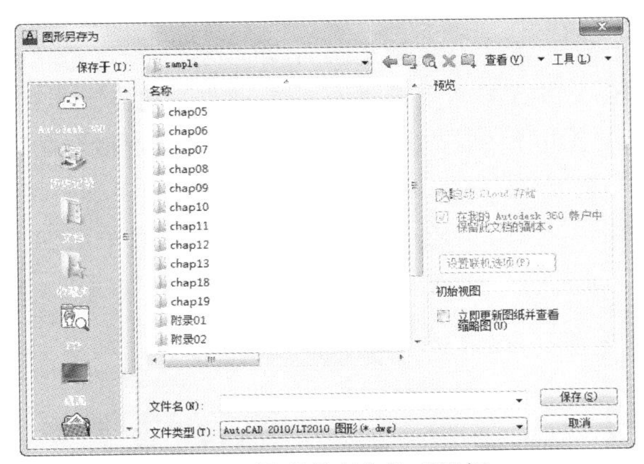

图 1-8　“图形另存为”对话框

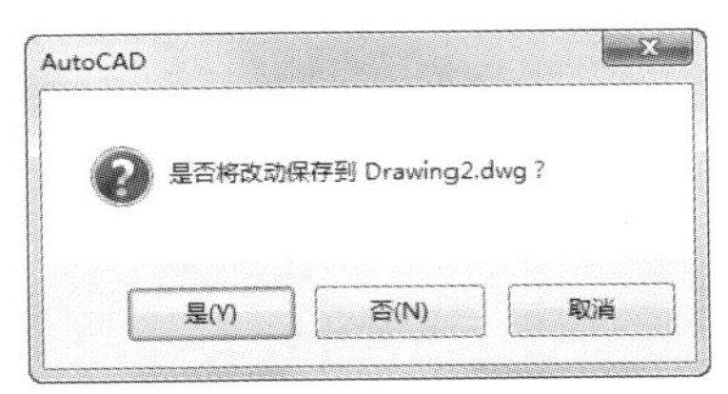

图 1-9　提示对话框

1.3 绘图环境设置

绘图环境的设置包括绘图界限的设置和绘图单位的设置。

1. 绘图界限

默认情况下，AutoCAD 对绘图范围没有限制，可以将绘图区看做是一幅无穷大的图纸。选择“格式”|“图形界限”命令，命令行提示如下：

```
命令: '_limits
重新设置模型空间界限:
指定左下角点或 [开(ON)/关(OFF)] <0.0000,0.0000>:
指定右上角点 <420.0000,297.0000>:
```

命令行提示中的“开”表示打开绘图界限检查，如果所绘图形超出了图限，则系统不绘制此图形并给出提示信息，从而保证了绘图的正确性；“关”表示关闭绘图界限检查；“指定左下角点”表示设置绘图界限左下角坐标；“指定右上角点”表示设置绘图界限右上角坐标。

2. 绘图单位

选择“格式”|“单位”命令，或在命令行中输入 DDUNITS 命令，系统将弹出如图 1-10 所示的“图形单位”对话框，在该对话框中可以对图形单位进行设置。

“图形单位”对话框中，“长度”选项组中的“类型”下拉列表框用于设置长度单位的格式类型，“精度”下拉列表框用于设置长度单位的显示精度；“角度”选项组中的“类型”下拉列表框用于设置角度单位的格式类型，“精度”下拉列表框用于设置角度单位的显示精度；选中“顺时针”复选框，表明角度测量方向是顺时针方向，未选中此复选框则默认角度测量方向为逆时针方向；“光源”选项组用于设置当前图形中光源强度的测量单位，其下拉列表框中提供了“国际”、“美国”和“常规”3 种测量单位。

单击“方向”按钮，系统将弹出如图 1-11 所示的“方向控制”对话框。在该对话框中可以设置起始角度(0B)的方向。在 AutoCAD 的默认设置中，0B 方向是指向右(即正东)的方向，逆时针方向为角度增加的正方向。在该对话框中可以选中 5 个单选按钮中的任意一个来改变角度测量的起始位置，也可以通过选中“其他”单选按钮，并单击“拾取角度”按钮，在图形窗口中拾取两个点来确定所绘图形在 AutoCAD 中 0B 的方向。

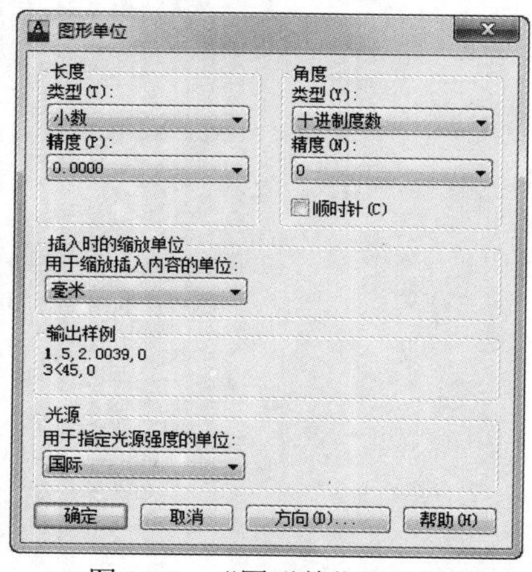

图 1-10 “图形单位”对话框

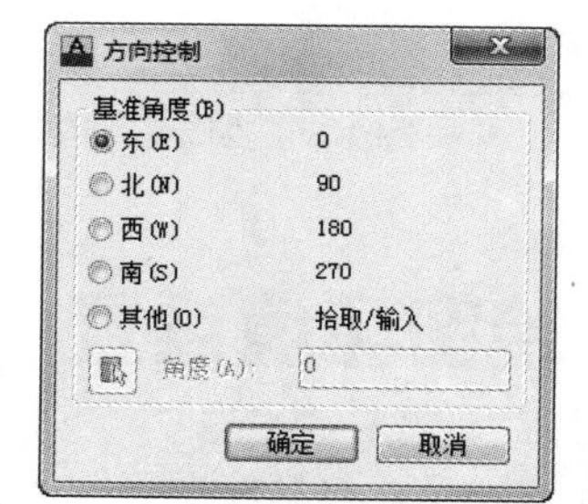

图 1-11 “方向控制”对话框

1.4 图层设置

在 AutoCAD 中，用户可以根据需要创建很多图层，然后将相关的图形对象放在同一层上，以便管理图形对象。

选择“格式”|“图层”命令，系统将弹出如图 1-12 所示的“图层特性管理器”选项板，对图层的基本操作和管理都是在该选项板中完成的，其各部分功能如表 1-1 所示。

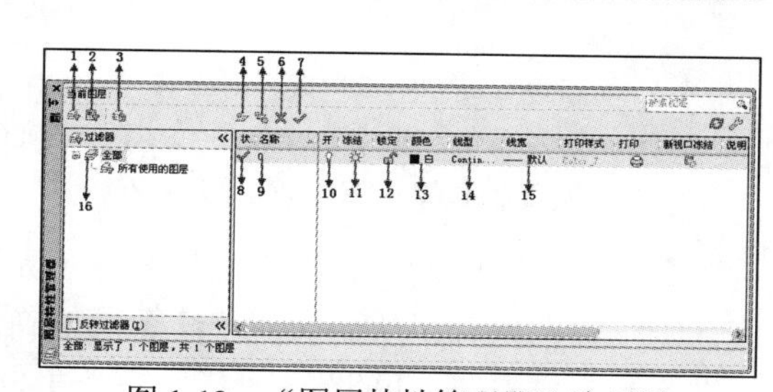

图 1-12 “图层特性管理器”选项板

表 1-1 “图层特性管理器”选项板功能说明

序号	名称	功能
1	“新建特性过滤器”按钮	显示“图层过滤器特性”对话框，从中可以根据图层的一个或多个特性创建图层过滤器
2	“新建组过滤器”按钮	创建图层过滤器，其中包含选择并添加到该过滤器的图层
3	“图层状态管理器”按钮	显示图层状态管理器，从中可以将图层的当前特性设置保存到一个命名图层状态中，以后可以再恢复这些设置
4	“新建图层”按钮	创建新图层
5	“在所有的视口中都被冻结的新图层”按钮	创建新图层，然后在所有现有布局视口中将其冻结

(续表)

序　　号	名　　称	功　　能
6	“删除图层”按钮	删除选定图层
7	“置为当前”按钮	将选定图层设置为当前图层
8	——	设置图层状态：图层过滤器、正在使用的图层、空图层或当前图层
9	——	显示图层或过滤器的名称，可对名称进行编辑
10	——	控制打开和关闭选定图层
11	——	控制是否冻结所有视口中选定的图层
12	——	控制锁定和解锁选定图层
13	——	显示“选择颜色”对话框更改与选定图层关联的颜色
14	——	显示“选择线型”对话框更改与选定图层关联的线型
15	——	显示“线宽”对话框更改与选定图层关联的线宽
16	——	显示图形中图层和过滤器的层次结构列表

在初次打开“图层特性管理器”选项板时，系统默认存在一个 0 图层，有时还存在一个 DEFPOINTS 图层，用户可以在这个基础上创建其他的图层，并对图层的特性进行修改，用户可以修改图层的名称、状态、开关、冻结、锁定、颜色、线型、线宽和打印状态等。

新建图层后，默认名称处于可编辑状态，用户可以输入新的名称。对于已经创建的图层，如果要修改名称，需要单击该图层的名称，使图层名称处于可编辑状态，再输入新的名称即可。

单击“颜色”列表下的颜色特性图标■ 白，系统将弹出如图 1-13 所示的“选择颜色”对话框。在该对话框中，用户可以对图层颜色进行设置。单击“线型”列表下的线型特性图标 Continuous ，弹出如图 1-14 所示的“选择线型”对话框，默认状态下，只有 Continuous 一种线型。单击“加载”按钮，即弹出“加载或重载线型”对话框，可以在“可用线型”列表框中选择所需要的线型，然后返回 “选择线型”对话框再选择合适的线型。

单击“线宽”列表下的线宽特性图标 —— 默认，弹出如图 1-15 所示的“线宽”对话框，用户可以在“线宽”列表中选择合适的线宽。

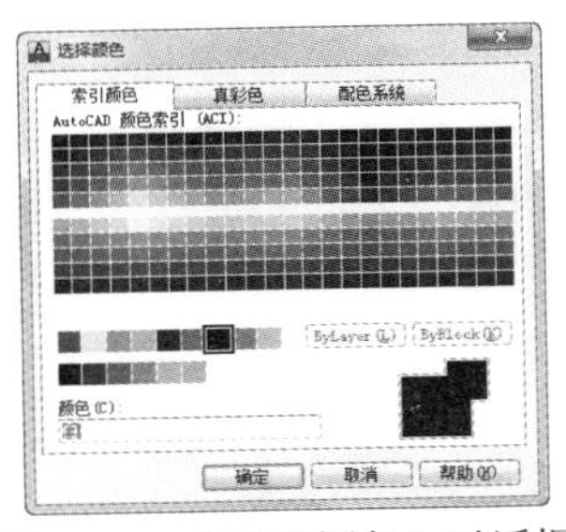

图 1-13　“选择颜色”对话框

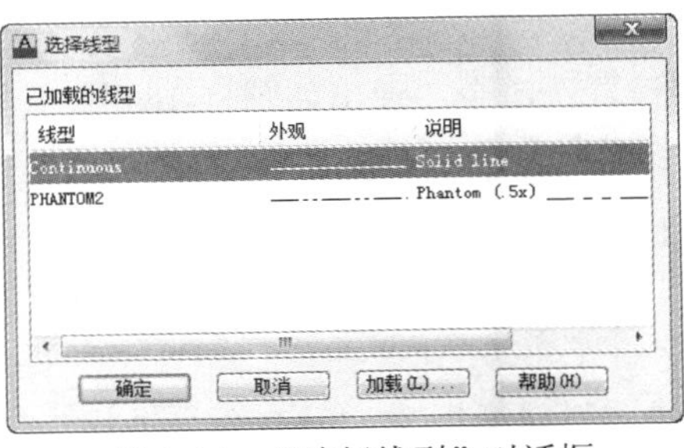

图 1-14　“选择线型”对话框

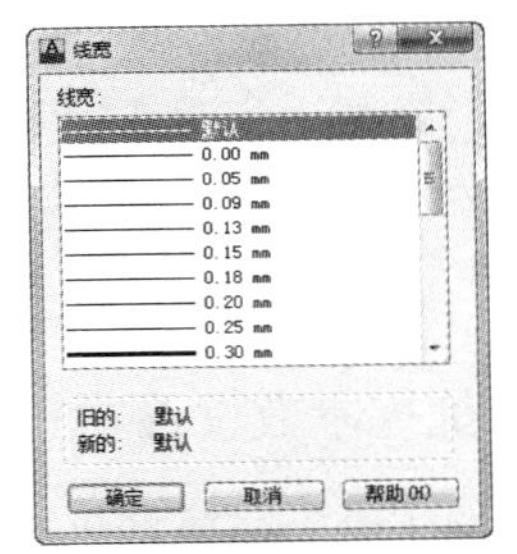

图 1-15　“线宽”对话框

在“打印”列表下，图标为🖨时，该层图形可打印；图标为🖨时，该层图形不可打印，通过单击鼠标进行切换。

在“开”列表下，图标为 💡 时，图层打开；图标为💡时，图层关闭。当图层打开时，它在屏幕上是可见的，可以打印；当图层关闭时，它在屏幕上不可见，不能打印。

在“冻结”列表下，图标为☼时，图层解冻；图标为❄时，图层冻结。当图层冻结后，该图层上的图形将不能在屏幕上显示、不能编辑并且不能打印输出。

在“锁定”列表下，图标为🔓时，图层解锁；图标为🔒时，图层锁定。

1.5 绘图辅助工具

AutoCAD 为用户提供了“捕捉和栅格”、“正交模式”、“极轴追踪”、“对象捕捉”、“对象捕捉追踪”、“动态 UCS”和“动态输入”等辅助绘图工具，以帮助用户快速绘图。

1.5.1 捕捉

捕捉设定了光标移动间距，即在图形区域内提供了不可见的参考栅格。当打开捕捉模式时，光标只能处于离光标最近的捕捉栅格点上；当使用键盘输入点的坐标或关闭捕捉模式时，AutoCAD 将忽略捕捉间距的设置；当捕捉模式设置为关闭状态时，捕捉模式对光标不再起任何作用，而当捕捉模式设置为打开状态时，光标则不能放置在指定的捕捉设置点以外的地方。

1. 捕捉的打开与关闭

打开与关闭捕捉的方法有以下 4 种。

01 在状态栏中，单击“捕捉模式”按钮，即可打开捕捉模式，再次单击“捕捉模式”按钮，即可关闭捕捉模式。

02 AutoCAD 系统默认 F9 键为控制捕捉模式的快捷键，用户可以按 F9 键快速地打开和关闭捕捉模式。

03 右击状态栏中的“捕捉模式”按钮，在弹出的快捷菜单中选择“启用栅格捕捉”命令，打开栅格捕捉模式，选择“关”命令即可关闭捕捉模式。

04 选择“工具”|“草图设置”命令，弹出如图 1-16 所示的“草图设置”对话框，选择“捕捉和栅格”选项卡，选中“启用捕捉”复选框，则可打开捕捉模式，否则关闭捕捉模式。

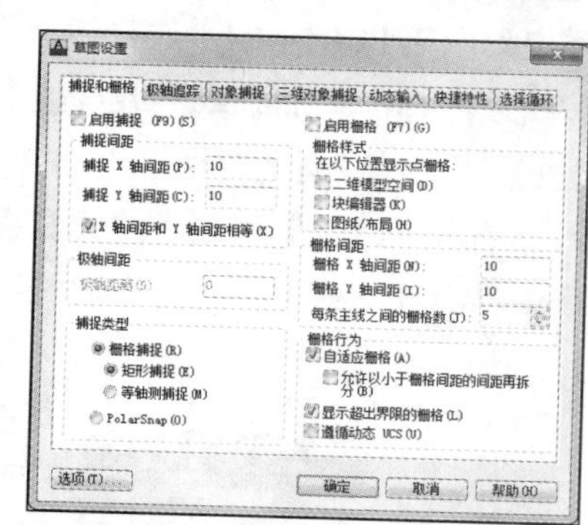

图 1-16 “草图设置”对话框

2. 捕捉参数设置

设置捕捉主要通过“草图设置”对话框或 SNAP 命令进行。

01 通过“草图设置”对话框进行捕捉设置

打开“草图设置”对话框，选择“捕捉和栅格”选项卡，此选项卡包含了“捕捉”命令的全部设置。选项卡中各选项含义如下。

- “捕捉 X 轴间距”文本框：设置沿 X 轴方向上的捕捉间距。

- “捕捉 Y 轴间距”文本框：设置沿 Y 轴方向上的捕捉间距。
- “X 轴间距和 Y 轴间距相等”复选框：可以设置 X 轴和 Y 轴方向的间距是否相等，这样在绘制一些特殊图形时会很方便。
- “捕捉类型”选项组：设置为“栅格捕捉”或 Polar Snap(极轴捕捉)。“栅格捕捉”模式中包含了“矩形捕捉”和“等轴测捕捉”两种样式，在二维图形绘制中，通常使用的是“矩形捕捉”，这也是系统的默认模式。Polar Snap(极轴捕捉)模式是一种相对捕捉，也就是相对于上一点的捕捉。如果当前未执行绘图命令，光标就可以在图形中自由移动。当执行某一绘图命令后，光标就只能在特定的极轴角度上，并且是定位在距离为间距倍数的点上。

02 通过 SNAP 命令进行捕捉设置

除了利用“草图设置”对话框进行捕捉设置的方法之外，通过 SNAP 命令也可以完成所有的捕捉设置。具体操作如下。

```
命令: snap
指定捕捉间距或 [开(ON)/关(OFF)/纵横向间距(A)/样式(S)/类型(T)] <10.0000>:
```

命令行中各选项含义如下。

- “捕捉间距”选项：设置沿 X 轴和 Y 轴方向的捕捉距离。
- “纵横向间距(A)”选项：在 X 轴和 Y 轴方向指定不同的间距。如果当前捕捉模式为“等轴测”，则不能使用该选项。
- “样式(S)”选项：提示用户输入“标准”或“等轴测”选项。其中，“标准”选项就是将栅格捕捉设置为矩形捕捉，而“等轴测”选项就是将栅格捕捉设置为等轴测捕捉。
- “类型(T)”选项：提示用户设置捕捉的类型。捕捉类型分为两种，分别是“栅格捕捉”和“极轴捕捉”。

1.5.2　栅格

栅格是点或线的矩阵，遍布指定为栅格界限的整个区域。使用栅格类似于在图形下放置一张坐标纸。利用栅格可以对齐对象并直观显示对象之间的距离。当 AutoCAD 2013 软件初次被打开时，栅格以线的方式出现。用户可以设置栅格以点或者线的方式呈现。

以“二维模型空间”为例，当选中“二维模型空间”复选框时(如图 1-17(a)所示)，栅格在二维模型空间内以点样式显示，当取消选中“二维模型空间”复选框时(如图 1-17(b)所示)，栅格在二维模型空间内以线样式显示。

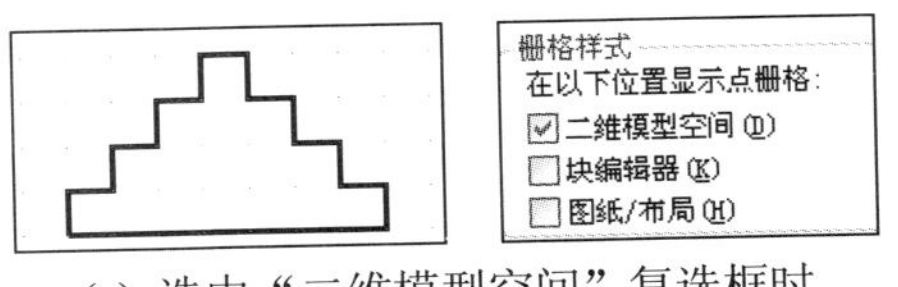

(a) 选中“二维模型空间”复选框时

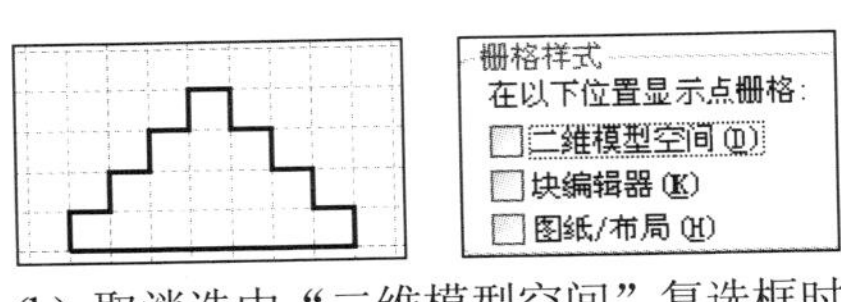

(b) 取消选中“二维模型空间”复选框时

图 1-17　栅格显示

1. 栅格显示的打开与关闭

在 AutoCAD 中，用户可以用多种方法打开或关闭栅格显示。

01 在状态栏中，单击“栅格显示”按钮，即可打开栅格显示，再次单击“栅格显示”按钮，即可关闭栅格显示。

02 AutoCAD 默认 F7 键为控制栅格显示的快捷键，可用 F7 键打开或关闭栅格显示。

03 右击状态栏中的“栅格显示”按钮，在弹出的快捷菜单中选择“启用”命令打开栅格显示，取消“启用”命令则关闭栅格显示。

04 选择“工具”|“草图设置”命令，弹出“草图设置”对话框，选择“捕捉和栅格”选项卡，选中“启用栅格”复选框，则打开栅格显示。

2. 栅格间距设置

设置栅格间距可以通过两种方法实现。

01 打开“草图设置”对话框，选择“捕捉和栅格”选项卡，则可通过“栅格 X 轴间距”和“栅格 Y 轴间距”两个文本框分别输入所需设置的栅格沿 X 轴方向和沿 Y 轴方向的间距。其他参数的含义如表 1-2 所示。

表 1-2 栅格参数含义

“启用栅格”复选框	选择该复选框，启动控制栅格功能，与单击状态栏上相应按钮功能相同
“栅格样式”选项组	设置栅格在“二维模型空间”、“块编辑器”和“图纸/布局”中是以点栅格出现还是以线栅格出现，选择相应的复选框，则以点栅格出现，否则以线栅格出现
“每条主线的栅格数”文本框	指定主栅格线相对于次栅格线的频率
“自适应栅格”复选框	选择该复选框，表示设置缩小时，限制栅格密度
“允许以小于栅格间距的间距再拆分”复选框	选择该复选框，表示放大时，生成更多间距更小的栅格线
“显示超出界线的栅格”复选框	选择该复选框，表示显示超出 LIMITS 命令指定区域的栅格

02 通过 GRID 命令设置栅格间距。具体操作如下。

```
命令: grid
指定栅格间距(X) 或 [开(ON)/关(OFF)/捕捉(S)/主(M)/自适应(D)/界限(L)/跟随(F)/纵横向间距(A)] <10.0000>:
```

在第一行命令提示中，如果直接输入距离，系统将默认栅格在水平和垂直方向上的间距相等，即规则的栅格。如果要设定不规则的栅格，则必须在第一行命令提示中选择 A(纵横向间距)，然后再分别进行水平和垂直两个方向上的间距设置。注意：栅格间距不要太小，否则会导致图形模糊和屏幕刷新速度太慢，甚至无法显示栅格。

3. 捕捉设置与栅格设置的关系

栅格和捕捉这两个辅助绘图工具之间有很多联系，尤其是两者间距的设置。有时为了方便绘图，可将栅格间距与捕捉间距设置相同，或使栅格间距设置为捕捉间距的倍数。

1.5.3　正交

“正交”辅助工具可以使用户仅能绘制平行于 X 轴或 Y 轴的直线。因此，当绘制较多正交直线时，通常要打开“正交”辅助工具。另外，当捕捉类型设为等轴测捕捉时，该命令将使绘制的直线平行于当前轴测平面中正交的坐标轴。

在 AutoCAD 中，可以通过多种方法打开正交辅助工具。

01 在状态栏中，单击“正交模式”按钮，打开“正交”辅助工具，再次单击“正交模式”按钮，关闭“正交”辅助工具。

02 AutoCAD 系统默认 F8 键为控制“正交”辅助工具的快捷键，用户可用 F8 键打开或关闭“正交”辅助工具。

03 右击状态栏中的“正交模式”按钮，在弹出的快捷菜单中选择“启用”命令则打开“正交”辅助工具，取消“启用”命令则关闭“正交”辅助工具。

04 利用命令 ORTHO 打开或关闭“正交”辅助工具。具体操作如下。

```
命令: ortho
输入模式 [开(ON)/关(OFF)] <关>:
```

在打开“正交”辅助工具后，就只能在平面内平行于两个正交坐标轴的方向上绘制直线，并指定点的位置，而不用考虑屏幕上光标的位置。当前光标到一条平行坐标轴(如 X 轴)方向上的距离与到另一条平行坐标轴(如 Y 轴)方向的距离比较，决定了绘图的方向。如果沿 X 轴方向的距离大于沿 Y 轴方向的距离，AutoCAD 将绘制水平线；如果沿 Y 轴方向的距离大于沿 X 轴方向的距离，则绘制垂直线。同时，“正交”辅助工具并不影响从键盘上输入点。

1.5.4　对象捕捉

对象捕捉可以利用已绘图形上的几何特征点定位新的点。打开对象捕捉的方法与前几种辅助工具类似，可以通过状态栏中的“对象捕捉”按钮或通过快捷键 F3 来设置，也可以在“草图设置”对话框的“对象捕捉”选项卡中进行设置，如图 1-18 所示。

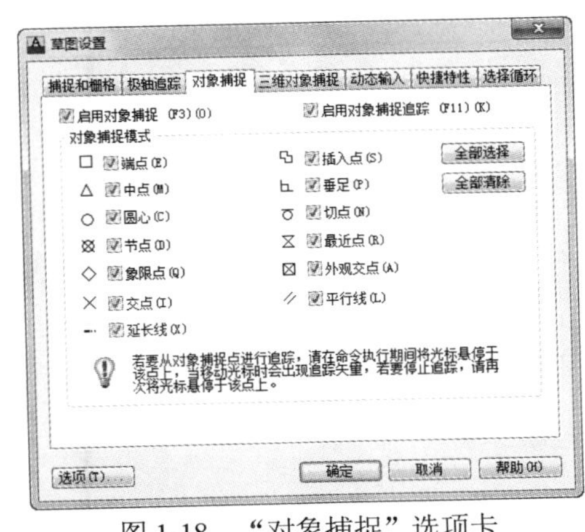

图 1-18　“对象捕捉”选项卡

“对象捕捉”选项卡提供了多种对象捕捉模式，用户可以选中某种模式来使用该模式。如表 1-3 所示为各种对象捕捉模式的说明。

表 1-3 对象捕捉模式功能表

对象捕捉	功能阐述
端点	捕捉直线、圆弧、椭圆弧、多线或多段线的最近端点，以及捕捉填充直线、图形或三维面域最近的封闭角点
中点	捕捉直线、圆弧、椭圆弧、多线、多段线、参照线、图形或样条曲线的中点
圆心	捕捉圆弧、圆、椭圆或椭圆弧的圆心
节点	捕捉点对象
象限点	捕捉圆、圆弧、椭圆或椭圆弧的象限点。象限点分别位于从圆或圆弧的圆心到 0°、90°、180°、270° 圆上的点。象限点的 0°方向由当前坐标系的 0° 方向确定
交点	捕捉两个对象的交点，对象包括圆弧、圆、椭圆、椭圆弧、直线、多线、多段线、射线、样条曲线或参照线
延伸	光标从一个对象的端点移出时，系统将显示并捕捉沿对象轨迹延伸出来的虚拟点
插入点	捕捉插入图形文件中的块、文本、属性及图形的插入点，即它们插入时的原点
垂足	捕捉直线、圆弧、圆、椭圆弧、多线、多段线、射线、图形、样条曲线或参照线上的一点。该点与用户指定的一点形成一条直线，此直线与用户当前选择的对象正交(垂直)，但该点不一定在对象上，有可能在对象的延长线上
切点	捕捉圆弧、圆、椭圆或椭圆弧的切点。此切点与用户所指定的一点形成一条直线，这条直线将与用户当前所选择的圆弧、圆、椭圆或椭圆弧相切
最近点	捕捉对象上最近的一点，一般是端点、垂足或交点
外观交点	捕捉三维空间中两个对象的视图交点(这两个对象实际上不一定相交，但看上去相交)。在二维空间中，外观交点捕捉模式与交点捕捉模式是等效的
平行	绘制平行于另一对象的直线。在指定了直线的第一点后，用光标选定一个对象(此时不用单击鼠标指定，AutoCAD 将自动帮助用户指定，并且可以选取多个对象)，之后再移动光标，这时经过第一点且与选定对象平行的方向上将出现一条参照线，这条参照线是可见的，在此方向上指定一点，那么该直线将平行于选定的对象

1.5.5 追踪

当自动追踪打开时，绘图窗口中将出现追踪线(追踪线可以是水平的或垂直的，也可以有一定角度)，可以帮助用户精确地确定位置和角度来创建对象。在工作界面的状态栏中可以看到 AutoCAD 提供了两种追踪模式：“极轴”(极轴追踪)和“对象追踪”(对象捕捉追踪)。

1. 极轴追踪

极轴追踪模式的打开或关闭与状态栏上其他绘图辅助工具类似，可通过界面底部状态栏中的“极轴追踪”按钮，也可以通过快捷键 F10 来控制。打开极轴追踪模式后，追踪线由相对于起点和端点的极轴角定义。

01 设置极轴追踪角度

如图 1-19 所示，在“草图设置”对话框中选择“极轴追踪”选项卡，设置极轴追踪的角度。

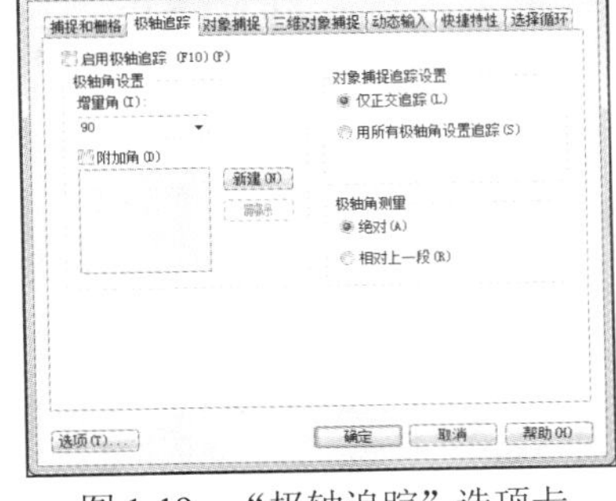

图 1-19　“极轴追踪”选项卡

“极轴追踪”选项卡中各选项含义如下。

- “增量角”下拉列表框：可设置极轴角度增量的模数，在绘图过程中所追踪到的极轴角度将为此模数的倍数。
- “附加角”复选框及其列表框：在设置角度增量后，仍有一些角度不等于增量值的倍数。对于这些特定的角度值，可单击“新建”按钮，添加新的角度，使追踪的极轴角度更加全面(最多只能添加 10 个附加角度)。
- “绝对”单选按钮：极轴角度绝对测量模式。选择此模式后，系统将以当前坐标系下的 X 轴为起始轴计算出所追踪到的角度。
- “相对上一段”单选按钮：极轴角度相对测量模式。选择此模式后，系统将以上一个创建的对象为起始轴计算出所追踪到的相对于此对象的角度。

02 设置极轴捕捉

在“草图设置”对话框的“捕捉和栅格”选项卡中，设置捕捉的样式和类型为极轴捕捉。此时，“极轴间距”选项组中的“极轴距离”文本框被激活，可以设置极轴捕捉间距。

在打开极轴捕捉后，就可以沿极轴追踪线移动精确的距离。这样在极轴坐标系中，极轴长度和极轴角度两个参数都可以精确指定，实现了快捷地使用极轴坐标进行点的精确定位。

在 1.5.3 节已经介绍过，当打开“正交”辅助工具时，系统将限制光标使其只能沿着水平或垂直方向移动。因此，“正交”辅助工具和极轴追踪模式不能同时打开。如果打开了“正交”辅助工具，极轴追踪模式将自动关闭；反之，如果打开了极轴追踪模式，“正交”辅助工具也将自动关闭。

2. 对象捕捉追踪

在 AutoCAD 中，通过使用对象捕捉追踪可以使对象的某些特征点成为追踪的基准点，根据此基准点沿正交方向或极轴方向形成追踪线进行追踪。

对象捕捉追踪模式打开或关闭，可以通过界面底部状态栏中的“对象捕捉追踪”按钮或快捷键 F11 来实现，也可以在“草图设置”对话框的“对象捕捉”选项卡中，选中“启用对象捕捉追踪(F11)”复选框，对对象捕捉追踪进行控制。

“对象捕捉追踪设置”选项组中各选项含义如下。

- “仅正交追踪”单选按钮：表示仅在水平和垂直方向(即 X 轴和 Y 轴方向)对捕捉点进行追踪，对切线追踪、延长线追踪等不受影响。
- “用所有极轴角设置追踪”单选按钮：表示可以按极轴设置的角度进行追踪。

1.5.6 动态 UCS

单击状态栏中的“允许/禁止动态 UCS”按钮，即可控制动态 UCS 功能的开和关。打开动态 UCS 功能后，可以使用动态 UCS 在三维实体的平面上创建对象，而无须手动更改 UCS 方向。在执行该命令的过程中，将光标移动到平面上方时，动态 UCS 会临时将 UCS 的 XY 平面与三维实体的平面对齐。

动态 UCS 激活后，指定的点和绘图工具(如极轴追踪和栅格)都将与动态 UCS 建立临时的 UCS 相关联。对三维实体使用动态 UCS 和修改命令 ALIGN，可以快速、有效地重新定位对象并重新确定对象相对于平面的方向。使用动态 UCS 及 UCS 命令可以在三维中指定新的 UCS，同时可以很大程度上降低错误几率。

1.6 对象选择

AutoCAD 提供了两种编辑图形的顺序：先输入命令，然后选择要编辑的对象；或先选择对象，然后进行编辑。这两种方法，用户可以根据自己的习惯灵活使用。

在进行复制、粘贴等编辑操作时，都需要选择对象，即构造选择集。建立了一个选择集后，这一组对象将作为一个整体进行编辑。

用户可以通过 3 种方式构造选择集：单击直接选择、窗口选择(左选)和交叉窗口选择(右选)。

1. 单击直接选择

当命令行提示“选择对象:”时，需要用户选择对象，绘图区出现拾取框光标，将光标移动到某个图形对象上，单击鼠标，则可以选择与光标有公共点的图形对象，被选中的对象呈高亮显示。选择圆时，关闭动态输入的效果如图 1-20 所示，打开动态输入的效果如图 1-21 所示。

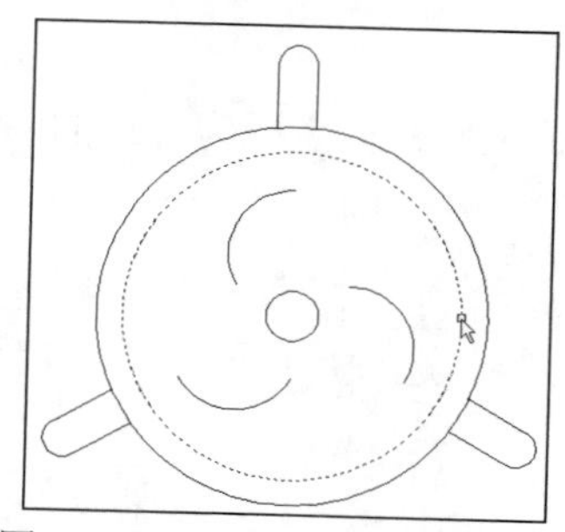

图 1-20 关闭动态输入的效果

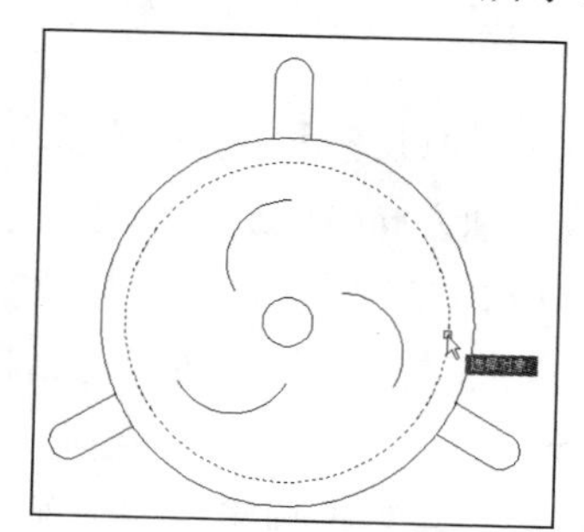

图 1-21 打开动态输入的效果

2. 窗口选择(左选)

当需要选择的对象较多时，可以使用窗口选择方式。这种选择方式与 Windows 鼠标窗口选择类似，先单击，将光标沿右下方拖动，然后再次单击，形成选择框，选择框以实线显示，选择框完全包容的对象就是被选择了。选择图 1-20 中的小圆，关闭动态输入的效果如图 1-22 所示，打开动态输入的效果如图 1-23 所示，选择结果如图 1-24 所示。

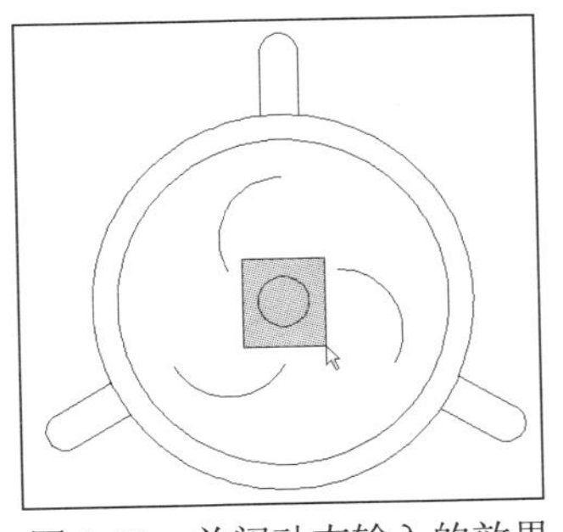

图 1-22　关闭动态输入的效果

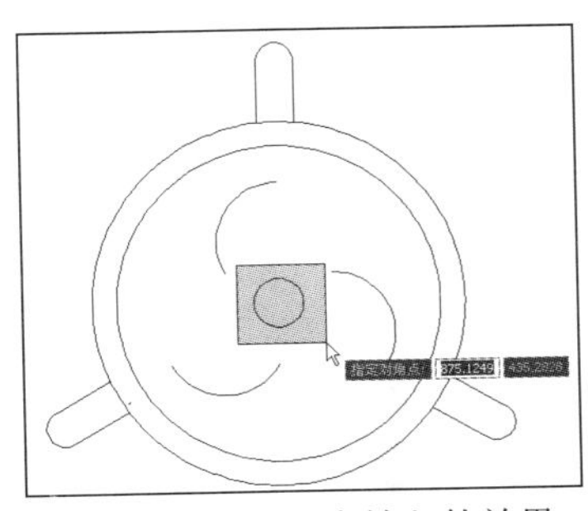

图 1-23　打开动态输入的效果

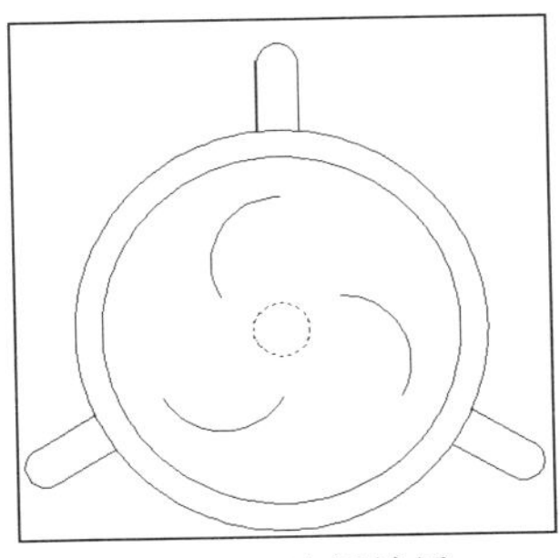

图 1-24　选择结果

3. 交叉窗口选择(右选)

交叉窗口选择(右选)与窗口选择(左选)选择方式类似，所不同的是光标往左上方移动形成选择框，选择框呈虚线，只要与交叉窗口相交或者被交叉窗口包含的对象都将被选择。关闭动态输入选择效果如图 1-25 所示，打开动态输入选择效果如图 1-26 所示，选择结果如图 1-27 所示。

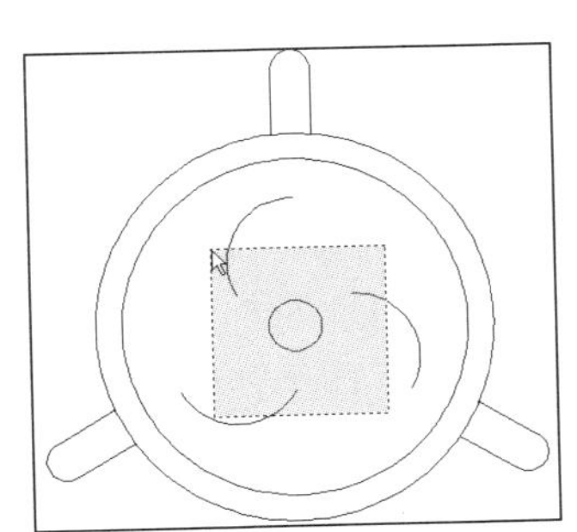

图 1-25　关闭动态输入选择效果

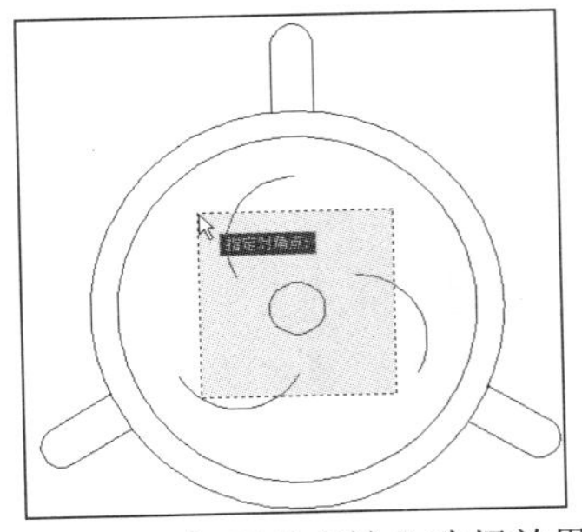

图 1-26　打开动态输入选择效果

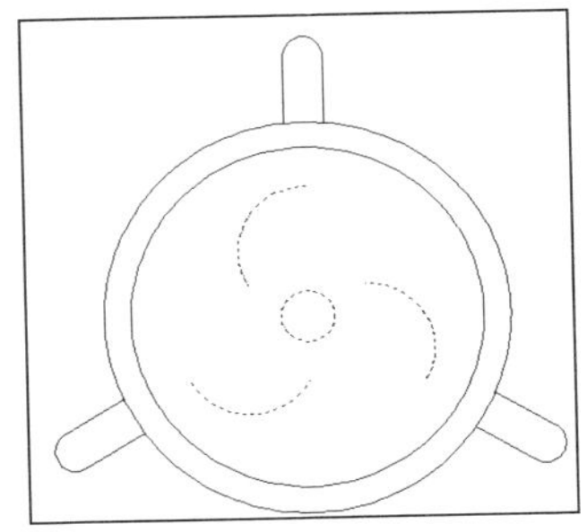

图 1-27　选择结果

1.7 对象特性的修改

在 AutoCAD 中，绘制完图形后，还需要对各种图形进行特性和参数的设置，以便对图形进行修正，以满足工程制图的要求。一般通过“特性”、“样式”和“图层”工具栏以及“特性”选项板对对象特性进行设置。

1.7.1 “特性”工具栏

在“AutoCAD 经典”工作空间里，“特性”工具栏是系统默认存在的，该工具栏用于设置选择对象的颜色、线型和线宽，如图 1-28 所示。

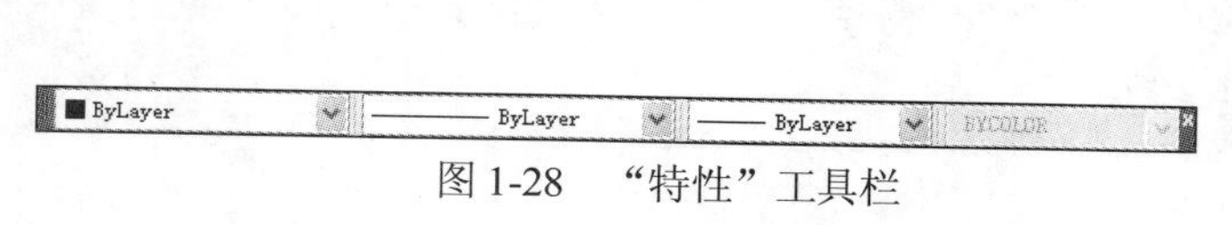

图 1-28 “特性”工具栏

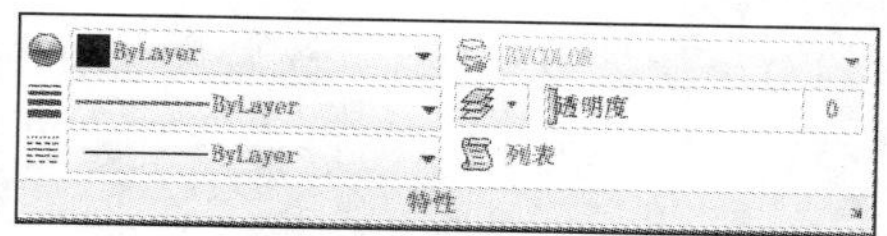

图 1-29 “特性”面板

在“颜色”、“线型”和“线宽”3 个下拉列表框中都有 ByLayer 和 ByBlock 选项。其中，ByLayer 表示所选择对象的颜色、线型和线宽特性由所在图层对应的特性决定；ByBlock 表示所选择对象的颜色、线型和线宽特性由所属图块对应的特性决定。

选择需要设置特性的图形对象后，可以在“颜色”下拉列表框中选择合适的颜色，也可以选择“选择颜色”命令，在弹出的“选择颜色”对话框中设置需要的颜色。

同样，可以在“线型”下拉列表框中选择已经加载的线型，也可以选择“其他”命令，弹出“选择线型”对话框设置所需要的线型。而且可以在“线宽”下拉列表框中选择合适的线宽。

当然，用户还可以在如图 1-29 所示的“二维绘图与注释”工作空间功能区的“常用”选项卡的“特性”面板中进行这些操作。

1.7.2 “样式”工具栏

在“AutoCAD 经典”工作空间里，“样式”工具栏也是系统默认存在的，可以在该工具栏中设置文字对象、标注对象、表格对象和多重引线的样式，效果如图 1-30 所示。在创建文字、标注和表格之前，可以分别在“文字样式”、“标注样式”、“表格样式”和“多重引线样式”下拉列表框中选择相应的样式，创建的对象就会采用当前列表中指定的样式。同样，也可以对创建完成的文字、标注、表格和多重引线重新指定样式，选择需要修改样式的对象，在样式列表框中选择合适的样式。

图 1-30 “样式”工具栏

1.7.3 “图层”工具栏

“图层”工具栏如图 1-31 所示，可以切换当前图层，修改选择对象的所在图层，控制图层的打开、关闭、冻结、解冻、锁定和解锁等。用户也可以在如图 1-32 所示的“二维绘图与注释”工作空间功能区的“常用”选项卡的“图层”面板中进行这些操作。

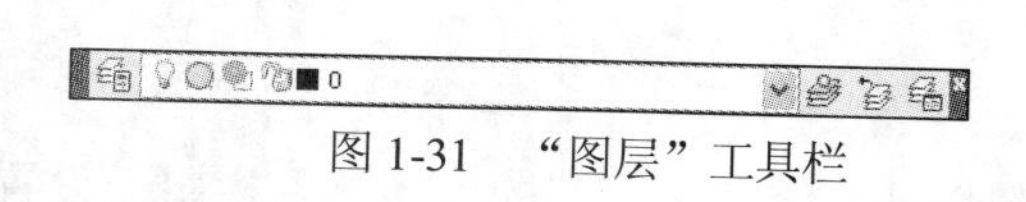

图 1-31 “图层”工具栏

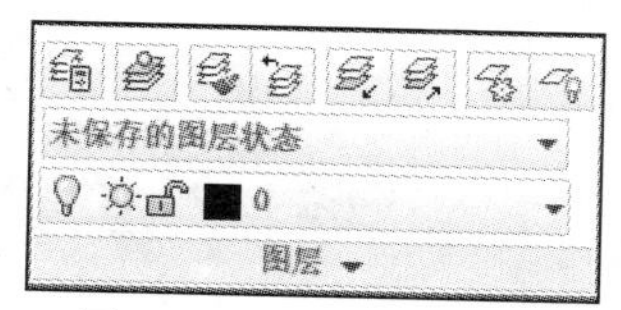

图 1-32 “图层”面板

在“选择图层状态”下拉列表框中选择合适的图层，即可将该图层置为当前图层。在绘图区选择需要改变图层的对象，在“选择图层状态”下拉列表框中选择目标图层即可改变选择对象所在图层。

1.7.4　“特性”选项板

“特性”选项板用于列出选定对象或对象集的当前特性设置，可通过指定新值修改特性。在未指定对象时，选择“工具”|“选项板”|“特性”命令，弹出“特性”选项板，效果如图 1-33 所示，选项板只显示当前图层的基本特性、图层附着的打印样式表的名称、查看特性以及关于 UCS 的信息。

当选定一个对象时，用户可以通过右键快捷菜单中的“特性”命令打开“特性”选项板，选项板显示选定图形对象的参数特性，如图 1-34 所示为选定一个圆时“特性”选项板的参数状态，用户可对参数进行修改。如果选择多个对象，则“特性”选项板将显示选择集中所有对象的公共特性。

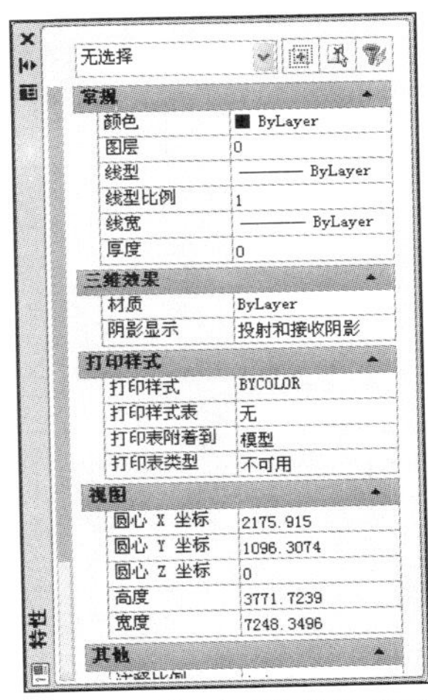

图 1-33　未选择对象时“特性”选项板状态

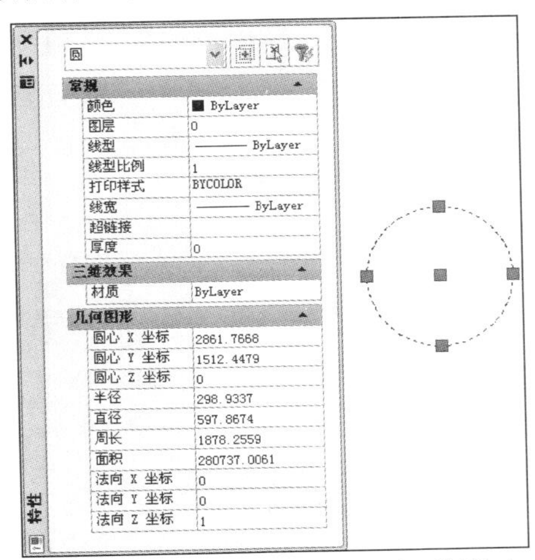

图 1-34　选择对象时“特性”选项板状态

1.8 夹 点 编 辑

对象处于被选择状态时，会出现若干个带颜色的小方框，这些小方框代表所选对象的特征点，即夹点。

夹点有 3 种状态：冷态、温态和热态。当夹点被激活时，处于热态，此时可以对图形对象进行编辑；当夹点未被激活时，处于冷态；当光标移动到某个夹点上时，该点处于温态，单击夹点后，该点处于热态。

当图形对象处于选中状态时，图形显示表示特征的夹点。当光标移动到某夹点时，夹点变为温态，显示与此夹点相关的参数，如图 1-35 所示。单击夹点时，夹点处于热态，可以在工具栏提示中修改相应的参数，修改后，图形对象随之变化，如图 1-36 所示。

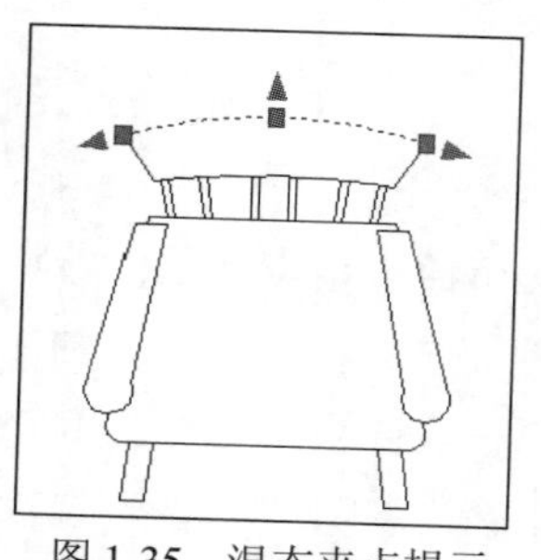

图 1-35　温态夹点提示

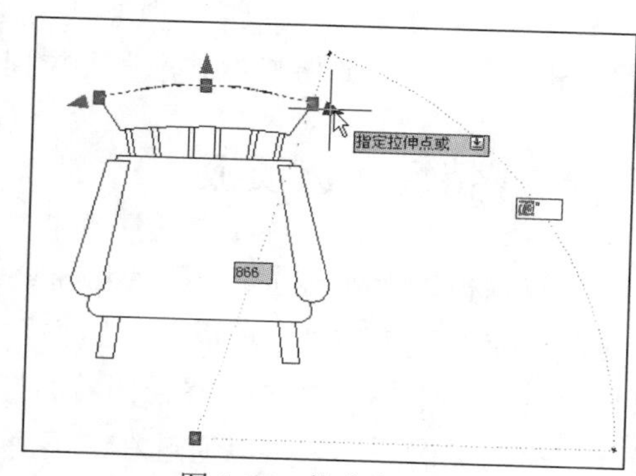

图 1-36　热态夹点提示

选择“工具”|“选项”命令，打开“选项”对话框，在“选择集”选项卡中可以对夹点进行编辑。如图 1-37 所示，为相关的夹点选项设置界面。

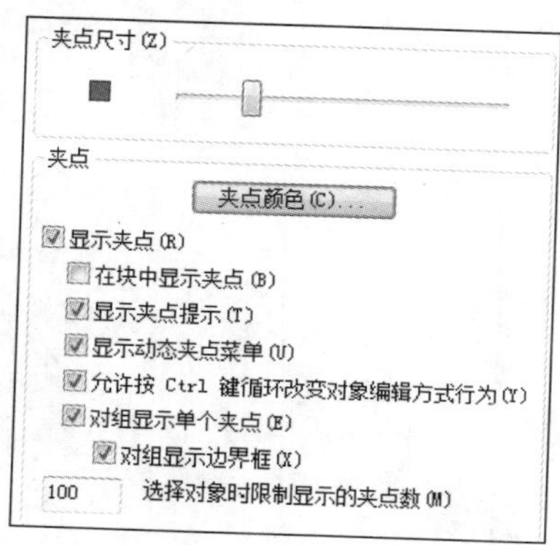

图 1-37　夹点选项设置

1.9　视图调整

在 AutoCAD 绘图过程中，用户需要对视图不断地进行调整。AutoCAD 提供了视图缩放和视图平移功能，以便用户观察图形对象操作过程。

选择“视图”|“缩放”命令，可以在弹出的级联菜单中选择合适的命令，也可以在如图 1-38 所示的“缩放”工具栏中单击合适的按钮，还可以在命令行中输入 ZOOM 命令，这些都可以执行相应的视图缩放操作。

图 1-38　“缩放”工具栏

在命令行中输入 ZOOM 命令，命令行提示如下。

```
命令: zoom
指定窗口的角点，输入比例因子 (nX 或 nXP)，或者
[全部(A)/中心(C)/动态(D)/范围(E)/上一个(P)/比例(S)/窗口(W)/对象(O)] <实时>:
```

命令行中不同的选项代表了不同的缩放方法。下面介绍几种常用的缩放方式。

1. 全部缩放

在命令行提示中输入 A，再按 Enter 键，则在视图中显示整个图形的全貌、用户定义的图形界限和图形范围。

2. 范围缩放

在命令行提示中输入 E，再按 Enter 键，则在视图中尽可能大地包含图形中所有对象的放大比例显示视图。视图包含已关闭图层上的对象，但不包含冻结图层上的对象。

3. 显示前一个视图

在命令行提示中输入 P，再按 Enter 键，则显示上一个视图。

4. 窗口缩放

窗口缩放方式用于缩放一个由两个对角点所确定的矩形区域。在图形中指定一个缩放区域，AutoCAD 将快速地放大包含在区域中的图形。窗口缩放功能使用非常频繁，但仅能用来放大视图，在图形复杂时可能要多次操作才能达到所要的效果。

5. 实时缩放

开启实时缩放后，视图随着左键的操作同时进行缩放。当执行实时缩放后，光标将变成一个放大镜形状。按住左键向上移动将放大视图；向下移动将缩小视图。如果鼠标移动到窗口的尽头，可以松开左键，将鼠标移回绘图区域，然后再按住左键拖动光标继续缩放。视图缩放完成后，按 Esc 键或 Enter 键完成视图的缩放。

在命令行提示中直接按 Enter 键，或单击“标准”工具栏的“实时缩放”按钮，就可以对图形进行实时缩放。

当图形窗口不能显示所有的图形时，需要进行平移操作，以便能查看图形的其他部分。单击“标准”工具栏中的“实时平移”按钮，则光标变成手形，此时移动光标可以对图形对象进行实时移动。

1.10 打印输出

选择“文件”|“打印”命令，弹出如图 1-39 所示的“打印”对话框。在“页面设置”下拉列表框中可以选择所要应用的页面设置名称，如果没有进行页面设置，选择“无”选项；在“打印机/绘图仪”选项组的“名称”下拉列表框中可以选择要使用的绘图仪；在“图纸尺寸”下拉列表框中可以选择合适的图纸幅面，并且在右上角可以预览图纸幅面的大小；在“打印区域”选项组的“打印范围”下拉列表框中提供了 4 种方法来确定打印范围。4 种方法及其含义如下。

- “图形界限”：表示打印布局时，将打印指定图纸尺寸的页边距内的所有内容，其原点从布局中的(0,0)点计算得出。

- “显示”：表示打印选定的“模型”选项卡当前视口中的视图或布局中的当前图纸空间视图。
- “窗口”：表示打印指定的图形的任何部分，这是直接在模型空间打印图形时最常用的方法。选择该选项后，命令行会提示用户在绘图区指定打印区域。
- “范围”：用于打印图形的当前空间部分(该部分包含对象)，当前空间内的所有几何图形都将被打印，该选项在图纸空间打印时出现，在模型空间打印时不出现。

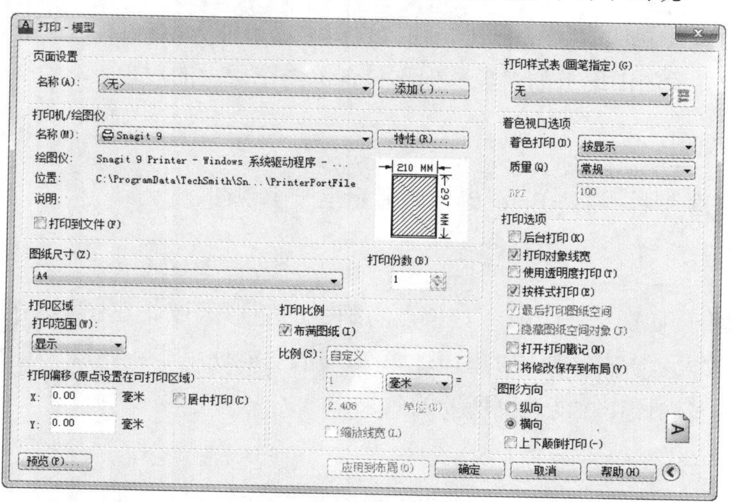

图 1-39 “打印”对话框

在“打印比例”选项组中，当选中“布满图纸”复选框后，其他选项显示为灰色表示不能更改。取消“布满图纸”复选框时，用户可以设置比例。

单击“打印”对话框右下角的⊙按钮，则展开“打印”对话框。在“打印样式表”下拉列表框中可以选择合适的打印样式表，在“图形方向”选项组中可以选择图形打印的方向和文字的位置。

单击“预览”按钮可以对打印图形效果进行预览，若对某些设置不满意可以返回修改。在预览中，按 Enter 键可以退出预览，返回“打印”对话框，单击“确定”按钮即可进行打印。

第2章　二维绘图与编辑

在 AutoCAD 中，二维图形对象都是由一些基本的二维图形组成的。AutoCAD 提供了大量的基本图形绘制命令和二维图形编辑命令，用户将这些命令结合使用，可以方便、快速地绘制出二维图形对象。

本章将介绍 AutoCAD 中平面坐标系的基本定义、二维图形的基本绘制和编辑方法、参数化建模图案填充的基本方法以及图块的创建和插入方法。通过本章的学习，用户可以熟练掌握 AutoCAD 中二维图形对象的基本绘制方法。

2.1 平面坐标系

点是最简单的二维图形，同时也是所有图形的基础。点集合形成线，线集合形成面，面集合形成体。如果把面和体分得更细一些，便可以看到线、面和体都是点的集合。对于 AutoCAD 软件初学者来说，要使用 AutoCAD 进行绘图，首先要能熟练地在 AutoCAD 中输入点的坐标。

点的输入主要分为两种方式：一种是通过鼠标，在绘图窗口中直接单击鼠标；另一种是通过键盘输入点的坐标。前一种方式比较简单，也很直观，用户易于掌握。因此，下面将主要介绍后一种方式，即使用坐标输入点的方式。

在 AutoCAD 平面绘图中，经常使用的坐标系主要有绝对直角坐标、相对直角坐标和相对极坐标 3 种。

1. 绝对直角坐标系

绝对直角坐标系是在二维平面上通过提供距两个相交的垂直坐标轴的距离来指定点的位置，或在三维空间上通过提供距 3 个相互垂直的坐标轴的距离来指定点的位置。轴之间的交点称为原点(0,0,0)，它把二维空间坐标等分为 4 份，或把三维空间等分成 8 份。用户可以用分数、小数或科学记数等形式来输入点的 X、Y 和 Z 坐标值，坐标间用逗号隔开。例如，(2,3,4)、(5.2,9,9.0)等都是正确的坐标值。

2. 相对直角坐标系

在利用 AutoCAD 绘制的图形中，往往其本身的一些特征尺寸是已知的，在确定对象的某些特征点的坐标时，可采用相对直角坐标系。如果用绝对直角坐标系，就需要计算它的坐标值，因此比较麻烦。

相对坐标是以上一个输入点作为原点，输入将要绘制的点在此坐标系下的坐标。在 AutoCAD 中，无论何时指定相对坐标，“@”符号一定要放在输入值之前。在 AutoCAD 中，输入相对坐标的正确方式为(@X,Y,Z)。

3. 极坐标系

极坐标指定点距固定点之间的距离和角度。在 AutoCAD 中，通过指定点距前一点的距离以及指定点和前一点的连线与坐标轴的夹角来确定极坐标值。在 AutoCAD 中，测量角度值的默认方向是逆时针方向。需要注意的是，对于用极坐标指定的点，它们是相对于前一点而不是原点(0,0)来定位的；距离与角度之间用尖括号“<”(而不用逗号“,”)分开。如果没有使用符号“<”，指定点将会相对于原点定位。

2.2 二维图形绘制

AutoCAD 在二维绘图方面突显强大的功能，用户可以使用 AutoCAD 提供的各种命令绘制点、直线、弧线以及其他图形。

AutoCAD 2013 提供了“绘图”和“修改”工具栏以方便用户绘图，如图 2-1 所示的“绘图”与“修改”工具栏中包含了基本二维制图命令按钮和二维编辑命令按钮，在“草图和注释”工作空间里还提供了如图 2-2 所示的“绘图”和“修改”面板，其功能与两个工具栏类似。

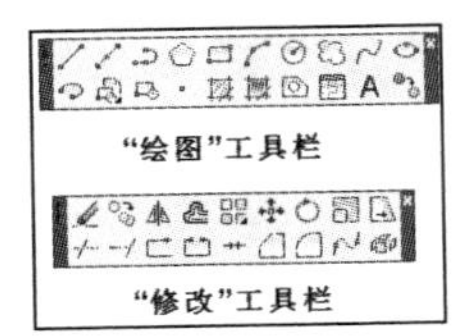

图 2-1　“绘图”与“修改”工具栏

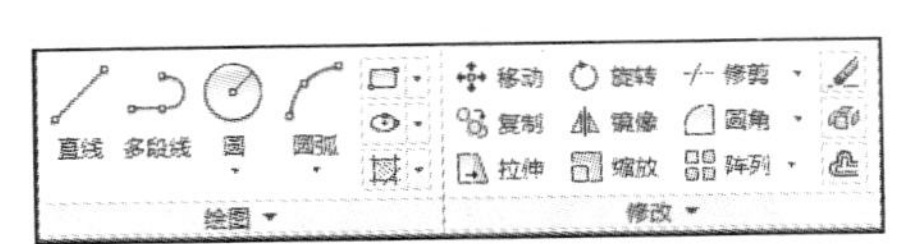

图 2-2　“绘图”与“修改”面板

2.2.1　绘制点

利用 AutoCAD 绘制图形时，经常需要绘制一些辅助点来准确定位，待完成图形后再删除即可。AutoCAD 既可以绘制单独的点，也可以绘制等分点和等距点。在创建点之前，首先要设置点的样式和大小，然后再绘制点。

1. 设定点的大小与样式

选择“格式”|“点样式”命令，弹出如图 2-3 所示的“点样式”对话框，从中设置点的样式和大小。

在“点样式”对话框中，“相对于屏幕设置大小”单选按钮(③)用于按屏幕尺寸的百分比设置点的显示大小；当进行缩放时，点的显示大小并不改变，“点大小”文本框(②)变成点大小(S): 5.0000 %，可以输入百分比。“按绝对单位设置大小”单选按钮(④)用于按指定的实际单位设置点的显示大小；当进行缩放时，AutoCAD 显示的点的大小随之改变，“点大小”文本框(②)变成点大小(S): 5.0000 单位，可以输入点大小实际值。

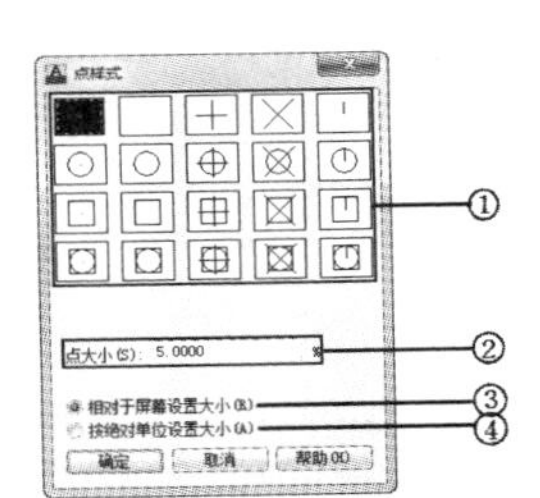

图 2-3　“点样式”对话框

在同一个图形文件中，点的样式都是一致的，一旦更改了某一个点的样式，该文件中其他所有的点样式都会发生相应的变化，除了被锁住或冻结的图层上的点，但是将该图层解锁或解冻后，点的样式随其他图层上的点一样会发生相应的变化。

2. 绘制点

选择“绘图”|“点”|“单点”命令或“多点”命令(选择“单点”命令则一次命令仅绘制一个点，选择“多点”命令则可绘制多个点)，或者在“绘图”工具栏中单击“点”按钮，都可以在指定的位置单击鼠标创建点对象，或通过输入点的坐标绘制点。

3. 绘制定数等分点

AutoCAD 提供了“等分”命令，可以将已有图形按照一定的要求等分。绘制定数等分点，就是

将点或块沿着对象的长度或周长等间隔排列。选择“绘图”|“点”|“定数等分”命令，在系统提示下选择要等分的对象，并输入等分的线段数目，即可在图形对象上绘制定数等分点。可以绘制定数等分点的图形包括圆、圆弧、椭圆、椭圆弧和样条曲线。

对于非闭合的图形对象，定数等分点的位置是唯一的，而闭合的图形对象的定数等分点的位置和鼠标选择对象的位置有关。有时绘制完等分点后，用户可能无法辨识，这是因为点与所操作的对象重合，用户可以将点设置为其他便于观察的样式。

4. 绘制定距等分点

在 AutoCAD 中，还可以按照一定的间距绘制点。选择“绘图”|“点”|“定距等分”命令，在系统提示下，输入点的间距，即可绘制出该图形上的定距等分点。

2.2.2 绘制直线

直线是基本的图形对象之一。AutoCAD 中的直线即为几何学中的线段。AutoCAD 用一系列的直线连接各指定点。LINE 命令是 AutoCAD 中为数不多的可以自动重复的命令之一。它可以将一条直线的终点作为下一条直线的起点，并连续提示直线的下一个终点。

选择“绘图”|“直线”命令，或单击“绘图”工具栏中的“直线”按钮，激活该命令后，系统提示如下。

```
命令: line
指定第一点:                    //使用光标在绘图区拾取一个点或输入坐标确定一个点
指定下一点或 [放弃(U)]: //使用光标在绘图区拾取第二个点或输入坐标确定第二点
指定下一点或 [放弃(U)]: //使用光标在绘图区拾取第三个点或输入坐标确定第三点
指定下一点或 [闭合(C)/放弃(U)]: //继续绘制或按 Enter 键完成绘制
```

2.2.3 绘制矩形

AutoCAD 提供了绘制标准矩形的命令 RECTANG，而在此命令中有不同的参数设置，从而可以绘制出具有不同属性的矩形。

选择“绘图”|“矩形”命令，或者单击“绘图”工具栏中的“矩形”按钮，都可以执行命令。其具体操作如下。

```
命令: _rectang
指定第一个角点或 [倒角(C)/标高(E)/圆角(F)/厚度(T)/宽度(W)]:
指定另一个角点或 [面积(A)/尺寸(D)/旋转(R)]:
```

命令行中各选项及其含义如下。

- “倒角(C)”选项：设置矩形各个角的修饰，从而绘制出带倒角的矩形。
- “标高(E)”选项：设置矩形所在 Z 平面的高度。此项设置在平面视图中看不出区别。

- “圆角(F)”选项：设置矩形各角为圆角，从而绘制出带圆角的矩形。
- “厚度(T)”选项：设置矩形沿 Z 轴方向的厚度。同样在平面视图中无法看到效果。
- “宽度(W)”选项：设置矩形边的宽度。
- “面积(A)”选项：使用面积与长度或宽度创建矩形。如果“倒角”或“圆角”选项被激活，则面积将包括倒角或圆角在矩形角点上产生的效果。
- “尺寸(D)”选项：使用长和宽创建矩形。
- “旋转(R)”选项：按指定的旋转角度创建矩形。

2.2.4　绘制正多边形

正多边形各边长度相等，运用 AutoCAD 的“正多边形”命令可以绘制出边数从 3～1024 的正多边形。

选择“绘图”|“正多边形”命令，或者单击“绘图”工具栏中的“正多边形”按钮⬠，都可以执行“正多边形”命令。其具体操作如下。

```
命令: _polygon 输入侧面数 <4>: //指定正多边形的边数
指定正多边形的中心点或 [边(E)]: //指定正多边形的中心点
输入选项 [内接于圆(I)/外切于圆(C)] <I>: //确认绘制多边形的方式
指定圆的半径: //输入圆半径
```

命令行中各选项及其含义如下。

- “边(E)”选项：以一条边的长度为基础绘制正多边形。
- “内接于圆(I)”选项：绘制圆的内接正多边形。
- “外切于圆(C)”选项：绘制圆的外切正多边形。

2.2.5　绘制圆和圆弧

在制图过程中，圆、圆弧和圆环是非常基础也是非常重要的曲线图形。通过几何学知识可以运用多种方法绘制圆、圆弧和圆环等图形对象。

1. 绘制圆

AutoCAD 提供了 6 种绘制圆的方法，它们都包含在“圆”命令中。可以通过选择“绘图”|“圆”命令的子命令，或单击“绘图”工具栏中的“圆”按钮⊙进行圆的绘制。在菜单“绘图”|“圆”的级联菜单中，依次罗列了 6 种绘制圆的方法。

01 “圆心、半径”命令。利用圆的圆心和半径来绘制圆，如图 2-4 所示，其具体操作如下。

```
命令: _circle
指定圆的圆心或 [三点(3P)/两点(2P)/ 切点、切点、半径(T)]:
指定圆的半径或 [直径(D)] <172.7225>: 50
```

02 “圆心、直径”命令。利用圆的圆心和直径来绘制圆，如图 2-5 所示，其具体操作如下。

```
命令: _circle
指定圆的圆心或 [三点(3P)/两点(2P)/ 切点、切点、半径(T)]:
指定圆的半径或 [直径(D)] <50.0000>: d
指定圆的直径 <100.0000>: 100
```

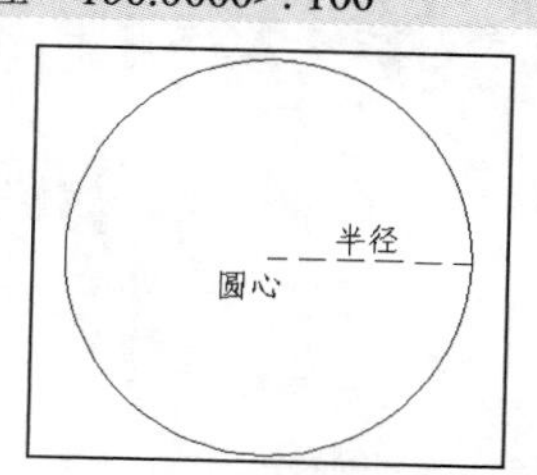

图 2-4 “圆心、半径”方法绘制圆

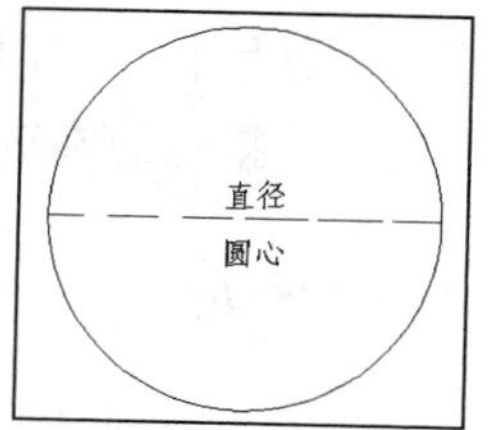

图 2-5 “圆心、直径”方法绘制圆

03 “三点”命令。利用圆上三点绘制圆，如图 2-6 所示。其具体操作如下。

```
命令: _circle 指定圆的圆心或 [三点(3P)/两点(2P)/ 切点、切点、半径(T)]: 3p
指定圆上的第一点:
指定圆上的第二点:
指定圆上的第三点:
```

04 “相切、相切、半径”命令。利用与圆相切的两条切线和圆的半径绘制圆，如图 2-7 所示。使用该方法绘制圆有可能找不到符合条件的圆，此时命令提示行将提示“圆不存在”。有时会有多个圆符合指定条件的情况。AutoCAD 以指定的半径绘制圆，其切点与选定点的距离最近。其具体操作如下。

```
命令: _circle 指定圆的圆心或 [三点(3P)/两点(2P)/ 切点、切点、半径(T)]: _ttr
指定对象与圆的第一个切点:
指定对象与圆的第二个切点:
指定圆的半径 <30>:
```

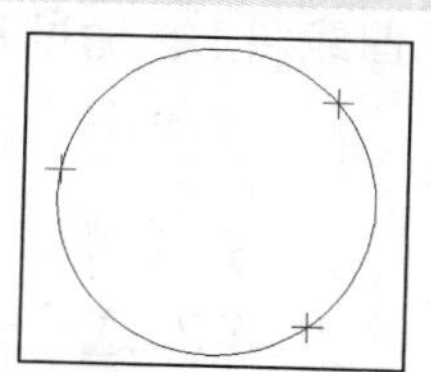

图 2-6 “三点”方法绘制圆

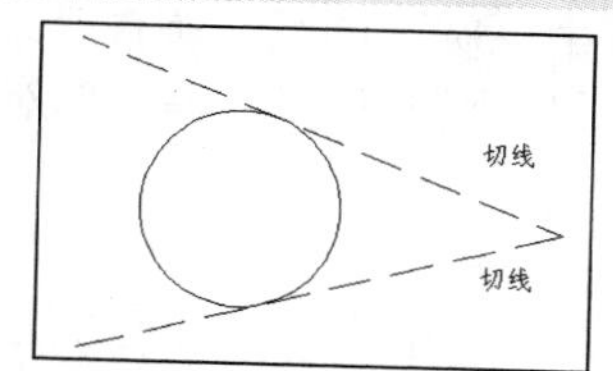

图 2-7 “相切、相切、半径”方法绘制圆

05 “两点”命令。利用圆的一条直径的两个端点绘制圆，如图 2-8 所示。其具体操作如下。

```
命令: _circle
指定圆的圆心或 [三点(3P)/两点(2P)/ 切点、切点、半径(T)]: _2p
指定圆直径的第一个端点:
指定圆直径的第二个端点:
```

06 “相切、相切、相切”命令。利用与圆相切的 3 条切线绘制圆，如图 2-9 所示。其具体操作如下。

```
命令: _circle 指定圆的圆心或 [三点(3P)/两点(2P)/ 切点、切点、半径(T)]: _3p
指定圆上的第一个点: _tan 到
指定圆上的第二个点: _tan 到
指定圆上的第三个点: _tan 到
```

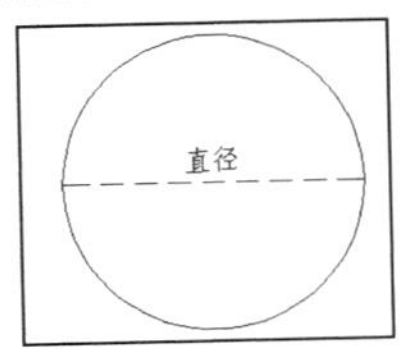

图 2-8　“两点”方法绘制圆

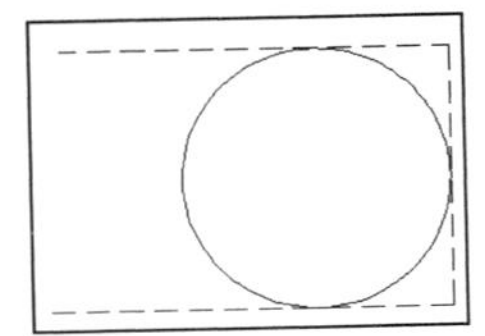

图 2-9　“相切、相切、相切”方法绘制圆

2．绘制圆弧

圆弧是圆的一部分，绘制圆弧时除了需要知道圆心和半径之外，还需要确定圆弧的起点和终点。此外，圆弧还有顺时针和逆时针的方向特性。AutoCAD 提供了 10 种绘制圆弧的方法。选择“绘图”|“圆弧”命令的子命令，或者单击“绘图”工具栏中的“圆弧”按钮，都可以执行圆弧命令。

01 “三点”命令。通过输入圆弧的起点、端点和圆弧上的任一点来绘制圆弧，如图 2-10 所示。其具体操作如下。

```
命令: _arc 指定圆弧的起点或 [圆心(C)]:
指定圆弧的第二个点或 [圆心(C)/端点(E)]:
指定圆弧的端点:
```

02 “起点、圆心、端点”命令。通过圆弧所在圆的圆心和圆弧的起点、终点来绘制圆弧，如图 2-11 所示。其具体操作如下。

```
命令: _arc 指定圆弧的起点或 [圆心(C)]:
指定圆弧的第二个点或 [圆心(C)/端点(E)]: _c 指定圆弧的圆心:
指定圆弧的端点或 [角度(A)/弦长(L)]:
```

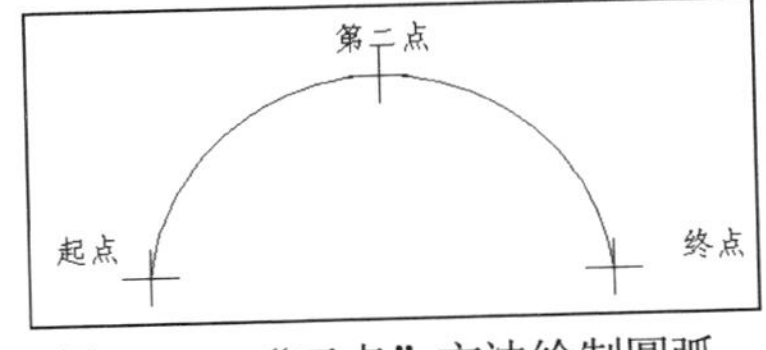

图 2-10　“三点”方法绘制圆弧

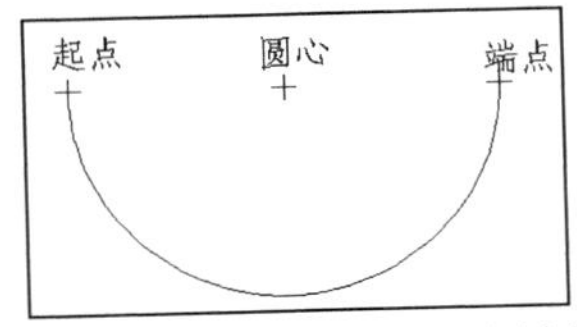

图 2-11　“起点、圆心、端点”方法绘制圆弧

03 “起点、圆心、角度”命令。通过输入圆弧所在圆的圆心、圆弧的起点以及圆弧所对圆心角的角度来绘制圆弧，如图 2-12 所示。其具体操作如下。

```
命令: _arc 指定圆弧的起点或 [圆心(C)]:
指定圆弧的第二个点或 [圆心(C)/端点(E)]: _c 指定圆弧的圆心:
```

指定圆弧的端点或 [角度(A)/弦长(L)]: _a 指定包含角:

04 “起点、圆心、长度”命令。通过圆弧所在圆的圆心、圆弧的起点以及圆弧的弦长来绘制圆弧，注意输入的弦长不能超过圆弧所在圆的直径，如图 2-13 所示。其具体操作如下。

命令: _arc 指定圆弧的起点或 [圆心(C)]:
指定圆弧的第二个点或 [圆心(C)/端点(E)]: _c 指定圆弧的圆心:
指定圆弧的端点或 [角度(A)/弦长(L)]: _l 指定弦长:

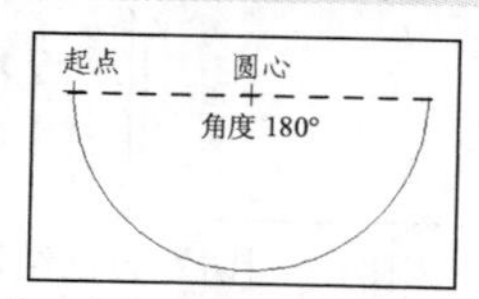

图 2-12 “起点、圆心、角度”方法绘制圆弧

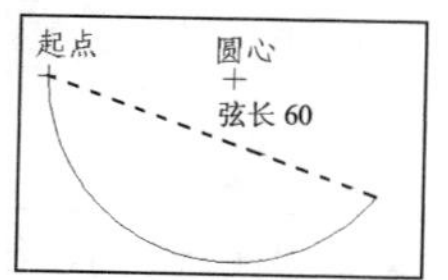

图 2-13 “起点、圆心、长度”方法绘制圆弧

05 “起点、端点、角度”命令。通过圆弧的起点、端点以及圆弧所对圆心角的角度来绘制圆弧，如图 2-14 所示。其具体操作如下。

命令: _arc 指定圆弧的起点或 [圆心(C)]:
指定圆弧的第二个点或 [圆心(C)/端点(E)]: _e
指定圆弧的端点:
指定圆弧的圆心或 [角度(A)/方向(D)/半径(R)]: _a 指定包含角:

06 “起点、端点、方向”命令。通过圆弧的起点、端点以及起点的切线方向来绘制圆弧，如图 2-15 所示。其具体操作如下。

命令: _arc 指定圆弧的起点或 [圆心(C)]:
指定圆弧的第二个点或 [圆心(C)/端点(E)]: _e
指定圆弧的端点:
指定圆弧的圆心或 [角度(A)/方向(D)/半径(R)]: _d 指定圆弧的起点切向:

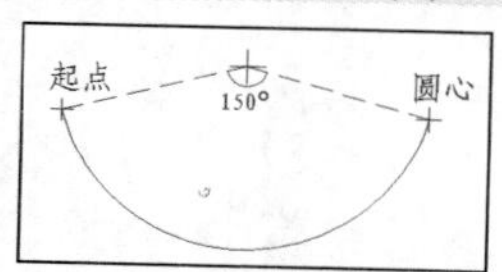

图 2-14 “起点、端点、角度”方法绘制圆弧

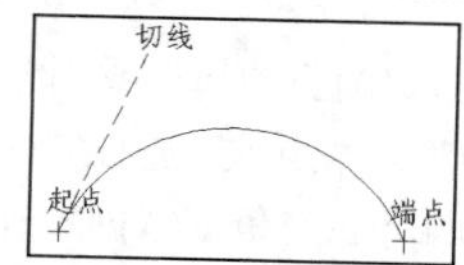

图 2-15 “起点、端点、方向”方法绘制圆弧

07 “起点、端点、半径”命令。通过圆弧的起点、端点以及圆弧的半径来绘制圆弧，如图 2-16 所示。其具体操作如下。

命令: _arc 指定圆弧的起点或 [圆心(C)]:
指定圆弧的第二个点或 [圆心(C)/端点(E)]: _e
指定圆弧的端点:
指定圆弧的圆心或 [角度(A)/方向(D)/半径(R)]: _r 指定圆弧的半径:

08 “圆心、起点、端点”命令。通过圆弧所在圆的圆心、圆弧的起点和端点来绘制圆弧，如图 2-17 所示。其具体操作如下。

```
命令: _arc 指定圆弧的起点或 [圆心(C)]: _c 指定圆弧的圆心:
指定圆弧的起点:
指定圆弧的端点或 [角度(A)/弦长(L)]:
```

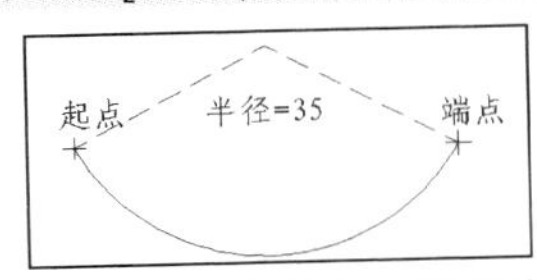

图 2-16 “起点、端点、半径”方法绘制圆弧

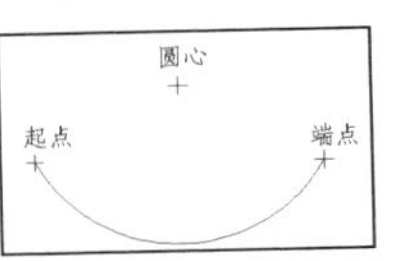

图 2-17 “圆心、起点、端点”方法绘制圆弧

09 “圆心、起点、角度”命令。通过圆弧所在圆的圆心、圆弧的起点以及圆弧所对圆心角的角度来绘制圆弧，如图 2-18 所示。其具体操作如下。

```
命令: _arc 指定圆弧的开始点 或 [圆心(C)]: _c 指定圆弧的圆心:
指定圆弧的开始点:
指定圆弧的结束点或 [角度(A)/弦长(L)]: _a 指定包含角度: 180
```

10 “圆心、起点、长度”命令。通过圆弧所在圆的圆心、圆弧的起点以及圆弧所对弦的长度来绘制圆弧，如图 2-19 所示。其具体操作如下。

```
命令: _arc 指定圆弧的开始点 或 [圆心(C)]: _c 指定圆弧的圆心:
指定圆弧的开始点:
指定圆弧的结束点 或 [角度(A)/弦长(L)]: _l 指定弦长: 60
```

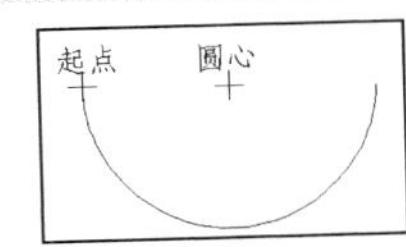

图 2-18 “圆心、起点、角度”方法绘制圆弧

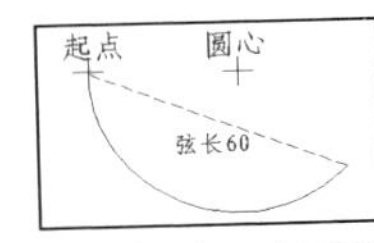

图 2-19 “圆心、起点、长度”方法绘制圆弧

菜单中最后一项命令为“继续”，其作用是继续绘制与最后绘制的直线或曲线的端点相切的圆弧。

2.2.6 绘制多线

AutoCAD 提供 MLINE 命令绘制多线。另外，还提供了用于修改两条或多条多线的交点及封口样式的 MLEDIT 命令，MLSTYLE 命令用于创建新的多线样式或编辑已有的多线样式。在一个多线样式中，最多可以包含 16 条平行线，每一条平行线称为一个元素。

1. “多线”命令

选择“绘图”|“多线”命令，或在命令行中输入 MLINE 命令，并按 Enter 键或空格键，都可以执行“多线”命令。其具体操作如下。

```
命令: _mline
当前设置: 对正 = 上，比例 = 20.00，样式 = STANDARD
```

```
指定起点或 [对正(J)/比例(S)/样式(ST)]:
指定下一点:
指定下一点或 [放弃(U)]:
指定下一点或 [闭合(C)/放弃(U)]:
```

命令行中各选项及其含义如下。

- “对正(J)”选项：该选项确定如何在指定的点之间绘制多线。输入 J，按 Enter 键后，命令行提示“输入对正类型[上(T)/无(Z)/下(B)]<上>：”。其中，“上(T)”表示设置光标处绘制多线的顶线，其余的线在光标之下；“无(Z)”表示在光标处绘制多线的中点，即偏移量为 0 的点；“下(B)”表示设置光标处绘制多线的底线，其余的线在光标之上。
- “比例(S)”选项：设置多线宽度的缩放比例系数。此系数不会影响线型的缩放比例系数。
- “样式(ST)”选项：指定多线样式。选择该项后，命令行提示“输入多线样式名或 [?]:”，此处输入多线样式名称或者输入“?”(可以显示已定义的多线样式名)。

2. “多线样式”命令

选择“格式”|“多线样式”命令，弹出如图 2-20 所示的“多线样式”对话框，在该对话框中可以修改当前多线样式，也可以设定新的多线样式。在该对话框中，各按钮的含义如下。

- “加载”按钮：单击该按钮弹出“加载多线样式”对话框，在该对话框中可以选择以 MLN 为后缀名的文件，从中读取多线样式。
- “保存”按钮：保存或复制一个多线样式。
- “重命名”按钮：对一个多线样式进行重命名。
- “删除”按钮：删除一个选中的多线样式。
- “新建”按钮：单击该按钮，弹出如图 2-21 所示的“创建新的多线样式”对话框。在“新样式名”对话框中输入新样式名称，在“基础样式”下拉列表框中选择参考样式，单击“继续”按钮，弹出如图 2-22 所示的“新建多线样式”对话框。

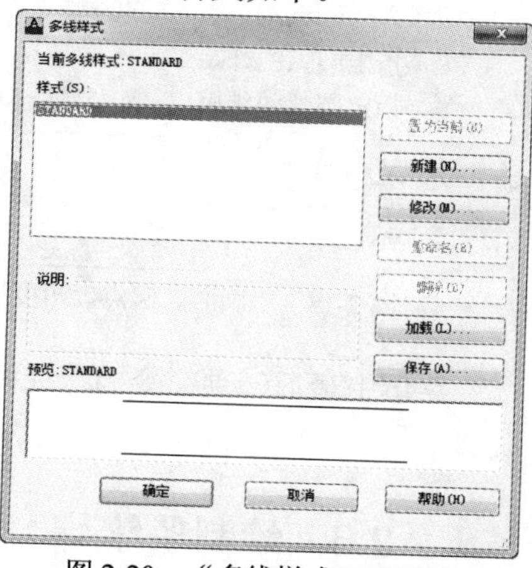

图 2-20 “多线样式”对话框

图 2-21 “创建新的多线样式”对话框

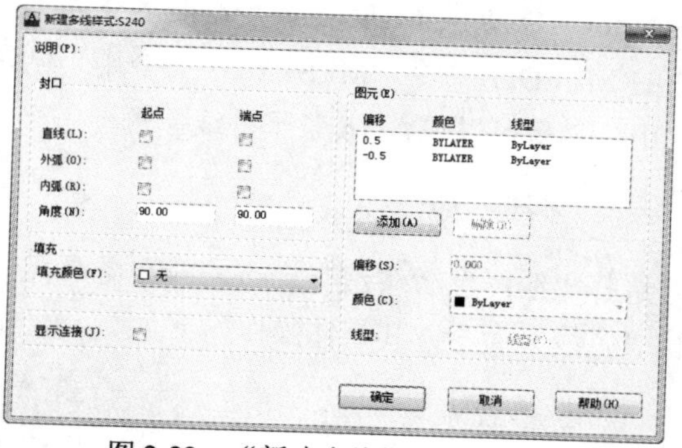

图 2-22 “新建多线样式”对话框

在“新建多线样式”对话框中，“说明”文本框是对当前多线样式附加的简单说明和描述。“封口”选项组用于设置多线起点和终点的封闭形式。封口有直线、外弧、内弧和角度 4 个选项。“填充颜色”下拉列表框用于设置多线背景的填充。“显示连接”复选框用于控制多线每个部分的端点上连接线的显示，默认状态下为不选中该复选框。

“图元”选项组可以设置多线元素的特性，元素特性包括每条直线元素的偏移量、颜色和线型。“添加”按钮可以将新的多线元素添加到多线样式中。“删除”按钮可以从当前的多线样式中删除不需要的直线元素。“偏移”文本框用于设置当前多线样式中某个直线元素的偏移量，偏移量可以是正值也可以是负值。“颜色”下拉列表框可以选择需要的元素颜色。单击“线型”按钮，弹出“选择线型”对话框，可以从该对话框中选择已经加载的线型，或者按需要加载线型。单击“加载”按钮，弹出“加载或重载线型”对话框，可以选择合适的线型。

3. “多线编辑”命令

AutoCAD 提供的“多线编辑”命令可以对已绘制的多线进行编辑。选择“修改”|“对象”|“多线”命令，或者在命令行输入命令 MLEDIT，弹出如图 2-23 所示的“多线编辑工具”对话框，用户可以在对话框中选择编辑格式，按要求修改已绘制的多线。

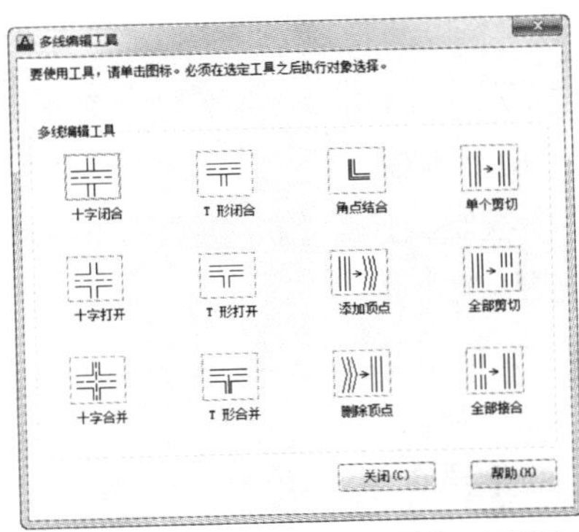

图 2-23　“多线编辑工具”对话框

2.2.7　绘制多段线

多段线是由多个对象组成的图形。多段线中的“多段”指的是单个对象中包含多条直线或圆弧。因此，多段线同时具有所包含的直线、圆弧等对象具备的优点，这主要表现在多段线可直可曲、可宽可窄，且线宽可固定也可变化。

选择“绘图”|“多段线”命令，或者单击“绘图”工具栏中的“多段线”按钮，或者在命令行输入 PLINE 命令并按 Enter 键或空格键，都可以执行“多段线”命令。其具体操作如下。

```
命令: _pline
指定起点:
当前线宽为 0.0000
```

```
指定下一个点或 [圆弧(A)/半宽(H)/长度(L)/放弃(U)/宽度(W)]:
指定下一点或 [圆弧(A)/闭合(C)/半宽(H)/长度(L)/放弃(U)/宽度(W)]:
```

命令行中各选项及其含义如下。

- “圆弧(A)”选项：多段线的绘制由直线切换到曲线。
- “半宽(H)”选项：指定多段线的半宽。
- “长度(L)”选项：指定当前多段线的长度。如果前一段为直线，当前多段线沿着直线延长方向；如果前一段为曲线，当前多段线沿着曲线端点的切线方向。
- “放弃(U)”选项：撤销上次所绘制的一段多段线。可按顺序依次撤销。
- “宽度(W)”选项：指定多段线线宽。其默认值为上一次所指定的线宽，如果一直没有指定过多段线线宽，其值为零。在指定线宽时，可分别指定多段线的起点宽度与端点宽度，也可分段指定，可互不相同。

在圆弧选项中，AutoCAD 提供了多种不同选项绘制多段线，提示内容如下。

```
指定圆弧的端点或
[角度(A)/圆心(CE)/方向(D)/半宽(H)/直线(L)/半径(R)/第二个点(S)/放弃(U)/宽度(W)]:
```

命令行中各选项及其含义如下。

- “角度(A)”选项：指定圆弧所对应的圆心角(逆时针为正)。
- “圆心(CE)”选项：指定圆弧的圆心。
- “方向(D)”选项：指定当前所绘制圆弧起点的切线方向(默认为上一段多段线端点的切线方向)。
- “半宽(H)”选项：指定多段线的半宽。
- “直线(L)”选项：多段线的绘制由曲线切换为直线。
- “半径(R)”选项：指定圆弧的半径。
- “第二个点(S)”选项：用三点绘制圆弧，指定其中的第二点。
- “放弃(U)”选项：撤销上次绘制的一段多段线。
- “宽度(W)”选项：指定多段线线宽。

2.2.8 绘制构造线

向两个方向无限延伸的直线称为构造线。选择“绘图”|“构造线”命令，或者单击“绘图”工具栏中的“构造线”按钮，或者在命令行中输入 XLINE，都可以绘制构造线。命令行提示如下。

```
命令: _xline
指定点或 [水平(H)/垂直(V)/角度(A)/二等分(B)/偏移(O)]:
```

命令行中各选项及其含义如下。

- “水平(H)”和“垂直(V)”选项：创建一条经过指定点并且与当前 UCS 的 X 轴或 Y 轴平行的构造线。

- “角度(A)”选项：创建一条与参照线或水平轴成指定角度，并经过指定点的构造线。
- “二等分(B)”选项：创建一条等分某一角度的构造线。
- “偏移(O)”选项：创建平行于指定基线的构造线，首先需要指定偏移距离、基线和指明构造线位于基线的哪一侧。

2.2.9　绘制样条曲线

在 AutoCAD 中，一般通过指定样条曲线的控制点、起点以及终点的切线方向来绘制样条曲线。选择“绘图”|“样条曲线”命令，或者单击“绘图”工具栏中的“样条曲线”按钮，或者在命令行中输入 SPLINE，都可以执行该命令。命令行提示如下。

```
命令: _spline
当前设置: 方式=拟合　　节点=弦
指定第一个点或 [方式(M)/节点(K)/对象(O)]: //指定样条曲线的起点
输入下一个点或 [起点切向(T)/公差(L)]:// 指定样条曲线的第二个控制点
输入下一个点或 [端点相切(T)/公差(L)/放弃(U)/闭合(C)]:// 指定样条曲线的其他控制点
…
输入下一个点或 [端点相切(T)/公差(L)/放弃(U)/闭合(C)]:// 指定样条曲线最后一个控制点
输入下一个点或 [端点相切(T)/公差(L)/放弃(U)/闭合(C)]: t//输入 t，指定端点切向
指定端点切向://指定切点方向
```

2.3　二维图形编辑

在绘制建筑图形时，可以运用 AutoCAD 的图形编辑功能对已绘制的图形进行编辑和修改，AutoCAD 中常见的二维图形编辑命令一般都可以在“修改”工具栏或“修改”面板中找到。

2.3.1　删除

选择“修改”|“删除”命令，或者单击“修改”工具栏中的“删除”按钮，或者在命令提示符下输入 ERASE 命令并按 Enter 键或空格键，都可以执行“删除”命令。命令行提示如下。

```
命令: _erase
选择对象:找到 2 个对象 //在绘图区选择需要删除的对象(构造删除对象集)
选择对象:　　//按 Enter 键
```

2.3.2　复制

选择“修改”|“复制”命令，或者单击“修改”工具栏中的“复制”按钮，或者在命令行中输入 COPY，都可以执行“复制”命令。“复制”命令中提供了“模式”选项，用来控制将对象复制一次还是多次。

1. 单个复制

执行“复制”命令，命令行提示如下。

```
命令: _copy
选择对象: 找到 1 个 //在绘图区选择需要复制的对象
选择对象://按 Enter 键，完成对象选择
当前设置:  复制模式 = 多个
指定基点或 [位移(D)/模式(O)] <位移>: o //输入 o，表示选择复制模式
输入复制模式选项 [单个(S)/多个(M)] <多个>: s //输入 s，表示复制一个对象
指定基点或 [位移(D)/模式(O)/多个(M)] <位移>:  //在绘图区拾取或输入坐标确认复制对象的基点
指定第二个点或 [阵列(A)] <使用第一个点作为位移>: //在绘图区拾取或输入坐标确定位移点
```

2. 多个复制

执行“复制”命令，命令行提示如下。

```
命令: _copy
选择对象: 找到 1 个 //在绘图区选择需要复制的对象
选择对象://按 Enter 键，完成对象选择
当前设置:  复制模式 = 单个
指定基点或 [位移(D)/模式(O)/多个(M)] <位移>: m //输入 m，表示选择多个复制模式
指定基点或 [位移(D)/模式(O)/多个(M)] <位移>: //在绘图区拾取或输入坐标确认复制对象基点
指定第二个点或 [阵列(A)] <使用第一个点作为位移>: //在绘图区拾取或输入坐标确定位移点
指定第二个点或 [阵列(A)/退出(E)/放弃(U)] <退出>: //在绘图区拾取或输入坐标确定位移点
指定第二个点或 [阵列(A)/退出(E)/放弃(U)] <退出>:
```

2.3.3 镜像

镜像是将一个对象按某一条镜像线进行对称复制。选择“修改”|“镜像”命令，或者单击“修改”工具栏中的“镜像”按钮，或者在命令行中输入 MIRROR 命令并按 Enter 键或空格键，都可以执行镜像命令。执行“镜像”命令，命令行提示如下。

```
命令: _mirror
选择对象: 找到 1 个 //在绘图区选择需要镜像的对象
选择对象:// 按 Enter 键，完成对象选择
指定镜像线的第一点: //在绘图区拾取或输入坐标确定镜像线第一点
指定镜像线的第二点: //在绘图区拾取或输入坐标确定镜像线第二点
要删除源对象吗? [是(Y)/否(N)] <N>://输入 N 则不删除源对象，输入 Y 则删除源对象
```

2.3.4 偏移

偏移对象是指保持选择对象的基本形状和方向不变，在不同的位置新建一个对象。偏移的对象可

以是直线段、射线、圆弧、圆、椭圆弧、椭圆、二维多段线和平面上的样条曲线等。选择“修改”|“偏移”命令，或者单击“修改”工具栏中的“偏移”按钮，或者在命令行中输入 OFFSET 命令并按 Enter 键或空格键，都可以执行“偏移”命令。执行“偏移”命令，命令行提示如下。

```
命令: _offset
当前设置: 删除源=否　图层=源　OFFSETGAPTYPE=0
指定偏移距离或 [通过(T)/删除(E)/图层(L)] <1.0000>:　100 //设置需要偏移的距离
选择要偏移的对象，或 [退出(E)/放弃(U)] <退出>: //在绘图区选择要偏移的对象
指定要偏移的那一侧上的点，或 [退出(E)/多个(M)/放弃(U)] <退出>: //以偏移对象为基准，选择偏移的方向
选择要偏移的对象，或 [退出(E)/放弃(U)] <退出>: //按 Enter 键，完成偏移操作
```

2.3.5 阵列

绘制多个在 X 轴或 Y 轴上等间距分布或围绕一个中心旋转或沿着路径均匀分布的图形时，可以使用阵列命令，下面分别讲解。

1. 矩形阵列

所谓矩形阵列，是指在 X 轴、Y 轴或 Z 轴方向上等间距绘制多个相同的图形。选择“修改”|“阵列”|“矩形阵列”命令，或单击“修改”工具栏中的“矩形阵列”按钮，或在命令行中输入 ARRAYRECT 命令可执行“矩形阵列”命令，命令行提示如下。

```
命令: _arrayrect
选择对象: 找到 1 个//如图 2-24 所示，选择需要阵列的对象
选择对象: //按 Enter 键，完成选中
类型 = 矩形　关联 = 是
选择夹点以编辑阵列或 [关联(AS)/基点(B)/计数(COU)/间距(S)/列数(COL)/行数(R)/层数(L)/退出(X)] <退出>:
col//输入 col 表示设置列数和列间距
输入列数数或 [表达式(E)] <4>: 4//设置列数为 4
指定 列数 之间的距离或 [总计(T)/表达式(E)] <32.6283>: 20//设置列间距为 20
选择夹点以编辑阵列或 [关联(AS)/基点(B)/计数(COU)/间距(S)/列数(COL)/行数(R)/层数(L)/退出(X)] <退出>:
r//输入 r，表示设置行数和行间距
输入行数数或 [表达式(E)] <3>: 3//设置行数为 3
指定 行数 之间的距离或 [总计(T)/表达式(E)] <32.6283>: 15//设置行间距为 15
指定 行数 之间的标高增量或 [表达式(E)] <0>: //按回车键，设置标高为 0
选择夹点以编辑阵列或 [关联(AS)/基点(B)/计数(COU)/间距(S)/列数(COL)/行数(R)/层数(L)/退出(X)] <退出>:
x//输入 X，退出，完成阵列，效果如图 2-24 所示
```

除通过指定行数、行间距、列数和列间距方式创建矩形阵列外，还可以通过“选择夹点以编辑阵列”的方式，在绘图区通过选择阵列的夹点移动光标设置阵列的行间距、列间距、行数和列数，矩形阵列的夹点功能如图 2-25 所示。

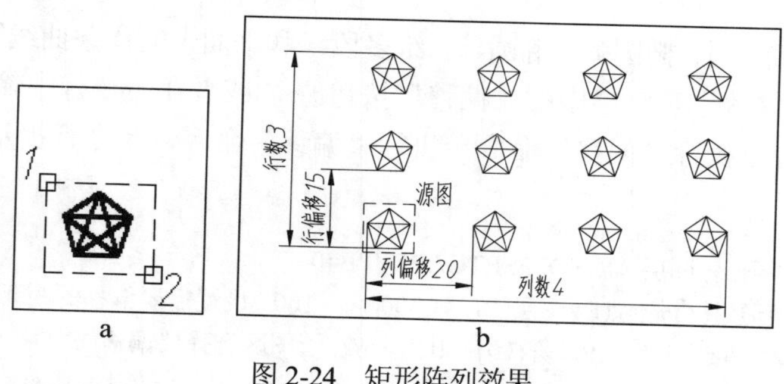

图 2-24 矩形阵列效果

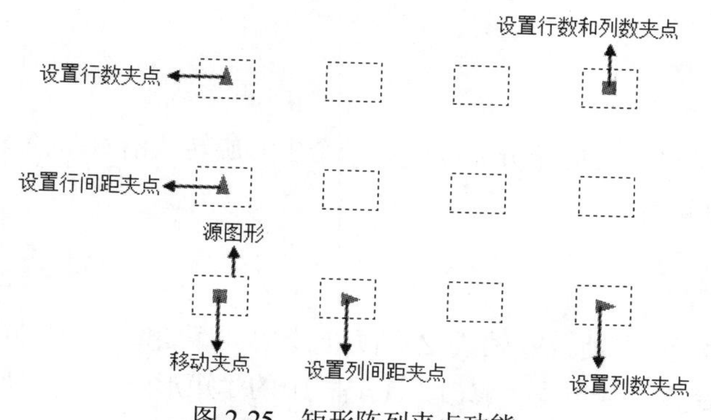

图 2-25 矩形阵列夹点功能

表 2-1 列出了矩形阵列主要参数的含义。

表 2-1 矩形阵列参数含义

参 数	含 义
基点(B)	表示指定阵列的基点
计数(COU)	输入 COU，命令行要求分别指定行数和列数的方式产生矩形阵列
间距(S)	输入 S，命令行要求分别指定行间距和列间距
关联(AS)	输入 AS，用于指定创建的阵列项目是否作为关联阵列对象，或是作为多个独立对象
行数(R)	输入 R，命令行要求编辑行数和行间距
列数(COL)	输入 COL，命令行要求编辑列数和列间距
层数(L)	输入 L，命令行要求指定在 Z 轴方向上的层数和层间距

2. 环形阵列

所谓环形阵列，是指围绕一个中心创建多个相同的图形。选择“修改”|“阵列”|“环形阵列”命令，或单击“修改”工具栏中的“环形阵列”按钮，或在命令行中输入 ARRAYPOLAR 命令可执行“环形阵列”命令，命令行提示如下。

命令: _arraypolar

选择对象: 指定对角点: 找到 3 个//如图 2-26(a)所示，选择需要阵列的对象

选择对象: //按 Enter 键，完成选择

类型 = 极轴　关联 = 是

指定阵列的中心点或 [基点(B)/旋转轴(A)]: //拾取如图 2-26(a)所示的点 3 为阵列中心点

选择夹点以编辑阵列或 [关联(AS)/基点(B)/项目(I)/项目间角度(A)/填充角度(F)/行(ROW)/层(L)/旋转项目(ROT)/退出(X)] <退出>: i//输入 I，设置项目数

输入阵列中的项目数或 [表达式(E)] <6>: 6//设置项目数为 6

选择夹点以编辑阵列或 [关联(AS)/基点(B)/项目(I)/项目间角度(A)/填充角度(F)/行(ROW)/层(L)/旋转项目(ROT)/退出(X)] <退出>: f//输入 f，设置填充角度

指定填充角度(+=逆时针、-=顺时针)或 [表达式(EX)] <360>://按回车键，默认填充角度为 360

选择夹点以编辑阵列或 [关联(AS)/基点(B)/项目(I)/项目间角度(A)/填充角度(F)/行(ROW)/层(L)/旋转项目(ROT)/退出(X)] <退出>://按回车键，完成环形阵列，效果如图 2-26(b)所示

当然，用户也可以指定填充角度，图 2-26(c)显示了设置填充角度为 170º 的效果。在 AutoCAD 2013 版本中，“旋转轴”表示指定由两个指定点定义的自定义旋转轴，对象绕旋转轴阵列。“基点”选项用于指定阵列的基点。“行”选项用于编辑阵列中的行数和行间距，以及陈列对象之间的增量标高。“旋转项目”选项用于控制在排列项目时是否旋转项目。

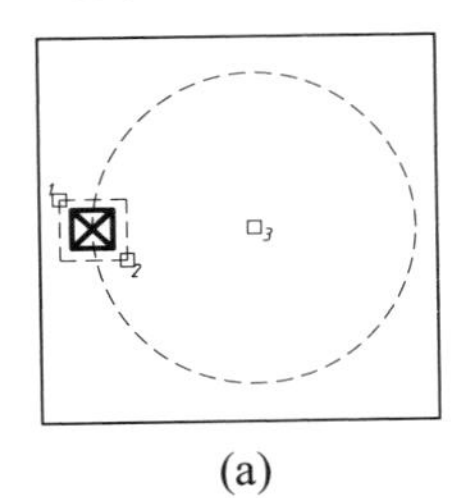

(a)

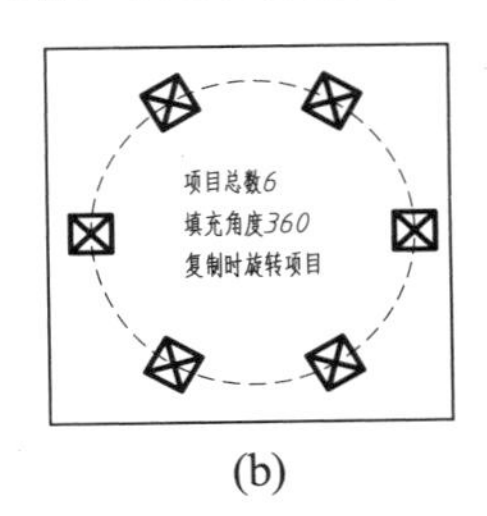

(b)

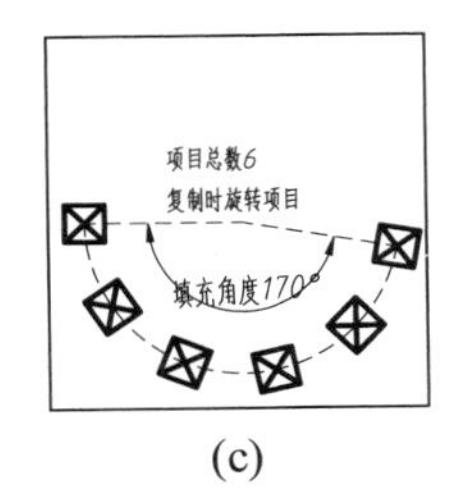

(c)

图 2-26　不同项目总数和填充角度的环形陈列效果

3. 路径阵列

所谓路径阵列，是指沿路径或部分路径均匀分布对象副本。路径可以是直线、多段线、三维多段线、样条曲线、螺旋、圆弧、圆或椭圆。选择“修改”|“阵列”|“路径阵列”命令，或单击“修改”工具栏中的“路径阵列”按钮，或在命令行中输入 ARRAYPATH 命令，可执行“路径阵列”命令，命令行提示如下。

命令: _arraypath

选择对象: 找到 1 个//选择图 2-27(a)所示的树图块

选择对象: //按 Enter 键，完成选择

类型 = 路径　关联 = 是

选择路径曲线: //选择如图 2-27(a)所示的样条曲线作为路径曲线

选择夹点以编辑阵列或 [关联(AS)/方法(M)/基点(B)/切向(T)/项目(I)/行(R)/层(L)/对齐项目(A)/Z 方向(Z)/退出(X)] <退出>: b

指定基点或 [关键点(K)] <路径曲线的终点>://如图 2-26a 拾取块的基点为基点，阵列时，基点将与路径曲线

的起点重合

选择夹点以编辑阵列或 [关联(AS)/方法(M)/基点(B)/切向(T)/项目(I)/行(R)/层(L)/对齐项目(A)/Z 方向(Z)/退出(X)] <退出>: m//输入 m，设置路径阵列的方法

输入路径方法 [定数等分(D)/定距等分(M)] <定距等分>: d//输入 d，表示在路径上按照定数等分的方式阵列

选择夹点以编辑阵列或 [关联(AS)/方法(M)/基点(B)/切向(T)/项目(I)/行(R)/层(L)/对齐项目(A)/Z 方向(Z)/退出(X)] <退出>: i//输入 i，设置定数等分的项目数

输入沿路径的项目数或 [表达式(E)] <255>: 8//输入 8，表示沿路径阵列 8 个项目

选择夹点以编辑阵列或 [关联(AS)/方法(M)/基点(B)/切向(T)/项目(I)/行(R)/层(L)/对齐项目(A)/Z 方向(Z)/退出(X)] <退出>://按回车键，完成阵列，效果如图 2-27(b)所示

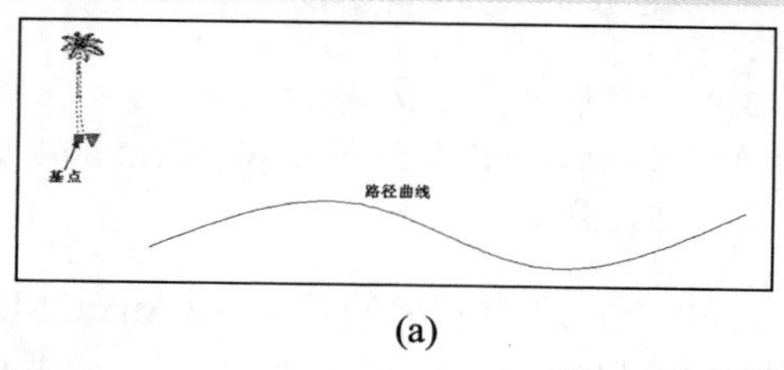

(a)

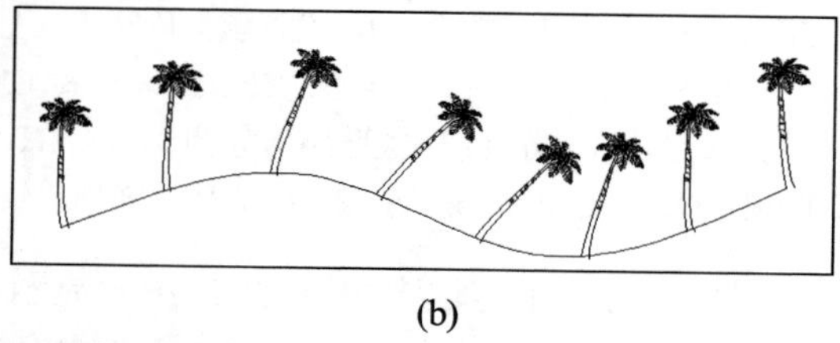

(b)

图 2-27　选择阵列对象和路径曲线

用户还可以直接在命令行中输入“array”命令，这个命令把以上介绍的 3 个命令都囊括了，命令行提示如下。

命令: array
选择对象: 找到 1 个
选择对象:
输入阵列类型 [矩形(R)/路径(PA)/极轴(PO)] <极轴>:

2.3.6 移动

“移动”命令是在不改变对象大小和方向的前提下，将对象从一个位置移动到另一个位置。选择“修改”|“移动”命令，或者单击“修改”工具栏中的“移动”按钮，或者在命令行中输入 MOVE 命令并按 Enter 键或空格键，都可以执行“移动”命令。命令行提示如下。

命令: _move
选择对象: 找到 1 个 //选择需要移动的对象
选择对象: //按 Enter 键，完成对象选择
指定基点或 [位移(D)] <位移>: //在绘图区选择对象移动的基点或输入坐标
指定第二个点或 <使用第一个点作为位移>: //在绘图区选择对象移动的第二点或输入坐标

2.3.7 旋转

旋转对象是指把选中的对象按照指定的方向旋转指定的角度。用于使对象绕其旋转从而改变对象的方向的指定点称为基点。在默认状态下，旋转角度为正时，所选对象按逆时针方向旋转；旋转

角度为负时，所选对象按顺时针方向旋转。

选择“修改”|“旋转”命令，或者单击“修改”工具栏中的“旋转”按钮，或者在命令行中输入 ROTATE 命令并按 Enter 键或空格键，都可以执行“旋转”命令。命令行提示如下。

```
命令: _rotate
UCS 当前的正角方向:  ANGDIR=逆时针   ANGBASE=0
选择对象: 找到 1 个 //选择需要旋转的对象
选择对象://按 Enter 键完成选择
指定基点://在绘图区选择对象旋转的基准点或输入坐标
指定旋转角度，或 [复制(C)/参照(R)] <0>:  90 //输入旋转角度
```

命令行中各选项及其含义如下。

- “指定旋转角度”选项：直接输入旋转的角度。
- “复制(C)”选项：创建要旋转对象的副本。
- “参照(R)”选项：使对象参照当前方向来旋转，指定当前方向作为参考角，或通过指定要旋转的直线的两个端点，从而确定参考角和方向。

2.3.8　拉伸

拉伸对象是指拉长选中的对象，使对象的形状发生改变，却不会影响对象没有拉伸部分的形状。在拉伸过程中，和选择窗口相交的对象被拉伸，窗口外的对象保持不变，完全在窗口内的对象将发生移动。选择“修改”|“拉伸”命令，或者单击“修改”工具栏中的“拉伸”按钮，或者在命令行输入 STRETCH 命令并按 Enter 键或空格键，都可以执行“拉伸”命令。命令行提示如下。

```
命令: _stretch
以交叉窗口或交叉多边形选择要拉伸的对象...
选择对象: 指定对角点: 找到 1 个 //以交叉窗口选择方式选择拉伸对象
选择对象://按 Enter 键，完成选择
指定基点或 [位移(D)] <位移>: //在绘图区选择拉伸对象拉伸的基点或输入坐标
指定第二个点或 <使用第一个点作为位移>: //在绘图区选择第二点，或输入坐标
```

2.3.9　缩放

缩放命令用于将指定对象按相同的比例沿 X 轴、Y 轴放大或缩小。如果要放大一个对象，可以输入一个大于 1 的比例因子；如果要缩小一个对象，可以输入一个小于 1 的比例因子。比例因子只能为正值，不能为负值。选择“修改”|“缩放”命令，或者单击“修改”工具栏中的“缩放”按钮，或者在命令行中输入 SCALE 命令并按 Enter 键或空格键，都可以执行“缩放”命令。命令行提示如下。

```
命令: _scale
选择对象:找到 1 个 //选择缩放对象
```

```
选择对象: //按 Enter 键，完成选择
指定基点: //在绘图区选择缩放的基点，或者输入坐标
指定比例因子或 [复制(C)/参照(R)] <1.0000>:  0.5 //输入缩放的比例值
```

命令行中各选项及其含义如下。

- “指定比例因子”选项：指定比例系数，按此比例系数缩放选定的图形。大于 1 的比例系数使图形放大，介于 0 和 1 之间的比例系数使图形缩小，比例系数不可小于 0。
- “复制(C)”选项：创建要缩放对象的副本。
- “参照(R)”选项：指定参照长度和新的长度，并按照这两个长度的比例缩放选定的图形。

2.3.10 修剪

修剪命令是以某个图形为修剪边界修剪其他图形。可被修剪的图形对象包括直线、圆弧、椭圆弧、圆、二维和三维多段线、构造线、射线以及样条曲线。有效的修剪边界包括直线、圆弧、圆、椭圆、二维和三维多段线、浮动视口、参照线、射线、面域、样条曲线以及文字。

选择“修改”|“修剪”命令，或者单击“修改”工具栏中的“修剪”按钮-/--，或者在命令行中输入 TRIM 命令并按 Enter 键或空格键，都可以执行“修剪”命令。命令行提示如下。

```
命令: _trim
当前设置:投影=UCS，边=无
选择剪切边...
选择对象或 <全部选择>:  找到 1 个 //在绘图区选择剪切边
选择对象://按 Enter 键，完成选择
选择要修剪的对象，或按住 Shift 键选择要延伸的对象，或
[栏选(F)/窗交(C)/投影(P)/边(E)/删除(R)/放弃(U)]:
//选择需要修剪的对象，拾取点落在需要修剪掉的部分
选择要修剪的对象，或按住 Shift 键选择要延伸的对象，或
[栏选(F)/窗交(C)/投影(P)/边(E)/删除(R)/放弃(U)]: //按 Enter 键完成修剪
```

命令行中各选项及其含义如下。

- “要修剪的对象”选项：指定待修剪的图形。
- “栏选(F)”选项：选择与选择栏相交的所有对象，选择栏是一系列临时线段，利用两个或多个栏选点指定。
- “窗交(C)”选项：选择矩形区域(由两点确定)内部或与之相交的对象。
- “投影(P)”选项：选择修剪图形时使用的投影模式。
- “边(E)”选项：确定待修剪对象是在另一对象的延长边处进行修剪，还是仅在三维空间中与该对象相交的对象处进行修剪。
- “删除(R)”选项：删除选定的对象。该选项提供了一种在不退出 TRIM 命令的情况下删除不需要对象的简便方法。

2.3.11　延伸

延伸是以某个图形为边，将另一个图形延长到此边界上。可延伸的图形对象包括直线、圆弧、椭圆弧、开放的二维和三维多段线以及射线。可作为延伸边界的图形对象包括直线、圆弧、椭圆弧、圆、椭圆、二维和三维多段线、射线、构造线、面域、样条曲线、字符串以及浮动视口。如果选择二维多段线作为延伸边界，那么将忽略其宽度并将待延伸的图形延伸到多段线的中心线处。

选择“修改”|“延伸”命令，或者单击“修改”工具栏中的“延伸”按钮--/，或者在命令行中输入 EXTEND 命令并按 Enter 键或空格键，都可以执行“延伸”命令。命令行提示如下。

```
命令: _extend
当前设置:投影=UCS，边=无
选择边界的边...
选择对象或 <全部选择>: 找到 1 个 //选择延伸的边界
选择对象: //按 Enter 键，完成选择
选择要延伸的对象，或按住 Shift 键选择要修剪的对象，或
[栏选(F)/窗交(C)/投影(P)/边(E)/放弃(U)]:
//选择要延伸的对象
选择要延伸的对象，或按住 Shift 键选择要修剪的对象，或
[栏选(F)/窗交(C)/投影(P)/边(E)/放弃(U)]: //按 Enter 键完成延伸
```

2.3.12　打断

“打断”命令用于删除图形的一部分或将一个图形分成两部分。该命令的执行对象包括直线、构造线、射线、圆弧、圆、椭圆、样条曲线、实心圆环、填充多边形以及二维和三维多段线。

选择“修改”|“打断”命令，或单击“修改”工具栏中的“打断”按钮，或在命令行中输入 BREAK 命令并按 Enter 键或空格键，都可以执行“打断”命令。命令行提示如下。

```
命令: _break 选择对象:
指定第二个打断点或 [第一点(F)]: f
指定第一个打断点:
指定第二个打断点:
```

选择对象时，如果按照一般默认的定点选取图形，那么在选定图形的同时也将选择点作为图形上的第一断点。如果在命令行提示“指定第二个打断点或 [第一点(F)]:”下输入 F 选择“第一点(F)”选项，那么就是重新指定点来代替以前指定的第一断点。其命令提示行内容同上。

BREAK 命令将删除两个指定点之间的图形。如果第二断点不在对象上，系统会自动从图形中选取与之距离最近的点作为新的第二断点。因此，如果要删除直线、圆弧或多段线的一端，可以将第二断点指定在要删除部分的端点之外。如果要将一个图形一分为二而不删除其中的任何部分，可以将图形上的同一点同时指定为第一断点和第二断点(在指定第二断点时利用相对坐标只输入“@”即可)；也可以单击“修改”工具栏中的“打断于点”按钮进行单点打断。可以将直线、圆弧、圆、

多段线、椭圆、样条曲线、圆环以及其他几种图形拆分为两个图形或将其中的一端删除。在圆上删除一部分弧线时，命令会按逆时针方向删除第一断点和第二断点之间的部分，将圆转换成圆弧。

2.3.13 合并

合并命令将对象合并以形成一个完整的对象。选择“修改”|“合并”命令，或者单击“修改”工具栏中的“合并”按钮 →←，或者在命令行中输入 JOIN 命令并按 Enter 键或空格键，都可以执行“合并”命令。命令行提示如下。

```
命令: _join
选择源对象或要一次合并的多个对象: 找到 1 个//选择第一个合并对象
选择要合并的对象: 找到 1 个，总计 2 个//选择第二个合并对象
选择要合并的对象: //按 Enter 键，完成选择，合并完成
2 条直线已合并为 1 条直线//系统提示信息
```

直线、圆、椭圆弧和样条曲线等独立的线段都可以合并为一个对象，可以合并具有相同圆心和半径的多条连续或不连续的弧线段，可以合并连续或不连续的椭圆弧线段，可以封闭椭圆弧，可以合并一条或多条连续的样条曲线，也可以将一条多段线与一条或多条直线、多段线、圆弧或样条曲线合并在一起。

2.3.14 倒角

倒角用于在两条直线间绘制一个斜角，斜角的大小由第一个和第二个倒角距离确定。如果添加倒角的两个图形在同一图层，那么“倒角”命令将在这个图层上创建倒角。否则，“倒角”命令会在当前图层生成倒角线。倒角线的颜色、线型和线宽也是如此。给关联填充(其边界是通过直线段定义的)添加倒角会消除其填充的关联性。如果边界通过多段线定义，则关联性将保留。

选择“修改”|“倒角”命令，或者单击“修改”工具栏中的“倒角”按钮，或者在命令行输入 CHAMFER 命令并按 Enter 键或空格键，都可以执行“倒角”命令。命令行提示如下。

```
命令: _chamfer
(“修剪”模式) 当前倒角距离 1 = 0.0000，距离 2 = 0.0000
选择第一条直线或 [放弃(U)/多段线(P)/距离(D)/角度(A)/修剪(T)/方式(E)/多个(M)]:
选择第二条直线，或按住 Shift 键选择要应用角点的直线:
```

命令行中各选项及其含义如下。

- “第一条直线”选项：指定定义二维倒角所需的两条边中的第一条边。
- “多段线(P)”选项：对整个二维多段线作倒角处理。
- “距离(D)”选项：设定选定边的倒角距离。
- “角度(A)”选项：通过第一条线的倒角距离和以第一条线为起始边的角度设定第二条线的倒角距离。

- “修剪(T)”选项：控制“倒角”命令是否将选定边修剪到倒角边的端点。
- “方式(E)”选项：控制“倒角”命令是用两个距离一个角度还是一个距离一个角度来创建倒角。
- “多个(M)”选项：对多个图形分别进行多次倒角处理。

2.3.15 圆角

圆角用于给图形的边指定半径的圆角。其图形对象可以是圆弧、圆、直线、椭圆弧、多段线、射线、参照线或样条曲线。与倒角一样，如果需要添加圆角的两个图形在同一图层，那么“圆角”命令将在这个图层上创建圆角。否则，“圆角”命令会在当前图层生成圆角弧线，圆角弧线的颜色、线型和线宽也是如此。给关联填充(其边界是通过直线段定义的)添加圆角会消除其填充的关联性。如果边界通过多段线定义，则关联性将保留。

选择“修改”|“圆角”选项，或者单击“修改”工具栏中的“圆角”按钮，或者在命令行输入 FILLET 命令并按 Enter 键或空格键，都可以执行“圆角”命令。命令行提示如下。

```
命令: _fillet
当前设置: 模式 = 修剪，半径 = 0.0000
选择第一个对象或 [放弃(U)/多段线(P)/半径(R)/修剪(T)/多个(M)]:
选择第二个对象，或按住 Shift 键选择要应用角点的对象:
```

命令行中各选项及其含义如下。

- “第一个对象”选项：选择第一个图形，它是用来定义二维圆角的两个图形之一。如果选定直线或圆弧，“圆角”命令将延伸这些直线或圆弧直至相交，或在交点处修剪它们。如果这些直线或圆弧原来就是相交的，则保持原样不变。只有当两条直线端点的 Z 轴坐标在当前坐标系中相等时，才能给延伸方向不同的两条直线添加圆角。如果选定的两个图形都是多段线的直线段，那么它们必须是相邻的或被多段线中另外一段所隔开。如果它们被另一段多段线隔开，那么“圆角”命令将删除此线段以一条圆角线取代。
- “多段线(P)”选项：在二维多段线中两条线段相交的每个顶点插入圆角弧。
- “半径(R)”选项：定义圆角弧的半径。
- “修剪(T)”项：控制“圆角”命令是否修剪选定边使其缩至圆角端点。
- “多个(M)”选项：对多个图形分别进行多次圆角处理。

2.4 参数化建模

所谓参数化建模，就是通过一组参数来约定几何图形的几何关系和尺寸关系。参数化设计的优点在于，可以通过变更参数的方法来修改设计意图。在 AutoCAD 2013 中简单地引入了参数化建模的概念，下面将给读者介绍相关内容。

2.4.1 几何约束

几何约束可以将几何对象关联在一起，或者指定固定的位置或角度。应用约束后，系统只允许对该几何图形进行不违反此类约束的更改。

在应用约束时，选择两个对象的顺序十分重要。通常，所选的第二个对象会根据第一个对象的约束进行调整。例如，应用垂直约束时，用户选择的第二个对象将调整为垂直于第一个对象。

用户可以通过如图 2-28 所示的“参数”|“几何约束”的子菜单命令，或者“几何约束”工具栏上的按钮来创建各种几何约束。

图 2-28 “参数”|“几何约束”的子菜单命令和“几何约束”工具栏

创建几何约束的步骤大同小异，以创建平行约束为例，执行“参数”|“几何约束”|“平行”命令，命令行提示如下。

```
命令: _GeomConstraint
输入约束类型
[水平(H)/竖直(V)/垂直(P)/平行(PA)/相切(T)/平滑(SM)/重合(C)/同心(CON)/共线(COL)/对称(S)/相等(E)/固定(F)]
<垂直>:_Parallel //创建平行几何约束
选择第一个对象: //拾取图 2-29(a)所示的直线 1
选择第二个对象: //拾取图 2-29(b)所示的直线 2，完成约束，效果如图 2-29(c)所示
```

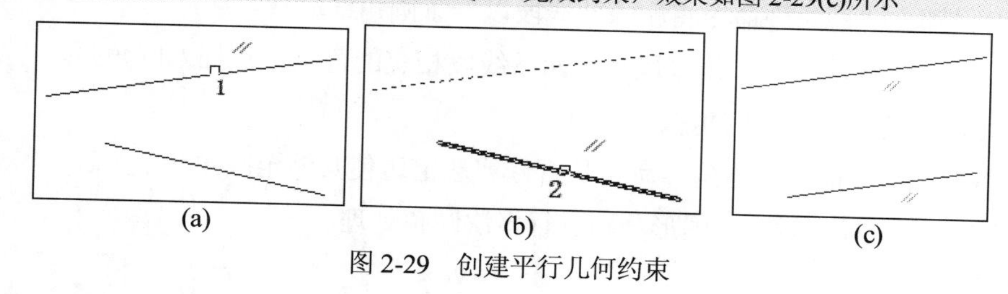

图 2-29 创建平行几何约束

2.4.2 自动约束

自动约束是根据对象相对于彼此方向将几何约束应用于对象的选择集。选择“参数”|“自动约束”命令，命令行提示如下。

命令: _AutoConstrain

选择对象或 [设置(S)]:s//输入 s，按回车键，弹出如图 2-30 所示的“约束设置”对话框，用于设置产生自动约束的几何约束类型

选择对象或 [设置(S)]:指定对角点: 找到 4 个//选择如图 2-31 所示的所有直线

选择对象或 [设置(S)]://按回车键，创建完成 4 个重合几何约束

已将 4 个约束应用于 4 个对象

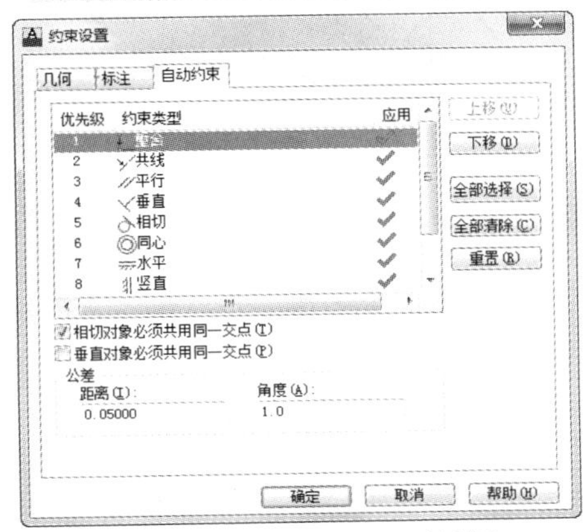

图 2-30　“约束设置”对话框

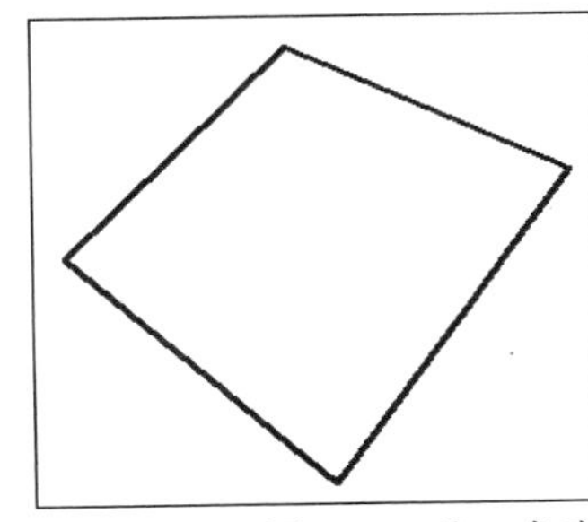

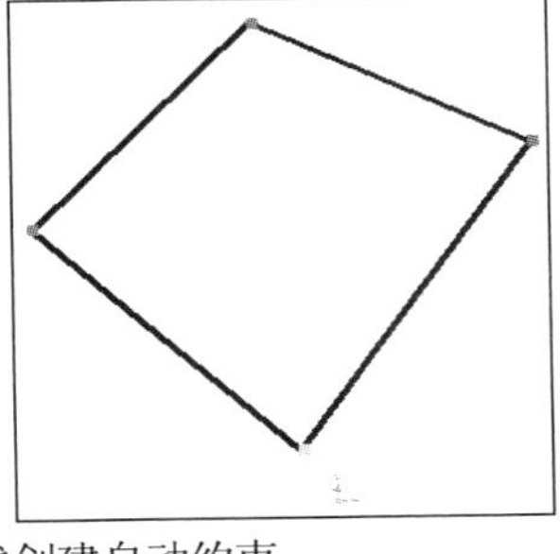

图 2-31　为 4 条直线创建自动约束

2.4.3　标注约束

标注约束，即指尺寸约束，是使几何对象之间或对象上的点之间保持指定的距离和角度的约束。将标注约束应用于对象时，系统会自动创建一个约束变量，以保存约束值。默认情况下，这些名称为指定的名称，如 d1 或 dia1，但是，用户可以在参数管理器中对其进行重命名。

用户可以通过如图 2-32 所示的“参数”|“标注约束”的子菜单命令，或者“标注约束”工具栏上的按钮来创建各种标注约束。

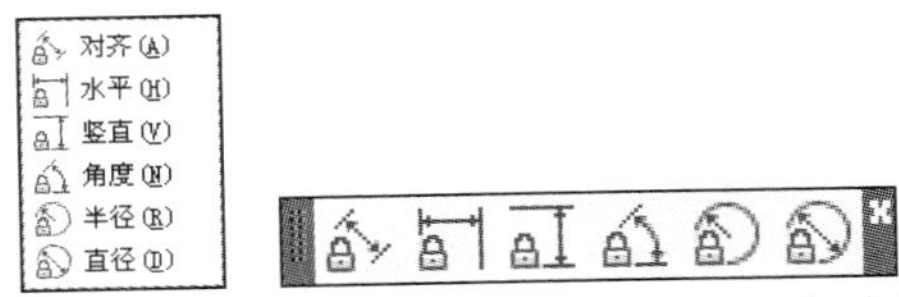

图 2-32　“参数”|“标注约束”的子菜单命令和“标注约束”工具栏

创建标注约束的步骤大同小异，以创建对齐约束为例，选择“参数”|“标注约束”|“对齐”命令，命令行提示如下。

命令: _DimConstraint

当前设置: 约束形式 = 动态

选择要转换的关联标注或 [线性(LI)/水平(H)/竖直(V)/对齐(A)/角度(AN)/半径(R)/直径(D)/形式(F)] <对齐>:_Aligned//以 2.4.2 节创建的自动约束的直线为例创建对齐标注约束

指定第一个约束点或 [对象(O)/点和直线(P)/两条直线(2L)] <对象>://拾取图 2-33(a)中的点 1

```
指定第二个约束点:// 拾取图 2-33(b)中的点 2
指定尺寸线位置://指定图 2-33(c)所示的尺寸线位置
标注文字 = 55.83//显示直线的实际长度，用户此时可以输入目标长度，如图 2-33(d)所示
```

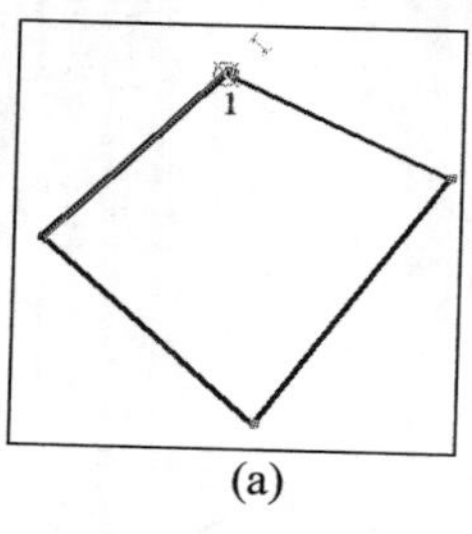
(a)

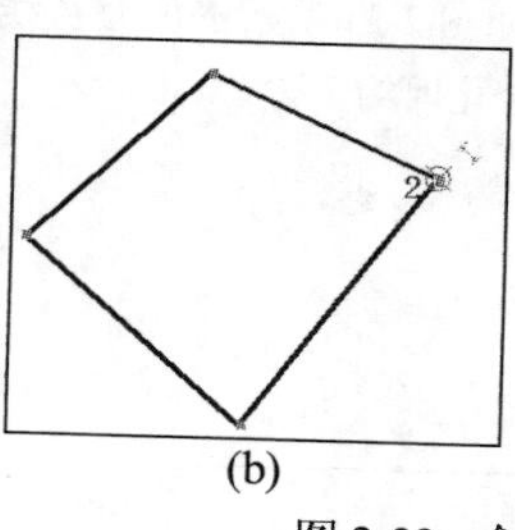
(b)

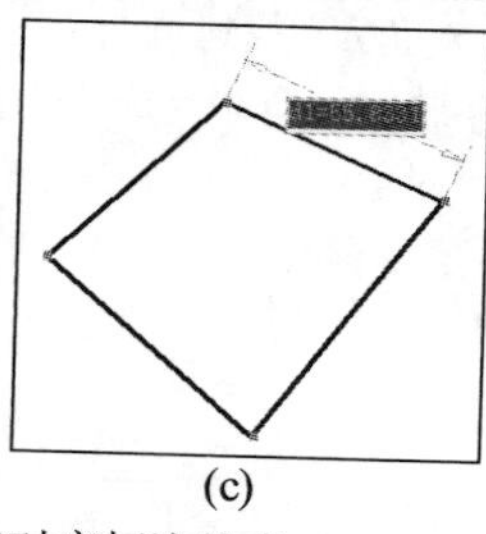
(c)

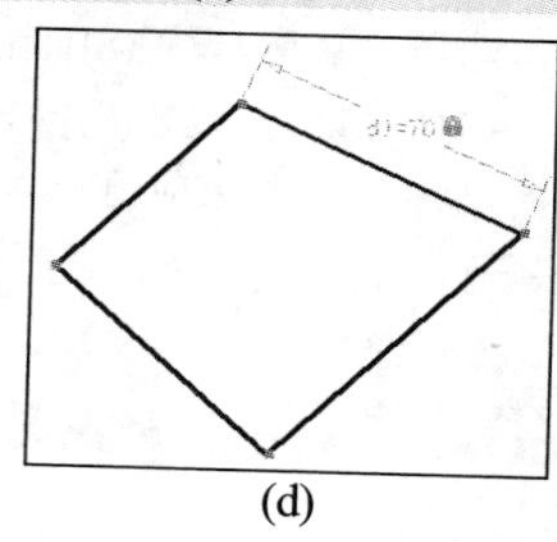
(d)

图 2-33　创建对齐标注约束

用户需要注意的是，如果要更改尺寸，直接双击标注值，使标注值处于可编辑状态，直接输入新的数值即可。

2.4.4　约束编辑

在创建了几何约束和标注约束之后，可以通过快捷菜单和“参数化”工具栏的相关按钮对创建的约束进行编辑。

1. 几何约束编辑

当创建几何约束后，系统会显示几何约束图标，选择图标，单击右键弹出如图 2-34 所示的快捷菜单，通过该快捷菜单可以删除已创建的约束。

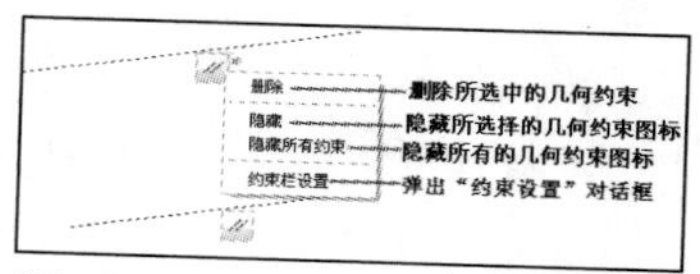

图 2-34　几何约束编辑快捷菜单

2. “参数化”工具栏的使用

用户可以通过如图 2-35 所示的“参数化”工具栏创建各种约束，并对约束进行相关的操作，表 2-2 提供了工具栏中各个按钮及其功能。

图 2-35　“参数化”工具栏

表 2-2　“参数化”工具栏按钮功能

按　钮	功　能
	创建几何约束
	创建自动约束
	显示选定对象相关的几何约束
	显示应用于图形对象的所有几何约束
	隐藏图形对象中的所有几何约束

(续表)

按　钮	功　能
	创建标注约束
	显示图形对象中的所有标注约束
	隐藏图形对象中的所有标注约束
	删除选定对象上的所有约束
	打开“约束设置”对话框
fx	打开参数管理器

2.5 填充图案

在绘制建筑图形时，经常需要将某个图形填充某一种颜色或者材料。AutoCAD 提供了“图案填充”命令用于填充图形。

选择“绘图”|“图案填充”命令，或单击“绘图”工具栏中的“图案填充”按钮，弹出如图 2-36 所示的“图案填充和渐变色”对话框。

在该对话框的“图案填充”选项卡中可以设置图案类型、角度和比例以及图案填充原点。“类型”下拉列表框用于设置填充图案的类型，有“预定义”、“用户定义”和“自定义”3 种类型，通常采用默认设置。“图案”下拉列表框用于设置要填充的图案名称。单击该列表框后面的按钮，弹出如图 2-37 所示的“填充图案选项板”对话框，在该对话框中可以选择合适的填充图案。“角度”下拉列表框用于设置填充图案的填充角度。“比例”下拉列表框用于设置填充图案的填充比例。

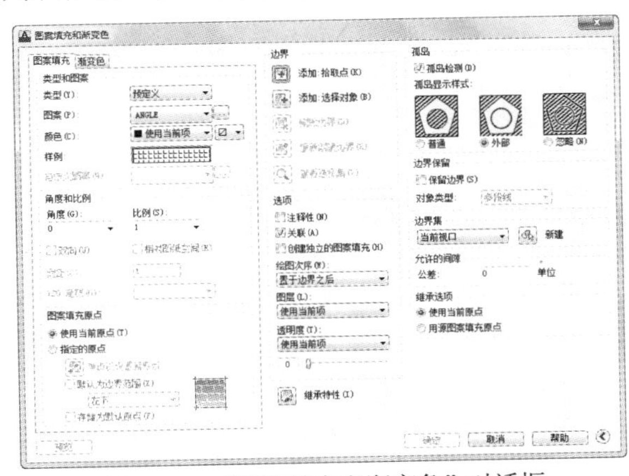

图 2-36　“图案填充和渐变色”对话框

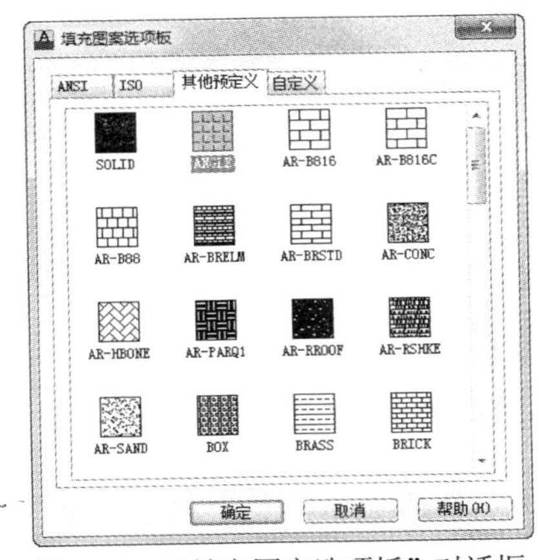

图 2-37　“填充图案选项板”对话框

在“边界”选项组中，单击“添加：拾取点”按钮，返回绘图区，通过指定点确认需要进行图案填充的边界，选择结果与“孤岛检测”方式设置相关；单击“添加：选择对象”按钮，返回绘图区，选择需填充的图形对象。

在“孤岛”选项组中，系统提供了“普通”、“外部”和“忽略”3 种孤岛检测方式。各孤岛检测方式的含义如下。

- “普通”模式：从最外层边界向内部填充，对第一个内部孤岛形区域进行填充，间隔一个图形区域，转向下一个检测到的区域进行填充，如此反复交替进行。
- “外部”模式：从最外层的边界向内部填充，只对第一个检测到的区域进行填充，填充后就终止该操作。
- “忽略”模式：从最外层边界开始，不再进行内部边界检测，对整个区域进行填充，忽略其中存在的孤岛。

选择“渐变色”选项卡，界面如图 2-38 所示。在此选项卡中，各选项的含义如下。

- “单色”单选按钮：选择一种颜色的渐变作为填充图案。
- “双色”单选按钮：选择两种颜色，从一种颜色到另一种颜色的色彩渐变。
- “居中”复选框：选中此复选框时，色彩的渐变将围绕着填充区域的中心或边界的中点进行；若不选中，色彩的渐变将围绕区域角点进行。
- “角度”下拉列表框：用于确定色彩渐变走势的角度。

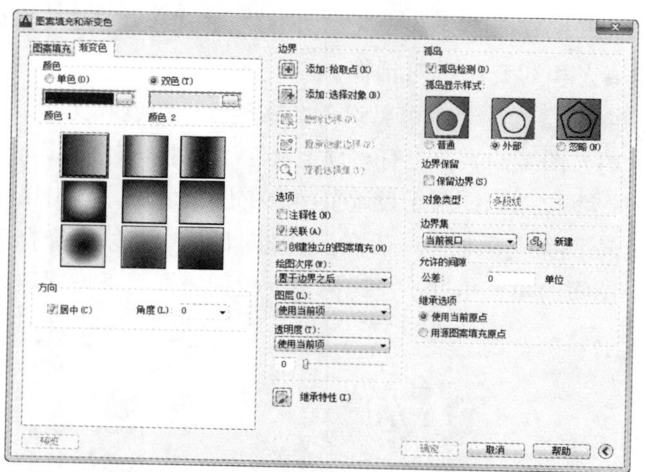

图 2-38　“渐变色”选项卡

2.6 创建图块

图块是 AutoCAD 中功能强大的绘图工具之一。块由一个或多个图形组成，并按指定的名称保存。在后续的绘图过程中，可以将块按一定的比例和旋转角度插入图形中。虽然块可能由多个图形组成，但是对图形进行编辑时，块将被视为一个整体进行编辑。AutoCAD 将把所定义的块存储在图形数据库中，同一个块可以根据需要多次插入。

2.6.1　块的定义

选择“绘图”|“块”|“创建”命令，或者单击“绘图”工具栏中的“创建块”按钮，或者在命令行中输入 BLOCK 命令，都可以弹出如图 2-39 所示的“块定义”对话框。

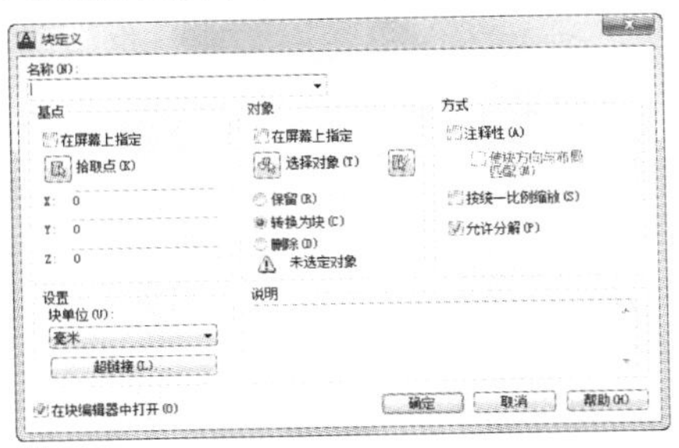

图 2-39　“块定义”对话框

“块定义”对话框中各参数及其含义如下。

1. “名称”下拉列表框

该下拉列表框用于输入或选择当前要创建的块的名称。

2. “基点”选项组

该选项组用于指定块的插入基点，默认值是(0,0,0)，即块的插入基准点，也是块在插入过程中旋转或缩放的基点。用户可以分别在 X、Y 和 Z 文本框中输入坐标值确定基点，也可以单击“拾取点”按钮，暂时关闭对话框以使用户能在当前图形中拾取插入基点。

3. “对象”选项组

该选项组用于指定新块中要包含的对象，以及创建块之后如何处理这些对象，是保留还是删除选定的对象或是将它们转换成块实例。其中各参数及其含义如下。

- “选择对象”按钮：单击该按钮，暂时关闭“块定义”对话框，允许用户到绘图区选择块对象，完成对象选择后，按 Enter 键将重新显示“块定义”对话框。
- “快速选择”按钮：单击该按钮，弹出“快速选择”对话框，可以定义选择集。
- “保留”单选按钮：用于设定创建块后，是否将选定对象保留在图形中作为区别对象。
- “转换为块”单选按钮：用于设定创建块后，是否将选定对象转换成图形中的块实例。
- “删除”单选按钮：用于设定创建块后，是否从图形中删除选定的对象。
- “选定的对象”选项：显示选定对象的数目，未选择对象时，显示“未选定对象”。

4. “设置”选项组

该选项组主要用于指定块的设置。其中，“块单位”下拉列表框可以提供用户选择块参照插入的单位；“超链接”按钮可以打开“插入超链接”对话框，用户可以使用该对话框将某个超链接与块定义相关联。

5. “在块编辑器中打开”复选框

选中该复选框，将在块编辑器中打开当前的块定义，一般用于动态块的创建和编辑。

6. “方式”选项组

该选项组用于指定块的行为。“使块方向与布局匹配”复选框用于指定在图纸空间视口中块参照的方向与布局的方向匹配，如果未选择“注释性”选项，那么“使块方向与布局匹配”选项不可用；“按统一比例缩放”复选框用于指定是否阻止块参照不按统一比例缩放；“允许分解”复选框用于指定块参照是否可以被分解。

2.6.2 图块属性

AutoCAD 允许用户为图块附加一些文本信息，以增强图块的通用性，这些文本信息称为属性。属性是从属于图块的非图形信息，它是图块的一个组成部分。实际上，属性是图块中的文本实体，图块可以用公式表示：

图块=若干实体对象+属性

图块属性是文本对象，但是不同于一般文本实体，其特点如下。

01 一个图块属性包括属性标记和属性值两方面的内容。例如，可以把“材料”定义为属性标记；而具体的材料，如钢、木头等，就是属性值，即属性。

02 在定义图块前，每个属性都要用 ATTDEF 命令进行定义。该命令规定属性标志、属性提示、属性默认值、属性的显示格式(可见或不可见)以及属性在图中的位置等。

在定义图块前，对属性定义可用 CHANGE 命令修改。AutoCAD 允许用 DDEDIT 命令以对话框的方式对属性定义做修改，用户不仅可以修改属性标志，还可以修改属性提示和属性默认值。

03 在插入图块时，AutoCAD 可以通过属性提示要求用户输入属性值(也可以用默认值)。插入图块后，属性用属性值表示。因此，同一个定义块在不同位置插入时，具有不同的属性值。

1. 定义属性

选择“绘图”|“块”|“定义属性”命令，或者在命令行中输入 ATTDEF 命令，都可以弹出如图 2-40 所示的“属性定义”对话框。“属性定义”对话框只能定义一个属性，但不能指定该属性属于哪个图块，用户在定义完属性后需要使用块定义功能将图块和属性重新定义为新块。

图 2-40　“属性定义”对话框

“属性定义”对话框用于定义属性模式、属性标记、属性提示、属性值、插入点以及属性的文字选项。其各个参数及其含义如下。

01 “模式”选项组

该选项组用于设置属性模式。“不可见”复选框表示插入图块，输入属性值后，属性值不在图中显示；“固定”复选框表示属性值是一个固定值；“验证”复选框表示会提示输入两次属性值，以便验证属性值是否正确；“预设”复选框表示插入包含预置属性值的块时，将属性设置为默认值；“锁定位置”复选框表示锁定块参照中属性的位置，若解锁，属性可以相对于使用夹点编辑的块的其他部分移动，并且可以调整多行属性的大小；“多行”复选框用于指定属性值可以包含多行文字，选定该选项后，可以指定属性的边界宽度。

02 “属性”选项组

该选项组用于设置属性数据。“标记”文本框用于标识图形中每次出现的属性；“提示”文本框用于指定在插入包含该属性定义的块时显示的提示，提醒用户指定属性值；“默认”文本框用于指定默认的属性值。单击“插入字段”按钮，可以打开“字段”对话框来插入一个字段作为属性的全部或部分值。

03 “插入点”选项组

该选项组用于指定图块属性的位置。选中“在屏幕上指定”复选框，则在绘图区中指定插入点，也可以直接在 X、Y 和 Z 文本框中输入坐标值确定插入点，一般采用“在屏幕上指定”的方式。

04 “文字设置”选项组

该选项组用于设置属性文字的对正、样式、高度和旋转。“对正”下拉列表框用于设定属性值的对正方式；“文字样式”下拉列表框用于设定属性值的文字样式；“注释性”复选框用于设置该属性是否为注释性对象；“高度”文本框用于设定属性值的高度；“旋转”文本框用于设定属性值的旋转角度；“边界宽度”文本框用于设定“多行”复选框设定的文字行的最长长度。

05 “在上一个属性定义下对齐”复选框

选中该复选框，可以将属性标记直接置于定义的上一个属性的下面。如果之前没有创建属性定义，则此选项不可用。

通过“属性定义”对话框，只能定义一个属性，但不能指定该属性属于哪个块，因此必须通过“块定义”对话框将块定义的属性重新定义为一个新块。

2. 编辑属性

对于已经建立或已经附着到块中的属性，都可以进行修改，对于不同状态的属性，使用不同的命令进行编辑。对于已经定义但还未附着到块中的属性，可以使用 DDEDIT 命令对其进行编辑。

对于未与块结合的属性，在命令行中输入 DDEDIT 命令，并在命令行提示下选择属性对象，或直接在图形中双击图形中的属性对象，都可以弹出如图 2-41 所示的“编辑属性定义”对话框。在该对话框中可以编辑属性的标记、提示和默认的参数值。如果需要对属性进行其他特性编辑，可以使用对象特性管理器进行编辑。

对于已经与块结合重新定义为块的属性，即已经附着到块的属性，在命令行中输入 DDEDIT 命令，并在命令行提示下选择带属性的块，或者直接双击带属性的块，都可以弹出如图 2-42 所示的“增强属性编辑器”对话框。

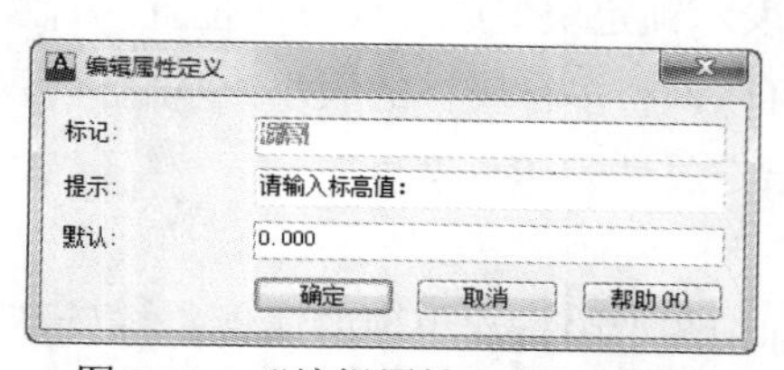

图 2-41 “编辑属性定义”对话框

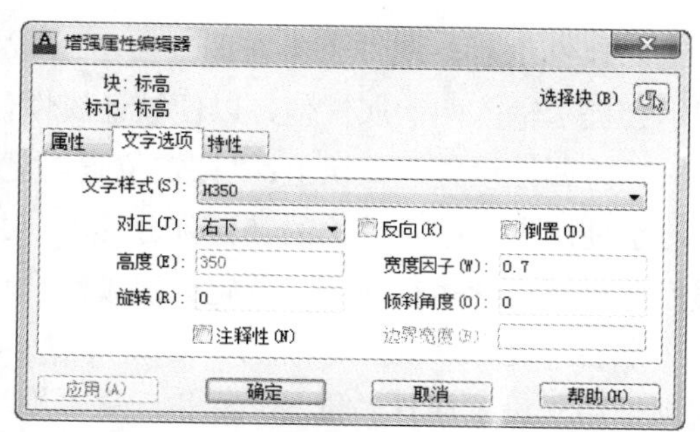

图 2-42 “增强属性编辑器”对话框

“增强属性编辑器”对话框的“属性”选项卡可以修改属性的值；“文字选项”选项卡可以修改文字属性，包括文字样式、对正、高度等属性；“特性”选项卡可以修改属性所在图层、线型、颜色和线宽等。

2.6.3 插入块

插入块用于将已经预定义好的块插入到当前图形文件中。如果当前图形文件中不存在指定名称的块，则可以搜索磁盘和子目录，找到与指定块同名的图形文件，并插入该文件。

选择“插入”|“块”命令，或者单击“绘图”工具栏中的“插入块”按钮，或者在命令行中输入 INSERT 命令，都可以弹出如图 2-43 所示的“插入”对话框。

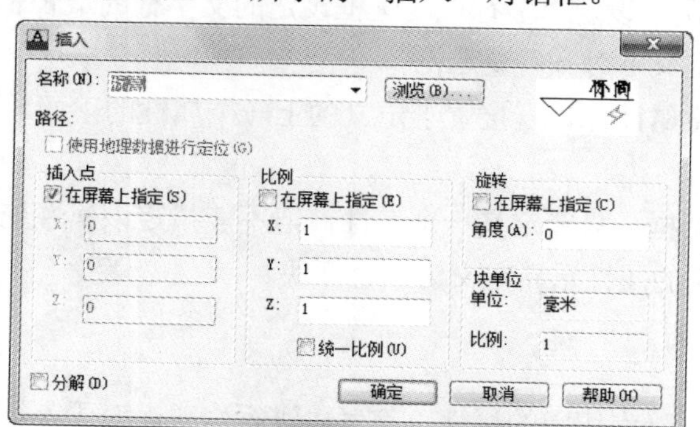

图 2-43 “插入”对话框

“插入”对话框中各选项及其含义如下。

- “名称”文本框：输入要插入块的名称。
- “插入点”选项组：指定一个插入点以便插入块的一个副本。
- “比例”选项组：指定插入块的缩放比例。默认的缩放比例值为 1(原图比例)。如果指定的比例值在 0~1 之间，那么插入的块尺寸缩小；如果指定的比例值大于 1，那么插入的块尺寸放大。如有必要，在插入块时，还可以沿 X 轴和 Y 轴方向指定不同的比例值，使其在这两个方向上的缩放比例不同。如果指定了一个负的比例值，那么将在插入点处插入一个块的镜像图形。

- “旋转”选项组：指定块插入时的旋转角度。
- “分解”复选框：选中该复选框，在插入块的过程中，将块中的图形分解成各自独立的部分，而不是作为一个整体。此时只能指定 X 轴方向上的比例值，而 Y 轴和 Z 轴方向的比例值都将与 X 轴方向的比例值保持一致。

2.6.4　动态块

所谓动态块，就是可以对某些参数进行修改的块。动态块具有灵活性和智能性的特点。在操作时可以轻松地更改图形中的动态块参照。用户可以通过自定义夹点或自定义特性对动态块参照中的几何图形执行操作。

用户可以使用块编辑器创建动态块。块编辑器是一个专门的编写区域，用于添加能够使块成为动态块的元素。用户可以创建一个新的动态块，也可以向现有的块定义中添加动态行为。

单击“标准”工具栏中的“块编辑器”按钮，弹出如图 2-44 所示的“编辑块定义”对话框，在“要创建或编辑的块”列表中选择需要定义的块，单击“确定”按钮，进入块编辑器，如图 2-45 所示。

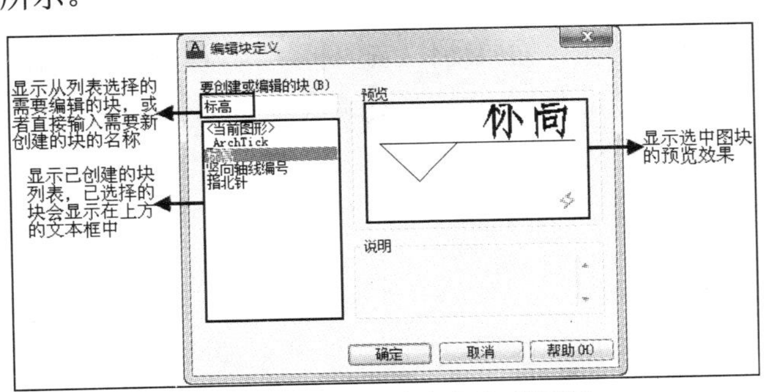

图 2-44　“编辑块定义”对话框

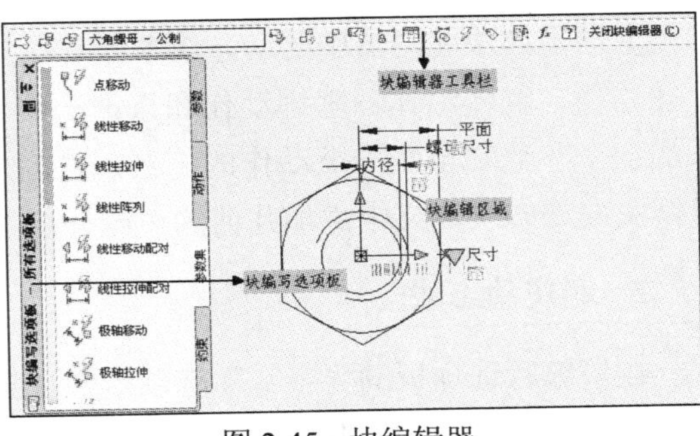

图 2-45　块编辑器

1. 块编辑器

“块编辑器”由工具栏、编辑区和块编写选项板组成。工具栏位于编辑区的正上方，提供了常用工具按钮。几个主要按钮及其功能如下。

- “编辑或创建块定义”按钮：单击该按钮，将弹出“编辑块定义”对话框，用户可以重新选择需要创建的动态块。
- “保存块定义”按钮：单击该按钮，可以保存当前块定义。
- “将块另存为”按钮：单击该按钮，将弹出“将块另存为”对话框，用户可以重新输入块名称并将块另存。
- “名称”文本框：该文本框显示当前块的名称。
- “测试块”按钮：单击该按钮，可以从块编辑器打开一个外部窗口以测试动态块。
- “自动约束对象”按钮：单击该按钮，可以根据对象相对于彼此的方向将几何约束自动应用于对象。

- "应用几何约束"按钮：单击该按钮，可以在对象或对象上的点之间应用几何约束。
- "显示\隐藏约束栏"按钮：单击该按钮，可以控制对象上的可用几何约束的显示或隐藏。
- "参数约束"按钮：单击该按钮，可以将约束参数应用于选定对象，或将标注约束转换为参数约束。
- "块表"按钮：单击该按钮，可以显示对话框以定义块的变量。
- "编写选项板"按钮：单击该按钮，可以控制"块编写选项板"的开关。
- "参数"按钮：单击该按钮，将向动态块定义中添加参数。
- "动作"按钮：单击该按钮，将向动态块定义中添加动作。
- "定义属性"按钮：单击该按钮，将弹出"属性定义"对话框，从中可以定义模式、属性标记、提示、值、插入点和属性的文字选项。
- "关闭块编辑器"按钮：单击该按钮，将关闭块编辑器并返回绘图区域。

块编写选项板中包含用于创建动态块的工具，它包含"参数"、"动作"、"参数集"和"约束"4 个选项卡。各选项卡的含义如下。

"参数"选项卡用于向块编辑器中的动态块添加参数，动态块的参数包括点参数、线性参数、极轴参数、XY 参数、旋转参数、对齐参数、翻转参数、可见性参数、查询参数和基点参数。"动作"选项卡用于向块编辑器中的动态块添加动作，包括移动动作、缩放动作、拉伸动作、极轴拉伸动作、旋转动作、翻转动作、阵列动作和查询动作。"参数集"选项卡用于在块编辑器中向动态块定义中添加一个参数和至少一个动作的工具，是创建动态块的一种快捷方式。"约束"选项卡用于在块编辑器中向动态块定义中添加几何约束或标注约束。

2. 创建动态块

在块编写选项板的"参数"选项卡中选择需要为块添加的参数，此时，块上出现图标，表示该参数还没有添加相关联的动作。针对不同的参数，可以从"动作"选项卡上选择相应的动作，选择动作对象，设置动作位置，完成后，动作以符号表示。

动态块定义完成后，系统会出现自定义夹点标识。表 2-3 所示为各夹点代表的操作方式。

表 2-3 动态块夹点操作方式表

夹点类型	图标	夹点在图形中的操作方式	关联参数
标准	■	平面内的任意方向	基点、点、极轴和 XY
线性	▶	按规定方向或沿某一条轴往返移动	线性
旋转	●	围绕某一条轴	旋转
翻转	◀	单击以翻转动态块参照	翻转
对齐	▶	平面内的任意方向。如果在某个对象上移动，则使块参照与该对象对齐	对齐
查询	▼	单击以显示项目列表	可见性、查寻

第3章　文字与尺寸标注

在 AutoCAD 中，基本图形绘制完成之后，可以通过文字和尺寸对图形进行标注和补充说明，用户结合文字和尺寸就可一目了然地读懂图纸。本章将详细介绍文字、尺寸标注的基础知识和相关操作及表格的创建。通过本章的学习，用户将熟练掌握在 AutoCAD 中对图形进行文字和尺寸标注的方法和技巧。

3.1 文字标注

在 AutoCAD 中，创建文字之前需要先设置文字样式，这样可以避免在输入文字时再分别设置文字的字体、字高和角度等参数。设置好文字样式，创建的文字内容直接套用当前的文字样式，即可创建文字。AutoCAD 2013 为用户提供了如图 3-1 所示的“文字”工具栏和面板，以便用户进行各种与文字相关的操作。

图 3-1 “文字”工具栏和面板

3.1.1 设置文字样式

选择“格式”|“文字样式”命令，或者在“文字”面板中单击“文字样式”按钮，或者在命令行中输入 STYLE，都可以弹出如图 3-2 所示的“文字样式”对话框，从中可以设置字体文件、字体大小、宽度因子等参数。AutoCAD 2013 提供了最常用的几种字体样式，用户只需要根据自己的需要从这些字体样式中选择，而不需要每次都重新设置。

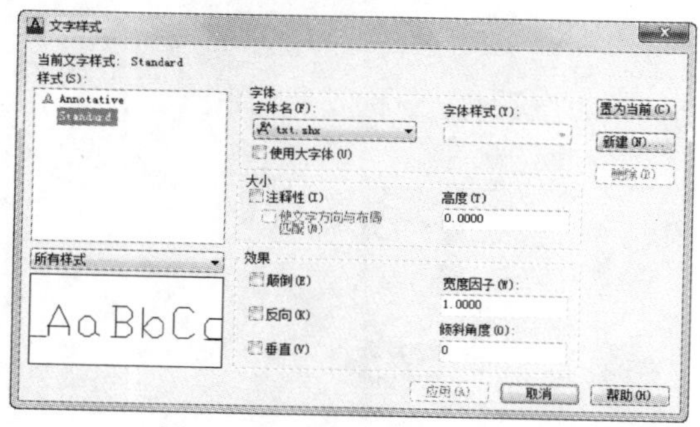

图 3-2 “文字样式”对话框

“文字样式”对话框由“样式”、“字体”、“效果”和“预览”4 个选项组组成。

1. “样式”列表

在“样式列表过滤器”下拉列表框中，提供了“所有样式”和“当前使用的样式”两个选项，当选择不同的选项时，在“样式”列表中显示相应的文字样式。当选择“所有样式”时，列表包括已定义的样式名并默认显示选择的当前样式。要更改当前样式，从“样式”列表中选择另一种样式或单击“新建”按钮以创建新样式，然后单击“置为当前”按钮即可。默认情况下，“样式”列表中包括 Annotative 和 Standard 两种文字样式。图标表示创建的是注释性文字的文字样式。

单击“新建”按钮，弹出如图 3-3 所示的“新建文字样式”对话框，在该对话框的“样式名”文本框中输入样式名称，单击“确定”按钮即可创建一种新的文字样式。选择创建的文字样式，单击鼠标即可处于可编辑状态，如图 3-4 所示，此时用户可以对文字样式进行重命名操作。单击“删除”按钮，可以删除所选择的除 Standard 之外的非当前文字样式。

图 3-3　“新建文字样式”对话框

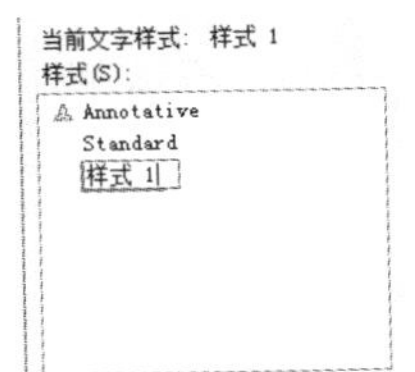

图 3-4　重命名文字样式

2. “字体”选项组

该选项组用于设置字体文件。字体文件分为两种：一种是普通字体文件，即 Windows 系列应用软件所提供的 TrueType 类型字体文件；另一种是 AutoCAD 特有的字体文件，称为大字体文件。

当选中“使用大字体”复选框时，“字体”选项组包含“SHX 字体”和“大字体”两个下拉列表框，如图 3-5 所示。只有在“字体名”中指定 SHX 文件，才能创建“大字体”。

当取消选择“使用大字体”复选框时，“字体”选项组仅有“字体名”下拉列表框，该下拉列表框包含用户 Windows 系统中所有的字体文件，如图 3-6 所示。

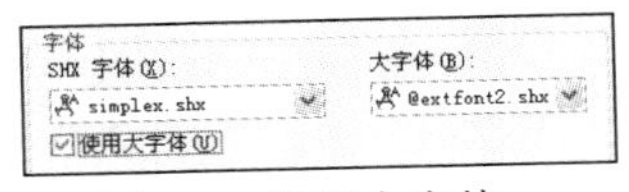

图 3-5　使用大字体

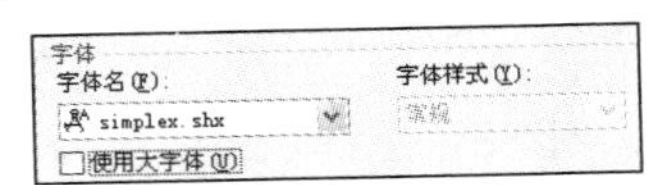

图 3-6　不使用大字体

3. “字体”选项组

该选项组用于设置文字的大小。如图 3-7 所示为选中“注释性”复选框状态，表示创建的文字为注释性文字，此时“使文字方向与布局匹配”复选框可选，选中该复选框则指定图纸空间视口中的文字方向与布局方向匹配。“图纸文字高度”文本框用于设置标注文字的高度，默认值为 0。如果输入 0.0，则每次用该样式输入文字时，文字默认高度为 0.2；输入大于 0.0 的值则为该样式设置固定的文字高度。在相同的高度设置下，TrueType 字体显示的高度要小于 SHX 字体。如果选中“注释性”复选框，则要设置在图纸空间中显示的文字的高度。

如果取消选中“注释性”复选框，则显示“高度”文本框，同样可设置文字的高度，如图 3-8 所示。设置高度后，在绘图过程中若需要其他高度的同类型字体，则在使用 DTEXT 或其他标注命令进行标注时，需要重新进行设置。

图 3-7　选中“选择性”复选框

图 3-8　取消选中“选择性”复选框

4. “效果”选项组

该选项组用于设置字体的具体特征。“颠倒”复选框确定是否将文字旋转 180°；“反向”复选框确定是否将文字以镜像方式标注；“垂直”复选框确定文字是水平标注还是垂直标注；“宽度因子”文本框用于设定文字的宽度系数；“倾斜角度”文本框确定文字倾斜角度。

5. “预览”区域

该区域用于预览用户所设置的字体样式，用户可以通过预览窗口观察所设置的字体样式是否满足需要。

3.1.2 单行文字标注

使用 TEXT 和 DTEXT 命令可以在图形中添加单行文字对象。选择“绘图”|“文字”|“单行文字”命令，或者在“文字”工具栏中单击“单行文字”按钮 A̲I，都可以输入单行文字，命令行提示如下。

```
命令: _dtext
当前文字样式:  Standard  当前文字高度:  2.5000
指定文字的起点或 [对正(J)/样式(S)]:
指定高度 <2.5000>:
指定文字的旋转角度 <0>:
```

完成上诉操作之后，按 Enter 键，绘图区效果如图 3-9 所示，输入如图 3-10 所示的文字，再按两次 Enter 键，即可完成输入。

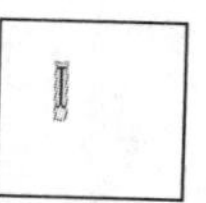

图 3-9 输入单行文字初始状态

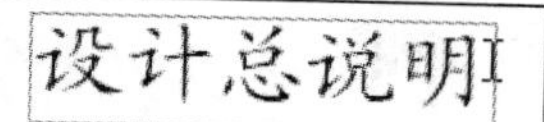

图 3-10 输入单行文字

在命令行提示下，指定文字的起点，设置文字高度和旋转角度后，在绘图区将出现如图 3-9 所示的单行文字动态文本框，形状类似于简化版的“在位文字编辑器”，其中包含一个高度为文字高度的边框，该边框随用户的输入而展开。

命令行提示包括“指定文字的起点”、“对正”和“样式”3 个选项。各选项的含义如下。

01 “指定文字的起点”选项：为默认项，用于确定文字行基线的起点位置。

02 “对正(J)”选项：用于确定标注文字的排列方式及排列方向，设置创建单行文字时的对齐方式。“对正”决定字符的哪一部分与插入点对齐。在命令行中输入 J，命令行提示如下。

```
指定文字的起点或 [对正(J)/样式(S)]: J          //输入 J，设置对正方式
输入选项                                      //系统提示信息
[对齐(A)/调整(F)/中心(C)/中间(M)/右(R)/左上(TL)/中上(TC)/右上(TR)/左中(ML)/正中(
MC)/右中(MR)/左下(BL)/中下(BC)/右下(BR)]: //系统提供了 14 种对正的方式，可以从中选择任意一种
```

03 “样式(S)”选项：用于选择文字样式。在命令行中输入 S，命令行提示如下。

```
指定文字的起点或 [对正(J)/样式(S)]: S    //输入 S，设置文字样式
输入样式名或 [?] <样式 1>:              //输入需要使用的已定义的文字样式名称
```

在命令行中输入“?”，按 Enter 键，将弹出文本窗口，窗口中列出了已经定义好的文字样式。

对于一些特殊符号，可以通过特殊的代码进行输入，如表 3-1 所示。

表 3-1　特殊符号的代码表示

代码输入	字　符	说　明
%%%	%	百分号
%%c	Φ	直径符号
%%p	±	正负公差符号
%%d	°	度
%%o	‾	上划线
%%u	_	下划线

3.1.3　多行文字标注

选择“绘图”|“文字”|“多文字”命令，或单击“文字”工具栏中的“多行文字”按钮 A，或在命令行输入 MTEXT，都可以执行多行文字命令，命令行提示如下。

```
命令: _mtext 当前文字样式: "Standard" 文字高度: 90 注释性: 否
指定第一角点: //指定多行文字输入区的第一个角点
指定对角点或 [高度(H)/对正(J)/行距(L)/旋转(R)/样式(S)/宽度(W)/栏(C)]://系统给出 7 个选项
```

命令行中各选项含义如下。

- “高度(H)”选项：设置文字框的高度。用户可以在屏幕上拾取一点，该点与第一角点的距离成为文字的高度，或在命令行中输入高度值。
- “对正(J)”选项：确定文字排列方式，与单行文字类似。
- “行距(L)”选项：为多行文字对象确定行与行之间的距离。
- “旋转(R)”选项：确定文字倾斜角度。
- “样式(S)”选项：确定多行文字采用的字体样式。
- “宽度(W)”选项：确定标注文字框的宽度。
- “栏(C)”选项：指定多行文字对象的栏设置，系统提供了静态栏设置、动态栏设置和不分栏设置 3 种栏设置。其中静态栏设置要求指定总栏宽、栏数、栏间距宽度(栏之间的距离)和栏高；动态栏设置要求指定栏宽、栏间距宽度和栏高，动态栏由文字驱动，调整栏将影响文字流，而文字流将导致添加或删除栏；不分栏设置将不分模式设置当前多行文字对象。

设置好以上选项后，系统将提示“指定对角点:”，此选项用来确定标注文字框的另一个对角点，AutoCAD 将在这两个对角点形成的矩形区域中进行文字标注，矩形区域的宽度就是所标注文字的宽度。

指定对角点之后，弹出如图 3-11 所示的多行文字编辑器，也称“在位文字编辑器”，用户可以在编辑框中输入需要插入的文字。

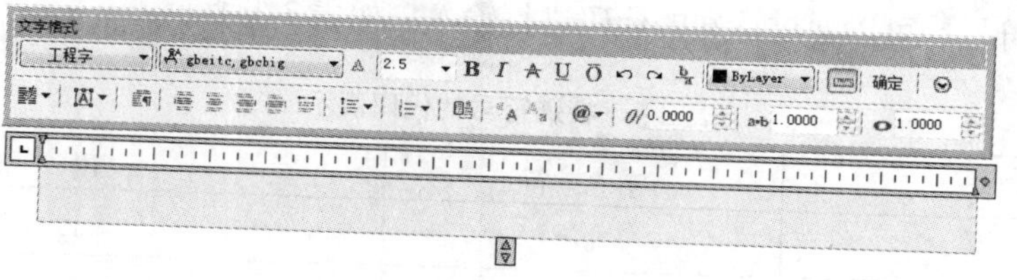

图 3-11　多行文字编辑器

多行文字编辑器由多行文字编辑框和“文字格式”工具栏组成。多行文字编辑框中包含了制表位和缩进，因此可以轻松地创建段落，并可以相对于文字元素边框进行文字缩进。制表位和缩进的运用与 Microsoft Word 相似。如图 3-12 所示，标尺左端上面的小三角为“首行缩进”标记，该标记主要控制首行的起始位置；标尺左端下面的小三角为“段落缩进”标记，该标记主要控制该自然段左端的边界；标尺右端的两个小三角为设置多行文字对象的宽度标记，单击该标记然后按住鼠标左键拖动便可以调整文字宽度；标尺下端的两个小三角用于设置多行文字对象的长度。另外用鼠标单击标尺还能够生成用户设置的制表位。

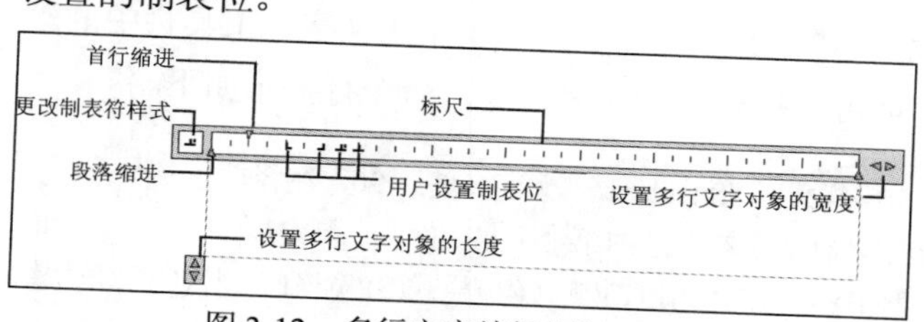

图 3-12　多行文字编辑框标尺功能

除了多行文字编辑框，在位文字编辑器还包含“文字格式”工具栏、“段落”对话框、栏菜单和“显示选项”菜单，如图 3-13 所示为“文字格式”工具栏。在多行文字编辑框中，选择文字，可以使用“文字格式”工具栏修改文字大小、字体和颜色等，可以进行一般文字编辑中常用的操作。

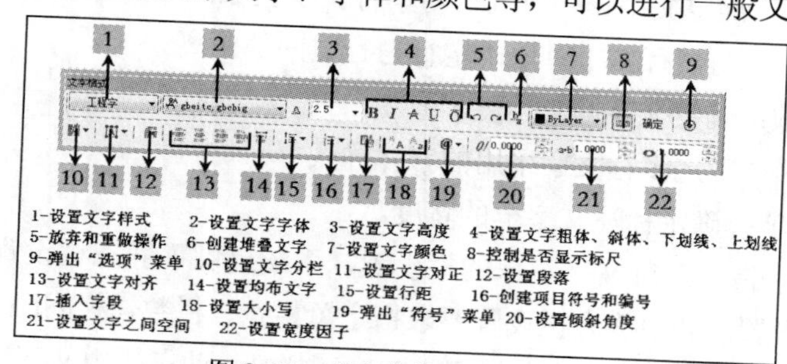

图 3-13　“文字格式”工具栏

在编辑框中单击右键，弹出如图 3-14 所示的快捷菜单，在该菜单中选择某个命令可对多行文字进行相应的设置。在多行文字中，系统提供了“符号”级联菜单，以便用户选择特殊符号。单击“选项”按钮，在弹出的下拉菜单中选择“符号”命令，弹出如图 3-15 所示的符号级联菜单，在该菜单选择需要的特殊符号即可。

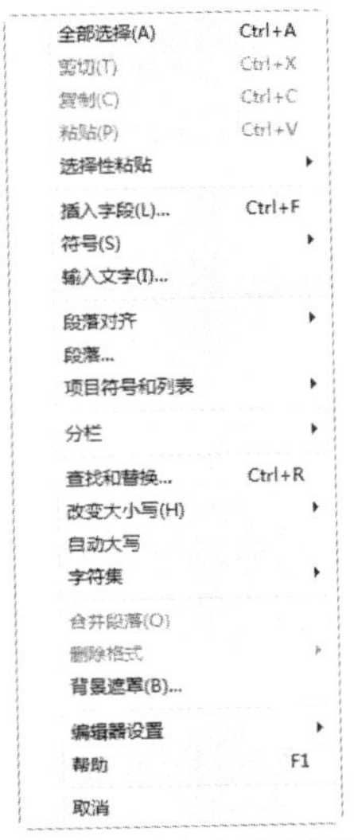

图 3-14　编辑框快捷菜单

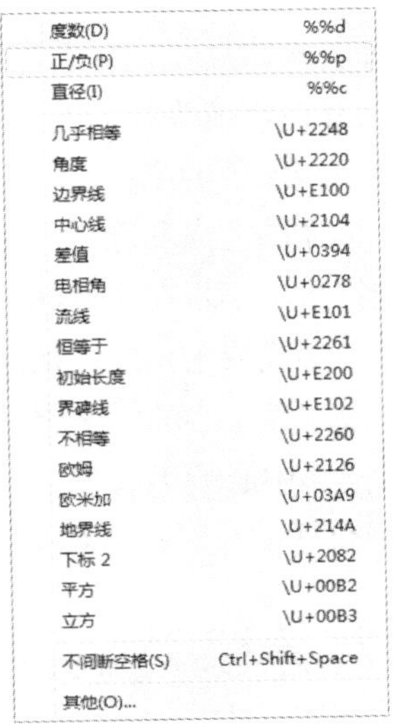

图 3-15　符号级联菜单

3.1.4　编辑文字

对文字进行编辑最便捷的方法是直接双击需要编辑的文字。双击单行文字后，显示如图 3-16 所示的图形，此时可以直接对单行文字进行编辑；双击多行文字之后，弹出多行文字编辑器，用户可以对多行文字进行编辑。

当然，也可以执行“修改”|“对象”|“文字”|“编辑”命令，对单行或多行文字进行编辑。

选择单行或多行文字后，单击右键，在弹出的快捷菜单中选择“特性”命令，弹出如图 3-17 所示的“特性”选项板，可以在“文字”卷展栏的“内容”文本框中编辑文字内容。

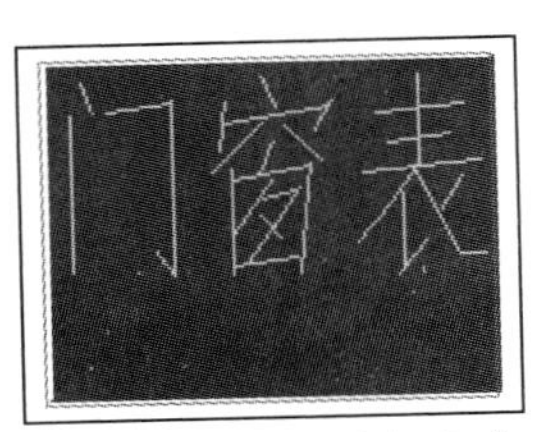

图 3-16　编辑单行文字

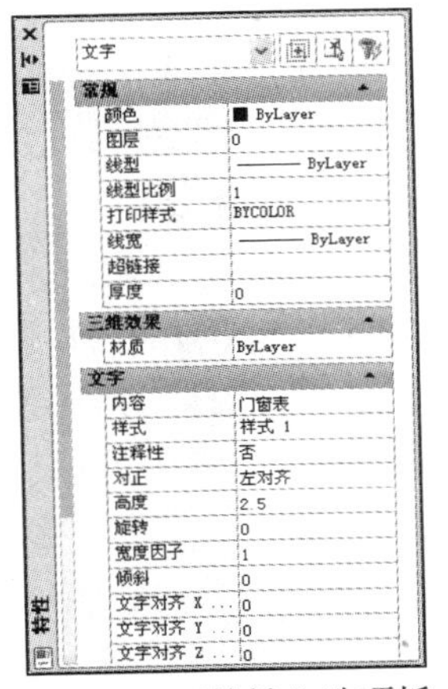

图 3-17　“特性”选项板

3.2 尺寸标注

尺寸标注是工程制图中重要的表达方式之一，利用 AutoCAD 的尺寸标注命令，可以方便快速地标注图纸中各种方向、各种形式的尺寸。对于建筑工程图，尺寸标注反映了图形的规范情况。

标注包含标注文字、尺寸线、箭头和尺寸界线，对于圆心标注还有圆心标记和中心线等元素。

- 标注文字：用于指示测量值的字符串。文字可以包含前缀、后缀和公差。
- 尺寸线：用于指示标注的方向和范围。对于角度标注，尺寸线是一段圆弧。
- 箭头：也称为终止符号，显示在尺寸线的两端。可以为箭头或标记指定不同的尺寸和形状。
- 尺寸界线：也称为投影线或指示线，从部件延伸到尺寸线。
- 圆心标记：标记圆或圆弧中心的小十字。
- 中心线：标记圆或圆弧中心的虚线。

在“标注”菜单中选择合适的命令，或单击如图 3-18 所示的“标注”工具栏中的相应按钮，都可以进行相应的尺寸标注。

另外，单击如图 3-19 所示的“标注”面板中的相应按钮也可以执行相应的尺寸标注，并可以设置尺寸标注样式和应用尺寸标注样式。

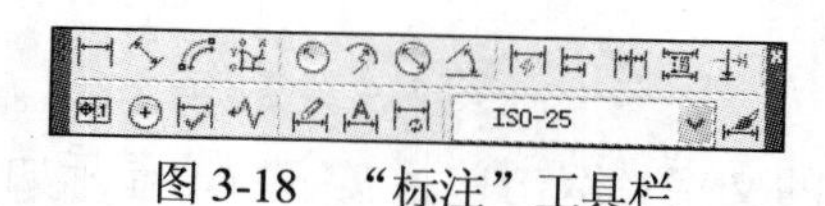

图 3-18 “标注”工具栏

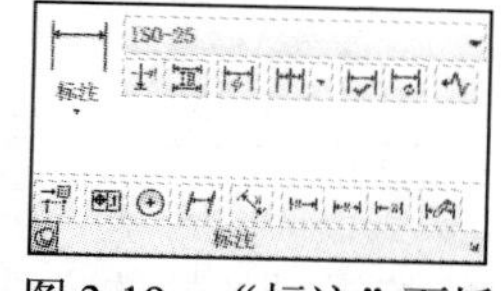

图 3-19 “标注”面板

3.2.1 尺寸标注样式

在进行尺寸标注时，使用当前尺寸样式进行标注。尺寸标注样式用于控制尺寸变量，包括尺寸线、标注文字、尺寸文本相对于尺寸线的位置、尺寸界线、箭头的外观及方式、尺寸公差和替换单位等参数。

选择“格式”|“标注样式”命令，弹出如图 3-20 所示的“标注样式管理器”对话框，在该对话框中可以创建和管理尺寸标注样式。

在“标注样式管理器”对话框中，“当前标注样式”区域显示当前选择的尺寸标注样式；“样式”列表框显示已有尺寸标注样式，在该列表中选择合适的标注样式后，单击“置为当前”按钮，即可将该样式置为当前。

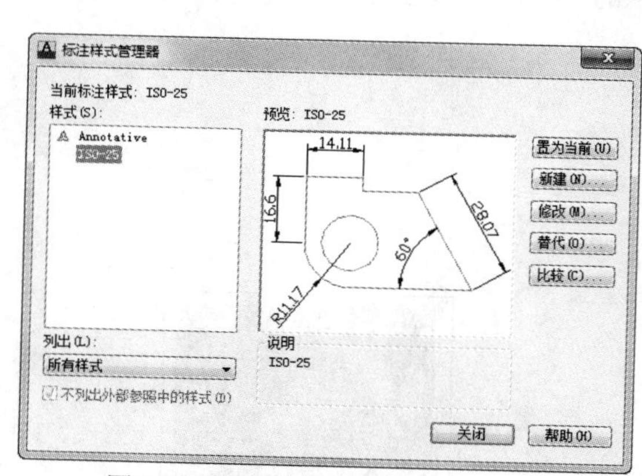

图 3-20 “标注样式管理器”对话框

单击“新建”按钮，弹出如图 3-21 所示的“创建新标注样式”对话框。在“新样式名”文本框中输入新尺寸标注样式名称，在“基础样式”下拉列表中选择新尺寸标注样式的基础样式，在“用于”下拉列表中指定新尺寸标注样式的应用范围。

单击“继续”按钮，关闭“创建新标注样式”对话框，弹出如图 3-22 所示的“新建标注样式”对话框，用户可以在该对话框中的各选项卡中设置相应的参数。

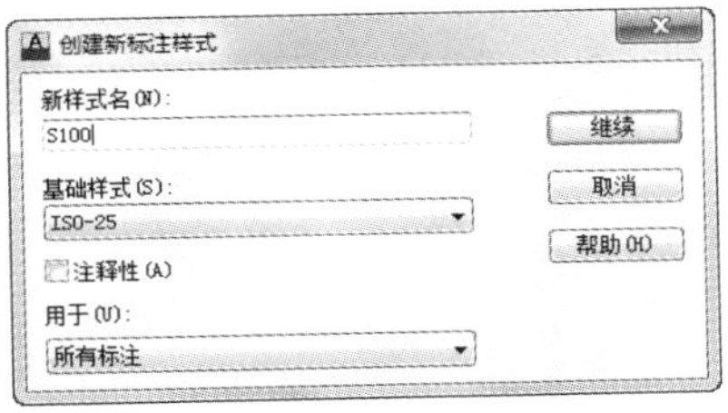

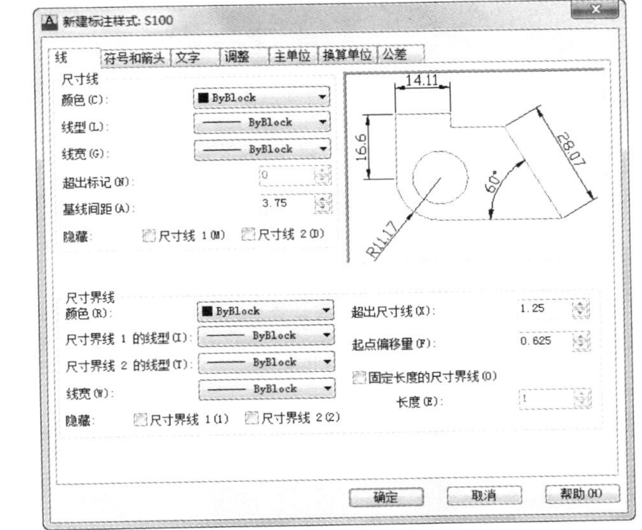

图 3-21　“创建新标注样式”对话框

图 3-22　“新建标注样式”对话框

1. “线”选项卡

“线”选项卡由“尺寸线”、“尺寸界线”两个选项组组成。

01 “尺寸线”选项组

“尺寸线”选项组中各选项的含义如下。

- “颜色”下拉列表框：设置尺寸线的颜色。
- “线型”下拉列表框：设置尺寸线的线型。
- “线宽”下拉列表框：设定尺寸线的宽度。
- “超出标记”文本框：设置尺寸线超过尺寸界线的距离。
- “基线间距”文本框：设置使用基线标注时各尺寸线间的距离。
- “隐藏”选项：控制尺寸线的显示。“尺寸线 1”复选框用于控制第一条尺寸线的显示；“尺寸线 2”复选框用于控制第二条尺寸线的显示。

02 “尺寸界线”选项组

“尺寸界线”选项组中各选项的含义如下。

- “颜色”下拉列表框：设置尺寸界线的颜色。
- “尺寸界线 1 的线型”和“尺寸界线 2 的线型”下拉列表框：设置各尺寸线的线型。
- “线宽”下拉列表框：设定尺寸界线的宽度。
- “超出尺寸线”文本框：设置尺寸界线超过尺寸线的距离。

- “起点偏移量”文本框：设置尺寸界线相对于尺寸界线起点的偏移距离。
- “隐藏”选项：控制尺寸界线的显示。“尺寸界线 1”用于控制第一个尺寸界线的显示；“尺寸界线 2”用于控制第二条尺寸界线的显示。
- “固定长度的尺寸界线”复选框及其“长度”文本框：设置尺寸界线从尺寸线开始到标注原点的总长度。

2. “符号和箭头”选项卡

“符号和箭头”选项卡用于设置尺寸线端点的箭头以及各种符号的外观形式，如图 3-23 所示。

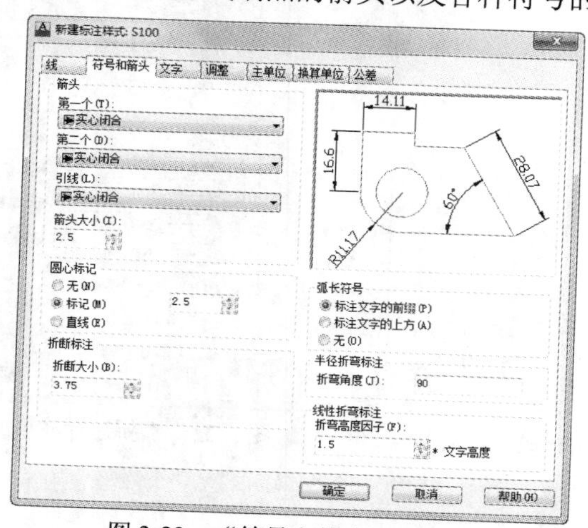

图 3-23 “符号和箭头”选项卡

“符号和箭头”选项卡包括“箭头”、“圆心标记”、“弧长符号”、“半径折弯标注”和“线性折弯标注”5 个选项组。

01 “箭头”选项组

“箭头”选项组用于选定表示尺寸线端点的箭头的外观形式。该选项组中各选项的含义如下。

- “第一个”和“第二个”下拉列表框：设置标注的箭头形式。
- “引线”下拉列表框：设置尺寸线引线的形式。
- “箭头大小”文本框：设置箭头相对于其他尺寸标注元素的大小。

02 “圆心标记”选项组

“圆心标记”选项组用于标注半径和直径尺寸时控制中心线和圆心标记的外观。该选项组中各选项的含义如下。

- “无”单选按钮：设置在圆心处不放置中心线和圆心标记。
- “标记”单选按钮：设置在圆心处放置一个与“大小”文本框中的值相同的圆心标记。
- “直线”单选按钮：设置在圆心处放置一个与“大小”文本框中的值相同的中心线标记。
- “大小”文本框：设置圆心标记或中心线的大小。

03 “弧长符号”选项组

“弧长符号”选项组控制弧长标注中圆弧符号的显示位置。该选项组中各选项的含义如下。

- “标注文字的前缀”单选按钮：将弧长符号放置标注文字的前面。
- “标注文字的上方”单选按钮：将弧长符号放置标注文字的上方。
- “无”单选按钮：不显示弧长符号。

04 “半径折弯标注”选项组

“半径折弯标注”选项组控制折弯(Z 字型)半径标注的显示。折弯半径标注通常在中心点位于页面外部时创建。“折弯角度”文本框用于确定连接半径标注的尺寸界线和尺寸线的横向直线的角度。

05 “线性折弯标注”选项组

“线性折弯标注”选项组用于控制线性标注折弯的显示。通过形成折弯的角度的两个顶点之间的距离确定折弯高度，线性折弯大小由线性折弯因子和文字高度的乘积确定。

3. “文字”选项卡

“文字”选项卡由“文字外观”、“文字位置”和“文字对齐”3 个选项组组成，如图 3-24 所示。

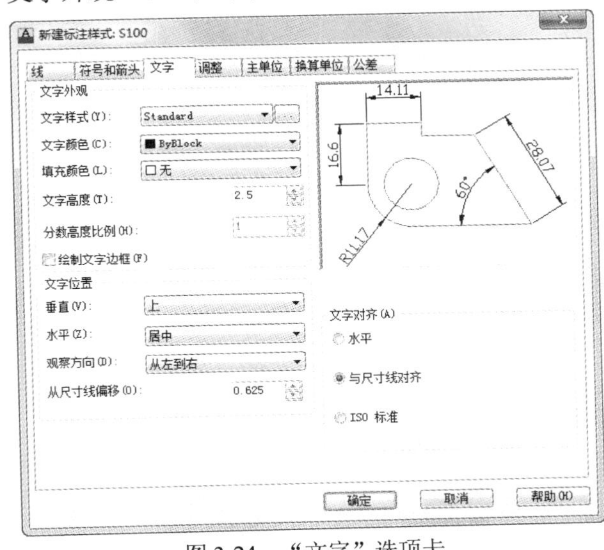

图 3-24　“文字”选项卡

01 “文字外观”选项组

“文字外观”选项组可设置标注文字的格式和大小。该选项组中各选项的含义如下。

- “文字样式”下拉列表框：设置标注文字所用的样式，单击后面的[...]按钮，弹出“文字样式”对话框。
- “文字颜色”下拉列表框：设置标注文字的颜色。
- “填充颜色”下拉列表框：设置标注中文字背景的颜色。
- “文字高度”文本框：设置当前标注文字样式的高度。
- “分数高度比例”文本框：设置分数尺寸文本的相对高度系数。
- “绘制文字边框”复选框：控制是否在标注文字四周绘制一个边框。

02 “文字位置”选项组

“文字位置”选项组用于设置标注文字的位置。该选项组中各选项的含义如下。

- “垂直”下拉列表框：设置标注文字沿尺寸线在垂直方向上的对齐方式。
- “水平”下拉列表框：设置标注文字沿尺寸线和尺寸界线在水平方向上的对齐方式。
- “观察方向”下拉列表框：控制标注文字的观察方向。观察方向包括“从左到右”和“从右到左”两个选项。
- “从尺寸线偏移”文本框：设置文字与尺寸线的间距。

03 “文字对齐”选项组

“文字对齐”选项组用于设置标注文字的方向。该选项组中各选项的含义如下。

- “水平”单选按钮：标注文字沿水平线放置。
- “与尺寸线对齐”单选按钮：标注文字沿尺寸线方向放置。
- “ISO 标准”单选按钮：当标注文字在尺寸界线之间时，沿尺寸线的方向放置；当标注文字在尺寸界线外侧时，在水平方向上放置标注文字。

4. “调整”选项卡

“调整”选项卡用于控制标注文字、箭头、引线和尺寸线的放置，如图 3-25 所示。

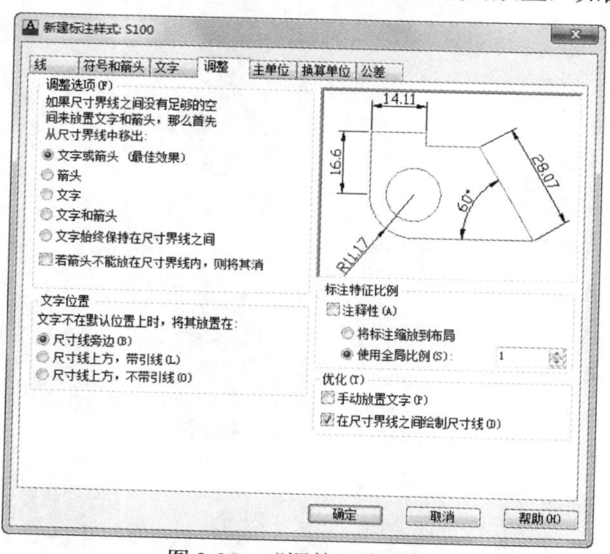

图 3-25 “调整”选项卡

基于尺寸界线之间可用空间的大小，“调整选项”用于控制文字和箭头的位置，“文字位置”选项组用于设置标注文字从默认位置(由标注样式定义的位置)移动到标注文字的位置，“标注特征比例”选项组用于设置全局标注比例值或图纸空间比例，“优化”选项组用于设置标注文字的其他选项。

5. “主单位”选项卡

“主单位”选项卡用于设置主单位的格式和精度，另外还可以设置标注文字的前缀和后缀，如图 3-26 所示。

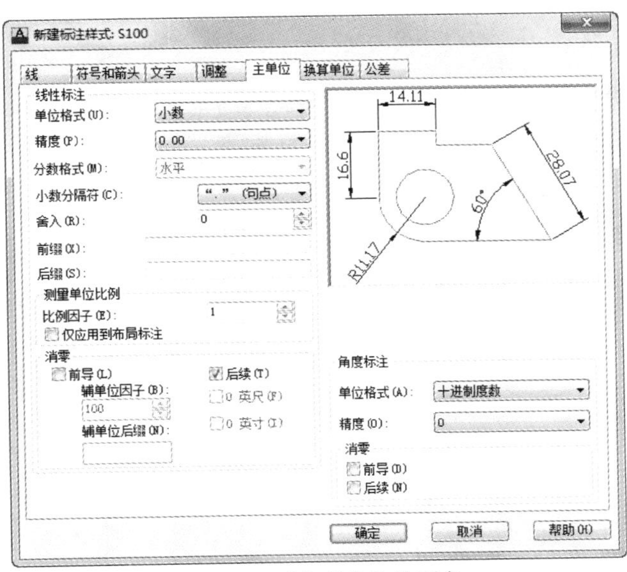

图 3-26　“主单位”选项卡

“主单位”选项卡由“线性标注”和“角度标注”两个选项组组成。

01 “线性标注”选项组

“线性标注”选项组用于设置线性标注的单位格式和精度。该选项组中各选项的含义如下。

- “单位格式”下拉列表框：设置可用于所有尺寸标注类型(除了角度标注)的当前单位格式。
- “精度”下拉列表框：显示和设置标注文字中的小数位数。
- “分数格式”下拉列表框：设置分数的格式。
- “小数分隔符”下拉列表框：设置小数格式的分隔符号。
- “舍入”文本框：设置所有尺寸标注类型(除角度标注外)测量值的取整规则。
- “前缀”文本框：设置在标注文字中包含前缀。可以输入文字或使用控制代码显示特殊符号。
- “后缀”文本框：设置在标注文字中包含后缀。可以输入文字或使用控制代码显示特殊符号。
- “测量单位比例”选项组：确定测量时的缩放系数。
- “消零”选项组：控制是否显示前导 0 或后续 0。

02 “角度标注”选项组

“角度标注”选项组用于设置角度标注的角度单位格式和精度。该选项组中各选项的含义如下。

- “单位格式”下拉列表框：设置角度单位格式。
- “精度”下拉列表框：设置角度标注的小数位数。
- “消零”选项组：控制不输出前导 0 和后续 0。

3.2.2　基本尺寸标注

AutoCAD 为用户提供了多种类型的尺寸标注，下面进行详细介绍。

1. 线性标注

线性标注可以标注水平尺寸、垂直尺寸和旋转尺寸。选择“标注”|“线性”命令，或者单击“标注”工具栏中的“线性”按钮，都可以执行“线性标注”命令，命令行提示如下。

```
命令: _dimlinear
指定第一个尺寸界线原点或 <选择对象>:
指定第二条尺寸界线原点:
指定尺寸线位置或
[多行文字(M)/文字(T)/角度(A)/水平(H)/垂直(V)/旋转(R)]:
标注文字 = 21.18
```

线性标注的效果如图 3-27 所示。

2. 对齐标注

对齐标注可以标注某一条倾斜线段的实际长度。选择“标注”|“对齐”命令，或者单击“标注”工具栏中的“对齐”按钮，都可以执行“对齐标注”命令，命令行提示如下。

```
命令: _dimaligned
指定第一个尺寸界线原点或 <选择对象>:
指定第二条尺寸界线原点:
指定尺寸线位置或
[多行文字(M)/文字(T)/角度(A)]:
标注文字 = 21.3
```

对齐标注的效果如图 3-28 所示。

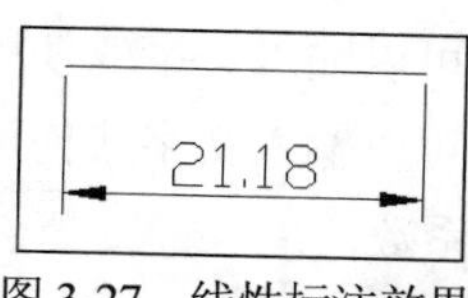

图 3-27 线性标注效果

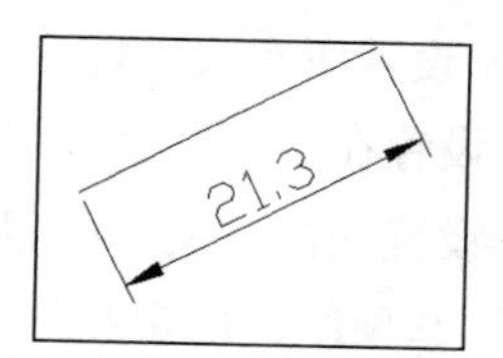

图 3-28 对齐标注效果

3. 弧长标注

弧长标注用于标注圆弧或多段线弧线段的距离。选择“标注”|“弧长”命令，或者单击“标注”工具栏中的“弧长”按钮，都可以执行“弧长标注”命令，命令行提示如下。

```
命令: _dimarc
选择弧线段或多段线弧线段:
指定弧长标注位置或 [多行文字(M)/文字(T)/角度(A)/部分(P)/引线(L)]:
标注文字 = 20.43
```

弧长标注的效果如图 3-29 所示。

4．坐标标注

坐标标注测量原点(称为基准)到标注特征(例如部件上的某一个孔)的垂直距离。这种标注明确标示特征点与基准点的精确偏移量，从而避免误差。选择“标注”|“坐标”命令，或者单击“标注”工具栏中的“坐标”按钮，都可以执行“坐标标注”命令，命令行提示如下。

```
命令: _dimordinate
指定点坐标:
创建了无关联的标注。
指定引线端点或 [X 基准(X)/Y 基准(Y)/多行文字(M)/文字(T)/角度(A)]:
标注文字 = 182.3
```

坐标标注的效果如图 3-30 所示。

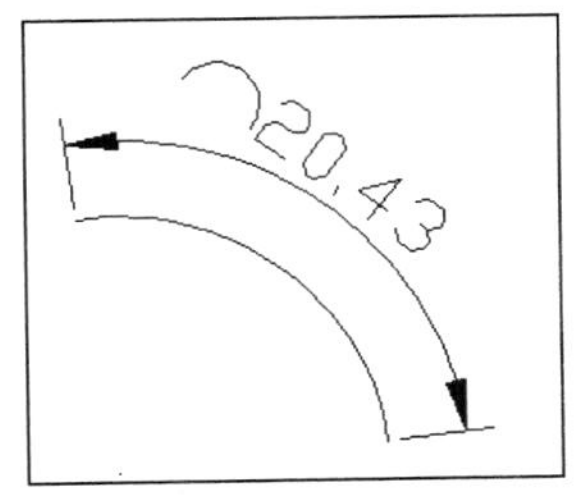

图 3-29　弧长标注效果

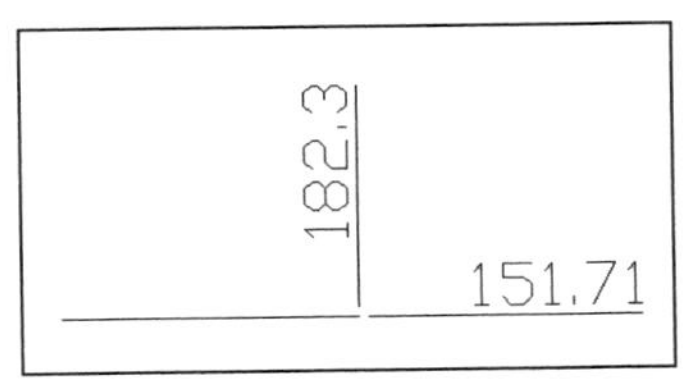

图 3-30　坐标标注效果

5．半径标注

半径标注用来标注圆弧或圆的半径长度。选择“标注”|“半径”命令，或者单击“标注”工具栏中的“半径”按钮，都可以执行“半径标注”命令，命令行提示如下。

```
命令: _dimradius
选择圆弧或圆:
标注文字 = 11.18
指定尺寸线位置或 [多行文字(M)/文字(T)/角度(A)]:
```

半径标注的效果如图 3-31 所示。

6．折弯标注

当圆弧或圆的中心位于布局外并且无法在其实际位置显示时，选择“标注”|“折弯”命令，或者单击“标注”工具栏中的“折弯”按钮，都可以执行“折弯标注”命令，命令行提示如下。

```
命令: _dimjogged
选择圆弧或圆:
指定图示中心位置:
标注文字 = 26.86
指定尺寸线位置或 [多行文字(M)/文字(T)/角度(A)]:
指定折弯位置:
```

折弯标注的效果如图 3-32 所示。

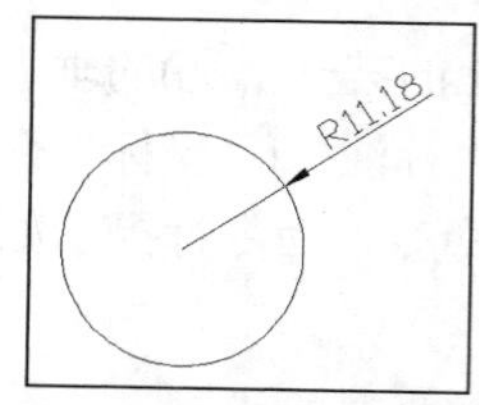

图 3-31　半径标注效果

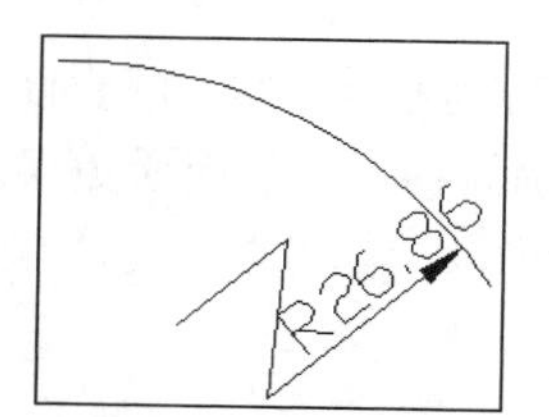

图 3-32　折弯标注效果

7. 直径标注

直径标注用来标注圆弧或圆的直径长度。选择“标注”|“直径”命令，或者单击“标注”工具栏中的“直径”按钮，都可以执行“直径标注”命令，命令行提示如下。

```
命令: _dimdiameter
选择圆弧或圆:
标注文字 = 22.37
指定尺寸线位置或 [多行文字(M)/文字(T)/角度(A)]:
```

直径标注的效果如图 3-33 所示。

8. 角度标注

角度标注用来测量两条直线或者 3 个点之间的角度，也可以用于测量圆弧的角度。选择“标注”|“角度”命令，或者单击“标注”工具栏中的“角度”按钮，都可以执行“角度标注”命令，命令行提示如下。

```
命令: _dimangular
选择圆弧、圆、直线或 <指定顶点>:
指定标注弧线位置或 [多行文字(M)/文字(T)/角度(A)/象限点(Q)]:
标注文字 = 93
```

角度标注的效果如图 3-34 所示。

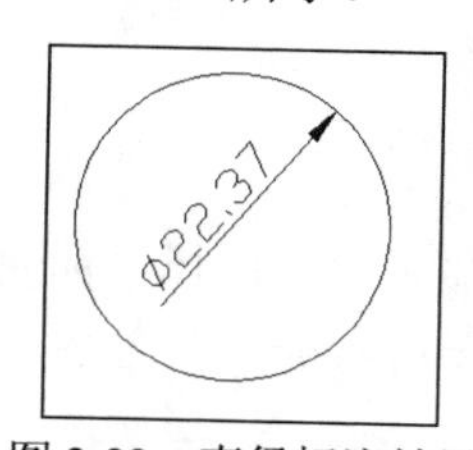

图 3-33　直径标注效果

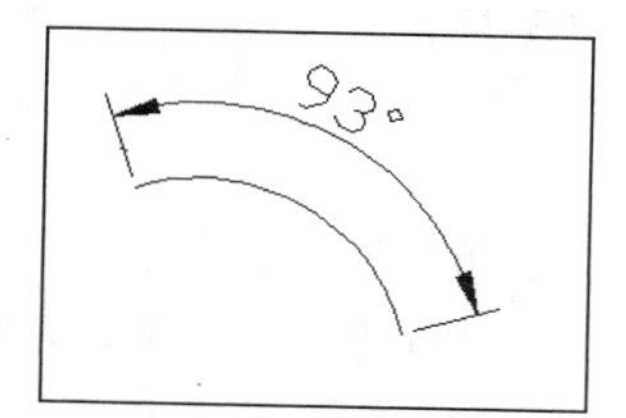

图 3-34　角度标注效果

9. 基线标注

基线标注是自同一基线处测量的多个标注。在创建基线标注之前，必须首先创建线性、对齐或角度标注。可以从当前任务最近创建的标注中以增量的方式创建基线标注。

选择“标注”|“基线”命令，或者单击“标注”工具栏中的“基线”按钮，都可以执行“基

线标注”命令，命令行提示如下。

```
命令: _dimbaseline
指定第二条尺寸界线原点或 [放弃(U)/选择(S)] <选择>:
标注文字 = 15.53
指定第二条尺寸界线原点或 [放弃(U)/选择(S)] <选择>:
标注文字 = 23.01
指定第二条尺寸界线原点或 [放弃(U)/选择(S)] <选择>:
标注文字 = 30.38
指定第二条尺寸界线原点或 [放弃(U)/选择(S)] <选择>:
```

基线标注的效果如图 3-35 所示。

10. 连续标注

连续标注是首尾相连的多个标注。在创建连续标注之前，必须首先创建线性、对齐或角度标注。可自当前任务最近创建的标注中以增量方式创建连续标注。

选择“标注”|“连续”命令，或者单击“标注”工具栏中的“连续”按钮，都可以执行“连续标注”命令，命令行提示如下。

```
命令: _dimcontinue
指定第二条尺寸界线原点或 [放弃(U)/选择(S)] <选择>:
标注文字 = 8.94
指定第二条尺寸界线原点或 [放弃(U)/选择(S)] <选择>:
标注文字 = 10.95
指定第二条尺寸界线原点或 [放弃(U)/选择(S)] <选择>:
标注文字 = 12.62
指定第二条尺寸界线原点或 [放弃(U)/选择(S)] <选择>:
```

连续标注的效果如图 3-36 所示。

图 3-35　基线标注效果

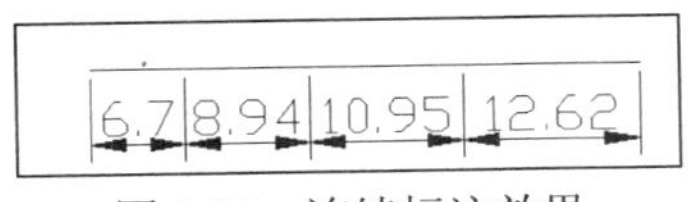

图 3-36　连续标注效果

11. 圆心标注

圆心标注用于创建圆和圆弧的圆心标记或中心线。选择“标注”|“圆心标记”命令，或者单击“标注”工具栏中的“圆心标记”按钮，都可以执行“圆心标注”命令，命令行提示如下。

```
命令: _dimcenter
选择圆弧或圆:
```

圆心标注的效果如图 3-37 所示。

12. 多重引线标注

选择“格式”|“多重引线样式”命令，或者单击“多重引线”工具栏中的“多重引线样式管理器”按钮，都可以弹出如图 3-38 所示的“多重引线样式管理器”对话框，该对话框用于设置当前多重引线样式，以及创建、修改和删除多重引线样式。

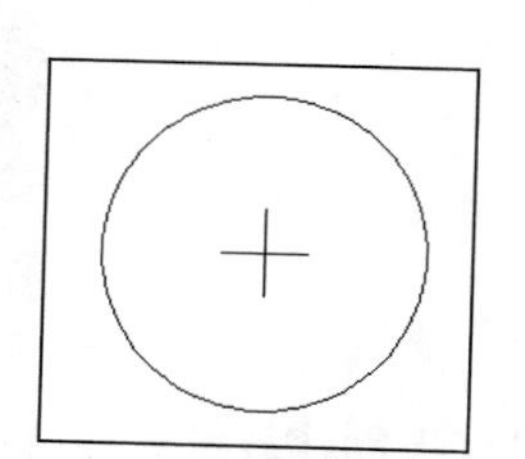

图 3-37 圆心标注效果

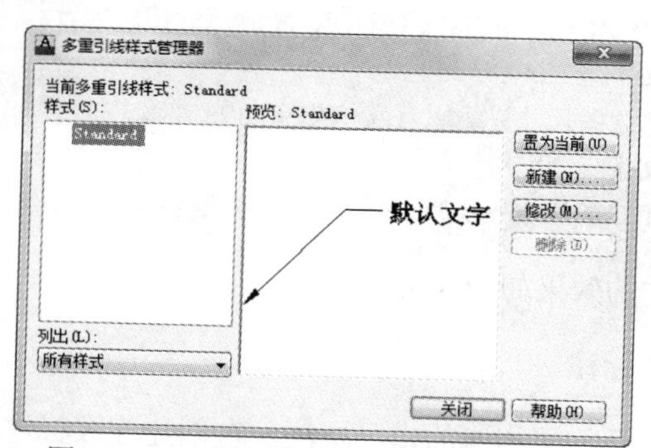

图 3-38 “多重引线样式管理器”对话框

在“多重引线样式管理器”对话框中，“当前多重引线样式”栏用于显示当前使用的多重引线样式的名称；“样式”列表框用于显示多重引线列表，当前样式被亮显；“列出”下拉列表框用于控制“样式”列表的内容，选择“所有样式”选项用于显示图形中所有可用的多重引线样式，选择“正在使用的样式”选项，将仅显示当前图形中参照的多重引线样式；“预览”窗口用于显示“样式”列表中选定样式的预览图像；单击“置为当前”按钮，将“样式”列表中选定的多重引线样式设置为当前样式。

单击“新建”按钮，弹出如图 3-39 所示的“创建新多重引线样式”对话框，在该对话框中可以定义新的多重引线样式；单击“修改”按钮，弹出“修改多重引线样式”对话框，在该对话框中可以修改多重引线样式；单击“删除”按钮，可以删除“样式”列表中选定的多重引线样式。

在“创建新多重引线样式”对话框中单击“继续”按钮，弹出如图 3-40 所示的“修改多重引线样式”对话框，从中可以设置基线、引线、箭头和内容的格式。

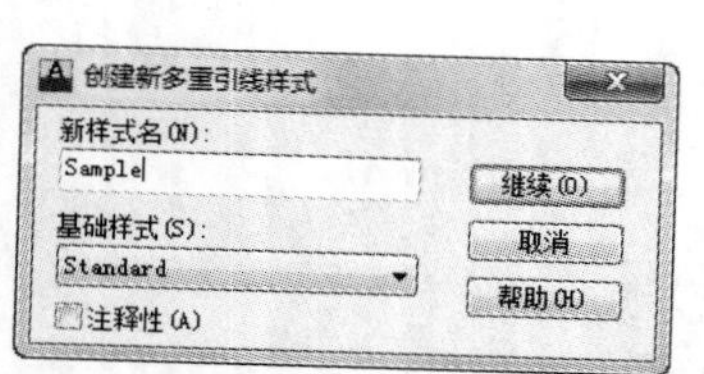

图 3-39 “创建新多重引线样式”对话框

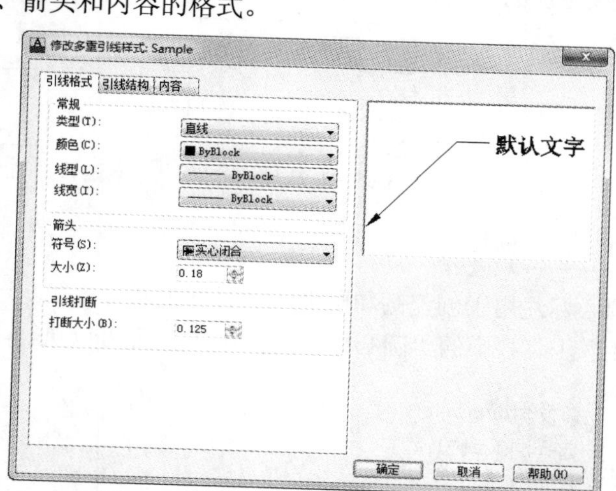

图 3-40 “修改多重引线样式”对话框

“修改多重引线样式”对话框提供了“引线格式”、“引线结构”和“内容”3 个选项卡，其具体的设置方法将在第 7 章进行讲解。

选择“标注”|“多重引线”命令，或者单击“多重引线”工具栏中的“多重引线”按钮，都可以执行“多重引线”命令。

“多重引线”命令可以创建为箭头优先、引线基线优先或内容优先，如果已使用多重引线样式，则可以从该指定样式中创建多重引线。执行“多重引线”命令，命令行提示如下。

```
命令: _MLEADER
指定引线箭头的位置或 [引线基线优先(L)/内容优先(C)/选项(O)] <选项>:
//在绘图区指定箭头的位置
指定引线基线的位置://在绘图区指定基线的位置，弹出在位文字编辑器，可输入多行文字或块
```

3.2.3 编辑尺寸标注

AutoCAD 提供 DIMEDIT 和 DIMTEDIT 两个命令对尺寸标注进行编辑。

1. DIMEDIT 命令

选择“标注”|“编辑标注”命令，或者单击“编辑标注”按钮，都可以执行 DIMEDIT 命令，命令行提示如下。

```
命令: _dimedit
输入标注编辑类型 [默认(H)/新建(N)/旋转(R)/倾斜(O)] <默认>:
```

命令行中各选项含义如下。

- “默认(H)”选项：将尺寸文本按 DDIM 所定义的默认位置和方向重新放置。
- “新建(N)”选项：新建所选择的尺寸标注的尺寸文本。
- “旋转(R)”选项：旋转所选择的尺寸文本。
- “倾斜(O)”选项：实行倾斜标注，即编辑线性型尺寸标注，使其尺寸界线倾斜一个角度，不再与尺寸线垂直，常用于标注锥形图形。

2. DIMTEDIT 命令

选择“标注”|“对齐文字”级联菜单下的相应命令，或者单击“编辑标注文字”按钮，都可以执行 DIMTEDIT 命令，命令行提示如下。

```
命令: _dimtedit
选择标注:
指定标注文字的新位置或 [左(L)/右(R)/中心(C)/默认(H)/角度(A)]:
```

命令行中各选项含义如下。

- “左(L)”选项：更改尺寸文本沿尺寸线左对齐。
- “右(R)”选项：更改尺寸文本沿尺寸线右对齐。

- “中心(C)”选项：更改尺寸文本沿尺寸线中间对齐。
- “默认(H)”选项：将尺寸文本按 DDIM 所定义的默认位置和方向重新放置。
- “角度(A)”选项：旋转所选择的尺寸文本。

3.3 创建表格

在建筑制图中，通常会出现门窗表、图纸目录表和材料做法表等，用户除了使用直线绘制表格之外，还可以使用 AutoCAD 提供的表格功能快速地完成表格的绘制。在 AutoCAD 2013 中，表格的一些操作都可以通过“注释”选项卡中如图 3-41 所示的“表格”面板来实现。

图 3-41 “表格”面板

3.3.1 表格样式的创建

表格的外观由表格样式控制，表格样式可以指定标题、列标题和数据行的格式。选择“格式”|“表格样式”命令，或者在“表格”面板中单击“表格样式”按钮，都可以弹出如图 3-42 所示的“表格样式”对话框，该对话框的“样式”列表中显示了已创建的表格样式。

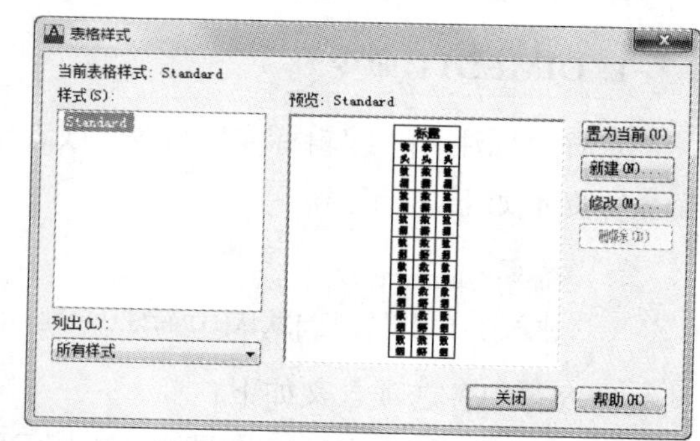

图 3-42 “表格样式”对话框

AutoCAD 在表格样式中预设了 Standard 样式，该样式第 1 行是标题行，由文字居中的合并单元行组成，第 2 行是表头，其他行都是数据行。用户创建表格样式时，要设定标题、表头和数据行的格式。单击“新建”按钮，弹出如图 3-43 所示的“创建新的表格样式”对话框。在“新样式名”文本框中可以输入表格样式名称，在“基础样式”下拉列表框中选择一个表格样式作为新的表格样式的参考样式，单击“继续”按钮，弹出如图 3-44 所示的“新建表格样式”对话框，从中可以对样式进行具体设置。

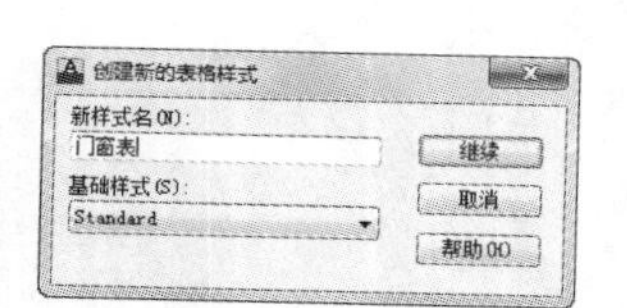

图 3-43 “创建新的表格样式”对话框

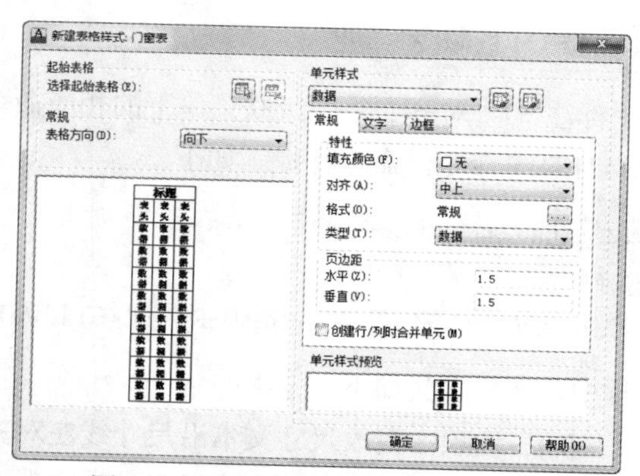

图 3-44 “新建表格样式”对话框

“新建表格样式”对话框由“起始表格”、“常规”、“单元样式”和“单元样式预览”4个选项组组成。各选项组的含义如下。

1. “起始表格”选项组

该选项组允许用户在图形中指定一个表格作为样例来设置此表格样式。单击“选择起始表格”按钮，返回绘图区选择表格后，可以指定要从该表格复制到表格样式的结构和内容。单击“删除表格”按钮，可以将表格从当前指定的表格样式中删除。

2. “常规”选项组

该选项组用于更改表格方向。通过选择“向下”或“向上”来设置表格方向，“向上”创建由下而上的方向读取表格，标题行和表头都在表格的底部；“向下”反之；“预览”框显示当前表格样式设置效果的样例。

3. “单元样式”选项组

该选项组用于定义新的单元样式或修改现有单元样式，可以创建任意数量的单元样式。“单元样式”下拉列表框 数据 显示表格中的单元样式，系统默认提供了数据、标题和表头3种单元样式。用户如需要创建新的单元样式，可以单击“创建新单元样式”按钮，弹出“创建新单元样式”对话框，在“新样式名”文本框中输入单元样式名称，在“基础样式”下拉列表框中选择现有的样式作为参考单元样式；单击“管理单元样式”按钮，弹出“管理单元样式”对话框，在该对话框中可以对单元格式进行添加、删除和重命名操作。

“单元样式”选项组提供了“常规”、“文字”和“边框”3个选项卡，该选项组用于设置用户创建的单元样式的单元、单元文字和单元边界的外观。

“常规”选项卡包含“特性”和“页边距”两个选项组。其中，“特性”选项组用于设置表格单元的填充样式、表格内容的对齐方式以及表格内容的格式和类型；“页边距”选项组用于设置单元边框和单元内容之间的水平和垂直距离，“水平”文本框设置单元中的文字或块与左右单元边界之间的距离，“垂直”文本框设置单元中的文字或块与上下单元边界之间的距离。

“文字”选项卡如图3-45所示，用来设置表格中文字的样式、高度、颜色和角度等。“文字样式”下拉列表框用于设置表格中文字的样式。单击...按钮将显示“文字样式”对话框，从中可以创建新的文字样式；“文字高度”文本框用于设置文字高度，数据和列标题单元的默认文字高度为0.18，表标题的默认文字高度为 0.25；“文字颜色”下拉列表框用于指定文字颜色，用户可以在列表框中选择合适的颜色或选择“选择颜色”命令在显示“选择颜色”对话框设置颜色；“文字角度”文本框用于设置文字角度，默认的文字角度为0°，可以输入–359°～+359°之间的任意角度。

“边框”选项卡如图3-46所示，用于设置表格边框的线宽、线型和颜色(有关“线宽”、“线型”和“颜色”下拉列表框的内容不在此处赘述)。选中“双线”复选框表示将表格边界显示为双线，此时“间距”文本框处于可输入状态，用于输入双线边界的间距，默认间距为 0.18。边框按钮用于控制单元边框的外观，具体如下。

- “所有边框”按钮：单击该按钮，将边框特性设置应用于所有数据单元、表头单元或标题单元的所有边框。

- “外边框”按钮：单击该按钮，将边框特性设置应用于所有数据单元、表头单元或标题单元的外部边框。
- “内边框”按钮：单击该按钮，将边框特性设置应用于所有数据单元或表头单元的内部边框。此选项不适用于标题单元。
- “底部边框”按钮：单击该按钮，将边框特性设置应用于所有数据单元、表头单元或标题单元的底边框。同样“左边框”、“上边框”和“右边框”3个按钮，分别表示设置其他3个方向的边框。
- “无边框”按钮：单击该按钮，将隐藏数据单元、表头单元或标题单元的边框。

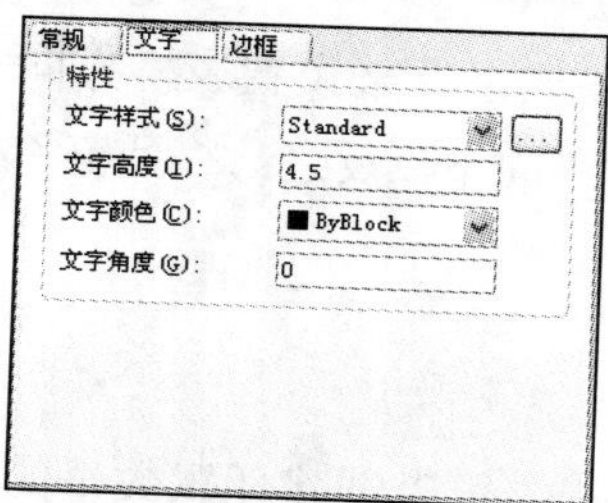

图 3-45 “文字”选项卡

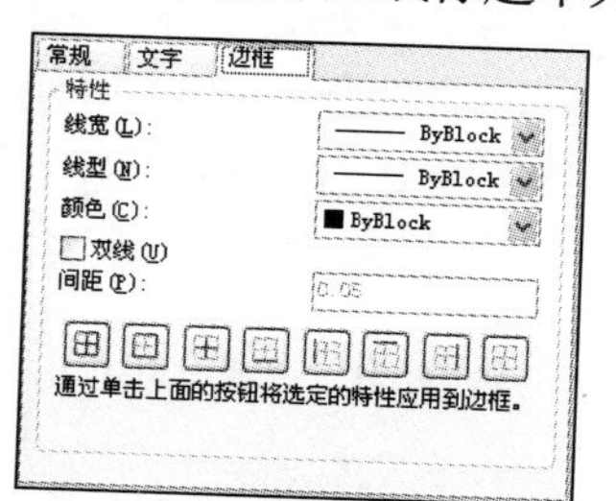

图 3-46 “边框”选项卡

3.3.2 表格的创建

在“表格”面板中单击“表格”按钮，或者选择“绘图”|“表格”命令，都可以弹出如图 3-47 所示的“插入表格”对话框。

“插入表格”对话框提供了以下 3 种插入表格的方式。

- “从空表格开始”单选按钮：创建可以手动填充数据的空表格。
- “自数据链接”单选按钮：从外部电子表格中的数据创建表格。
- “自图形中的对象数据(数据提取)”单选按钮：启动“数据提取”向导来创建表格。

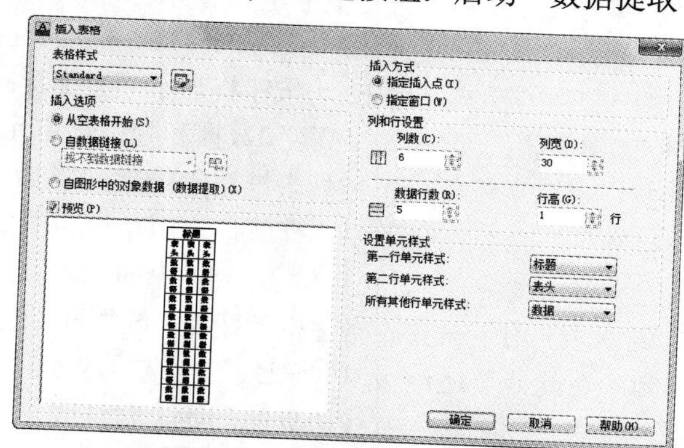

图 3-47 “插入表格”对话框

下面对前面两种创建方式进行详细的讲解。当选中“从空表格开始”单选按钮时，“插入表格”对话框如图 3-47 所示，可以设置表格的各种参数。

1. “表格样式”下拉列表框

用于设置表格采用的样式，默认样式为 Standard。

2. “预览”窗口

显示当前选中表格样式的预览效果。

3. “插入方式”选项组

设置表格插入的具体方式。选中“指定插入点”单选按钮时，需要指定表左上角的位置。如果表样式将表的方向设置为由下而上读取，则插入点位于表的左下角。选中“指定窗口”单选按钮时，需要指定表的大小和位置。选定此选项时，行数、列数、列宽和行高取决于窗口的大小以及列和行的设置。

4. “列和行设置”选项组

设置列和行的数目和大小。

- “列数”文本框：设置表格列数。选中“指定窗口”单选按钮并指定列宽时，则选中了“自动”选项，且列数由表的宽度控制。
- “列宽”文本框：用于设置列的宽度。选中“指定窗口”单选按钮并指定列数时，则选中了“自动”选项，且列宽由表的宽度控制，最小列宽为一个字符。
- “数据行数”文本框：用于设定表格行数。选中“指定窗口”单选按钮并指定行高时，则选中了“自动”选项，且行数由表的高度控制。
- “行高”文本框：按照文字行高指定表的行高。文字行高基于文字高度和单元边距，这两项均在表样式中设置。选中“指定窗口”单选按钮并指定行数时，则选中了“自动”选项，且行高由表的高度控制。

5. “设置单元样式”选项组

用于那些不包含起始表格的表格样式，指定新表格中行的单元格式。“第一行单元样式”下拉列表框用于指定表格中第一行的单元样式，默认情况下，使用标题单元样式；“第二行单元样式”下拉列表框用于指定表格中第二行的单元样式，默认情况下，使用表头单元样式；“所有其他行单元样式”下拉列表框用于指定表格中所有其他行的单元样式，默认情况下，使用数据单元样式。

设置完参数后，单击“确定”按钮，用户将可以在绘图区插入表格，效果如图 3-48 所示。

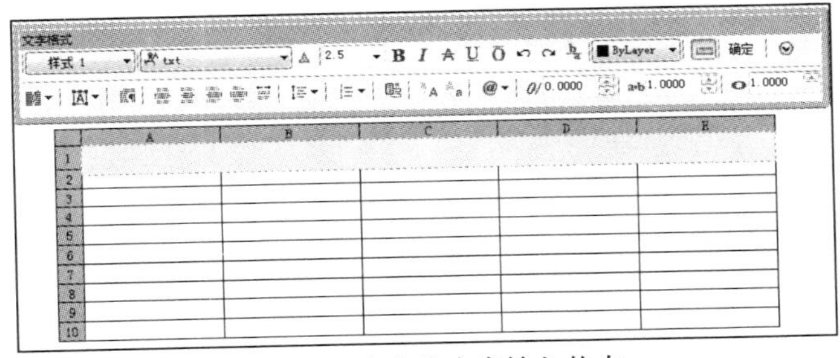

图 3-48　空表格内容输入状态

当选中“自数据链接”单选按钮时，“插入表格”对话框中仅有“指定插入点”可用。

单击“启动数据链接管理器”按钮，可以打开如图 3-49 所示的“选择数据链接”对话框。

选择“创建新的 Excel 数据链接”选项，然后单击“确定”按钮，弹出“输入数据链接名称”对话框。在“名称”文本框中输入数据链接名称“门窗表”，单击“确定”按钮，弹出如图 3-50 所示的“新建 Excel 数据链接：门窗表”对话框。单击按钮[...]，在弹出的“另存为”对话框中选择需要作为数据链接文件的 Excel 文件，单击“确定”按钮，返回“新建 Excel 数据链接：门窗表”对话框，效果如图 3-51 所示。

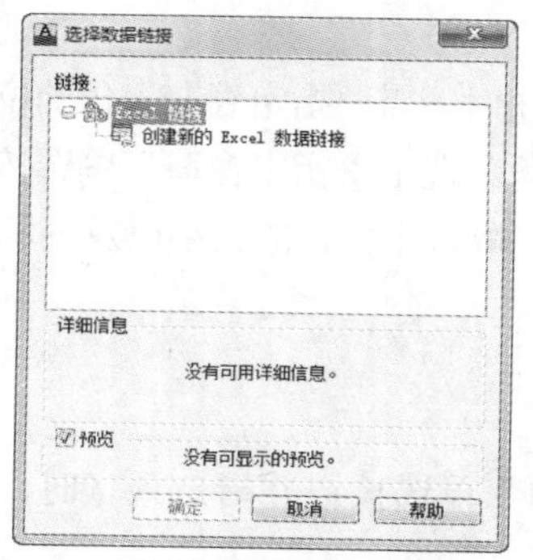

图 3-49 “选择数据链接”对话框

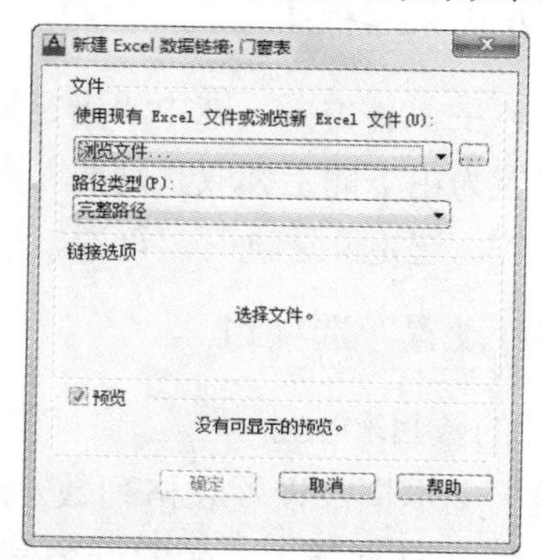

图 3-50 “新建 Excel 数据链接：门窗表”对话框

单击“确定”按钮，返回“选择数据链接”对话框，可以看到创建完成的数据链接，单击“确定”按钮返回“插入表格”对话框，在“自数据链接”下拉列表框中可以选择刚才创建的数据链接，单击“确定”按钮，进入绘图区，拾取合适的插入点即可创建与数据链接相关的表格，效果如图 3-52 所示。

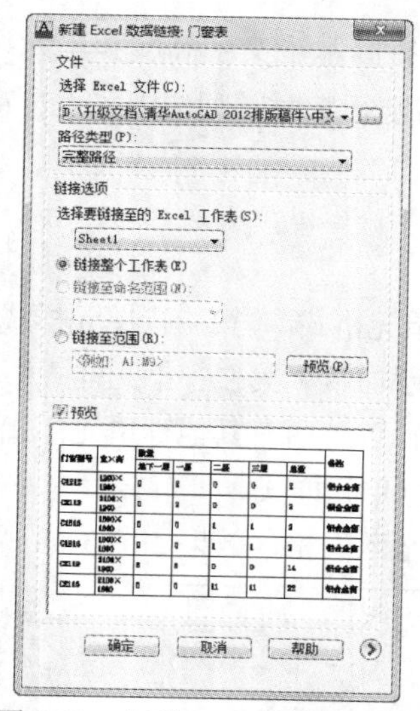

图 3-51 创建 Excel 数据链接

图 3-52 创建完成数据链接

3.3.3 表格的编辑

表格创建完成后，可以单击该表格上的任意网格线选中该表格，然后通过“特性”选项板或夹点来修改表格。单击网格的边框线选中表格，将显示如图 3-53 所示的夹点编辑模式。

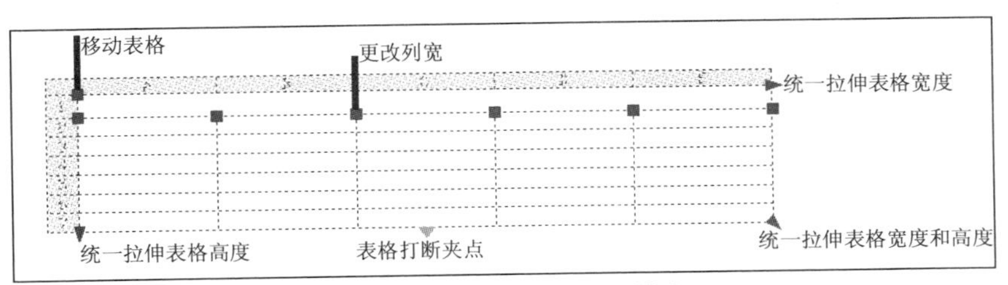

图 3-53 表格的夹点编辑模式

更改表格的高度或宽度时，只有与所选夹点相邻的行或列将会有相应的更改，表格的高度或宽度保持不变。如果需要根据正在编辑的行或列的大小按比例更改表格的大小，在使用列夹点时按住 Ctrl 键即可。从 AutoCAD 2009 开始，新增加了“表格打断”夹点，该夹点可以将包含大量数据的表格打断成主要和次要的表格片断，使用表格底部的表格打断夹点，可以使表格覆盖图形中的多列或操作已创建的不同的表格部分。

在 AutoCAD 2013 中，当选中表格的单元格时，表格状态如图 3-54 所示，用户可以对表格的单元格进行编辑处理。在表格上方的“表格”工具栏中提供了各种各样表格单元格的编辑工具。

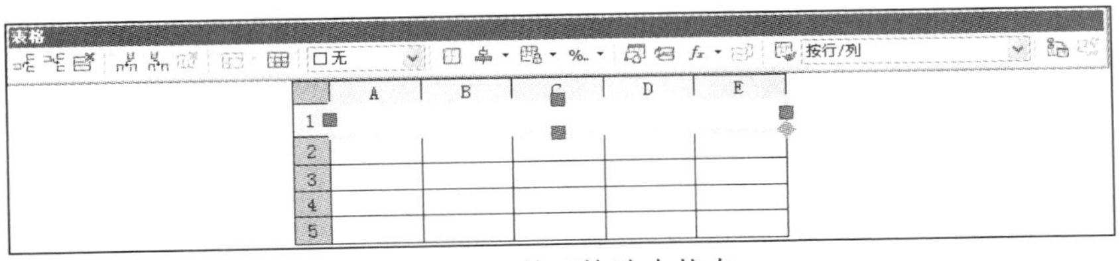

图 3-54 单元格选中状态

当选中表格的单元格后，单元格边框的中间将显示夹点，效果如图 3-55 所示。在另一个单元格内单击可以将选中的内容移到该单元格，拖动单元格上的夹点可以将单元格及其列或行进行缩放。

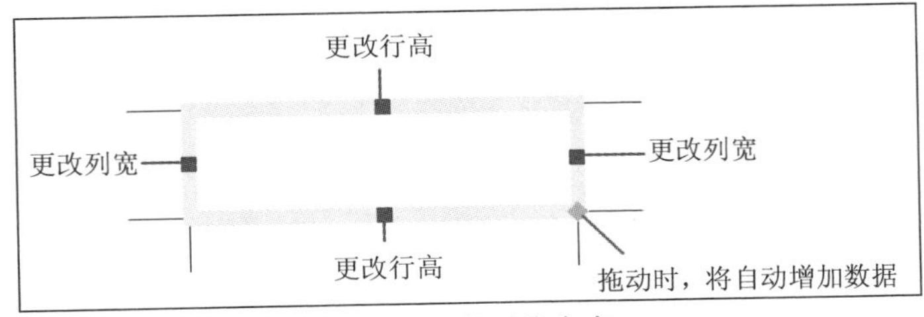

图 3-55 单元格夹点

单击并在多个单元格上拖动可以选择多个单元格。按住 Shift 键并在另一个单元格内单击，可以同时选中这两个单元格以及它们之间的所有单元格。选中单元格后，可以使用“表格”工具栏，或执行如图 3-56 所示的右键快捷菜单中的命令，对单元格进行编辑操作。

在快捷菜单中选择“特性”命令，弹出如图 3-57 所示的“特性”选项板，可以设置单元宽度、单元高度、对齐方式、文字内容、文字样式、文字高度和文字颜色等内容。

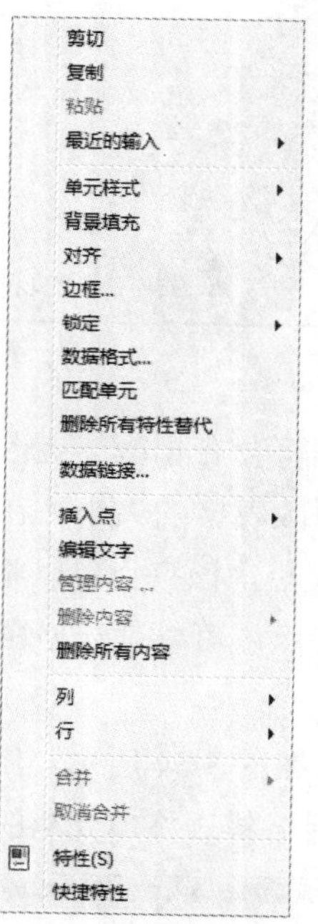

图 3-56　快捷菜单编辑方式

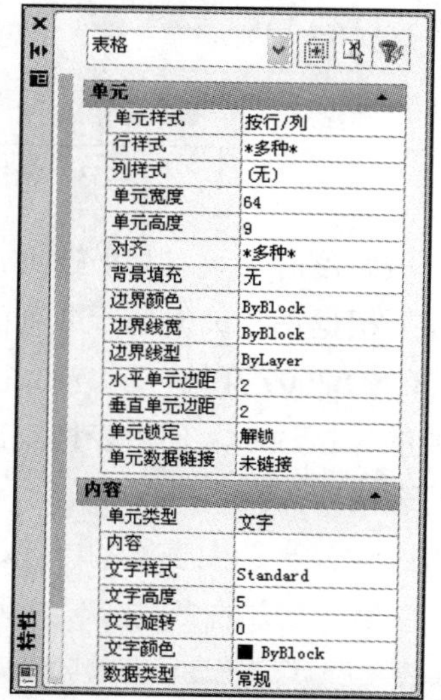

图 3-57　“特性”选项板

第4章　三维绘图与编辑

AutoCAD 除了具有非常强大的二维图形绘制功能之外，还提供了强大的三维图形绘制功能。用户可以通过软件提供的命令直接绘制基本三维图形，通过三维编辑命令绘制比较复杂的三维图形。通过本章的学习，用户可以熟练地掌握 AutoCAD 绘制三维图形的方法。

4.1 三维建模概述

在三维空间中观察实体，可以感觉到它的真实形状和构造，有助于形成较为直观的设计概念，有利于设计决策，同时也有利于设计人员之间的交流。采用计算机绘制三维图形的技术称之为三维几何建模。根据建模方法及在计算机中存储方式的不同，三维几何建模可分为如下 3 种类型。

1. 线框模型

线框模型是用直线和曲线表示对象边界的。线框模型没有表面，是由描述轮廓的点、直线和曲线构成的。组成轮廓的每一个点和每一条直线都是单独绘制出来的，因此线框模型是最费时的一种三维几何建模。并且线框模型不能进行消隐和渲染处理。

2. 表面模型

表面模型不仅具有边界，而且具有表面，因此它比线框模型更为复杂。表面模型的表面是由多个平面的多边形组成的。对于曲面来说，表面模型是由表面多边形网格组成的近似曲面。多边形网格越密，曲面的光滑程度越高。用户可以直接编辑构成表面模型的多边形网格。由于表面模型具有面的特征，因此可以对它进行面积计算、着色、消隐、渲染和求两表面交线等操作。

3. 实体模型

实体模型具有实体的特征，例如体积、重心和惯性等。在 AutoCAD 中，不仅可以建立基本的三维实体，而且可以对三维实体进行布尔运算，从而得到复杂的三维实体。另外还可以通过二维实体产生三维实体。实体模型是这 3 种模型中最容易建立的一种模型。

4.2 视窗管理

本节将介绍如何利用 AutoCAD 三维命令从不同角度观察三维图形。首先介绍绘制三维图形常用的工具——用户坐标系。

4.2.1 用户坐标系

用户通常使用的坐标系是世界坐标系，它是固定的，主要用于二维绘图。除了世界坐标系之外，AutoCAD 还提供了用户坐标系。用户坐标系可以用来在二维或三维空间中定义用户需要的坐标系。熟练使用用户坐标系，有助于高效、准确地绘制三维图形。

用户需要重新定义坐标系或是调整坐标系原点的位置，可以通过在命令提示符下输入 UCS 命令，或者在如图 4-1 所示的 UCS 工具栏中单击 UCS 按钮，或者选择如图 4-2 所示的“工具”|“新建 UCS”级联菜单下相应的命令，都可以执行 UCS 命令，命令行提示如下。

```
命令: _ucs
当前 UCS 名称: *世界*
指定 UCS 的原点或 [面(F)/命名(NA)/对象(OB)/上一个(P)/视图(V)/世界(W)/X/Y/Z/Z 轴(ZA)] <世界>: n
指定新 UCS 的原点或 [Z 轴(ZA)/三点 (3) /对象(OB)/面(F)/视图(V)/X/Y/Z] <0,0,0>:
```

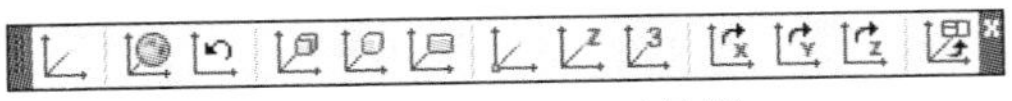

图 4-1　UCS 工具栏

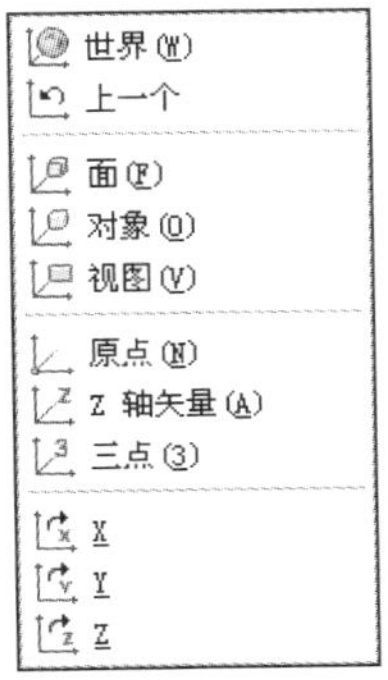

世界(W)
上一个
面(F)
对象(O)
视图(V)
原点(N)
Z 轴矢量(A)
三点(3)
X
Y
Z

图 4-2　“新建 UCS”级联菜单

在 AutoCAD 2013 中，系统提供了 9 个选项供用户选择，各选项含义如下。

- “指定 UCS 的原点”选项：使用一点、两点或三点定义一个新的 UCS。如果指定单个点，当前 UCS 的原点将会移动至该点而不会更改 X、Y 和 Z 轴的方向；如果指定第二点，UCS 将绕先前指定的原点旋转，以使 UCS 的 X 轴正半轴通过该点；如果指定第三点，UCS 将绕 X 轴旋转，以使 UCS 的 XY 平面的 Y 轴正半轴包含该点。
- “面(F)”选项：将 UCS 与三维实体的选定面对齐。在要选择的面的边界内或面的边上单击，选中的面将亮显，UCS 的 X 轴将与找到的第一个面上的最近的边对齐。
- “命名(NA)”选项：按名称保存并恢复通常使用的 UCS 方向。
- “对象(OB)”选项：根据选定的三维对象定义新的坐标系。新建 UCS 的拉伸方向(Z 轴正方向)与选定对象的拉伸方向相同。
- “上一个(P)”选项：恢复上一个 UCS。程序会自动保留在图纸空间中创建的最后 10 个坐标系和在模型空间中创建的最后 10 个坐标系。重复该选项将逐步返回上一个坐标系统。
- “视图(V)”选项：以垂直于观察方向(平行于屏幕)的平面为 XY 平面，建立新的坐标系。UCS 原点保持不变。
- “世界(W)”选项：将当前用户坐标系设置为世界坐标系。WCS 是所有用户坐标系的基准，不能重新定义。
- “X/Y/Z”选项：绕指定轴旋转当前 UCS。
- “Z 轴(ZA)”选项：用指定的 Z 轴正半轴定义 UCS。

工具栏按钮、菜单命令和命令行提示是相互对应的，用户可以选择其中的一种方式创建所需的新坐标系。当然，用户也可以使用第 1.5.6 节讲解的动态 UCS 创建图形。

4.2.2 视点

在三维空间观察图形的方向叫做视点。如果视点为(1,1,1)，则观察图形的方向就是此点与原点构成的直线。在模型空间中，可以以任意点作为视点来观察图形。利用 AutoCAD 的视点功能，可以方便地从各个角度观察三维模型。

1. 利用 VPOINT 命令设置视点

在命令提示符下输入 VPOINT 命令，或者选择“视图”|“三维视图”|“视点”命令，都可以执行 VPOINT 命令，命令行提示如下。

```
命令: _vpoint
当前视图方向: VIEWDIR=0.0000,0.0000,1.0000
指定视点或 [旋转(R)] <显示坐标球和三轴架>:
```

命令行中各选项的含义如下。

01 指定视点

使用输入的 X、Y 和 Z 坐标，创建定义观察视图方向的矢量。定义的视图就是观察者在该点向原点(0,0,0)方向观察。

02 旋转(R)

使用两个角度指定新的观察方向。执行该选项后，系统提示如下。

```
输入 XY 平面中与 X 轴的夹角 <328>:
//第一个角度指定在 XY 平面中与 X 轴的夹角
输入与 XY 平面的夹角 <0>:
//第二个角度指定与 XY 平面的夹角，位于 XY 平面的上方或下方
```

根据上面的提示依次确定角度后，AutoCAD 将根据角度确定的视点方向在屏幕上显示出图形的相应投影。

2. 利用对话框设置视点

选择“视图”|“三维视图”|“视点预设”命令，弹出如图 4-3 所示的“视点预设”对话框。

在该对话框中，选中“绝对于 WCS”单选按钮，表示视点绝对于世界坐标系；选中“相对于 UCS”单选按钮，表示视点相对于当前用户坐标系。在对话框的图形框中，左边的图形表示确定原点和视点之间的连线在 XY 平面上的投影和 X 轴正方向的夹角，右边的图形表示确定该连线与投影线之间的夹角。用户可以通过在“自 X 轴”和“自 XY 平面”文本框中输入不同数值来设定不同的视点。

在“视点预设”对话框中，“设置为平面视图”按钮用来设置查看角度以相对于选定坐标系显示平面视图。

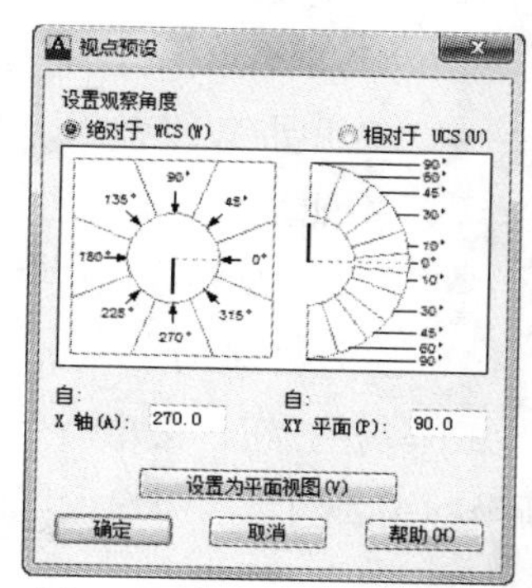

图 4-3 “视点预设”对话框

3．特殊视点

选择“视图”|“三维视图”命令，弹出三维视图子菜单，菜单提供了俯视、仰视、左视、右视、主视、后视、西南等轴测、东南等轴测、东北等轴测和西北等轴测 10 个特殊的视点，如图 4-4 所示。

AutoCAD 提供了一个名叫 ViewCube 的工具，它是启用三维图形系统时，显示在绘图区右上角的三维导航工具。通过 ViewCube，用户可以在标准视图和等轴测视图间进行切换。

ViewCube 显示后，将以不活动状态显示在其中一角(位于模型上方的图形窗口中)。ViewCube 处于不活动状态时，将显示基于当前 UCS 和通过模型的 WCS 定义方向的模型的当前视口。将光标悬停在 ViewCube 上方时，ViewCube 将变为活动状态。用户可以切换至可用预设视图之一，滚动当前视图或更改为模型的主视图。图 4-5 和图 4-6 所示分别为将图切换到东南等轴测图和主视图的效果。

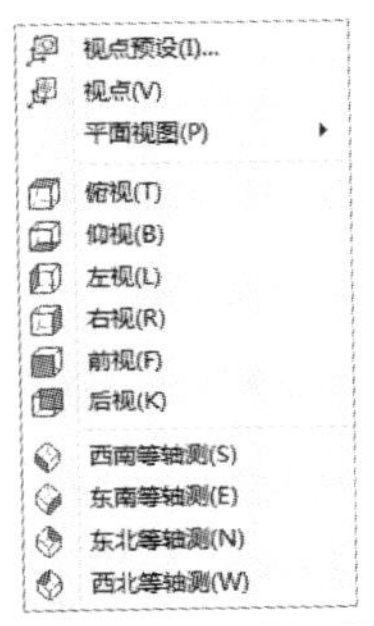

图 4-4　预置三维视图

图 4-5　东南等轴测图效果

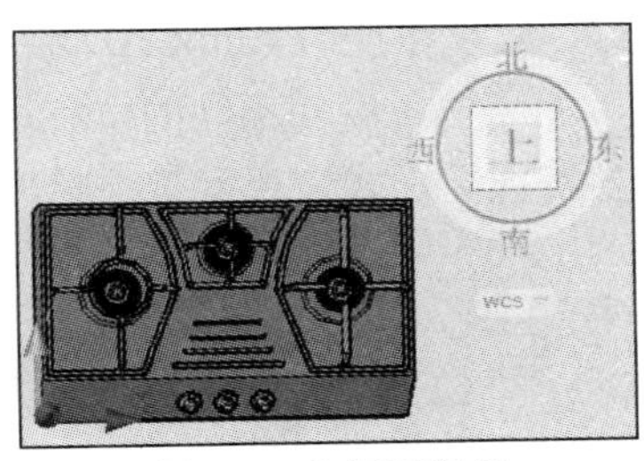

图 4-6　主视图效果

4.2.3　动态观察

AutoCAD 提供了受约束的动态观察、自由动态观察和连续观察 3 种动态观察方式。选择“视图”|“动态观察”命令的子菜单，可以执行其中一种的动态观察方式。

1．受约束的动态观察

使用受约束的动态观察时，视图目标位置不动，观察点围绕目标移动。默认情况下，观察点受约束，沿 XY 平面或 Z 轴约束移动。使用受约束的动态观察时，光标图形为 ⟲，如图 4-7 所示。

2．自由动态观察

与受约束的动态观察不同的是，自由动态观察的观察点不参照平面，可以在任意方向上进行动态观察。沿 XY 平面和 Z 轴进行动态观察时，观察点不受约束可自由移动。自由动态观察时效果如图 4-8 所示。

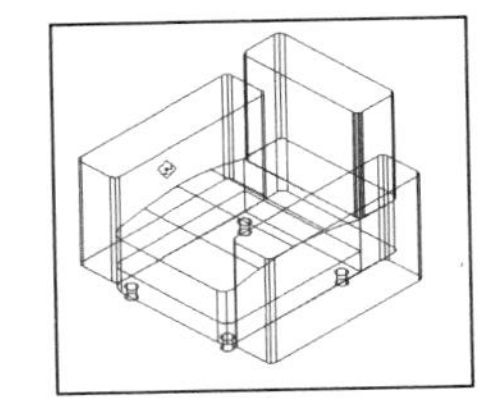

图 4-7　受约束的动态观察效果

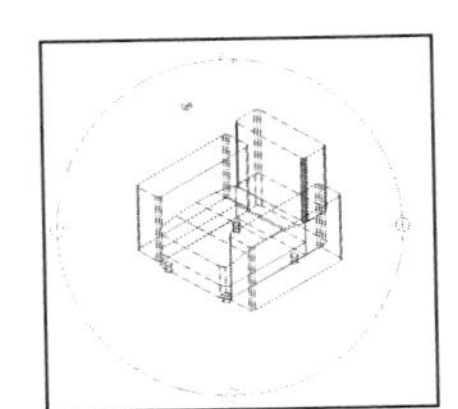

图 4-8　自由动态观察效果

3. 连续动态观察

使用连续动态观察，可以连续地进行动态观察。在要进行连续动态观察的移动方向上单击并拖动鼠标，然后释放鼠标，对象将在指定的方向上沿着轨道连续旋转。旋转的速度由光标移动的速度决定，连续动态观察时的效果如图 4-9 所示。

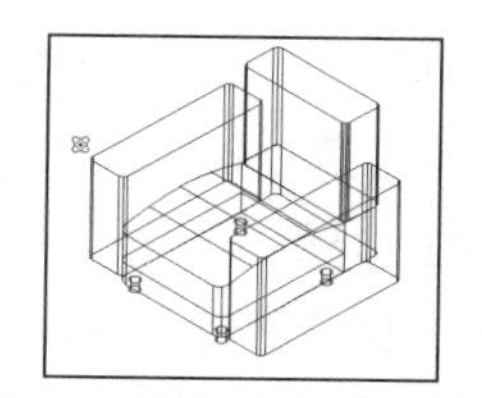

图 4-9　连续动态观察效果

4.3 三维图形观察

AutoCAD 2013 在三维制图方面整合了 3ds Max 中的很多功能，从而在三维制图方面有了大幅度的提高。用户在使用 AutoCAD 绘制三维图形的过程中，同样需要以不同的方式对三维图形从不同的视点、不同的角度和不同的位置进行观察。用户可以对三维图形进行平移和缩放，同时可以通过消隐等各种视觉样式来观察三维图形。

4.3.1 控制盘

SteeringWheels(控制盘)将多个常用导航工具结合到一个单一界面中，从而为用户节省了操作时间。控制盘上的每个按钮代表一种导航工具，用户可以以平移、缩放等不同方式操作模型的当前视图，控制盘上各按钮功能如图 4-10 所示。

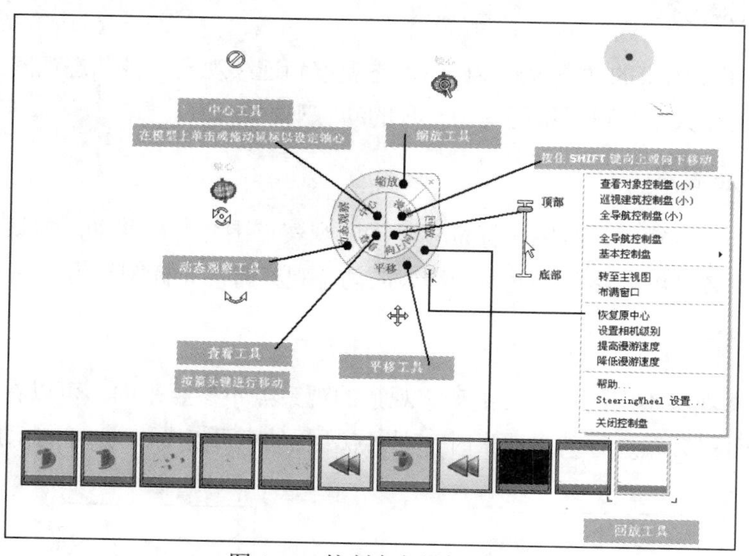

图 4-10　控制盘各导航工具

如果控制盘在启动时固定，它将不跟随光标移动，还会显示控制盘的“首次使用”气泡。“首次使用”气泡说明控制盘的用途和使用方法，用户可以在“SteeringWheels 设置”对话框中更改启动设置。

用户可以通过单击状态栏的 SteeringWheels 按钮来显示控制盘。显示控制盘后，可以通过单击控制盘上的一个按钮或单击并按住定点设备上的按钮来激活其中一种可用导航工具。按住按钮后，在图形窗口上拖动，可以更改当前视图，松开按钮可返回至控制盘。控制盘上的 8 个工具功能如下。

- “中心”工具：用于在模型上指定一个点作为当前视图的中心。该工具也可以更改用于某些导航工具的目标点。
- “查看”工具：用于绕固定点沿水平和垂直方向旋转视图。
- “动态观察”工具：用于基于固定的轴心点绕模型旋转当前视图。
- “平移”工具：用于通过平移来重新放置模型的当前视图。
- “回放”工具：用于恢复上一个视图。用户也可以在先前视图中向后或向前查看。
- “向上/向下”工具：沿屏幕的 Y 轴滑动模型的当前视图。
- “漫游”工具：模拟在模型中的漫游。
- “缩放”工具：用于调整模型当前视图的比例。

4.3.2　平移和缩放

与二维图形一样，选择“视图”|“缩放”子菜单中的命令，可以在三维空间中对三维图形进行缩放操作；选择“视图”|“平移”子菜单中的命令，可以在三维空间中对三维图形进行平移操作。

4.3.3　消隐

一般情况下，三维图形绘制完成后，当前视口中将会显示线框模型，如图 4-11 所示为沙发线框模型，此时可以看见所有的直线，包括被其他对象遮盖的直线。选择“视图”|“消隐”命令，或者在命令行输入 HIDE，都可以从屏幕上消除隐藏线，如图 4-12 所示为消隐后的沙发效果图。

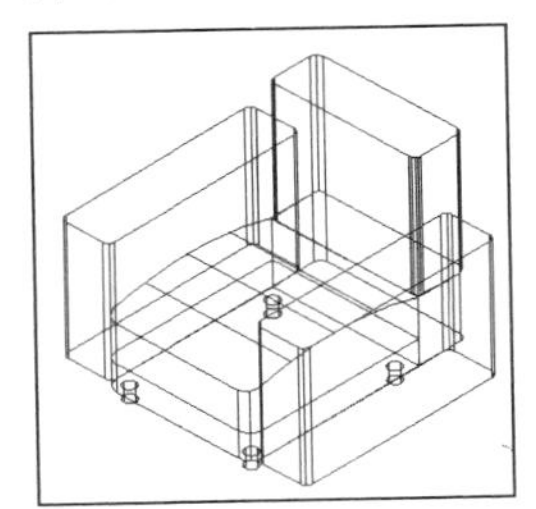

图 4-11　沙发线框

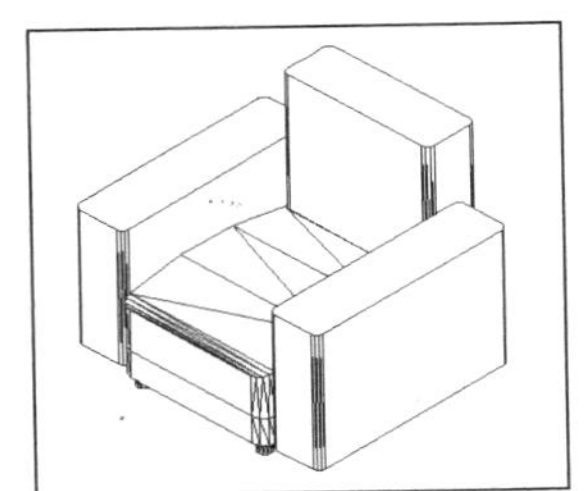

图 4-12　消隐后的沙发

4.3.4　视觉样式

在 AutoCAD 中，视觉样式用来控制视口中边和着色的显示。一旦应用了视觉样式或更改了其设置，就可以在视口中查看效果。

选择“视图”|“视觉样式”菜单中的子菜单命令可以观察各种三维图形的视觉样式。选择“视觉样式管理器”子菜单命令，打开如图 4-13 所示的视觉样式管理器。

系统为用户提供了 10 种预设的视觉样式，常用的 5 种视觉样式及其效果如下。

- 二维线框：显示用直线和曲线表示边界的对象。光栅和 OLE 对象、线型和线宽均可见，如图 4-14 所示为二维线框视觉效果。

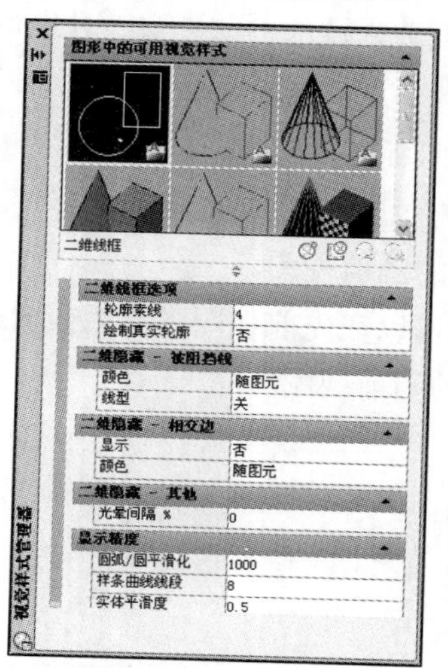

图 4-13 视觉样式管理器

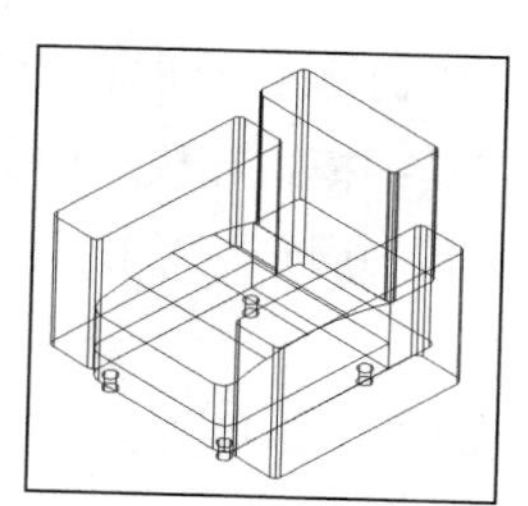
图 4-14 二维线框

- 三维线框：显示用直线和曲线表示边界的对象，如图 4-15 所示为三维线框视图效果。
- 三维隐藏：显示用三维线框表示的对象并隐藏表示背向面的直线，如图 4-16 所示为三维隐藏视图效果。

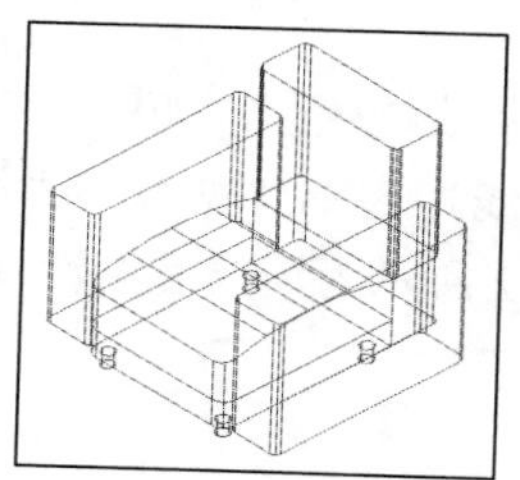
图 4-15 三维线框

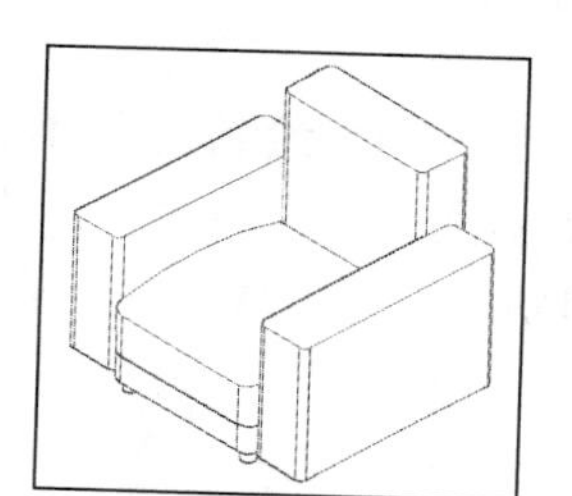
图 4-16 三维隐藏

- 真实：着色多边形平面间的对象，并使对象的边平滑化，显示已附着的对象材质，如图 4-17 所示为真实视图效果。
- 概念：着色多边形平面间的对象，并使对象的边平滑化。着色使用古氏面样式，一种冷色向暖色之间的过渡而不是从深色到浅色的过渡。效果缺乏真实感，但是可以更方便地查看到模型的细节，如图 4-18 所示为概念视图效果。

图 4-17 真实

图 4-18 概念

4.4 绘制三维表面图形

三维面和三维体同为三维图形中的重要元素。本节将介绍如何使用 AutoCAD 绘制三维面。

4.4.1　创建面域

面域是使用形成闭合环的对象创建的二维闭合区域。环可以是直线、多段线、圆、圆弧、椭圆、椭圆弧和样条曲线的组合。组成环的对象必须闭合或通过与其他对象共享端点而形成闭合的区域。创建面域后，可以使用“拉伸”命令拉伸面域以生成三维实体，还可以通过 UNION、SUBTRACTION 和 INTERSECTION 命令创建闭合的面域。

定义面域的操作步骤如下。

01 选择“绘图”|“面域”命令，命令提示如下。

```
命令: _region
选择对象: 找到 1 个
选择对象:    //按 Enter 键
已提取 1 个环。
已创建 1 个面域。
```

02 选择对象以创建面域。这些对象必须各自形成闭合区域，例如圆或闭合多段线。

03 按 Enter 键，命令行提示检测到了多少个环以及创建了多少个面域。

还可以通过边界定义面域，选择“绘图”|“边界”命令，按照系统提示完成相应操作。

4.4.2　创建曲面

用户选择“绘图”|“建模”|“曲面”命令，弹出如图 4-19 所示的“曲面”子菜单，AutoCAD 系统为用户提供了多种创建曲面的方法，表 4-1 演示了常见的曲面创建方法。

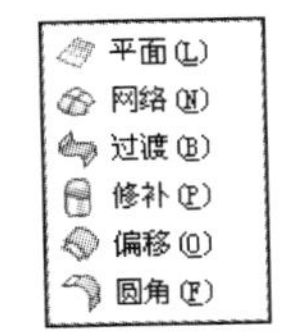

图 4-19　“曲面”子菜单

表 4-1　曲面创建方法

选择“绘图”|“建模”|“曲面”|“平面”命令，或在命令行中输入 PLANESURF 命令，都可以通过指定矩形的两个对角点创建平面曲面	
命令: _Planesurf 指定第一个角点或 [对象(O)] <对象>://拾取角点 1 指定其他角点:// 拾取角点 2	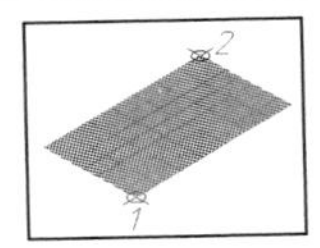

(续表)

选择“绘图”|“建模”|“曲面”|“网络”命令，或在命令行中输入 SURFNETWORK 命令，都可以在 U 方向和 V 方向(包括曲面和实体边子对象)的几条曲线之间的空间中创建曲面	
命令: _SURFNETWORK 沿第一个方向选择曲线或曲面边:找到 1 个//选择第一个方向第一条曲线 沿第一个方向选择曲线或曲面边:找到 1 个，总计 2 个//选择第一个方向第二条曲线 沿第一个方向选择曲线或曲面边://按回车键 沿第二个方向选择曲线或曲面边:找到 1 个//选择第二个方向第一条曲线 沿第二个方向选择曲线或曲面边:找到 1 个，总计 2 个//选择第二个方向第二条曲线 沿第二个方向选择曲线或曲面边:找到 1 个，总计 3 个//选择第二个方向第三条曲线 沿第二个方向选择曲线或曲面边:按回车键，得到曲面	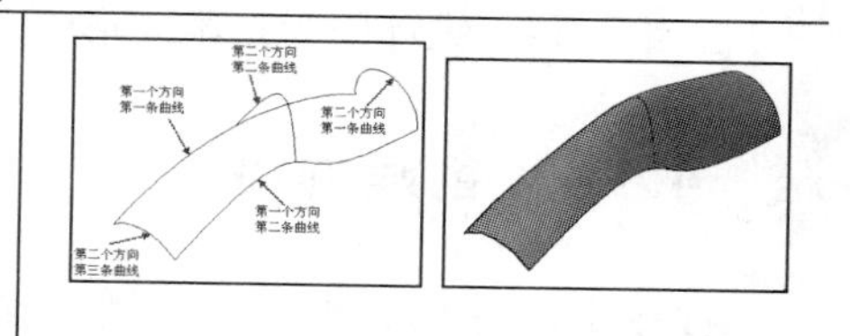
选择“绘图”|“建模”|“曲面”|“过渡”命令，或在命令行中输入 SURFBLEND 命令，都可以在两个现有曲面之间创建连续的过渡曲面	
SURFBLEND 连续性 = G1 - 相切，凸度幅值 = 0.5//系统提示项 选择要过渡的第一个曲面的边或 [链(CH)]:找到 1 个//选择第一个曲面的边 选择要过渡的第一个曲面的边或 [链(CH)]: //按回车键 选择要过渡的第二个曲面的边或 [链(CH)]:找到 1 个//选择第二个曲面的边 选择要过渡的第二个曲面的边或 [链(CH)]://按回车键 按 Enter 键接受过渡曲面或 [连续性(CON)/凸度幅值(B)]://可设置连续性和凸度幅值，如果不设置，则按回车键，完成网络曲面创建	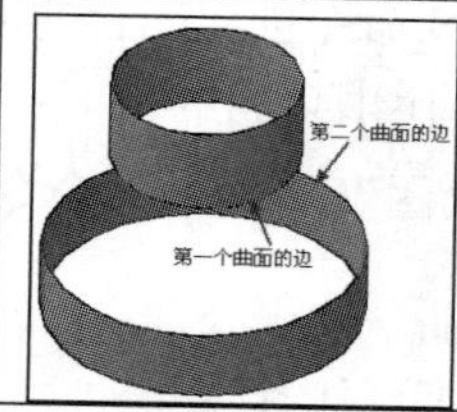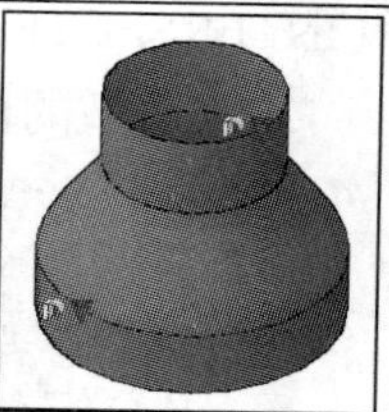
选择“绘图”|“建模”|“曲面”|“修补”命令，或在命令行中输入 SURFPATCH 命令，都可以通过在形成闭环的曲面边上拟合一个封口来创建新曲面	
命令: _SURFPATCH 连续性 = G0 - 位置，凸度幅值 = 0.5 选择要修补的曲面边或 [链(CH)/曲线(CU)] <曲线>: 找到 1 个//选择曲面边一 选择要修补的曲面边或 [链(CH)/曲线(CU)] <曲线>: 找到 1 个，总计 2 个//选择曲面边二 选择要修补的曲面边或 [链(CH)/曲线(CU)] <曲线>:找到 1 个，总计 3 个//选择曲面边三 选择要修补的曲面边或 [链(CH)/曲线(CU)] <曲线>:找到 1 个，总计 4 个//选择曲面边四 选择要修补的曲面边或 [链(CH)/曲线(CU)] <曲线>: //按回车键，完成边选择 按 Enter 键接受修补曲面或 [连续性(CON)/凸度幅值(B)/ /导向(G)]://按回车键创建修补曲面	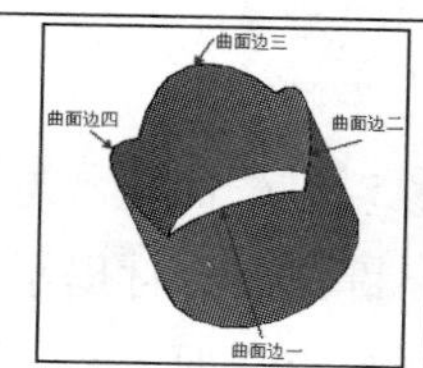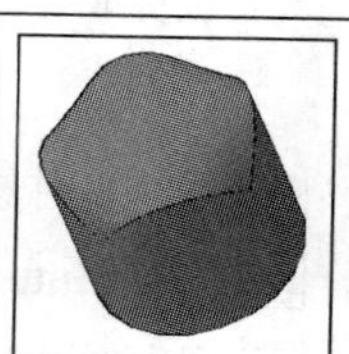
选择“绘图”|“建模”|“曲面”|“偏移”命令，或在命令行中输入 SURFOFFSET 命令，都可以创建与原始曲面相距指定距离的平行曲面	
命令: _SURFOFFSET 连接相邻边 = 否 选择要偏移的曲面或面域: 找到 1 个//选择要偏移的曲面 选择要偏移的曲面或面域://按回车键完成曲面选择，显示偏移方向箭头，标识正方向，正值向箭头方向偏移，负值向箭头反方向偏移 指定偏移距离或 [翻转方向(F)/两侧(B)/实体(S)/连接(C)/表达式(E)] <100.0000>: 100//输入偏移距离 100，按回车键，显示效果 1 个对象将偏移。 1 个偏移操作成功完成。	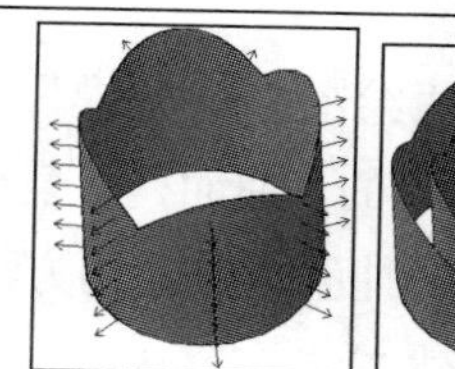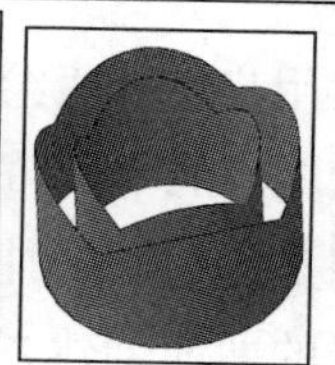
选择“绘图”|“建模”|“曲面”|“圆角”命令，或在命令行中输入 SURFFILLET 命令，都可以在两个曲面之间创建圆角曲面	
SURFFILLET 半径 = 50.0000，修剪曲面 = 是 选择要圆角化的第一个曲面或面域或者 [半径(R)/修剪曲面(T)]: r//输入 r，设置圆角半径 指定半径或 [表达式(E)] <50.0000>: 500//设置圆角半径为 500 选择要圆角化的第一个曲面或面域或者 [半径(R)/修剪曲面(T)]://选择第一个曲面 选择要圆角化的第二个曲面或面域或者 [半径(R)/修剪曲面(T)]://选择第二个曲面 按 Enter 键接受圆角曲面或 [半径(R)/修剪曲面(T)]://按回车键，完成圆角	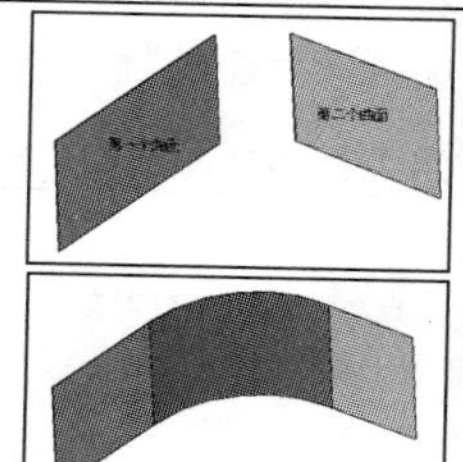

4.4.3　创建三维网格

用户选择“绘图”|“建模”|“网格”命令，弹出如图 4-20 所示的“网格”子菜单，用户执行这些命令可以绘制各种三维网格，表 4-2 演示了常见三维网格曲面的创建方法。

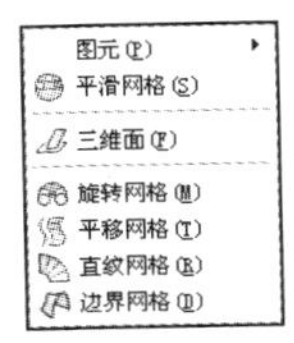

图 4-20　“网格”子菜单

表 4-2　三维网格曲面创建方法

选择“绘图”|“建模”|“网格”|“图元”命令的子菜单，可以沿常见几何体(包括长方体、圆锥体、球体、圆环体、楔体和棱锥体)的外表面创建三维多边形网格	
命令: _.MESH 当前平滑度设置为: 0 输入选项 [长方体(B)/圆锥体(C)/圆柱体(CY)/棱锥体(P)/球体(S)/楔体(W)/圆环体(T)/设置(SE)]<楔体>: _BOX//可以绘制多种基本图元的网格 指定第一个角点或 [中心(C)]://指定长方体网格的第一个角点 指定其他角点或 [立方体(C)/长度(L)]://指定长方体网格的另一个角点 指定高度或 [两点(2P)] <103.1425>://指定长方体网格的高	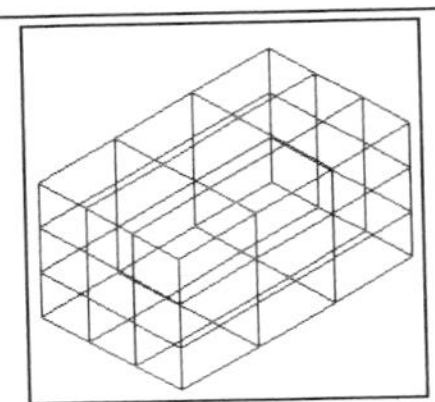
选择“绘图”|“建模”|“网格”|“平滑网格”命令，可以将实体、曲面和传统网格类型转换为网格对象	
命令: _.MESHSMOOTH 选择要转换的对象: 找到 1 个//选择长方体 选择要转换的对象://按回车，长方体转换为网格对象	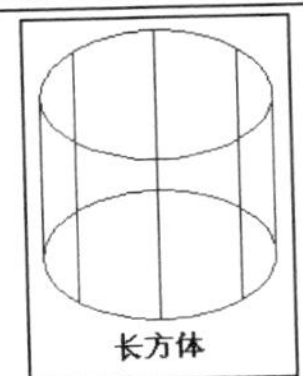 长方体 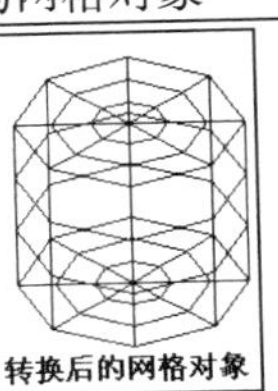 转换后的网格对象
选择“绘图”|“建模”|“网格”|“三维面”命令，或者在命令行输入 3DFACE 命令，用户可以创建具有三边或四边的平面网格	
命令: _3dface 指定第一点或 [不可见(I)]://输入坐标或者拾取一点确定网格第一点 指定第二点或 [不可见(I)]:// 输入坐标或者拾取一点确定网格第二点 指定第三点或 [不可见(I)] <退出>://输入坐标或者拾取一点确定网格第三点 指定第四点或 [不可见(I)] <创建三侧面>://按回车创建三边网格或者输入或拾取第四点 指定第三点或 [不可见(I)] <退出>://按回车键退出，或以最后创建的边为始边，输入或拾取网格第三点 指定第四点或 [不可见(I)] <创建三侧面>://按回车创建三边网格或者输入或拾取第四点	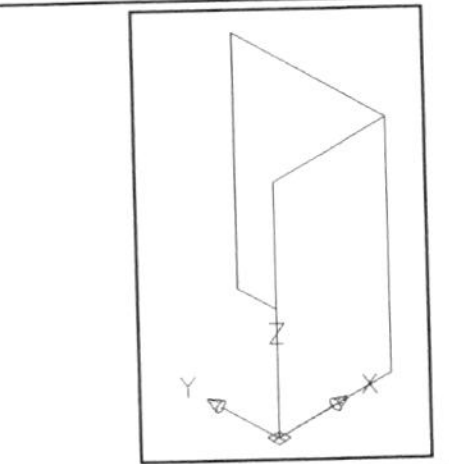
选择“绘图”|“建模”|“网格”|“旋转网格”命令，或者在命令行输入 REVSURF 命令，用户可以通过将路径曲线或轮廓(直线、圆、圆弧、椭圆、椭圆弧、闭合多段线、多边形、闭合样条曲线或圆环)绕指定的轴旋转创建一个近似于旋转曲面的多边形网格	
命令: _revsurf 当前线框密度: SURFTAB1=6　SURFTAB2=6 选择要旋转的对象://光标在绘图区拾取需要进行旋转的对象 选择定义旋转轴的对象://光标在绘图区拾取旋转轴 指定起点角度 <0>://输入旋转的起始角度 指定包含角 (+=逆时针，-=顺时针) <360>://输入旋转包含的角度	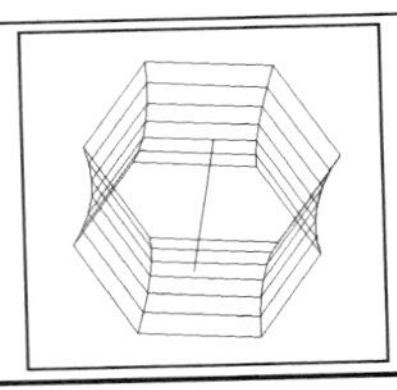

(续表)

选择“绘图”|“建模”|“网格”|“平移网格”命令，或者在命令行输入 TABSURF 命令，可以创建多边形网格，该网格表示通过指定的方向和距离(称为方向矢量)拉伸直线或曲线(称为路径曲线)定义的常规平移曲面	
命令: _tabsurf 当前线框密度: SURFTAB1=20 选择用作轮廓曲线的对象://在绘图区拾取需要拉伸的曲线 选择用作方向矢量的对象://在绘图区拾取作为方向矢量的曲线	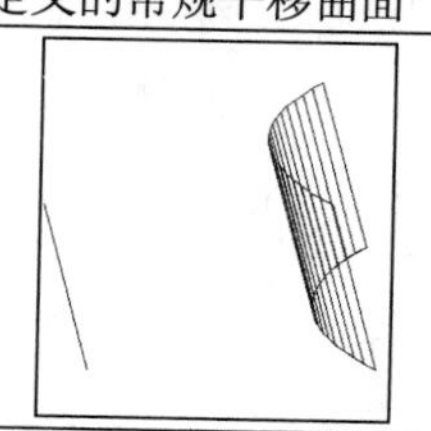
选择“绘图”|“建模”|“网格”|“直纹网格”命令，或者在命令行输入 RULESURF 命令，可以在两条直线或曲线之间创建一个表示直纹曲面的多边形网格	
命令: _rulesurf 当前线框密度: SURFTAB1=20 选择第一条定义曲线://在绘图区拾取网格第一条曲线边 选择第二条定义曲线://在绘图区拾取网格第二条曲线边	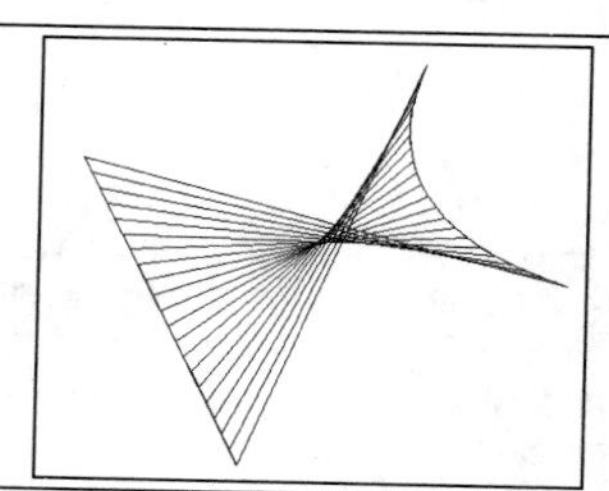
选择“绘图”|“建模”|“网格”|“边界网格”命令，或者在命令行输入 EDGESURF 命令，可以创建一个边界网格。这类多边形网格近似于一个由四条邻接边定义的孔斯曲面片网格。孔斯曲面片网格是一个在四条邻接边(这些边可以是普通的空间曲线)之间插入的双三次曲面	
命令: _edgesurf 当前线框密度: SURFTAB1=20 SURFTAB2=20 选择用作曲面边界的对象 1://在绘图区拾取第一条边界 选择用作曲面边界的对象 2://在绘图区拾取第二条边界 选择用作曲面边界的对象 3://在绘图区拾取第三条边界 选择用作曲面边界的对象 4://在绘图区拾取第四条边界	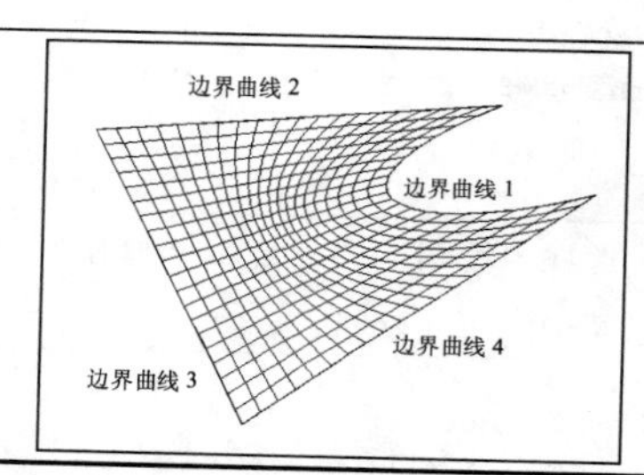

4.5 绘制三维实体图形

建筑物三维模型中，几乎所有的墙体、门窗和屋顶等都是三维体。本节将要介绍 AutoCAD 提供的绘制各种三维体的使用方法和技巧，从而为以后学习绘制三维模型打下基础。

4.5.1 绘制基本实体图形

利用 AutoCAD 中的“绘图”|“建模”子菜单(如图 4-21 所示)或“建模”工具栏(如图 4-22 所示)，都可以绘制各种基本的三维实体图形，如长方体、圆锥体、圆柱体、球体、圆环体和楔体等。

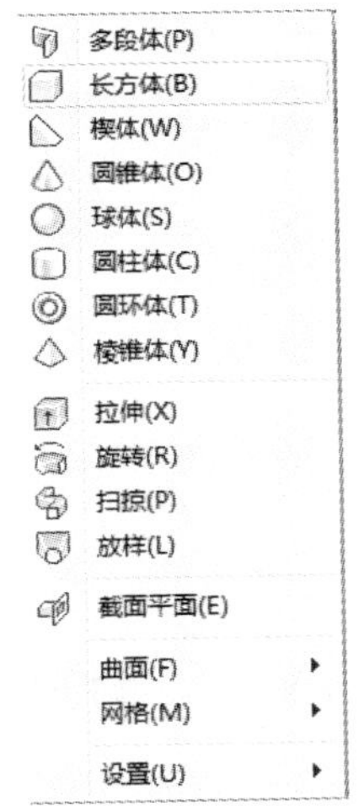

图 4-21　“建模”子菜单

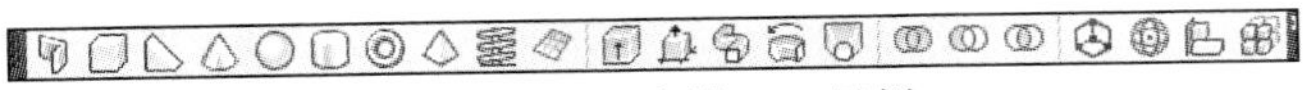

图 4-22　“建模”工具栏

下面分别介绍几种比较常见的三维实体模型。

1．多段体

选择“绘图”|“建模”|“多段体”命令，执行 POLYSOLID 命令，可以将现有直线、二维多线段、圆弧或圆转换为具有矩形轮廓的实体，也可以像绘制多线段一样绘制实体。执行 POLYSOLID 命令，命令行提示如下。

```
命令: _Polysolid 指定起点或 [对象(O)/高度(H)/宽度(W)/对正(J)] <对象>:
//输入参数，定义多段体的宽度、高度，设定创建多段体的方式
指定下一个点或 [圆弧(A)/放弃(U)]: //指定多段体的第二个点
指定下一个点或 [圆弧(A)/放弃(U)]: //指定多段体的第三个点
指定下一个点或 [圆弧(A)/闭合(C)/放弃(U)]:
```

命令行中各选项的含义如下。

- “对象(O)”选项：指定要转换为实体的对象，可以转换的对象包括直线、圆弧、二维多段线和圆。
- “高度(H)”选项：指定实体的高度。默认高度由 PSOLHEIGHT 设定，重新设定高度值将作为参数新值。
- “宽度(W)”选项：指定实体的宽度。默认宽度由 PSOLWIDTH 设定，重新设定宽度值将作为参数新值。
- “对正(J)”选项：使用命令定义轮廓时，可以将实体的宽度和高度设置为左对正、右对正或居中。对正方式由轮廓的第一条线段的起始方向决定。

如图 4-23 所示为以边长为 2000 的矩形为对象，创建高度为 2000、宽度为 200、且对正方式为居中的多段体。

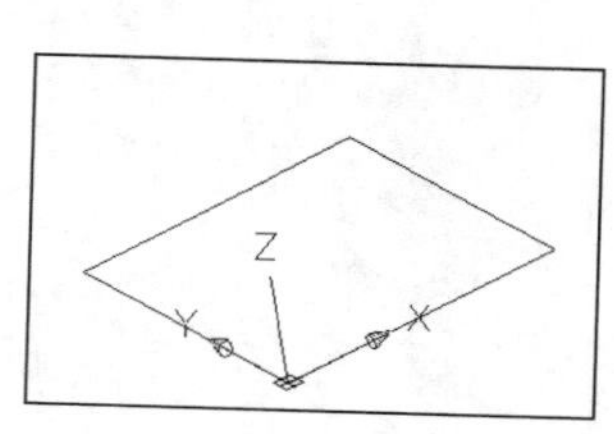

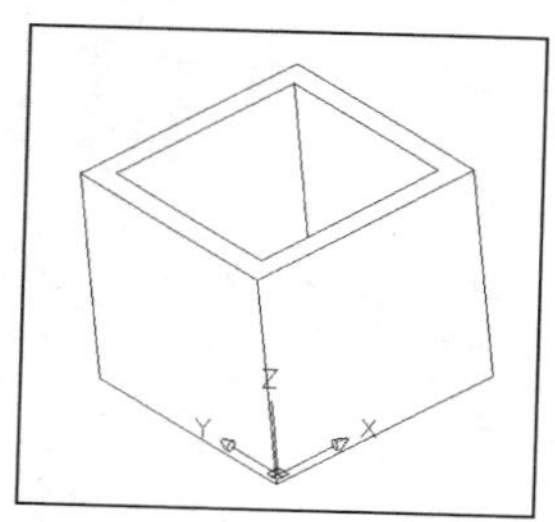

图 4-23　多段体

2. 长方体

选择“绘图”|“建模”|“长方体”命令，可以执行 BOX 命令，命令行提示如下。

```
命令: _box
指定第一个角点或 [中心(C)]: //输入长方体的一个角点坐标或输入 C 采用中心法绘制长方体
指定其他角点或 [立方体(C)/长度(L)]: //指定长方体的另一角点或输入选项。如果长方体的另一角点指定的 Z 值与第一个角点的 Z 值不同，将不显示高度提示
指定高度或 [两点(2P)]: //指定高度值或输入 2P 以选择两点确定高度值
```

如图 4-24 所示是角点为(0,0,0)、(100,200,0)，高度为 50 的长方体。

3. 楔体

选择“绘图”|“建模”|“楔体”命令，可以执行 WEDGE 命令，命令行提示如下：

```
命令: _wedge
指定第一个角点或 [中心(C)]: //输入楔体的一个角点坐标或输入 C 采用中心法绘制楔体
指定其他角点或 [立方体(C)/长度(L)]: // 指定楔体的另一角点或输入选项。如果楔体的另一角点指定的 Z 值与第一个角点的 Z 值不同，将不显示高度提示
指定高度或 [两点(2P)]: //指定高度值或输入 2P 以选择两点确定高度值
```

楔体可以看成是长方体沿体对角线切成两半后形成的结构，因此其绘制方法与长方体绘制方法相似，如图 4-25 所示是角点为(0,0,0)、(100,200,0)，高度为 50 的楔体。

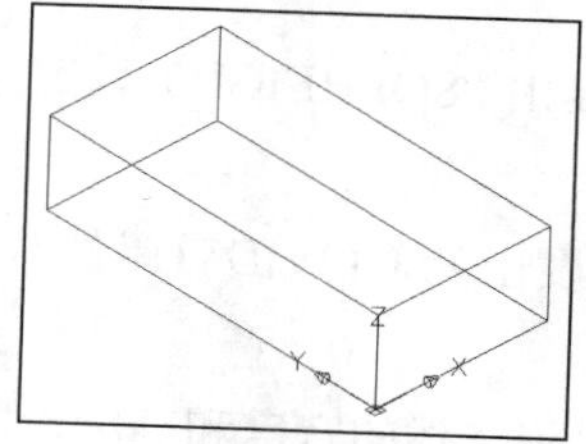

图 4-24　绘制长方体

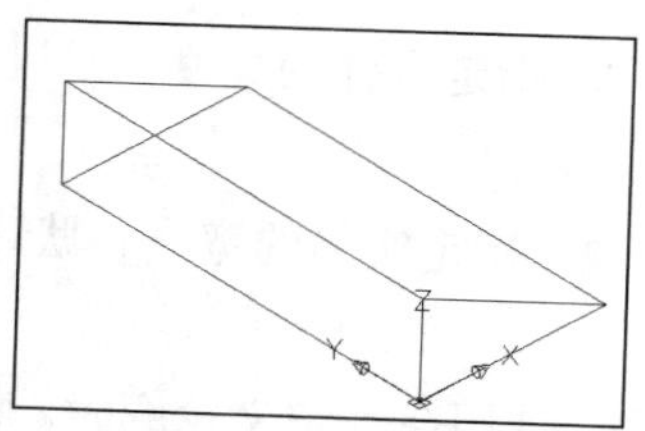

图 4-25　绘制楔体

4. 圆柱体

选择“绘图”|“建模”|“圆柱体”命令，可以执行 CYLINDER 命令，命令行提示如下。

命令: _cylinder

指定底面的中心点或 [三点(3P)/两点(2P)/ 切点、切点、半径(T)/椭圆(E)]: //指定圆柱体底面中心的坐标或输入其他选项绘制底面圆或椭圆

指定底面半径或 [直径(D)]: //指定底面圆的半径或直径

指定高度或 [两点(2P)/轴端点(A)] <50.0000>: //指定圆柱体的高度

如图 4-26 所示是底面中心为(0,0,0)，半径为 50，高度为 200 的圆柱体。

5. 圆锥体

选择“绘图”|“建模”|“圆锥体”命令，可以执行 CONE 命令，命令行提示如下。

命令: _cone

指定底面的中心点或 [三点(3P)/两点(2P)/ 切点、切点、半径(T)/椭圆(E)]: //指定圆锥体底面中心的坐标或输入其他选项绘制底面圆或椭圆

指定底面半径或 [直径(D)] <49.6309>: //指定底面圆的半径或直径

指定高度或 [两点(2P)/轴端点(A)/顶面半径(T)] <104.7250>: //指定圆锥体的高度或者设置顶面半径

圆锥体与圆柱体绘制方法也大同小异，仅存在是否定义顶面半径的区别。如图 4-27 所示是底面中心为(0,0,0)，半径为 50，高度为 200，顶面半径为 20 的圆锥体。

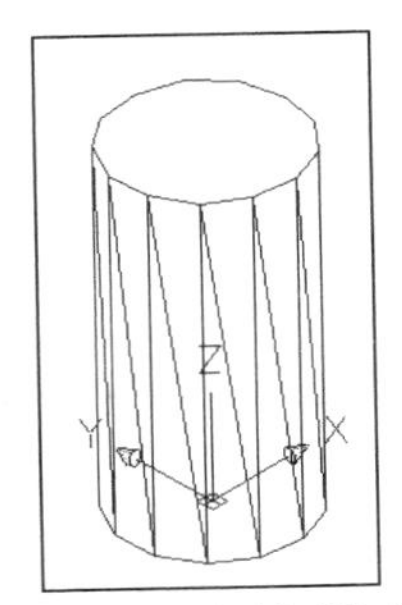

图 4-26　绘制圆柱体

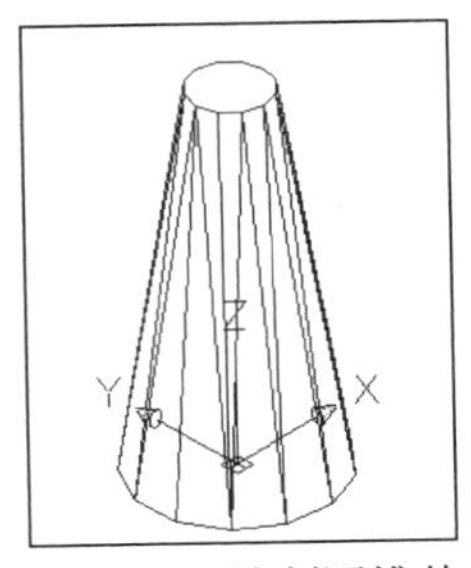

图 4-27　绘制圆锥体

6. 球体

选择“绘图”|“建模”|“球体”命令，可以执行 SPHERE 命令，命令行提示如下。

命令: _sphere

指定中心点或 [三点(3P)/两点(2P)/ 切点、切点、半径(T)]: //指定球体的中心点或使用类似于绘制圆的其他方式绘制球体

指定半径或 [直径(D)] <50.0000>: //指定球体的半径或直径

如图 4-28 所示是中心点为(0,0,0)，半径为 100 的球体。

7. 圆环体

选择“绘图”|“建模”|“圆环体”命令，可以执行 TORUS 命令，命令行提示如下。

```
命令: _torus
指定中心点或 [三点(3P)/两点(2P)/ 切点、切点、半径(T)]: //指定圆环所在圆的中心点或使用其他方式绘制圆
指定半径或 [直径(D)] <90.4277>: //指定圆环的半径或直径
指定圆管半径或 [两点(2P)/直径(D)]: //指定圆管的半径或直径
```

如图 4-29 所示是中心点为(0,0,0)，圆环半径为 100，圆管半径为 20 的圆环体。

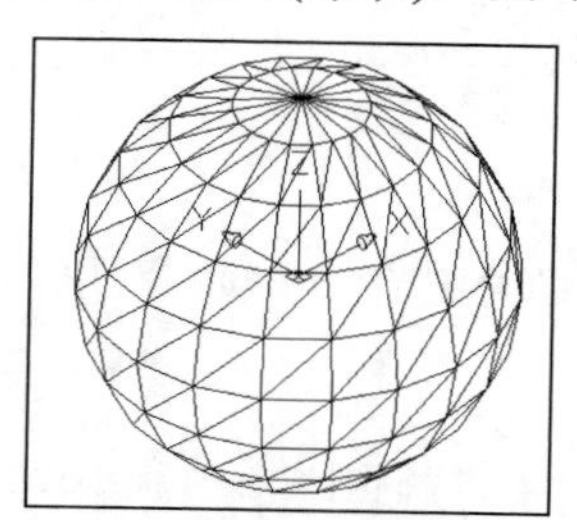

图 4-28　绘制球体

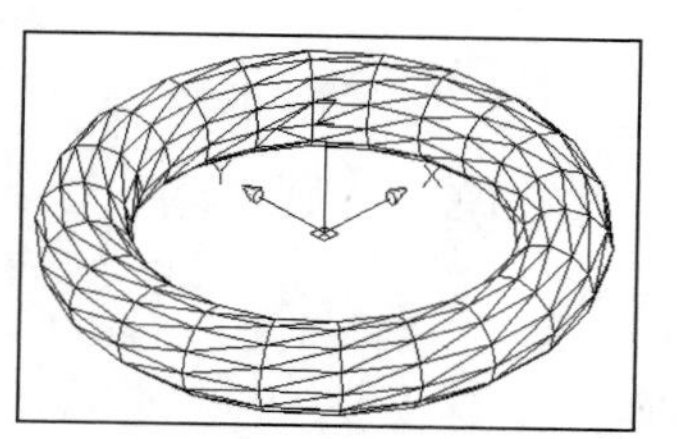

图 4-29　绘制圆环体

8. 棱锥体

选择“绘图”|“建模”|“棱锥体”命令，可以执行 PYRAMID 命令，命令行提示如下。

```
命令: _pyramid
 4 个侧面　外切
指定底面的中心点或 [边(E)/侧面(S)]: // 指定底面的中心点或输入选项
指定底面半径或 [内接(I)] <100.0000>: //指定底面半径或输入I将棱锥面更改为内接或按Enter键指定默认的底面半径值
指定高度或 [两点(2P)/轴端点(A)/顶面半径(T)] <200.0000>: //指定高度或输入选项或按 Enter 键指定默认高度值
```

如图 4-30 所示是中心点为(0,0,0)，侧面数为 6，外切半径为 100，高度为 100 的棱锥体。

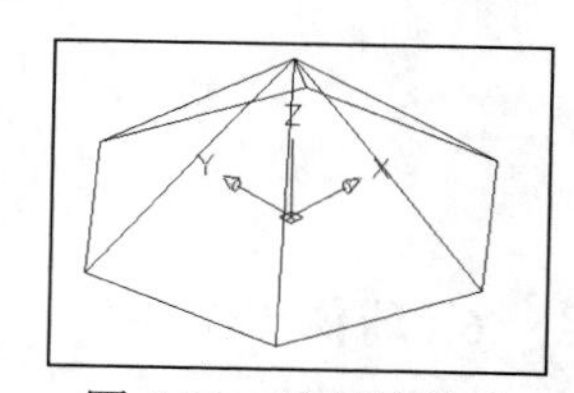

图 4-30　绘制棱锥体

9. 螺旋体

螺旋体就是开口的二维或三维螺旋。在命令行中输入 HELIX，或者单击“建模”工具栏中的“螺旋”按钮，都可以执行“螺旋”命令。执行“螺旋”命令后，命令行提示如下。

```
命令: _Helix
圈数 = 3.0000　　扭曲=CCW
指定底面的中心点: //指定螺旋底面的中心点
指定底面半径或 [直径(D)] <1.0000>: //指定底面半径
指定顶面半径或 [直径(D)] <59.1552>: //指定顶面半径
指定螺旋高度或 [轴端点(A)/圈数(T)/圈高(H)/扭曲(W)] <1.0000>: //指定螺旋高度
```

命令行中各选项及其含义如下。

- “直径(D)”选项(底面)：指定螺旋底面的直径。

- “直径(D)”选项(顶面)：指定螺旋顶面的直径。
- “轴端点(A)”选项：指定螺旋轴的端点位置，轴端点可以位于三维空间的任意位置，轴端点定义了螺旋的长度和方向。
- “圈数(T)”选项：指定螺旋的圈(旋转)数，螺旋的圈数不能超过 500。
- “圈高(H)”选项：指定螺旋内一个完整圈的高度。
- “扭曲(W)”选项：指定以顺时针(CW)方向还是逆时针方向(CCW)绘制螺旋，螺旋扭曲的默认方向是逆时针。

4.5.2　由二维图形生成三维实体

在 AutoCAD 2013 中，用户可以通过拉伸、放样、旋转和扫掠等方法将二维图形生成三维实体。

1. 拉伸

选择“绘图”|“建模”|“拉伸”命令，执行 EXTRUDE 命令，将一些二维对象拉伸成三维实体。EXTRUDE 命令可以拉伸多段线、多边形、矩形、圆、椭圆、闭合的样条曲线、圆环和面域，而不能拉伸三维对象、包含在块中的对象、有交叉或横断部分的多段线、或非闭合多段线。拉伸过程中不但可以指定高度，而且还可以使对象截面沿着拉伸方向变化。

将图 4-31 所示图形拉伸成图 4-32 所示台阶实体，执行拉伸命令后，命令行提示如下。

```
命令: _extrude
当前线框密度:  ISOLINES=8，闭合轮廓创建模式 = 实体
选择要拉伸的对象或 [模式(MO)]: _MO 闭合轮廓创建模式 [实体(SO)/曲面(SU)] <实体>: _SO
选择要拉伸的对象或 [模式(MO)]:  找到 1 个 //拾取图 4-31 所示的封闭二维曲线
选择要拉伸的对象或 [模式(MO)]: //按 Enter 键，完成拾取
指定拉伸的高度或 [方向(D)/路径(P)/倾斜角(T)/表达式(E)] <147.7748>:100 //输入拉伸高度
```

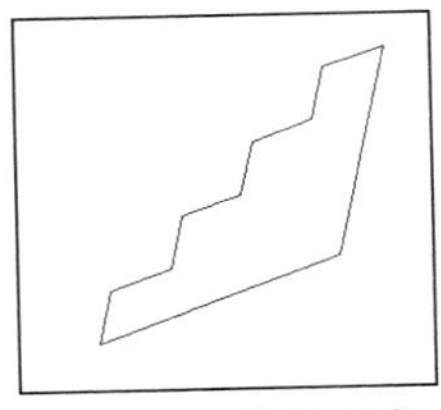

图 4-31　拉伸对象

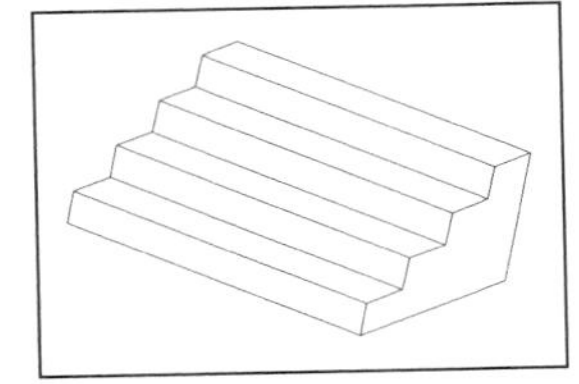

图 4-32　拉伸实体

2. 放样

选择“绘图”|“建模”|“放样”命令，执行 LOFT 命令，可以通过对包含两条或两条以上横截面曲线的一组曲线进行放样(绘制实体或曲面)来创建三维实体或曲面。

LOFT 命令在横截面之间的空间内绘制实体或曲面，横截面定义了结果实体或曲面的轮廓(形状)。横截面(通常为曲线或直线)可以是开放的(例如圆弧)，也可以是闭合的(例如圆)。如果对一组闭合的

横截面曲线进行放样，则生成实体；如果对一组开放的横截面曲线进行放样，则生成曲面。

如图 4-33 所示将圆 1、圆 2 和圆 3 沿路径 4 放样，放样形成的实体如图 4-34 和图 4-35 所示，执行放样命令后，命令行提示如下。

```
命令: _loft
当前线框密度: ISOLINES=8，闭合轮廓创建模式 = 实体
按放样次序选择横截面或 [点(PO)/合并多条边(J)/模式(MO)]: _MO 闭合轮廓创建模式 [实体(SO)/曲面(SU)]
<实体>: _SO
按放样次序选择横截面或 [点(PO)/合并多条边(J)/模式(MO)]: 找到 1 个//拾取圆 1
按放样次序选择横截面或 [点(PO)/合并多条边(J)/模式(MO)]: 找到 1 个，总计 2 个//拾取圆 2
按放样次序选择横截面或 [点(PO)/合并多条边(J)/模式(MO)]:找到 1 个，总计 3 个//拾取圆 3
按放样次序选择横截面或 [点(PO)/合并多条边(J)/模式(MO)]: //按 Enter 键，完成截面拾取
选中了 3 个横截面
输入选项 [导向(G)/路径(P)/仅横截面(C)/设置(S)] <仅横截面>: p //输入 p，按路径放样
选择路径轮廓://拾取多段线路径 4，按 Enter 键生成放样实体
```

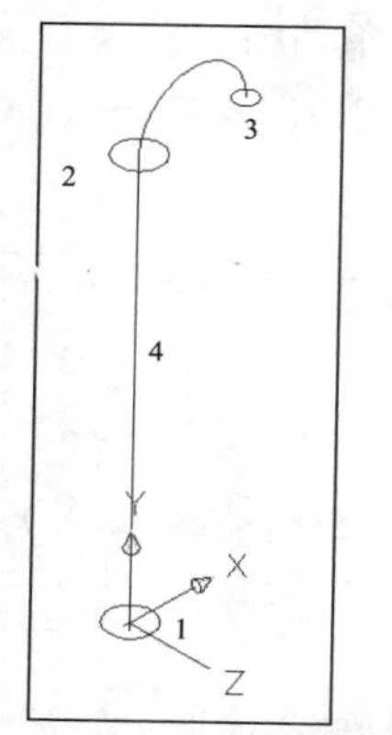

图 4-33　放样截面和路径

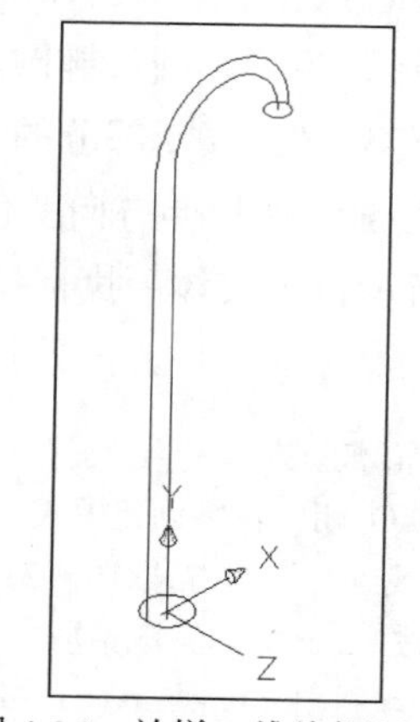

图 4-34　放样二维线框显示

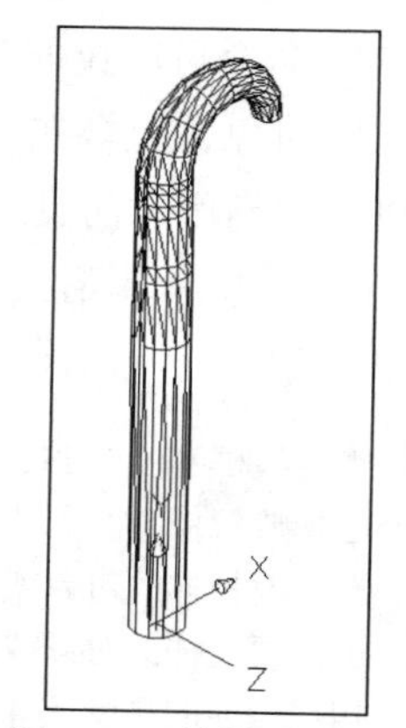

图 4-35　放样消隐显示

3. 旋转

选择“绘图”|“建模”|“旋转”命令，可以执行 REVOLVE 命令，将一些二维图形绕指定的轴旋转形成三维实体。通过 REVOLVE 命令可以将一个闭合对象围绕当前 UCS 的 X 轴或 Y 轴旋转一定角度创建实体，也可以围绕直线、多段线或两个指定的点旋转对象。用于旋转生成实体的闭合对象可以是圆、椭圆、二维多段线及面域。

如图 4-36 所示将多段线 1 绕轴线 2 旋转，形成如图 4-37 所示的旋转实体，执行旋转命令后，命令行提示如下。

```
命令: _revolve
当前线框密度: ISOLINES=8，闭合轮廓创建模式 = 实体
选择要旋转的对象或 [模式(MO)]: _MO 闭合轮廓创建模式 [实体(SO)/曲面(SU)] <实体>: _SO
```

```
选择要旋转的对象或 [模式(MO)]: 找到 1 个// 拾取旋转对象 1
选择要旋转的对象或 [模式(MO)]: //按 Enter 键，完成拾取
指定轴起点或根据以下选项之一定义轴 [对象(O)/X/Y/Z] <对象>: o //输入 o，以对象为轴
选择对象://拾取直线 2 为旋转轴
指定旋转角度或 [起点角度(ST)/反转(R)/表达式(EX)] <360>: //按 Enter 键，默认旋转角度为 360°
```

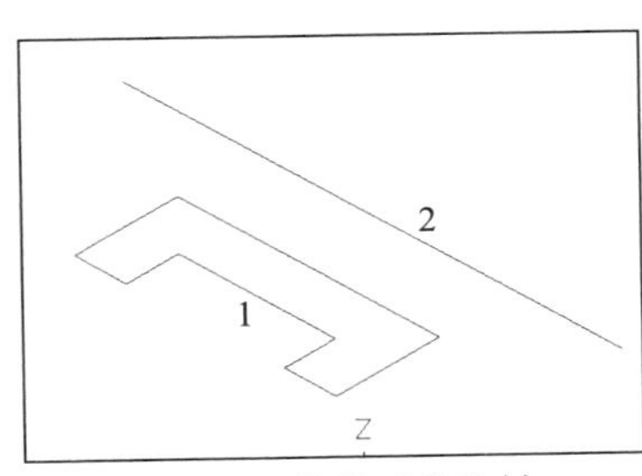

图 4-36　旋转对象和轴

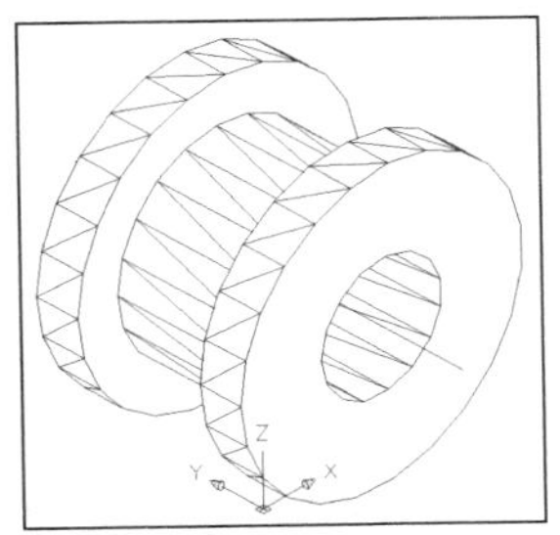
图 4-37　旋转形成的实体

4. 扫掠

选择“绘图”|“建模”|“扫掠”命令，执行 SWEEP 命令，可以通过沿开放或闭合的二维或三维路径扫掠开放或闭合的平面曲线(轮廓)来创建新实体或曲面。

SWEEP 命令用于沿指定路径以指定轮廓的形状(扫掠对象)绘制实体或曲面，可以扫掠多个对象，但是这些对象必须位于同一平面中。如果沿一条路径扫掠闭合的曲线，则生成实体；如果沿一条路径扫掠开放的曲线，则生成曲面。

如图 4-38 所示将圆对象沿直线扫掠，形成如图 4-39 所示的实体，执行扫掠命令后，命令行提示如下。

```
命令: _sweep
当前线框密度:  ISOLINES=8，闭合轮廓创建模式 = 实体
选择要扫掠的对象或 [模式(MO)]: _MO 闭合轮廓创建模式 [实体(SO)/曲面(SU)] <实体>: _SO
选择要扫掠的对象或 [模式(MO)]:找到 1 个//拾取圆对象
选择要扫掠的对象或 [模式(MO)]: //按 Enter 键，完成扫掠对象拾取
选择扫掠路径或 [对齐(A)/基点(B)/比例(S)/扭曲(T)]: //拾取直线扫掠路径
```

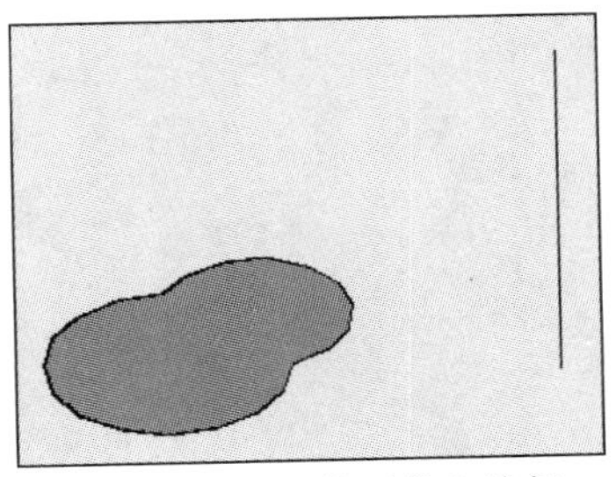
图 4-38　扫掠对象和路径

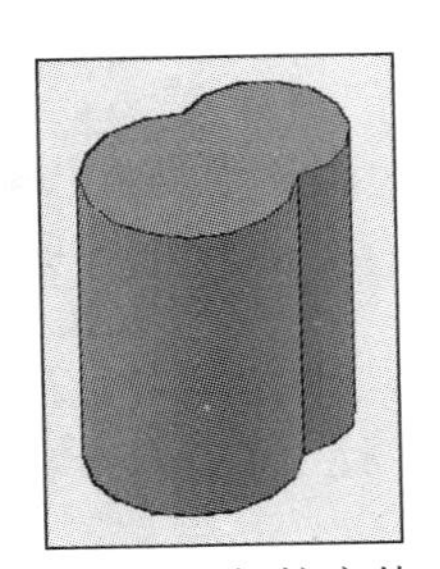
图 4-39　扫掠实体

4.5.3 布尔运算

在绘制完成基本实体和其他实体的基础上，用户可以使用并运算、差运算和交运算来创建比较复杂的组合实体。下面介绍各种运算的使用方法。

1. 并运算

并运算用于将两个或多个相重叠的实体组合成一个新的实体。在进行并运算操作后，多个实体相重叠的部分合并为一个，因此复合体的体积只能等于或小于原对象的体积之和。UNION 命令用于完成并运算。

选择“修改”|“实体编辑”|“并集”命令，或者单击“建模”或“实体编辑”工具栏中的并集按钮，或者在命令提示符下输入 UNION 命令，都可以执行此命令，命令行提示如下。

```
命令: _union
选择对象: 找到 1 个 //拾取第一个合并对象
选择对象: 找到 1 个，总计 2 个 //拾取第二个合并对象
选择对象:                    //按 Enter 键
```

执行并运算后的图形如图 4-40 所示。

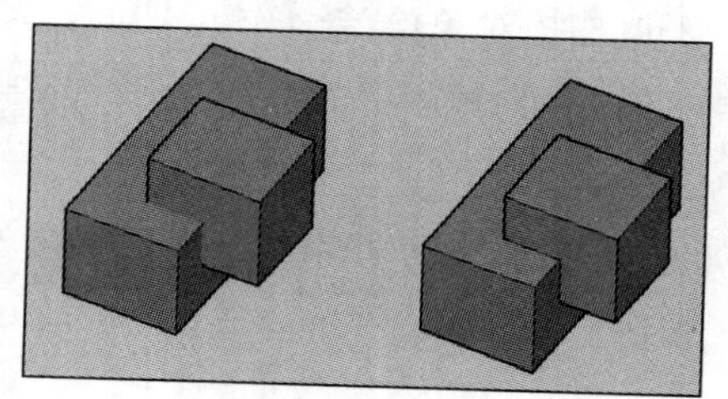

图 4-40　并运算

图 4-41　差运算

2. 差运算

差运算用于从选定的实体中删除与另一个实体的公共部分。选择“修改”|“实体编辑”|“差集”命令，或者单击“建模”或“实体编辑”工具栏中的“差集”按钮，或者在命令提示符下输入 SUBTRACT 命令，都可以执行此命令，命令行提示如下。

```
命令: _subtract 选择要从中减去的实体或面域...
选择对象: 找到 1 个 //拾取要从中减去的实体
选择对象:          //按 Enter 键
选择要减去的实体或面域 ..
选择对象: 找到 1 个 //拾取要被减去的实体
选择对象:          //按 Enter 键
```

执行差运算后的图形如图 4-41 所示。

3. 交运算

交运算用于绘制两个实体的共同部分。选择“修改”|“实体编辑”|“交集”命令，或者单击“建模”或“实体编辑”工具栏中的“交集”按钮，或者在命令提示符下输入 INTERSECT 命令，都可以执行此命令，命令行提示如下。

```
命令: _intersect
选择对象: 找到 1 个 //拾取第一个对象
选择对象: 找到 1 个，总计 2 个//拾取第二个对象
选择对象:                //按 Enter 键
```

执行交运算后的图形如图 4-42 所示。

图 4-42　交运算

4.5.4　三维操作

对于三维实体，也可以进行移动、阵列、镜像和旋转等操作，与二维对象不同的是，这些操作将在三维空间进行。

1. 三维移动

选择“修改”|“三维操作”|“三维移动”命令，可以执行 3DMOVE 命令，命令行提示如下。

```
命令: _3dmove
选择对象: 找到 1 个 //拾取要移动的三维实体
选择对象: //按 Enter 键，完成对象选择
指定基点或 [位移(D)] <位移>:  //拾取移动的基点
指定第二个点或 <使用第一个点作为位移>: 正在重生成模型。//拾取第二点，三维实体沿基点和第二点的连线移动
```

如图 4-43 所示是将长方体在三维空间中移动的情形。

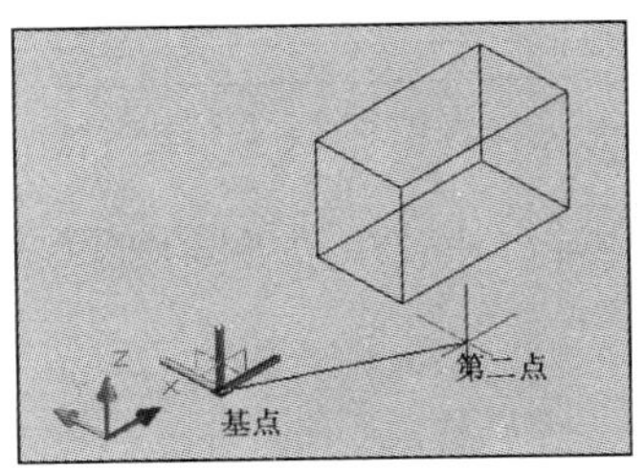

图 4-43　移动三维实体

2. 三维阵列

选择“修改”|“三维操作”|“三维阵列”命令，执行 3DARRAY 命令，可以在三维空间中创建对象的矩形阵列或环形阵列。三维阵列除了指定列数(X 方向)和行数(Y 方向)以外，还要指定层数(Z 方向)。

将图 4-44 所示的圆柱进行矩形阵列，阵列效果如图 4-45 所示。执行三维阵列命令后，命令行提示如下。

```
命令: _3darray
选择对象: 找到 1 个//拾取需要阵列的圆柱体对象
选择对象: //按 Enter 键，完成选择
输入阵列类型 [矩形(R)/环形(P)] <矩形>:r //输入 r，执行矩形阵列
输入行数 (---) <1>: //指定行数
输入列数 (|||) <1>: 4 //指定列数
输入层数 (...) <1>: //指定层数
指定列间距 (|||): 40 //指定列之间的间距，效果如图 4-45 所示
```

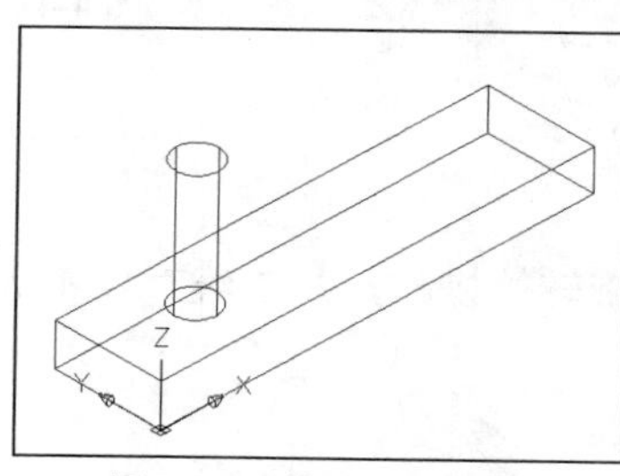

图 4-44　待阵列的对象

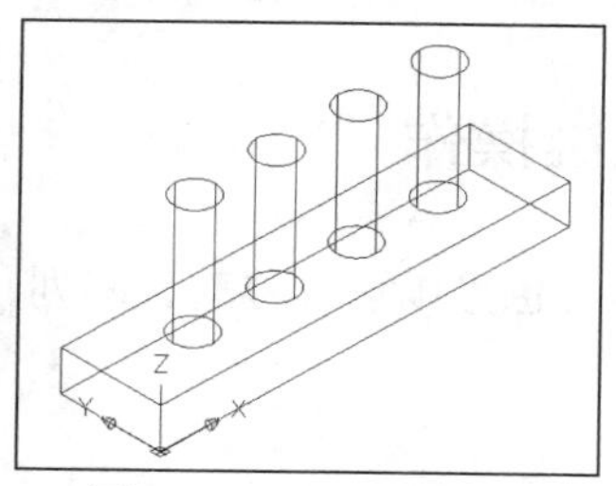

图 4-45　矩形阵列效果

3. 三维镜像

选择“修改”|“三维操作”|“三维镜像”命令，执行 MIRROR3D 命令，可以通过指定镜像平面来镜像三维对象。镜像平面可以是平面对象所在的平面，通过指定点且与当前 UCS 的 XY、YZ 或 XZ 平面平行的平面，也可以是由三个指定点定义的平面。

将图 4-45 所示的柱阵列效果进行镜像操作，执行“三维镜像”命令后，命令行提示如下。

```
命令: _mirror3d
选择对象: 指定对角点: 找到 5 个 //选择需要镜像的所有对象
选择对象: //按 Enter 键，完成选择
指定镜像平面 (三点) 的第一个点或
[对象(O)/最近的(L)/Z 轴(Z)/视图(V)/XY 平面(XY)/YZ 平面(YZ)/ZX 平面(ZX)/ (3)/三点] <三点>: //拾取圆柱体上顶面一点
在镜像平面上指定第二点: //拾取圆柱体上顶面另一点
在镜像平面上指定第三点: //拾取另一个圆柱体上顶面圆心
是否删除源对象？[是(Y)/否(N)] <否>://按 Enter 键，不删除源对象，效果如图 4-46 所示
```

4. 三维旋转

选择“修改”|“三维操作”|“三维旋转”命令，执行 3DROTATE 命令，可以将三维对象在三维空间绕指定的 X 轴、Y 轴、Z 轴、视图、对象或两点旋转。

将图 4-46 所示的镜像效果绕 Z 轴旋转，执行“三维旋转”命令后，命令行提示如下。

```
命令: _3drotate
UCS 当前的正角方向:  ANGDIR=逆时针   ANGBASE=0
选择对象: 指定对角点: 找到 10 个 //拾取需要旋转的对象
选择对象: //按 Enter 键, 完成选择
指定基点: //指定旋转的基点
拾取旋转轴: //拾取旋转轴 Z 轴
指定角的起点: //指定旋转角的起点
指定角的端点: 正在重生成模型。//指定旋转角的另一个端点, 效果如图 4-47 所示
```

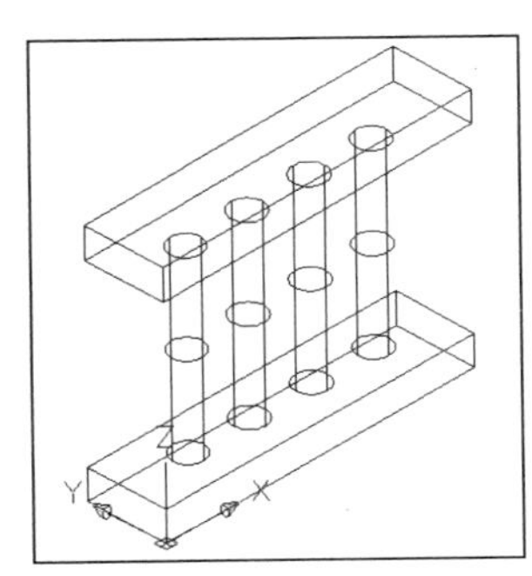

图 4-46　三维镜像效果

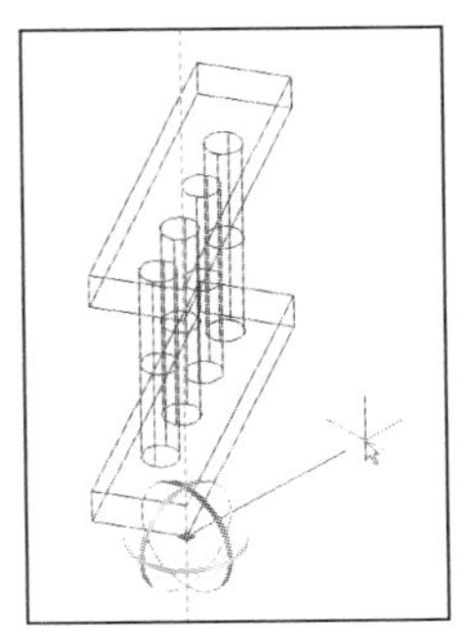

图 4-47　三维旋转效果

5. 三维对齐

执行三维对齐命令，可以在二维和三维空间中将对象与其他对象对齐。选择“修改”|“三维操作”|“三维对齐”命令，可以执行 3DALIGN 命令，命令行提示如下。

```
命令: _3dalign
选择对象: 找到 1 个 //选择要对齐的对象
选择对象: //按 Enter 键, 完成对象的选择
指定源平面和方向 ...
指定基点或 [复制(C)]://指定源对象的基点
指定第二个点或 [继续(C)] <C>: //指定源对象上的第二个点
指定第三个点或 [继续(C)] <C>: //指定源对象上的第三个点
指定目标平面和方向 ...
指定第一个目标点://指定目标对象上的基点, 与源对象基点对应
指定第二个目标点或 [退出(X)] <X>: //指定目标对象的第二个点, 与源对象第二点对应
指定第三个目标点或 [退出(X)] <X>: //指定目标对象的第三个点, 与源对象第三点对应
```

执行“三维对齐”命令，可以为源对象指定一个、两个或三个点，然后为目标指定一个、两个或三个点，移动和旋转选定的对象，使三维空间中的源和目标的基点、X 轴、Y 轴对齐。3DALIGN 可用于动态 UCS，因此可以动态地拖动选定对象并使其与实体对象的面对齐。

6. 三维圆角

使用圆角命令可以对三维实体的边进行圆角操作，但必须分别选择这些边。执行“圆角”命令

后，命令行提示如下。

```
命令: _fillet
当前设置: 模式 = 修剪，半径 =0
选择第一个对象或 [放弃(U)/多段线(P)/半径(R)/修剪(T)/多个(M)]://选择需要圆角的对象
输入圆角半径或 [表达式(E)]: 3 //输入圆角半径
选择边或 [链(C)/环(L)/半径(R)]://选择需要圆角的边
已选定 1 个边用于圆角。
```

如图 4-48 所示是对圆柱体底面进行圆角操作，且设置圆角半径为 3 的效果。

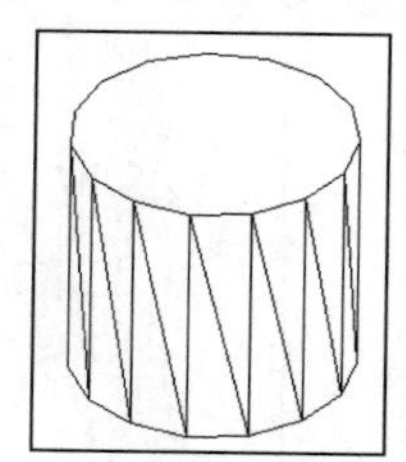
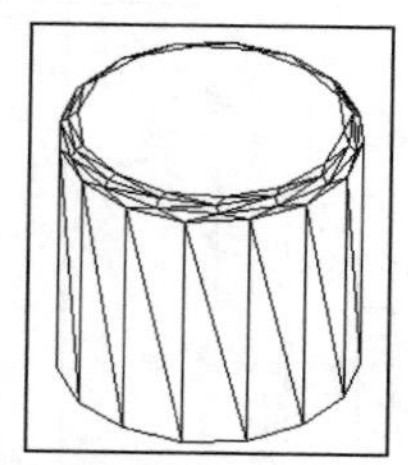

图 4-48　三维圆角效果

需要提醒用户的是，在 AutoCAD 2013 版本中，选择“修改”|“实体编辑”|“圆角边”命令可以实现同样的功能。

7. 三维倒角

执行“倒角”命令，可以对基准面上的边进行倒角操作。执行“倒角”命令后，命令行提示如下。

```
命令: _chamfer
(“修剪”模式) 当前倒角距离 1=0，距离 2=0
选择第一条直线或 [放弃(U)/多段线(P)/距离(D)/角度(A)/修剪(T)/方式(E)/多个(M)]://指定倒角对象
基面选择...
输入曲面选择选项 [下一个(N)/当前(OK)] <当前(OK)>: //输入曲面的选项
指定 基面 倒角距离或 [表达式(E)] <10>:3 //输入倒角距离
指定 其他曲面 倒角距离或 [表达式(E)] <3>: //输入倒角距离
选择边或 [环(L)]: 选择边或 [环(L)]: //选择倒角边
```

如图 4-49 所示是对圆柱体的底面进行倒角的效果。

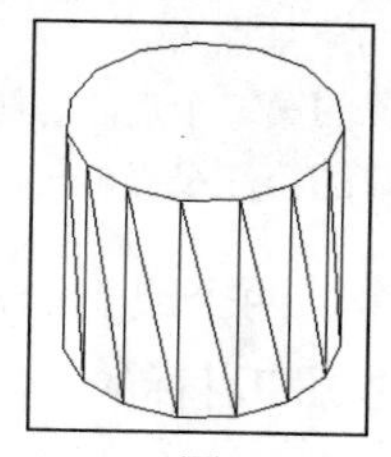
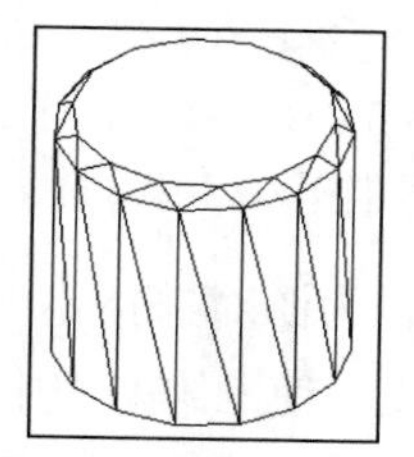

图 4-49　三维倒角效果

需要提醒用户的是，在 AutoCAD 2013 版本中，选择“修改”|“实体编辑”|“倒角边”命令可以实现同样的功能。

8. 剖切

使用剖切命令，可以用平面或曲面剖切实体。用户可以通过多种方式定义剪切平面，包括指定点或选择曲面或平面对象。使用该命令剖切实体时，可以保留剖切实体的一半或全部，剖切实体保留原实体的图层和颜色特性。

选择“修改”|“三维操作”|“剖切”命令，或者在命令行中输入 SLICE，都可以执行“剖切”命令。执行“剖切”命令后，命令行提示如下。

```
命令: _slice
选择要剖切的对象: 找到 1 个//选择剖切对象
选择要剖切的对象: //按 Enter 键，完成对象选择
指定 切面 的起点或 [平面对象(O)/曲面(S)/Z 轴(Z)/视图(V)/XY/YZ/ZX/三点(3)] <三点>: //选择剖切面指定方法
指定平面上的第二个点: //指定剖切面上的点
在所需的侧面上指定点或 [保留两个侧面(B)] <保留两个侧面>: //指定保留侧面上的点
```

命令行中各选项及其含义如下。

- “平面对象(O)”选项：将剪切面与圆、椭圆、圆弧、椭圆弧、二维样条曲线或二维多段线对齐。
- “曲面(S)”选项：将剪切平面与曲面对齐。
- “Z 轴(Z)”选项：通过平面上指定一点和在平面的 Z 轴(法向)上指定另一点来定义剪切平面。
- “视图(V)”选项：将剪切平面与当前视口的视图平面对齐，指定一点定义剪切平面的位置。
- XY 选项：将剪切平面与当前用户坐标系(UCS)的 XY 平面对齐，指定一点定义剪切平面的位置。
- YZ 选项：将剪切平面与当前 UCS 的 YZ 平面对齐，指定一点定义剪切平面的位置。
- ZX 选项：将剪切平面与当前 UCS 的 ZX 平面对齐，指定一点定义剪切平面的位置。
- “三点(3)”选项：该选项将指定三点定义剪切平面。

如图 4-50 所示是将底座空腔剖开的效果。

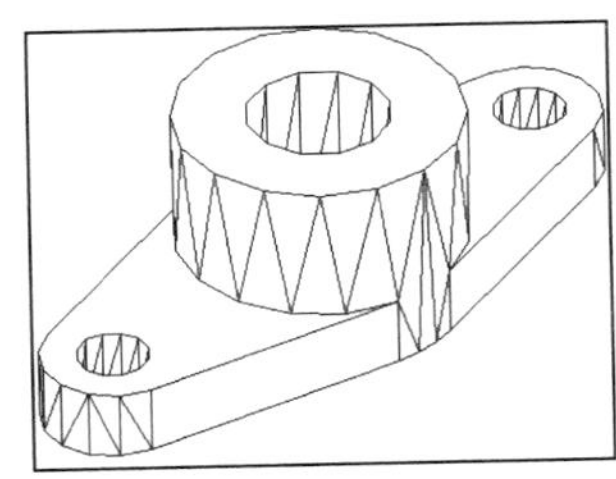
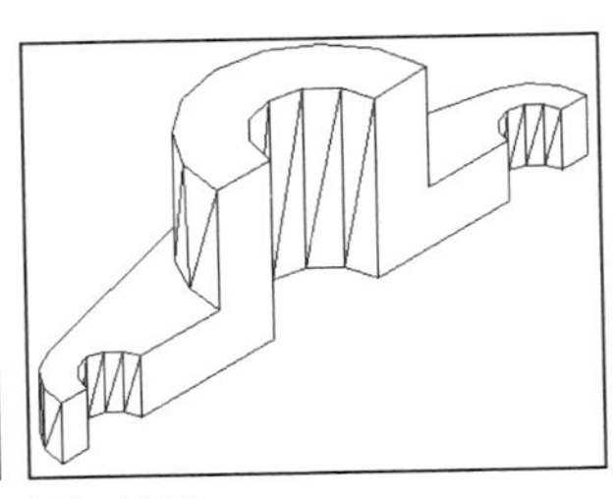

图 4-50　剖切效果

4.5.5 编辑三维对象

在 AutoCAD 2013 中可以对三维实体对象的边、面以及实体本身进行各种编辑，本节将详细讲

解在三维制图中最常用的几个编辑命令。

1. 面拉伸

用户可以沿一条路径拉伸平面，或通过指定一个高度值和倾斜角来对平面进行拉伸，该命令与第 4.5.2 节的“拉伸”命令类似，各参数含义不再赘述。选择“修改”|“实体编辑”|“拉伸面”命令，或者在“实体编辑”工具栏中单击“拉伸面”按钮，都可以执行“拉伸面”命令。执行“拉伸面”命令后，命令行提示如下。

```
…
[拉伸(E)/移动(M)/旋转(R)/偏移(O)/倾斜(T)/删除(D)/复制(C)/颜色(L)/材质(A)/放弃(U)/退出(X)] <退出>:
_extrude
选择面或 [放弃(U)/删除(R)]: 找到一个面。//选择需要拉伸的面
选择面或 [放弃(U)/删除(R)/全部(ALL)]: //按 Enter 键，完成面选择
指定拉伸高度或 [路径(P)]: 10//输入拉伸高度
指定拉伸的倾斜角度 <0>: 10 //输入拉伸角度
```

如图 4-51 所示是使用拉伸面拉伸长方体上表面的效果。

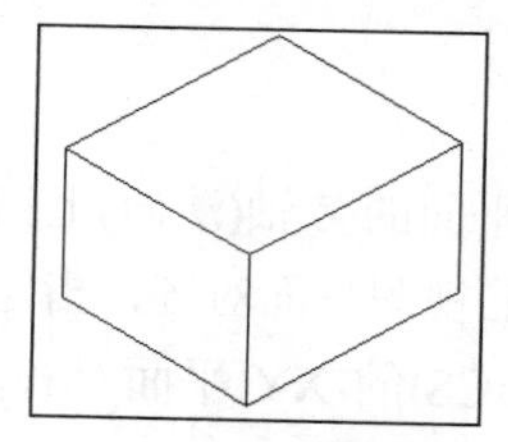
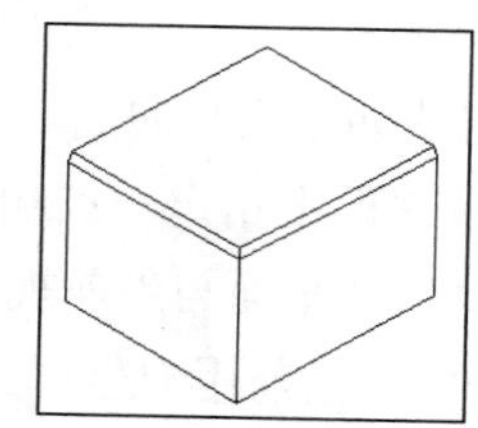

图 4-51　拉伸面的效果

2. 面移动

用户可以通过移动面来编辑三维实体对象，AutoCAD 只移动选定的面而不改变其方向。选择“修改”|“实体编辑”|“移动面”命令，或者在“实体编辑”工具栏中单击“移动面”按钮，都可以执行“移动面”命令。执行“移动面”命令后，命令行提示如下。

```
…
[拉伸(E)/移动(M)/旋转(R)/偏移(O)/倾斜(T)/删除(D)/复制(C)/颜色(L)/材质(A)/放弃(U)/退出(X)] <退出>: _move
选择面或 [放弃(U)/删除(R)]: 找到一个面。//选择需要移动的面
选择面或 [放弃(U)/删除(R)/全部(ALL)]: //按 Enter 键，完成选择
指定基点或位移: //拾取或输入基点坐标
指定位移的第二点: //输入位移的第二点，按 Enter 键，完成面移动
已开始实体校验。
已完成实体校验。
```

如图 4-52 所示是移动长方体侧面的效果。

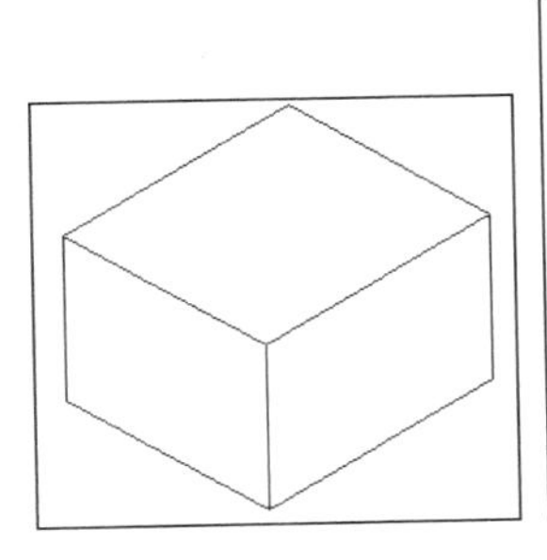
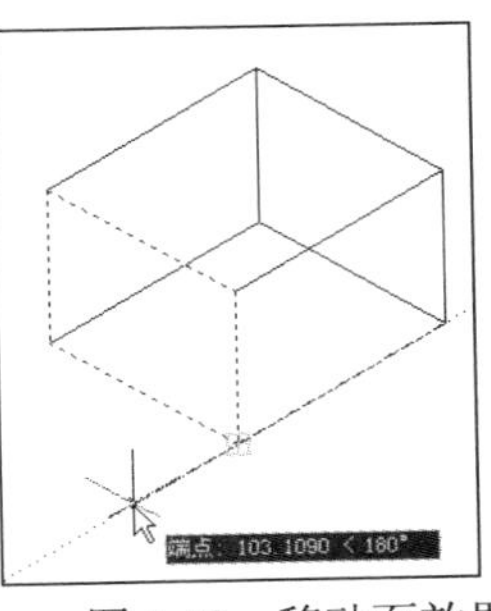
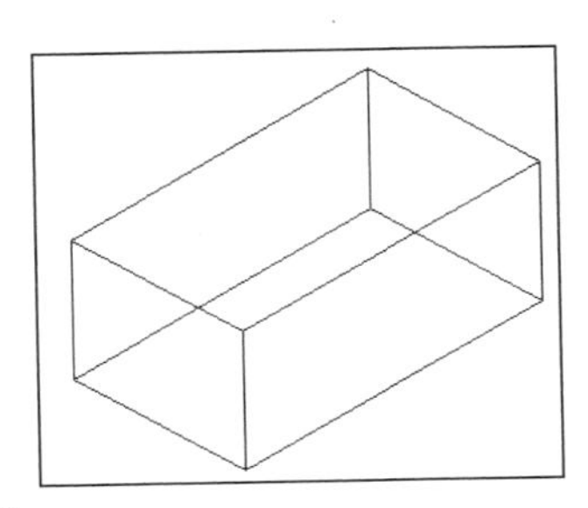

图 4-52　移动面效果

3. 面旋转

通过选择一个基点和相对(或绝对)旋转角度，可以旋转选定实体上的面或特征集合。所有三维面都可绕指定的轴旋转，当前的 UCS 和 ANGDIR 系统变量的设置决定了面旋转的方向。

用户可以通过指定两点、一个对象、X 轴、Y 轴、Z 轴或相对于当前视图视线的 Z 轴方向来确定旋转轴。

选择“修改”|“实体编辑”|“旋转面”命令，或在“实体编辑”工具栏中单击“旋转面”按钮来执行面旋转操作。该命令与 ROTATE3D 命令类似，只是“旋转面”命令用于三维面旋转，ROTATE3D 命令用于三维体旋转，在此不再赘述。

如图 4-53 所示是将长方体侧面绕图示轴旋转 30° 的效果。

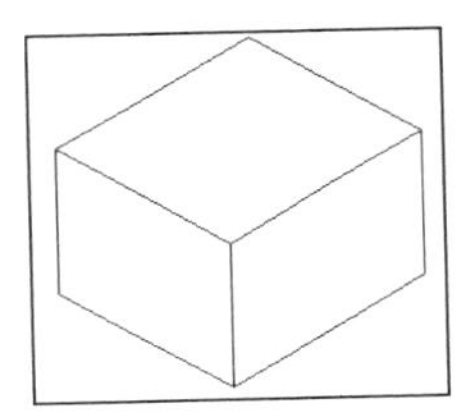
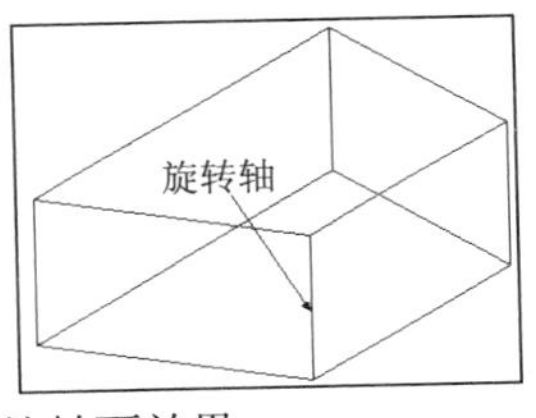

图 4-53　旋转面效果

4. 面偏移

在一个三维实体上，可以按指定的距离均匀地偏移面。通过将现有的面从原始位置向内或向外偏移指定的距离可以创建新的面(在面的法线方向上偏移，或向曲面或面的正侧偏移)。例如，可以偏移实体对象上较大的孔或较小的孔，指定正值将增大实体的尺寸或体积，指定负值将缩小实体的尺寸或体积。

选择“修改”|“实体编辑”|“偏移面”命令，或在“实体编辑”工具栏中单击“偏移面”按钮，都可以执行面偏移操作，该命令与二维制图中的偏移命令类似，此处不再赘述。

如图 4-54 所示是偏移圆锥体底面的效果。

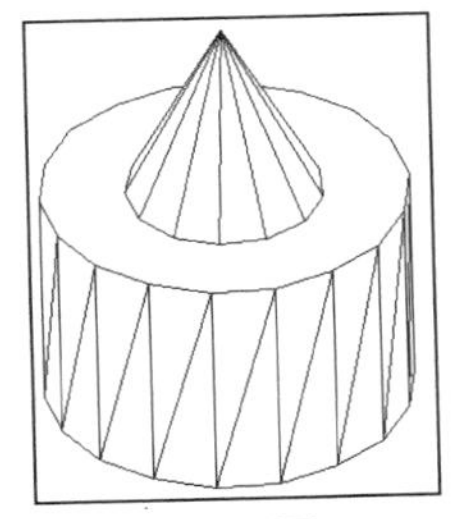
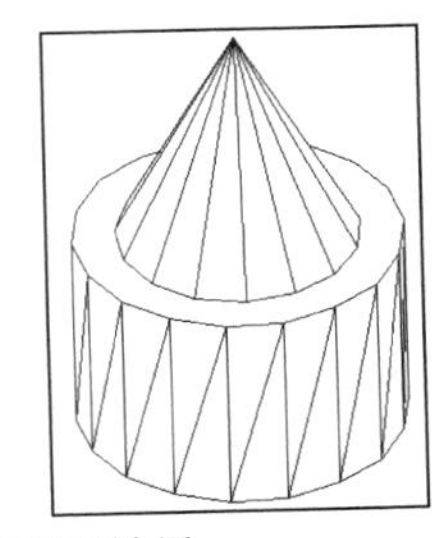

图 4-54　偏移面效果

5. 面倾斜

用户可以沿矢量方向以绘图角度倾斜面，以正角度倾斜将向内倾斜选定的面，以负角度倾斜将向外倾斜选定的面。

选择“修改”|“实体编辑”|“倾斜面”命令，或者在“实体编辑”工具栏中单击“倾斜面”按钮，都可以执行“倾斜面”命令。执行“倾斜面”命令后，命令行提示如下。

```
…
[拉伸(E)/移动(M)/旋转(R)/偏移(O)/倾斜(T)/删除(D)/复制(C)/颜色(L)/材质(A)/放弃(U)/退出(X)] <退出>: _taper
选择面或 [放弃(U)/删除(R)]: 找到一个面。//选择需要倾斜的面
选择面或 [放弃(U)/删除(R)/全部(ALL)]:// 按 Enter 键，完成选择
指定基点: //拾取基点
指定沿倾斜轴的另一个点: //拾取倾斜轴的另外一个点
指定倾斜角度: 30 //输入倾斜角度
已开始实体校验。
已完成实体校验。
```

如图 4-55 所示是沿图示基点和另一个点将长方体侧面倾斜 30° 的效果。

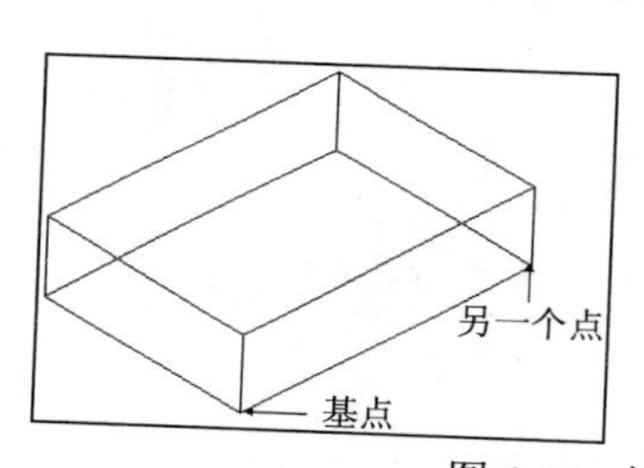

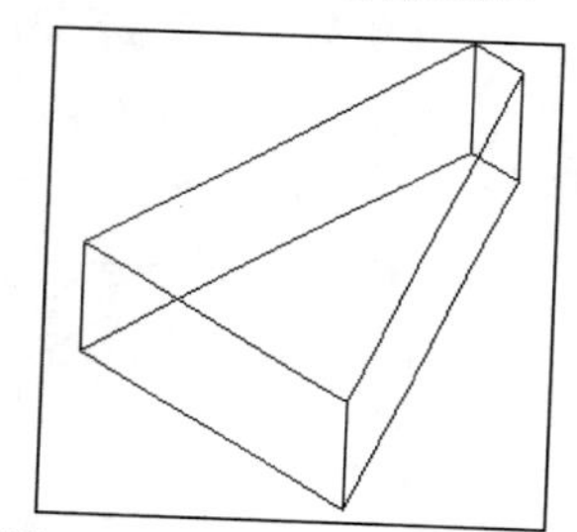

图 4-55 倾斜面效果

6. 体分割

用户可以利用分割实体的功能，将组合实体分割成零件，或分割三维实体对象的不能共享公共的面积或体积。将三维实体分割后，独立的实体保留其图层和原始颜色，所有嵌套的三维实体对象都将被分割成最简单的结构。

选择“修改”|“实体编辑”|“分割”命令，或者在“实体编辑”工具栏中单击“分割”按钮，都可以执行“体分割”命令。

7. 体抽壳

用户可以从三维实体对象中以指定的厚度创建壳体或中空的墙体。AutoCAD 通过将现有的面向原位置的内部或外部偏移来创建新的面。偏移时，AutoCAD 将连续相切的面看做是一个单一的面。

选择“修改”|“实体编辑”|“抽壳”命令，或者在“实体编辑”工具栏中单击“抽壳”按钮，都可以执行“体抽壳”命令。

4.6 漫游和飞行

使用动态观察主要是从观察者的角度旋转图形对象，执行“漫游和飞行”命令则相当于改变观察者的观察角度以改变视图。

选择“视图”|“漫游和飞行”|“漫游”和“视图”|“漫游和飞行”|“飞行”命令即可进入漫游和飞行观察模式。单击“漫游和飞行”工具栏中的按钮也可以调用这两个命令。

在这两种观察模式下，通过观察者位置的改变来改变视图，因此形象地称为“漫游”和“飞行”，漫游模式下穿越模型时，观察者被约束在 XY 平面上；飞行模式下，观察点将不受 XY 平面的约束，可以在模型中任何位置穿越。漫游和飞行观察模式在室内效果图中使用极为广泛，可以通过这两项功能准确地找到室内观察的视角并观察室内的效果。

将观察者的高度设定为普通人眼的高度，使用漫游模式在房屋模型的内部进行观察，可以获得身临其境的效果。使用飞行模式则可以自由移动观察点，得到从高处往下鸟瞰房屋以及在靠近地面位置观察的效果图。

漫游和飞行模式必须在透视图下进行，进入漫游或飞行观察模式，系统将弹出如图 4-56 所示的“定位器”选项板，选项板上部是一个“小地图”，给出观察点以及当前实体缩小的预览效果。在预览框中，单击鼠标拖动位置指示器可以调整用户的位置，拖动目标指示器可以调整视图的方向，图 4-57 为创建漫游的室内效果图。

在“定位器”选项板的“常规”选项组中，通常需要设置的是“位置 Z 坐标”和“目标 Z 坐标”。“位置 Z 坐标”用于设置人眼的高度；“目标 Z 坐标”用于设置观察目标的高度。这两个坐标的连线就是视线在高度上的方向。

因此，对于用户来说，手动调整位置指示器位置、目标指示器位置，以及设置“位置 Z 坐标”和“目标 Z 坐标”，是执行漫游和飞行操作的 4 个要点。

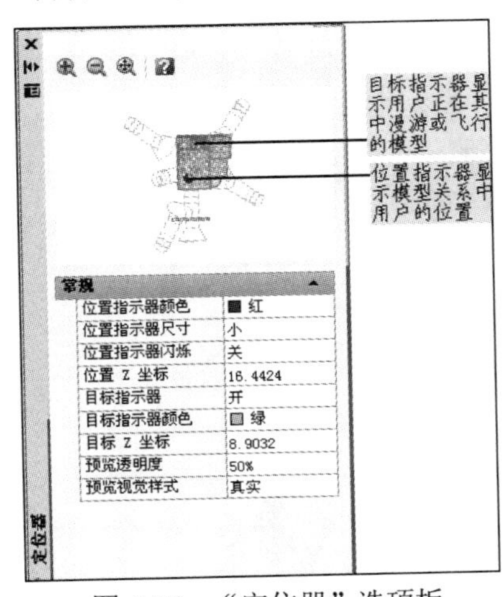

图 4-56　“定位器”选项板

图 4-57　漫游和飞行实例

4.7 运动路径动画

在 AutoCAD 2013 中，选择“视图”|“运动路径动画”命令，打开如图 4-58 所示的“运动路径动画”对话框，可以创建相机沿设定的路径观察图形的演示动画。该对话框中各选项组及其含义如下。

1. “相机”选项组

“将相机链接至”用于设置将相机链接至图形中的静态点或运动路径。“点”单选按钮将相机链接至图形中的静态点。“路径”单选按钮将相机链接至图形中的运动路径。单击“拾取点/选择路径”按钮，决定了相机所在位置的点或沿相机运动的路径，这取决于选择的是“点”还是“路径”。“点/路径”下拉列表框显示可以链接相机的命名点或路径列表。要创建路径，可以将相机链接至直线、圆弧、椭圆弧、圆、多段线、三维多段线或样条曲线。

2. “目标”选项组

“将目标链接至”用于将目标链接至点或路径。如果将相机链接至点，则必须将目标链接至路径。如果将相机链接至路径，可以将目标链接至点或路径。如果将相机链接至路径，“点”单选按钮将设置目标链接至图形中的静态点。“路径”单选按钮将目标链接至图形中的运动路径。单击“拾取点/选择路径”按钮，选择目标的点或路径，这取决于用户选择的是“点”还是“路径”。“点/路径”下拉列表框与“相机”选项组类似。

3. “动画设置”选项组

“帧率”文本框用于设置动画运行的速度，以每秒帧数为单位计量，指定范围为 1~60，默认值为 30。“帧数”文本框用于指定动画中的总帧数，该值与帧率共同确定动画的长度。“持续时间(秒)”文本框用于指定动画(片断中)的持续时间，更改该数值时，将自动重新计算“帧数”值。“视觉样式”下拉列表框用于显示可应用于动画文件的视觉样式和渲染预设的列表。“格式”下拉列表框指定动画的文件格式，可以将动画保存为 AVI、MOV、MPG 或 WMV 文件格式以便日后回放。“分辨率”下拉列表框用于以屏幕显示单位定义生成的动画宽度和高度。“角减速”复选框设置相机转弯时，以较低的速率移动相机。“反向”复选框用于设置反转动画的方向。“预览时显示相机预览”复选框用于设置是否显示“动画预览”对话框，从而可以在保存动画之前进行预览。单击“预览”按钮，可以在如图 4-59 所示的“动画预览”对话框中显示动画预览效果。

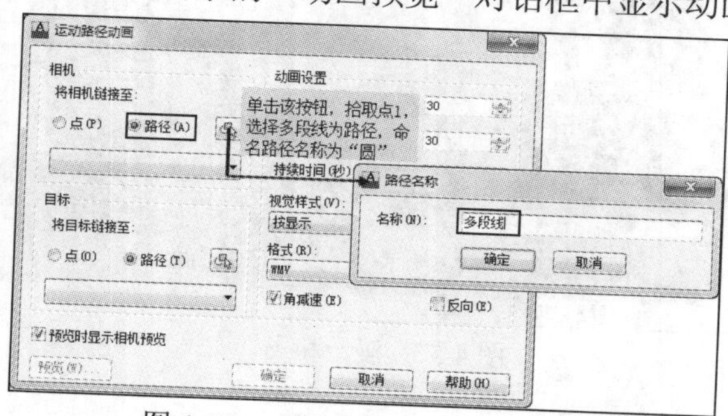

图 4-58 “运动路径动画”对话框

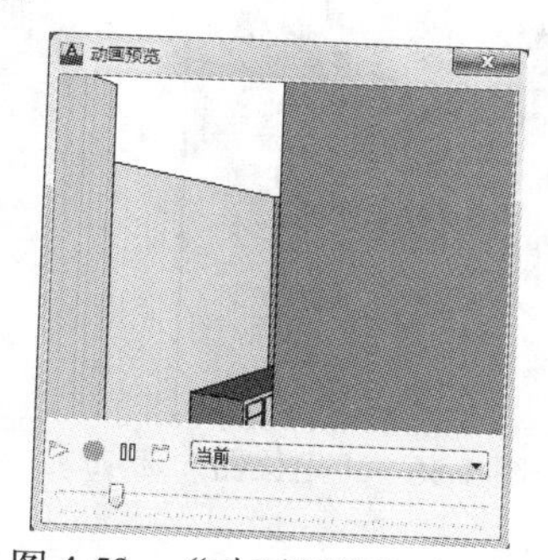

图 4-59 “动画预览”对话框

4.8 渲染

在绘制效果图时，经常需要将已绘制的三维模型染色，或给三维模型设置场景，或给模型增加光照效果，使三维模型更加逼真。本节将介绍如何使用 AutoCAD 提供的渲染，实现对已绘制的三维图形润色。用户可以使用如图 4-60 所示的“视图”|“渲染”子菜单的命令，或者选中如图 4-61 所示的“渲染”工具栏中的按钮进行各种渲染操作。本节将介绍常用的渲染命令。

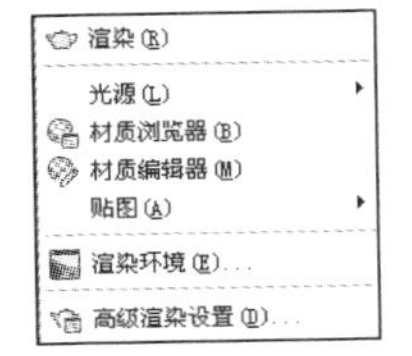

图 4-60　“渲染”子菜单

图 4-61　“渲染”工具栏

4.8.1 光源

在 AutoCAD 中，系统为用户提供点光源、聚光灯和平行光 3 种光源，用户在“视图”|“渲染”|“光源”子菜单中可以分别创建这些光源。选择“视图”|“渲染”|“光源”|“光源列表”命令，弹出如图 4-62 所示的“模型中的光源”选项板，选项板中按照名称和类型列出了每个添加到图形的光源(LIGHTLIST)，其中不包括阳光、默认光源以及块和外部参照中的光源。

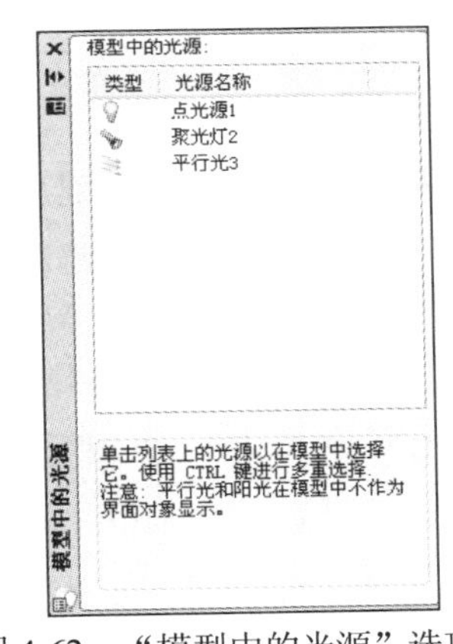

图 4-62　“模型中的光源”选项板

在列表中选定一个光源时，将在图形中选定该光源，反之亦然。列表中光源的特性按其所属图形保存。在图形中选定一个光源时，可以使用夹点工具来移动或旋转该光源，并更改光源的其他某些特性(例如聚光灯中的聚光锥角和衰减锥角)，更改光源特性后，可以在模型上预览更改后的效果。

选择“视图”|“渲染”|“光源”子菜单中的“地理位置”和“阳光特性”两个命令，可以分别设置太阳光受地理位置的影响和不同的日期、时间等各种状态下阳光的特性。

4.8.2 材质

AutoCAD 为用户提供了两种使用材质的方式：第一种是用户直接从“材质”选项板自己定义所需的材质；第二种是提供了材质库，预定义了大量的常用材质，用户可以直接使用，也可以在预定义材质的基础上对材质进行修改得到所需的材质。

1. 材质浏览器

选择“视图”|“渲染”|“材质浏览器”命令，或者单击“渲染”工具栏中的“材质”按钮，

都可以弹出如图 4-63 所示的“材质浏览器”选项板，在该选项板中用户可以导航和管理材质，还可以在所有打开的库中和图形中对材质进行搜索和排序。

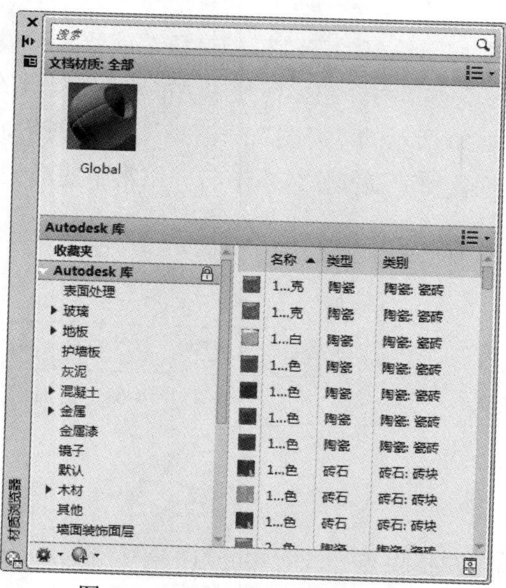

图 4-63 “材质浏览器”选项板

01 “在文档中创建新材质”下拉列表

单击“在文档中创建新材质”按钮，弹出材质类别列表，选择其中的某一个类别，可以创建某一个类别的材质，如果用户不想基于某个类别创建材质，则选择“新建常规材质”选项。在选择某个选项后，弹出“材质编辑器”选项板，用户可以在其中设置材质的各个参数。

02 “搜索”文本框

在“搜索”文本框中输入材质名称的关键词，则在材质库中搜索相应材质，材质列表中显示包含该关键词的材质外观列表。

03 “文档材质”列表

“文档材质”列表显示当前文档中已创建的材质列表，单击按钮弹出下拉菜单，用户可以设置显示哪些材质，材质列表显示的类型、缩略图的大小以及材质排序的类型。

04 Autodesk 库

Autodesk 库可以创建新库，或者管理已有的材质库。AutoCAD 系统在左侧的库列表中为用户默认提供了“Autodesk 库”和“收藏夹”库，用户可以直接使用“Autodesk 库”中的材质，也可以把自己创建的材质放入“收藏夹”库中，当然，也可以创建新的库名。

2. 材质编辑器

选择“视图”|“渲染”|“材质编辑器”命令，或者单击“渲染”工具栏中的“材质”按钮，都可以弹出如图 4-64 所示的“材质编辑器”选项板。在“材质编辑器”选项板中，用户可以对材质的参数进行各种设置，也可以创建新的材质，还可以对材质进行编辑。材质编辑器和材质浏览器通

常情况下同时使用，用户可以在材质浏览器中选中一个材质，在材质编辑器中对材质参数进行编辑，也可以创建一个新的材质，在材质编辑器中进行参数设置。

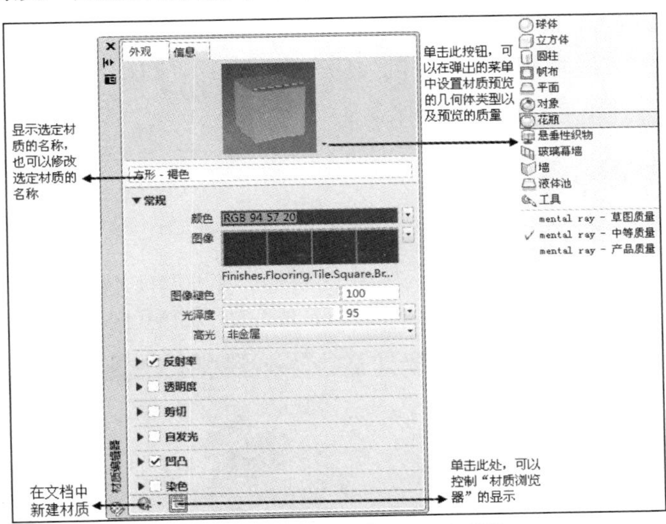

图 4-64　“材质编辑器”选项板

3．应用材质

“材质编辑器”选项板只能完成对材质参数的设置和修改，使用“材质浏览器”选项板才可以将材质应用到对象。

01 应用库中的材质

当选中材质库列表中的某个材质的时候，右击，在弹出的快捷菜单中，用户可以对材质进行重命名，可以删除材质，可以把材质添加到相应的库或工具选项板中，还可以把材质添加到“文档材质”列表中。

02 应用文档材质

当材质添加到“文档材质”列表中后，用户就可以将材质应用到文档中的对象。用户选择列表中的某一个材质，右击，在弹出的快捷菜单中，用户可以将材质应用到对象，可以对材质进行重命名、删除或添加到库等操作。

4.8.3　贴图

选择“视图”|“渲染”|“贴图”子菜单下的命令，可以为对象添加各种已经定义好的材质。贴图类型包括平面贴图、长方体贴图、柱面贴图和球面贴图等。

4.8.4　高级渲染设置

选择“视图”|“渲染”|“高级渲染设置”命令，弹出如图 4-65 所示的“高级渲染设置”选项板，

选项板包含渲染器的主要控件，从中可以设置渲染的各项具体参数。

“高级渲染设置”选项板分为从基本设置到高级设置的若干部分。“基本”部分包含了影响模型的渲染方式、材质和阴影的处理方式以及反锯齿执行方式的设置(反锯齿可以削弱曲线式线条或边在边界处的锯齿效果)；“光线跟踪”部分控制如何产生着色；“间接发光”部分用于控制光源特性、场景照明方式以及是否进行全局照明和最终采集。

4.8.5 “渲染”对话框

选择“视图”|“渲染”|“渲染”命令，弹出“渲染”对话框，可在光源、材质、贴图以及渲染参数设定的情况下，对对象进行快速渲染。如图 4-66 所示为一个室内场景的快速渲染效果。

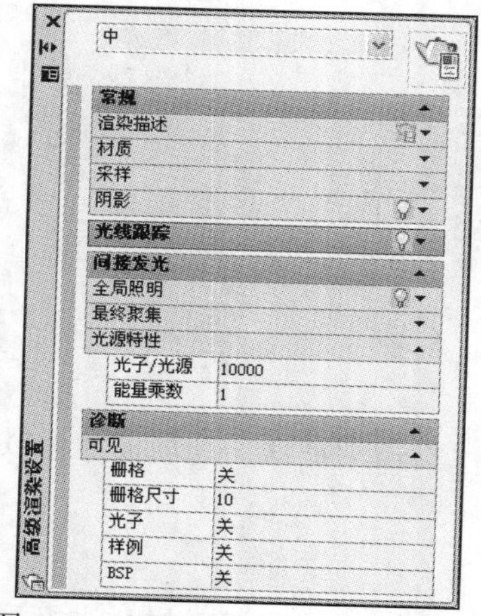

图 4-65　“高级渲染设置”选项板

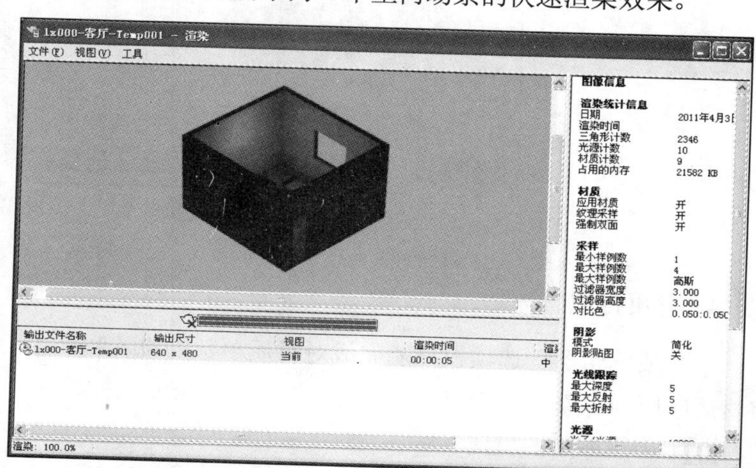

图 4-66　快速渲染效果

第5章 创建样板图

在 AutoCAD 中，所谓样板图，就是已经创建好的，用户可以直接调用的图形样板文件。在需要使用相同惯例和默认设置的多个图形时，用户可以通过直接调用用预先创建或自定义样板文件，而无须每次启动时重复指定惯例和默认设置，从而节省许多时间。本章将详细介绍在建筑制图中创建各种样板图文件的方法。

5.1 样板图概述

在建筑制图中，设计人员在绘图时，都需严格按照各种制图规范进行绘图，因此对于图框、图幅大小、文字大小、线型和标注类型等，都有一定限制。绘制相同或相似类型的建筑图时，各种规定都一样。为了节省时间，设计人员可以创建一个样板图以备以后制图时调用，或直接从系统自带的样板图库中选择合适的样板图来使用。

样板图文件的扩展名为.dwt，样板图文件包含标准设置，通常存储在样板文件中的惯例和设置包括以下方面。

- 单位类型和精度。
- 标题栏、边框和徽标。
- 图层名。
- 捕捉、栅格和正交设置。
- 栅格界限。
- 标注样式。
- 文字样式。
- 线型。

AutoCAD 为用户提供了各种样板。但是由于提供的样板与国标标准相差比较大，用户可以自己创建建筑图样板文件。

5.2 样板图的创建

本节将创建一个 A3 图幅的样板图，主要对绘图界限、图框、文字样式以及标注样式等进行事先定义。

1. 设置绘图界限

在建筑制图中，基本都在建筑图纸幅面中绘图，即一个图框规定了绘图的范围，其绘图界限不能超过绘图范围。建筑制图标准中，对图纸幅面和图框尺寸的规定如表 5-1 所示。

表 5-1 幅面及图框尺寸表

幅面代号 / 尺寸代号	A0	A1	A2	A3	A4
b×l	841×1189	594×841	420×594	297×420	210×297
c	10			5	
a	25				

其中，b 表示图框外框的宽度，l 表示图框外框的长度，a 表示装订边与图框内框的距离，c 表示 3 条非装订边与图框内框的距离。具体含义可查阅《房屋建筑制图统一标准》中关于图纸幅面的规定。

在本书中，将要介绍的建筑图形需要 A3 大小的图纸，因此下面以 A3 大小的图纸绘图界限设置为例讲解设置方法。设定绘图界限的步骤如下。

01 选择“格式”|“绘图界限”命令，命令行提示如下。

```
命令: '_limits
重新设置模型空间界限:
指定左下角点或 [开(ON)/关(OFF)] <0.0000,0.0000>: 0,0 //输入左下角点的坐标
指定右上角点 <420.0000,297.0000>: 42000,29700 //输入右上角点的坐标，按 Enter 键
```

02 选择“视图”|“缩放”|“范围”命令，使得设定的绘图界限在绘图区域内。

2. 绘制图框

图框由比较简单的线组成，绘制方法比较简单。根据表 5-1 中 A3 图纸的尺寸要求进行绘制，具体操作步骤如下。

01 在“绘图”工具栏中单击“矩形”按钮▭，命令行提示如下。

```
命令: _rectang
指定第一个角点或 [倒角(C)/标高(E)/圆角(F)/厚度(T)/宽度(W)]: 0,0 //输入第一个角点坐标
指定另一个角点或 [面积(A)/尺寸(D)/旋转(R)]: 42000,29700 //输入第二个角点坐标，效果如图 5-1 所示
```

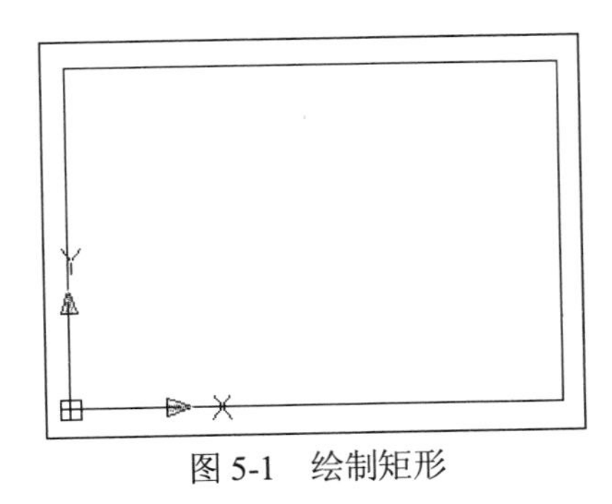

图 5-1　绘制矩形

02 执行“分解”命令，将步骤 01 绘制的矩形分解，执行“偏移”命令，命令行提示如下。

```
命令: _offset
当前设置: 删除源=否　图层=源　OFFSETGAPTYPE=0
指定偏移距离或 [通过(T)/删除(E)/图层(L)] <通过>:　2500 //输入偏移距离
选择要偏移的对象，或 [退出(E)/放弃(U)] <退出>: //拾取分解矩形的左边
指定要偏移的那一侧上的点，或 [退出(E)/多个(M)/放弃(U)] <退出>: //向右侧偏移
选择要偏移的对象，或 [退出(E)/放弃(U)] <退出>:　*取消*
```

03 继续执行“偏移”命令，将其他边分别向内偏移 500，完成效果如图 5-2 所示。

04 执行“修剪”命令，对偏移生成的直线进行修剪，修剪效果如图 5-3 所示。

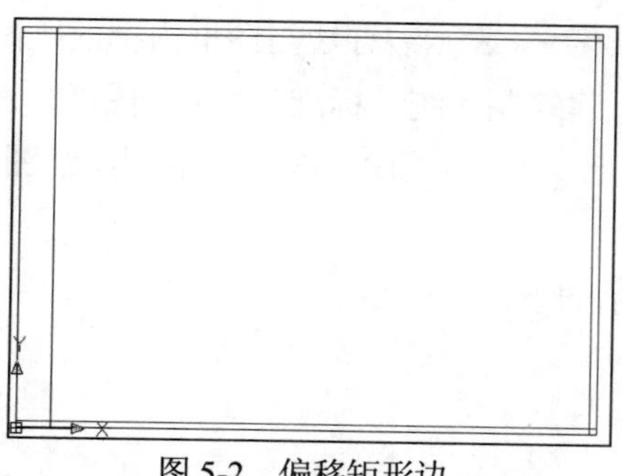

图 5-2 偏移矩形边

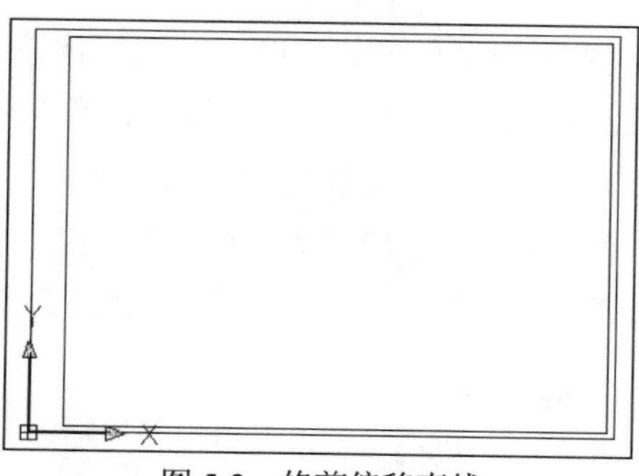

图 5-3 修剪偏移直线

05 执行“直线”命令，命令行提示如下。

```
命令: _line 指定第一点: from //使用相对点法绘制直线的第一点
基点: //捕捉如图 5-4 所示的基点
<偏移>: @-24000,0 //输入偏移距离
指定下一点或 [放弃(U)]: @0,4000 //输入下一点的坐标
指定下一点或 [放弃(U)]: @24000,0 //输入下一点的坐标
指定下一点或 [闭合(C)/放弃(U)]://按 Enter 键，完成绘制，效果如图 5-4 所示
```

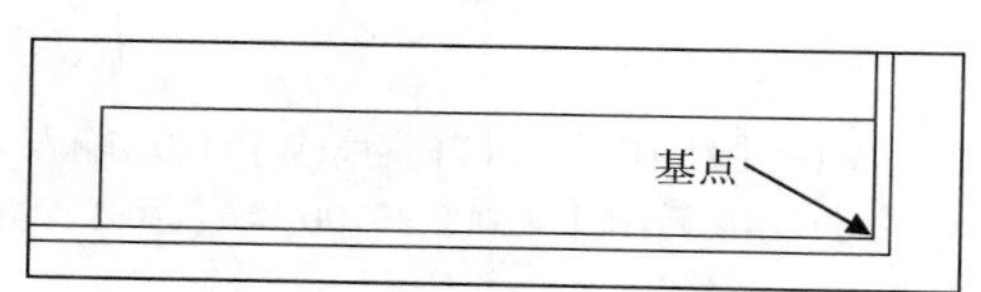

图 5-4 绘制标题栏直线

06 执行“偏移”命令，将步骤**05**绘制的直线偏移，偏移尺寸如图 5-5 所示。

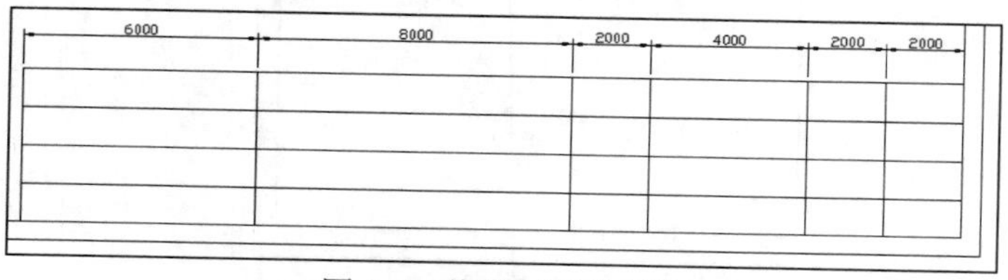

图 5-5 偏移标题栏直线

07 执行“修剪”命令，对偏移生成的直线进行修剪，修剪效果如图 5-6 所示。

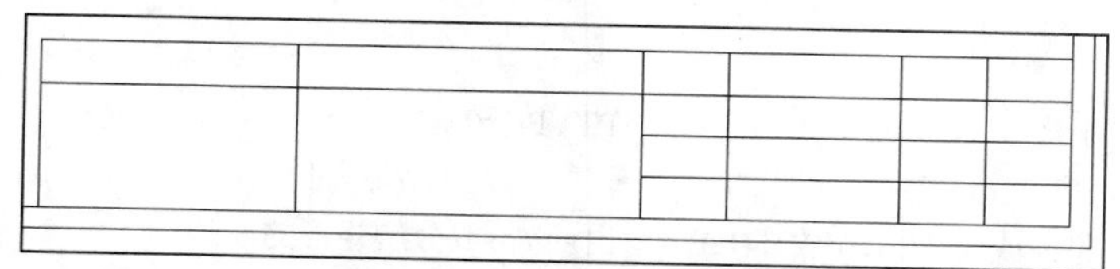

图 5-6 修剪完成的标题栏

08 执行“矩形”命令，绘制 10000×2000 的矩形，并分解，将矩形的上边依次向下偏移 500，左边依次向右偏移 2500，效果如图 5-7 所示。

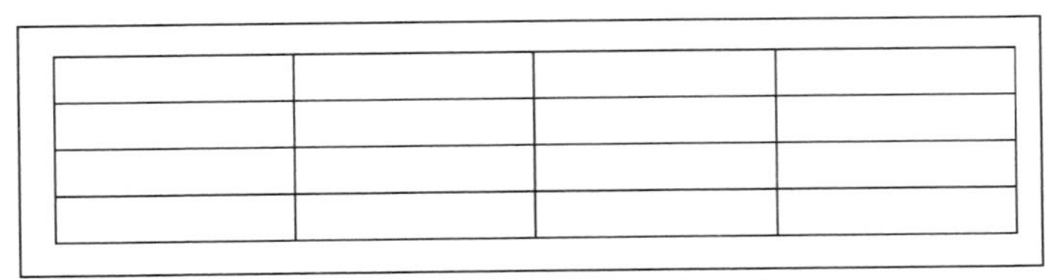

图 5-7　偏移矩形边形成会签栏

3. 添加图框文字

建筑制图标准规定文字的字高，可从 3.5mm、5mm、7mm、10mm、14mm 和 20mm 系列中选用。如需书写更大的字，其高度应按 $\sqrt{2}$ 的比值递增。图样及说明中的汉字，字体宜采用长仿宋体，宽度与高度的关系要满足表 5-2 中的规定。

表 5-2　长仿宋体字高宽关系表

字　高	20	14	10	7	5	3.5
字　宽	14	10	7	5	3.5	2.5

在样板图中创建字体样式 GB350、GB500、GB700 和 GB1000，并给图框添加文字，具体操作步骤如下。

01 选择“格式”|“文字样式”命令，弹出“文字样式”对话框，单击“新建”按钮，打开“新建文字样式”对话框，设置样式名为 GB350，表示字高为 350，如图 5-8 所示。

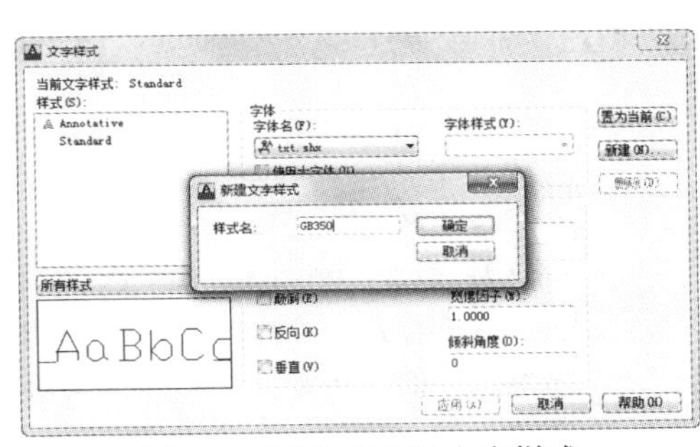

图 5-8　创建 GB350 文字样式

02 单击“确定”按钮，返回“文字样式”对话框，在“字体名”下拉列表中选择“仿宋”，设置高度为 350，宽度因子为 0.7，如图 5-9 所示。单击“应用”按钮，GB350 样式创建完成。

03 使用同样的方法，创建文字样式 GB500、GB700 和 GB1000。创建完毕后，单击“关闭”按钮，完成文字样式的创建。

04 选择“格式”|“点样式”命令，弹出“点样式”对话框，如图 5-10 所示的设置新的点样式。

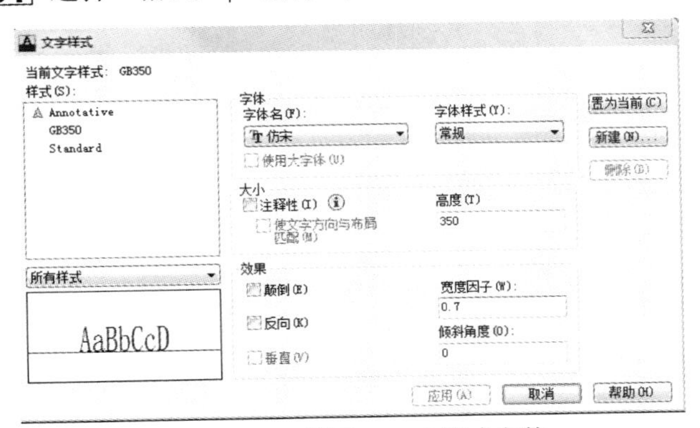

图 5-9　设置 GB350 样式参数

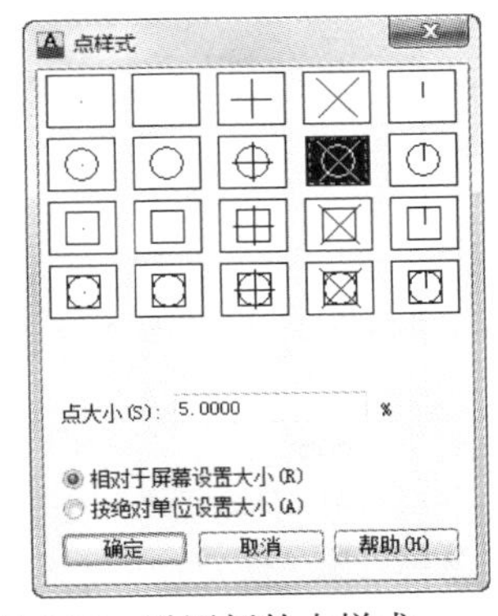

图 5-10　设置新的点样式

05 在“绘图”工具栏中单击“点”按钮▫，命令行提示如下。

```
命令: _point
当前点模式:  PDMODE=35   PDSIZE=0.0000
指定点: from //使用相对点法确定点位置
基点: //捕捉如图 5-11 所示的点为基点
<偏移>: @1000,500 //输入相对偏移距离确定点
```

06 在“修改”工具栏中单击“矩形阵列”按钮，选择步骤**05**绘制的点为阵列对象，设置行数为 4，列数为 2，行偏移为 1000，列偏移为 6000，阵列后效果如图 5-12 所示。

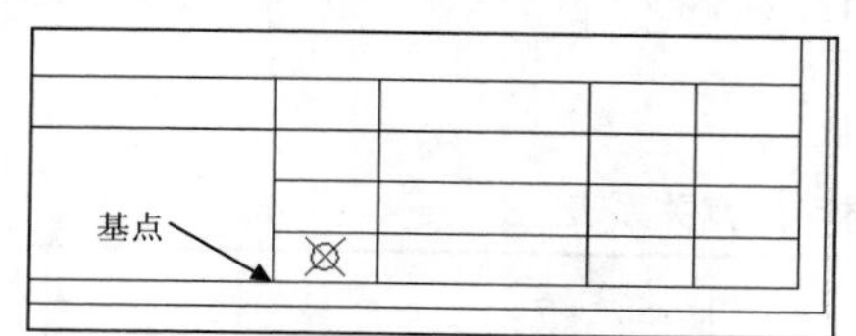

图 5-11　绘制第一个定位点

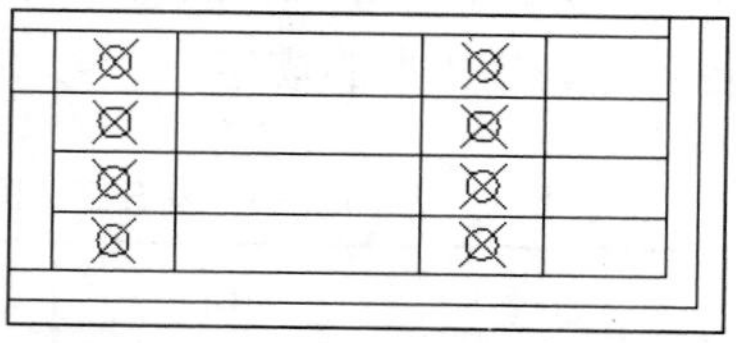

图 5-12　阵列生成其他定位点

07 执行“单行文字”命令，命令行提示如下。

```
命令: _dtext
当前文字样式: “GB1000”  文字高度: 1000.0000  注释性: 否
指定文字的起点或 [对正(J)/样式(S)]: s //输入 s，设置样式
输入样式名或 [?] <GB1000>: GB500 //样式为 GB500
当前文字样式: “GB500”  文字高度: 500.0000  注释性: 否
指定文字的起点或 [对正(J)/样式(S)]: j //输入 j，设置对正样式
输入选项
[对齐(A)/调整(F)/中心(C)/中间(M)/右(R)/左上(TL)/中上(TC)/右上(TR)/左中(ML)/正中(MC)/右中(MR)/左下(BL)/中下(BC)/右下(BR)]: mc //设置对正为正中对正
指定文字的中间点: //捕捉步骤05绘制的点为中间点
指定文字的旋转角度 <0>: //按 Enter 键，弹出单行文字动态文本框，输入文字“审定”，中间有 3 个空格，效果如图 5-13 所示
```

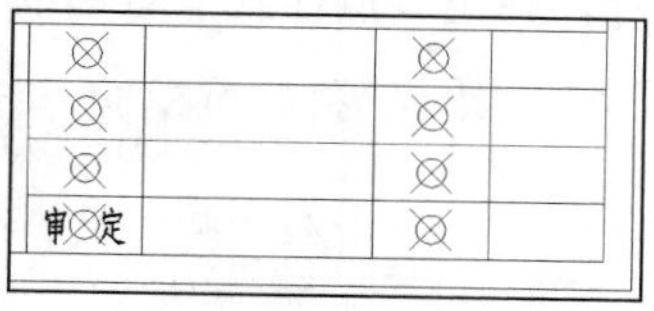

图 5-13　创建单行文字

08 执行“复制”命令，命令行提示如下。

```
命令: _copy
选择对象: 找到 1 个 //拾取步骤07创建的文字
选择对象: //按 Enter 键，完成对象选择
当前设置:  复制模式 = 多个
```

指定基点或 [位移(D)/模式(O)] <位移>: //捕捉单行文字的中间点为基点
指定第二个点或 [阵列(A)] <使用第一个点作为位移>:
指定第二个点或 [阵列(A)/退出(E)/放弃(U)] <退出>:
指定第二个点或 [阵列(A)/退出(E)/放弃(U)] <退出>:
指定第二个点或 [阵列(A)/退出(E)/放弃(U)] <退出>:
指定第二个点或 [阵列(A)/退出(E)/放弃(U)] <退出>:
指定第二个点或 [阵列(A)/退出(E)/放弃(U)] <退出>:
指定第二个点或 [阵列(A)/退出(E)/放弃(U)] <退出>:
指定第二个点或 [阵列(A)/退出(E)/放弃(U)] <退出>: //依次拾取步骤**06**阵列的其他点，按 Enter 键，完成复制，效果如图 5-14 所示

09 双击复制生成的单行文字，对文字内容进行编辑，编辑效果如图 5-15 所示。

图 5-14　复制生成其他文字

图 5-15　修改文字内容

10 执行“点”命令，命令行提示如下。

命令: _point
当前点模式:　PDMODE=35　PDSIZE=0.0000
指定点: from //输入 from，使用相对点法确定点
基点: //捕捉如图 5-16 所示的基点
<偏移>: @500,500 //输入相对偏移距离

11 使用与步骤**10**相同的方法，可以确定另外一个定位点，效果如图 5-16 所示。

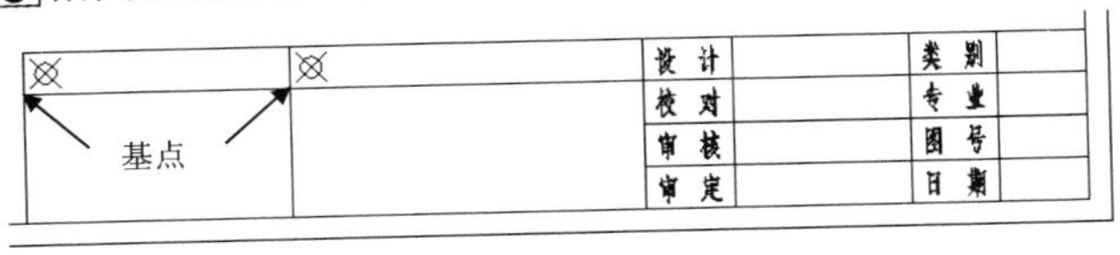

图 5-16　绘制定位点

12 继续使用同样的方法，创建下方的两个定位点，基点如图 5-16 所示，偏移相对坐标为(@500,-500)，完成效果如图 5-17 所示。

13 执行“单行文字”命令，使用文字样式 GB350，并设置“左中”对齐，完成效果如图 5-18 所示。

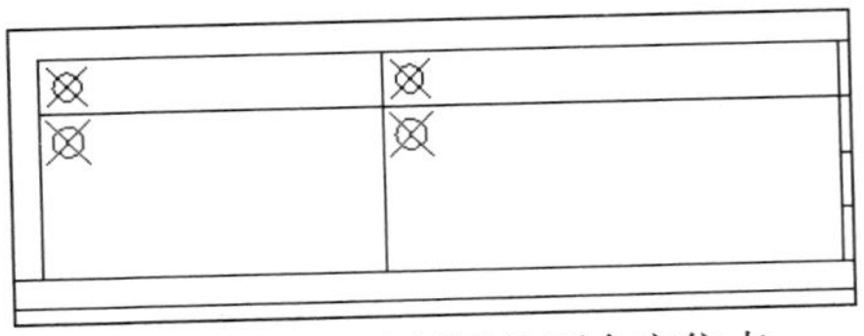

图 5-17　绘制另外两个定位点

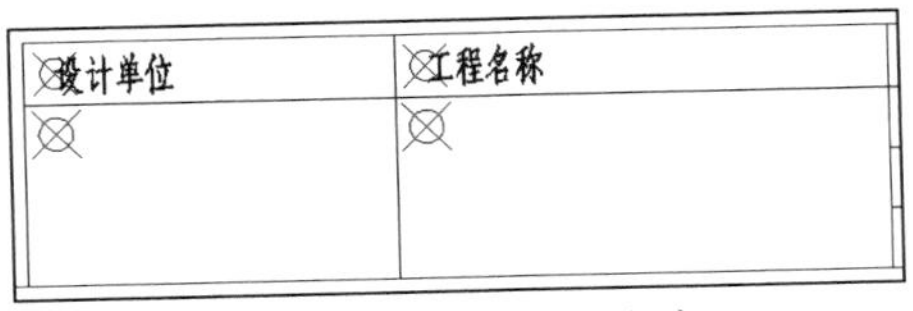

图 5-18　绘制单行文字

14 执行“单行文字”命令，使用文字样式 GB350，并设置“左上”对齐，完成效果如图 5-19

所示。

15 使用创建标题栏文字的方法创建会签栏的文字，文字样式为 GB350，文字对正为正中对正。其中，“建筑结构”文字之间有 1 个空格，“电气”文字之间有 4 个空格，“给排水”文字之间有 1 个空格，“暖通”文字之间有 4 个空格，创建效果如图 5-20 所示。

设计单位	工程名称	设 计		类 别	
公司图标	图名	校 对		专 业	
		审 核		图 号	
		审 定		日 期	

图 5-19　创建完成标题栏

建 筑 结 构			
电　　气			
给 排 水			
暖　　通			

图 5-20　创建会签栏文字

16 执行“旋转”命令，命令行提示如下。

```
命令: _rotate
UCS 当前的正角方向:  ANGDIR=逆时针  ANGBASE=0
选择对象: 指定对角点: 找到 14 个 //选择如图 5-20 所示的所有对象
选择对象://按 Enter 键，完成对象选择
指定基点://捕捉如图 5-20 所示的左下角点为基点
指定旋转角度，或 [复制(C)/参照(R)] <0>:  90 //输入 90，按 Enter 键，旋转效果如图 5-21 所示
```

17 执行“移动”命令，基点为图 5-21 所示的右上角点，移动插入点为内框的左上角点，完成效果如图 5-22 所示。

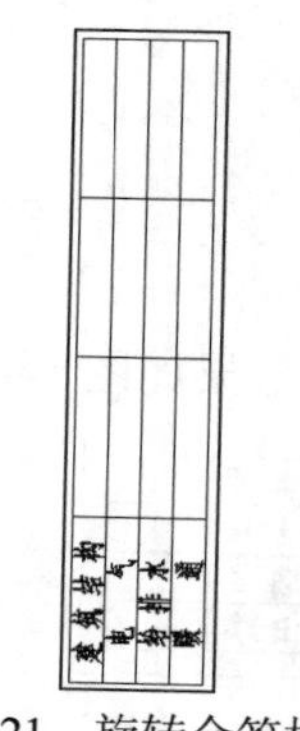

图 5-21　旋转会签栏

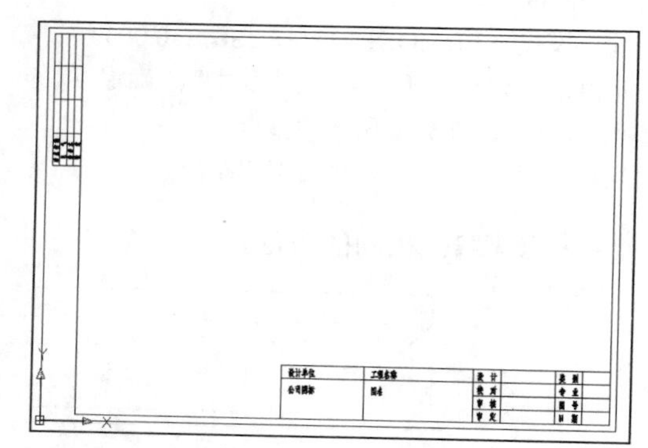

图 5-22　移动会签栏

4. 创建尺寸标注样式

尺寸标注与绘图比例是相关的。本书可能会涉及的绘图比例为 1:100、1:50 和 1:25，因此需要创建 3 种标注样式，分别命名为 GB100、GB50 和 GB25。其具体操作步骤如下。

01 选择“格式”|“标注样式”命令，弹出“标注样式管理器”对话框，单击“新建”按钮，打开“创建新标注样式”对话框，设置新样式名为 GB100。

02 单击“继续”按钮，弹出“新建标注样式”对话框，对“线”、“符号和箭头”、“文字”和“主单位”等选项卡的参数分别进行设置，“线”选项卡设置如图 5-23 所示。

03 选择“符号和箭头”选项卡，设置箭头为“建筑标记”，箭头大小为 250，其他设置如图 5-24 所示。

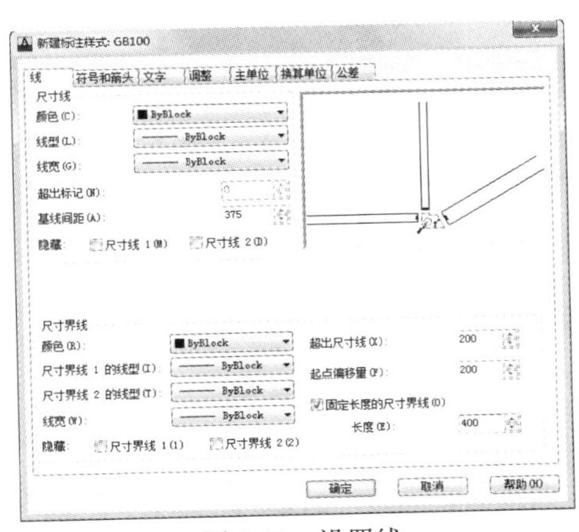

图 5-23　设置线

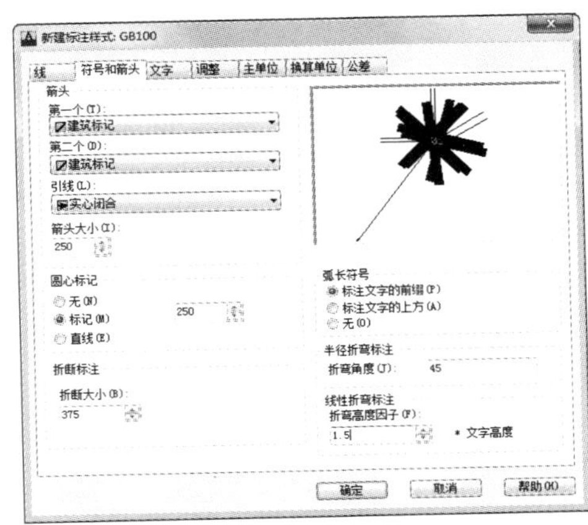

图 5-24　设置符号和箭头

04 选择“文字”选项卡，单击“文字样式”下拉列表框后的按钮[...]，弹出“文字样式”对话框，创建新的文字样式 GB250，设置参数如图 5-25 所示。

05 在“文字样式”下拉列表中选择 GB250 文字样式，其他设置如图 5-26 所示。

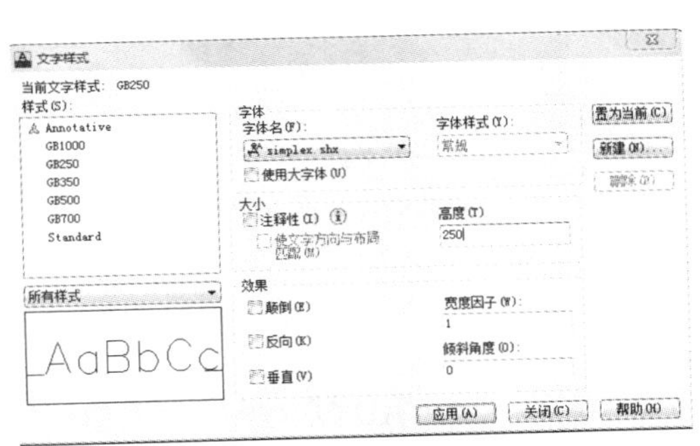

图 5-25　创建标注文字样式 GB250

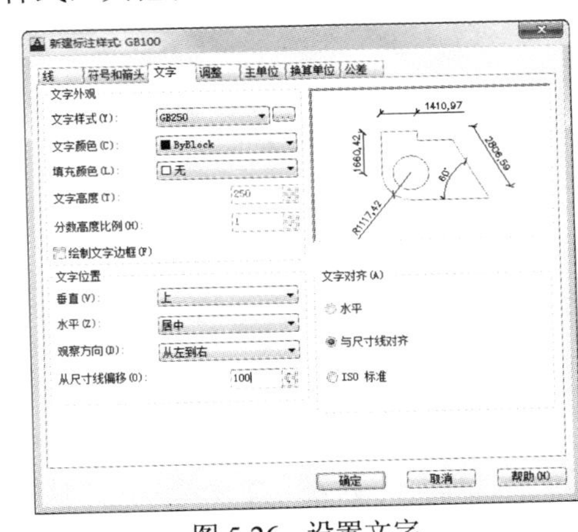

图 5-26　设置文字

06 选择“调整”选项卡，设置全局比例为 1，其他设置如图 5-27 所示。

07 选择“主单位”选项卡，设置单位格式为小数，精度为 0，其他设置如图 5-28 所示。

08 设置完毕后，单击“确定”按钮，完成标注样式 GB100 的创建。重复以上步骤，创建标注样式 GB50，如图 5-29 所示。以 GB100 为基础样式创建 GB50，仅在“主单位”选项卡的测量单位比例的“比例因子”上有区别，如图 5-30 所示设置 GB50 的比例因子为 0.5。同样，创建 GB25 标注样式，比例因子为 0.25。

09 当各种设置完成之后，就需把图形保存为样板图。选择“文件”|“另存为”命令，弹出“图形另存为”对话框，在“文件类型”下拉列表框中选择“AutoCAD 图形样板”选项，可以把样板图保存在 AutoCAD 默认的文件夹中，设置样板图名为 A3，如图 5-31 所示。

10 单击“确定”按钮，弹出“样板说明”对话框，在“说明”栏中输入样板图的说明文字，单击“确定”按钮，即可完成样板图文件的创建。

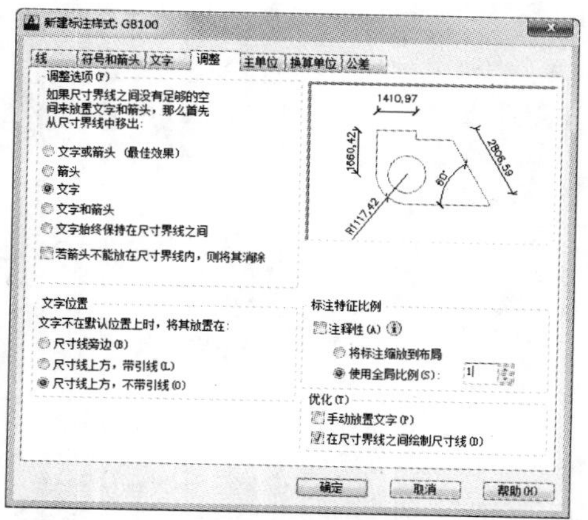

图 5-27　设置全局比例

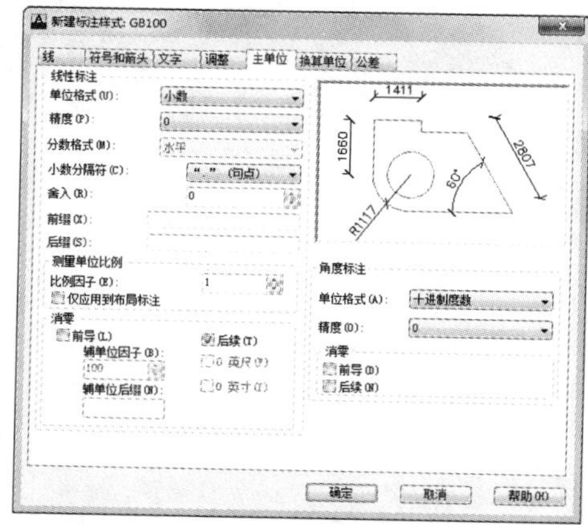

图 5-28　设置主单位

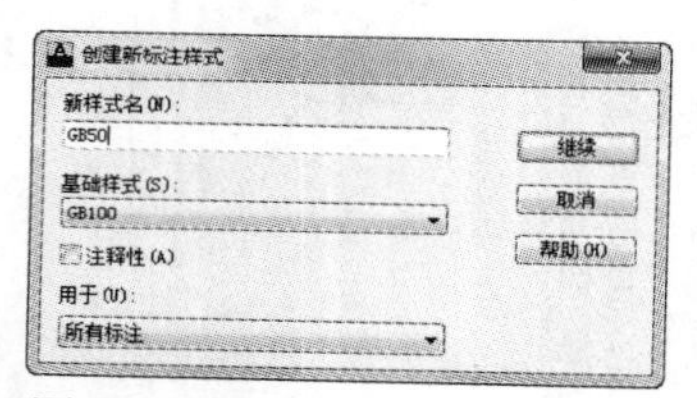

图 5-29　创建 GB50 标注样式

图 5-30　设置比例因子

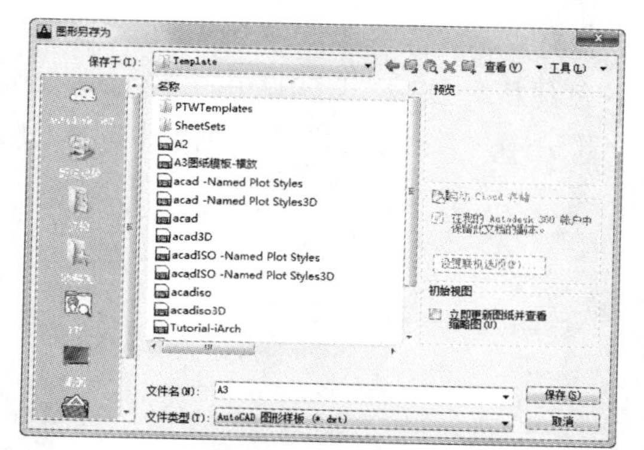

图 5-31　保存样板图

5. 调用样板图

选择“文件”|“新建”命令，弹出“选择样板”对话框，在 AutoCAD 默认的样板文件夹中可以看到定义的 A3 样板图，如图 5-32 所示。选择 A3 样板图，单击“确定”按钮，即可将其打开。用户可以在样板图中绘制具体的建筑图，然后另存为图形文件。

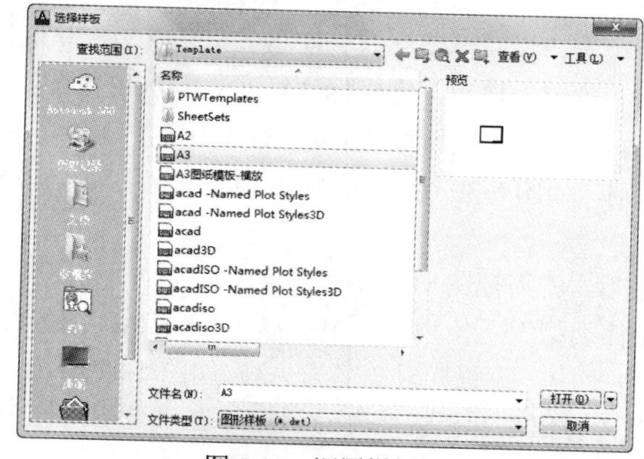

图 5-32　调用样板图

第6章　标准图形和常用图形创建

与绘制其他图纸一样，建筑图形也是由很多标准图形和常用图形组成，比如轴线符号、标高符号等，这些符号在每幅图纸里都是一样的，画法也是基本固定的。因此，长期制图用户可以将这些标准图形和常用图形制作成图块或放到设计中心中，以便绘图时调用，从而达到事半功倍的效果。

本章将介绍各种标准图形和常用图形的通用画法。通过本章的学习，用户可以熟练掌握各种图形的绘制方法，从而巩固基本绘图技能。

6.1 标准图形和常用图形绘制概述

标准图形和常用图形的快速使用，通常有以下 3 种方法。

01 从设计中心中调用系统或别的图形自带的标准图形和常用图形图块。

02 从工具选项板中调用系统自带的标准图形和常用图形图块。

03 自己绘制建筑制图规定的标准图形和常见的一些图形，保存为块或动态块，在绘图时调用。

6.1.1 设计中心

选择“工具”|“选项板”|“设计中心”命令，弹出如图 6-1 所示的“设计中心”浮动面板。在设计中心，用户可以定位到 C:\Program Files\Autodesk\AutoCAD 2013\Sample\zh-CN\DesignCenter\House Designer.dug\块(20 个项目)目录下，AutoCAD 预置了比较多的外部图形，在这些图形中定义了很多参照和块，用户可以对这些内容进行访问，可以将这些源图形拖动到当前图形中，从而简化绘图的过程。当然，用户也可以在设计中心中访问已有图形文件，将已有文件中有用的图形对象或者块对象应用到当前的图形中。

如图 6-1 所示是 House Designer.dwg 中预置的图块。唯一遗憾的是，设计中心的块大都不是公制的，基本都是英制的，用户在使用时要尤其注意。

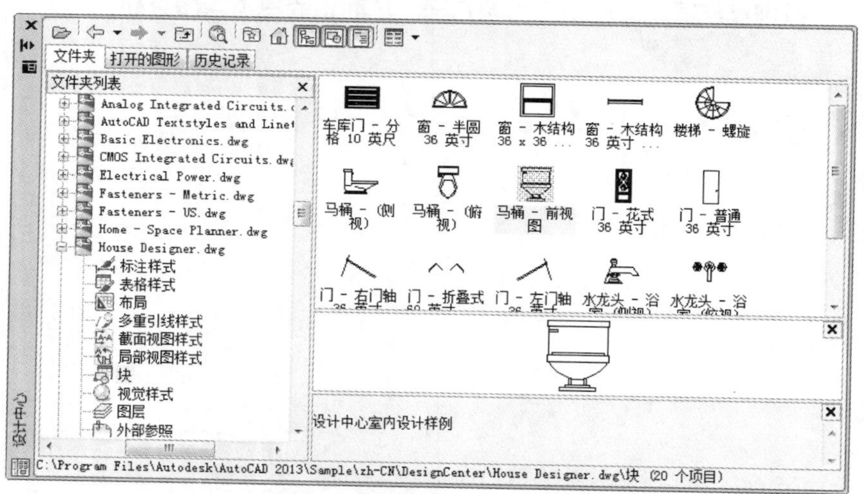

图 6-1 “设计中心”浮动面板

6.1.2 工具选项板

选择“工具”|“选项板”|“工具选项板”命令，弹出工具选项板浮动面板，如图 6-2 所示为“建筑”和“注释”选项卡中预置的建筑制图常用符号和图形。工具选项板中提供了英制和公制两种类型，给用户提供比较大的选择余地。

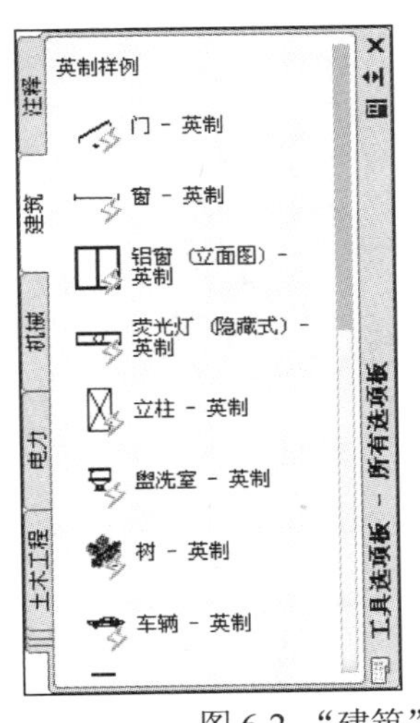

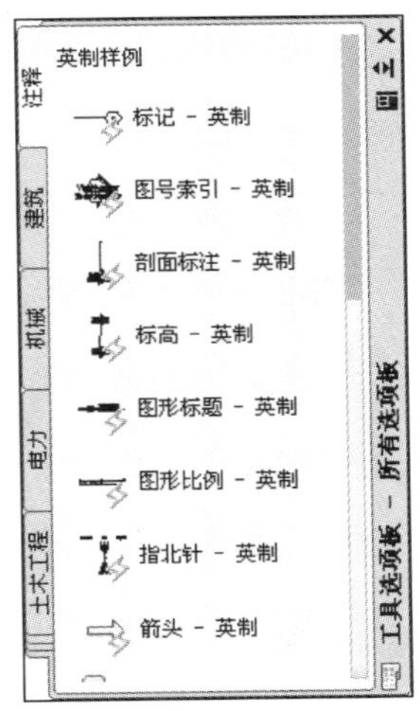

图 6-2 “建筑”和“注释”选项卡

6.1.3　块和动态块

除了使用设计中心和工具选项板直接在绘图区插入预置的建筑符号和常用图形之外，最通用也最普遍的使用方法是，创建图形的带属性的块或创建动态块保存在图形文件或样板文件中，在需要使用时插入块即可。

6.2　标准图形

在建筑制图中，常见的标准图形有轴线编号、指北针、标高符号和对称符号等。对于这些标准图形，制图规范都有严格的规定，用户可以按照制图规范的规定进行绘制并保存为动态块，以便以后使用。

6.2.1　轴线编号

建筑制图标准规定，轴线编号的圆直径为 8~10mm，圆心位于轴线的延长线和延长线的折线上。在实际的建筑图中，轴线比较多，因此编号也就比较多。通常将轴线编号定义为带属性的块，使用时，直接插入块，输入属性值即可。创建轴线编号的具体步骤如下。

01 打开样板图文件，单击“绘图”工具栏中的“圆”按钮，绘制如图 6-3 所示的半径为 1000 的圆。

02 选择“绘图”|“块”|“定义属性”命令，弹出“属性定义”对话框，设置标记为“轴线编号”，属性提示为“请输入轴线编号：”，属性值为 1，文字对正方式为“正中”，文字样式为 GB500，如图 6-4 所示。

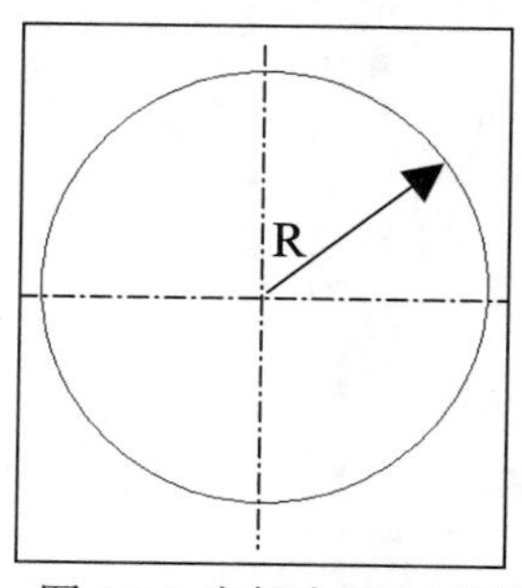

图 6-3　半径为 1000 的圆

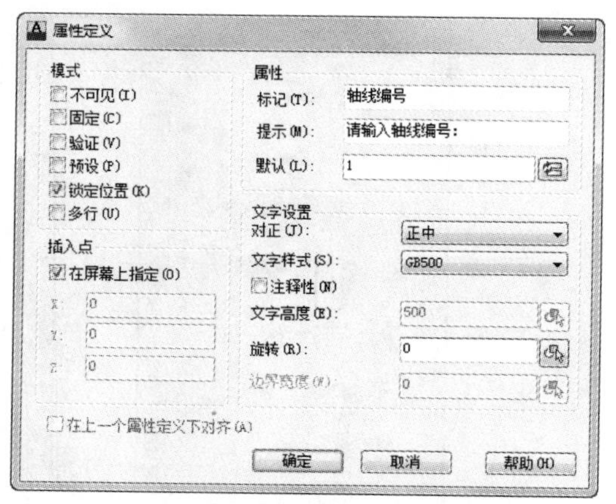

图 6-4　定义轴线编号属性

03 在“插入点”选项组中选中“在屏幕上指定”复选框，单击“确定”按钮，返回到绘图区，命令行提示“指定起点：”，如图 6-5 所示，捕捉圆心作为起点，完成的效果如图 6-6 所示。

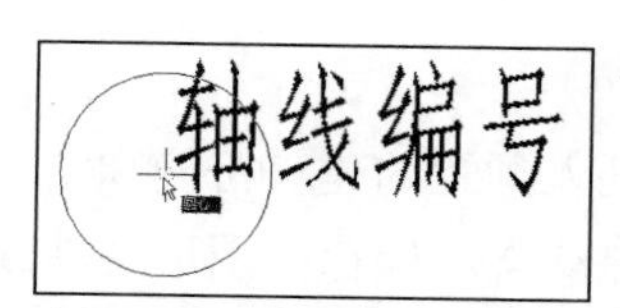

图 6-5　指定属性插入位置

图 6-6　选择圆和属性值

04 选择“绘图”|“块”|“创建”命令，弹出如图 6-7 所示的“块定义”对话框，在“名称”文本框中输入“竖向轴线编号”，单击“选择对象”按钮，在绘图区拾取如图 6-6 所示的对象，单击“拾取点”按钮，在绘图区拾取如图 6-8 所示的圆的象限点。

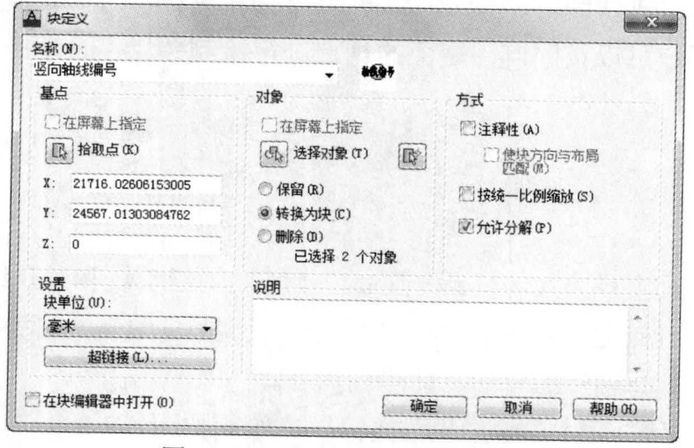

图 6-7　“块定义”对话框

图 6-8　拾取块基点

05 单击“确定”按钮，弹出如图 6-9 所示的“编辑属性”对话框，要求用户输入属性编号，这里不作改动，单击“确定”按钮，完成竖向轴线编号的创建，最终效果如图 6-10 所示。

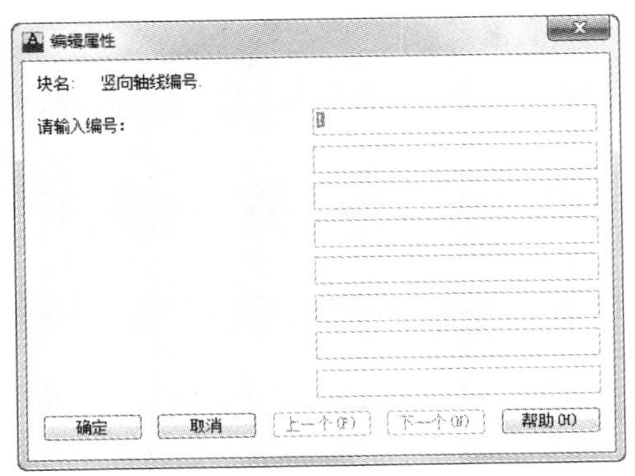

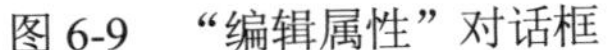
图 6-9　“编辑属性”对话框

图 6-10　创建完成的竖向轴线编号图块

使用同样的方法，可以创建横向轴线编号。横向轴线编号与竖向轴线编号的创建区别在于，横向轴线编号的默认属性值为 A，块的基点为圆的右象限点。

6.2.2　指北针

在每个建筑图中，指北针都是必需的。指北针有很多种类型，以下详细介绍其中一种指北针的绘制方法，其他类型的指北针也是绘制完基本图形后，保存为块使用。创建指北针的具体步骤如下。

01 打开样板图文件，创建直径为 2400(实际直径为 24mm)的圆，如图 6-11 所示。

02 使用“构造线”命令，绘制过圆心的垂直构造线，单击“修改”工具栏中的“偏移”按钮，将垂直构造线分别向左右各偏移 150，偏移效果如图 6-12 所示。

03 使用“直线”命令，连接构造线与圆的交点，效果如图 6-13 所示。删除 3 条构造线，效果如图 6-14 所示。

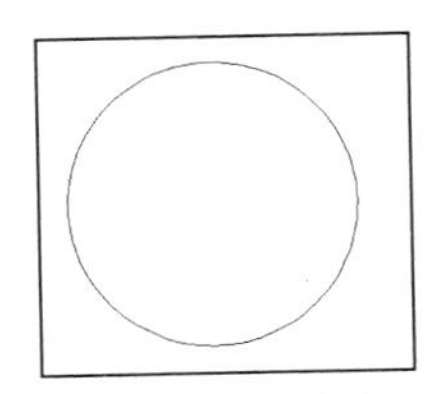
图 6-11　绘制圆

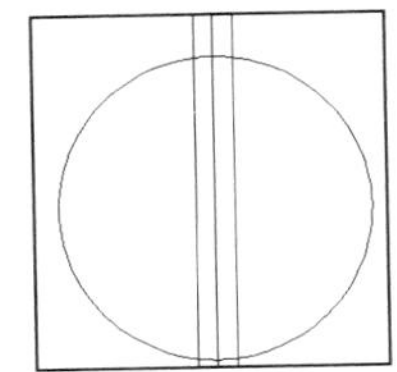
图 6-12　偏移构造线

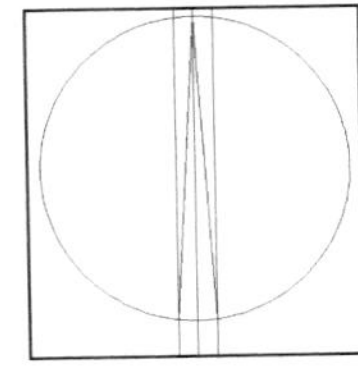
图 6-13　绘制直线

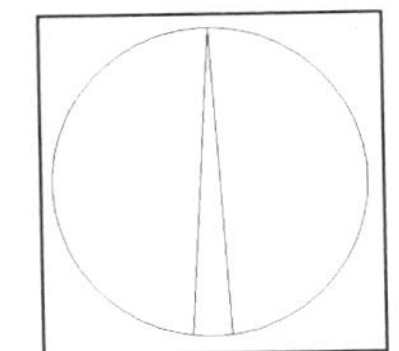
图 6-14　删除构造线

04 单击“绘图”工具栏中的“图案填充”按钮，弹出“图案填充和渐变色”对话框。单击“添加:拾取点”按钮，返回绘图区，拾取步骤**03**绘制的两条直线和圆弧围成的区域内一点，在“图案”下拉列表框中选择 SOLID。

05 单击“确定”按钮，填充完成的指北针如图 6-15 所示。将指北针定义为块以便绘图时使用，“块定义”对话框具体设置如图 6-16 所示。

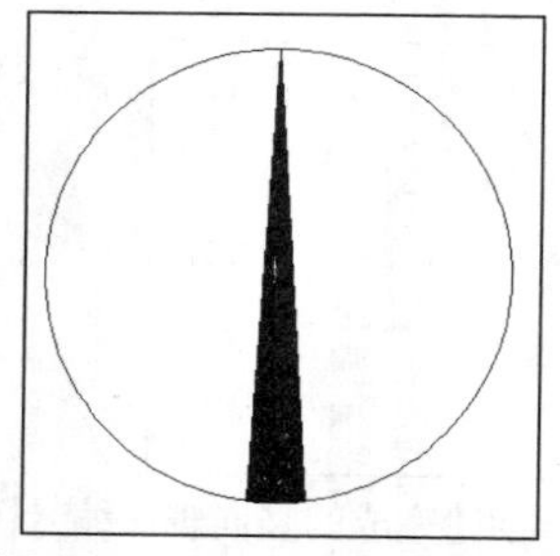
图 6-15　绘制完成的指北针

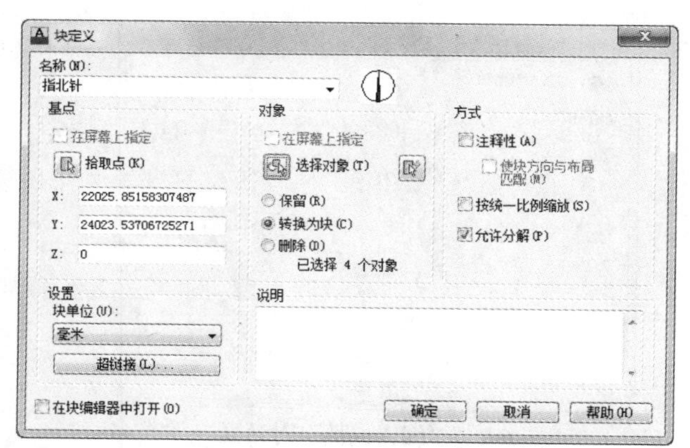

图 6-16　设置“块定义”对话框

6.2.3　标高符号

在建筑制图中，标高符号以直角等腰三角形表示，直角三角形的尖端应该指至标注高度的位置，尖端可以向上也可以向下，标高标注的数字以小数表示，标注到小数点后 3 位。标高符号的高度一般为 3mm，尾部长度一般为 9mm，在 1:100 的比例图中，高度一般为 300，尾部长度一般为 900。在建筑制图中，各层标高不尽相同，因此需要把标高定义为带属性的动态块，以便进行标高标注时直接调用块，且能非常方便地输入标高数值。创建带属性的标高符号的步骤如下。

01 打开样板图，在“绘图”工具栏中单击“直线”按钮，命令行提示如下。

```
命令: _line 指定第一点://在绘图范围内拾取任意一点
指定下一点或 [放弃(U)]: @-300,-300 //使用相对坐标输入直线第二点
指定下一点或 [放弃(U)]: @-300,300 //使用相对坐标输入下一点
指定下一点或 [闭合(C)/放弃(U)]: @1500,0 //使用相对坐标输入下一点
指定下一点或 [闭合(C)/放弃(U)]: //按 Enter 键，完成标高图形符号的绘制，如图 6-17 所示
```

02 选择“绘图”|“块”|“定义属性”命令，弹出“属性定义”对话框，设置“标记”为“标高”，“提示”为“请输入标高值：”，“值”为 0.000，设置文字样式的“对正”形式为“右下”，高度为 250。

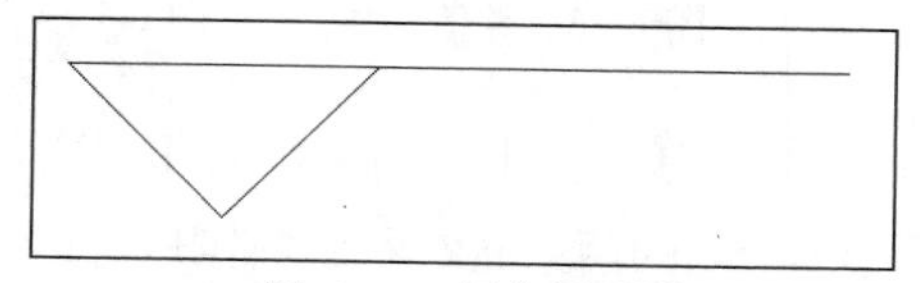
图 6-17　标高图形符号

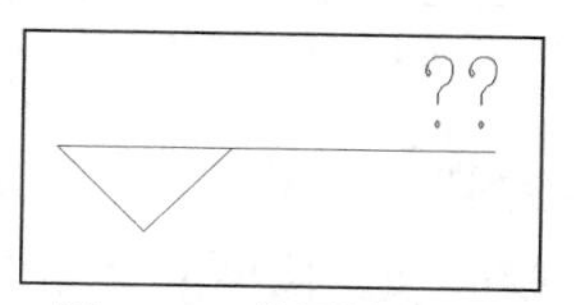

图 6-18　带属性的标高

03 单击“确定”按钮，效果如图 6-18 所示。此时可看到，属性值显示为两个问号，其原因是属性的文字样式采用了 Standard 样式，Standard 样式中的字体为 Simplex.shx，而在计算机中没有安装 Simplex.shx 字体。用户可以将 Standard 样式中的字体修改为计算机中安装过的字体，如楷体 GB_2312，就会显示出具体的文字，如图 6-19 所示。当然，用户也可以找到 Simplex.shx 字体文件，

复制到字体库文件夹中即可。这里不做修改，仍然采用 Simplex.shx 字体，因为该字体不会将数字显示为问号。

04 选择“绘图”|“块”|“创建”命令，弹出“块定义”对话框，设置“名称”为“标高”，单击“拾取点”按钮，返回绘图区，拾取等腰直角三角形的直角端点为基点，单击“选择对象”按钮，回到绘图区，选择标高图形对象和属性对象。

05 单击“确定”按钮，弹出“编辑属性”对话框，单击“确定”按钮，完成属性设置，效果如图 6-20 所示。

图 6-19　修改字体的属性

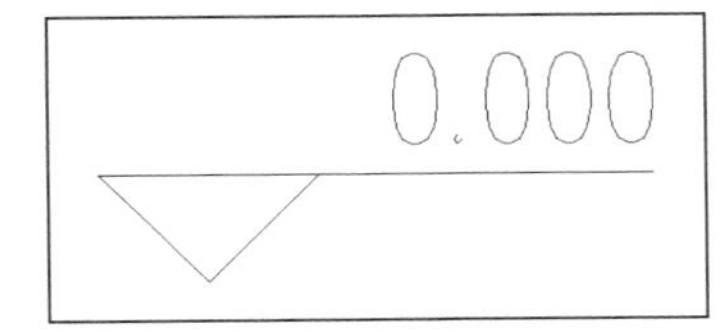

图 6-20　定义完成的带属性的标高图块

06 单击“标准”工具栏中的“块编辑器”按钮，弹出如图 6-21 所示的“编辑块定义”对话框，在“要创建或编辑的块”列表中选择“标高”图块。

07 单击“确定”按钮，弹出如图 6-22 所示的块编辑器。

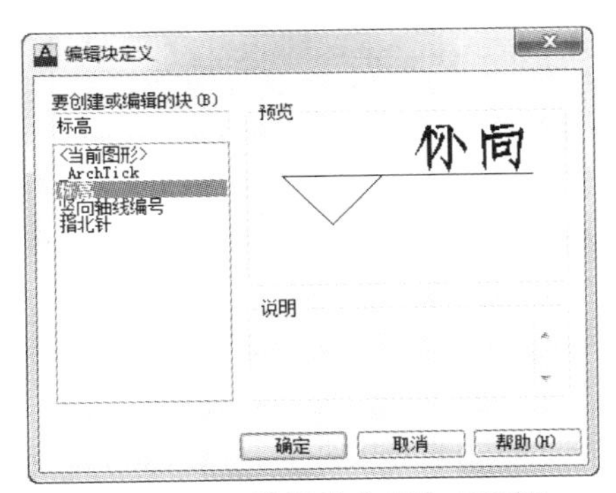

图 6-21　“编辑块定义”对话框

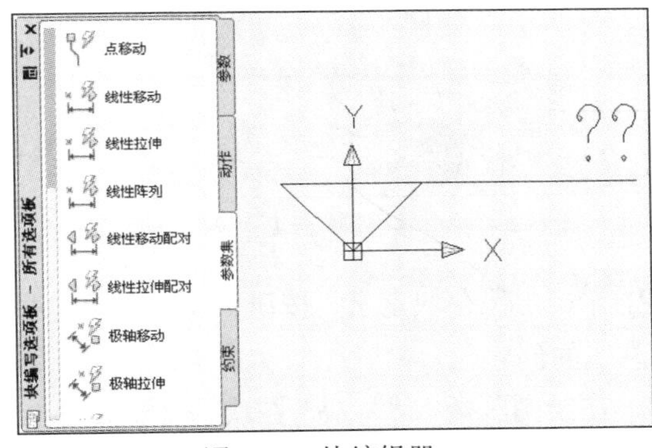

图 6-22　块编辑器

08 选择“参数”选项卡，单击“翻转参数”图标 翻转，命令行提示如下。

```
命令: _BParameter 翻转
指定投影线的基点或 [名称(N)/标签(L)/说明(D)/选项板(P)]: //捕捉拾取标高水平线的左端点
指定投影线的端点: //捕捉拾取标高水平线的右端点
指定标签位置: //将光标移动至直角端尖角附近单击，指定标签“翻转状态 1”的位置
```

09 添加翻转参数的块如图 6-23 所示，继续添加翻转参数，命令行提示如下。

```
命令: _BParameter 翻转
指定投影线的基点或 [名称(N)/标签(L)/说明(D)/选项板(P)]: //捕捉拾取直角端点
指定投影线的端点: //捕捉拾取直角端点引向标高水平线的垂足点
指定标签位置: //将光标移动至如图 6-24 所示的位置，指定标签“翻转状态 2”的位置
```

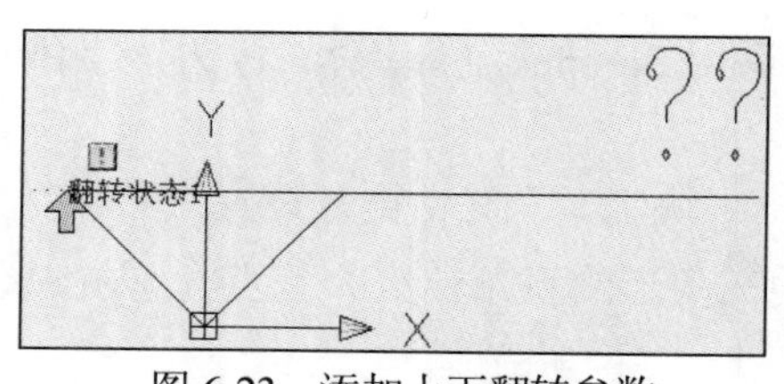

图 6-23　添加上下翻转参数

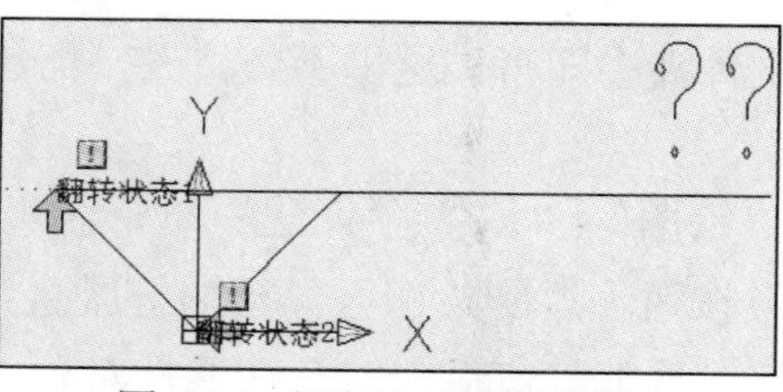

图 6-24　添加左右翻转参数

10 选择“动作”选项卡，单击“翻转动作”图标，命令行提示如下。

```
命令: _BActionTool 翻转
选择参数://选择参数“翻转状态 1”
指定动作的选择集
选择对象: 指定对角点: 找到 6 个 //选择整个标高图块
选择对象://按 Enter 键，完成选择，效果如图 6-25 所示
指定动作位置://放置动作名称的位置
```

11 继续添加翻转动作，选择参数“翻转状态 2”，完成动作添加，效果如图 6-26 所示。

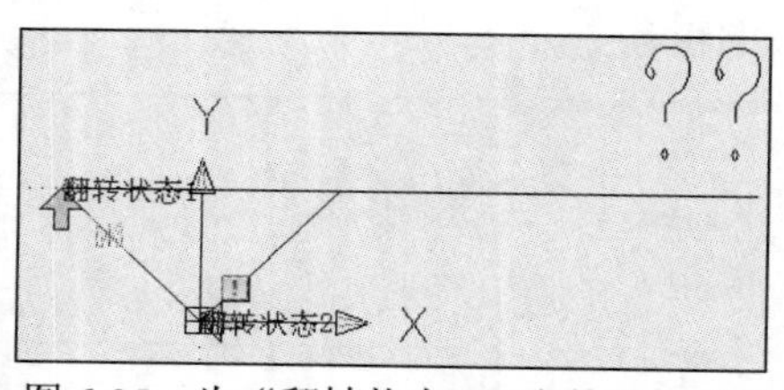

图 6-25　为“翻转状态 1”参数添加动作

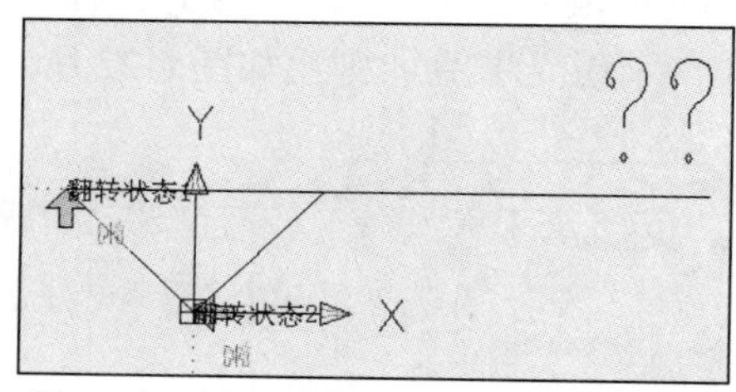

图 6-26　为“翻转状态 2”参数添加动作

12 单击“保存块定义”按钮，保存动态块修改。单击“关闭块编辑器”按钮，返回绘图区，完成动态块的创建。

13 在绘图区插入“标高”图块，效果如图 6-27 所示。单击自定义夹点，标高实现左右翻转，效果如图 6-28 所示。继续单击自定义夹点，标高实现上下翻转，效果如图 6-29 所示。

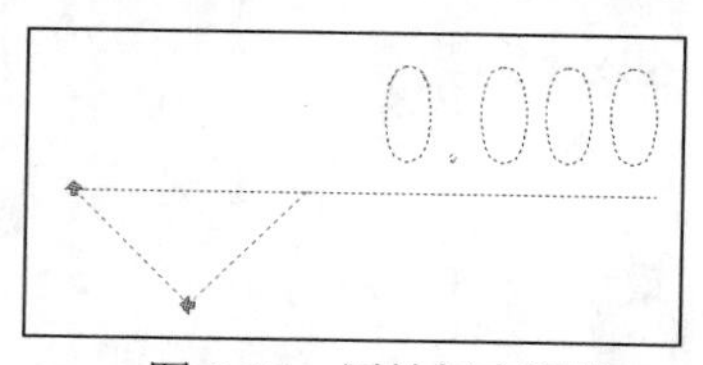

图 6-27　原始标高图块

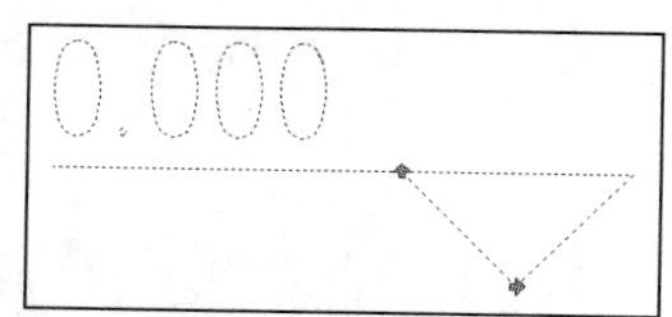

图 6-28　实现左右翻转效果

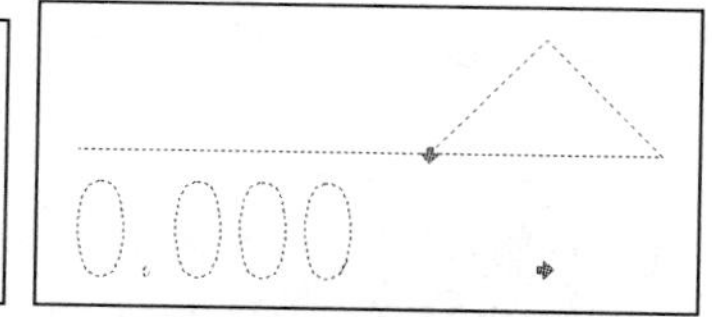

图 6-29　实现上下翻转效果

6.3 常用图形

在建筑制图中，常见的图形包括门、窗、各种家具、洁具以及各种植物装饰等。这些常用图形在不同的建筑图形中，仅在形状和尺寸上有细微的变化，对于用户来说，掌握其中一个绘制方法即可。

6.3.1 设计中心的应用

在第 6.1.1 节中提及设计中心的块单位是英制的问题，下面将介绍一种灵活利用设计中心定义好的块的方法。

以绘制两米长的浴缸为例讲解设计中心使用方法，具体步骤如下。

01 选择“工具”|“选项板”|“设计中心”命令，弹出“设计中心”选项板，在“文件夹”选项卡中展开路径“安装盘符:\Program Files\Autodesk\AutoCAD 2013\Sample\zh-CN\DesignCenter\House Designer.dwg\块(20 个项目)”，在右侧将出现各种预定义的块，如图 6-30 所示。

02 国内浴缸的规格一般都是整数，如 1900×1100、1700×800 和 1500×700 等，而国外的浴缸一般不按厘米规格，如科勒的浴缸就有 1524×813 的，因此转换为国标就不是整数，遇到这样不合适尺寸的块(20 个项目)，可以通过“缩放”命令使块达到需要的尺寸要求。选择“浴缸”图标后，按住鼠标左键不放，拖到绘图区。

03 现假设洗手间需要长度为 1700 的浴缸，正好占据洗手间的宽度，这就需要在长度方向上正好为 1700。执行“直线”命令，绘制长为 1700 的直线，如图 6-31 所示。

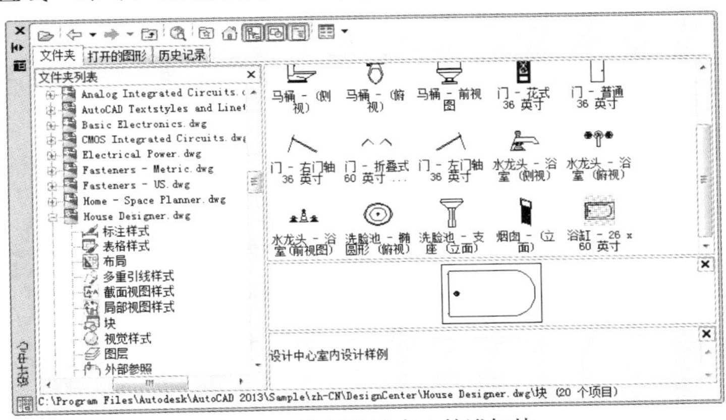

图 6-30 选择设计中心的浴缸块

04 在“修改”工具栏中单击“缩放”按钮，命令行提示如下。

```
命令: _scale
选择对象: 找到 1 个 //拾取浴缸块
选择对象: //按 Enter 键，完成选择
指定基点: //捕捉浴缸块的左下角点为基点
指定比例因子或 [复制(C)/参照(R)] <1>:  r //输入 r，采用参照模式指定比例因子
指定参照长度 <1>: //捕捉拾取浴缸块的左下角点
指定第二点://捕捉拾取浴缸块的右下角点
指定新的长度或 [点(P)] <1>:  p //输入 p，采用点方式确认参照长度
指定第一点: //捕捉拾取直线的左端点
指定第二点: //捕捉拾取直线的右端点，缩放效果如图 6-32 所示
```

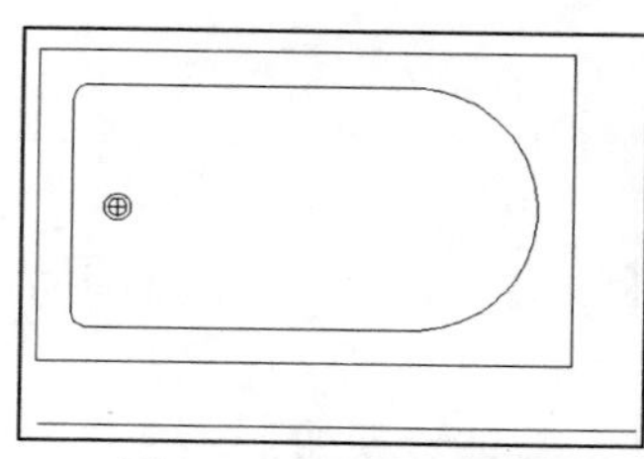
图 6-31　绘制直线参照

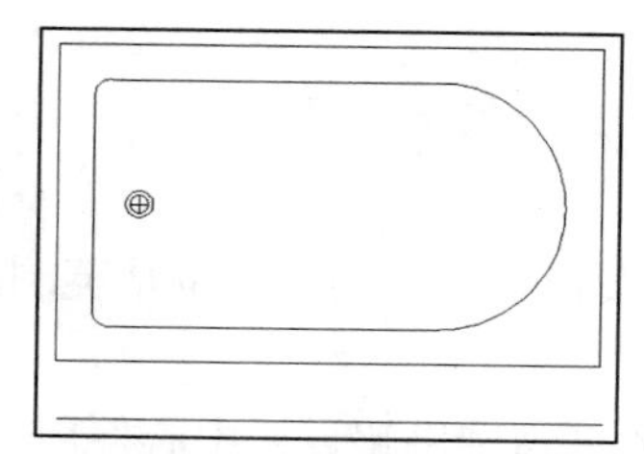
图 6-32　缩放后效果

6.3.2　使用常用图库

使用 AutoCAD 进行建筑制图，已经有十几年的历史，一些从事制图多年的技术人员和一些设计院，对常见的图形进行了总结，绘制了很多图库。图库中包含了常见的门、窗、椅子、沙发、床、餐桌、会议桌、洁具、植物装饰和电器等。如果制图没有特殊要求，可以从网上或其他途径获得这些图库，直接到图库中寻找合适的块插入到建筑图纸中即可。如图 6-33、图 6-34 和图 6-35 所示，分别为门、餐桌和面盆洁具的图库，图库列出了常见的不同类型和不同尺寸的图形，基本能够满足用户的使用要求。

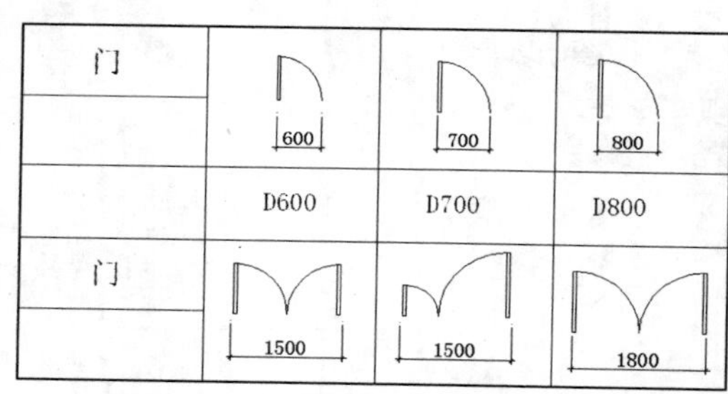

图 6-33　门图库

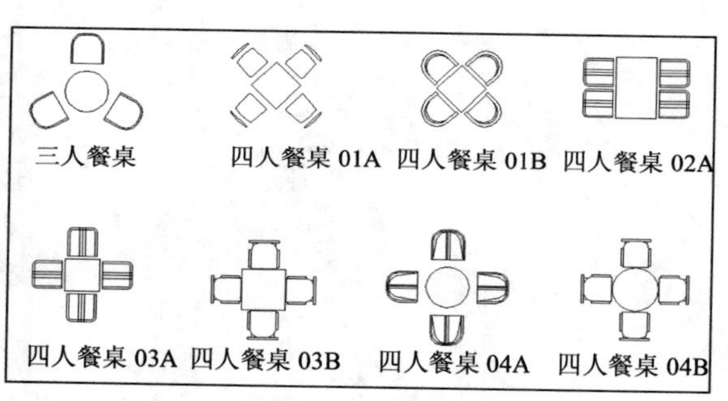

图 6-34　餐桌图库

面盆					
	洗手盆 1	洗手盆 2	洗手盆 3	洗手盆 4	洗手盆 5
面盆					
	洗手盆 8	洗手盆 9	洗手盆 10	淋浴帘 1	淋浴帘 2

图 6-35　面盆洁具图库

6.3.3　使用基本命令绘制常用图形

对于一般用户来讲，特别是初学者，在制图时，可以先用基本的绘图和编辑命令，绘制常用的图形，然后保存为块，以便进行建筑制图时调用。下面以常见的几种图形为例进行讲解。

1. 门

在一个建筑图中，门的尺寸往往不止一种，因此最好把门定义为动态块，这样在实际制图时，调用图块，运用夹点操作就可以翻转或旋转图形。

下面以平面图中单扇门的绘制方法进行讲解，对于单扇门要定义两个属性：旋转和翻转，分别对应实际的门的东西南北朝向和左右侧开门方向，单扇门动态块的最终效果图如图6-36所示。用户可以根据门的常见尺寸，分别定义宽度为700、800和900等的单扇门动态块。其具体操作步骤如下。

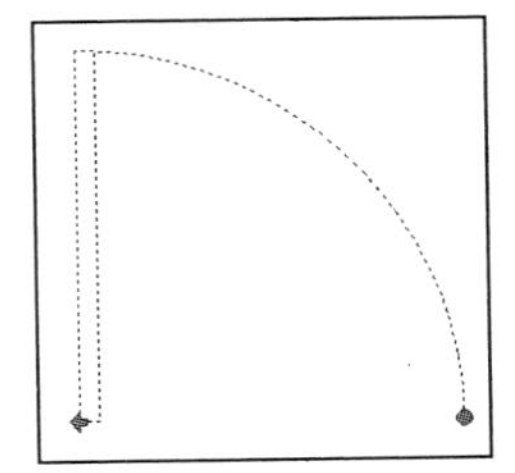
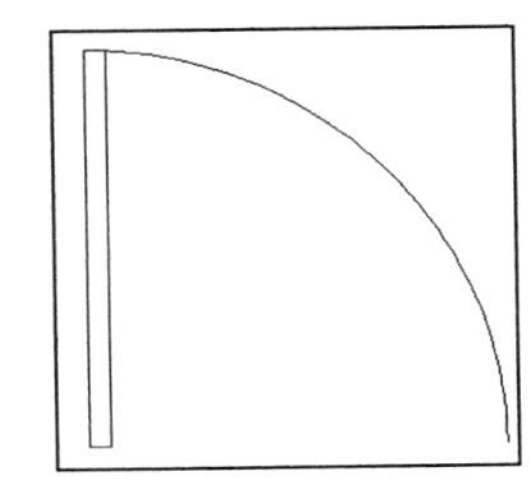

图6-36　单扇门夹点图和最终效果图

01 在“绘图”工具栏中单击“矩形”按钮，绘制40×800的矩形。

02 在“绘图”工具栏中单击“弧线”按钮，命令行提示如下。

```
命令: _arc
指定圆弧的起点或 [圆心(C)]: c//输入参数 c，使用圆心、起点、角度方式绘制圆弧
指定圆弧的圆心://捕捉拾取矩形左下角点为圆心
指定圆弧的起点://捕捉拾取矩形左上角点为起点
指定圆弧的端点或 [角度(A)/弦长(L)]: a//输入 a，采用角度法绘制
指定包含角: -90//输入包含角度-90，按 Enter 键，完成效果如图 6-37 所示
```

03 选择“绘图”|“块”|“创建”命令，弹出“块定义”对话框，单击“拾取点”按钮，拾取矩形的左下角点为基点，选择矩形和圆弧定义块对象，选中“在块编辑器中打开”复选框。

04 单击“确定”按钮，进入如图6-38所示的块编辑器。

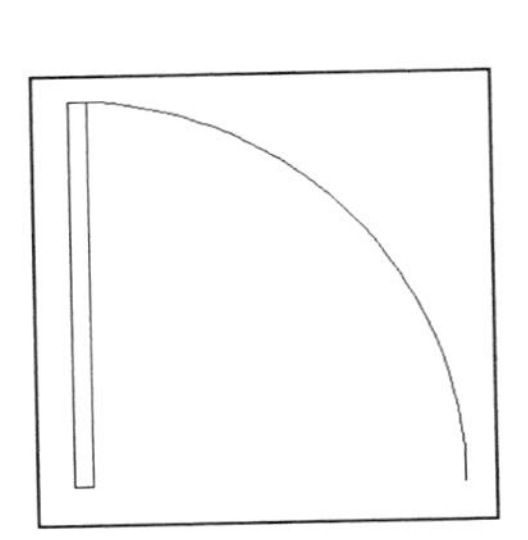

图6-37　绘制单扇门

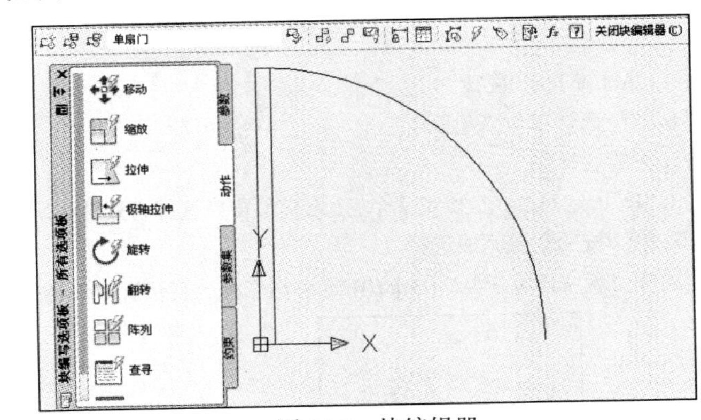

图6-38　块编辑器

05 在“参数”选项卡中单击“翻转参数”图标 翻转，命令行提示如下。

```
命令: _BParameter 翻转
指定投影线的基点或 [名称(N)/标签(L)/说明(D)/选项板(P)]: //捕捉拾取矩形的左下角点
指定投影线的端点: //捕捉拾取矩形的左上角点
指定标签位置: //指定矩形下方为标签位置，效果如图 6-39 所示
```

06 在“动作”选项卡中单击“翻转动作”图标，命令行提示如下。

命令: _BActionTool 翻转
选择参数: //选择参数“翻转状态 1”
指定动作的选择集
选择对象: 指定对角点: 找到 4 个//使用交叉窗口选择方式选择所有对象
选择对象: //按 Enter 键，完成选择
指定动作位置: //指定矩形的右侧放置动作名称，完成效果如图 6-40 所示

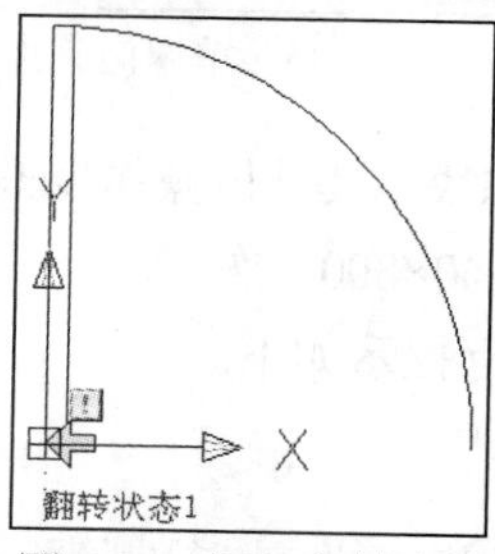

图 6-39 添加翻转参数

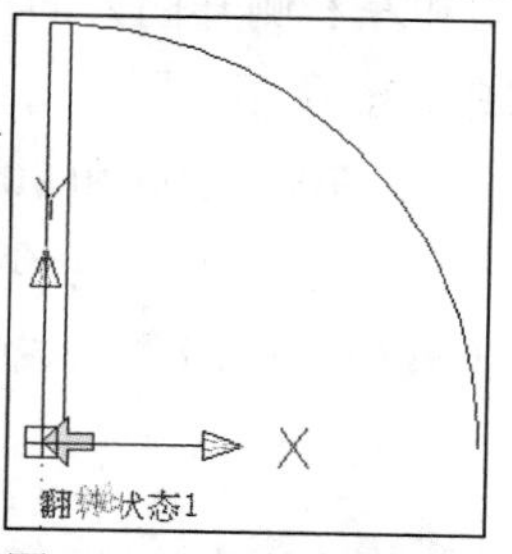

图 6-40 设置翻转动作

07 在“参数”选项卡中单击“旋转参数”图标，命令行提示如下。

命令: _BParameter 旋转
指定基点或 [名称(N)/标签(L)/链(C)/说明(D)/选项板(P)/值集(V)]: //捕捉矩形左下角点为基点
指定参数半径://指定圆弧半径为参数半径
指定默认旋转角度或 [基准角度(B)] <0>: //按 Enter 键，设置默认旋转角度为 0，效果如图 6-41 所示

08 在“动作”选项卡中单击“旋转动作”图标，命令行提示如下。

命令: _BActionTool 旋转
选择参数: //选择参数“角度 1”
指定动作的选择集
选择对象: 指定对角点: 找到 7 个//使用交叉窗口选择方式选择所有对象
选择对象: //按回车键完成选择
指定动作位置或 [基点类型(B)]: //指定动作名称放置位置，旋转效果如图 6-42 所示。

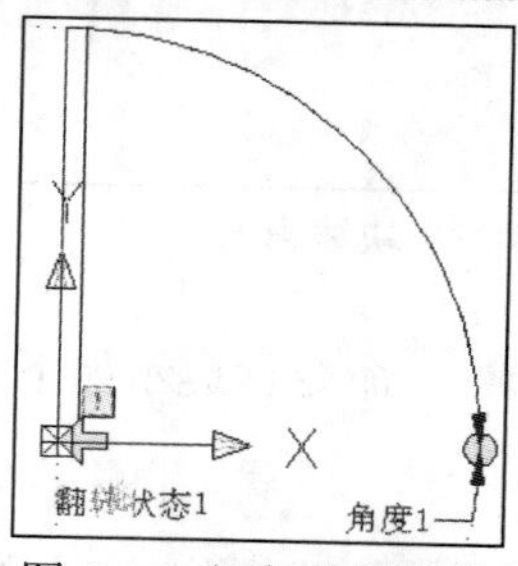

图 6-41 添加旋转参数

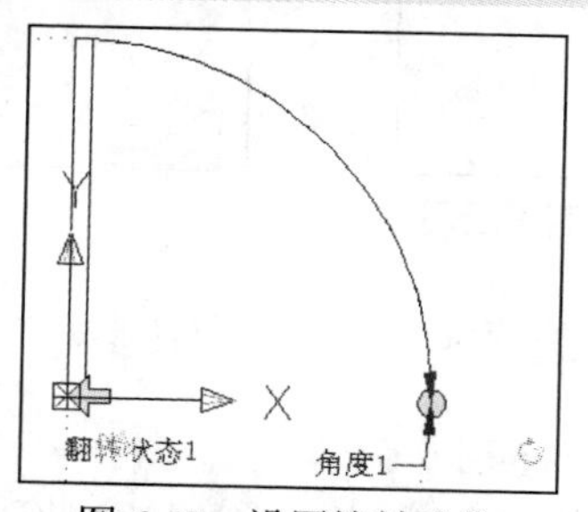

图 6-42 设置旋转动作

09 在“参数集”选项卡中单击“可见性集”图标，命令行提示如下。

```
命令: _BParameter 可见性
指定参数位置或 [名称(N)/标签(L)/说明(D)/选项板(P)]: //捕捉矩形的左上角点，如图 6-43 所示
```

10 双击按钮，弹出如图 6-44 所示的“可见性状态”对话框。

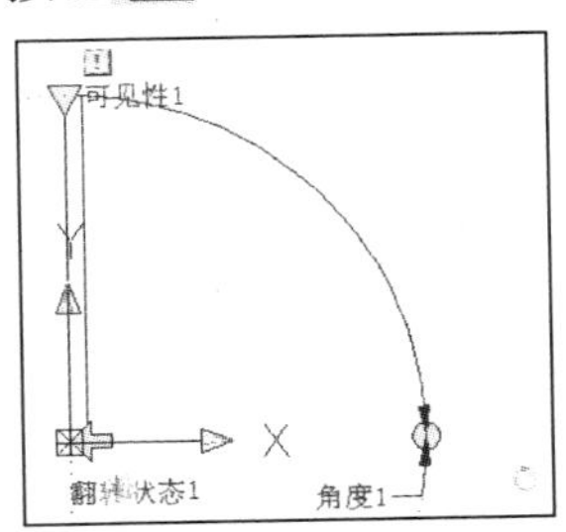

图 6-43　创建可见性参数

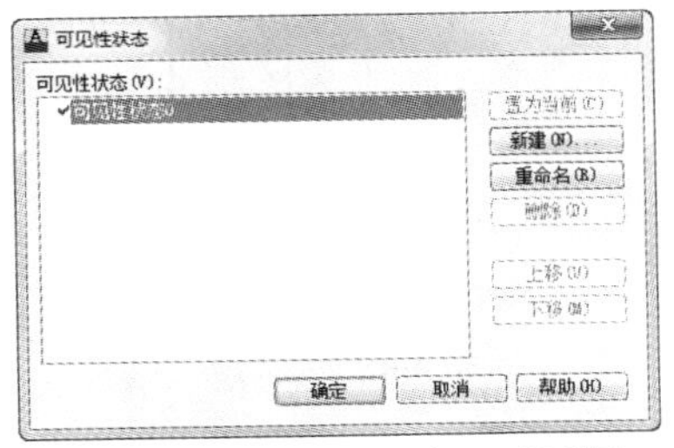

图 6-44　“可见性状态”对话框

11 单击“重命名”按钮，“可见性状态”列表中的“可见性状态 0”处于可编辑状态，输入新的状态名称“平面图”，如图 6-45 所示。

12 单击“新建”按钮，弹出“新建可见性状态”对话框，设置新的可见性状态名称为“剖面图”，可见性选项为“在新状态中隐藏所有现有对象”，如图 6-46 所示。

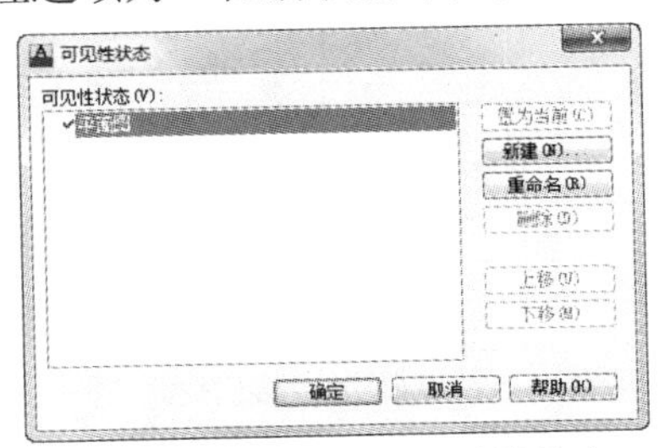

图 6-45　重命名可见性状态

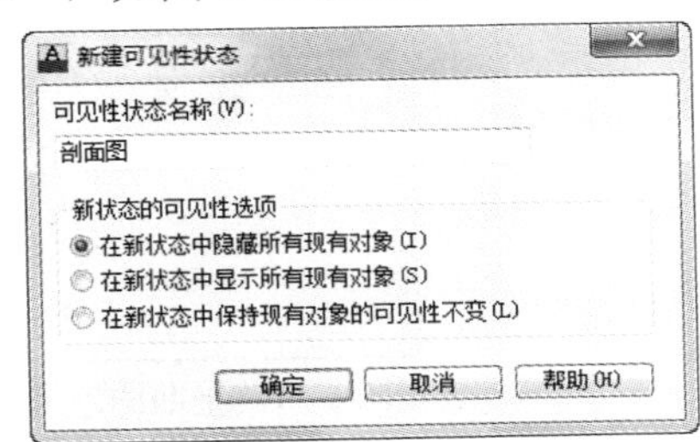

图 6-46　创建新的可见性状态

13 单击“确定”按钮，完成新可见性状态的创建。选择“剖面图”，单击“置为当前”按钮，如图 6-47 所示，则“剖面图”可见性状态为当前状态。单击“确定”按钮，返回动态块编辑器中，效果如图 6-48 所示，门平面图不可见。

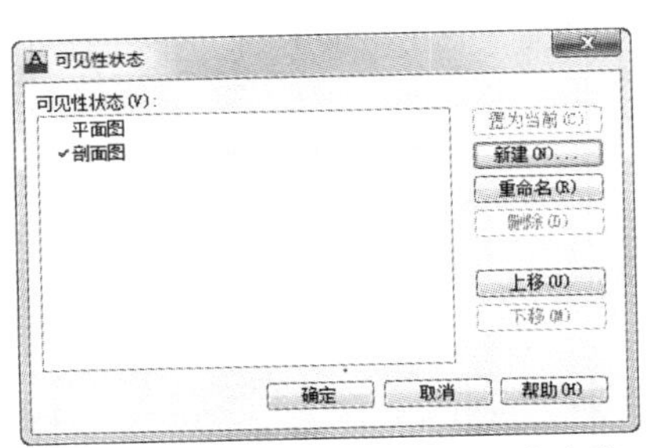

图 6-47　将新可见性状态置为当前

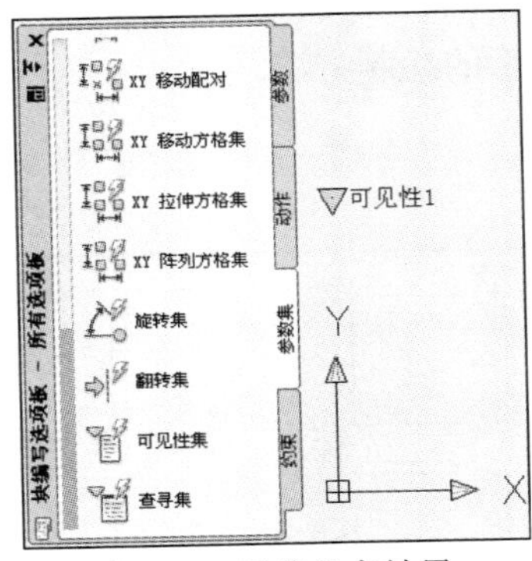

图 6-48　当前状态效果

14 在动态块编辑器中，执行“矩形”命令，绘制 240×2400 的矩形，第一个角点为动态块编辑

器中的原点，绘制效果如图 6-49 所示。

15 执行“分解”命令对矩形进行分解，将左侧边和右侧边分别向右和向左偏移 80，完成效果如图 6-50 所示。

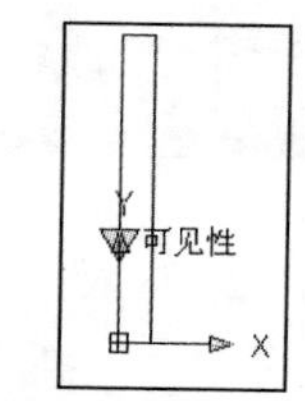

图 6-49　绘制矩形

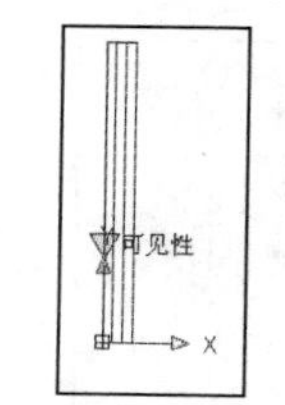

图 6-50　绘制门剖面图

16 单击“保存块定义”按钮，保存动态块，单击“关闭块编辑器”按钮完成动态块创建。

17 在绘图区单击“可见性夹点”，弹出下拉菜单，选择“平面图”时，显示效果如图 6-51 所示，选择“剖面图”时，显示效果如图 6-52 所示。

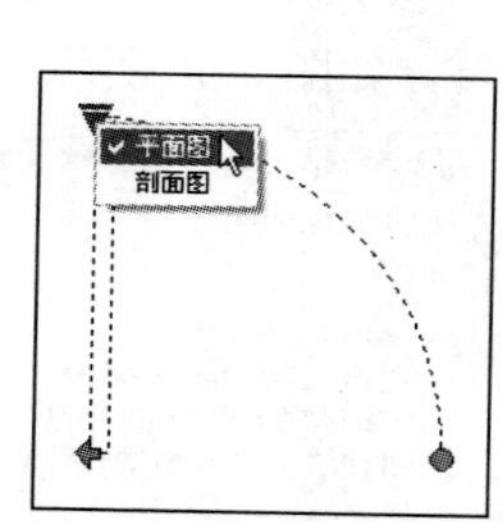

图 6-51　平面图效果

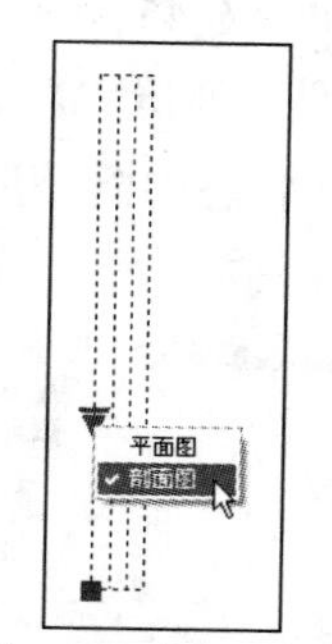

图 6-52　剖面图效果

通过可见性状态的控制，用户可以创建在不同视图中使用的图形，也可以将几种常见的图形定义在一个动态块中，以便调用。

2. 餐桌

如图 6-53 所示为绘制完成后的餐桌、餐椅效果图，如图 6-54 所示为尺寸图。下面介绍相对比较复杂的常用图形的绘制方法。

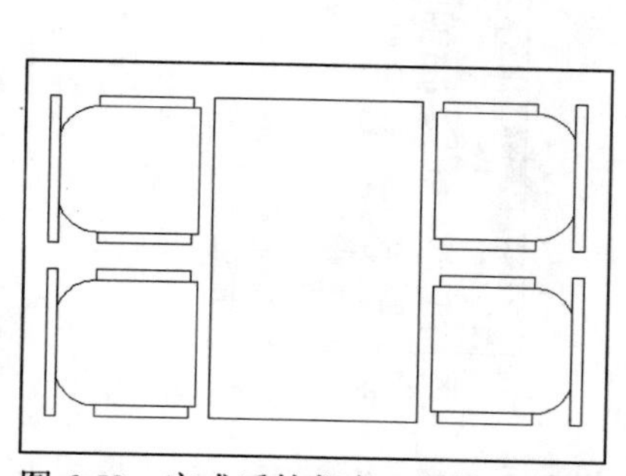
图 6-53　完成后的餐桌、餐椅效果图

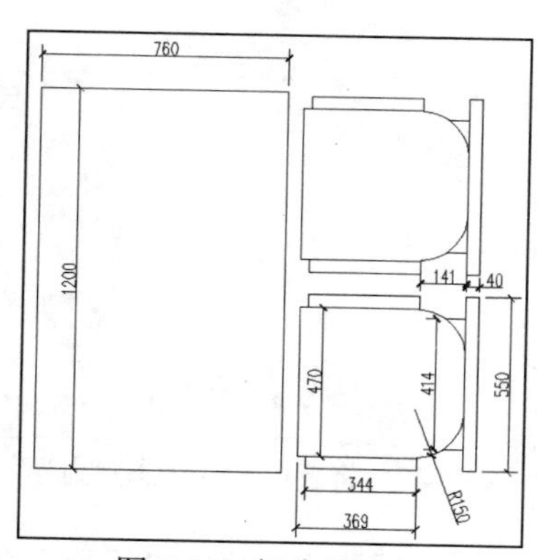

图 6-54　部分尺寸

绘制餐桌的具体操作步骤如下。

01 在“绘图”工具栏中单击“矩形”按钮，绘制 344×550 的矩形，效果如图 6-55 所示。

02 在“修改”工具栏中单击“分解”按钮，选择矩形为分解对象，将矩形分解。

03 在“修改”工具栏中单击“偏移”按钮，将矩形上边向下偏移 40，下边向上偏移 40。

04 继续使用“偏移”命令，将左边向左偏移 25，偏移效果如图 6-56 所示。

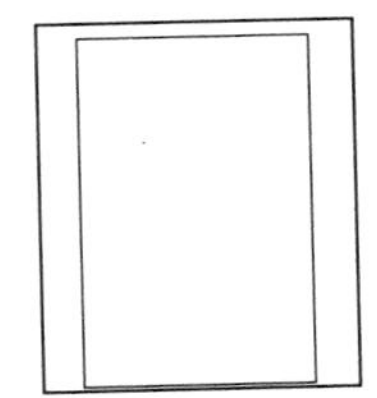

图 6-55　绘制矩形

图 6-56　偏移矩形边

05 在“修改”工具栏中单击“延伸”按钮，延伸边界为步骤**04**偏移出的直线，将步骤**03**偏移的直线延伸，延伸效果如图 6-57 所示。

06 使用“修剪”命令，以步骤**05**延伸的两条直线为剪切边，修剪矩形左边和右边在直线的内侧部分，修剪步骤**04**绘制的直线在剪切边的外侧部分，修剪效果如图 6-58 所示。

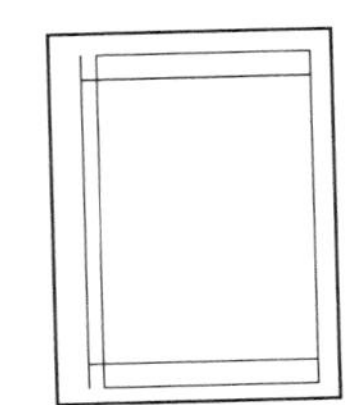

图 6-57　使用延伸命令

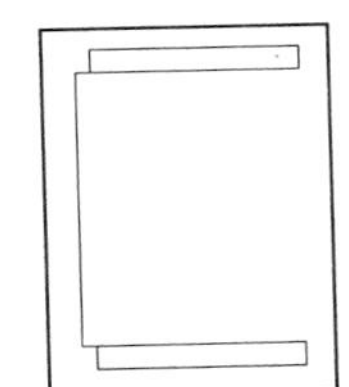

图 6-58　使用修剪命令

07 执行“矩形”命令，以步骤**01**绘制的矩形的右下角点为第一个角点，绘制 40×550 的矩形，效果如图 6-59 所示。

08 单击“移动”按钮，执行“位移”命令移动步骤**07**绘制的矩形，位移为(141，0)，移动效果如图 6-60 所示。

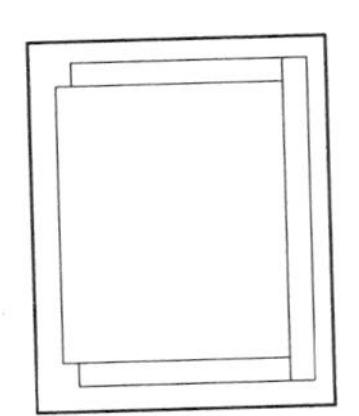

图 6-59　绘制矩形

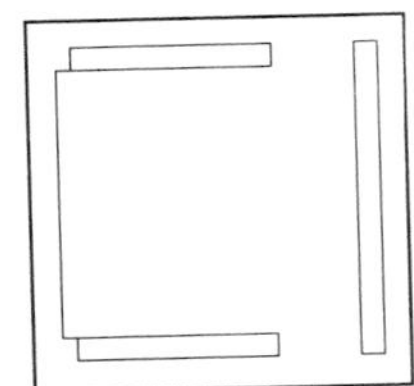

图 6-60　移动矩形

09 执行“圆”命令，绘制半径为 150 的圆，效果如图 6-61 所示。

10 执行“移动”命令，移动步骤**09**绘制的圆，指定圆上象限点为基点，移动至图 6-62 所示的端点，完成效果如图 6-63 所示。

11 执行“修剪”命令，对圆进行修剪，修剪效果如图 6-64 所示。

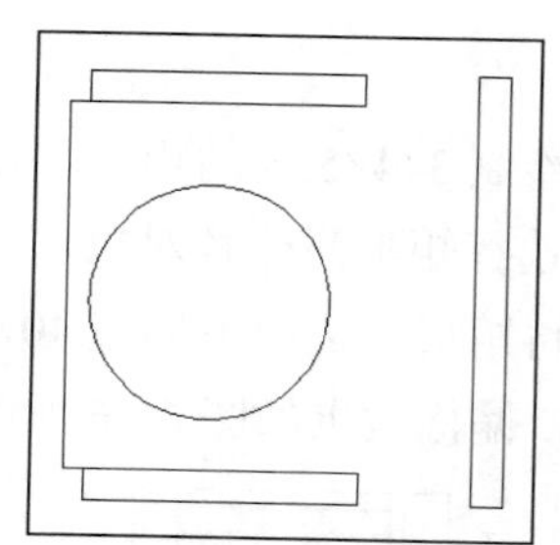

图 6-61　绘制半径为 150 的圆

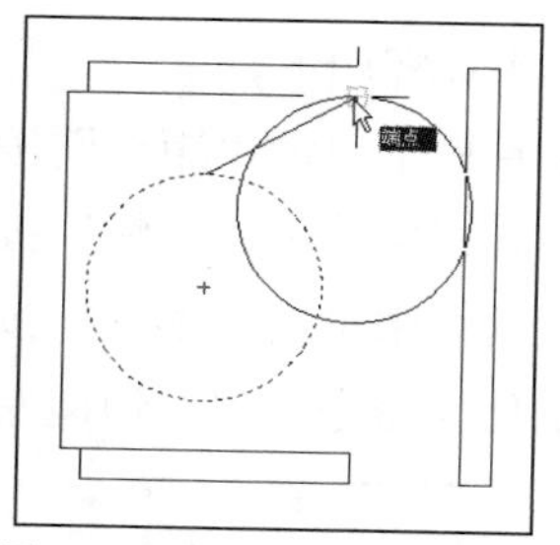

图 6-62　移动半径 150 的圆

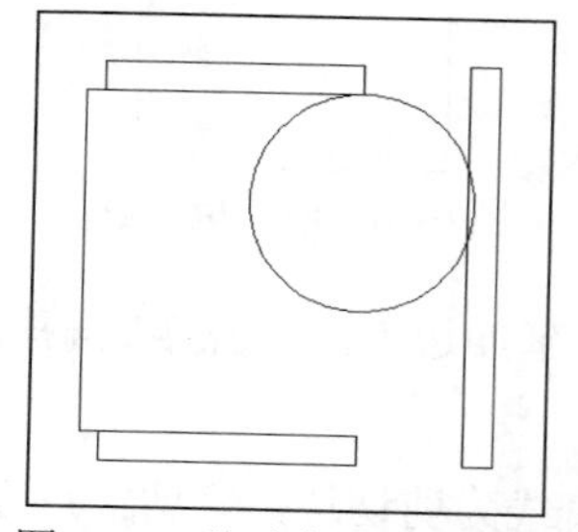

图 6-63　移动完成后的效果

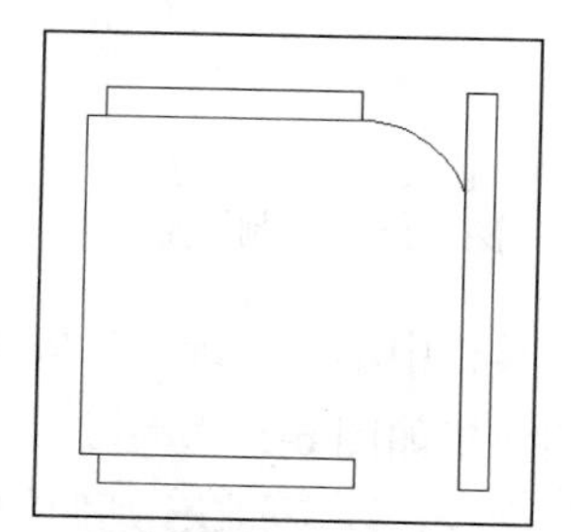

图 6-64　修剪后的圆

12 在“修改”工具栏中单击“镜像”按钮，命令行提示如下。

```
命令: _mirror
选择对象: 找到 1 个 //拾取图 6-64 修剪完成的圆弧
选择对象: //按 Enter 键完成选择
指定镜像线的第一点: //拾取最左侧边的中点
指定镜像线的第二点: //拾取最右侧边的中点
要删除源对象吗？[是(Y)/否(N)] <N>: //按 Enter 键，完成镜像，效果如图 6-65 所示
```

13 执行“矩形”命令，以餐椅的左下角点为第一个角点，绘制规格为 760×1200 的餐桌，效果如图 6-66 所示。

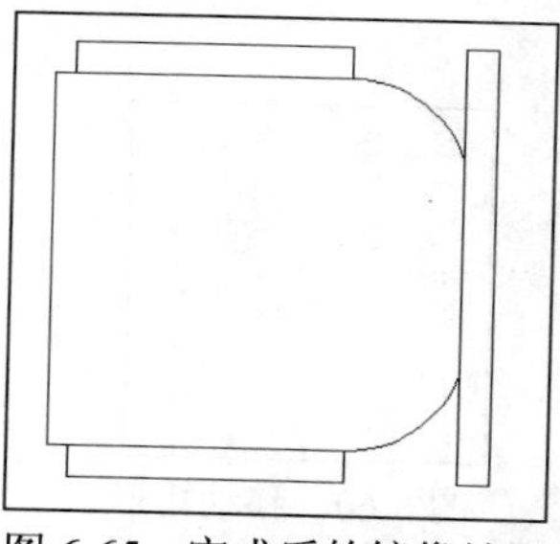

图 6-65　完成后的镜像效果

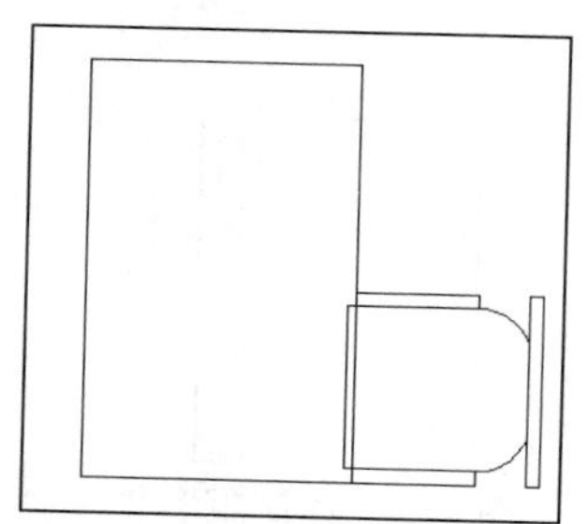

图 6-66　绘制餐桌矩形

14 在“修改”工具栏中单击“移动”按钮，命令行提示如下。

```
命令: _move
选择对象: 找到 1 个 //选择餐桌矩形
```

```
选择对象: //按 Enter 键完成选择
指定基点或 [位移(D)] <位移>: //拾取餐桌矩形右下角点
指定第二个点或 <使用第一个点作为位移>: @-75,0 //输入相对移动距离，移动效果如图 6-67 所示
```

15 执行“镜像”命令，以餐桌矩形上下两边中点为镜像线的两个点，对餐椅进行镜像，镜像效果如图 6-68 所示。

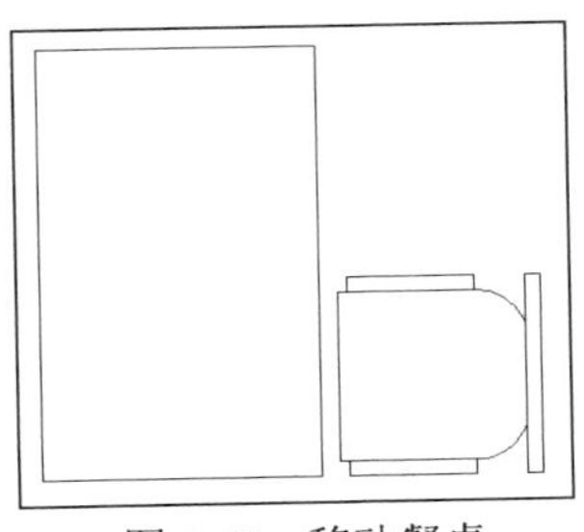

图 6-67　移动餐桌

图 6-68　镜像餐椅

16 继续执行“镜像”命令，以餐桌矩形左右两边中点为镜像线的两个点，对步骤**15**镜像完成的两个餐椅进行镜像操作，最终完成效果如图 6-53 所示。

6.3.4　由常用图形绘制户型图

在绘制室内详图和户型图时，通常会使用到很多的常用图形，这时充分利用设计中心和各种图库会非常方便，这种图库用户可以通过各种途径得到，或自己绘制保存。

下面以一个户型图为例详细说明常用图形的使用方法，如图 6-69 所示为一个户型图效果。

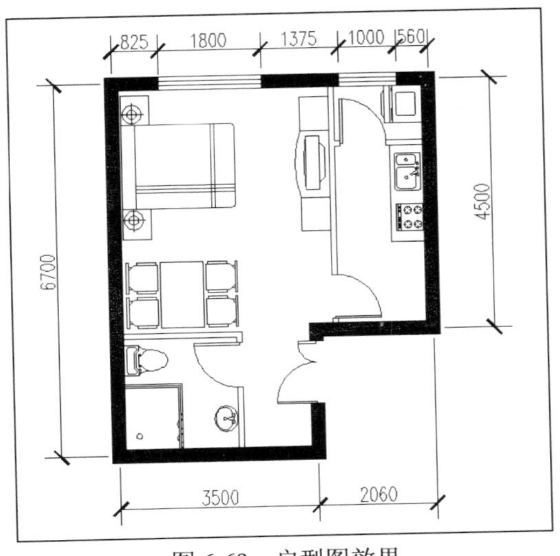

图 6-69　户型图效果

绘制户型图的具体步骤如下。

01 在“绘图”工具栏中单击“多段线”按钮，命令行提示如下。

```
命令: _pline
指定起点:
当前线宽为 14
指定下一个点或 [圆弧(A)/半宽(H)/长度(L)/放弃(U)/宽度(W)]: w //输入 w 选项，设置线宽
指定起点宽度 <14>: 240 //设置起点线宽为 240
指定端点宽度 <240>: 240 //设置端点线宽 240
指定下一个点或 [圆弧(A)/半宽(H)/长度(L)/放弃(U)/宽度(W)]: @3500,0
指定下一点或 [圆弧(A)/闭合(C)/半宽(H)/长度(L)/放弃(U)/宽度(W)]: @0,2200
指定下一点或 [圆弧(A)/闭合(C)/半宽(H)/长度(L)/放弃(U)/宽度(W)]: @2060,0
指定下一点或 [圆弧(A)/闭合(C)/半宽(H)/长度(L)/放弃(U)/宽度(W)]: @0,4500
指定下一点或 [圆弧(A)/闭合(C)/半宽(H)/长度(L)/放弃(U)/宽度(W)]: @-5560,0
指定下一点或 [圆弧(A)/闭合(C)/半宽(H)/长度(L)/放弃(U)/宽度(W)]: c //输入 c 选项，按 Enter 键，闭合多段线，绘制完成的墙体效果如图 6-70 所示
```

02 单击“直线”按钮，命令行提示如下。

```
命令: _line
指定第一点://捕捉如图 6-71 所示的延长线交点
指定下一点或 [放弃(U)]: @2200,0 //使用相对坐标绘制直线
指定下一点或 [放弃(U)]: @0,-2200 //使用相对坐标绘制直线
指定下一点或 [闭合(C)/放弃(U)]: //按 Enter 键完成绘制，效果如图 6-72 所示
```

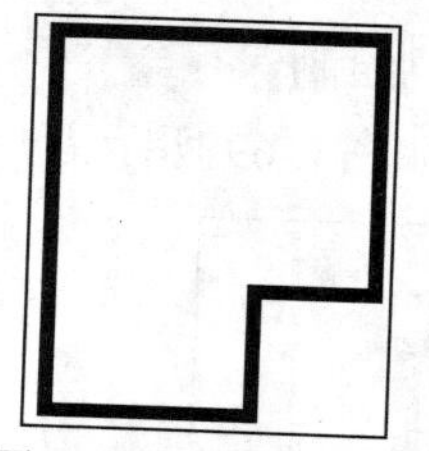
图 6-70　多段线绘制墙体

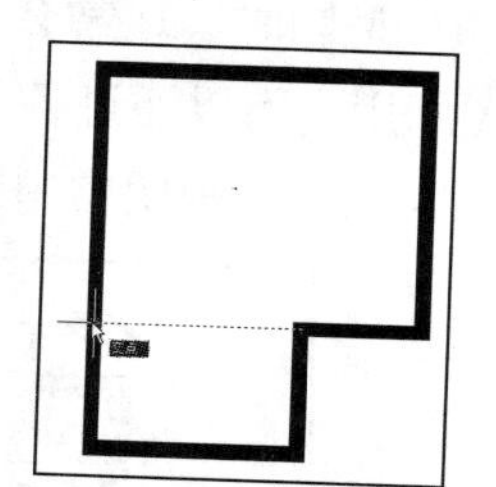
图 6-71　捕捉延长线交点

03 执行“偏移”命令，将步骤**02**绘制的直线，分别向下和向左偏移 100，偏移效果如图 6-73 所示。

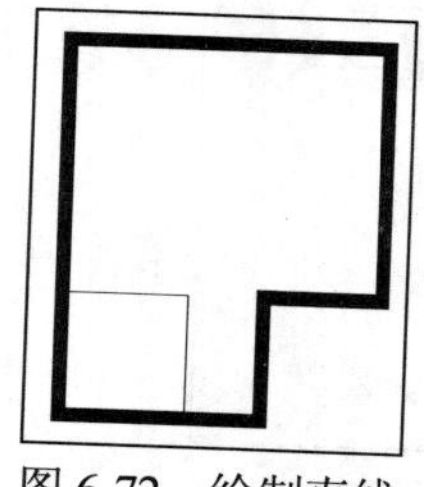
图 6-72　绘制直线

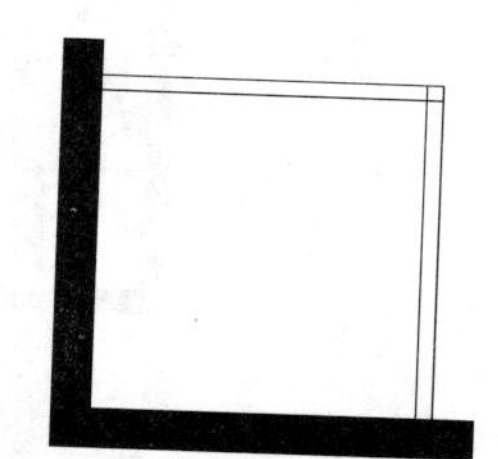
图 6-73　偏移直线

04 执行“修剪”命令，对偏移的直线进行修剪，修剪效果如图 6-74 所示。

05 执行“直线”命令，捕捉延长线交点绘制如图 6-75 所示的直线 1，并在“修改”工具栏中

单击“偏移”按钮，将直线 1 向右偏移 300。

06 继续使用“偏移”命令，将步骤**05**完成的直线向右偏移 100，最后效果如图 6-75 所示。

图 6-74　绘制完成的卫生间隔墙

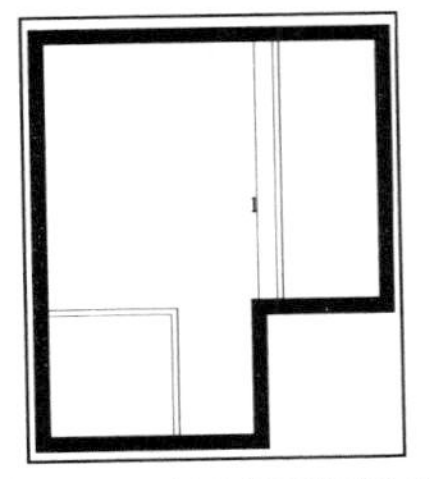

图 6-75　绘制厨房隔墙

07 执行“直线”命令，绘制洗衣室隔墙，隔墙与上边的距离为 1200，效果如图 6-76 所示。

08 执行“修剪”命令，修剪厨房与洗衣室隔墙连接部位，修剪效果如图 6-77 所示。

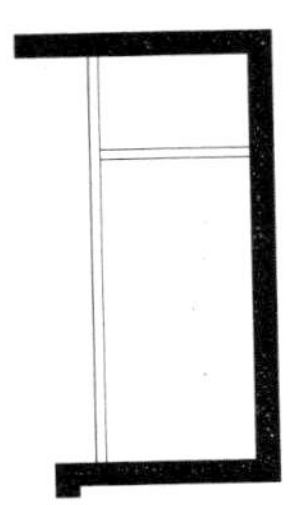

图 6-76　绘制洗衣室隔墙

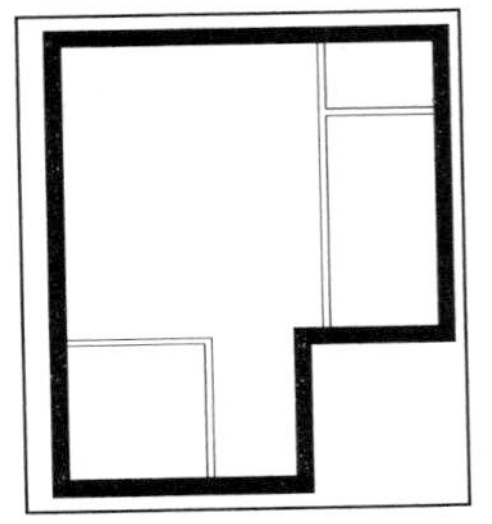

图 6-77　修剪连接部位

09 选择“插入”|“块”命令，弹出如图 6-78 所示的“插入”对话框，在“名称”下拉列表框中，可以看到已保存了大量从图库中调入的图块，可以使用这些图块布置户型图。

10 先布置洗手间，需插入 4 个图块，分别是列表中的“800 门”、TOI6、“淋浴帘”和“洗手盆-4”，插入效果如图 6-79 所示。

11 洗手间的门开向与已有图块相反，需要将图块先旋转后镜像。在“插入”对话框中，选择名称为“800 门”的图块，设置角度为-90°，在绘图区捕捉插入点为洗手间墙的右上角点，完成效果如图 6-80 所示。

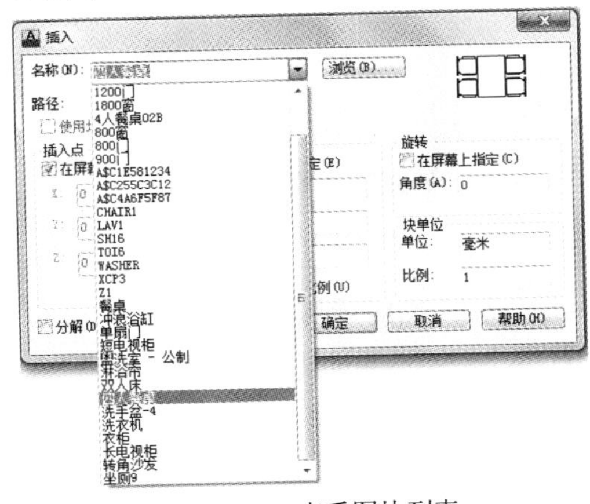

图 6-78　查看图块列表

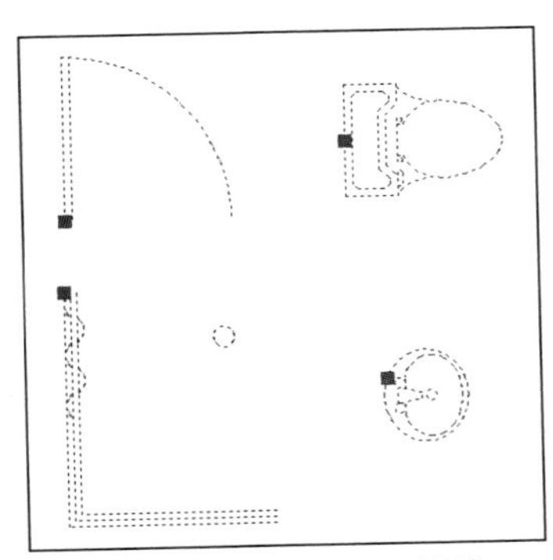

图 6-79　洗手间插入图块

12 在“修改”工具栏中单击“镜像”按钮，命令行提示如下。

```
命令: _mirror
选择对象: 找到 1 个 //拾取图块“800 门”
选择对象: //按 Enter 键完成选择
指定镜像线的第一点: //拾取洗手间墙体右边线上一点
指定镜像线的第二点: //拾取洗手间墙体右边线上另一点
要删除源对象吗？[是(Y)/否(N)] <N>: y //输入参数 y，删除源对象，按 Enter 键，效果如图 6-81 所示
```

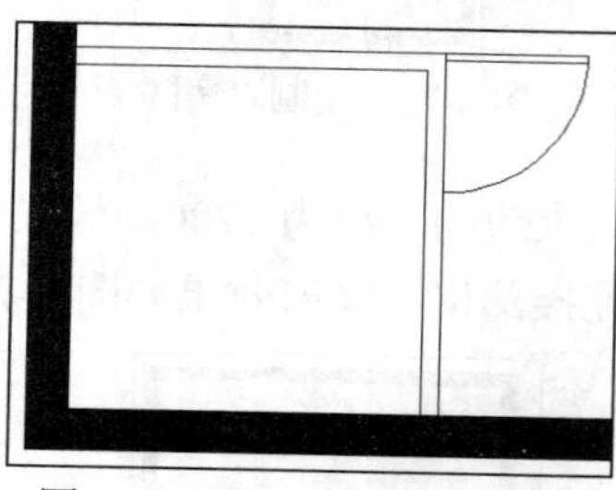

图 6-80 插入“800 门”图块

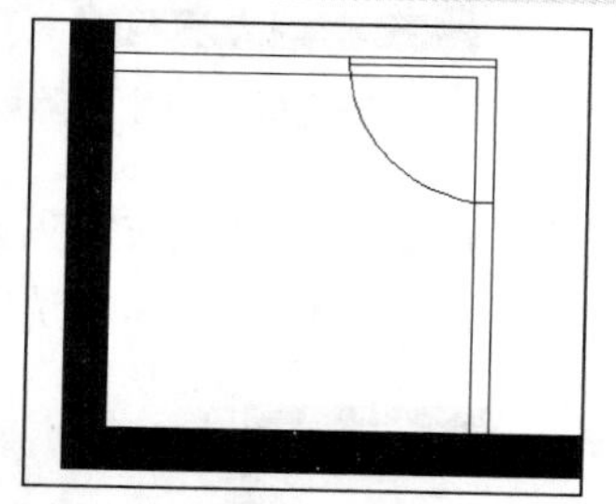

图 6-81 镜像“800 门”图块

13 在“修改”工具栏中单击“移动”按钮，命令行提示如下。

```
命令: _move
选择对象: 找到 1 个 //拾取图块“800 门”
选择对象: // 按 Enter 键完成选择
指定基点或 [位移(D)] <位移>: //拾取图 6-81 中门的右上角点
指定第二个点或 <使用第一个点作为位移>: @-50,-200 //输入相对移动距离，按 Enter 键，移动效果如图 6-82 所示
```

14 执行“直线”命令绘制门与墙的连接线，并执行“修剪”命令修剪连接线之间的部分墙线，修剪效果如图 6-83 所示。

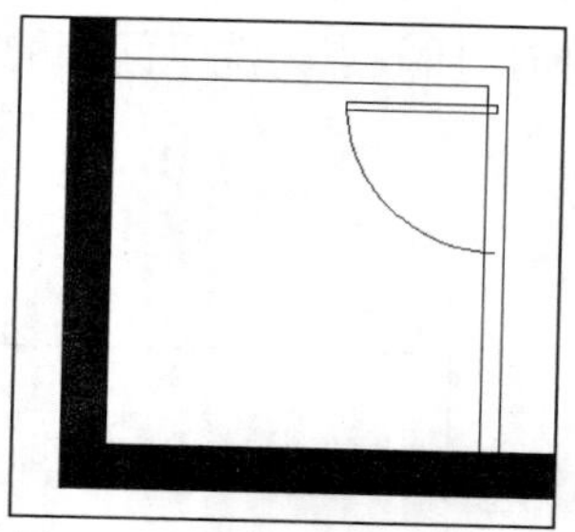

图 6-82 移动图块“800 门”

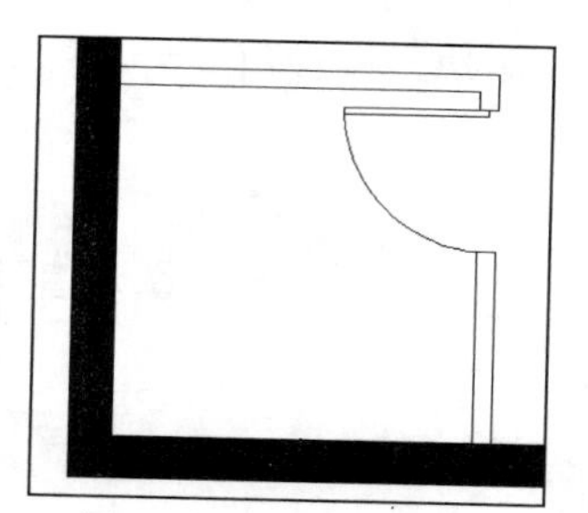

图 6-83 修剪洗手间墙

15 依次插入 TOI6、“淋浴帘”和“洗手盆-4”，其中 TOI6 旋转角度为 0°，“淋浴帘”和“洗手盆-4”旋转角度均为 180°，在插入这些图块的过程中，要不断地执行“移动”命令来确认各个图块的插入位置。一般来说，户型图中，对于图块的精细位置没有特殊要求，位置合适，比例得当即可。洗手间最终的效果图如图 6-84 所示。

16 选择“插入”|“块”命令，弹出“插入”对话框，选择图块“1200 门”，角度为 90°，插

入效果如图 6-85 所示。

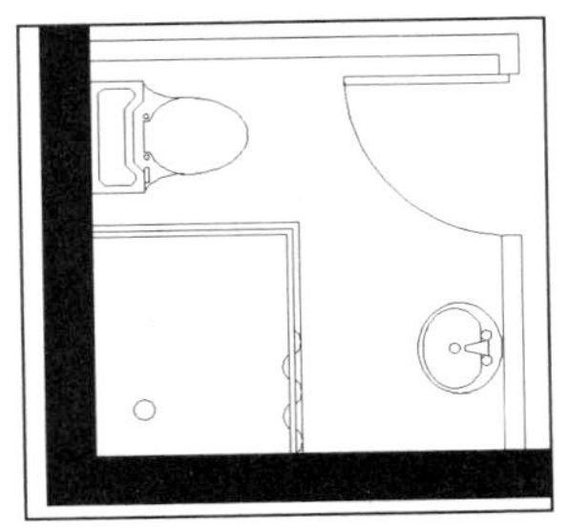

图 6-84　洗手间布置图

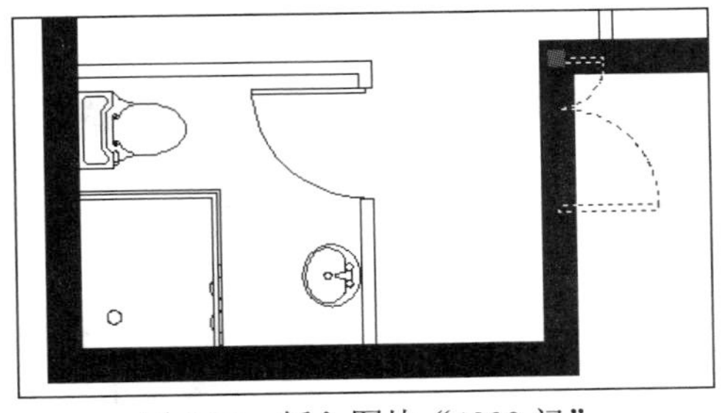

图 6-85　插入图块“1200 门”

17 执行“镜像”命令，将“1200 门”图块沿所在墙线镜像，并删除源对象，完成效果如图 6-86 所示。

18 执行“移动”命令，将“1200 门”图块向下移动 200，移动效果如图 6-87 所示。

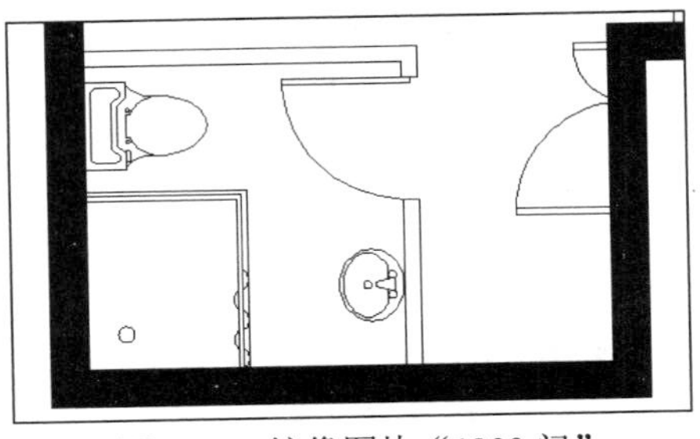

图 6-86　镜像图块“1200 门”

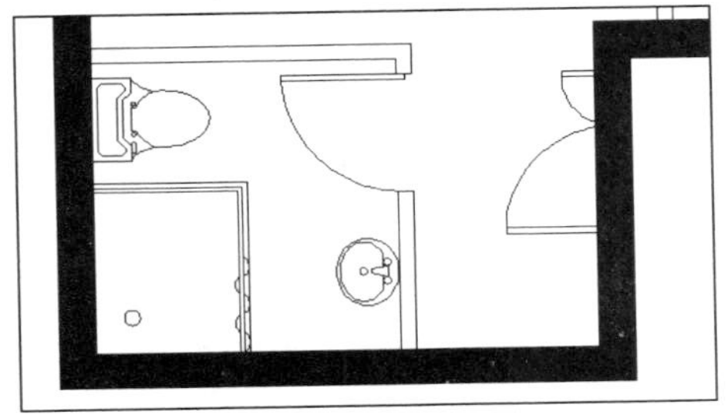

图 6-87　移动图块“1200 门”

19 在“绘图”工具栏中单击“构造线”按钮，命令行提示如下。

```
命令: _xline 指定点或 [水平(H)/垂直(V)/角度(A)/二等分(B)/偏移(O)]: h //输入参数 h，绘制水平线
指定通过点: //拾取“1200 门”图块上开启线上某一点
指定通过点: //拾取“1200 门”图块下开启线上某一点
指定通过点: //按 Enter 键完成绘制，效果如图 6-88 所示
```

20 执行“修剪”和“删除”命令，修剪两条构造线之间的墙线，并删除构造线，完成效果如图 6-89 所示。

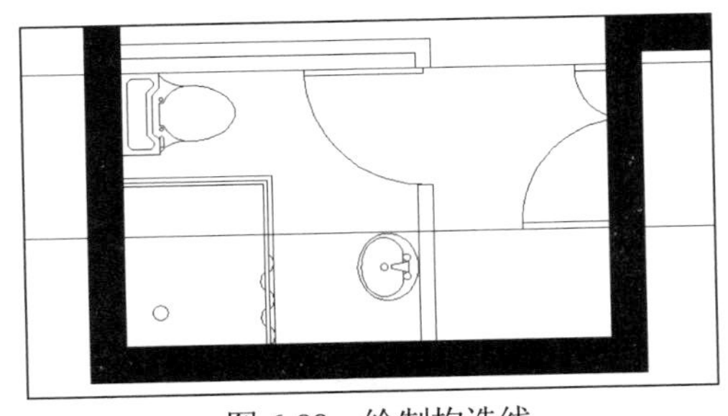

图 6-88　绘制构造线

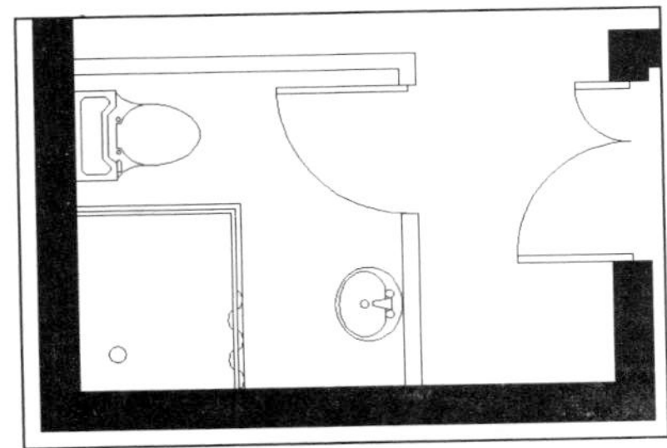

图 6-89　修剪墙线

21 按照类似的方法，在卧室和厅中布置各种家具，完成效果如图 6-90 所示。家具没有非常精

细的摆放位置，用户绘图时可以酌情摆放。

22 以类似的方法布置厨房。最终效果如图 6-91 所示。

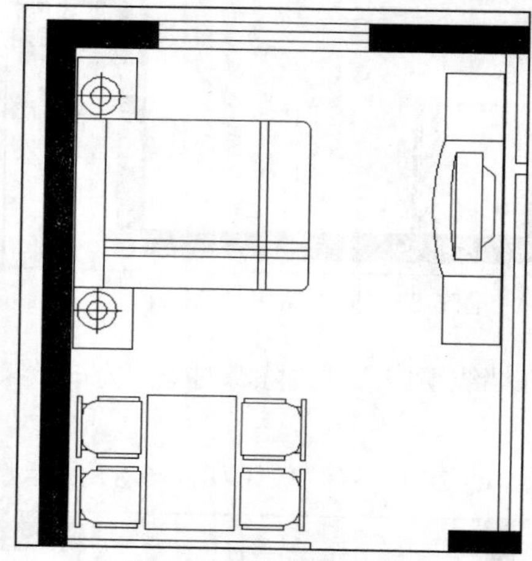

图 6-90　客厅布置效果

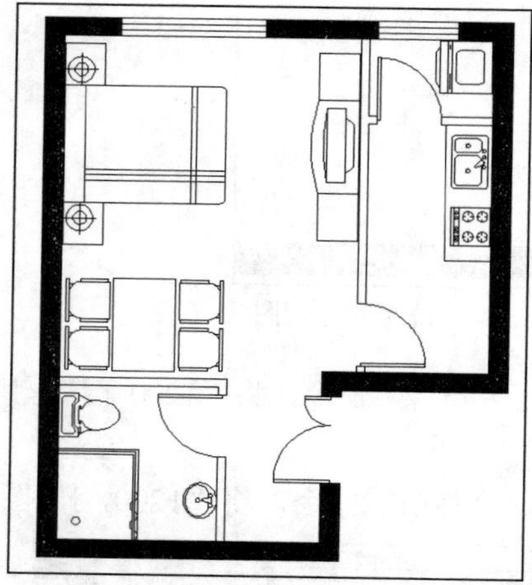

图 6-91　最终布置效果

第7章　建筑施工总说明绘制

在建筑制图中，施工图纸除了由各种图形组成之外，文字和表格对于图形也起到了很好的补充说明作用。在建筑制图中，常见的文字包含建筑施工说明、图题、门窗表、材料表和图纸列表等，用户通常可以通过多种途径来实现文字和表格的编辑，而使用的技术主要包含单行文字、多行文字、表格和构造线等。

本章主要讲解几种比较典型的建筑文字和表格的绘制方法。通过本章的学习，用户可以了解各种辅助技术在文字和表格绘制中的作用，并熟练掌握创建文字和表格的方法和技巧。

7.1 施工设计总说明

建筑施工说明是建筑施工图中最重要的说明文字，在重要的图纸中常会占到一页到两页图纸的篇幅。施工设计说明的绘制方法比较灵活，绘图人员根据不同的需要使用不同的设计方法。本节将介绍常见的几种方法。

7.1.1 使用多行文字创建施工图设计说明

使用多行文字绘制如图 7-1 所示的建筑施工图设计说明。其中，“建筑施工图设计说明”字高 1000，“一、建筑设计”字高 500，其他字高 350。本例在第 5 章创建的样板图中进行绘制。其具体操作步骤如下。

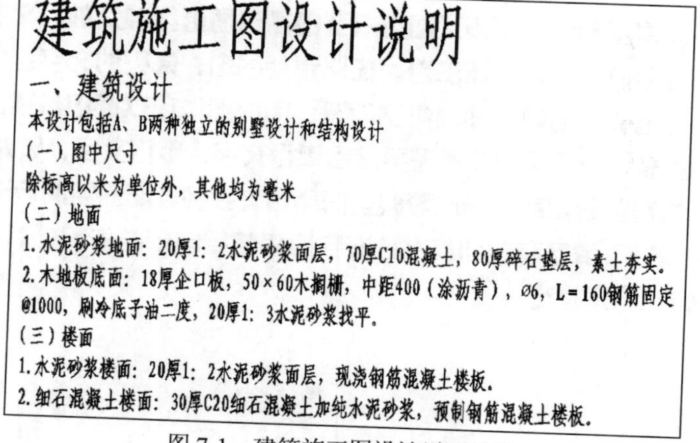

建筑施工图设计说明
一、建筑设计
本设计包括A、B两种独立的别墅设计和结构设计
(一) 图中尺寸
除标高以米为单位外，其他均为毫米
(二) 地面
1.水泥砂浆地面：20厚1：2水泥砂浆面层，70厚C10混凝土，80厚碎石垫层，素土夯实.
2.木地板底面：18厚企口板，50×60木搁栅，中距400（涂沥青），ø6，L=160钢筋固定
@1000，刷冷底子油二度，20厚1：3水泥砂浆找平.
(三) 楼面
1.水泥砂浆楼面：20厚1：2水泥砂浆面层，现浇钢筋混凝土楼板.
2.细石混凝土楼面：30厚C20细石混凝土加纯水泥砂浆，预制钢筋混凝土楼板.

图 7-1　建筑施工图设计说明效果

01 选择“绘图”|“文字”|“多行文字”命令，打开多行文字编辑器。

02 在“文字样式”下拉列表框中选择文字样式 GB350，在文字编辑区输入总说明的文字，完成效果如图 7-2 所示。

文字格式
GB350
仿宋
350
ByLayer
确定
0.0000
1.0000
0.7000
建筑施工图设计说明
一、建筑设计
本设计包括A、B两种独立的别墅设计和结构设计
(一) 图中尺寸
除标高以米为单位外，其他均为毫米
(二) 地面
1.水泥砂浆地面：20厚1：2水泥砂浆面层，70厚C10混凝土，80厚碎石垫层，素土夯实.
2.木地板底面：18厚企口板，50×60木搁栅，中距400（涂沥青）

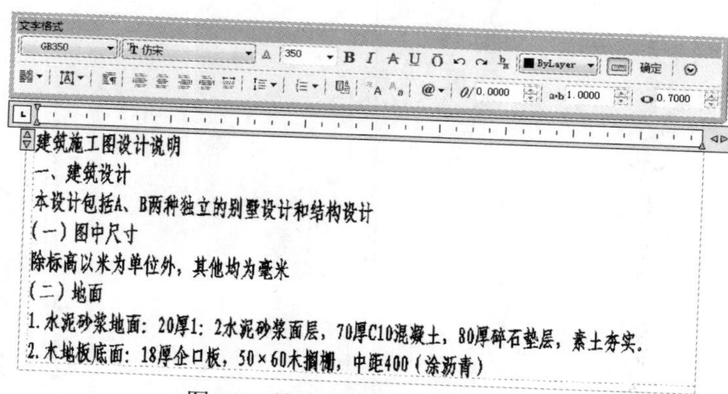

图 7-2　输入建筑施工图说明文字

03 在图 7-2 文字后，需要输入直径符号，单击“选项”按钮@▾，在弹出的下拉菜单中选择如图 7-3 所示的“符号”|“直径”命令，完成直径符号输入。

04 继续输入文字，需要输入@符号，单击“选项”按钮@▾，在弹出的下拉菜单中选择“符号”|“其他”命令，弹出如图 7-4 所示的“字符映射表”对话框，选中@符号，单击“选择”按钮，再单击“复制”按钮，就可以将其复制到文字编辑区中。

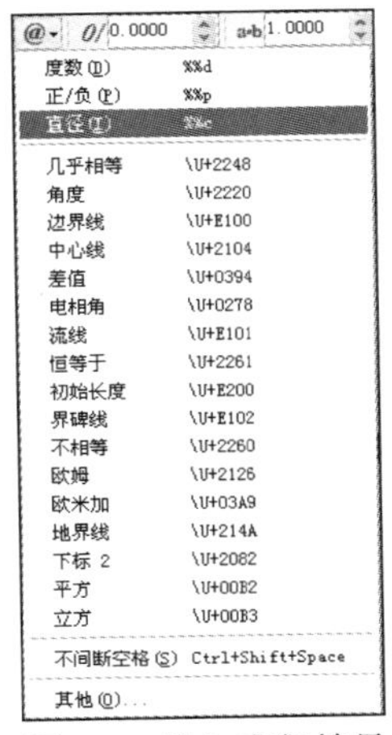

图 7-3　输入直径符号

图 7-4　输入@符号

05 继续输入文字，文字输入完成后的效果如图 7-5 所示。

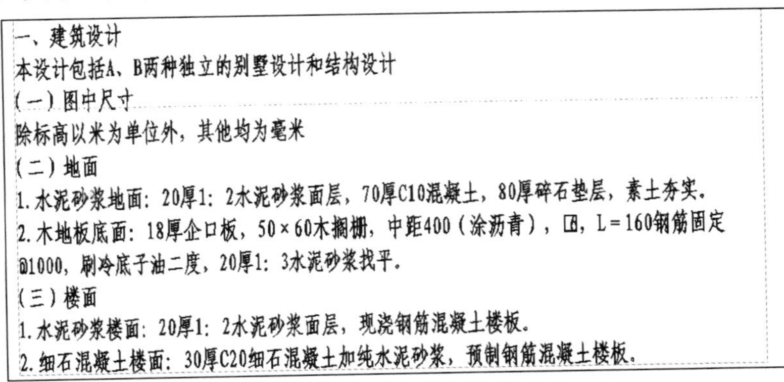

图 7-5　输入文字效果

06 选择文字“建筑施工图设计说明”，在“字高”微调框中输入 1000，设置字高为 1000，完成效果如图 7-6 所示。

图 7-6　改变文字“建筑施工图设计说明”字高

07 使用同样的方法，设置“一、建筑设计”字高为 500。

08 如图 7-7 所示，步骤**03**和步骤**04**输入的字符均不能正确显示，这是由于“仿宋_GB2312”字符库中没有直径和@这两个字符，分别选中这两个字符，在“字体”下拉列表框中选择“宋体”，字符正常显示效果如图 7-8 所示。

2. 木地板底面：18厚企口板，50×60木搁栅，中距400（涂沥青），▯，L=160钢筋固定▯1000，刷冷底子油二度，20厚1：3水泥砂浆找平。

图 7-7　字符的非正常显示

2. 木地板底面：18厚企口板，50×60木搁栅，中距400（涂沥青），ø6，L=160钢筋固定@1000，刷冷底子油二度，20厚1：3水泥砂浆找平。

图 7-8　字符的正常显示

09 单击“确定”按钮，完成施工总说明的创建。

7.1.2　使用表格创建建筑设计说明

在一些建筑施工总说明中，也可以采用表格的形式来表示，这样看起来更加简洁工整。如图 7-9 所示的使用表格创建的建筑设计说明，其具体设计步骤如下。

01 选择“格式”|“表格样式”命令，弹出“表格样式”对话框。

02 单击“新建”按钮，弹出“创建新的表格样式”对话框，在“新样式名”文本框中输入“建筑设计说明”，如图 7-10 所示。

建筑设计说明								
一	设计依据							
	项目批文及国家现行设计规范							
	本工程建设场地地形图以及规划图							
	建设单位委托设计单位设计本工程的合同							
二	设计规模							
	地理位置	钢院与铁道学院交叉路口						
	使用功能	住宅						
	建筑面积	1200平米	地下	平米	地上	平米		平米
	建筑层数	4层	地下	层	地上	层	局部	5层
	建筑性质	建筑规模	用的面积	基底面积	容积率	覆盖率	绿化率	总高度
	住宅	小型		430平米				20.4米
三	一般说明							
	本工程图尺寸除标高外，其余尺寸以毫米计							
	图注标高为相对标高，相对标高正负零相当于绝对标高9.4米							
	墙身防潮层从地基开始，向上6米							
	砌体采用混凝土空心砖							
	结构抗震烈度8度							
	建筑耐火等级二级							

图 7-9　表格创建的建筑设计说明

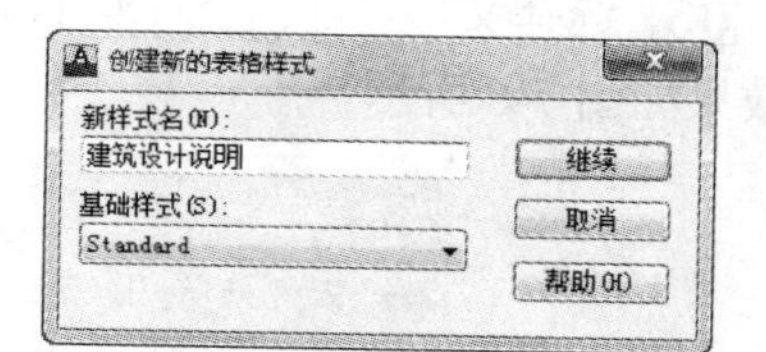

图 7-10　输入表格样式名称

03 单击“继续”按钮，弹出“新建表格样式”对话框，设置表格样式。首先设置“数据”单元格的格式参数，在“常规”选项卡中，设置对齐方式为“左中”，水平页边距为 75，垂直页边距为 25，如图 7-11 所示。

04 选择“文字”选项卡，设置文字样式为 GB350，效果如图 7-12 所示。在此不对“边框”选项卡进行任何设置。

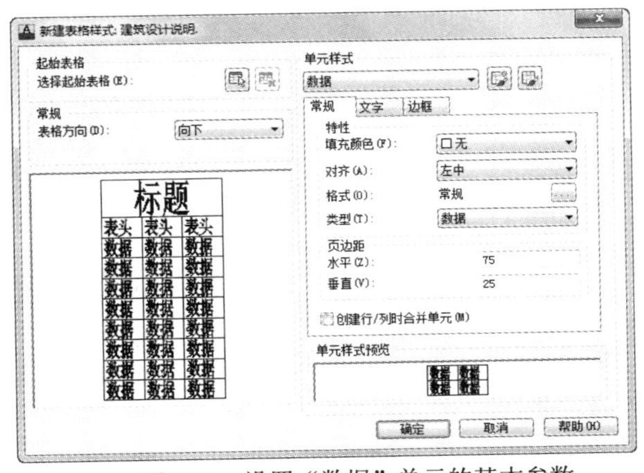

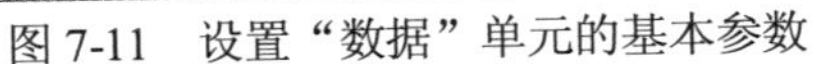

图 7-11　设置“数据”单元的基本参数

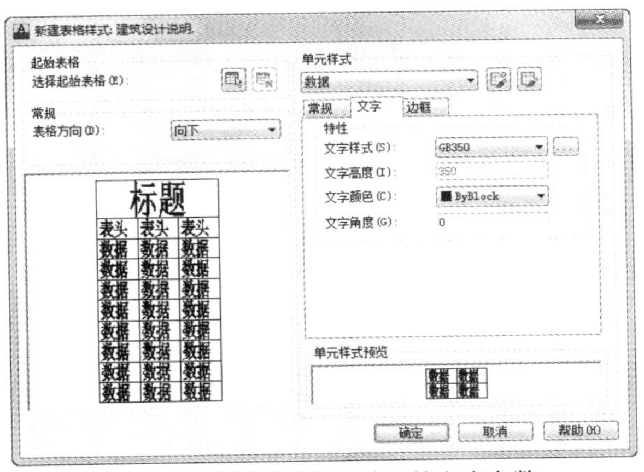

图 7-12　设置“数据”单元的文字参数

05 在“单元样式”选项组的下拉列表中选择“表头”选项，在“常规”选项卡中设置“对齐”方式为“正中”，其他设置与“数据”单元格相同，“文字”选项卡设置与“数据”单元格相同。

06 在“单元样式”选项组的下拉列表中选择“标题”选项，“基本”选项卡的设置与“表头”单元格相同，在“文字”选项卡设置“文字样式”为 GB700。

07 单击“确定”按钮，完成表格样式设置，返回“表格样式”对话框，“样式”列表中出现“建筑设计说明”样式，单击“关闭”按钮完成表格创建。

08 选择“绘图”|“表格”命令，弹出“插入表格”对话框，在“表格样式”下拉列表框中选择“建筑设计说明”，设置“第二行单元样式”为“数据”，列数为 9，行数为 17，如图 7-13 所示。

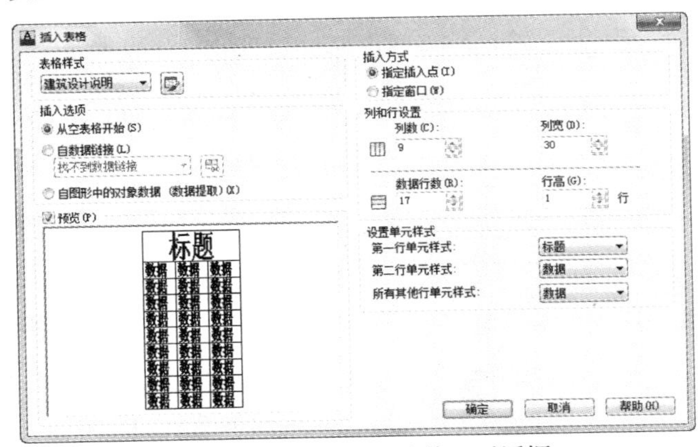

图 7-13　设置“插入表格”对话框

09 单击“确定”按钮，弹出表格编辑器。

10 输入标题“建筑设计说明”，单击“确定”按钮，返回绘图区，按住 Shift 键，选择如图 7-14

所示的单元格，单击“表格”工具栏上的“合并”单元格按钮，在弹出的下拉菜单中选择“按列”命令，将选中的单元格合并。合并单元格效果如图 7-15 所示。

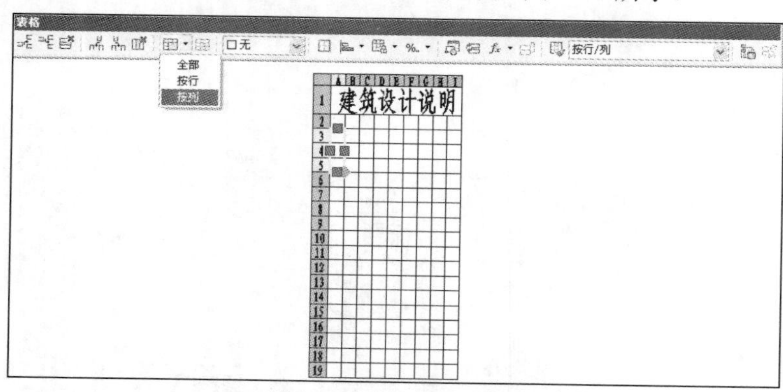

图 7-14　选择单元格

图 7-15　按列合并单元格

11 选择“表格”工具栏上的“合并单元格”按钮的下拉菜单，执行“按列”命令和“按行”命令合并单元格，合并效果如图 7-16 所示。

12 双击表格，回到表格编辑器，继续输入文字，在输入文字的过程中可以发现，由于表格尺寸的限制，文字自动换行，因此需要增加表格宽度。此时返回绘图区，选择如图 7-17 所示的表格，选择右侧夹点，放大表格宽度。完成效果如图 7-17 所示。

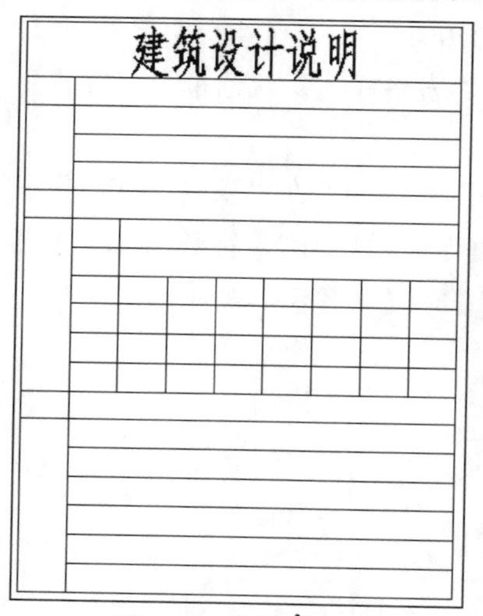

图 7-16　合并单元格

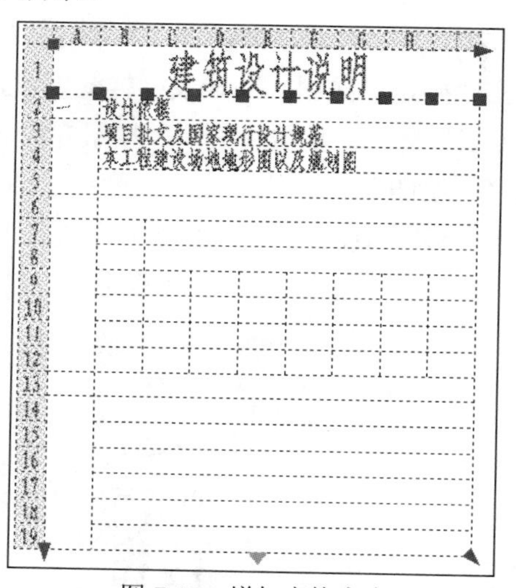

图 7-17　增加表格宽度

13 如图 7-18 所示，在表格中输入所有的文字，并使用表格的夹点调整表格的宽度，但表格不会因为文字变成单行而自动缩小表格单元格高度，如图 7-19 所示。右击需要改变高度的单元格，在弹出的快捷菜单中选择“特性”命令，在“特性”选项板中设置单元格高度为 517，如图 7-20 所示。

14 使用同样的方法，设置其他单元格的高度为 517。选择“设计规模”下方的单元格，设置单元格宽度为 1600，高度为 517。最终效果如图 7-21 所示。

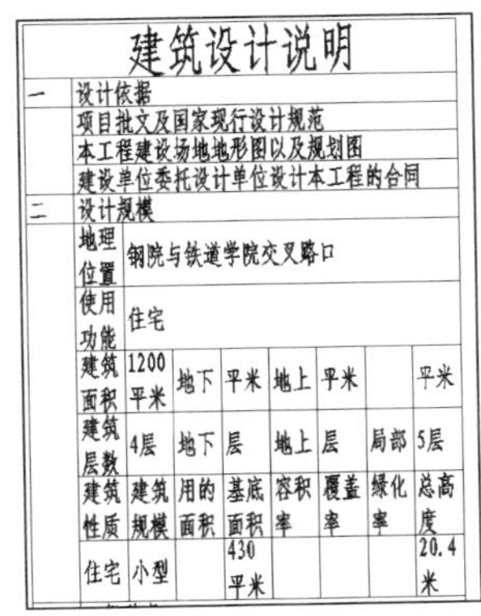

图 7-18　输入表格文字

图 7-19　拉伸表格宽度

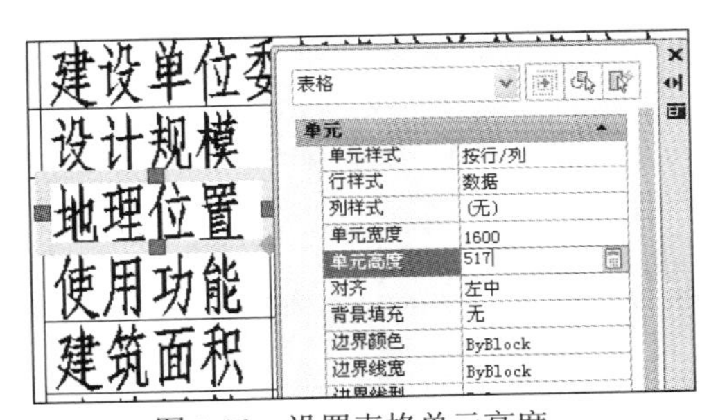

图 7-20　设置表格单元高度

图 7-21　建筑设计说明最终效果

7.1.3　使用单行文字创建建筑设计说明

在早期的建筑制图中，制图人员通常使用构造线进行定位，使用单行文字创建建筑设计说明，目前很多设计院的设计人员仍采用这种制图方法创建设计说明及其他说明文字。如图 7-22 所示为某个建筑工程的设计施工说明，其具体操作步骤如下。

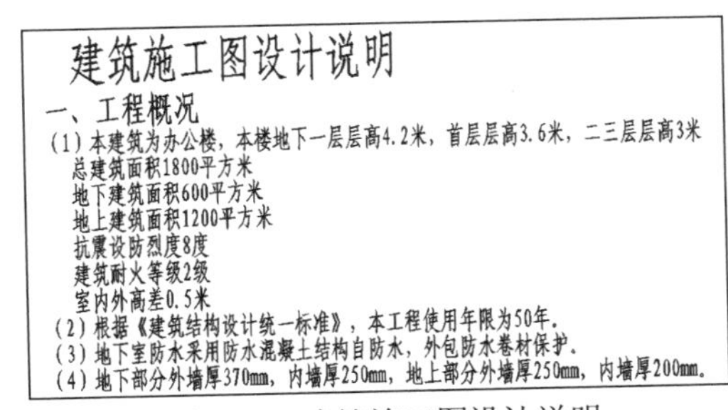

图 7-22　建筑施工图设计说明

图 7-23　绘制构造线

01 在“绘图”工具栏中单击“构造线”按钮，绘制两条互相垂直的构造线，效果如图 7-23 所示。

02 在“修改”工具栏中单击“偏移”按钮时，将水平构造线向下偏移 800。

03 同样使用“偏移”命令，将步骤**02**偏移生成的构造线向下偏移 500，偏移效果如图 7-24 所示。

04 选择“偏移”命令，将水平构造线依次向下偏移 500，共偏移 9 次，将垂直构造线向右偏移 500，偏移效果如图 7-25 所示。

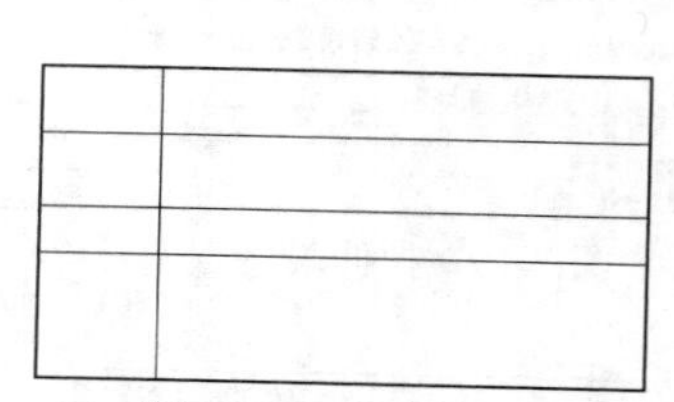
图 7-24 偏移构造线

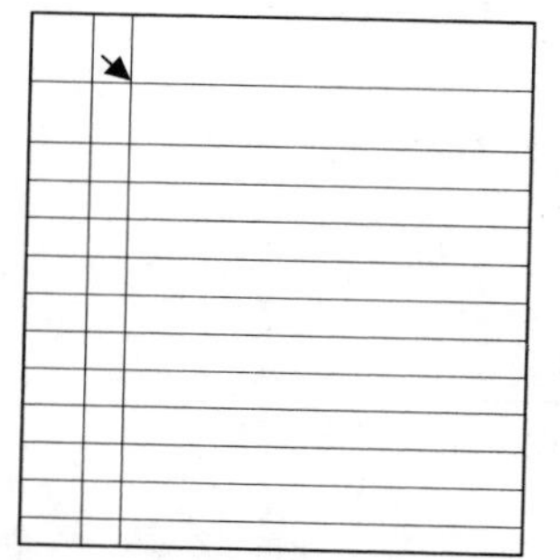
图 7-25 偏移垂直和水平构造线

05 选择“绘图”|“文字”|“单行文字”命令，命令行提示如下。

```
命令: _dtext
当前文字样式: GB700  当前文字高度: 0
指定文字的起点或 [对正(J)/样式(S)]: j //输入参数 j，设置对正选项
输入选项
[对齐(A)/调整(F)/中心(C)/中间(M)/右(R)/左上(TL)/中上(TC)/右上(TR)/左中(ML)/正中(MC)/右中(MR)/左下(BL)/中下(BC)/右下(BR)]: bl //使用左下对齐方式
指定文字的左下点: //捕捉图 7-25 箭头所指示的点
指定文字的旋转角度 <0>: //按 Enter 键，设置旋转角度为 0，单行文字处于编辑状态
```

06 在“样式”工具栏的“文字样式”下拉列表中，设置文字样式为 GB700，如图 7-26 所示。

07 在单行文字的动态编辑框中输入文字“建筑施工图设计说明”，输入效果如图 7-27 所示。

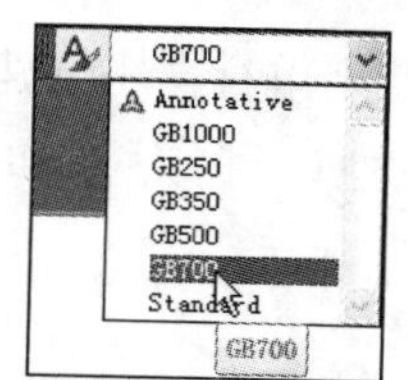

图 7-26 设置文字样式

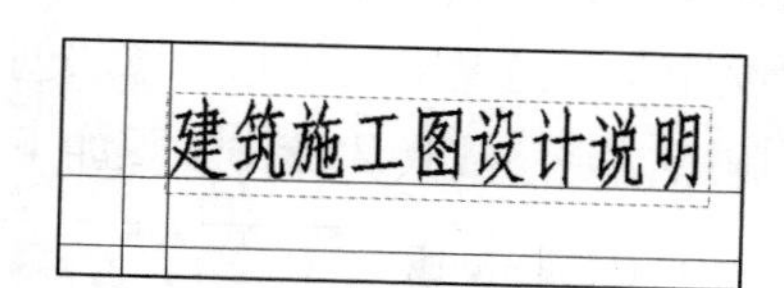

图 7-27 输入文字“建筑施工图设计说明”

08 按照同样的方法，在其他行输入文字，其中“一、工程概况”文字样式为 GB500，其他文字样式为 GB350，完成效果如图 7-28 所示。

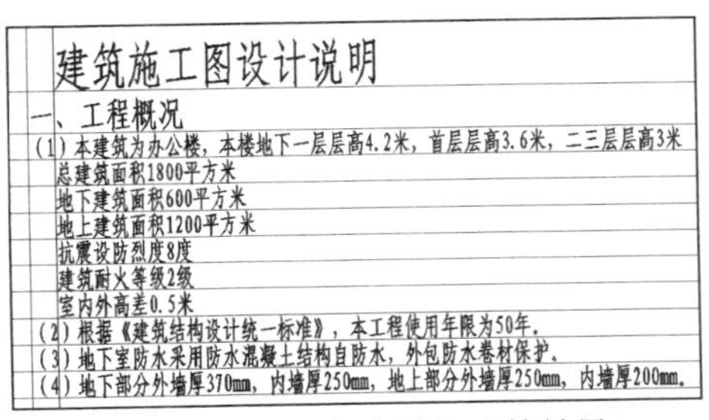

建筑施工图设计说明
一、工程概况
(1) 本建筑为办公楼，本楼地下一层层高4.2米，首层层高3.6米，二三层层高3米
总建筑面积1800平方米
地下建筑面积600平方米
地上建筑面积1200平方米
抗震设防烈度8度
建筑耐火等级2级
室内外高差0.5米
(2) 根据《建筑结构设计统一标准》，本工程使用年限为50年。
(3) 地下室防水采用防水混凝土结构自防水，外包防水卷材保护。
(4) 地下部分外墙厚370mm，内墙厚250mm，地上部分外墙厚250mm，内墙厚200mm。

图 7-28　完成文字输入后的效果

09 删除构造线，建筑施工图设计说明创建完毕。

7.2 绘制各种表格

表格也是建筑制图中非常重要的一个组成部分。在早期的 AutoCAD 版本中，由于表格功能还不够完善，因此表格的创建过程比较繁琐。随着 AutoCAD 的不断升级，表格的创建变得非常简单，用户可以根据需要创建各种建筑制图表格。

7.2.1 绘制门窗表

在建筑制图中，门窗表是很常见的一种表格，通常标明了门窗的型号、数量、尺寸和材料等参数。施工人员可以根据门窗表布置生产任务，并进行采购。如图 7-29 所示的是使用表格功能创建的某建筑的门窗数量表，其具体操作步骤如下。

01 选择“格式”|“表格样式”命令，弹出“表格样式”对话框。

门窗数量表

门窗型号	宽×高	数量					备注
		地下一层	一层	二层	三层	总数	
C1212	1200×1200	0	2	0	0	2	铝合金窗
C2112	2100×1200	0	2	0	0	2	铝合金窗
C1516	1500×1600	0	0	1	1	2	铝合金窗
C1816	1800×1600	0	0	1	1	2	铝合金窗
C2119	2100×1900	8	6	0	0	14	铝合金窗
C2116	2100×1600	0	0	11	11	22	铝合金窗

图 7-29　门窗数量表效果图

02 单击“新建”按钮，弹出“创建新的表格样式”对话框，在“新样式名”文本框中输入“门窗表”，在“基础样式”下拉列表框中选择“建筑设计说明”。

03 单击“继续”按钮，弹出“新建表格样式”对话框，设置表格样式。在“常规”选项卡中，设置数据和表头的对齐样式为“正中”，如图 7-30 所示。

04 其他表格样式不作改变，单击“确定”按钮，完成表格样式设置，返回“表格样式”对话框，“样式”列表中出现“门窗表”样式，单击“关闭”按钮完成创建。

05 选择“绘图”|“表格”命令，弹出“插入表格”对话框，选择表格样式名称为“门窗表”，列数为 8，行数为 7，设置“第二行单元样式”为“数据”单元，如图 7-31 所示。

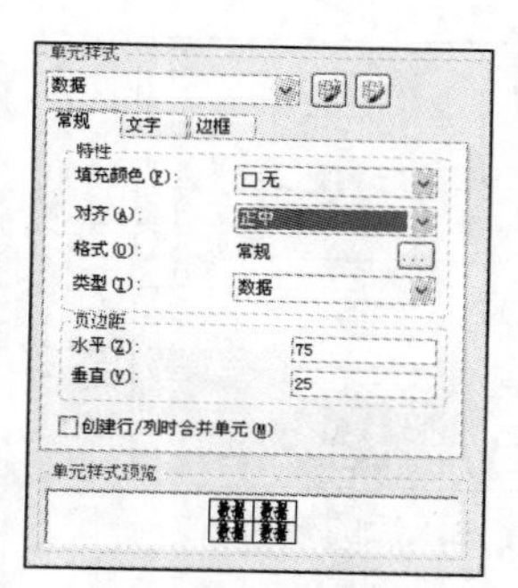
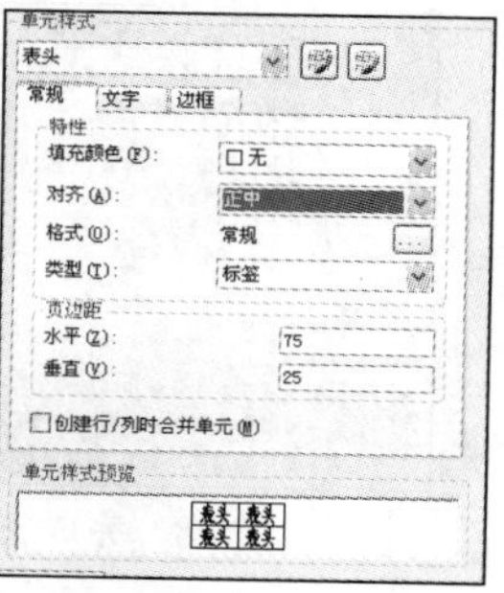

图 7-30　修改对齐样式

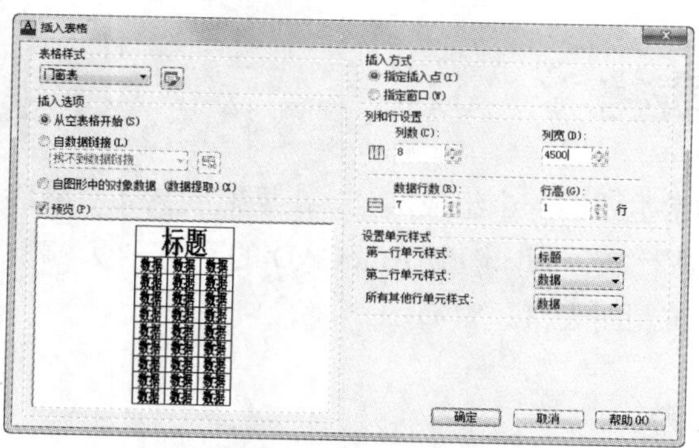

图 7-31　设置表格参数

06 单击“确定”按钮，进入表格编辑器，输入表格标题“门窗数量表”。

07 单击“文字格式”工具栏中的“确定”按钮，返回绘图区。在需要合并的单元格的区域右击，从弹出的快捷菜单中选择“合并单元”|“按列”命令和“合并单元”|“按行”命令，合并单元格，效果如图 7-32 所示。

08 双击表格，进入表格编辑器，输入单元格文字，效果如图 7-33 所示。

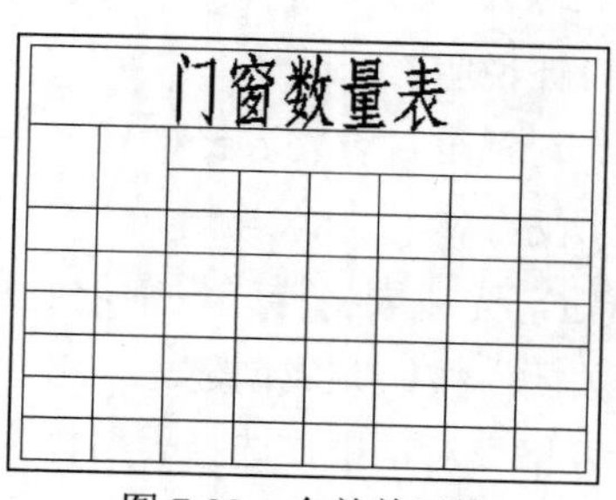

图 7-32　合并单元格

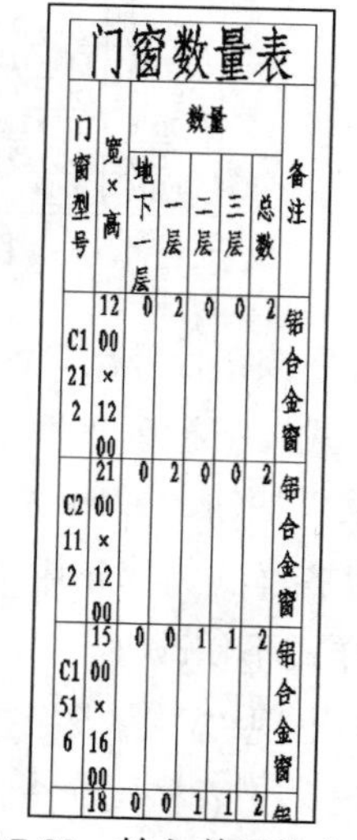

图 7-33　输入单元格文字

09 使用单元格的“特性”浮动选项板对单元格的高度和宽度进行调整，调整效果如图 7-34 所示。各单元格尺寸如图 7-35 所示。

门窗数量表							
门窗型号	宽×高	数量					备注
		地下一层	一层	二层	三层	总数	
C1212	1200×1200	0	2	0	0	2	铝合金窗
C2112	2100×1200	0	2	0	0	2	铝合金窗
C1516	1500×1600	0	0	1	1	2	铝合金窗
C1816	1800×1600	0	0	1	1	2	铝合金窗
C2119	2100×1900	8	6	0	0	14	铝合金窗
C2116	2100×1600	0	0	11	11	22	铝合金窗

图 7-34　调整高度和宽度后的门窗表

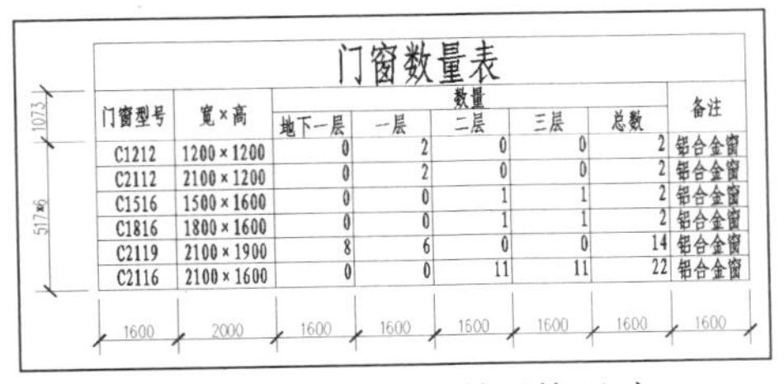

门窗数量表							
门窗型号	宽×高	数量					备注
		地下一层	一层	二层	三层	总数	
C1212	1200×1200	0	2	0	0	2	铝合金窗
C2112	2100×1200	0	2	0	0	2	铝合金窗
C1516	1500×1600	0	0	1	1	2	铝合金窗
C1816	1800×1600	0	0	1	1	2	铝合金窗
C2119	2100×1900	8	6	0	0	14	铝合金窗
C2116	2100×1600	0	0	11	11	22	铝合金窗

图 7-35　门窗表单元格尺寸

10 选中“门窗表”，在“修改”工具栏中单击“分解”按钮，将表格分解，删除标题栏部分直线，最终完成效果如图 7-36 所示。

门窗数量表							
门窗型号	宽×高	数量					备注
		地下一层	一层	二层	三层	总数	
C1212	1200×1200	0	2	0	0	2	铝合金窗
C2112	2100×1200	0	2	0	0	2	铝合金窗
C1516	1500×1600	0	0	1	1	2	铝合金窗
C1816	1800×1600	0	0	1	1	2	铝合金窗
C2119	2100×1900	8	6	0	0	14	铝合金窗
C2116	2100×1600	0	0	11	11	22	铝合金窗

图 7-36　分解表格并删除标题栏处的直线

7.2.2　绘制建筑工程概况表

早期版本的 AutoCAD 没有提供表格功能，工程人员都使用直线绘制表格，然后输入单行文字，这样绘制出的表格需要精确定位，否则表格会不够美观。使用直线(或构造线)和单行文字绘制表格在技术上很简单，而定位技术和输入的简化则需要多练习才能熟练掌握。如图 7-37 所示为某个工程建筑概况表，其具体操作步骤如下。

01 选择“构造线”命令，分别绘制如图 7-38 所示的水平和垂直构造线。

建筑工程概况							
层数	建筑面积/平米	平均每户使用面积/平米	每户居住面积/平米	每户使用面积/平米	每户面宽/米	居住面积系数	使用面积系数
首层	196.59	98.20	45.21	71.01	7.42	46.6%	71.5%
二层	182.35	91.08	37.52	62.51	7.42	42.6%	69.2%
三层	154.36	76.98	28.83	52.99	7.42	37.12	68.9%

图 7-37　建筑工程概况表

图 7-38　绘制水平和垂直构造线

02 选择“偏移”命令，将水平和垂直构造线分别向右和向下偏移，偏移效果如图 7-39 所示，分别以最上、最下、最左和最右的构造线为剪切边，修剪构造线形成的单元格以外的部分，表格尺寸和完成效果如图 7-40 所示。

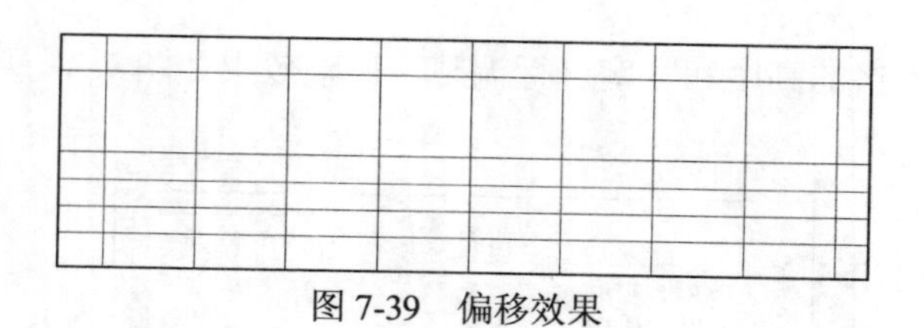
图 7-39 偏移效果

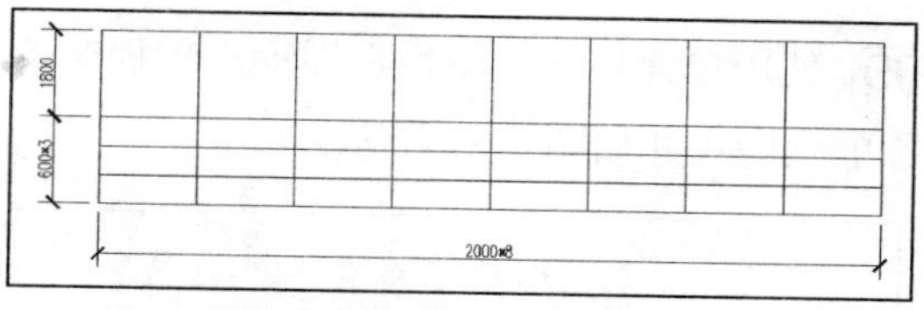

图 7-40 表格尺寸

03 选择“格式”|“点样式”命令，弹出“点样式”文本框，选择样式⊕，如图 7-41 所示。

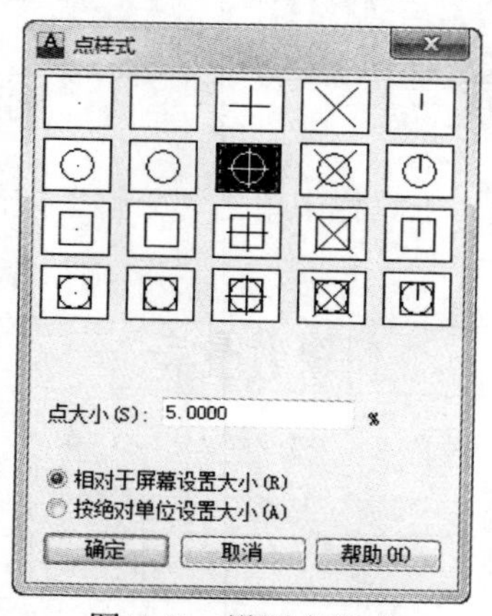

图 7-41 设置点样式

04 选择“直线”命令连接对角点，绘制两条辅助线，如图 7-42 所示。单击“点”按钮，捕捉辅助线交点，绘制点，如图 7-43 所示。删除两条辅助线，完成效果如图 7-44 所示。

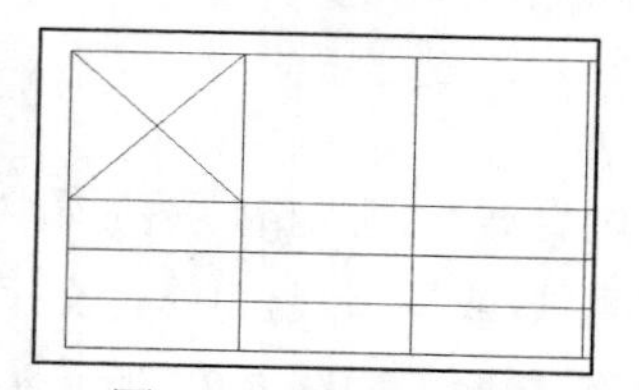
图 7-42 绘制辅助线

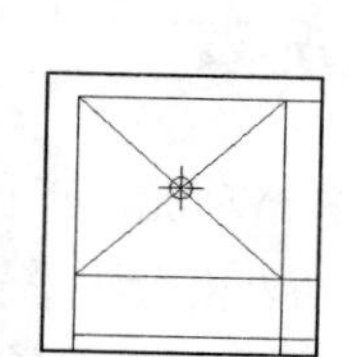
图 7-43 捕捉交点

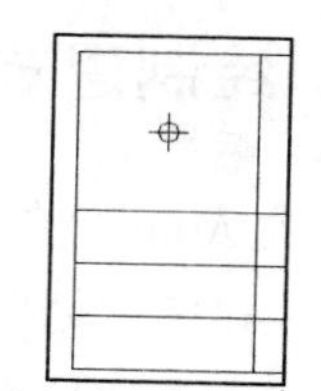
图 7-44 删除辅助线

05 使用同样的方法，绘制其他的定位点，效果如图 7-45 所示。为了节省时间，对于中间几个单元格的辅助点可以采用阵列的方法得到。

06 在“修改”工具栏中单击“矩形阵列”按钮，选择如图 7-45 所示箭头指向的点为阵列对象，设置行数为 3，列数为 4，行偏移为-600，列偏移 2000，效果如图 7-46 所示。

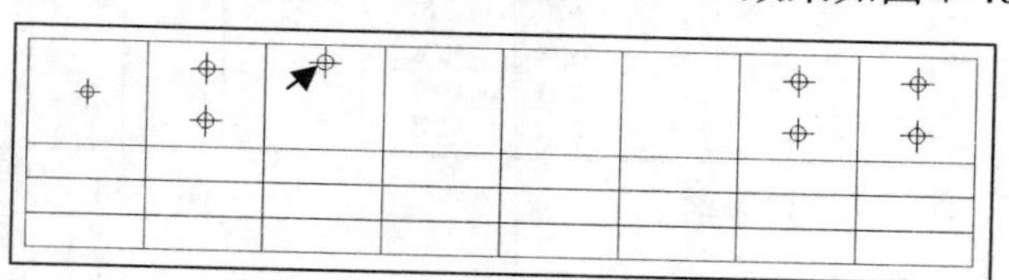
图 7-45 绘制其他的辅助点

07 选择“绘图”|“文字”|“单行文字”命令，命令行提示如下。

```
命令: _dtext
当前文字样式:  GB350  当前文字高度:  350
指定文字的起点或 [对正(J)/样式(S)]: j //输入参数 j，设置对正样式
输入选项
[对齐(A)/调整(F)/中心(C)/中间(M)/右(R)/左上(TL)/中上(TC)/右上(TR)/左中(ML)/正中(MC)/右中(MR)/左下
(BL)/中下(BC)/右下(BR)]: mc //输入 mc，采用正中对正
指定文字的中间点: //捕捉图 7-45 中最左侧的辅助点
指定文字的旋转角度 <0>: //按 Enter 键，出现动态编辑框
```

08 在动态编辑框里输入文字“层数”，输入效果如图 7-47 所示。

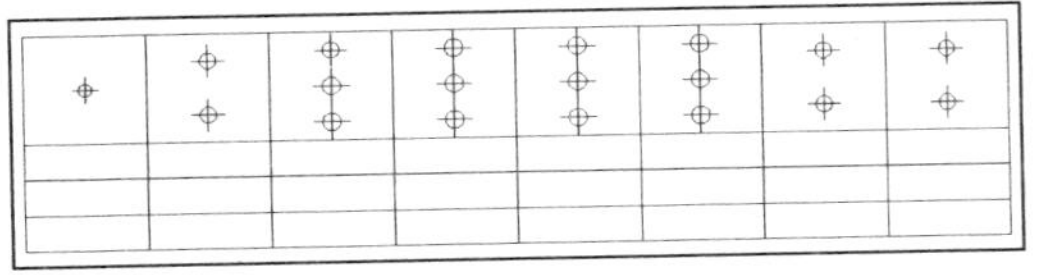

图 7-46　阵列效果

图 7-47　输入文字“层数”

09 在“修改”工具栏中单击“复制”按钮，命令行提示如下。

```
命令: _copy
选择对象: 找到 1 个 //拾取图 7-47 中的文字“层数”
选择对象: //按 Enter 键，完成选择
指定基点或 [位移(D)] <位移>:  //捕捉图 7-47 辅助点为基点
指定第二个点或 [阵列(A)] <使用第一个点作为位移>://依次拾取其他的辅助点
指定第二个点或 [阵列(A)/退出(E)/放弃(U)] <退出>:
指定第二个点或 [阵列(A)/退出(E)/放弃(U)] <退出>:
…
```

10 复制效果如图 7-48 所示。修改复制完成的单行文字，效果如图 7-49 所示。

层数	层数 层数	层数 层数 层数	层数 层数 层数	层数 层数 层数	层数 层数 层数	层数 层数	层数 层数

图 7-48　复制完成的效果

层数	建筑面积 /平米	平均每户 使用面积 /平米	每户居住 面积 /平米	每户使用 面积 /平米	每户 面宽 /米	居住面积 系数	使用面积 系数

图 7-49　修改单行文字内容

11 选择“单行文字”命令输入其他的单行文字，其中单行文字都采用“正中”对正方式，基点为由构造线形成的单元格的左上角点，输入效果如图 7-50 所示。

层数	建筑面积 /平米	平均每户 使用面积 /平米	每户居住 面积 /平米	每户使用 面积 /平米	每户 面宽 /米	居住面积 系数	使用面积 系数
首层	196.59	98.20	45.21	71.01	7.42	46.6%	71.5%
二层	182.35	91.08	37.52	62.51	7.42	42.6%	69.2%
三层	154.36	76.98	28.83	52.99	7.42	37.12	68.9%

图 7-50　输入其他的单行文字

12 在“修改”工具栏中单击“移动”按钮，命令行提示如下。

```
命令: _move
选择对象: 指定对角点: 找到 24 个 //框选步骤12输入的单行文字
选择对象: //按 Enter 键，完成对象选择
指定基点或 [位移(D)] <位移>: //捕捉文字“首层”的基点为基点
指定第二个点或 <使用第一个点作为位移>: @1000,-300 //输入移动相对距离，按 Enter 键，移动效果如图 7-51 所示
```

层数	建筑面积/平米	平均每户使用面积/平米	每户居住面积/平米	每户使用面积/平米	每户面宽/米	居住面积系数	使用面积系数
首层	196.59	98.20	45.21	71.01	7.42	46.6%	71.5%
二层	182.35	91.08	37.52	62.51	7.42	42.6%	69.2%
三层	154.36	76.98	28.83	52.99	7.42	37.12	68.9%

图 7-51　移动单行文字

13 选择 GB700 文字样式，在最上面一条构造线的上方输入单行文字标题“建筑工程概况”，同时删除其最左侧和最右侧的构造线。最终完成效果如图 7-52 所示。

建筑工程概况

层数	建筑面积/平米	平均每户使用面积/平米	每户居住面积/平米	每户使用面积/平米	每户面宽/米	居住面积系数	使用面积系数
首层	196.59	98.20	45.21	71.01	7.42	46.6%	71.5%
二层	182.35	91.08	37.52	62.51	7.42	42.6%	69.2%
三层	154.36	76.98	28.83	52.99	7.42	37.12	68.9%

图 7-52　添加了标题的表格

7.3 创建引线说明

在建筑制图中，引线说明是一类比较特殊的文字说明，需要使用直线或曲线从图形中引出，在图形之外对建筑物的绘制方法及其他的一些特征进行补充说明。通常可以采用两种方法来创建引线说明：第一种方法是使用直线、多段线或样条曲线加上单行文字或多行文字进行创建；第二种方法是使用 AutoCAD 2013 提供的多重引线功能进行创建。

7.3.1 创建基本图形加文字

如图 7-53 所示的踏步详图添加防滑条的文字说明，其具体操作步骤如下。

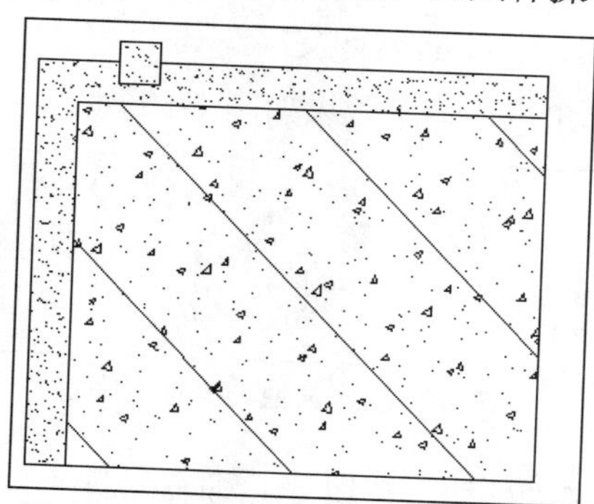

图 7-53　为踏步详图添加防滑条说明

01 执行“多段线”命令，命令行提示如下。

```
命令: _pline
指定起点: //在防滑条剖切面内部拾取任意一点
当前线宽为 0.0000
指定下一个点或 [圆弧(A)/半宽(H)/长度(L)/放弃(U)/宽度(W)]: @600,600
指定下一点或 [圆弧(A)/闭合(C)/半宽(H)/长度(L)/放弃(U)/宽度(W)]: @300,0 //依次输入多段线下一点的坐标
指定下一点或 [圆弧(A)/闭合(C)/半宽(H)/长度(L)/放弃(U)/宽度(W)]: //按 Enter 键，完成绘制，效果如图 7-54 所示
```

02 执行“单行文字”命令，命令行提示如下。

```
命令: _dtext
当前文字样式: “GB250” 文字高度: 250.0000 注释性: 否
指定文字的起点或 [对正(J)/样式(S)]: s //输入 s，设置文字样式
输入样式名或 [?] <GB250>: GB350 //设置文字样式为 GB350
当前文字样式: “GB250” 文字高度: 350.0000 注释性: 否
指定文字的起点或 [对正(J)/样式(S)]: j //输入 j，设置对正样式
输入选项
[对齐(A)/调整(F)/中心(C)/中间(M)/右(R)/左上(TL)/中上(TC)/右上(TR)/左中(ML)/正中(MC)/右中(MR)/左下(BL)/中下(BC)/右下(BR)]: ml //设置对正样式为左中
指定文字的左中点://捕捉步骤01绘制的多段线的最后一个端点为左中点
指定文字的旋转角度 <0>: //按 Enter 键，弹出单行文字编辑框，输入“水泥防滑条 40×40”，按两次 Enter 键，完成绘制，效果如图 7-55 所示
```

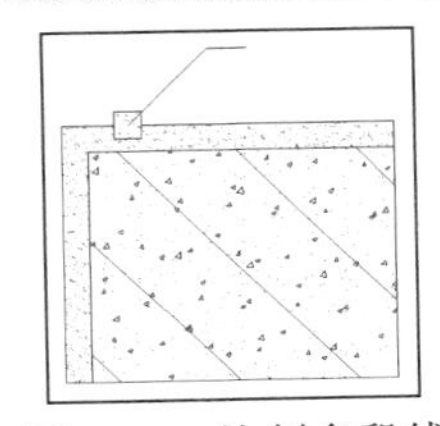

图 7-54　绘制多段线

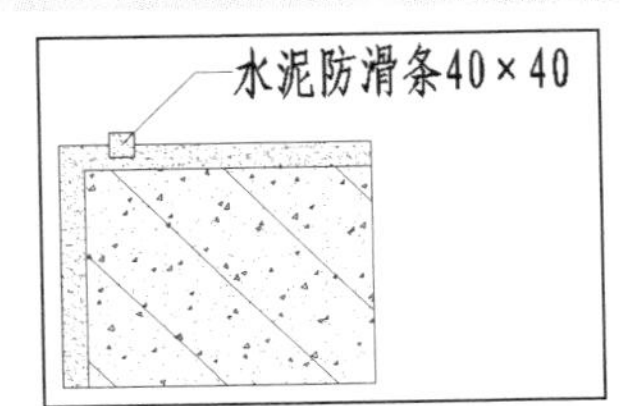

图 7-55　添加单行文字防滑条说明

03 右击步骤**02**绘制的单行文字，在弹出的快捷菜单中选择“特性”命令，弹出如图 7-56 所示的“特性”选项板，设置“高度”为 200，效果如图 7-57 所示。

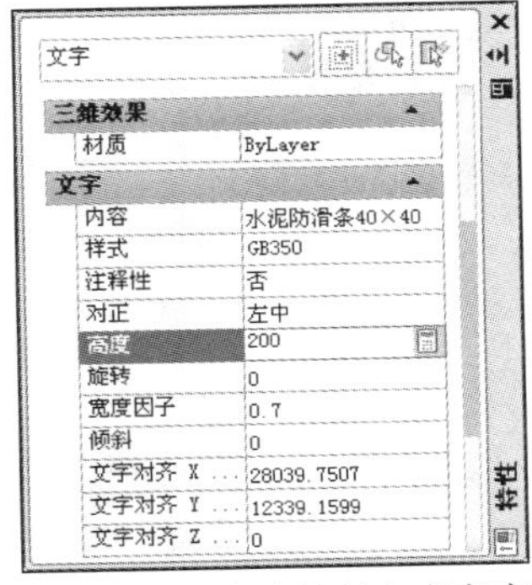

图 7-56　修改单行文字高度

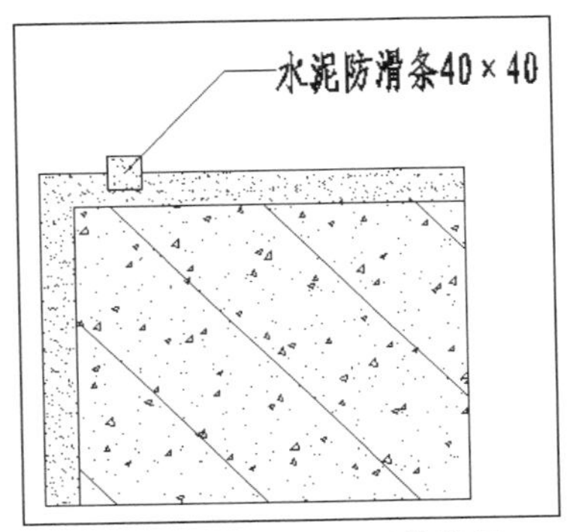

图 7-57　添加说明最终效果

7.3.2 创建多重引线

多重引线功能是通过多重引线样式首先对普遍的引线参数进行设置，使用户在进行同一类的引线说明或大面积的引线说明时，效率更高，速度更快。创建引线说明的具体步骤如下。

01 在“多重引线”工具栏中单击“多重引线样式”按钮，弹出“多重引线样式管理器”对话框，单击“新建”按钮，弹出“创建新多重引线样式”对话框，设置样式名为“引线说明”，如图 7-58 所示。

02 单击“继续”按钮，弹出“修改多重引线样式”对话框，在“引线格式”选项卡中，设置箭头符号为“无”，如图 7-59 所示。

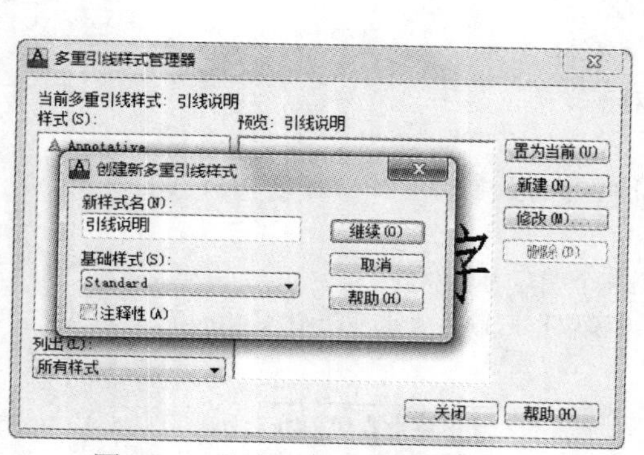

图 7-58　设置多重引线样式名

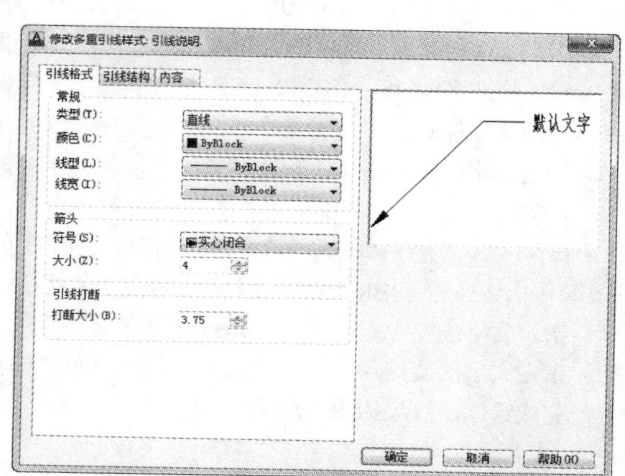

图 7-59　设置引线格式

03 选择“引线结构”选项卡，设置最大引线点数为 2，第一段角度为 45，第二段角度 0，如图 7-60 所示。

04 选择“内容”选项卡，设置文字样式为 GB350，如图 7-61 所示。

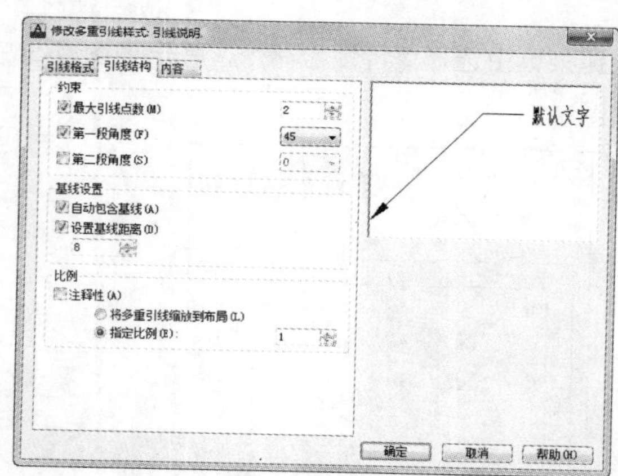

图 7-60　设置引线结构

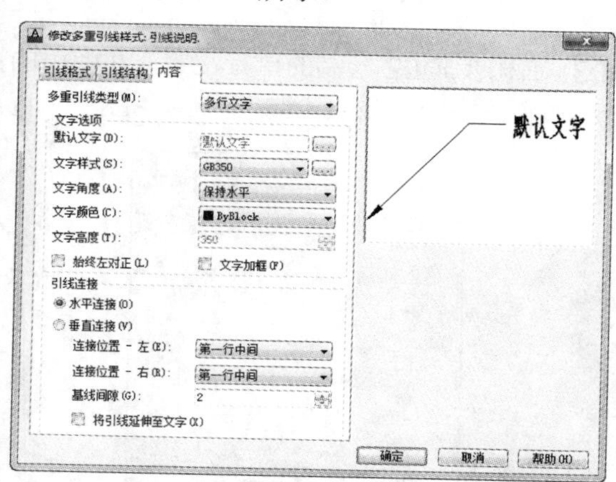

图 7-61　设置引线内容

05 在“多重引线”工具栏的“多重引线样式”下拉列表框中选择“引线说明”样式，如图 7-62 所示，将“引线说明”样式设置为当前样式。

图 7-62　选择当前引线样式

06 在“多重引线”工具栏中，单击“多重引线”按钮，命令行提示如下。

命令: _mleader

指定引线箭头的位置或 [引线基线优先(L)/内容优先(C)/选项(O)] <选项>: //在防滑条剖面图内拾取任意一点

指定引线基线的位置: @600,600 //输入相对坐标，按 Enter 键，弹出多行文字编辑器，设置文字大小为 200，输入文字，如图 7-63 所示，单击“确定”按钮，完成文字创建

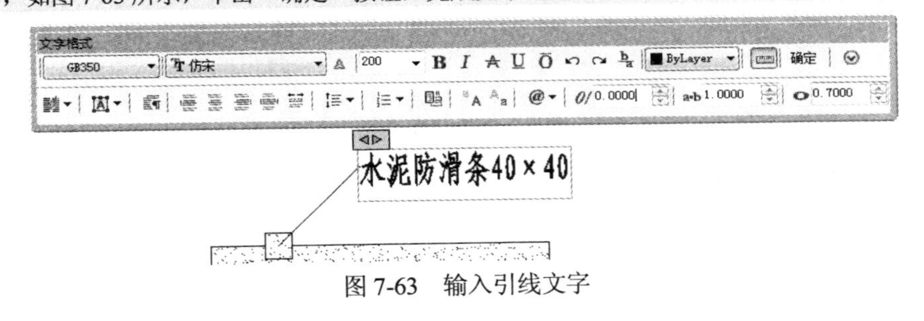

图 7-63　输入引线文字

07 选择如图 7-64 所示的多重引线的端点夹点，命令行提示如下。

命令:

** 拉伸 **

指定拉伸点或 [基点(B)/复制(C)/放弃(U)/退出(X)]: b //输入 b，捕捉基点

指定基点://拾取任意一点为基点

** 拉伸 **

指定拉伸点或 [基点(B)/复制(C)/放弃(U)/退出(X)]: @300,0 //输入相对拉伸距离，按 Enter 键，拉伸效果如图 7-65 所示

命令: *取消*

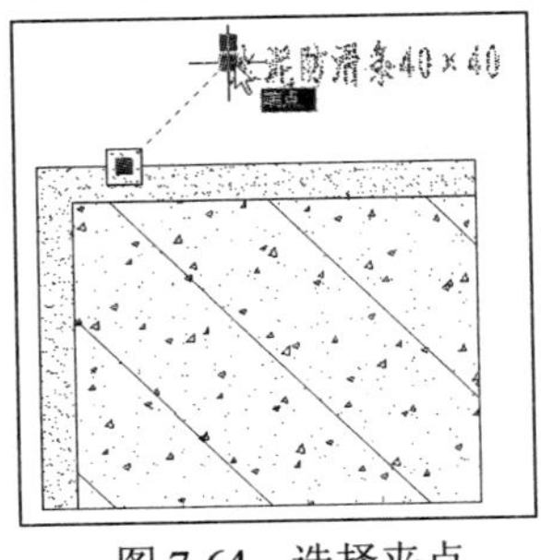

图 7-64　选择夹点

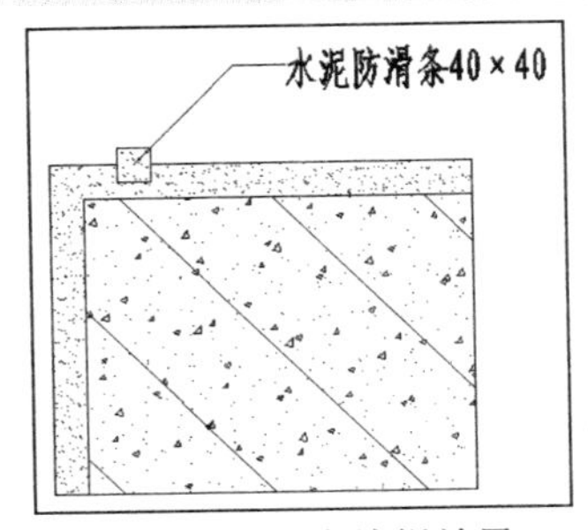

图 7-65　夹点编辑效果

第8章 建筑总平面图绘制

在建筑制图中，建筑施工图表达了建筑物的外部形状、内部布置、内外装修、构造及施工要求，同时要满足国家有关建筑制图标准和建筑行业的习惯规定，它是建筑施工、编制建筑工程预算、工程验收的重要技术依据之一。一套完整的建筑施工图包括图纸首页、建筑总平面图、建筑平面图、建筑立面图、建筑剖面图和建筑详图等。

本章将主要介绍建筑总平面图的绘制方法。通过本章的学习，用户可以熟练掌握利用 AutoCAD 绘制符合建筑标准的总平面图的方法和技巧。

8.1 建筑总平面图概述

建筑总平面图简称总平面图，是表达建筑工程总体布局的图样。通常是通过在建设地域上空向地面一定范围投影得到总平面图。总平面图表明新建房屋所在地有关范围内的总体布置，反映了新建房屋、建筑物等的位置和朝向，室外场地、道路、绿化等布置，地形、地貌标高以及与原有环境的关系和临界状况。建筑总平面图是建筑物及其他设施施工的定位、土方施工以及绘制水、暖、电等管线总平面图和施工总平面图的重要依据。

在一定情况下，可以把建筑总平面图看成平面图的一个特例，是不需要剖开建筑本身而对于建筑物及其周围环境所作的正投影图形。

8.1.1 建筑总平面图的绘制内容

在绘制总平面图时，绘图人员需要在总平面图中表达以下的一些内容。

01 总图图名、绘图比例。

02 建筑地域的环境状况，如地理位置、建筑物占地界限、原有建筑物和各种管道等。

03 应用图例表明新建区、扩建区和改建区的总体布置，表明各个建筑物和构筑物的位置，道路、广场、室外场地和绿化等布置情况以及各个建筑物及其层数等信息。在总平面图上，一般应该画出所采用的主要图例及其名称。此外，对于不符合《建筑制图标准》中的规定而需要自定义的图例，必须在总平面图中绘制清楚，并注明名称。

04 确定新建或扩建工程的具体位置，一般根据原有的房屋或道路来定位，并以 m 为单位标注出定位尺寸。

05 当新建成片的建筑物和构筑物或较大的公共建筑和厂房时，往往采用坐标来确定每一个建筑物及其道路转折点的位置。在地形起伏较大的地区，还应画出地形等高线。

06 注明新建房屋底层室内和室外平整地面的绝对标高。

07 未来计划扩建的工程位置。

08 画出风向频率玫瑰图形以及指北针图形，用来表示该地区的常年风向频率和建筑物、构筑物等方向，有时也可以只画出单独的指北针。

建筑总平面图所包括的范围较大，因此需要采用较大的比例，通常采用 1:500、1:1000 和 1:5000 等比例尺，并以图例来表示出新建的、原有的、拟建的建筑物以及地形环境、道路和绿化布置。当标准图例不够时，必须另行设定图例，并在建筑总平面图中画出自定义的图例并注明其名称。

8.1.2 建筑总平面图的绘制步骤

总平面图的图形是不规则的，在画法上难度较大，对于精度的要求总体不是很高，但是对于某些特征点，要求定位准确。

绘制建筑总平面图的一般步骤如下。

01 建立制图模板，设置各种绘图环境。

02 绘制网格环境体系。

03 绘制道路和各种建筑物、构筑物。

04 绘制建筑物局部和绿化的细节。

05 尺寸标注、文字说明和图例。

8.2 绘制建筑总平面图

如图 8-1 所示为某一个地块的建筑总平面图，平面图的绘制比例为 1:1000。下面就按照常用的绘制步骤讲解该总平面图的绘制方法。

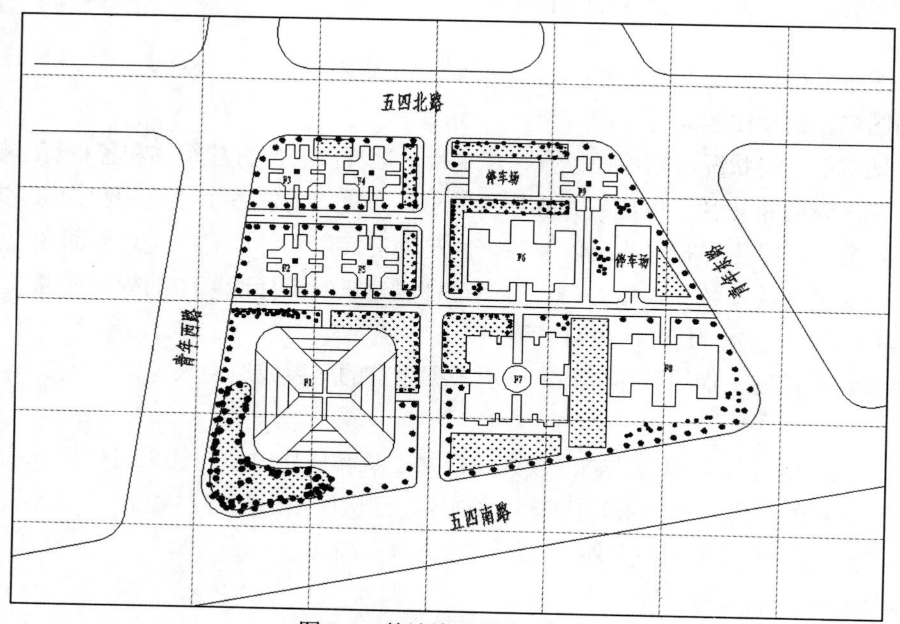

图 8-1　某地块建筑总平面图

8.2.1 设置绘图环境

本章将调用 5.2 节绘制完成的样板图。由于建筑总平面图较大，因此本图需要在 A3 图纸的基础上创建 A2 图纸，并采用 1:1000 比例尺绘图，需要补充设置尺寸标注，并同时建立图层。

01 打开 A3 模板，删除边界和图幅线，绘制 59400×42000 的矩形，将矩形分解，将左边向右偏移 2500，其他 3 条边向内偏移 1000，完成效果如图 8-2 所示。

02 执行“修剪”命令，将偏移生成的直线进行修剪，修剪效果如图 8-3 所示。

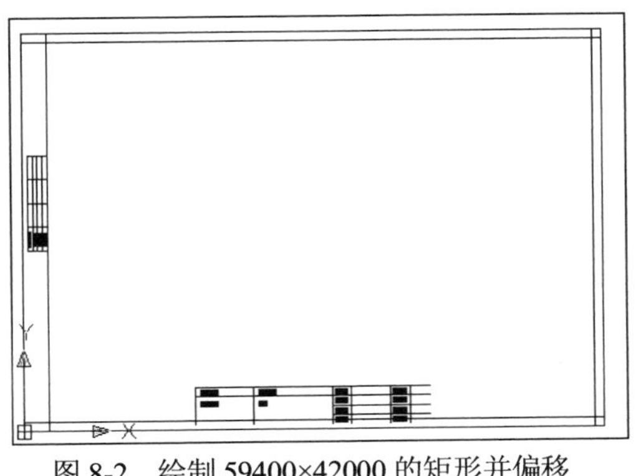

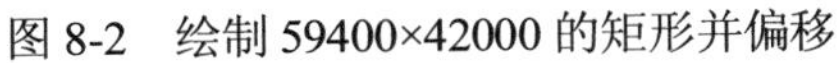

图 8-2　绘制 59400×42000 的矩形并偏移

图 8-3　修剪直线

03 执行“移动”命令，将会签栏和标题栏移动到图幅的角点，移动效果如图 8-4 所示。

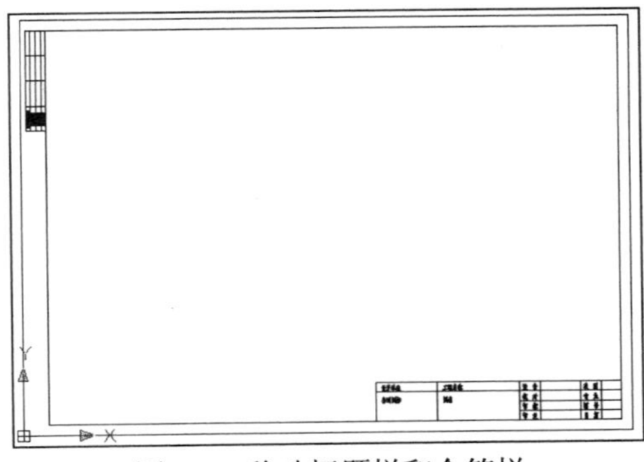

图 8-4　移动标题栏和会签栏

04 选择“格式”|“标注样式”命令，弹出“标注样式管理器”对话框。

05 单击“新建”按钮，弹出“创建新标注样式”对话框，设置基础样式为 GB100，设置新样式名为 GB1000。

06 单击“继续”按钮，弹出“新建标注样式”对话框，选择“主单位”选项卡，如图 8-5 所示设置测量单位的比例因子为 10，单击“确定”按钮，完成设置，返回“标注样式管理器”对话框，完成 GB1000 样式的创建。

图 8-5　修改比例因子

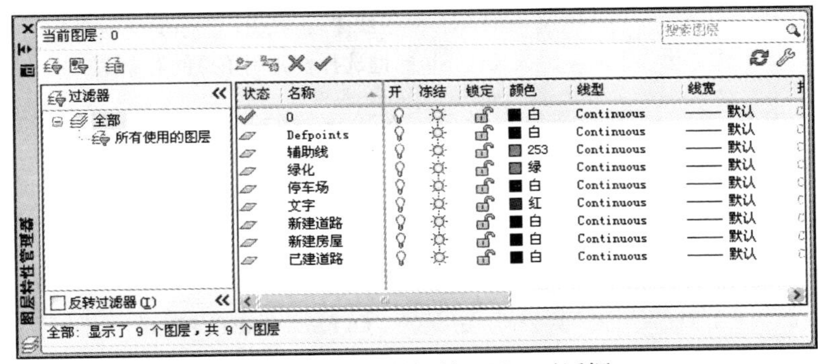

图 8-6　“图层特性管理器”对话框

07 选择“格式”|“图层”命令，弹出“图层特性管理器”对话框，单击“新建图层”按钮，创建如图 8-6 所示的图层。按照图 8-6 所示设置颜色、线型等参数。

8.2.2 创建网格并绘制主要道路

本节将使用“构造线”命令创建网格，并使用“直线”、“圆角”和“修剪”等命令绘制平面图中的各个主要道路。其具体操作步骤如下。

01 在“图层”工具栏中，将“辅助线”图层设置为当前图层。执行“构造线”命令，分别绘制水平和垂直的构造线；执行“偏移”命令，将水平和垂直构造线分别向左和向下偏移，偏移距离为 5000，完成效果如图 8-7 所示。为了叙述方便，垂直网格线从左到右依次命名为 V1~V7，水平网格线从上到下依次命名为 H1~H6。

02 将“已建道路”图层设置为当前图层。执行“直线”命令，连接 4 个点，这 4 个点分别是 V1 与 H5 的交点，V6 与 H4 的交点，V4、H1、V5 与 H2 围成网格的中心和 V1、H1、V2 与 H2 围成网格的中心，完成效果如图 8-8 所示。

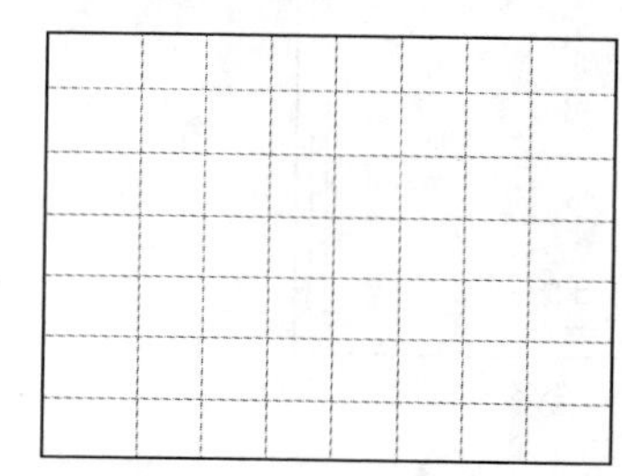

图 8-7　绘制完成的网格

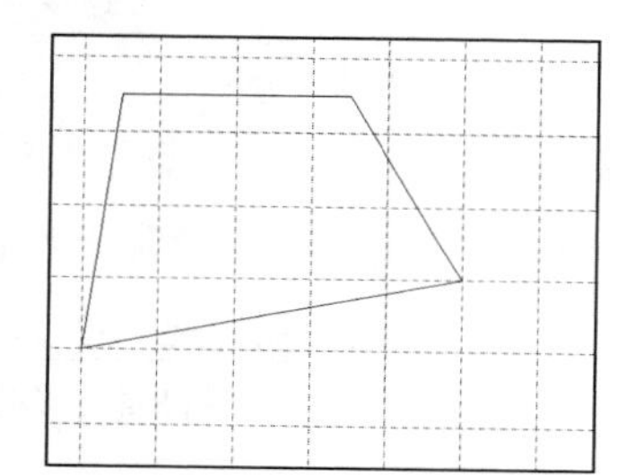

图 8-8　绘制小区粗略边界

03 在“修改”工具栏中单击“圆角”按钮，命令行提示如下。

```
命令: _fillet
当前设置: 模式 = 修剪，半径 =0
选择第一个对象或 [放弃(U)/多段线(P)/半径(R)/修剪(T)/多个(M)]: r //输入 r，设置圆角半径
指定圆角半径 <0>: 1500 //设置圆角半径
选择第一个对象或 [放弃(U)/多段线(P)/半径(R)/修剪(T)/多个(M)]:
选择第二个对象，或按住 Shift 键选择要应用角点的对象: //分别选择轮廓线一个角点的两条直线
```

04 继续使用“圆角”命令，对轮廓线的其余 3 个角点进行圆角操作，圆角半径均为 1500。圆角效果如图 8-9 所示。

05 在“修改”工具栏中单击“偏移”按钮，命令行提示如下。

```
命令: _offset
当前设置: 删除源=否　图层=源　OFFSETGAPTYPE=0
指定偏移距离或 [通过(T)/删除(E)/图层(L)] <通过>:　3000 //设置偏移距离为 3000
选择要偏移的对象，或 [退出(E)/放弃(U)] <退出>: //拾取左侧轮廓线
```

```
指定要偏移的那一侧上的点，或 [退出(E)/多个(M)/放弃(U)] <退出>://向左偏移
选择要偏移的对象，或 [退出(E)/放弃(U)] <退出>://按 Enter 键，完成偏移
```

06 继续执行“偏移”命令，将上轮廓线向上偏移 3500，右轮廓线向右偏移 3000，下轮廓线向下偏移 3500，偏移效果如图 8-10 所示。

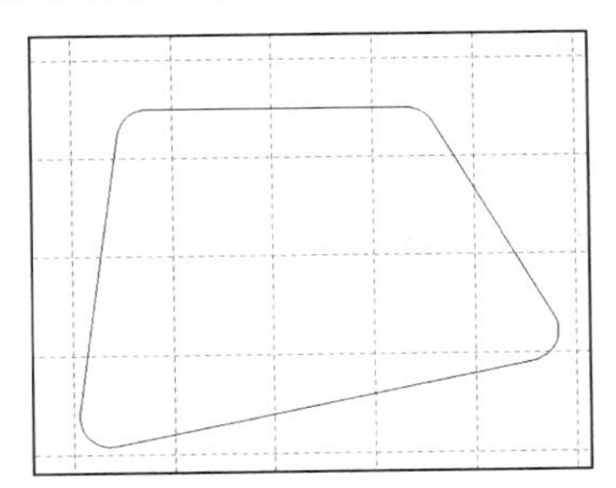

图 8-9　对轮廓线圆角

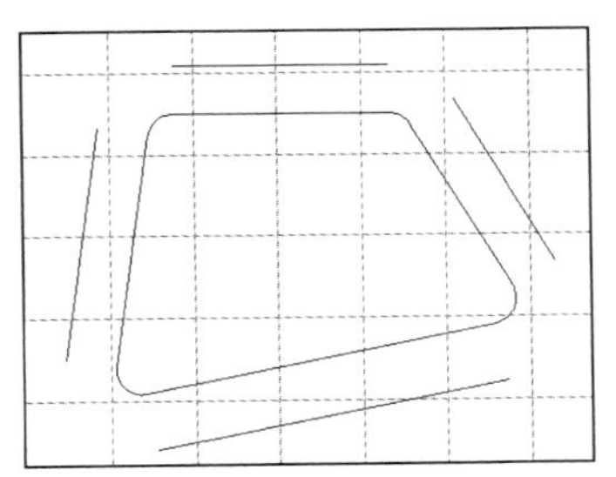

图 8-10　偏移轮廓线

07 过上轮廓线绘制构造线，执行“圆角”命令，将左侧轮廓线的偏移线与绘制的构造线进行圆角操作。其他的道路绘制采用同样的方法。本操作方法比较简单，只是重复次数比较多，在此不再赘述，设置圆角半径均为 1500。最终效果如图 8-11 所示。

08 执行“偏移”命令，将 V3 分别向左、向右各偏移 500。选择偏移线，在“图层”工具栏中选择“已建道路”图层，把这两条偏移线设置为“已建道路”图层，完成效果如图 8-12 所示。

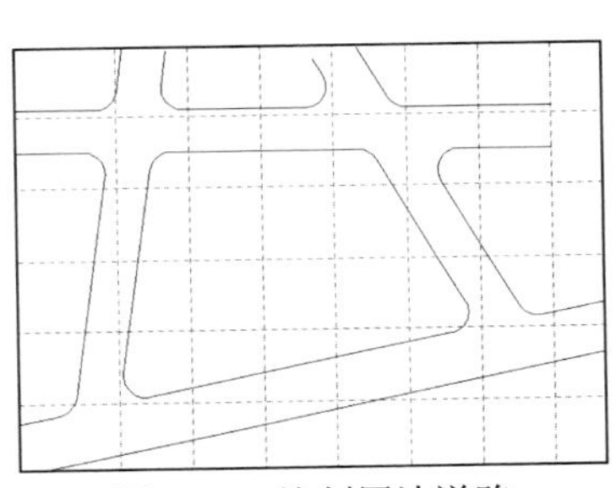

图 8-11　绘制周边道路

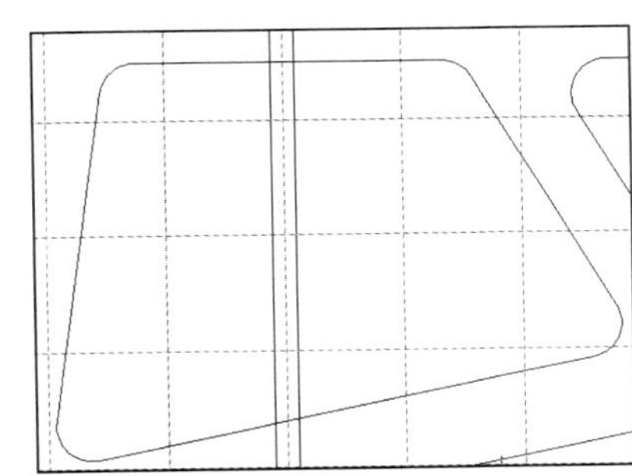

图 8-12　绘制偏移线

09 执行“修剪”命令修剪两条偏移线在小区轮廓线以内的部分；使用“圆角”命令，对小区道路线与轮廓线进行圆角操作，圆角半径为 300，完成效果如图 8-13 所示。该圆角操作导致了左侧部分轮廓线的消失，用户可以使用“直线”命令补充缺失的轮廓线，补充效果如图 8-14 所示。

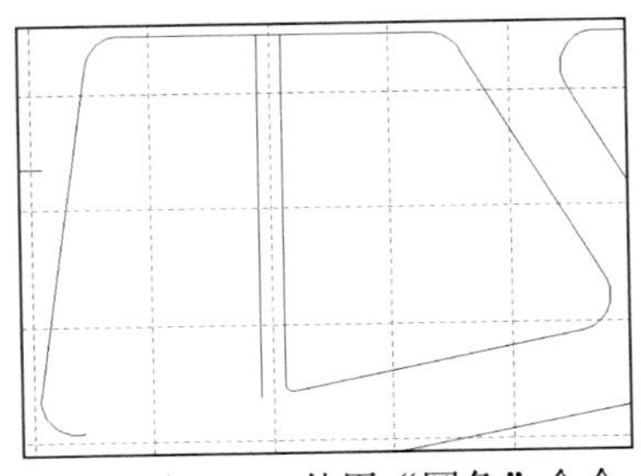

图 8-13　使用“圆角”命令

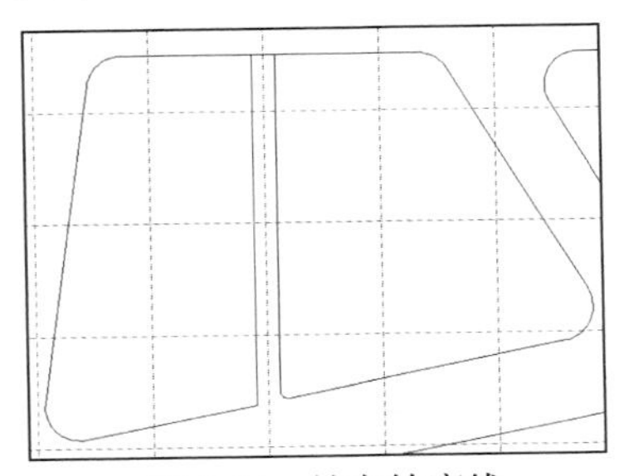

图 8-14　补充轮廓线

10 执行“圆角”命令，对小区主道路和轮廓线的交点进行圆角操作，圆角半径为 3000。

11 切换到“新建道路”图层，绘制小区的另外一条主干道。对 H3 执行“偏移”命令，分别向上和向下偏移 3000，将两条偏移线设置为“新建道路”图层，修剪水平主道路与轮廓线交点以外的部分，并对水平主干道和垂直主干道的交叉部分进行圆角操作，圆角半径为 300。完成效果如图 8-15 所示。

12 选择“格式”|“线型”命令，弹出“线型管理器”对话框，单击“加载”按钮，弹出如图 8-16 所示的“加载和重载线型”对话框，在“可用线型”列表中选择 ACAD_IS010W100，单击“确定”按钮返回“线型管理器”对话框，单击“确定”按钮，完成线型加载。

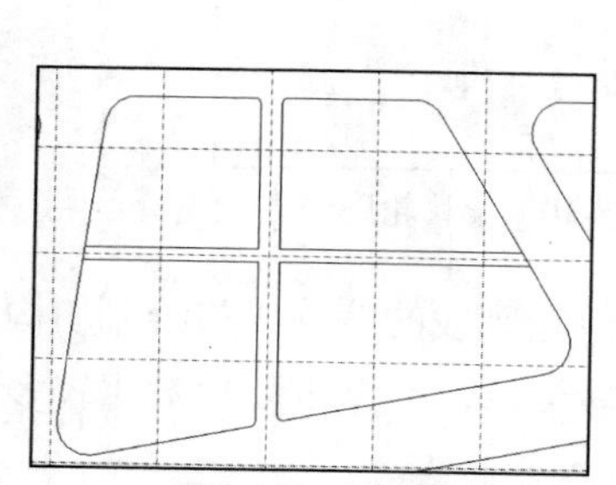

图 8-15 绘制水平主干道

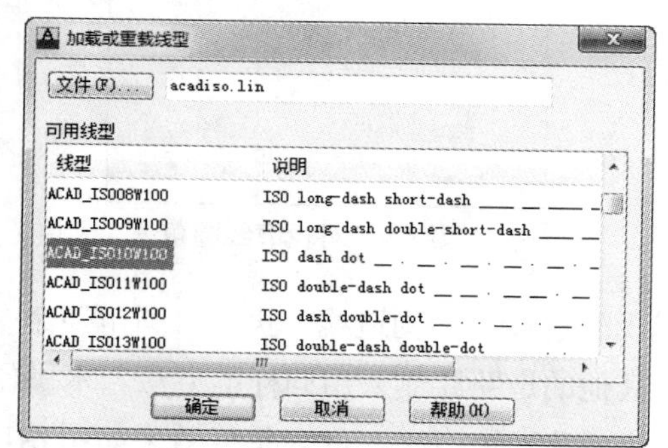

图 8-16 加载线型

13 执行“直线”命令，绘制水平道路的中线。选中刚刚所绘制的直线，在“特性”工具栏的“线型控制”下拉列表框中选择 ACAD_IS010W100，如图 8-17 所示。

14 设置完成后，可以看到，线型没有变化，原因是比例不对。右击直线，从弹出的快捷菜单中选择“特性”命令，弹出如图 8-18 所示的“特性”选项板，修改“线型比例”为 100。关闭“辅助线”层，此时可以看到如图 8-19 所示的线型效果。

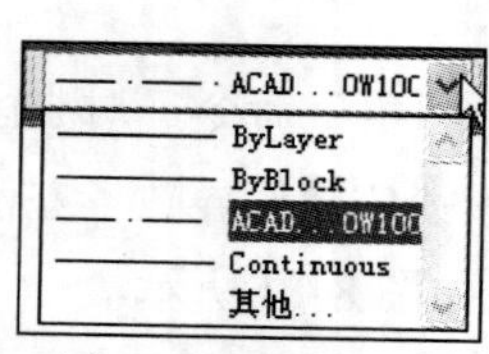

图 8-17 选择线型

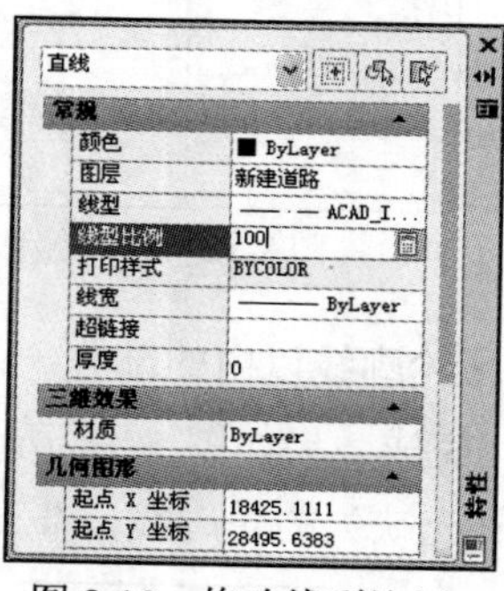

图 8-18 修改线型比例

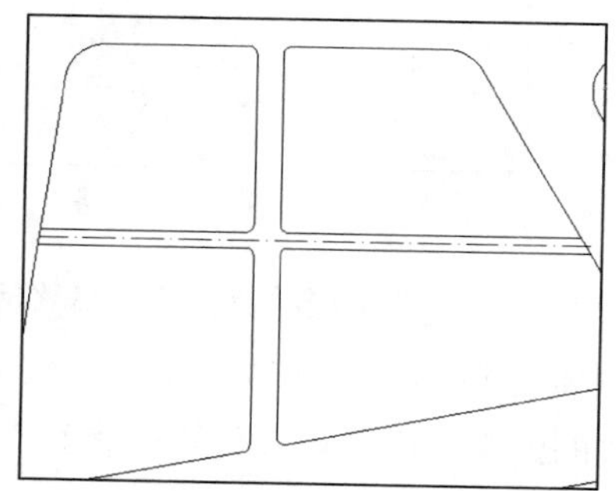

图 8-19 关闭“辅助线”层效果

8.2.3 绘制建筑物图块

在总平面图中，各种建筑物可以采用《建筑制图总图标准》提供的图例或用代表建筑物形状的简单图形表示。在本总平面图中，主要有塔楼、综合楼和板楼 3 种类型的建筑物。本节以塔楼绘制方法为例进行详细讲解，其余建筑物给出尺寸，读者自行绘制。

绘制塔楼的具体操作步骤如下。

01 选择“格式”|“点样式”命令，弹出“点样式”对话框，选择点样式×，单击“确定”按钮。

02 执行“点”命令，在绘图区绘制一个点。

03 在“绘图”工具栏中单击“直线”按钮╱，命令行提示如下。

```
命令: _line
指定第一点: from //采用相对点法绘制直线
基点: //拾取步骤02绘制的点
<偏移>: @0,600 //输入直线第一个点的相对坐标
指定下一点或 [放弃(U)]: @100,0
指定下一点或 [放弃(U)]: @0,600
指定下一点或 [闭合(C)/放弃(U)]: @400,0
指定下一点或 [闭合(C)/放弃(U)]: @0,-500
指定下一点或 [闭合(C)/放弃(U)]: @100,-100 //依次输入其他点相对坐标
指定下一点或 [闭合(C)/放弃(U)]: //按 Enter 键，绘制效果如图 8-20 所示
```

04 在“修改”工具栏中单击“镜像”按钮，命令行提示如下。

```
命令: _mirror
选择对象: 指定对角点: 找到 5 个 //框选步骤03绘制的对象
选择对象://按 Enter 键，完成选择
指定镜像线的第一点:// 拾取步骤02绘制的辅助点
指定镜像线的第二点:// 拾取步骤03绘制的直线的最后一点，如图 8-21 所示
要删除源对象吗？[是(Y)/否(N)] <N>://按 Enter 键，镜像效果如图 8-22 所示
```

05 在“修改”工具栏中单击“环形阵列”按钮，选择如图 8-22 所示的镜像对象(辅助点除外)为阵列对象，以辅助点为阵列中心点，设置“项目总数”为 4，阵列效果如图 8-23 所示。

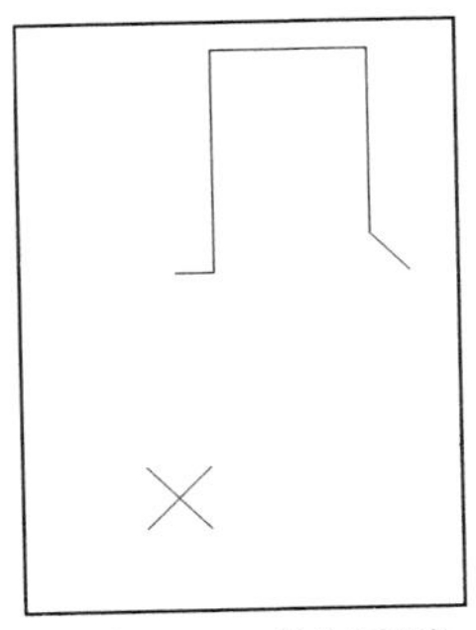

图 8-20　绘制直线

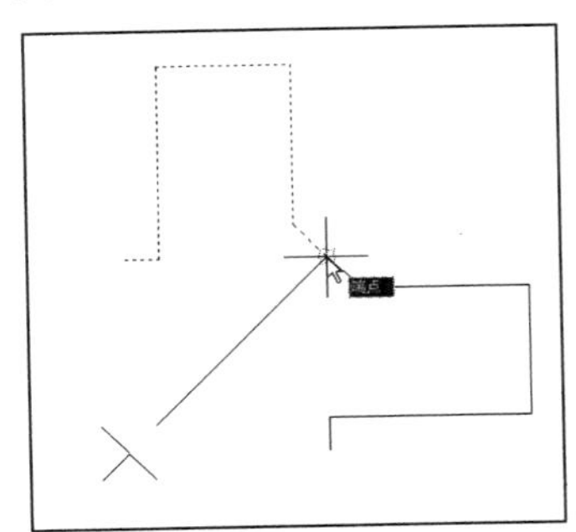

图 8-21　使用镜像命令

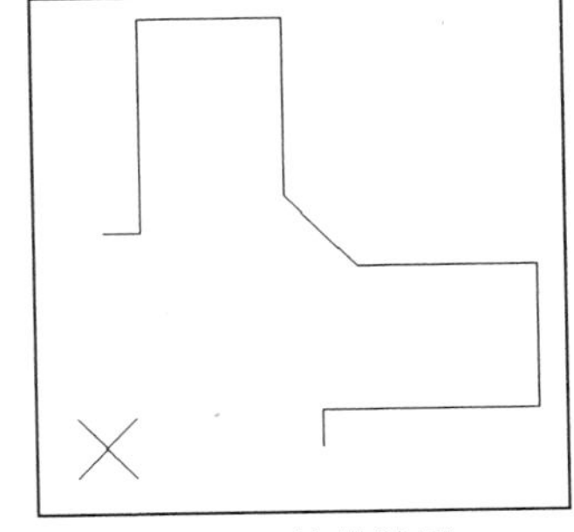

图 8-22　镜像效果

06 在“绘图”工具栏中单击“矩形”按钮□，命令行提示如下。

```
命令: _rectang
指定第一个角点或 [倒角(C)/标高(E)/圆角(F)/厚度(T)/宽度(W)]: //拾取辅助点为第一个角点
```

指定另一个角点或 [面积(A)/尺寸(D)/旋转(R)]: @200,200 //输入相对坐标，按 Enter 键，绘制效果如图 8-24 所示

07 在“修改”工具栏中单击“移动”按钮，命令行提示如下。

命令: _move
选择对象: 找到 1 个 //拾取步骤**06**绘制的矩形
选择对象: //按 Enter 键完成选择
指定基点或 [位移(D)] <位移>: //拾取辅助点为基点
指定第二个点或 <使用第一个点作为位移>:
>>输入 ORTHOMODE 的新值 <0>:
正在恢复执行 MOVE 命令。
指定第二个点或 <使用第一个点作为位移>: @-100,-100 //输入相对坐标移动矩形，移动效果如图 8-25 所示

08 删除辅助点。在“绘图”工具栏中单击“图案填充”按钮，弹出“图案填充和渐变色”对话框，单击“图案”下拉列表框后面的按钮，弹出“填充图案选项板”对话框，选择“其他预定义”选项卡中的 SOLID 图案。单击“确定”按钮，返回“图案填充和渐变色”对话框，单击“添加：拾取点”按钮返回绘图区。

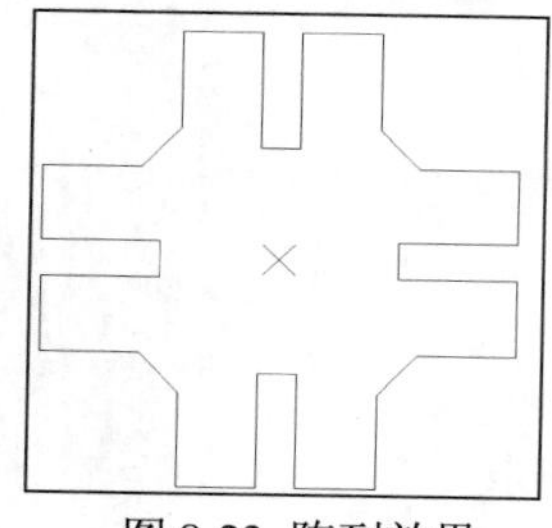

图 8-23 阵列效果

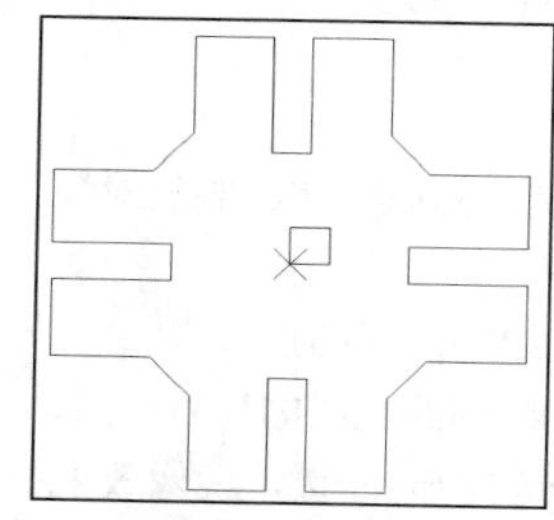

图 8-24 绘制矩形

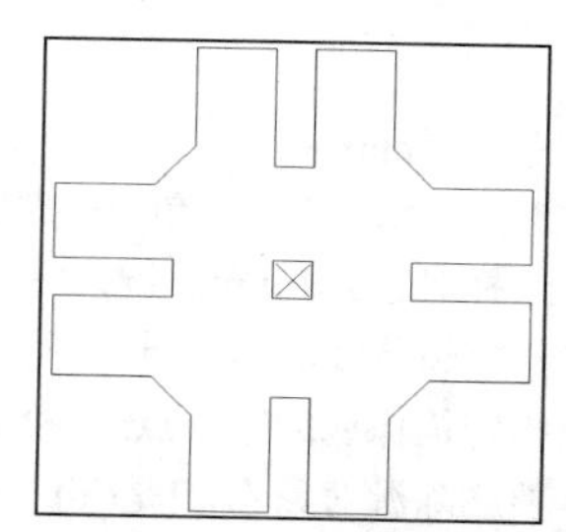

图 8-25 移动完成后的矩形

09 拾取矩形内一点，返回“图案填充和渐变色”对话框，单击“确定”按钮，填充效果如图 8-26 所示。

10 选择“绘图”|“块”|“创建”命令，弹出“块定义”对话框，设置图块名称为“塔楼”，拾取矩形的中心为基点，选择图 8-26 所示的所有图形为对象，其他设置如图 8-27 所示，单击“确定”按钮，完成块定义。

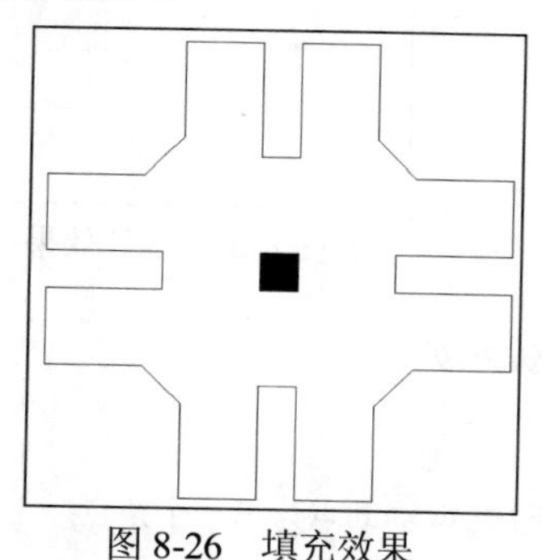

图 8-26 填充效果

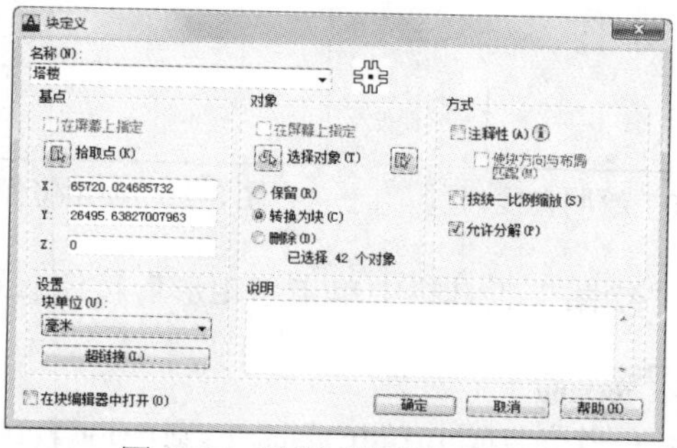

图 8-27 设置“塔楼”图块

综合楼的效果如图 8-28 所示，定义图块名称为“综合楼”，基点为图形的中心。两个板楼的效果分别如图 8-29 和图 8-30 所示，第一个定义为“板楼 1”，基点为圆心；第二个定义为“板楼 2”，基点为下方中间直线的中点。

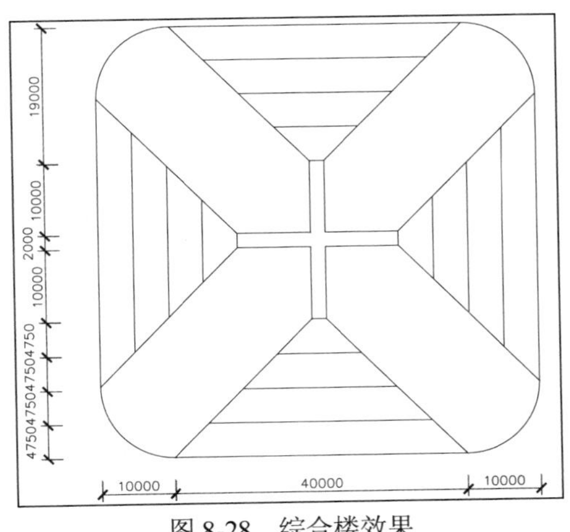

图 8-28　综合楼效果

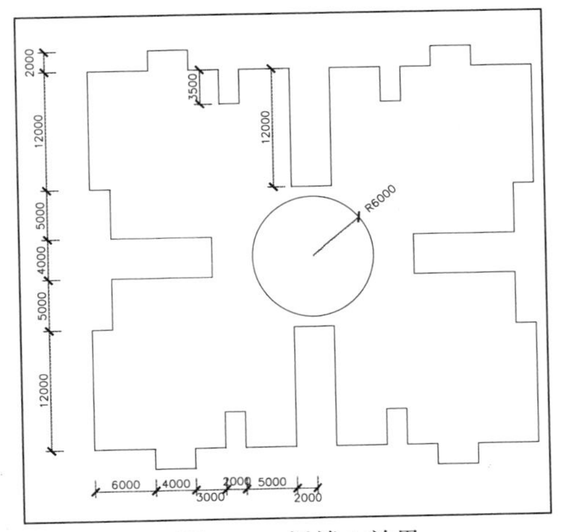

图 8-29　板楼 1 效果

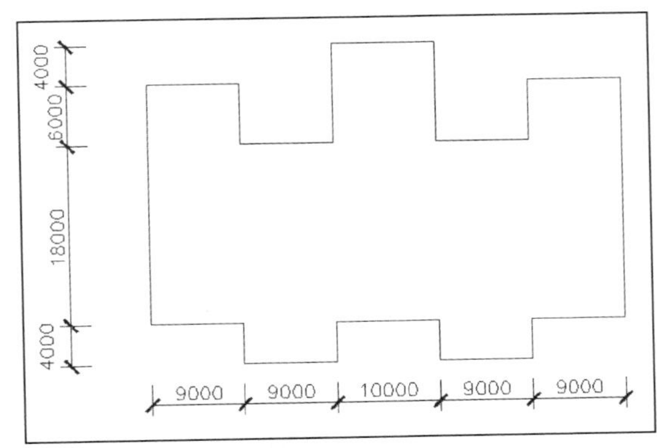

图 8-30　板楼 2 效果

8.2.4　插入建筑物

建筑物绘制完成后，就需要将各类建筑物插入到建筑平面图形中。插入建筑物比较关键的技术是定位，定位完成，各类建筑物图块就可以精确地插入到平面图中。插入建筑物图块的具体操作步骤如下。

01 在“修改”工具栏中单击“偏移”按钮，命令行提示如下。

```
命令: _offset
当前设置: 删除源=否　图层=源　OFFSETGAPTYPE=0
```

指定偏移距离或 [通过(T)/删除(E)/图层(L)] <475>: 1000 //设置偏移距离
选择要偏移的对象，或 [退出(E)/放弃(U)] <退出>://选择南北向主干路左下边界线
指定要偏移的那一侧上的点，或 [退出(E)/多个(M)/放弃(U)] <退出>://向左偏移
命令:
命令: _offset
当前设置: 删除源=否 图层=源 OFFSETGAPTYPE=0
指定偏移距离或 [通过(T)/删除(E)/图层(L)] <1000>: 800 //设置偏移距离
选择要偏移的对象，或 [退出(E)/放弃(U)] <退出>://选择东西向主干路左下边界线
指定要偏移的那一侧上的点，或 [退出(E)/多个(M)/放弃(U)] <退出>://向下偏移

02 在“绘图”工具栏中单击“点”按钮，命令行提示如下。

命令: _point
当前点模式: PDMODE=3 PDSIZE=0
指定点: from//使用相对点输入方法
基点: //拾取步骤**01**偏移的两条线的交点为基点
<偏移>: @-3000,-3000 //输入点的相对坐标
命令://按 Enter 键完成点的输入，绘制效果如图 8-31 所示

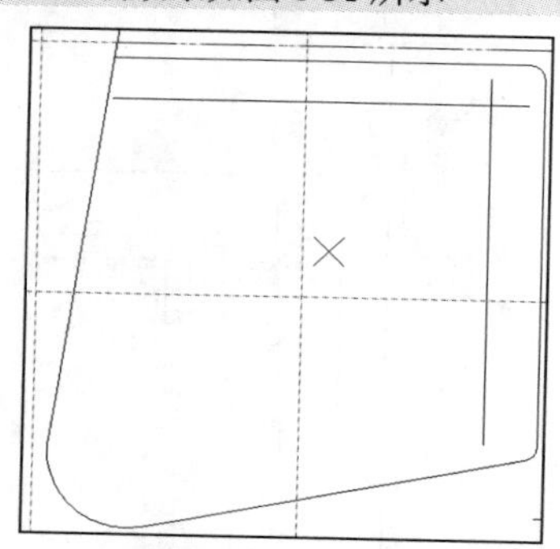

图 8-31 绘制定位点

03 选择“插入”|“块”命令，弹出如图 8-32 所示的“插入”对话框，在“名称”下拉列表框中选择“综合楼”图块，单击“确定”按钮，命令行提示“指定插入点”，在绘图区拾取步骤**02**绘制的定位点，完成效果如图 8-33 所示。

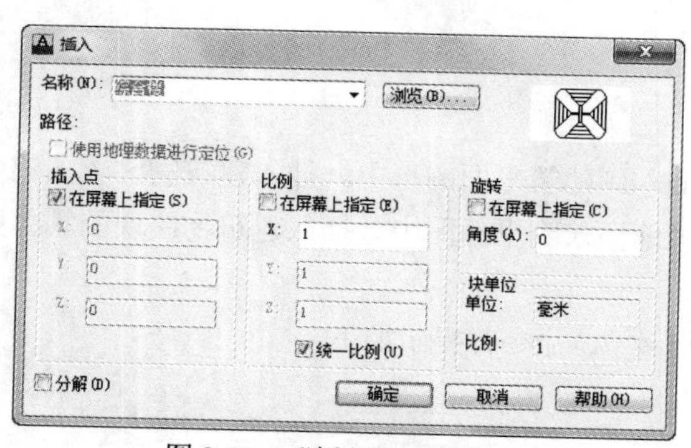

图 8-32 “插入”对话框

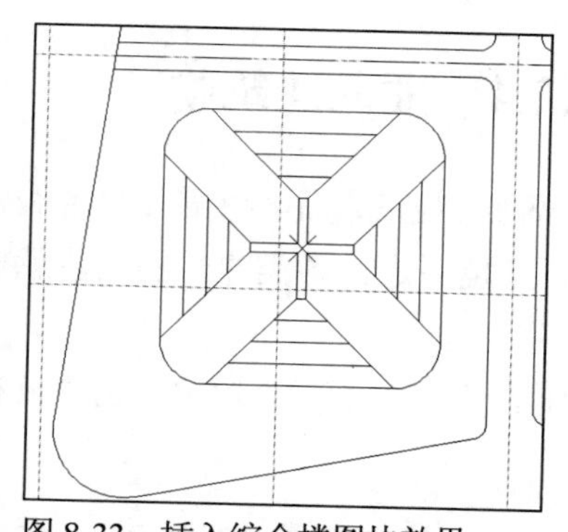

图 8-33 插入综合楼图块效果

04 对于其他建筑物的插入方法同样使用定位点。被两条主干道分开的左上区域，将南北主干道左上外界线向左偏移 1000，将东西主干道左上外界线向上偏移 400。在“绘图”工具栏中单击“点”按钮 ，命令行提示如下。

```
命令: _point
当前点模式:   PDMODE=3   PDSIZE=0
指定点: from//使用相对点方法绘制点
基点: //以两条偏移线的交点为基点
<偏移>: @-1200,1200 //输入相对坐标
命令:
命令:
命令: _point
当前点模式:   PDMODE=3   PDSIZE=0
指定点: @0,4000 //输入相对坐标
命令:
命令:
命令: _point
当前点模式:   PDMODE=3   PDSIZE=0
指定点: @-3200,0 //输入相对坐标
命令:
命令:
命令: _point
当前点模式:   PDMODE=3   PDSIZE=0
指定点: @0,-4000 //输入相对坐标
命令:
命令:
命令: _point
当前点模式:   PDMODE=3   PDSIZE=0
指定点://按 Enter 键，定位点效果如图 8-34 所示
```

05 选择“插入”|“块”命令，弹出“插入”对话框，在“名称”下拉列表框中选择“塔楼”图块，单击“确定”按钮，命令行提示“指定插入点”，在绘图区域拾取步骤**04**绘制的定位点，插入效果如图 8-35 所示。

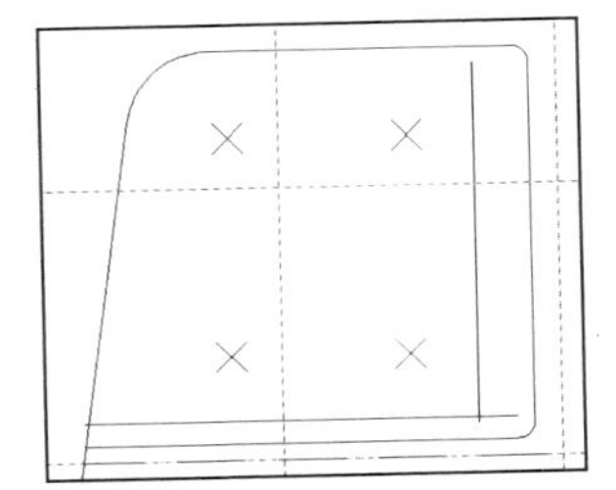

图 8-34　绘制小区左上区域定位点

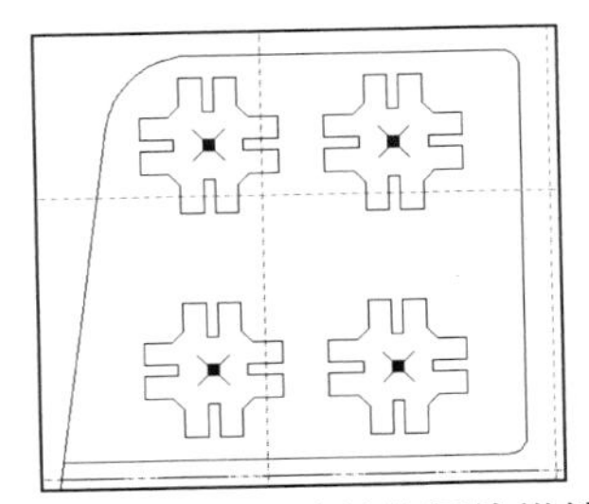

图 8-35　插入建筑物图块塔楼

06 使用同样的方法，执行“偏移”和“点”命令，绘制小区右上区域的建筑物。分别将南北主干道右上外界线向右偏移 1000，东西主干道右上外界线向上偏移 400，两个定位点相对于两条偏移线交点的相对坐标分别为(@2300,400)和(@5100,4900)，并且插入图块板楼 2 和塔楼，插入效果如图 8-36 所示。

07 使用同样的方法，执行“偏移”和“点”命令，绘制小区右下区域的建筑物。分别将南北主干道右下外界线向右偏移 1000，东西主干道右下外界线向下偏移 800，两个定位点相对于两条偏移线交点的相对坐标分别为(@2200,-2100)和(@8500,-400)。

08 选择“插入”|“块”命令，弹出“插入”对话框，在“名称”下拉列表中选择“板楼 2”图块，在“角度”文本框中输入 180，单击“确定”按钮，命令行提示“指定插入点”，在绘图区拾取步骤**07**绘制的右侧定位点，插入效果如图 8-37 所示。

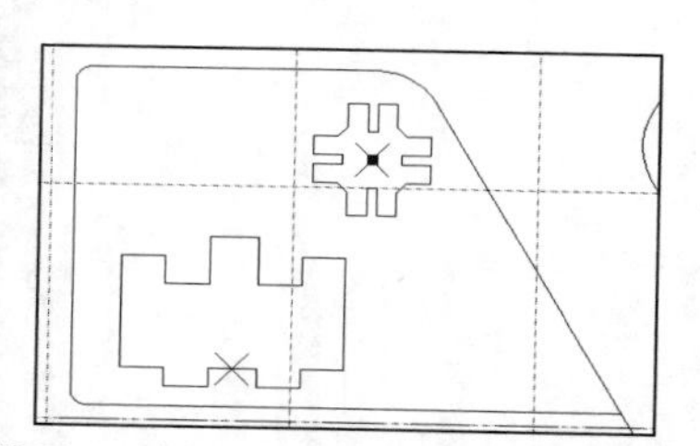

图 8-36 插入小区右上区域建筑物图块

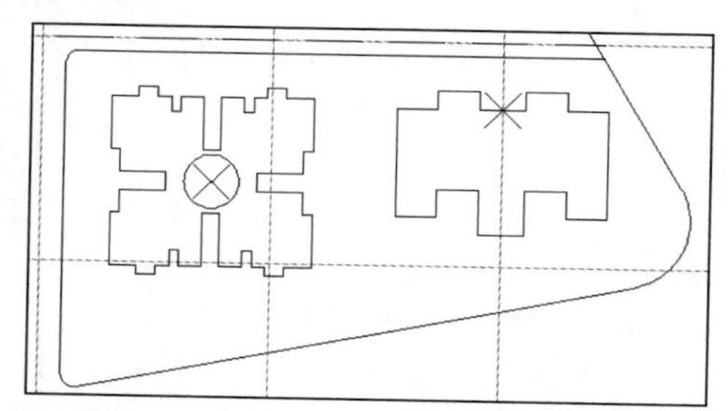

图 8-37 插入小区右下区域建筑物图块

09 删除定位点，并插入建筑物图块，完成效果如图 8-38 所示。

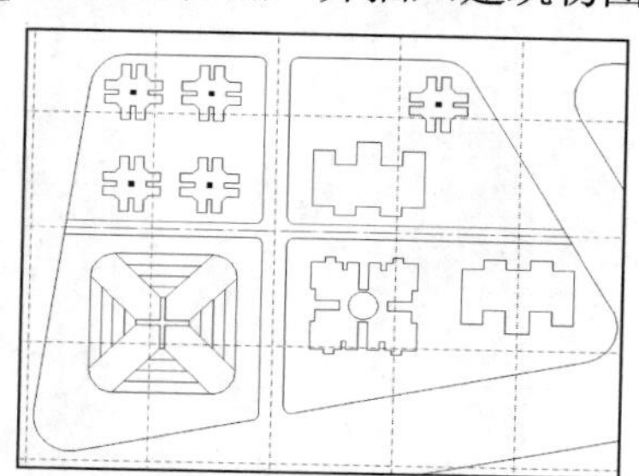

图 8-38 插入建筑物图块效果

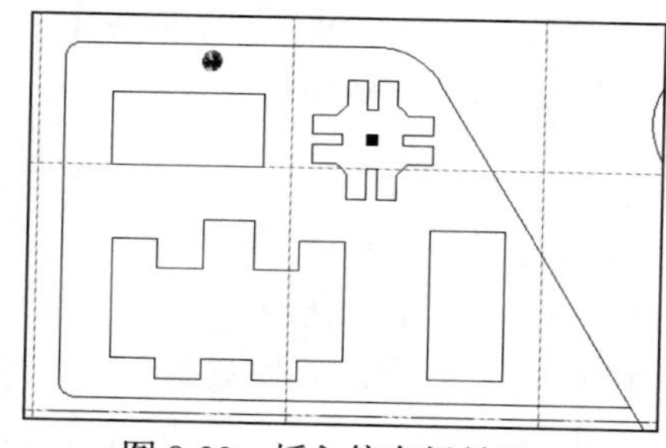

图 8-39 插入停车场效果

8.2.5 插入停车场

执行“矩形”命令，分别绘制 3000×1500 和 1500×3000 的停车场，插入到小区右上区域的空白部分，完成效果如图 8-39 所示，要求上侧停车场的左侧与板楼 2 的左侧持平，下侧停车场的下侧与板楼 2 的下侧持平。

8.2.6 补充道路

在小区内，除了两条主要干道之外，还需要绘制人行道和各种连接道路。其具体绘制步骤如下。

01 在绘制之前，将图层切换到“新建道路”图层。在小区左下区域，在综合楼的东方向和北方向开门，门前路宽 400，执行“直线”命令绘制直线，直线的起点为综合楼上外缘的中点，终点为东西向主干道左下边界的垂足，将绘制完成的直线执行“偏移”命令分别向左和向右偏移 200，执行“修剪”命令修剪与东西主干道的连接部。使用同样的方法，绘制东侧门的路，完成效果如图 8-40 所示。

02 执行“直线”、“偏移”和“修剪”命令，绘制小区左上侧区域的路，路宽 300，与东西向主干道相连接的道路效果如图 8-41 所示。

03 执行“直线”和“偏移”命令绘制塔楼内部的行车道路和门前路，其中门前路宽 300，汽车路宽 600，完成效果如图 8-42 所示。

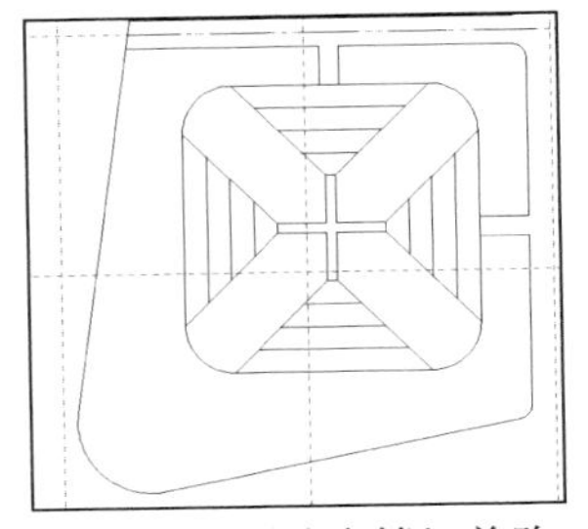

图 8-40　绘制综合楼门前路

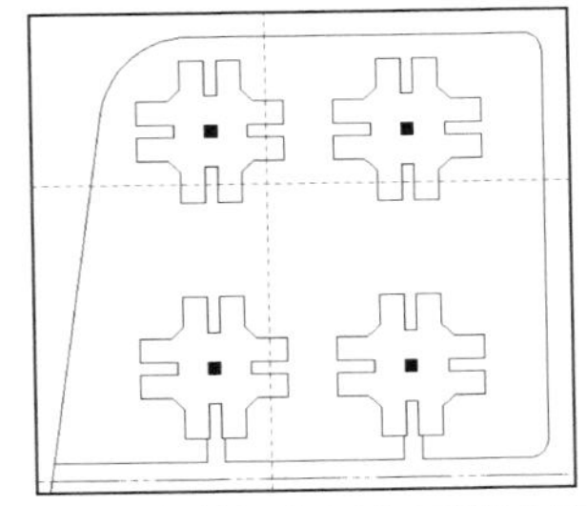

图 8-41　绘制与东西主干道连接的道路

04 执行“修剪”和“延伸”命令，对道路进行修剪和延伸操作，并选择路中直线，设置线型为 ACAD_IS010W100，在“特性”选项板中设置线型比例为 100，完成效果如图 8-43 所示。

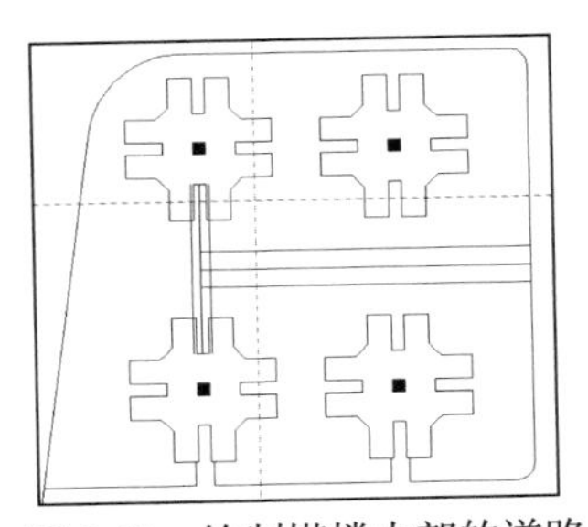

图 8-42　绘制塔楼内部的道路

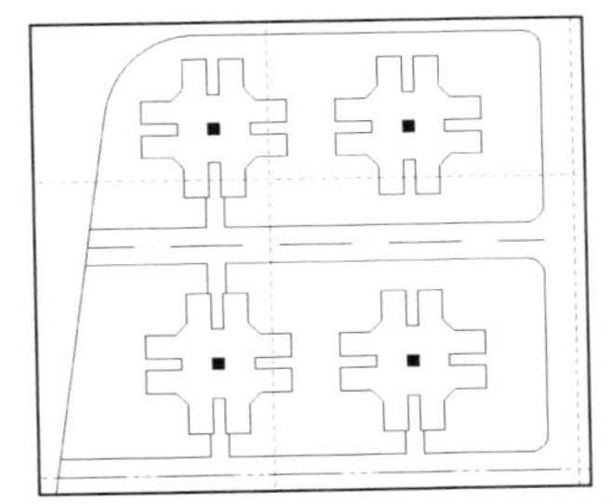

图 8-43　修剪、延伸完成的道路

05 执行“直线”、“偏移”和“修剪”命令，补充另外两栋塔楼门前路，路宽 300，完成效果如图 8-44 所示。

06 使用同样的方法，绘制小区右下区域的道路，路宽 400，完成效果如图 8-45 所示。

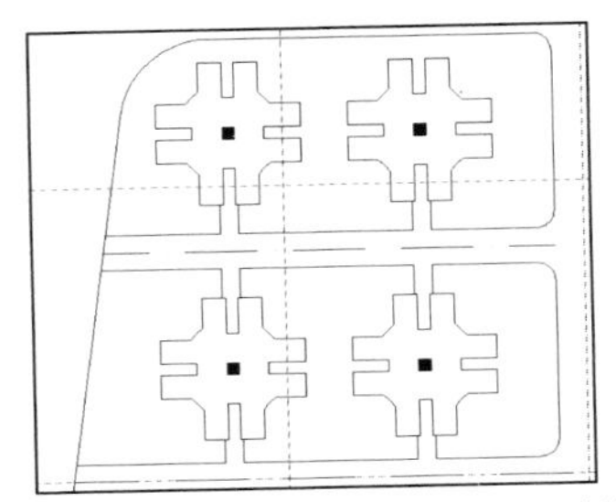

图 8-44　绘制完成的小区左上区域道路

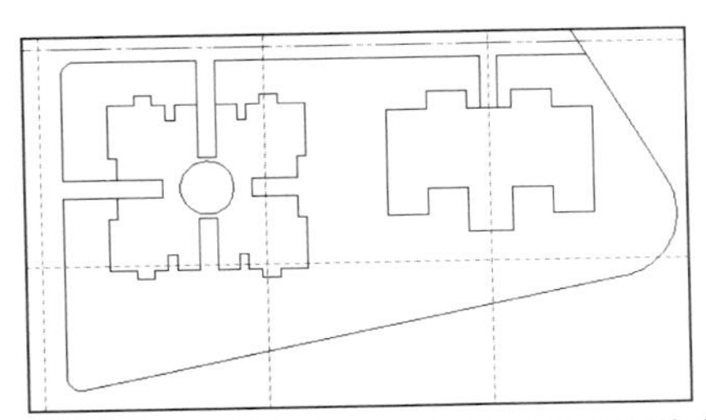

图 8-45　绘制完成的小区右下区域的道路

07 使用同样的方法，绘制小区右上区域的道路，其中塔楼门前路宽 300，停车场路宽 600，板楼 2 门前路宽 400，绘制完成后的小区道路如图 8-46 所示。

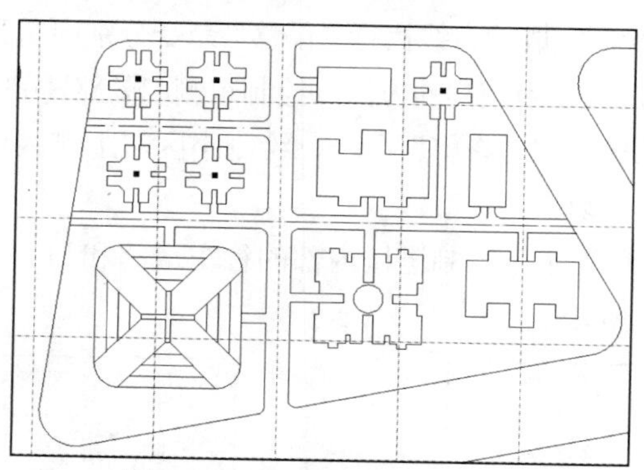

图 8-46 绘制完成的小区道路

8.2.7 绘制绿化

一般来说，小区的绿化包括树与草的绿化。通常情况下，并不提倡制图人员绘制各种树木，制图人员应从图库中找到已经绘制完成的树木图块。同样草也不需要制图人员绘制，使用 AutoCAD 自带的填充功能就可以完成。其具体操作步骤如下。

01 本例中可能用到如图 8-47 所示的树木进行绿化，因此把它们保存在图块中分别命名为“树 1”~“树 7”。需要注意，通常从图库中寻找的图例，都是按照绘图比例 1:100 绘制的，因此在绘图比例为 1:1000 的建筑图中，需要将其缩小到 0.1，然后定义为需要的图块来使用。

02 执行“直线”、“矩形”和“样条曲线”命令，绘制各种草坪的界线，因为没有具体的尺寸要求，用户可以根据实际情况确定草坪的大小。如图 8-48 所示为绘制草坪边界的效果图。

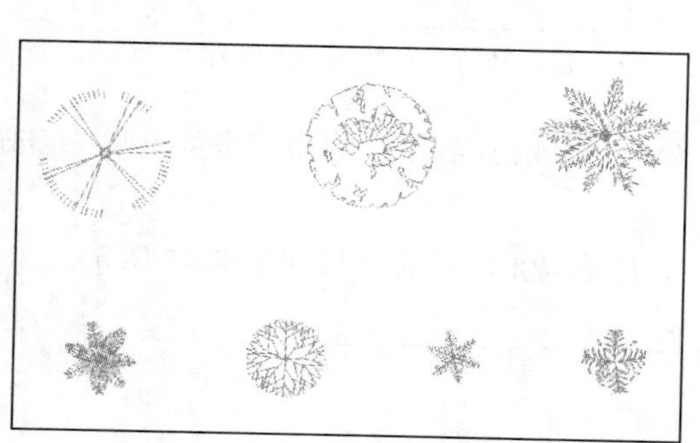

图 8-47 本书可能用到的图例

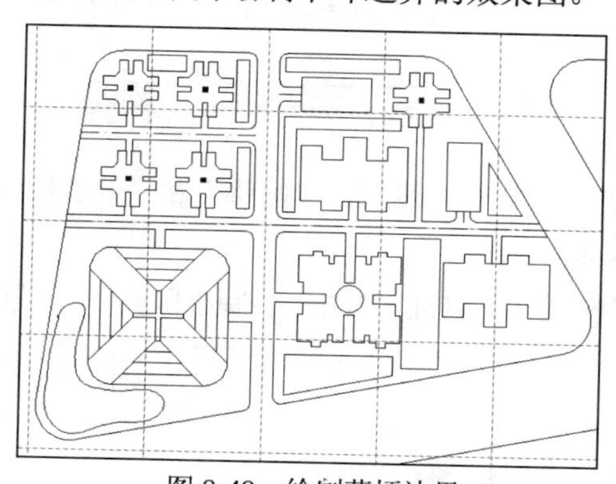

图 8-48 绘制草坪边界

03 在“绘图”工具栏中单击“图案填充”按钮，弹出“图案填充和渐变色”对话框，如图 8-49 所示，设置填充图案为 GRASS，比例为 10，分别拾取草坪的边界进行填充，填充效果如图 8-50 所示。

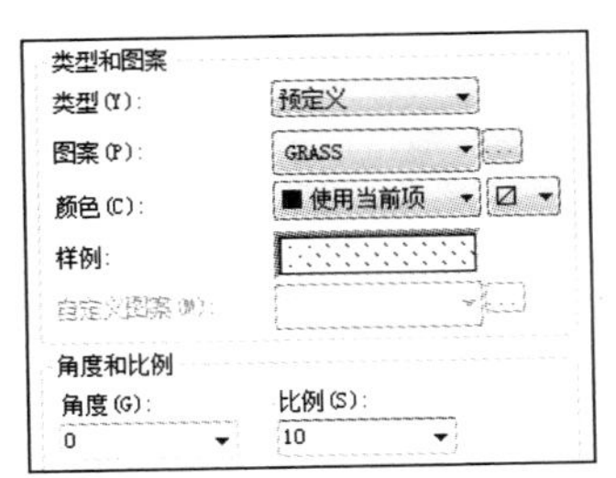

图 8-49　“图案填充和渐变色”对话框

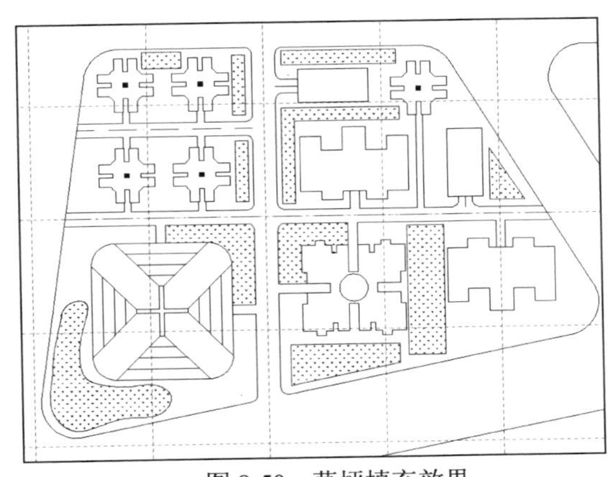

图 8-50　草坪填充效果

04 选择“插入”|“块”命令，弹出“插入”对话框，选择不同的树图块插入到总平面图中，位置没有严格要求，绿化总体效果如图 8-51 所示。

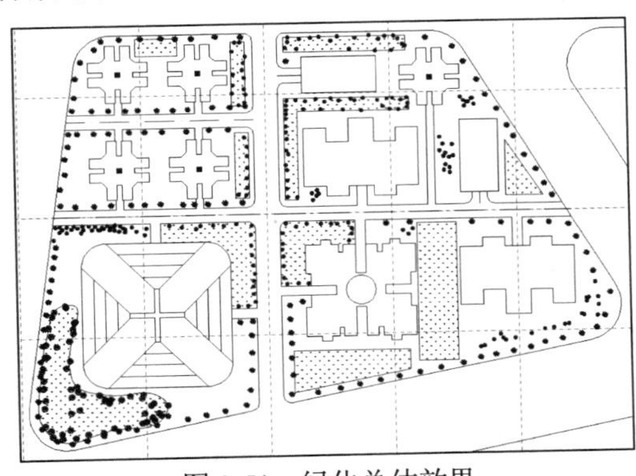

图 8-51　绿化总体效果

8.2.8 添加文字说明

在建筑总平面图中文字不多，一般使用“单行文字”实现说明功能。在本例中创建文字的具体步骤如下。

01 选择“绘图”|“文字”|“单行文字”命令，命令行提示如下。

```
命令: _dtext
当前文字样式: Standard  当前文字高度: 3
指定文字的起点或 [对正(J)/样式(S)]: s //输入参数 s，选择文字样式
输入样式名或 [?] <Standard>: H700 //设置文字样式 GB700
当前文字样式: GB700  当前文字高度: 700
指定文字的起点或 [对正(J)/样式(S)]: //指定文字的起点
指定文字的旋转角度 <0>: //按 Enter 键，单行文字处于可编辑状态
```

02 输入文字“五四北路”，使用“单行文字”功能输入其他的文字，文字样式均为 GB700，完成效果如图 8-52 所示。

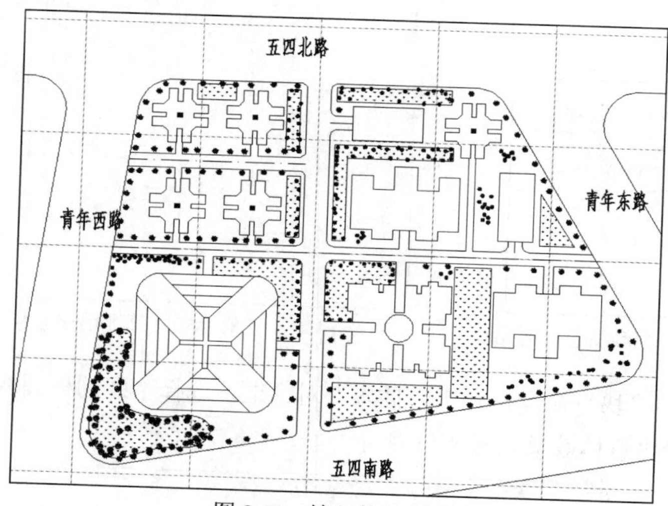

图 8-52　输入单行文字

03 在“修改”工具栏中单击“旋转”按钮，命令行提示如下。

```
命令: _rotate
UCS 当前的正角方向:  ANGDIR=逆时针    ANGBASE=0
选择对象: 找到 1 个 //选择文字“青年西路”
选择对象: //按 Enter 键，完成选择
指定基点: //拾取箭头所指的与道路平行的直线上一点
指定旋转角度，或 [复制(C)/参照(R)] <0>: //拾取箭头所指的与道路平行的直线上另一点，旋转效果如图 8-53 所示
```

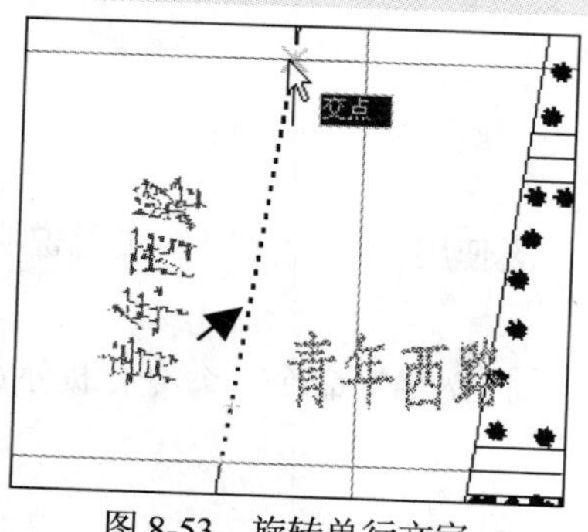

图 8-53　旋转单行文字

04 使用同样的方法，对其他文字进行旋转操作，使文字的方向与道路平行，完成效果如图 8-54 所示。

05 为图形添加其他文字，其中“停车场”使用 GB500 样式，其他文字采用 GB350 样式，最终完成效果如图 8-55 所示。

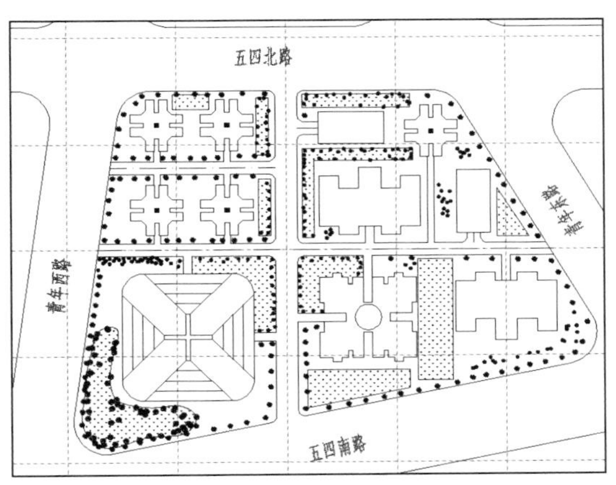

图 8-54　调整单行文字与道路平行

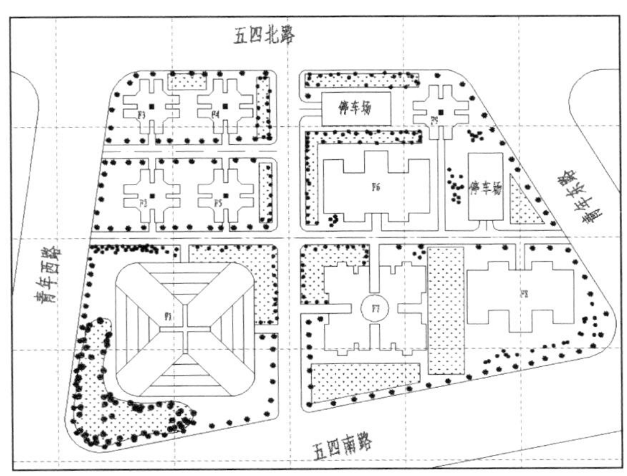

图 8-55　完成文字添加的建筑总平面图

第9章　建筑平立剖面图绘制

建筑制图中的主要部分包括平面图、立面图和剖面图。平立剖面图很好地反映了建筑物的形状、尺寸、门窗布置、墙面构造和楼层结构等信息，是工程师、施工人员设计和施工的主要依据。

本章将以绘制别墅的平立剖面图为例，帮助用户掌握平立剖面图的绘制方法。通过本章的学习，用户将掌握绘制平立剖面图常用的 AutoCAD 技术和绘图注意点，并理解定位定点技术的使用方法。

9.1 绘制建筑平面图

建筑平面图实际上是房屋的水平剖面图(除屋顶平面图外)，也就是假想用水平的剖切平面在窗台上方把整栋房屋剖开，移去上面部分后的正投影图，习惯上简称其为平面图。

9.1.1 建筑平面图概述

建筑平面图主要表示建筑物的平面形状、水平方向各部分(如出入口、走廊、楼梯、房间和阳台等)的布置和组合关系、门窗位置、墙和柱的布置以及其他建筑构配件的位置和大小等。

一般情况下，多层房屋应画出各层平面图。但当有些楼层地平面布置相同，或仅有局部不同时，则只需要画出一个共同的地平面图(也称为标准层平面图)，对于局部不同之处，只需另绘局部平面图即可。因此，一栋建筑物所有平面图应包括底层平面图、标准层平面图、屋顶平面图和局部平面图。一般情况下，3 层或 3 层以上的建筑物，至少应绘制 3 个楼层平面图，即一层平面图、中间层平面图和顶层平面图。

平面图通常包含以下内容：

- 层次、图名和比例。
- 纵横定位轴线及其编号。
- 各房间的组合和分隔，墙、柱的断面形状及尺寸等。
- 门、窗布置及其型号。
- 楼梯梯级的形状，梯段的走向和级数。
- 其他构件，如台阶、花台、雨棚、阳台以及各种装饰等的布置、形状和尺寸，厕所、洗手间、盥洗间和厨房等固定设施的布置等。
- 标注出平面图中应标注的尺寸和标高，以及某些坡度及其下坡方向的标注。
- 底层平面图中应表明剖面图的剖切位置线、剖视方向及其编号。
- 表示房屋朝向的指北针。
- 屋顶平面图中应表示出屋顶形状、屋面排水方向、坡度或泛水及其他构配件的位置和某些轴线。
- 详图索引符号。
- 各房间名称。

9.1.2 绘制二层平面图

本例将介绍双拼别墅的底层平面图和二层平面图的绘制方法。绘制平面图时，如果是多层建筑，通常先绘制标准层的平面图，然后在标准层平面图的基础上绘制底层平面图和屋顶平面图。本例建筑为三层建筑，需首先绘制二层平面图。

1. 创建图层

在绘制具体的图形之前，需要创建不同的图层，以便对各种图形进行分类并进行各项绘图操作，所有图形的绘制将在前面已经创建的 A3 模板中进行，具体步骤如下。

01 打开 A3 模板，选择“格式”|“图层”命令，打开“图层特性管理器”对话框，单击“新建图层”按钮，创建各个图层，完成效果如图 9-1 所示。

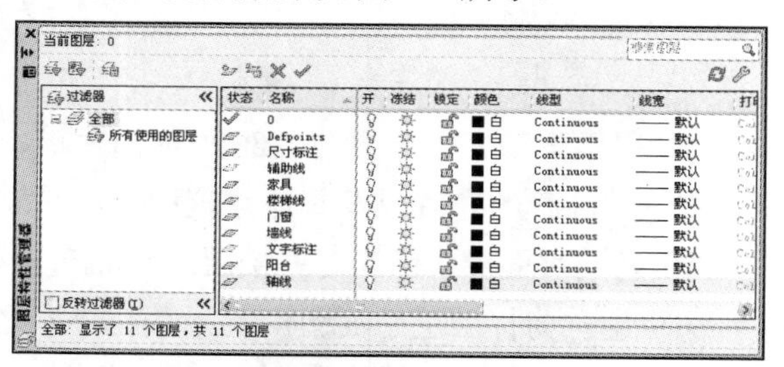

图 9-1 创建新图层

02 选中“轴线”图层，单击“轴线”图层中“颜色”列表中的■白图标，弹出“选择颜色”对话框，设置颜色为“红色”。设置效果如图 9-2 所示。

03 设置完成后，单击“确定”按钮，完成效果如图 9-3 所示。

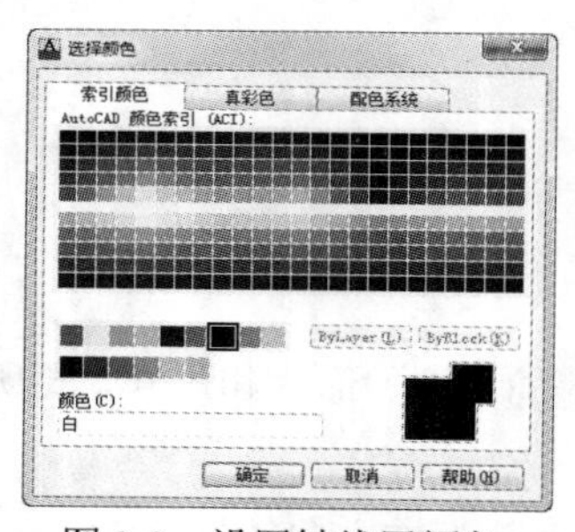

图 9-2 设置轴线层颜色

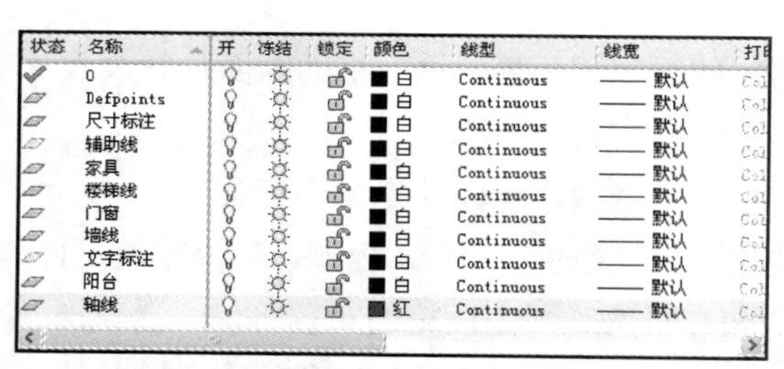

图 9-3 设置成红色的轴线图层

03 设置完成后，单击“确定”按钮，完成效果如图 9-3 所示。

04 单击“轴线”图层中“线型”列表中的 Continuous 图标，弹出“选择线型”对话框，单击“加载”按钮，弹出如图 9-4 所示的“加载或重载线型”对话框，选择 ACAD_IS010W100 线型，单击“确定”按钮，返回“选择线型”对话框，选择刚刚加载的 ACAD_IS010W100 线型，如图 9-5 所示，单击“确定”按钮，完成线型设置，效果如图 9-6 所示。

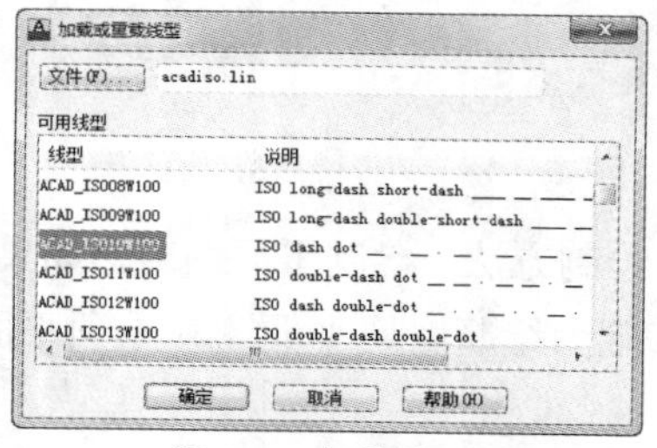

图 9-4 加载线型

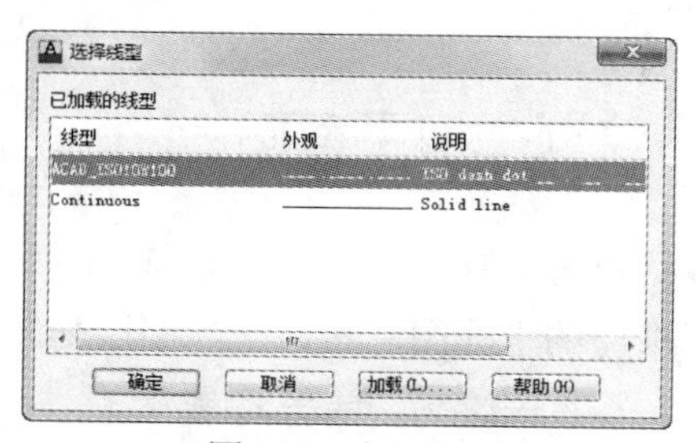

图 9-5 选择线型

05 使用同样的方法，设置其他图层的颜色、线型以及线宽等特性，效果如图 9-7 所示。

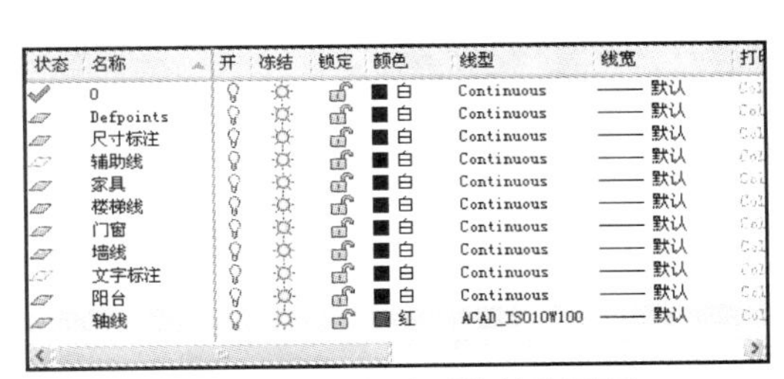

图 9-6 设置完线型的轴线图层

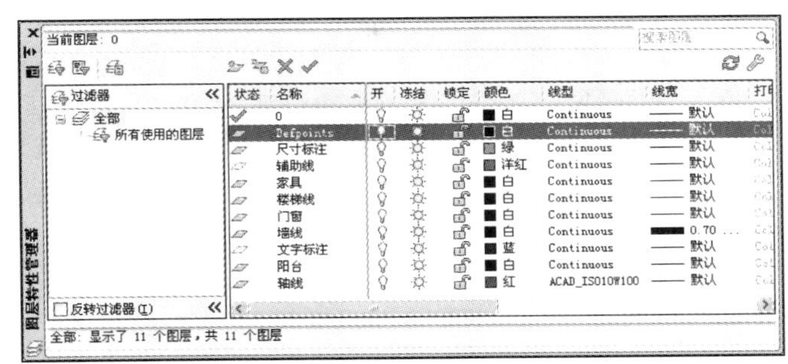

图 9-7 设置其他图层的特性

2. 绘制轴线和辅助线

轴线和辅助线是平面图绘制中的定位基础，通常可以使用直线或构造线来绘制轴线和辅助线，本节将采用构造线的方法来创建轴线和辅助线，具体步骤如下。

01 在“图层”工具栏中，将图层切换到“轴线”图层，如图 9-8 所示。执行“构造线”命令，在命令行中输入 V，绘制垂直构造线作为竖向轴线。

02 继续执行“构造线”命令，绘制水平的轴线，效果如图 9-9 所示。

图 9-8 切换到轴线图层

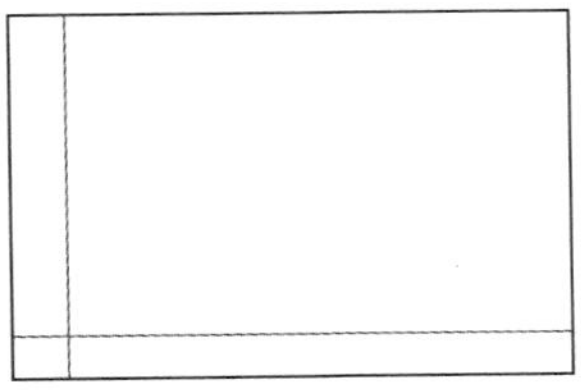

图 9-9 绘制水平和垂直轴线

03 选择两条构造线，右击，在弹出的快捷菜单中选择“特性”命令，打开如图 9-10 所示的“特性”选项板，设置线型比例为 50。完成效果如图 9-11 所示。

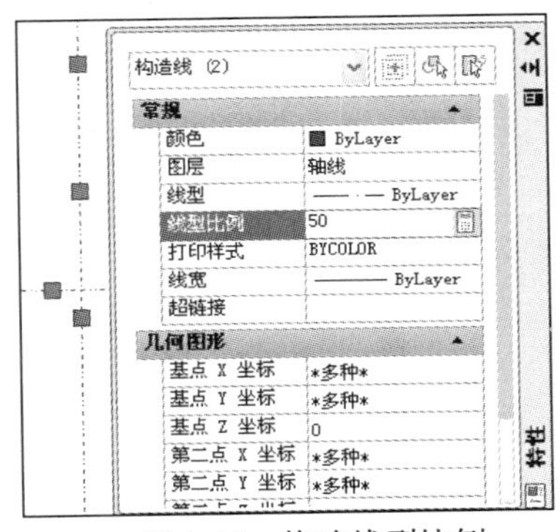

图 9-10 修改线型比例

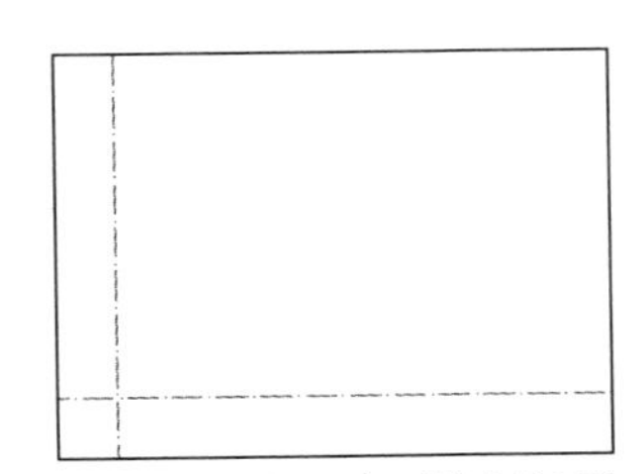

图 9-11 修改线型比例效果

04 执行“偏移”命令，命令行提示如下：

```
命令: _offset
当前设置: 删除源=否  图层=源  OFFSETGAPTYPE=0
指定偏移距离或 [通过(T)/删除(E)/图层(L)] <通过>: 3600 //设置偏移距离
选择要偏移的对象，或 [退出(E)/放弃(U)] <退出>: //选择步骤01绘制的垂直构造线
指定要偏移的那一侧上的点，或 [退出(E)/多个(M)/放弃(U)] <退出>: //向右偏移
选择要偏移的对象，或 [退出(E)/放弃(U)] <退出>: //按 Enter 键，偏移效果如图 9-12 所示
```

05 继续执行“偏移”命令，对水平和垂直轴线进行偏移，偏移尺寸及效果如图 9-13 所示。

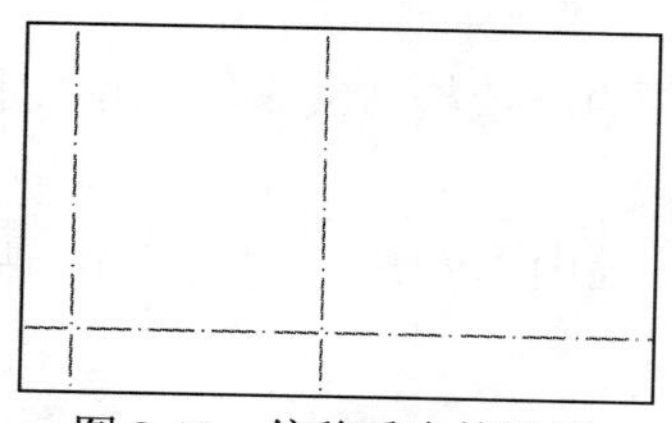

图 9-12 偏移垂直构造线

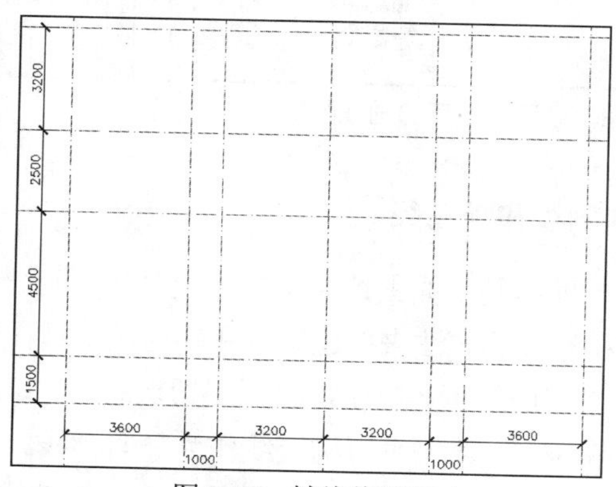

图 9-13 轴线偏移尺寸

06 切换到“辅助线”图层，执行“构造线”命令，命令行提示如下：

```
命令: _xline
指定点或 [水平(H)/垂直(V)/角度(A)/二等分(B)/偏移(O)]: v //输入 v，绘制垂直构造线
指定通过点: from //输入 from，使用相对点法确定点
基点: //捕捉步骤01和步骤02绘制的构造线的交点
<偏移>: @2600,0 //输入相对偏移距离
指定通过点: //按 Enter 键，偏移效果如图 9-14 所示
```

07 按照步骤**06**的方法创建其他辅助线，绘制尺寸及效果如图 9-15 所示。

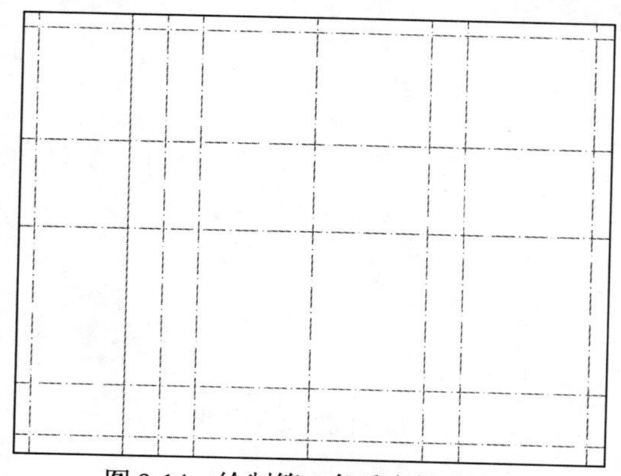

图 9-14 绘制第 1 条垂直辅助线

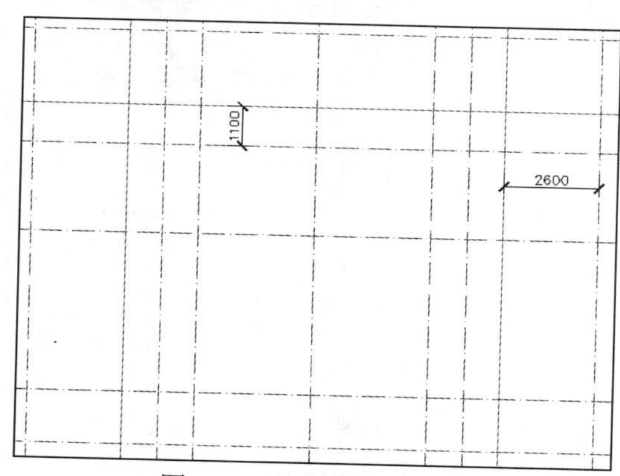

图 9-15 绘制其他辅助线

3．绘制墙体

绘制墙体最常用的方法是多线，关于轴线对称或偏于轴线某一侧的墙体，可以不创建新的多线样式，直接使用 Standard 样式来创建，对于关于轴线不对称的墙体，如 370 墙体，轴线两侧分别是 120 和 250，则需自定义多线样式，对图元偏移进行定义。在双拼别墅的平面图中，轴线两侧墙体主要是 240 和 120，这里定义新的多线样式 W240 来绘制墙体。其具体操作步骤如下。

01 切换到“墙线”图层，选择“格式”|“多线样式”命令，弹出“多线样式”对话框，单击“新建”按钮，弹出“创建新的多线样式”对话框，设置新样式名为 W240，如图 9-16 所示。

02 单击“继续”按钮，弹出“新建多线样式”对话框，设置两个图元的偏移量分别为 120 和 - 120，效果如图 9-17 所示，设置完毕，单击“确定”按钮，完成多线样式的创建。

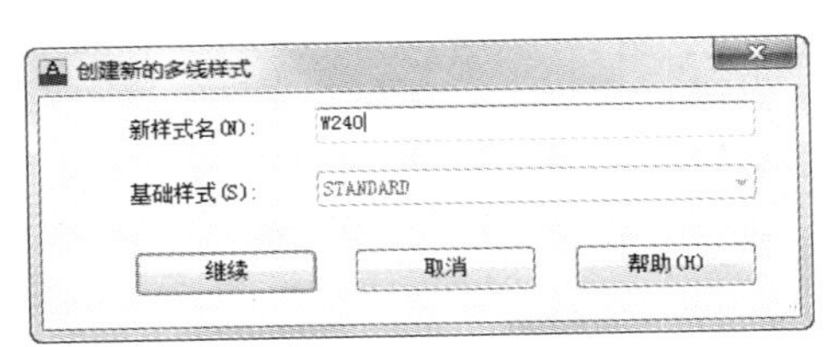

图 9-16　创建 W240 多线样式

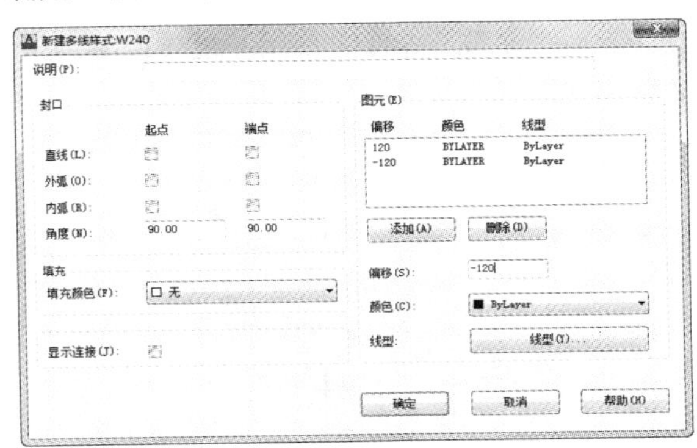

图 9-17　设置 W240 参数样式

03 执行“多线”命令，绘制外墙线，命令行提示如下：

```
命令: _mline
当前设置: 对正 = 上，比例 = 20.00，样式 = STANDARD
指定起点或 [对正(J)/比例(S)/样式(ST)]:  st //输入 st，设置多线样式
输入多线样式名或 [?]:  W240 //使用 W240 多线样式
当前设置: 对正 = 上，比例 = 20.00，样式 = W240
指定起点或 [对正(J)/比例(S)/样式(ST)]:  s //输入 s，设置多线比例
输入多线比例 <20.00>:  1 //使用比例为 1
当前设置: 对正 = 上，比例 = 1.00，样式 = W240
指定起点或 [对正(J)/比例(S)/样式(ST)]:  j //输入 j，设置对正样式
输入对正类型 [上(T)/无(Z)/下(B)] <上>:  z //设置对正样式为居中
当前设置: 对正 = 无，比例 = 1.00，样式 = W240
指定起点或 [对正(J)/比例(S)/样式(ST)]: //捕捉左 2 和下 2 轴线的交点
指定下一点://捕捉左 1 和下 2 轴线的交点
指定下一点或 [放弃(U)]://捕捉左 1 和上 1 轴线的交点
指定下一点或 [闭合(C)/放弃(U)]: //捕捉右 1 和上 1 轴线的交点
指定下一点或 [闭合(C)/放弃(U)]: //捕捉右 1 和下 2 轴线的交点
指定下一点或 [闭合(C)/放弃(U)]: //捕捉右 2 和下 2 轴线的交点
指定下一点或 [闭合(C)/放弃(U)]: //按 Enter 键，完成绘制，效果 9-18 所示
```

04 继续执行“多线”命令，参照步骤**03**绘制其他 240 墙线，绘制效果如图 9-19 所示。

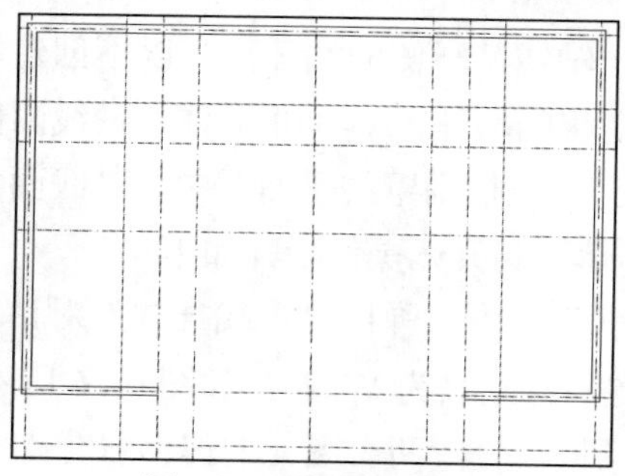
图 9-18　绘制外墙线

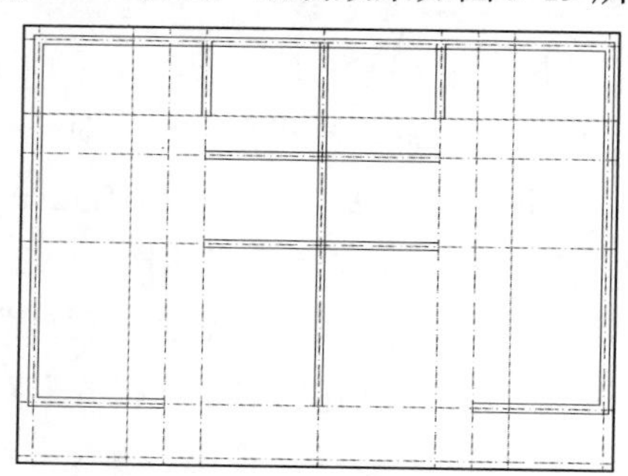
图 9-19　绘制其他 240 墙线

05 执行“多线”命令，使用多线样式 W240，比例为 0.5，对正方式为 Z，绘制 120 内墙墙线，效果如图 9-20 所示。

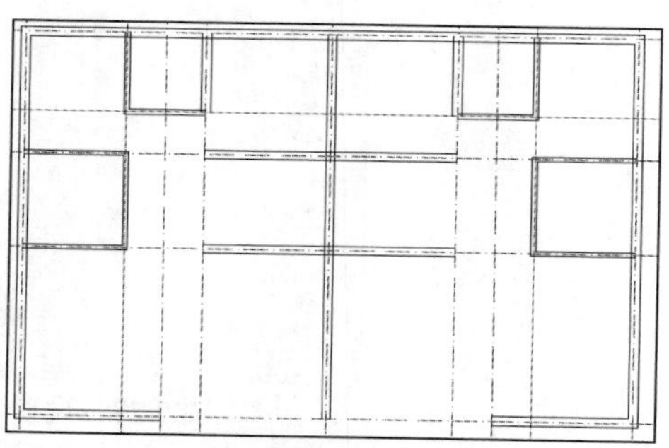
图 9-20　绘制 120 内墙墙线

06 选择“修改”|“对象”|“多线”命令，弹出如图 9-21 所示的“多线编辑工具”对话框，分别使用“T 形合并”工具、“角点结合”工具和“十字合并”工具，对墙线进行修改，修改效果如图 9-22 所示。

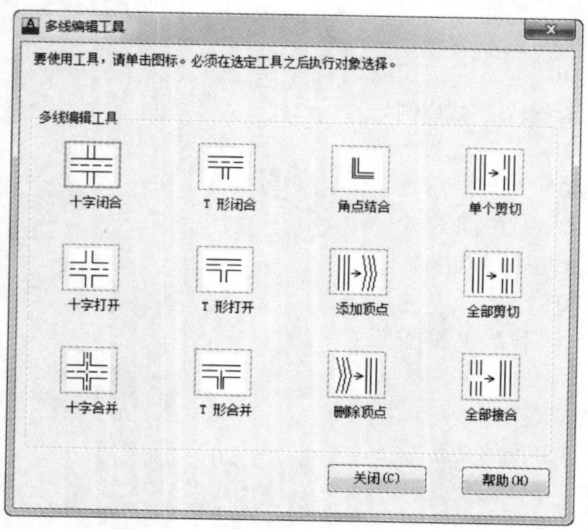

图 9-21　“多线编辑工具”对话框

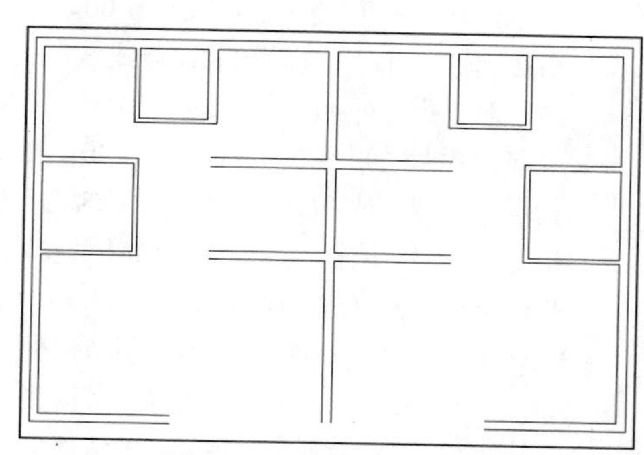
图 9-22　多线编辑效果

4. 绘制柱子

柱子的绘制方法比较简单，主要使用矩形命令和图案填充命令进行绘制，首先需要把柱子定义为图块，在平面图中插入柱子时，可以逐个地插入块，也可以执行复制命令逐一复制柱图块，定位的基准就是轴线的交点。其具体操作步骤如下。

01 切换到图层 0，执行“矩形”命令，命令行提示如下：

```
命令: _rectang
指定第一个角点或 [倒角(C)/标高(E)/圆角(F)/厚度(T)/宽度(W)]://在绘图区拾取任意一点
指定另一个角点或 [面积(A)/尺寸(D)/旋转(R)]: @240,240 //输入另一角点的相对坐标
```

02 单击“二维绘图”控制台上的“图案填充”按钮，弹出“图案填充和渐变色”对话框，设置图案为 SOLID，如图 9-23 所示，在步骤**01**绘制的矩形内部拾取一点填充矩形，效果如图 9-24 所示。

图 9-23　设置填充图案

图 9-24　填充效果

03 选择“绘图”|“块”|“创建”命令，弹出“块定义”对话框，拾取步骤**01**矩形的对角线交点为基点，选择图 9-24 所示的所有图形，定义图块“柱”，参数设置如图 9-25 所示，单击“确定”按钮，完成图块“柱”的创建。

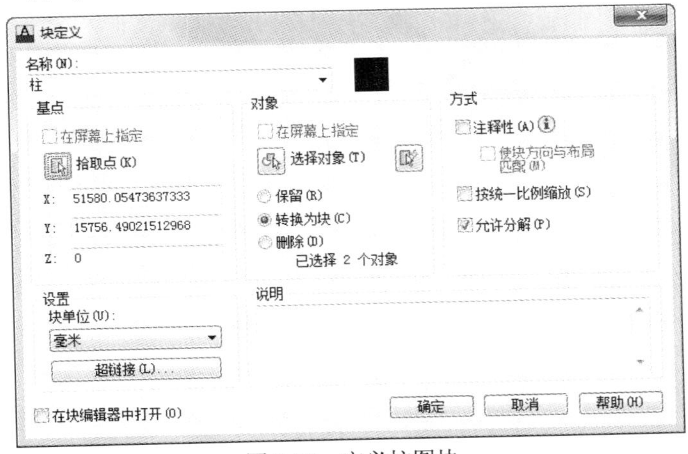

图 9-25　定义柱图块

04 选择“插入”|“块”命令，弹出如图 9-26 所示的“插入”对话框，选择“柱”图块，捕捉轴线的交点为插入点，插入“柱”图块，效果如图 9-27 所示。

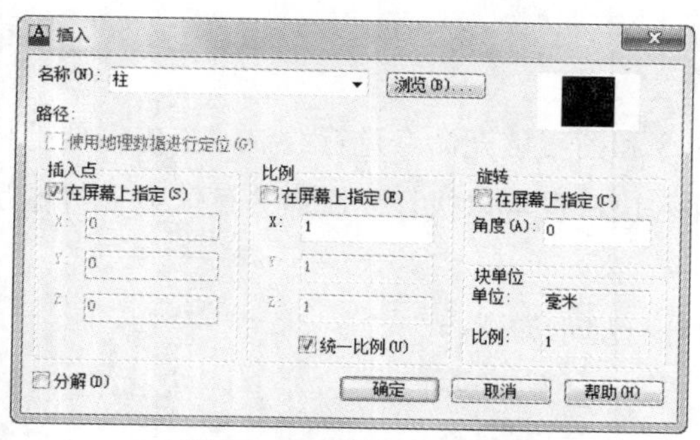

图 9-26 “插入”对话框

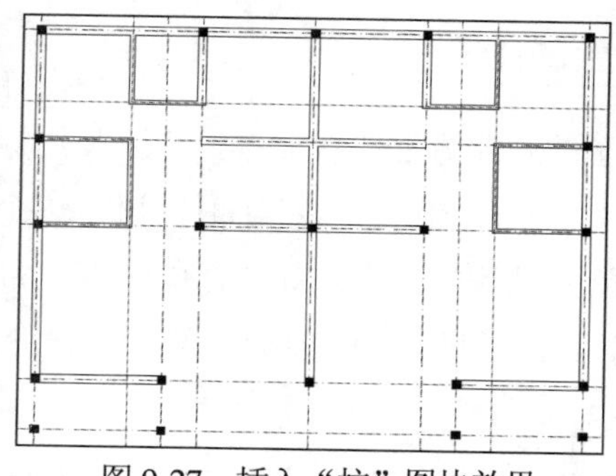

图 9-27 插入“柱”图块效果

05 打开“墙线”图层，执行“多段线”命令，命令行提示如下：

```
命令: _pline
指定起点://捕捉如图 9-28 所示的点 1 为起点
当前线宽为 0.0000
指定下一个点或 [圆弧(A)/半宽(H)/长度(L)/放弃(U)/宽度(W)]: @-120,0 //输入相对坐标
指定下一点或 [圆弧(A)/闭合(C)/半宽(H)/长度(L)/放弃(U)/宽度(W)]: @0,240 //输入相对坐标
指定下一点或 [圆弧(A)/闭合(C)/半宽(H)/长度(L)/放弃(U)/宽度(W)]: //捕捉如图 9-28 所示的点 2
指定下一点或 [圆弧(A)/闭合(C)/半宽(H)/长度(L)/放弃(U)/宽度(W)]: //按 Enter 键，完成墙线的补充
```

06 在“图层”控制台中，关闭轴线和辅助线图层，添加柱效果如图 9-29 所示。

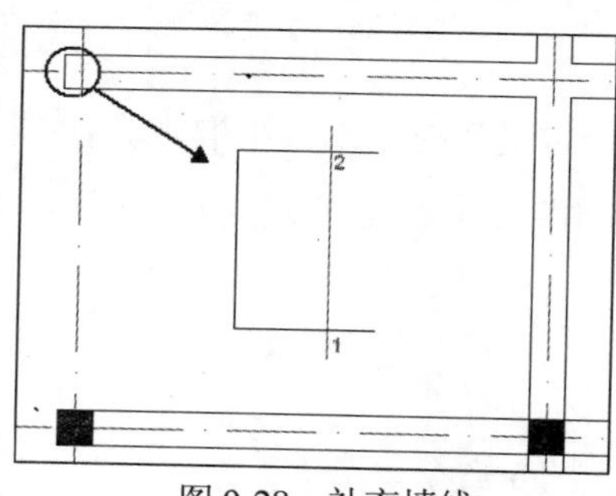

图 9-28 补充墙线

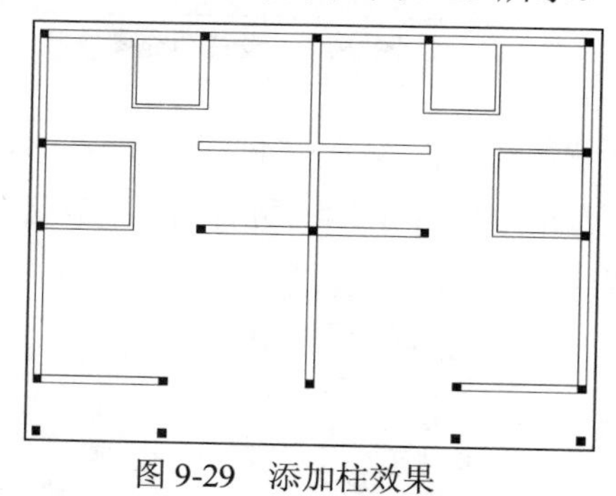

图 9-29 添加柱效果

5. 创建门窗洞

绘制门窗洞是通过偏移轴线形成辅助线，执行“修剪”命令对墙线进行修剪。创建门窗洞操作的难度较低，关键在于定位准确。

创建门窗洞的具体操作步骤如下。

01 执行“偏移”命令，命令行提示如下：

```
命令: _offset
当前设置: 删除源=否  图层=源  OFFSETGAPTYPE=0
指定偏移距离或 [通过(T)/删除(E)/图层(L)] <通过>:  800 //设置偏移距离
选择要偏移的对象，或 [退出(E)/放弃(U)] <退出>: //选择下 3 水平轴线
指定要偏移的那一侧上的点，或 [退出(E)/多个(M)/放弃(U)] <退出>://向上偏移 800，按 Enter 键，执行偏移
```

02 继续执行“偏移”命令，将上 2 水平轴线向下偏移 800，偏移效果如图 9-30 所示。

03 执行“修剪”命令，以步骤**01**和步骤**02**偏移形成的轴线为剪切边，对墙线进行修剪，修剪效果如图 9-31 所示。

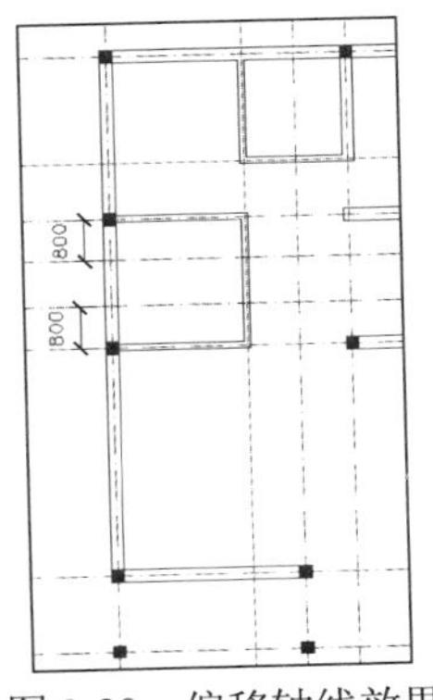

图 9-30　偏移轴线效果

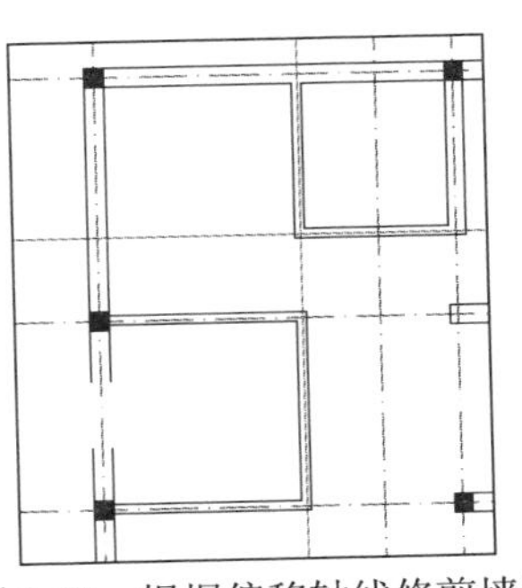
图 9-31　根据偏移轴线修剪墙线

04 继续执行步骤**02**和步骤**03**，对其他轴线和辅助线进行偏移，并以偏移后形成的轴线和辅助线为修剪边对墙线进行修剪。修剪尺寸和效果如图 9-32 所示。

05 打开“墙线”图层，选择“直线”命令对墙线进行修补。修补效果如图 9-33 所示。

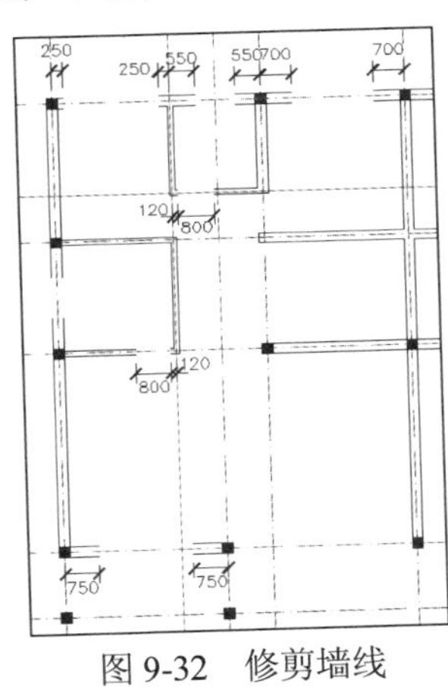

图 9-32　修剪墙线

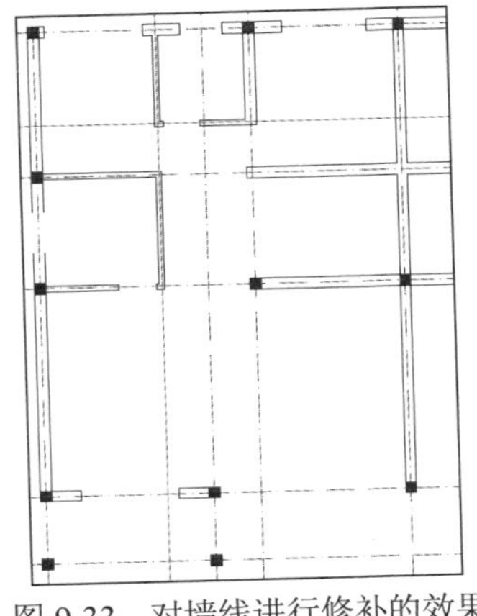
图 9-33　对墙线进行修补的效果

06 执行“镜像”命令，命令行提示如下：

```
命令: _mirror
选择对象: 指定对角点: 找到 2 个
选择对象: 指定对角点: 找到 2 个，总计 4 个
选择对象: 指定对角点: 找到 2 个，总计 6 个
选择对象: 指定对角点: 找到 2 个，总计 8 个
选择对象: 指定对角点: 找到 2 个，总计 10 个
选择对象: 指定对角点: 找到 2 个，总计 12 个
选择对象: 指定对角点: 找到 2 个，总计 14 个 //选择补充的墙线
```

```
选择对象://按 Enter 键，完成选择
指定镜像线的第一点:
指定镜像线的第二点://捕捉中间垂直轴线上的两点
要删除源对象吗？[是(Y)/否(N)] <N>://按 Enter 键，完成镜像，效果如图 9-34 所示
```

07 执行“修剪”命令，以步骤**06**镜像生成的补充墙线为修剪边，对右侧的墙体进行修剪。修剪效果如图 9-35 所示。

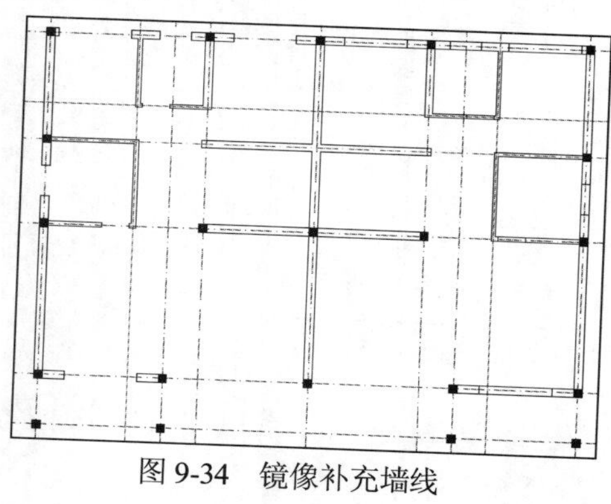

图 9-34　镜像补充墙线

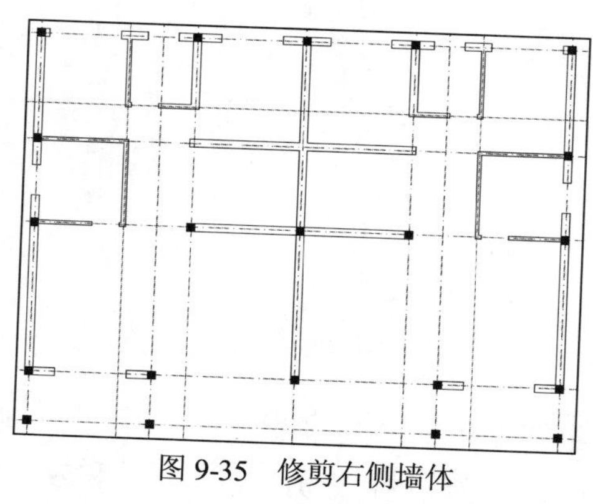

图 9-35　修剪右侧墙体

6. 创建窗

在平面图中，由于窗户的尺寸类型较多，因此需要先定义窗户动态块，以便在创建窗户时，可以根据模数任意改变窗户的尺寸。其绘制方法比较简单，执行矩形和偏移命令便可绘制较简单的窗户平面图。其具体操作步骤如下。

01 打开“门窗”图层，执行“矩形”命令，绘制 2100×240 的矩形，并执行“分解”命令将矩形分解，执行“偏移”命令分别将矩形的上边和下边分别向下和向上偏移 80，完成效果如图 9-36 所示。

02 选择“绘图”|“块”|“创建”命令，弹出“块定义”对话框，拾取矩形的左下角点为基点，选中图 9-36 所示的所有图形，定义图块“动态窗”，如图 9-37 所示。

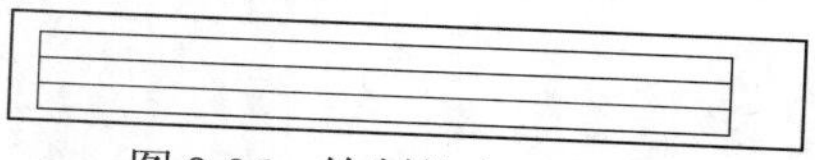

图 9-36　绘制的窗平面图

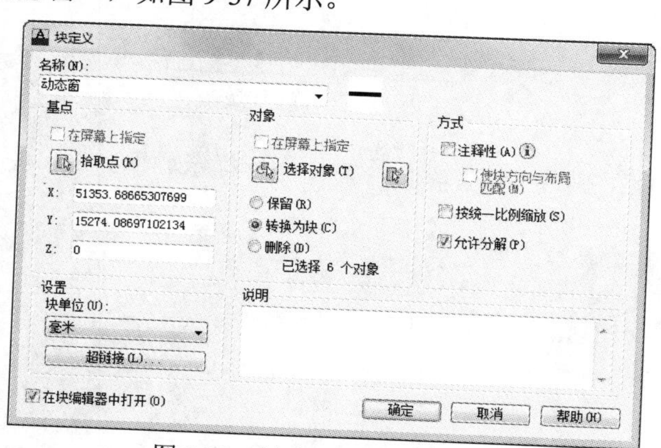

图 9-37　创建“动态窗”图块

03 选中“在块编辑器中打开”复选框，单击“确定”按钮，打开如图 9-38 所示的动态块编辑器。

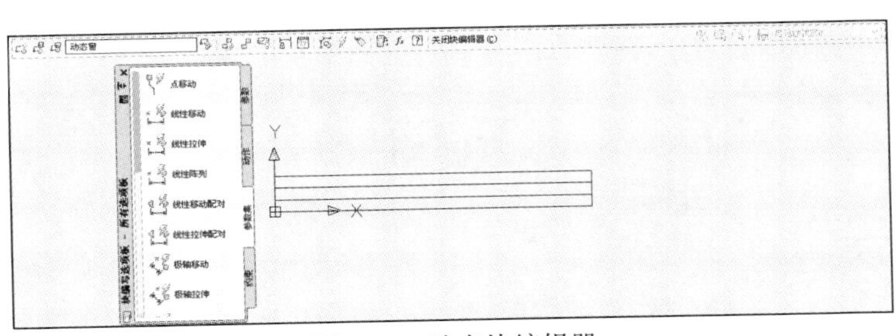

图 9-38　动态块编辑器

04 在块编写选项板中，选择“参数集”选项卡，单击“线性拉伸”图标，命令行提示如下：

```
命令: _BParameter 线性
指定起点或 [名称(N)/标签(L)/链(C)/说明(D)/基点(B)/选项板(P)/值集(V)]://捕捉矩形的左下角点
指定端点://捕捉矩形的右下角点
指定标签位置: //指定标签位置，效果如图 9-39 所示
```

05 选择“拉伸 1”标签，右击，选择快捷菜单中的“新建选择集”命令，如图 9-40 所示，添加动作对象，命令行提示如下：

```
命令: _.BACTIONSET
指定拉伸框架的第一个角点或 [圈交(CP)]:
指定对角点://如图 9-41 所示使用圈交方法指定拉伸框架
指定要拉伸的对象://如图 9-42 所示使用圈交方法选择拉伸对象
选择对象: 指定对角点: 找到 7 个 //按 Enter 键，完成对象选择
选择对象://按 Enter 键，完成拉伸对象的定义
```

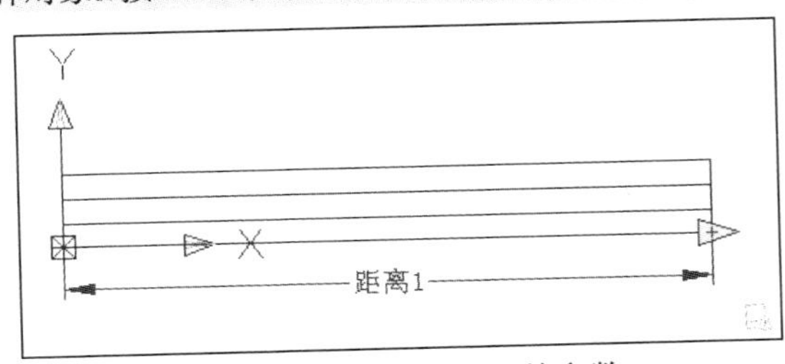

图 9-39　创建完成的拉伸参数

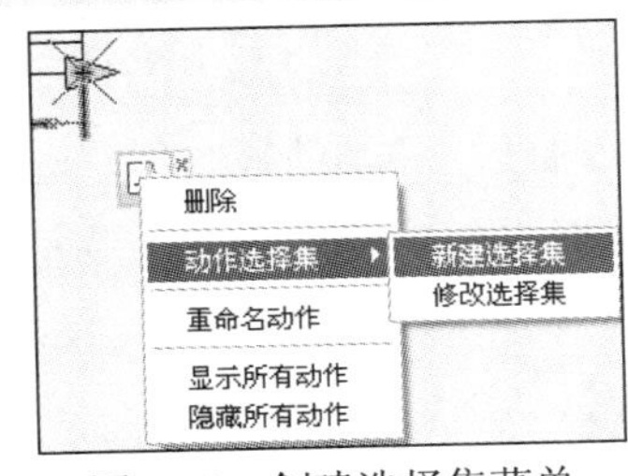

图 9-40　创建选择集菜单

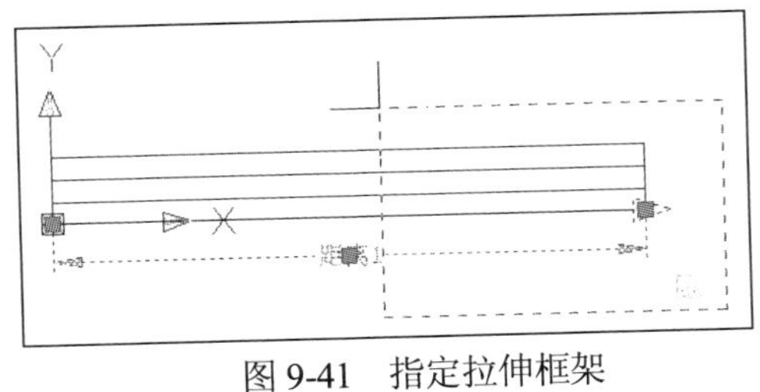

图 9-41　指定拉伸框架

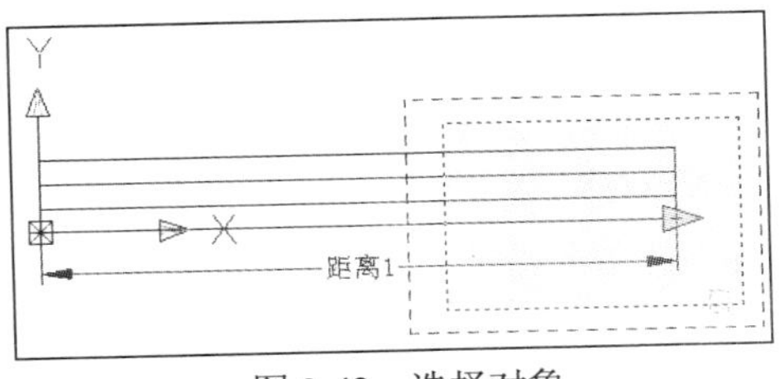

图 9-42　选择对象

06 右击“距离”参数，在弹出的快捷菜单中选择“特性”命令，弹出“特性”选项板，在“值

集”卷展栏中设置“距离类型”为“列表”，设置效果如图 9-43 所示。

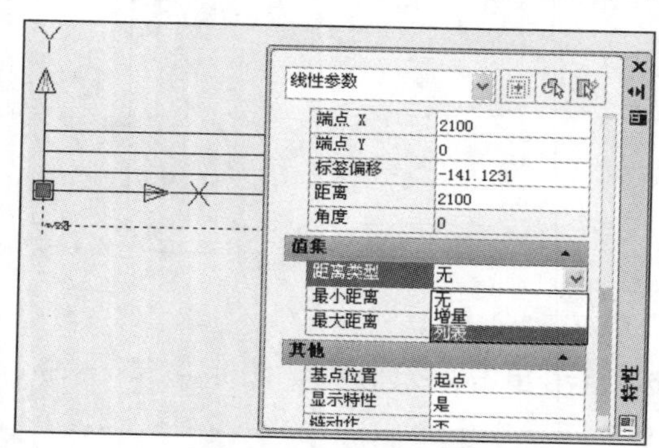

图 9-43　设置距离类型

图 9-44　添加距离值

07 单击“距离值列表”后的按钮，弹出“添加距离值”对话框，在“要添加的距离”文本框中输入需添加的距离，单击“添加”按钮，完成距离添加，如图 9-44 所示。单击“确定”按钮，完成距离添加，关闭“特性”选项板，动态窗效果如图 9-45 所示。

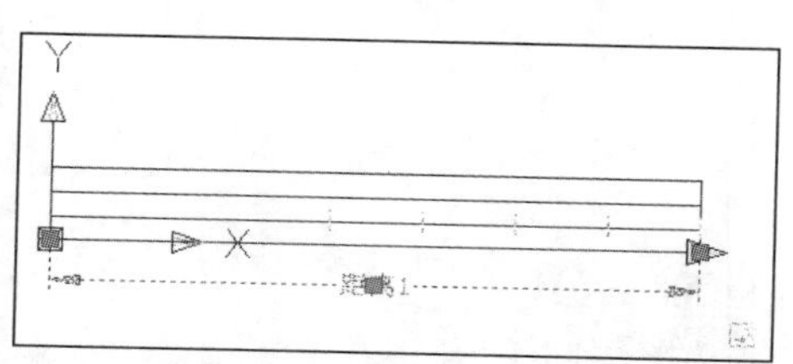
图 9-45　添加距离值的窗

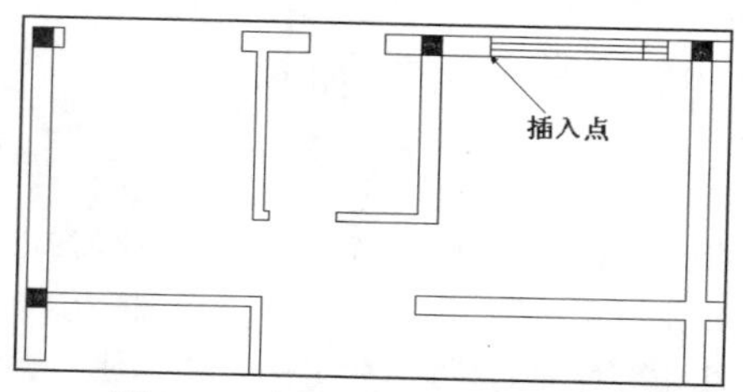

图 9-46　插入动态窗图块效果

08 单击“保存块定义”按钮，保存完成定义的块。单击“关闭块编辑器”按钮，退出动态块编辑。

09 关闭轴线层和辅助线图层，选择“插入”|“块”命令，弹出“插入”对话框，选择“动态窗”图块，捕捉如图 9-47 所示的点为插入点，插入动态窗图块，效果如图 9-46 所示。

10 选择步骤**09**插入的动态窗图块，如图 9-47 所示，动态窗图块上出现夹点和定义距离的灰色标尺线，选择动态窗的端点夹点，将动态窗距离缩短，完成效果如图 9-48 所示。

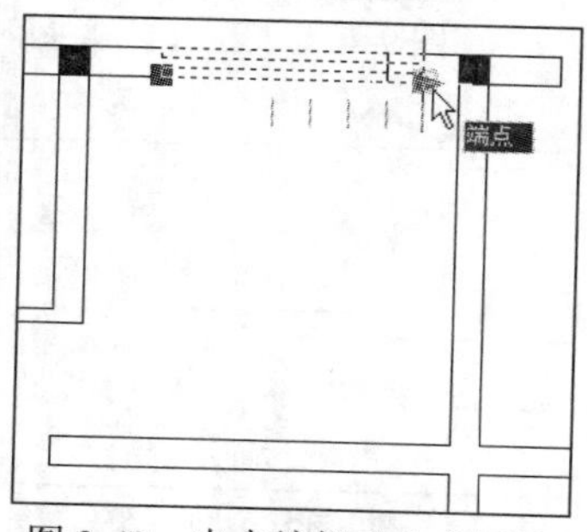

图 9-47　夹点编辑动态窗图块

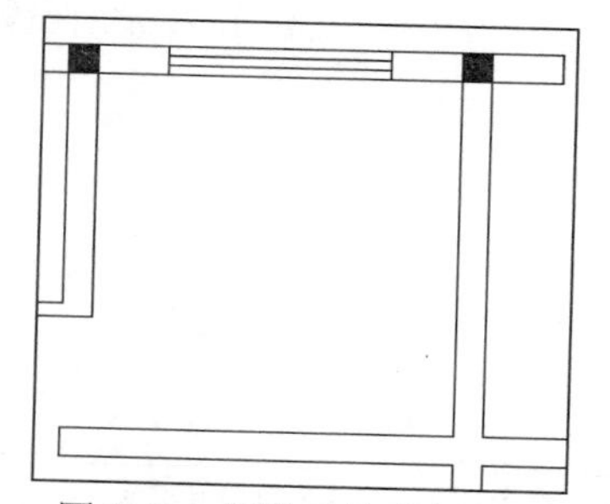
图 9-48　编辑后的动态窗图块

11 参照步骤**09**和步骤**10**的方法，插入水平向上的其他动态窗，效果如图 9-49 所示。

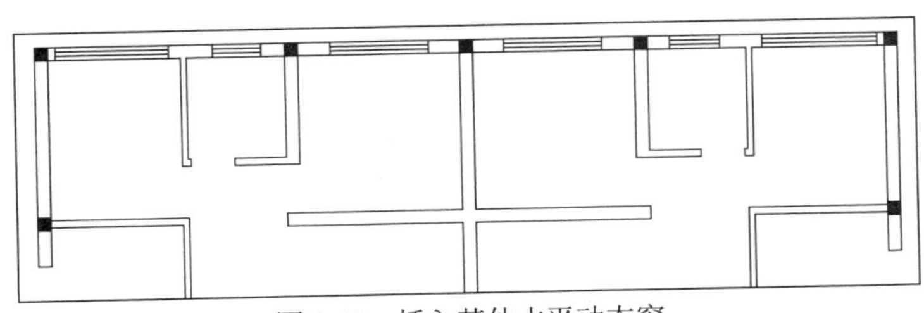

图 9-49　插入其他水平动态窗

12 选择“插入”|“块”命令，弹出“插入”对话框，选择“动态窗”图块，设置旋转角度为90°，插入点如图 9-50 所示，插入垂直方向的动态窗。

13 使用插入水平方向窗的方法，对垂直的窗进行调整，调整效果如图 9-51 所示。

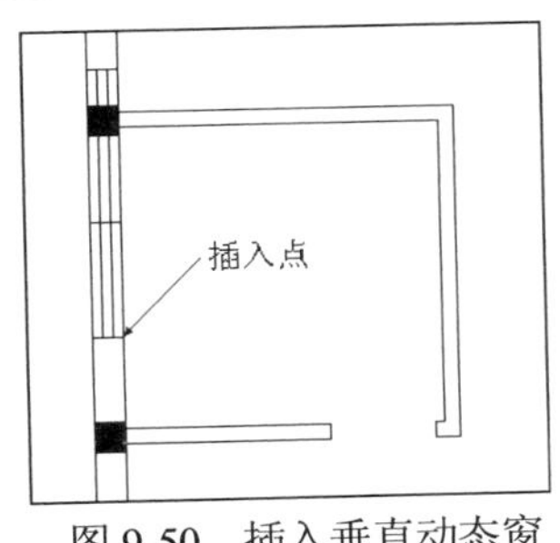

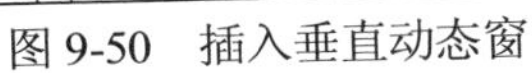

图 9-50　插入垂直动态窗

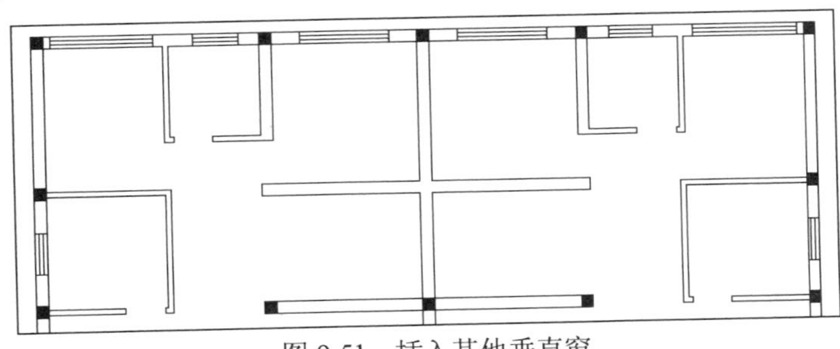

图 9-51　插入其他垂直窗

14 执行“直线”命令绘制南外立面上的落地窗，先连接墙的角点绘制一条水平直线，执行“偏移”命令将直线向下偏移 80，完成效果如图 9-52 所示。

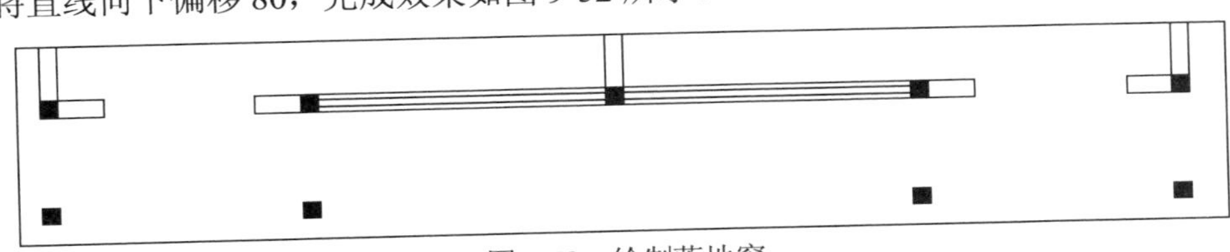

图 9-52　绘制落地窗

7. 创建门

由于门的数量比较少，因此在本例中没有将门定义为动态块。在平面图的门绘制中，最常用的方法执行多段线命令绘制，或用直线和圆弧进行绘制。下面以多段线的方法为例讲解门的绘制方法，具体操作步骤如下。

01 执行“多段线”命令，命令行提示如下：

```
命令: _pline
指定起点: //捕捉如图 9-53 所示的墙线中点
当前线宽为 0.0000
指定下一个点或 [圆弧(A)/半宽(H)/长度(L)/放弃(U)/宽度(W)]: @0,800 //输入相对坐标
指定下一点或 [圆弧(A)/闭合(C)/半宽(H)/长度(L)/放弃(U)/宽度(W)]: a //输入 a，绘制圆弧
```

指定圆弧的端点或
[角度(A)/圆心(CE)/闭合(CL)/方向(D)/半宽(H)/直线(L)/半径(R)/第二个点(S)/放弃(U)/宽度(W)]: ce //输入 ce，要求指定圆心
指定圆弧的圆心: //捕捉图 9-53 所示的墙线中点为圆心
指定圆弧的端点或 [角度(A)/长度(L)]: a //输入 a，要求输入角度
指定包含角: 90 //设置角度为 90°
指定圆弧的端点或
[角度(A)/圆心(CE)/闭合(CL)/方向(D)/半宽(H)/直线(L)/半径(R)/第二个点(S)/放弃(U)/宽度(W)]: //按 Enter 键，完成门的绘制，效果如图 9-53 所示

02 参照步骤**01**的方法，创建其他门，完成效果如图 9-54 所示。

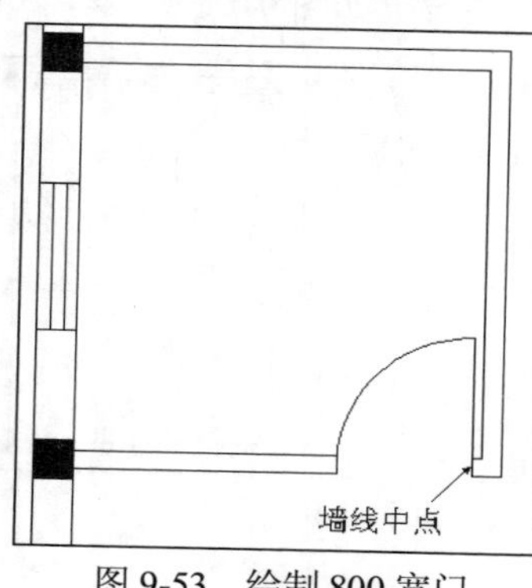

图 9-53　绘制 800 宽门

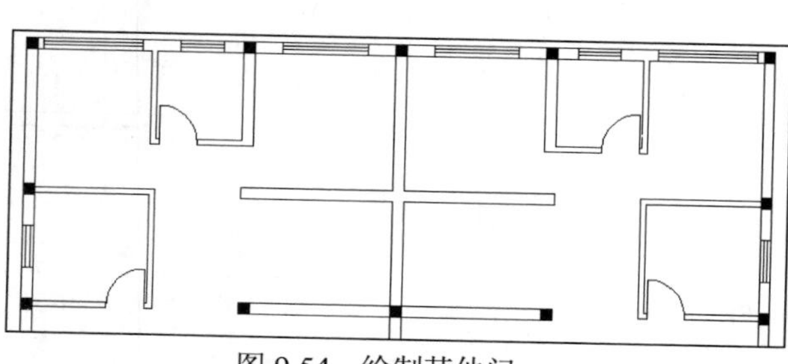

图 9-54　绘制其他门

8. 绘制阳台

阳台的绘制较简单，直接使用已经创建的 W240 多线样式即可。由于是双拼别墅，因此本例中会多次使用镜像命令，以完成另一侧图形的绘制，具体操作步骤如下。

01 执行"多线"命令，命令行提示如下：

命令:MLINE
当前设置: 对正 = 上，比例 = 0.50，样式 = W240
指定起点或 [对正(J)/比例(S)/样式(ST)]: j //输入 j，设置对正样式
输入对正类型 [上(T)/无(Z)/下(B)] <上>: b //使用下对正样式
当前设置: 对正 = 下，比例 = 0.50，样式 = W240
指定起点或 [对正(J)/比例(S)/样式(ST)]://捕捉图 9-55 所示的起点
指定下一点:
指定下一点或 [放弃(U)]:
指定下一点或 [闭合(C)/放弃(U)]: //依次捕捉图 9-55 所示的柱的外角
指定下一点或 [闭合(C)/放弃(U)]: //按 Enter 键，完成绘制

02 执行"镜像"命令，以步骤**01**绘制的阳台线为镜像对象，中间轴线为镜像线，镜像右侧的阳台。镜像效果如图 9-56 所示。

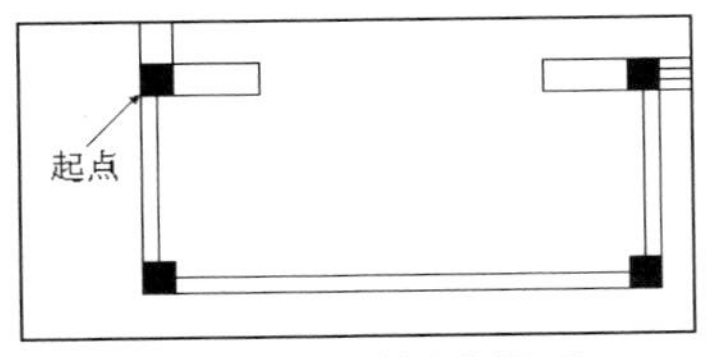

图 9-55　绘制左侧阳台

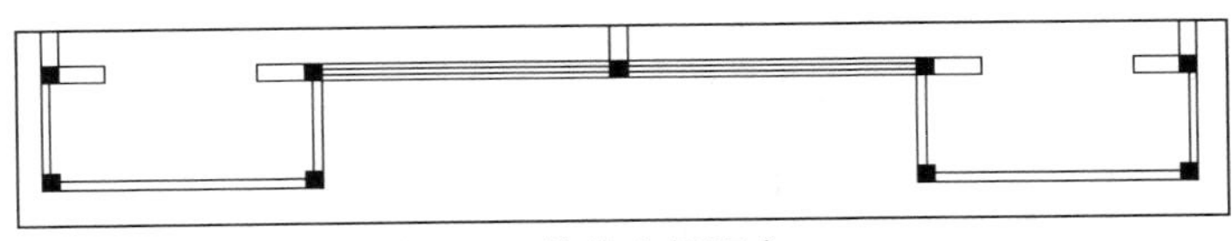
图 9-56　镜像右侧阳台

9. 绘制楼梯

楼梯的绘制是平面图绘制中比较重要的一个部分。由于需要准确定位，因此可使用相对点法进行点的定位，同时需使用阵列方法来绘制其他踏步线。扶手等部分可使用直线绘制，也可使用多段线或多线进行绘制。

绘制楼梯的具体操作步骤如下。

01 执行“直线”命令，命令行提示如下：

```
命令: _line 指定第一点: from //使用相对点法绘制直线
基点: //捕捉图 9-57 所示的基点 1
<偏移>: @-980,0 //输入相对偏移距离
指定下一点或 [放弃(U)]: @0,-1030 //输入下一点的相对坐标
指定下一点或 [放弃(U)]: //按 Enter 键，完成绘制
```

02 执行“直线”命令，命令行提示如下：

```
命令: _line
指定第一点: from //使用相对点法绘制直线
基点: //捕捉图 9-57 所示的基点 2
<偏移>: @-980,0 //输入相对偏移距离
指定下一点或 [放弃(U)]: @0,930 //输入下一点的相对坐标
指定下一点或 [放弃(U)]: //按 Enter 键，完成绘制，效果如图 9-57 所示
```

03 执行“矩形阵列”命令，选择步骤**01**和步骤**02**绘制的直线为阵列对象，设置行数为 1，列数为 6，列偏移为-260，阵列效果如图 9-58 所示。

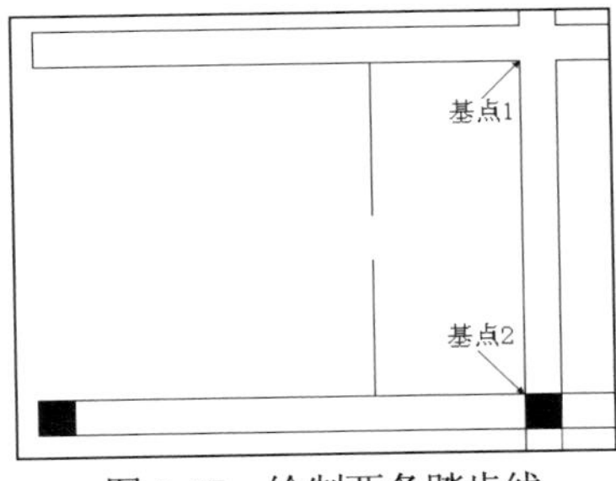

图 9-57　绘制两条踏步线

04 执行“多线”命令，命令行提示如下：

```
命令: _mline
当前设置: 对正 = 下，比例 =0.50，样式 = W240
指定起点或 [对正(J)/比例(S)/样式(ST)]:  st //输入 st，设置样式
输入多线样式名或 [?]:  standard //使用 standard 样式
当前设置: 对正 = 下，比例 =0.50，样式 = STANDARD
指定起点或 [对正(J)/比例(S)/样式(ST)]:  s //输入 s，设置比例
输入多线比例 <0.50>:  100 //输入比例为 100
当前设置: 对正 = 下，比例 =100.00，样式 = STANDARD
指定起点或 [对正(J)/比例(S)/样式(ST)]:  j //输入 j，设置对正样式
输入对正类型 [上(T)/无(Z)/下(B)] <下>:  b //设置下对正
当前设置: 对正 = 下，比例 =100.00，样式 = STANDARD
指定起点或 [对正(J)/比例(S)/样式(ST)]: //捕捉图 9-59 所示的点 1
指定下一点://捕捉图 9-59 所示的点 2
指定下一点或 [放弃(U)]: //捕捉图 9-59 所示的点 3
指定下一点或 [闭合(C)/放弃(U)]: //捕捉图 9-59 所示的点 4
指定下一点或 [闭合(C)/放弃(U)]:  @-100,0 //输入相对坐标
指定下一点或 [闭合(C)/放弃(U)]: //捕捉墙线的垂足
指定下一点或 [闭合(C)/放弃(U)]: //按 Enter 键，完成绘制，效果如图 9-59 所示
```

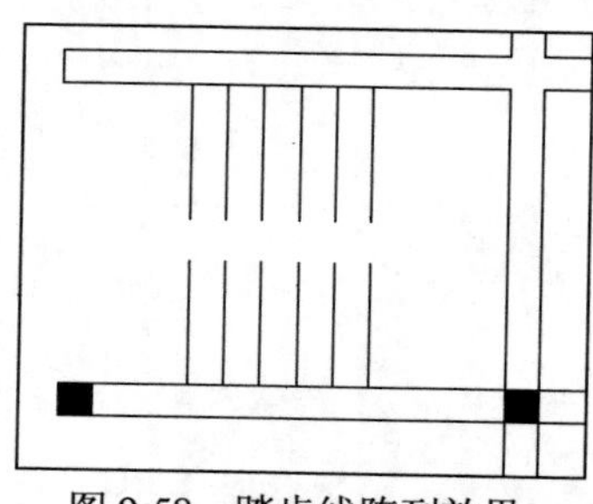
图 9-58　踏步线阵列效果

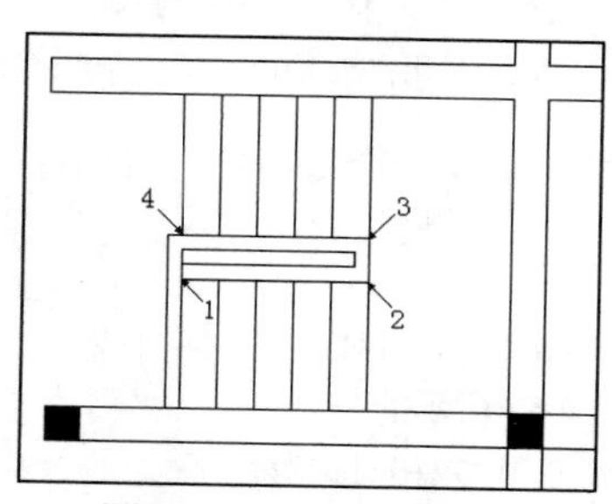

图 9-59　绘制楼梯扶手

05 执行“镜像”命令，将步骤**04**绘制完成的踏步线和楼梯扶手沿中心轴线镜像。镜像效果如图 9-60 所示。

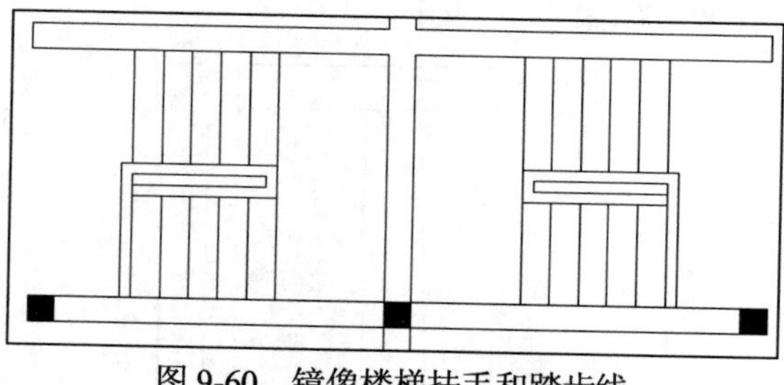
图 9-60　镜像楼梯扶手和踏步线

06 执行“多段线”命令，绘制楼梯方向线，命令行提示如下：

```
命令: _pline
指定起点: from //使用相对点法指定第一点
```

```
基点: //捕捉图 9-61 所示的点 1
 <偏移>: @-600,0 //输入相对偏移距离
当前线宽为 0.0000
指定下一个点或 [圆弧(A)/半宽(H)/长度(L)/放弃(U)/宽度(W)]: from //使用相对点法确定第二点
基点://捕捉图 9-62 所示的点 2
 <偏移>: @500,0 //输入相对偏移距离
指定下一点或 [圆弧(A)/闭合(C)/半宽(H)/长度(L)/放弃(U)/宽度(W)]: //捕捉如图 9-61 所示的延长线交点
指定下一点或 [圆弧(A)/闭合(C)/半宽(H)/长度(L)/放弃(U)/宽度(W)]: //捕捉踏步线的中点
指定下一点或 [圆弧(A)/闭合(C)/半宽(H)/长度(L)/放弃(U)/宽度(W)]: w //输入 w，设置线宽
指定起点宽度 <0.0000>: 50 //指定起点宽度为 50
指定端点宽度 <50.0000>: 0 //指定端点宽度为 0
指定下一点或 [圆弧(A)/闭合(C)/半宽(H)/长度(L)/放弃(U)/宽度(W)]: @-200,0 //输入多段线最后一点位置
指定下一点或 [圆弧(A)/闭合(C)/半宽(H)/长度(L)/放弃(U)/宽度(W)]: //按 Enter 键，完成阵列，效果如图 9-62
所示
```

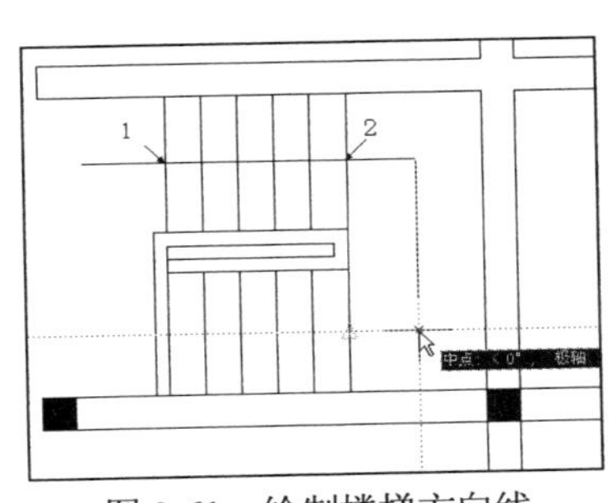

图 9-61　绘制楼梯方向线

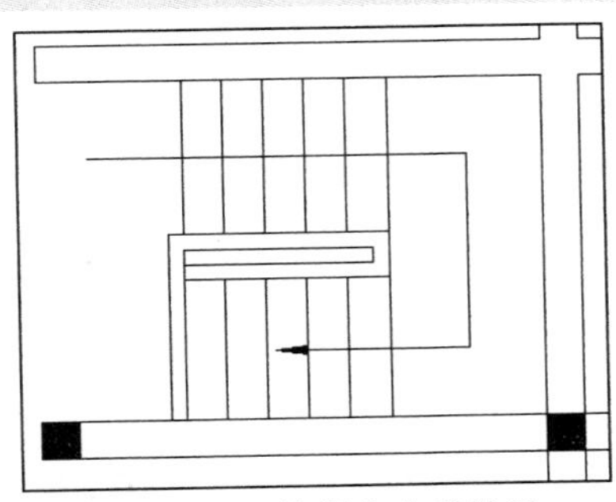

图 9-62　楼梯方向线效果

07 执行“镜像”命令，将步骤**06**绘制的楼梯方向线镜像。镜像效果如图 9-63 所示。

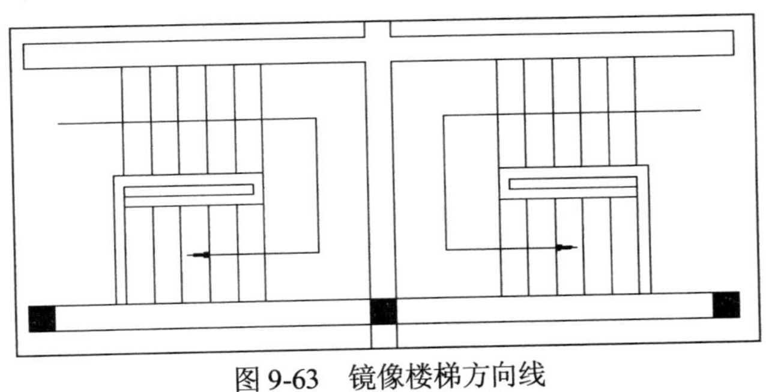

图 9-63　镜像楼梯方向线

10. 绘制家具

在二层平面图中，布置一张家具床。至于其他家具，用户如有兴趣，可以向平面图中添加。床的绘制方法较简单，主要采用矩形、直线、镜像、圆和偏移等命令进行绘制。其具体操作步骤如下。

01 绘制双人床，执行“矩形”命令，绘制如图 9-64 所示的 2000×1500 的矩形，第一点为绘图区任意一点。

02 执行“矩形”命令，命令行提示如下：

```
命令: _rectang
指定第一个角点或 [倒角(C)/标高(E)/圆角(F)/厚度(T)/宽度(W)]: f //输入 f，设置圆角半径
指定矩形的圆角半径 <0.0000>: 50 //设置圆角半径为 50
指定第一个角点或 [倒角(C)/标高(E)/圆角(F)/厚度(T)/宽度(W)]: from //使用相对点法确定矩形的第一个角点
基点: //捕捉步骤01绘制的矩形的左下角点
<偏移>: @20,20 //输入相对偏移距离
指定另一个角点或 [面积(A)/尺寸(D)/旋转(R)]: @1500,1460 //输入另一个点的相对坐标，绘制效果如图 9-65 所示
```

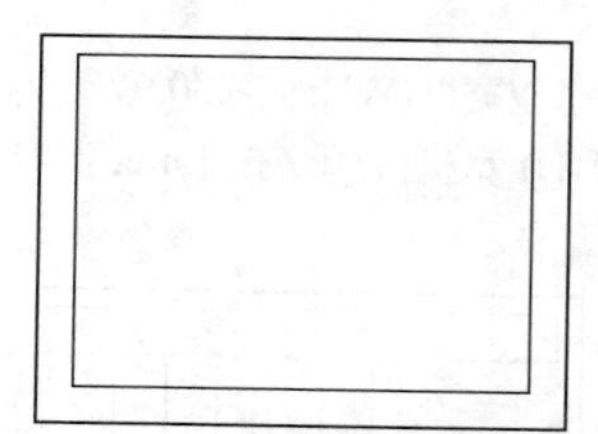

图 9-64　绘制床轮廓矩形

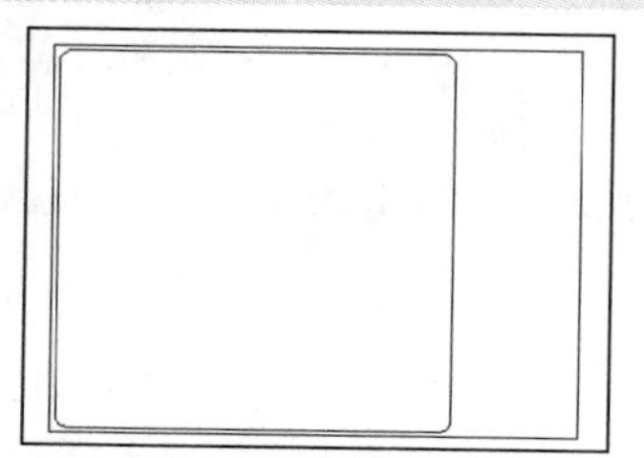

图 9-65　绘制圆角矩形

03 执行“直线”命令，捕捉步骤**02**绘制的矩形的右上圆弧中点和下边中点绘制直线。

04 执行“直线”命令，捕捉步骤**02**绘制的矩形的左边中点以及步骤**03**绘制的直线的垂足，绘制直线。效果如图 9-66 所示。

05 执行“分解”命令，分解步骤**01**绘制的矩形，执行“偏移”命令，将矩形的右边向左偏移 100，偏移效果如图 9-67 所示。

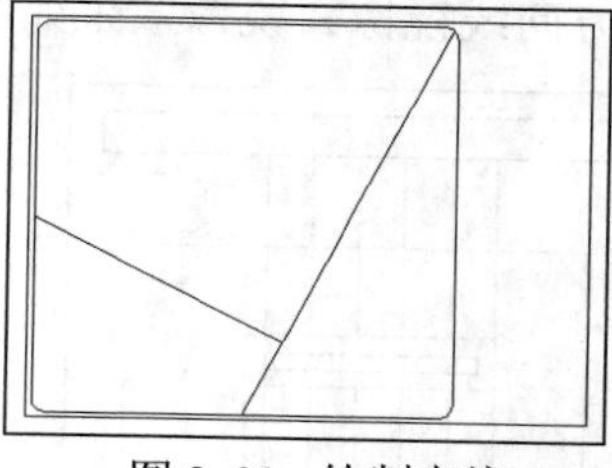

图 9-66　绘制直线

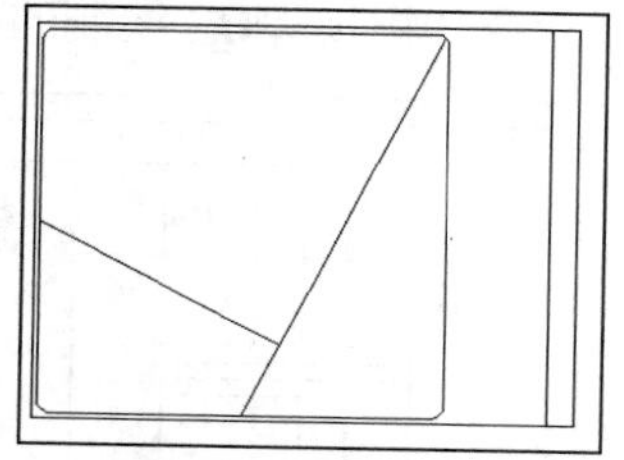

图 9-67　偏移直线

06 执行“矩形”命令，命令行提示如下：

```
命令: _rectang
当前矩形模式:  圆角=50.0000
指定第一个角点或 [倒角(C)/标高(E)/圆角(F)/厚度(T)/宽度(W)]: from //使用相对点法指定第一个角点
基点: //捕捉图 9-68 所示的基点
<偏移>: @-40,-150 //输入相对偏移距离
指定另一个角点或 [面积(A)/尺寸(D)/旋转(R)]: @-300,-500 //指定另一个角点的相对坐标，绘制效果如图 9-68 所示
```

07 执行“镜像”命令，将步骤**06**绘制的矩形沿步骤**01**绘制的矩形的左右两边中点的连线镜

像。镜像效果如图 9-69 所示。

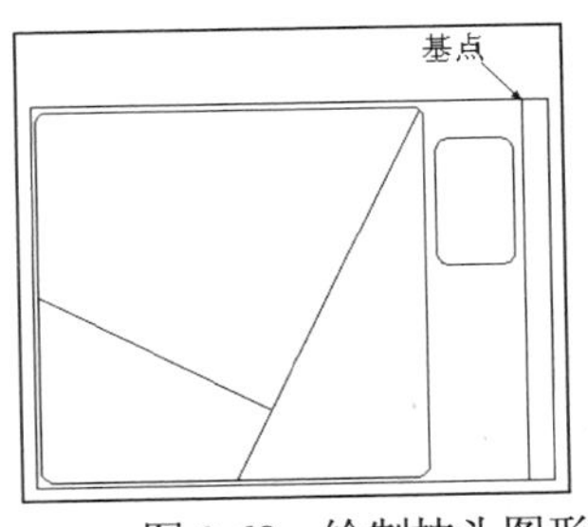

图 9-68　绘制枕头图形

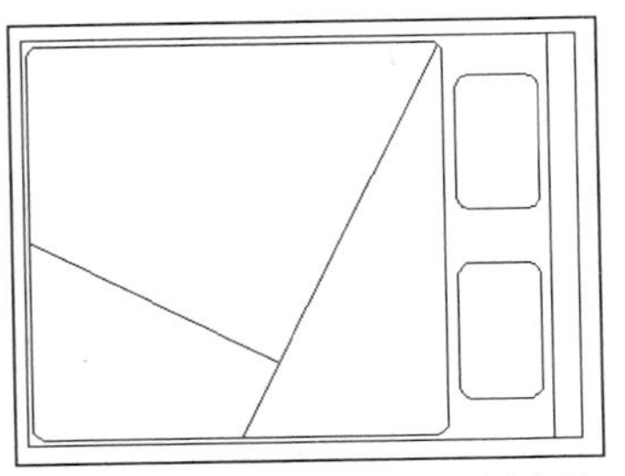
图 9-69　镜像枕头图形

08 执行“矩形”命令，绘制 500×500 的矩形，第一个角点在床外轮廓矩形的右上角点，第二个角点相对坐标为(@-500,500)，执行“偏移”命令，将矩形向内偏移 20，完成效果如图 9-70 所示。

09 执行“直线”命令绘制矩形的对角线，以对角线的中点为圆心分别绘制半径为 35、70 和 125 的圆，绘制效果如图 9-71 所示。

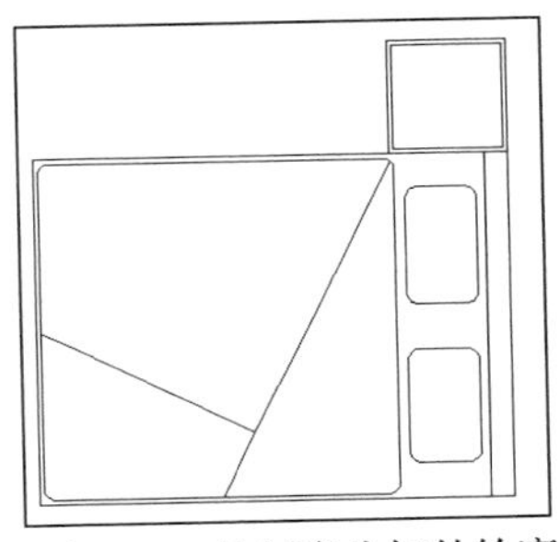
图 9-70　绘制床头柜外轮廓

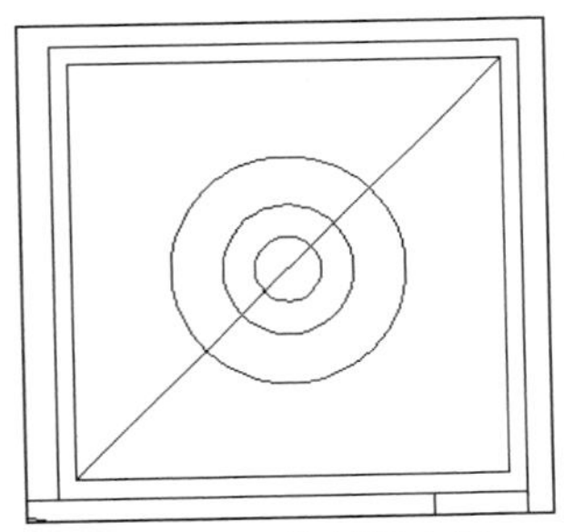
图 9-71　绘制同心圆

10 执行“直线”命令，绘制长为 120 的直线，以半径为 35 的圆的右象限点为起点，完成效果如图 9-72 所示。

11 执行“环形阵列”命令，阵列对象为步骤**10**绘制的直线，设置中心点为圆心、项目数为 4，阵列效果如图 9-73 所示。

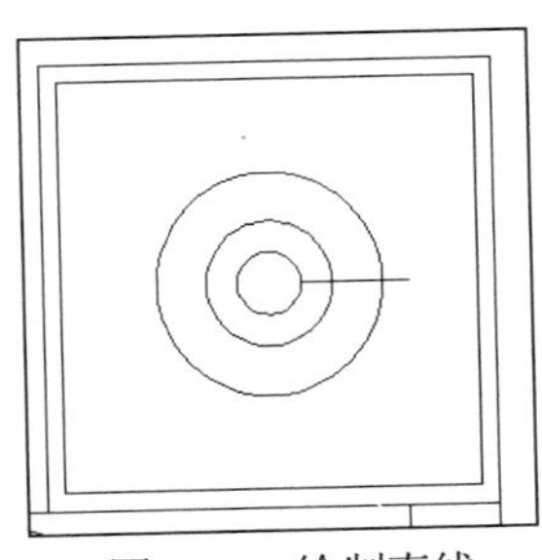
图 9-72　绘制直线

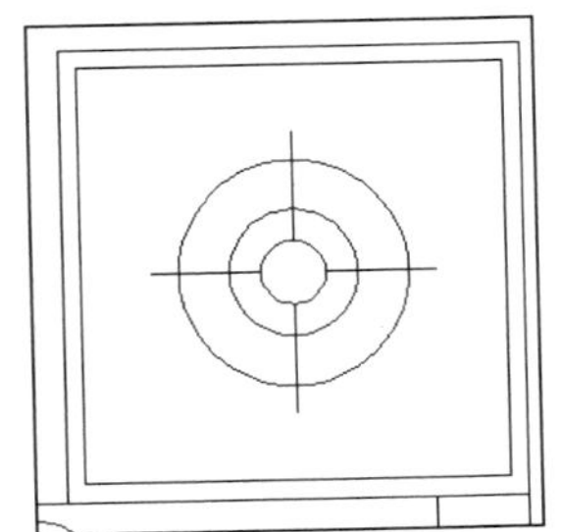
图 9-73　环形阵列直线

12 执行“镜像”命令，将床头柜沿床外轮廓的左右两边中点连线镜像。镜像效果如图 9-74 所示。

13 将绘制完成的床平面图定义为“双人床”图块，基点为外轮廓的右边中点。

14 执行“插入”|“块”命令，将创建的“双人床”图块插入到卧室房间中，要求插入点为墙

线的中点，插入效果如图 9-75 所示。

15 参照步骤**14**的方法，在其他的房间插入双人床图块，旋转角度为 180°，插入点为墙线的中点。

16 执行“镜像”命令，将步骤**14**和步骤**15**插入的双人床图块镜像，镜像的中心线为垂直中心轴线所在的直线。镜像效果如图 9-76 所示。

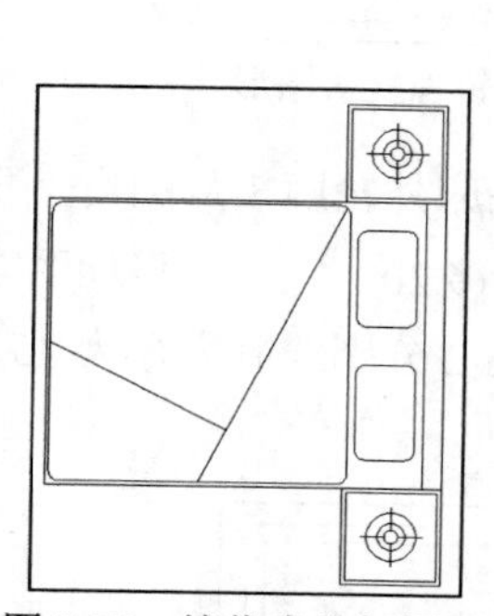

图 9-74　镜像床头柜图形

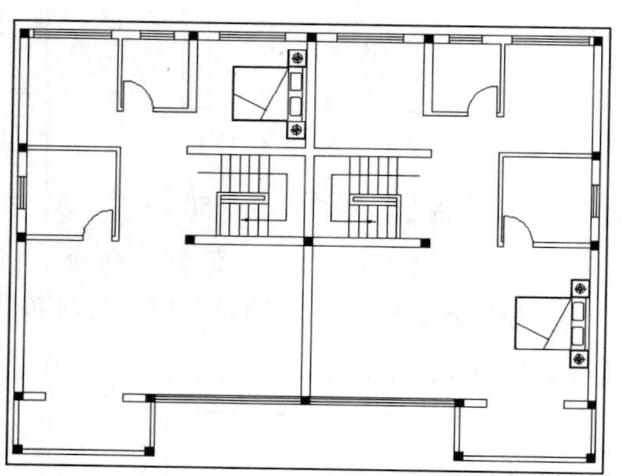

图 9-75　插入双人床图块

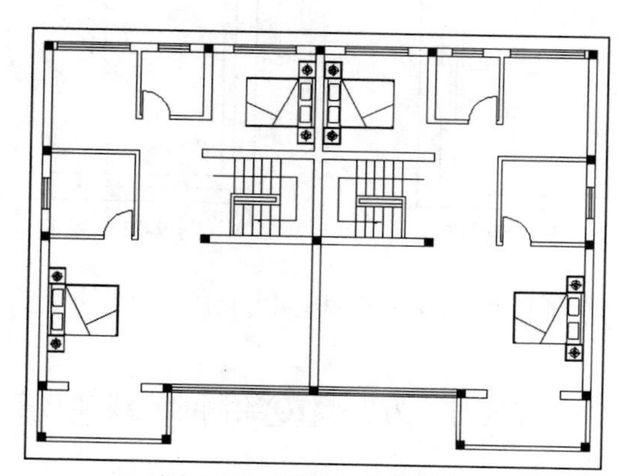

图 9-76　镜像双人床图块

11. 创建说明文字

文字的功能在于对平面图形进行补充说明。在本例中主要是添加房间功能说明文字以及楼梯的方向线说明文字。对于较短小的说明文字，通常采用单行文字的方法创建。

创建说明文字的具体操作步骤如下。

01 执行“单行文字”命令，创建房间功能说明，文字样式为 GB500，创建效果如图 9-77 所示。

02 执行“单行文字”命令，命令行提示如下：

```
命令: _dtext
当前文字样式: “GB500”  文字高度: 500.0000  注释性: 否
指定文字的起点或 [对正(J)/样式(S)]: j //输入 j，设置对正样式
输入选项
```

[对齐(A)/调整(F)/中心(C)/中间(M)/右(R)/左上(TL)/中上(TC)/右上(TR)/左中(ML)/正中(MC)/右中(MR)/左下(BL)/中下(BC)/右下(BR)]: mr //输入 mr，表示右中对齐

指定文字的右中点: //捕捉楼梯方向线的起点

指定文字的旋转角度 <0>: //按 Enter 键，弹出单行文字编辑框，输入文字“下”，按两次 Enter 键，创建效果如图 9-78 所示

03 执行“镜像”命令，将说明文字镜像。镜像效果如图 9-79 所示。

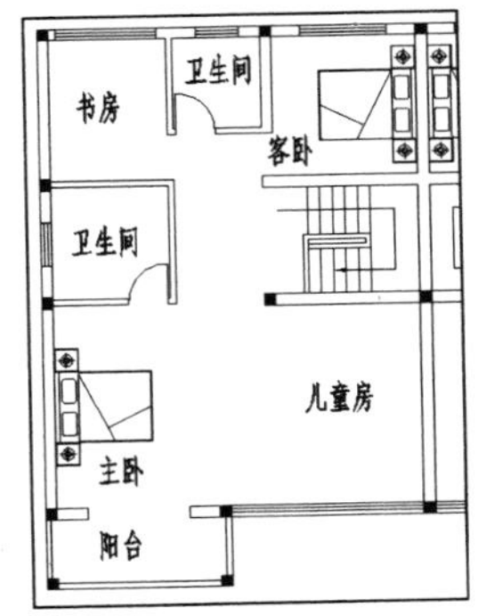

图 9-77　创建房间功能说明文字

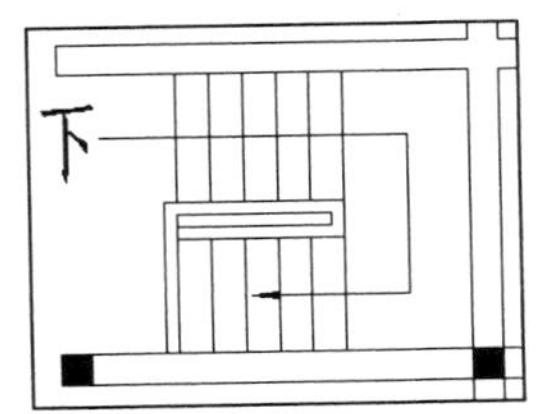

图 9-78　创建楼梯方向线说明文字

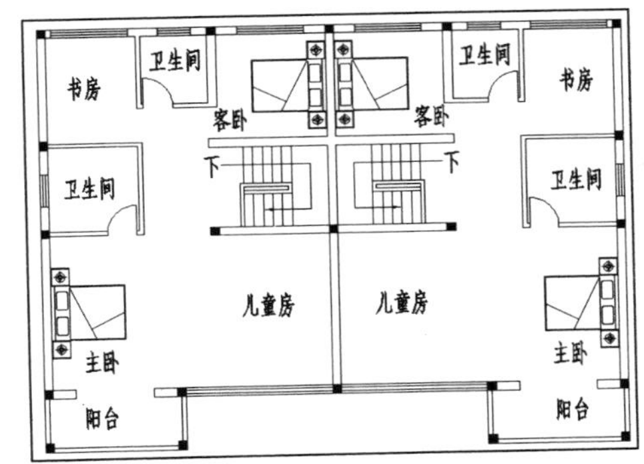

图 9-79　镜像说明文字效果

12. 添加尺寸标注和轴线编号

在建筑制图中，最常用的尺寸标注主要包括线性标注和连续标注。由于本平面图采用 1:100 比例绘制，因此采用标注样式 GB100。其具体操作步骤如下。

01 打开“轴线”图层和“辅助线”图层，分别执行“线性标注”和“连续标注”命令，选择 GB100 尺寸标注样式创建尺寸标注，效果如图 9-80 所示。

02 编辑尺寸标注的夹点，调整尺寸数值的位置，效果如图 9-81 所示。

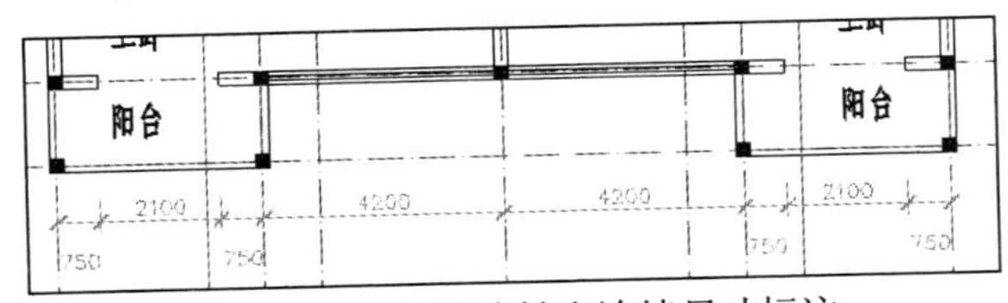

图 9-80　创建线性和连续尺寸标注

图 9-81　调整标注值位置

03 参照步骤**01**和步骤**02**的方法，创建平面图下方的其他尺寸标注，效果如图 9-82 所示。

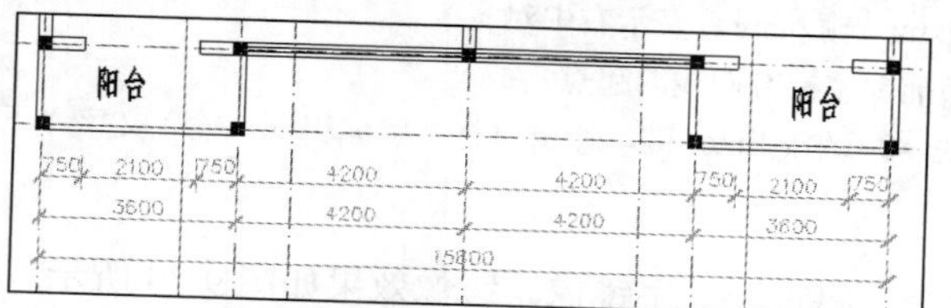

图 9-82　创建平面图下方其他尺寸标注

04 执行“线性标注”和“连续标注”命令，对其他方向的尺寸进行标注，标注效果如图 9-83 所示。

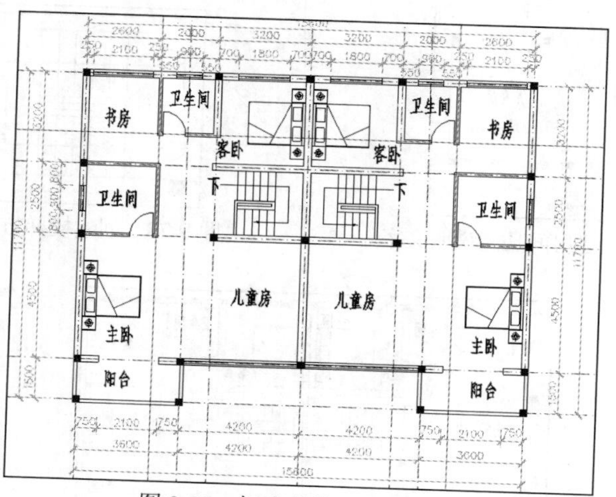

图 9-83　标注其他方向的尺寸

05 删除辅助线，并对轴线进行修剪，完成效果如图 9-84 所示。

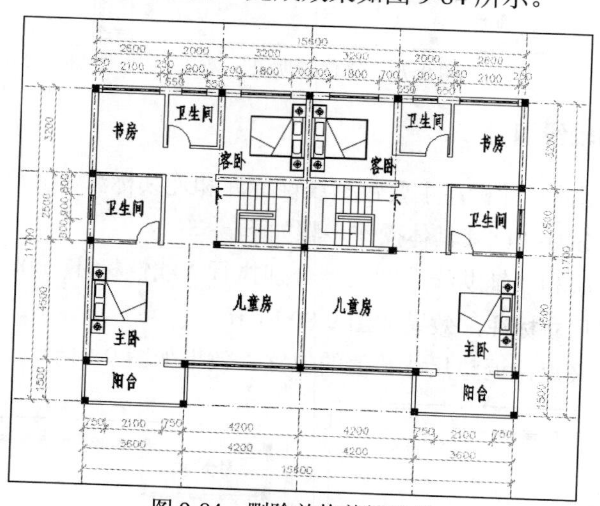

图 9-84　删除并修剪辅助线

06 执行“构造线”命令，绘制水平和垂直构造线，以绘制完成的构造线为修剪边，对轴线进行修剪。其完成效果如图 9-85 所示。

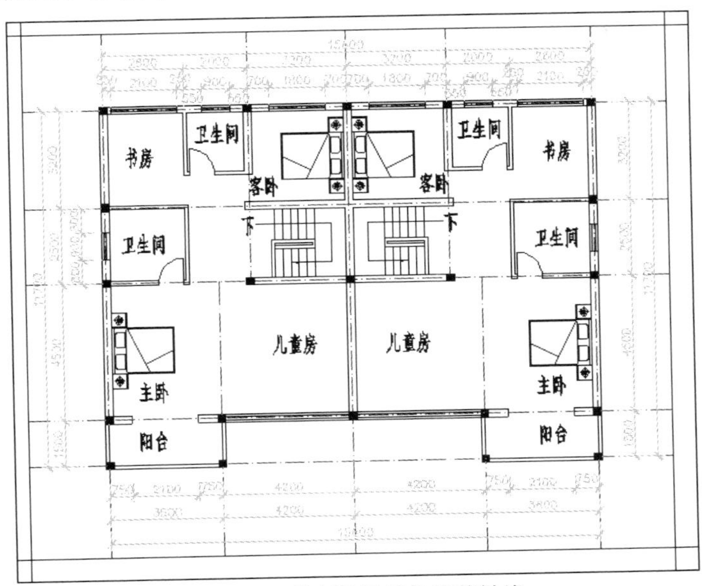

图 9-85　绘制构造线并修剪轴线

07 执行“插入”|“块”命令，插入“横向轴线编号”和“竖向轴线编号”图块。插入效果如图 9-86 所示。

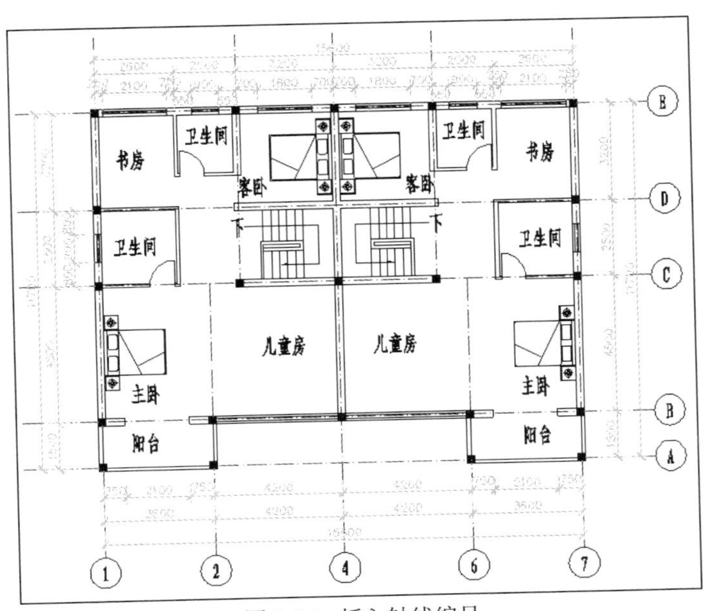

图 9-86　插入轴线编号

08 执行“复制”命令，将已创建的横向轴线编号复制到平面图的另一侧，基点为Ⓐ所示的右象限点，插入点为 A 轴线的左端点；将已创建的垂直轴线编号 1、4 和 7 复制到平面图另一侧，基点为①所示的下象限点，插入点为 1 轴线的上端点。复制效果如图 9-87 所示。

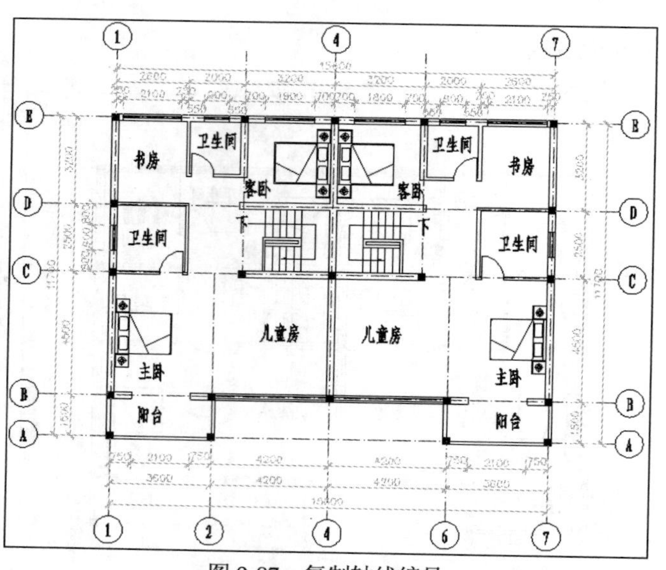

图 9-87　复制轴线编号

09 执行“复制”命令，复制 4 号轴线编号，基点为圆的下象限点，插入点分别为 3 号和 5 号轴线的上端点，复制效果如图 9-88 所示。

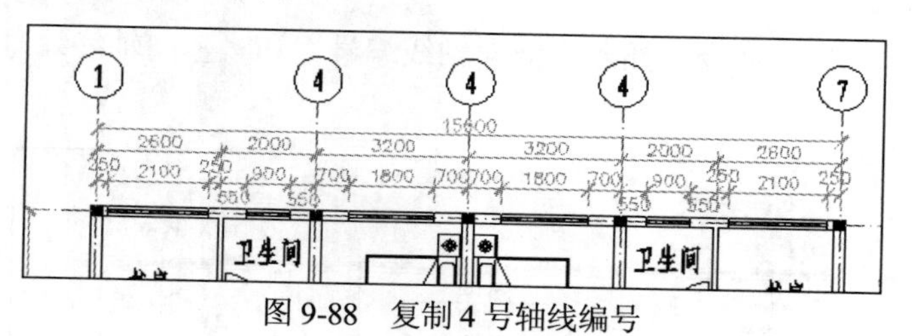

图 9-88　复制 4 号轴线编号

10 双击 3 号轴线上的轴线编号，弹出如图 9-89 所示的“增强属性编辑器”对话框，设置轴线编号值为 3，单击“确定”按钮，完成编号的修改。

11 使用与步骤**10**同样的方法，对 5 号轴线的编号值进行修改，修改效果如图 9-90 所示。

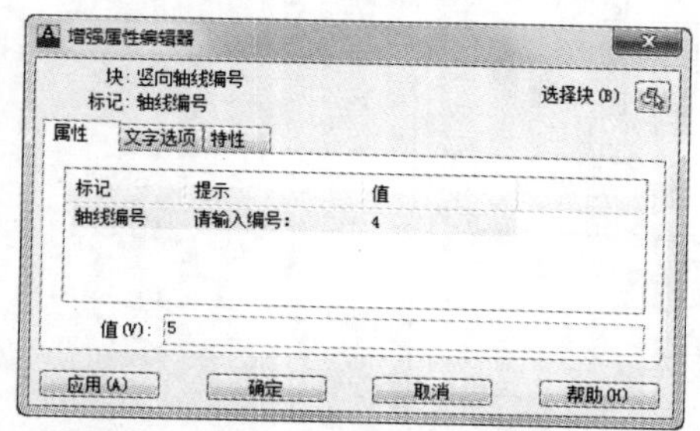

图 9-89　“增强属性编辑器”对话框

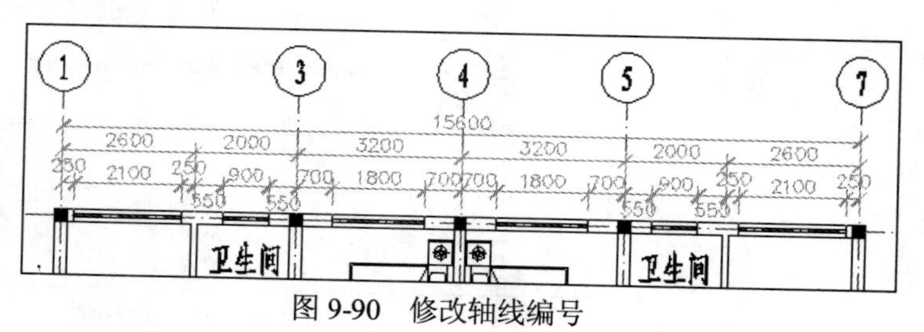

图 9-90　修改轴线编号

13．添加标高和图题

由于本例是二层平面图，需添加二层楼面的标高，使用模板中的标高图块即可；图题使用单行文字创建；标题线使用带宽度的多段线完成。

添加标高和图题的具体操作步骤如下。

01 执行“插入”|“块”命令，插入“标高”图块，输入标高值为 3.600，插入效果如图 9-91 所示。

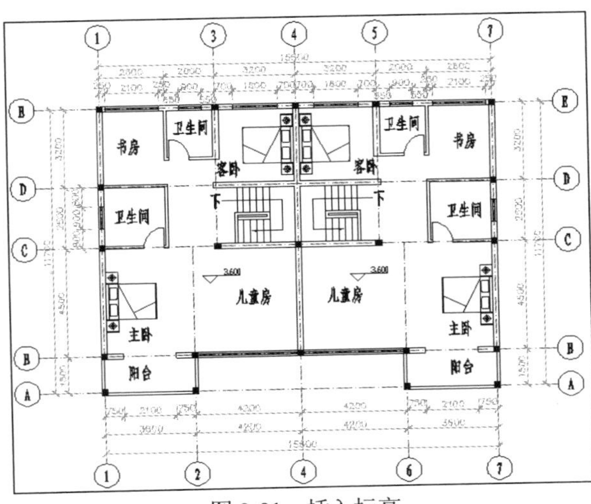

图 9-91　插入标高

02 执行“单行文字”命令，使用文字样式 GB1000，创建平面图图题文字，效果如图 9-92 所示。

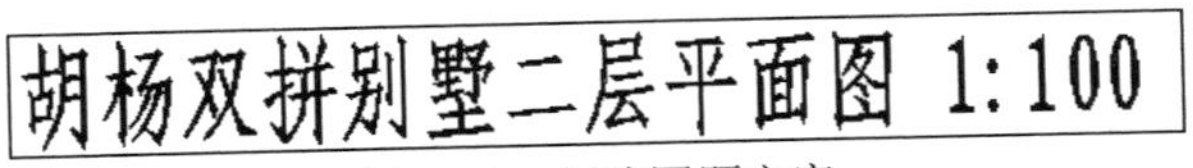

胡杨双拼别墅二层平面图 1:100

图 9-92　创建图题文字

03 执行“多段线”命令，绘制多段线，设置线宽为 100，效果如图 9-93 所示，多段线长度没有严格的尺寸要求。至此，二层平面图绘制完毕。

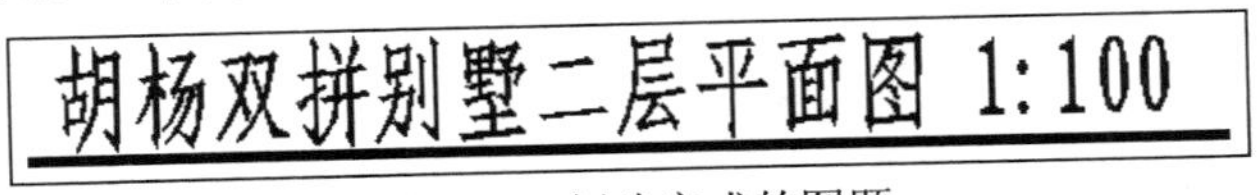

胡杨双拼别墅二层平面图 1:100

图 9-93　创建完成的图题

9.1.3　绘制底层平面图

底层平面图的绘制在二层平面图的基础上进行，在总体框架及轴线的布置等方面，底层平面图与二层平面图区别不大，用户只要在一些细节问题上如窗户、房间功能等方面做一些调整和修改即可。其具体操作步骤如下。

1. 修改墙体

在现有图形的基础上进行修改，创建新的平面图，首先就是要修改部分墙线，对墙线进行调整，为其他图形的绘制打下良好的基础。在对墙线进行修改的同时，删除底层平面图中没有的内容。

2. 创建门窗

对于底层平面图来说，相对于二层平面图增加了大门，门窗的布置也与二层平面图略有不同。在原有图形的基础上创建门窗，可以利用原来的门窗，通过镜像、旋转和移动等命令进行重复操作，也可使用多段线直接绘制。

3. 绘制楼梯

楼梯的绘制方法与二层平面图的绘制方法类似，在此不再赘述。

4. 绘制散水

散水是底层平面图所特有的图形，使用轴线的偏移线绘制完成，绘制过程较简单。

5. 创建家具

在底层平面图中家具的布置与二层平面图不同，用户可以根据实际情况绘制相应的家具，也可使用现有的家具图块，难度不大，放置位置也不用特别精确。在实际绘图中，绘图人员通常可以到设计中心、工具选项板或在一些图库中查找和直接使用各种家具及其他装饰图形。

6. 添加文字和尺寸标注

底层平面图中的功能说明文字和尺寸标注的创建类似，最终完成的底层平面图效果如图 9-94 所示。

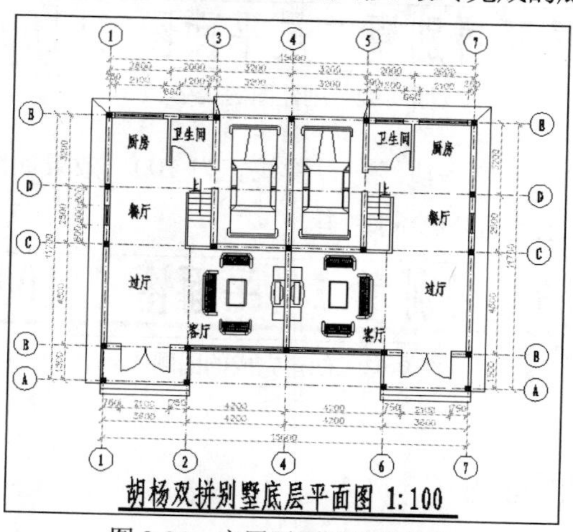

图 9-94　底层平面图最终效果

9.2 绘制建筑立面图

建筑立面图是建筑物立面的正投影图，是展示建筑物外貌特征及室外装修的工程图样，既可以表示建筑物从外面观看的效果，又可以看出窗户和门等是如何嵌入墙壁中的。它是建筑施工中进行高度控制与外墙装修的技术依据。绘制立面图时，要运用构图的一些基本规律，并要密切联系平面设计和建筑体型设计标准。

9.2.1　建筑立面图概述

建筑立面图可以看作是由墙体、梁柱、门窗、阳台、屋顶和屋檐等构件组成的整体。建筑立面图绘制的主要任务是：确定立面中这些构件合适的比例和尺度，以达到体型的完整，满足建筑结构和美观的要求。建筑立面设计时应在满足使用要求、结构构造等功能和符合技术方面要求的前提下，使建筑立面图尽量美观。

建筑立面图主要用于表示建筑物的立面和外形轮廓，并表明外墙装修要求。因此，立面图主要为室外装修所用。一个建筑物一般应绘出每一侧的立面图，但是，当各侧面较简单或有相同的立面时，可只画出主要的立面图。建筑物主要出入口所在的立面或墙面装饰反映建筑物外貌特征的立面作为主立面图称为正立面图，其余的相应地称为背立面图、左侧立面图、右侧立面图。如果建筑物朝向比较正，则可以根据各侧立面的朝向命名，如南立面图、北立面图、东立面图或西立面图等，有时也按轴线编号来命名，如①~⑧立面图。

立面图中通常包含以下内容。

01 建筑物某侧立面的立面形式、外貌及大小。

02 图名和绘图比例。

03 外墙面上装修做法、材料、装饰图线和色调等。

04 外墙上投影可见的建筑构配件，如室外台阶、梁、柱、挑檐、阳台、雨篷、室外楼梯、屋顶以及雨水管等的位置和立面形状。

05 标注建筑立面图上主要标高。

06 详图索引符号、立面图两端轴线及编号。

07 反映立面上门窗的布置、外形及开启方向(应用图例表示)。

9.2.2　绘制立面图

立面图的绘制主要包括外轮廓的绘制和内部图形的绘制，同样主要使用轴线和辅助线进行定位。立面图中很少采用多线命令，主要选择直线、多段线和偏移等命令。立面图的绘制难易程度取决于立面图装饰的程度以及立面窗和门的复杂程度。下面以北向立面图为例来介绍立面图的绘制。

1. 绘制辅助线和轴线

在立面图中，同样需要创建图层。绘制辅助线和轴线的方法与平面图中类似。其具体操作步骤如下。

01 打开 A3 样板图，创建图层，效果如图 9-95 所示。

02 打开“辅助线”图层，执行“构造线”命令绘制水平构造线。

03 打开“轴线”图层，绘制垂直构造线，并将构造线向右偏移，偏移尺寸如图 9-96 所示。选择所有垂直轴线，右击，在弹出的快捷菜单中选择“特性”命令，在“特性”选项板中设置线型比例为 50。

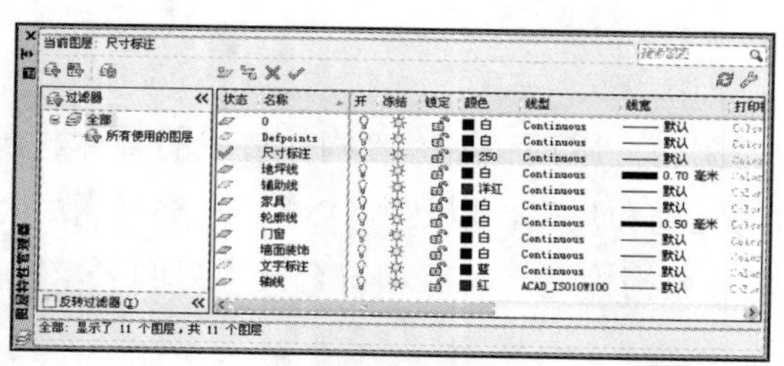
图 9-95　创建立面图图层

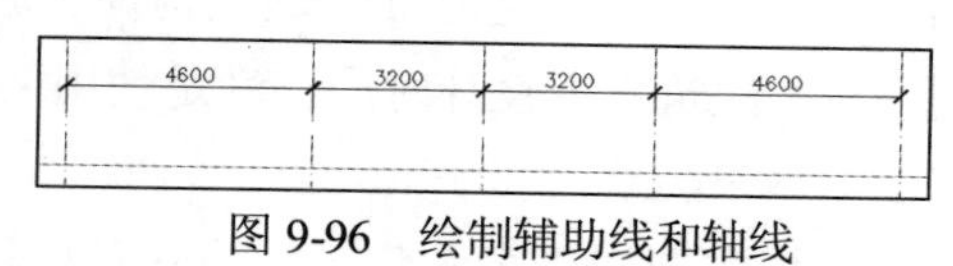

图 9-96　绘制辅助线和轴线

04 完成效果如图 9-97 所示。

2. 绘制地坪线和轮廓线

地坪线和轮廓线使用直线绘制，也可以使用多段线绘制，其定位由辅助线和轴线的偏移线完成。其具体操作步骤如下。

01 打开“地坪线”图层，选择“线宽”功能，执行“直线”命令绘制地坪线，线的长度没有严格要求。绘制效果如图 9-97 所示。

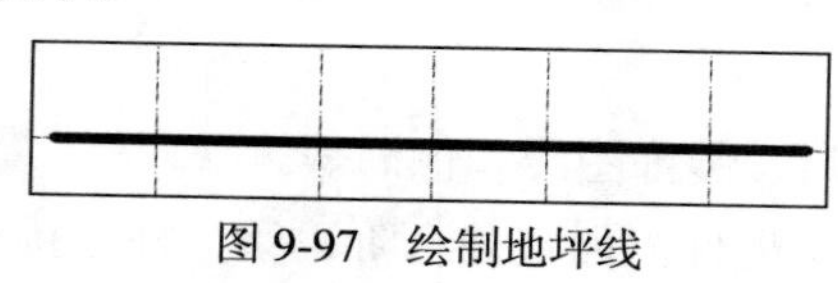
图 9-97　绘制地坪线

02 执行“偏移”命令，将最外侧两条垂直轴线分别向外侧偏移 120，并分别向内侧偏移 5300，将水平辅助线分别向上偏移 10500 和 13050，偏移效果如图 9-98 所示。

03 执行“直线”命令，绘制立面图轮廓，效果如图 9-99 所示。

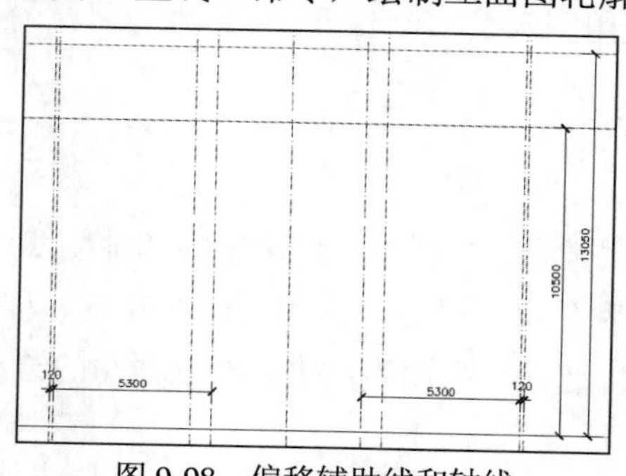

图 9-98　偏移辅助线和轴线

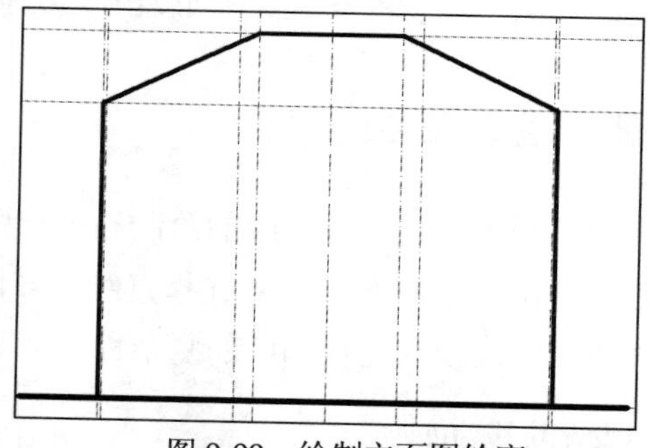
图 9-99　绘制立面图轮廓

3. 绘制装饰线

墙面装饰是立面图绘制中一个比较重要的环节，由于有些立面图墙面装饰比较精致，用户通常需要利用较多的时间来绘制这些装饰。通常情况下，非常精细的装饰，可以通过引出详图进行绘制，而在立面图中大概绘制即可。如需在立面图中表达出来，则应注意尺寸和位置，如有特殊作法，还要添加文字说明。其具体操作步骤如下。

01 执行“偏移”命令，将最下方的水平辅助线向上偏移 600。

02 执行“直线”命令，命令行提示如下：

```
命令: _line 指定第一点: //捕捉如图 9-100 所示的起点为第一点
指定下一点或 [放弃(U)]: @-60,0
指定下一点或 [放弃(U)]: @0,-90
指定下一点或 [闭合(C)/放弃(U)]: @60,0 //依次输入相对坐标
指定下一点或 [闭合(C)/放弃(U)]: //按 Enter 键，完成绘制，效果如图 9-100 所示
```

03 以中间垂直的轴线为镜像线，镜像步骤**02**绘制的直线。镜像效果如图 9-101 所示。

04 执行“修剪”命令，分别以步骤**02**和步骤**03**绘制的直线为剪切边，对外墙轮廓线进行修剪，修剪效果如图 9-102 所示。

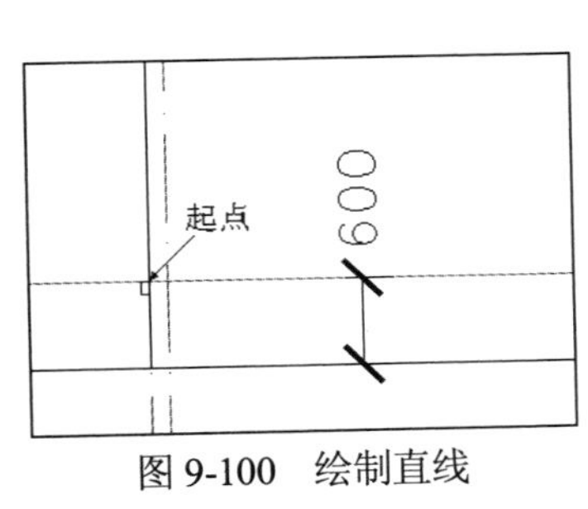

图 9-100　绘制直线

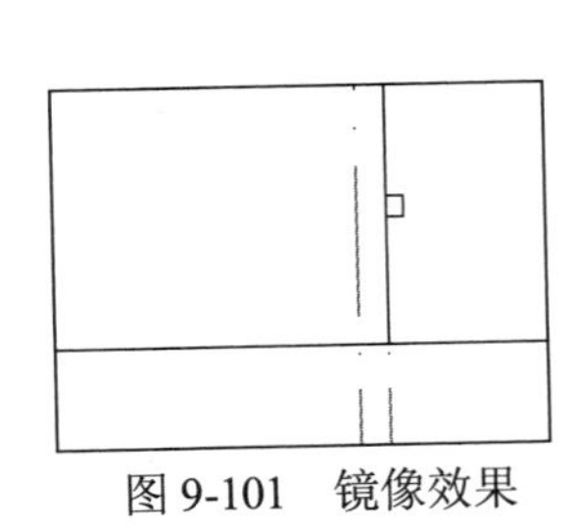

图 9-101　镜像效果

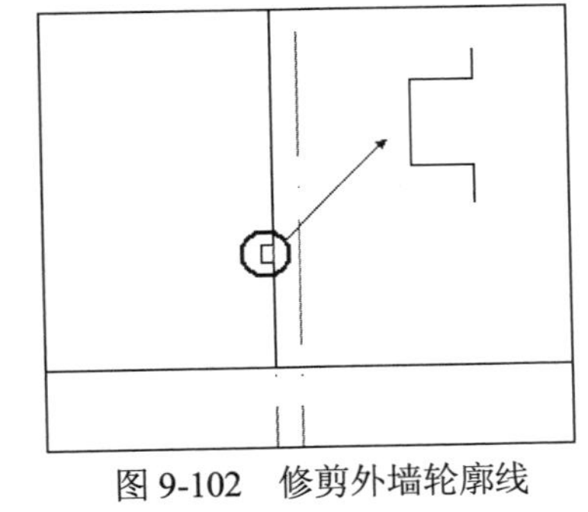

图 9-102　修剪外墙轮廓线

05 打开“墙面装饰”图层，执行“直线”命令绘制墙面装饰线，绘制效果如图 9-103 所示。

图 9-103　绘制墙面装饰线

06 执行“偏移”命令，将最下方的辅助线分别向上偏移 3600 和 3000，偏移效果如图 9-104 所示。

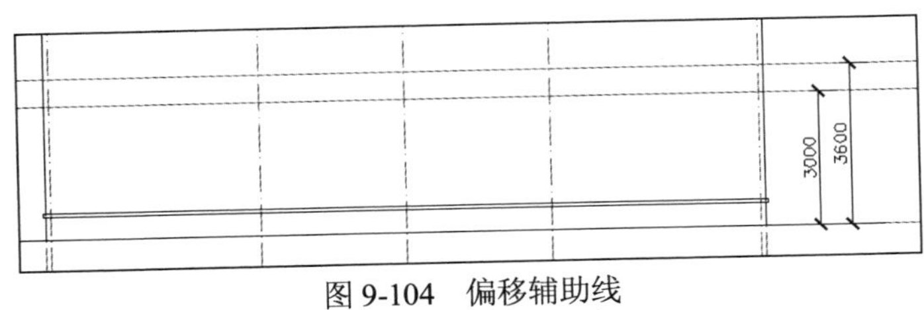

图 9-104　偏移辅助线

07 执行“直线”命令绘制外墙突出部分轮廓线，绘制效果如图 9-105 所示，通过镜像得到另

一侧的墙线轮廓线。

08 执行“修剪”命令，对墙轮廓线进行修剪，修剪效果如图 9-106 所示。

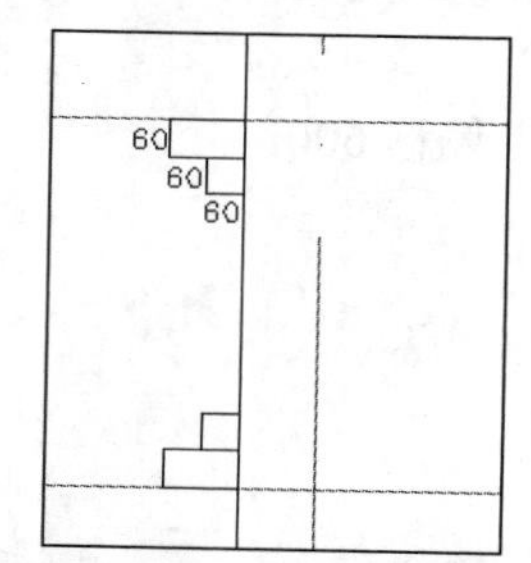

图 9-105　绘制二层轮廓线突出部分

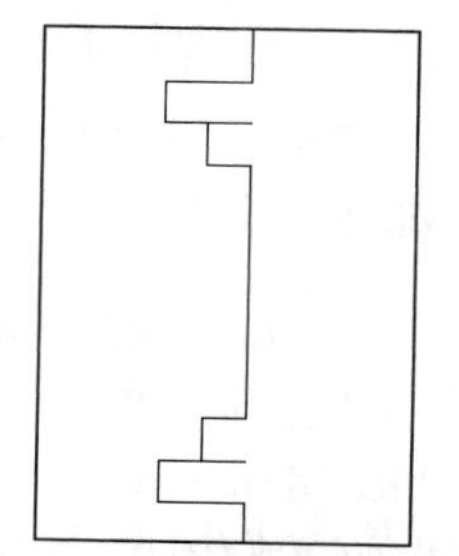

图 9-106　修剪二层墙轮廓线

09 打开“墙面装饰”图层，执行“直线”命令连接墙装饰线，连接效果如图 9-107 所示。

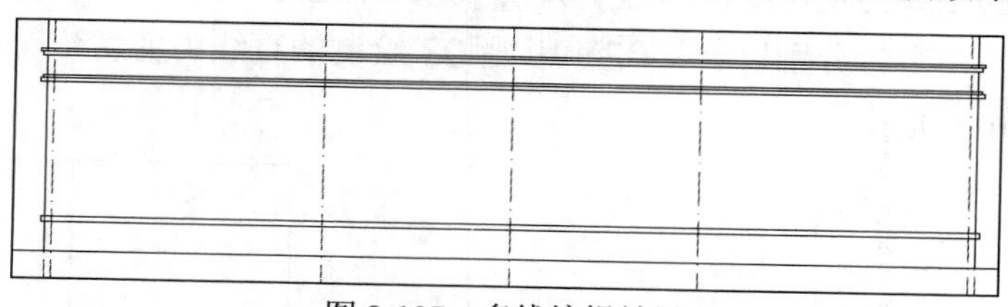

图 9-107　多线编辑效果

10 执行“直线”命令，绘制屋顶墙装饰线，命令行提示如下：

```
命令: _line 指定第一点: //捕捉图 9-108 所示的起点为第一点
指定下一点或 [放弃(U)]: @-520,0
指定下一点或 [放弃(U)]: @0,-60
指定下一点或 [闭合(C)/放弃(U)]: @60,0
指定下一点或 [闭合(C)/放弃(U)]: @0,-60
指定下一点或 [闭合(C)/放弃(U)]: @60,0
指定下一点或 [闭合(C)/放弃(U)]: @0,-380
指定下一点或 [闭合(C)/放弃(U)]: @400,0 //依次输入相对坐标
指定下一点或 [闭合(C)/放弃(U)]: //按 Enter 键，完成绘制，效果如图 9-108 所示
```

11 执行“修剪”命令，对外墙轮廓线进行修剪，执行“镜像”命令，创建另一侧的屋顶突出轮廓，并执行“直线”命令绘制屋顶装饰线，完成效果如图 9-109 所示。

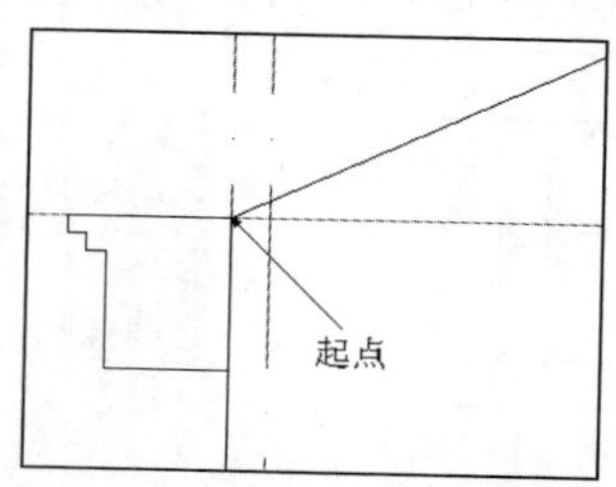

图 9-108　绘制屋顶突出轮廓线

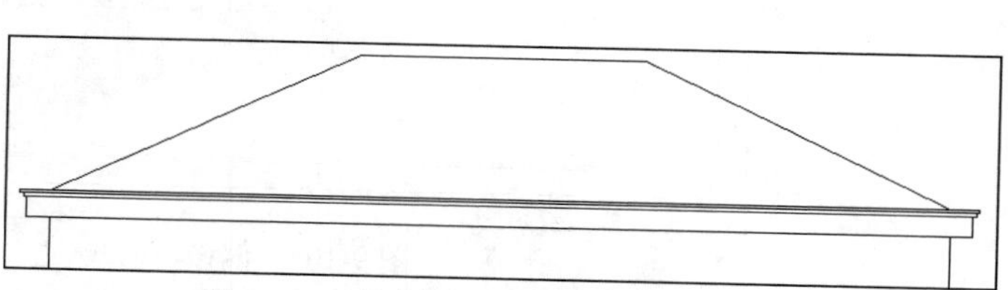

图 9-109　绘制屋顶突出轮廓及装饰线

12 执行“直线”命令绘制两条垂直的屋顶装饰线，尺寸设置如图 9-110 所示。

13 执行“镜像”命令，以中心轴线所在直线为镜像线，镜像产生另一侧的垂直屋顶装饰线，镜像效果如图 9-111 所示。

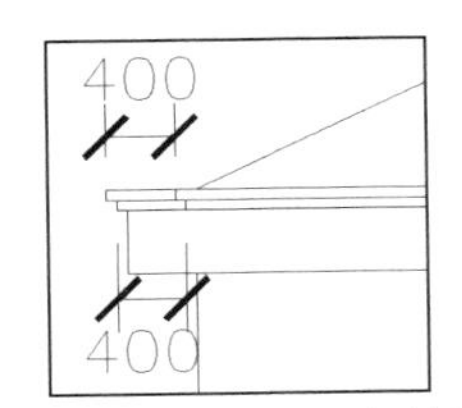

图 9-110　绘制屋顶垂直装饰线

图 9-111　镜像产生另一侧垂直装饰线

4. 绘制立面图门效果

门和窗也是立面图中比较重要的组成部分，绘制方法与平面图中门和窗的绘制方法没有太大的差别，只是在平面图中，门和窗是平面图，而在立面图中，门和窗也要变成立面图。本例中的门比较复杂，是一个自动控制门，并带有花纹，属于比较细微的家具绘制，需要结合多项命令才可以完成绘制，具体操作步骤如下。

01 打开“轴线”图层和“辅助线”图层，显示已经绘制完成的效果如图 9-112 所示。

02 将中间 3 条垂直轴线分别向左和向右偏移 120，将辅助线向上偏移 150，偏移效果如图 9-113 所示。

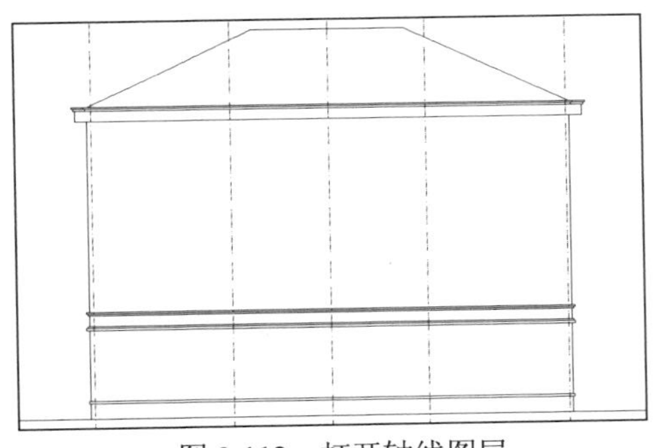

图 9-112　打开轴线图层

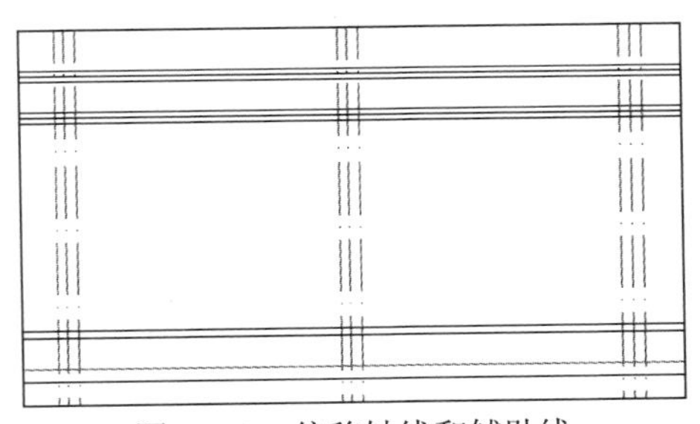

图 9-113　偏移轴线和辅助线

03 执行“直线”命令连接轴线和辅助线的交点，完成效果如图 9-114 所示，关闭轴线图层，可观察连接效果，如图 9-115 所示。

图 9-114　连接轴线和辅助线交点

图 9-115　关闭轴线和辅助线图层之后的效果

04 执行“直线”命令绘制门上沿的装饰线，装饰线尺寸如图 9-116 所示。

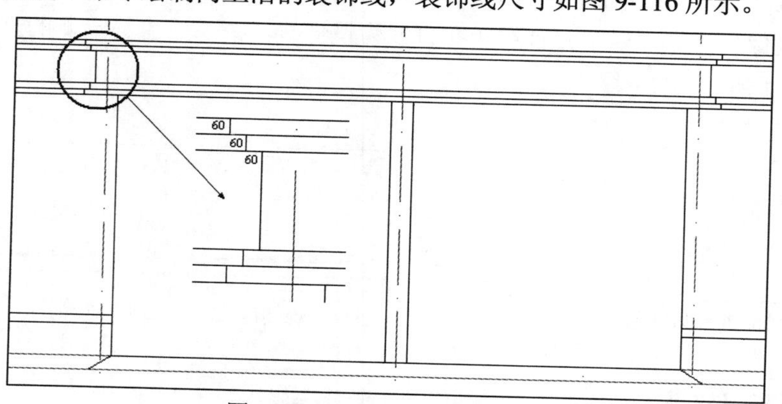

图 9-116　绘制门上沿的装饰线

05 执行“直线”命令绘制遥控门，命令行提示如下：

```
命令: _line 指定第一点: from //使用相对点法指定第一点
基点: //捕捉如图 9-117 所示的基点
<偏移>: @0,-850 //输入相对偏移距离
指定下一点或 [放弃(U)]: //捕捉垂足
指定下一点或 [放弃(U)]: //按 Enter 键，完成绘制，效果如图 9-117 所示
```

06 执行“偏移”命令，将步骤 05 绘制的直线向上偏移 50，偏移效果如图 9-118 所示。

07 执行“矩形”命令，命令行提示如下：

```
命令: _rectang
指定第一个角点或 [倒角(C)/标高(E)/圆角(F)/厚度(T)/宽度(W)]: from //使用相对点法确定第一个角点
基点: //捕捉图 9-117 所示的基点
<偏移>: @80,0 //输入相对偏移距离
指定另一个角点或 [面积(A)/尺寸(D)/旋转(R)]: @400,-400 //输入另一个角点的相对坐标，绘制效果如图 9-118
所示
```

08 执行“偏移”命令，将步骤 07 绘制的矩形向内偏移 50，并执行“直线”命令连接角点，完成效果如图 9-119 所示。

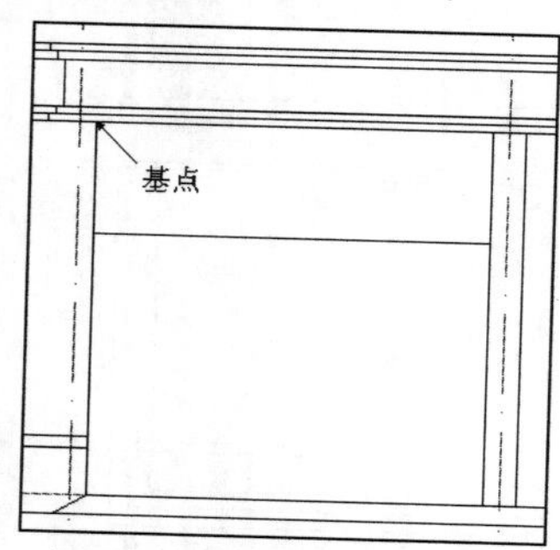

图 9-117　绘制遥控门下线

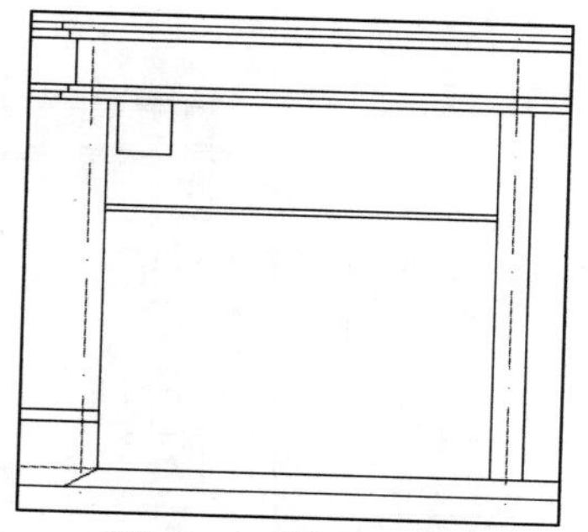

图 9-118　绘制正方形

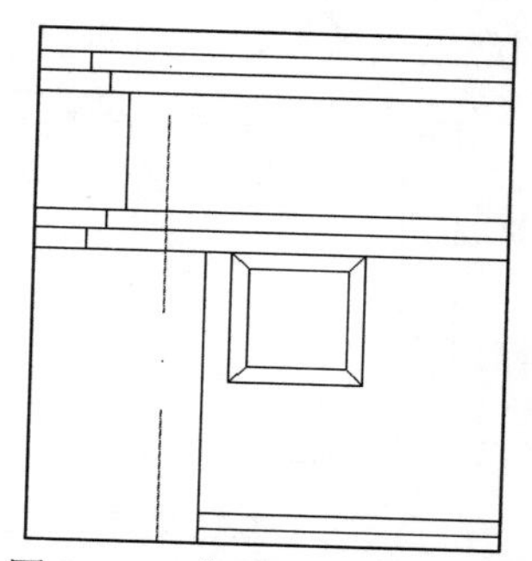

图 9-119　偏移矩形并连接角点

09 执行“矩形阵列”命令，选择步骤**07**和步骤**08**绘制的图形，设置阵列行数为 2，列数为 7，行偏移为-400，列偏移为 400。阵列效果如图 9-120 所示。

10 执行“镜像”命令，镜像图 9-119 所示的门图案，镜像线为中心轴线所在的直线。镜像效果如图 9-121 所示。

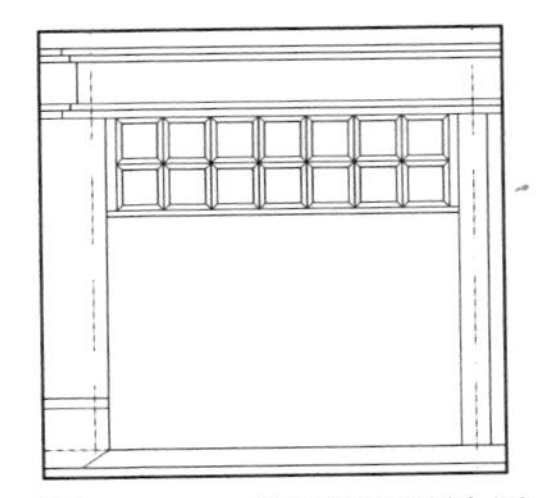
图 9-120　矩形阵列效果

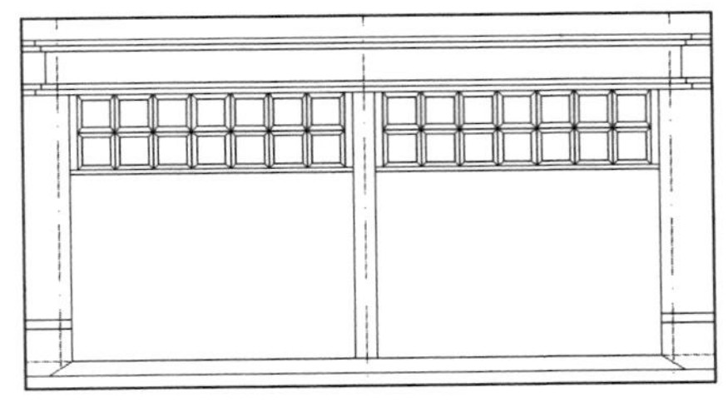
图 9-121　镜像效果

11 选择“工具”|“选项板”|“工具选项板”命令，打开工具选项板，选择“建筑”标签，插入“车辆-公制”动态块，并执行如图 9-122 所示的夹点快捷菜单“轿车(主视图)”命令，将轿车切换到主视图。

12 移动车辆动态块到立面图中的适当位置，将车辆图块镜像，完成效果如图 9-123 所示。

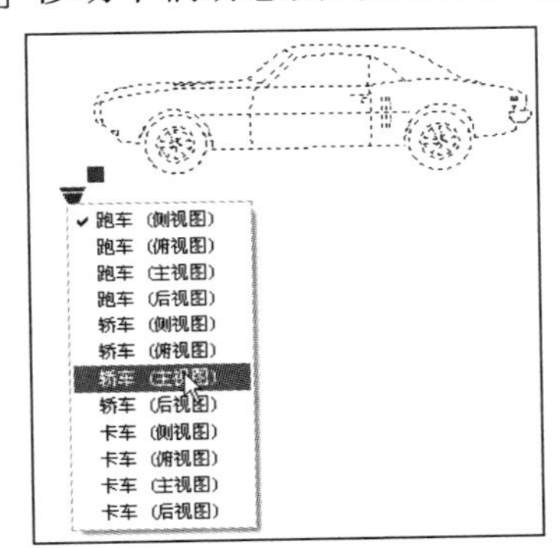

图 9-122　插入“车辆-公制”动态块

图 9-123　插入并镜像轿车图块效果

5. 绘制立面图窗效果

立面窗的绘制比较简单，主要使用矩形、偏移和直线命令完成，关键在于定位准确，具体操作步骤如下。

01 执行“偏移”命令，将左侧轴线向左偏移，偏移尺寸及效果如图 9-124 所示。

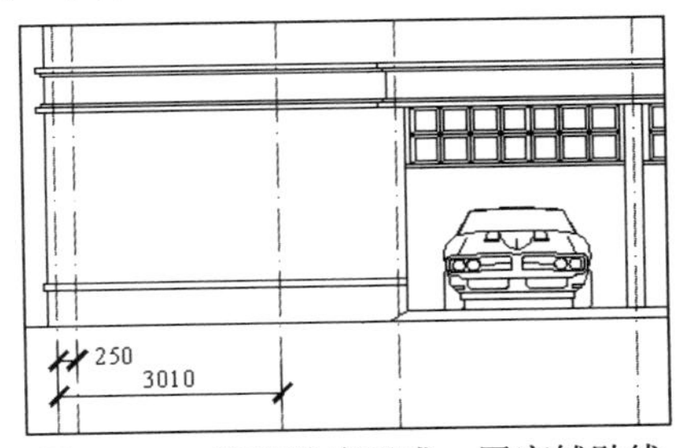

图 9-124　偏移轴线形成一层窗辅助线

02 执行“矩形”命令，绘制 2100×2100 的矩形，第一个角点如图 9-125 所示。

03 将步骤02绘制的矩形向内偏移 50，使用直线、连接及偏移得到的矩形的上边和下边中点，完成效果如图 9-126 所示。

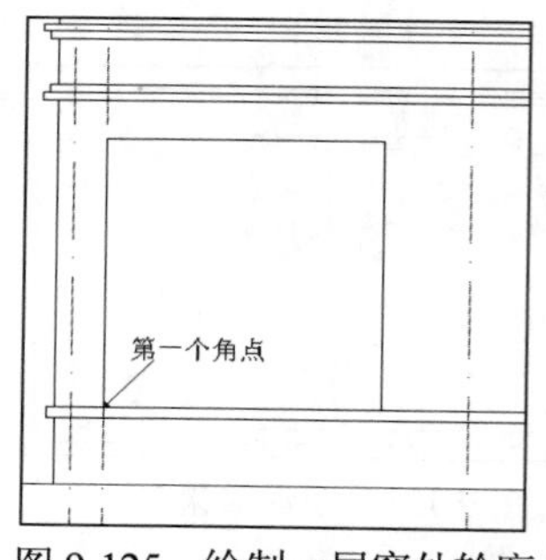

图 9-125 绘制一层窗外轮廓

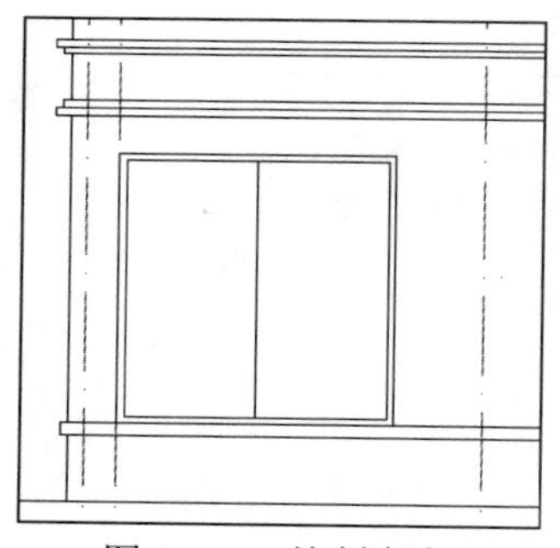

图 9-126 绘制窗扇

04 参照步骤03的方法，绘制 1200×2100 的矩形，向内偏移 50，连接上边和下边中点，完成效果如图 9-127 所示。

05 执行“偏移”命令，按图 9-128 所示尺寸偏移轴线。

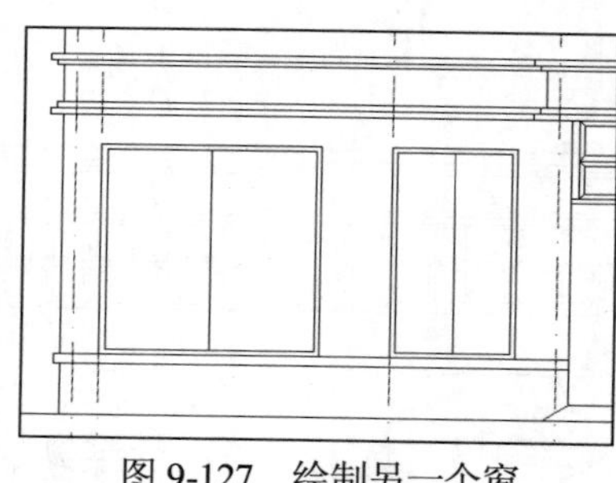

图 9-127 绘制另一个窗

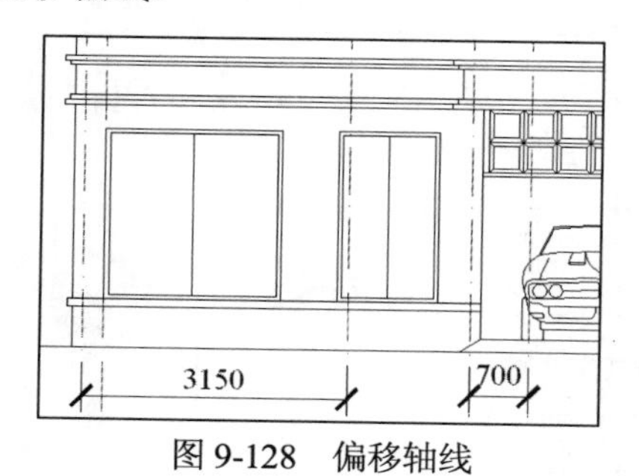

图 9-128 偏移轴线

06 执行“偏移”命令，将最下方的辅助线分别向上偏移 4500 和 7800。偏移效果如图 9-129 所示。

07 参照绘制一层窗户的方法绘制二层窗户，从左向右窗户的尺寸大小依次为 2100×1800、900×1800 和 1800×1800。完成效果如图 9-130 所示。

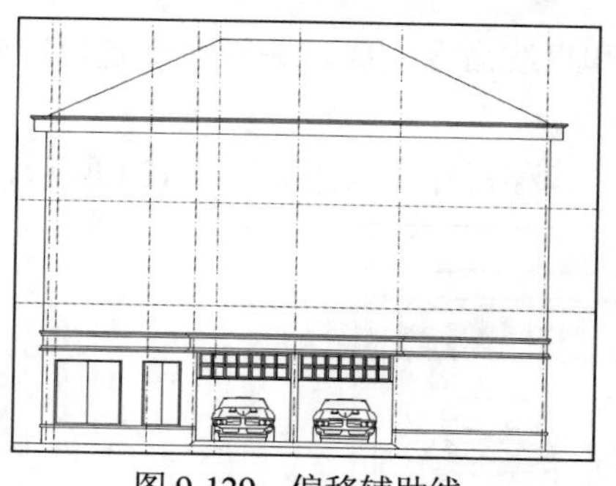

图 9-129 偏移辅助线

图 9-130 绘制二层窗户

08 执行“复制”命令，复制二层窗户到三层窗户，基点和插入点如图 9-131 所示。

09 执行“镜像”命令，创建另一侧的窗户，并删除辅助线与修剪轴线。完成效果如图 9-132 所示。

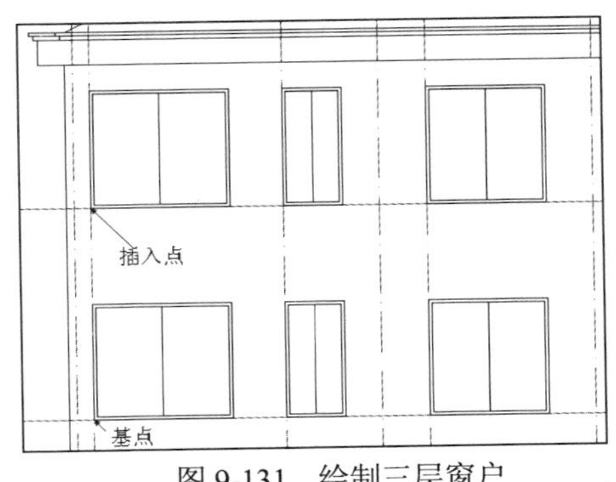

图 9-131　绘制三层窗户

图 9-132　镜像窗户、删除辅助线并修剪轴线

10 执行“填充图案”命令，为屋顶填充图案，图案参数设置如图 9-133 所示，填充效果如图 9-134 所示。

11 参照步骤10的方法，填充一层墙裙装饰，填充参数设置如图 9-135 所示。填充效果如图 9-136 所示。

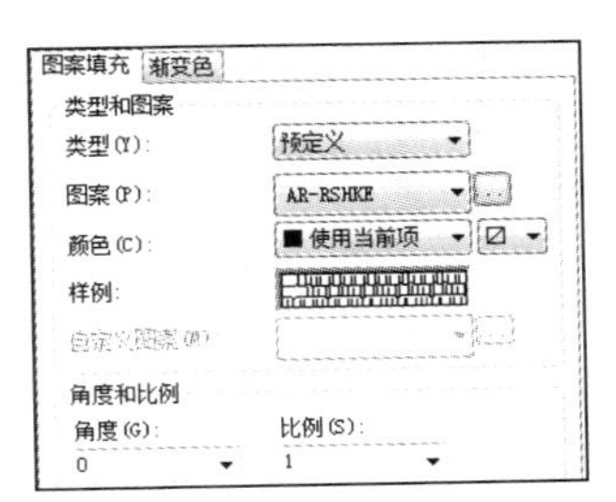

图 9-133　设置屋顶填充参数

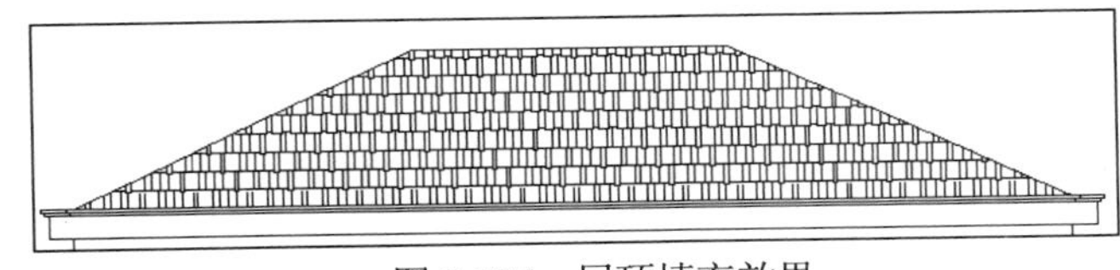
图 9-134　屋顶填充效果

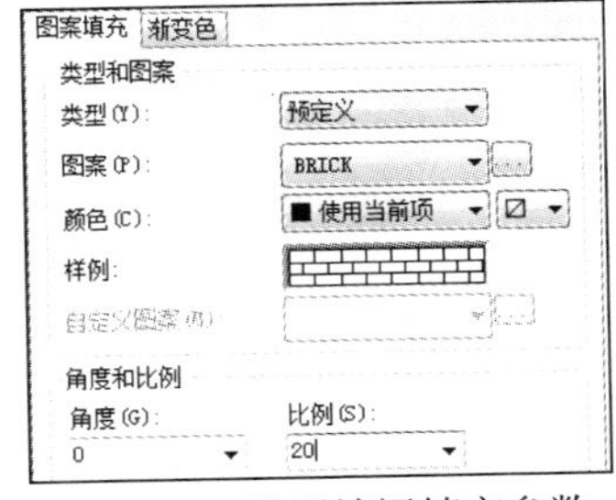

图 9-135　设置墙裙填充参数

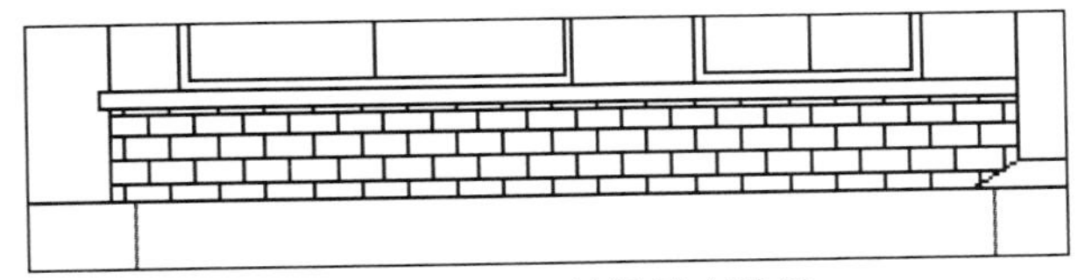
图 9-136　墙裙填充效果

6. 创建标高以及其他

立面图中的标高可使用标高底部的直线进行定位，直线的中点位于同一条垂直直线上，具体操作步骤如下。

01 执行“直线”命令，绘制 1200 长的水平直线，并将直线的一个端点移动到两条构造线的交点处，如图 9-137 所示。

02 执行“复制”命令，复制步骤**01**移动的直线，基点为直线中点，复制插入点的相对坐标分别为(@0,600)、(@0,270000)、(@0,3000)、(@0,3600)、(@0,4500)、(@0,6300)、(@0,7800)、(@0,9600)、(@0,10500)和(@0,13050)，完成效果如图 9-138 所示。

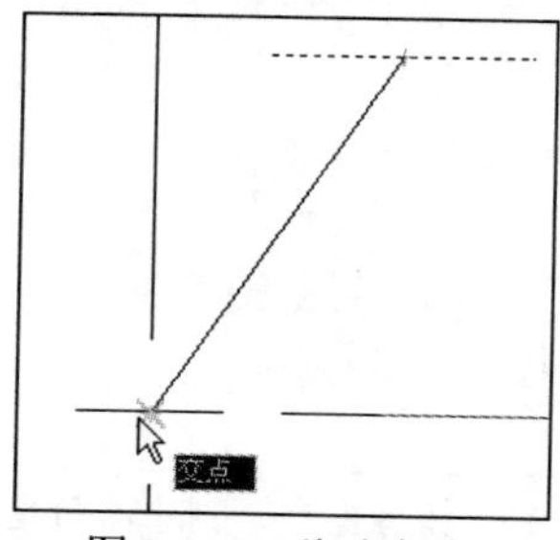

图 9-137 移动直线

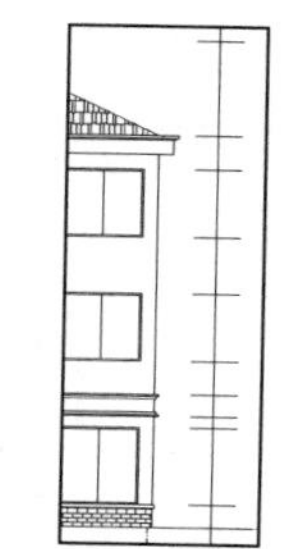
图 9-138 创建标高线

03 在图 9-138 的基础上，插入标高图块，添加标高，完成效果如图 9-139 所示。

04 为剖面图添加轴线编号，插入垂直轴线编号，编号值分别为 7 和 1，添加效果如图 9-140 所示。

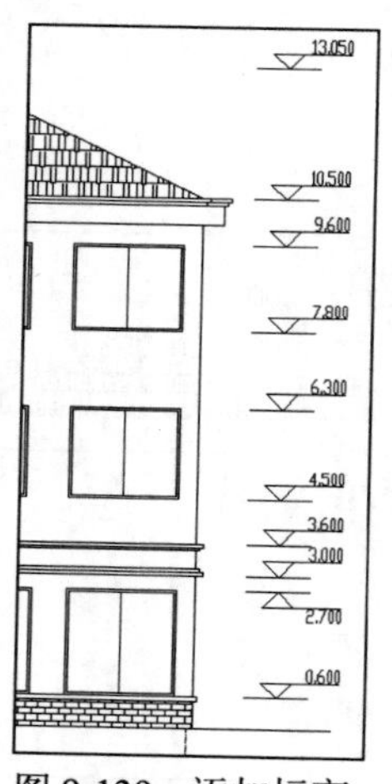

图 9-139 添加标高

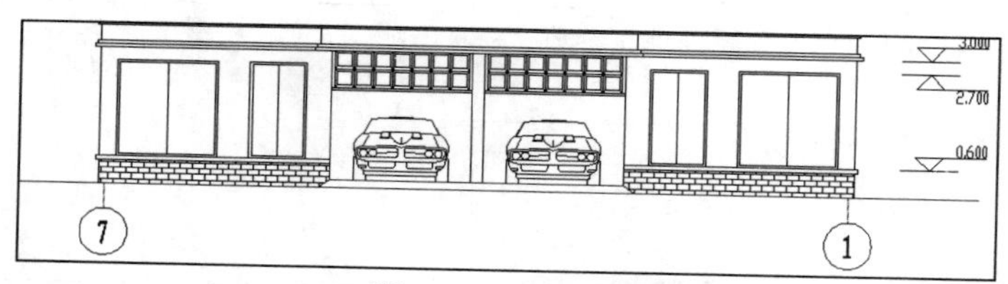

图 9-140 添加轴线编号

05 执行“单行文字”命令为立面图添加图题，文字样式为 GB1000，并执行“多段线”命令绘制多段线，多段线宽度为 100，完成效果如图 9-141 所示。其具体绘制方法参见平面图绘制。至此，绘制完成

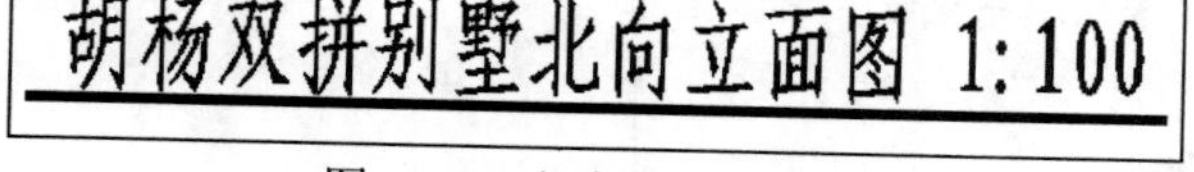

胡杨双拼别墅北向立面图 1:100

图 9-141 添加立面图图题

9.3 绘制建筑剖面图

假想用一个铅垂剖切平面，沿建筑物的垂直方向切开，移去靠近观察者的一部分，其余部分的

正投影图就叫做建筑剖面图，简称剖面图。切断部分用粗线表示，可见部分用细线表示。根据剖切方向的不同可分为横剖面图和纵剖面图。

9.3.1 建筑剖面图概述

建筑剖面图用来表示建筑物内部的垂直方向的结构形式、分层情况、内部构造及各部位高度的图样，如屋顶的形式、屋顶的坡度、檐口形式、楼板的搁置方式和楼梯的形式等。

剖面图的剖切位置，应选择在内部构造和结构比较复杂、典型的部位，并选择通过门窗洞的位置。剖面图的图名应与平面图上标注的剖切位置的编号一致，如 I-I 剖面图、II-II 剖面图等。当用一个剖切平面不足以表示建筑物时，允许将剖切平面转折后来绘制剖面图，以便在一张剖面图上表现更多的内容，但只允许转一次并用剖切符号在平面图上标明。一般情况下，剖面图中可不画出基础，截面上材料图例和图中的线型类型，均与平面图相同。剖面图一般从室外地坪向上直画到屋顶。通常对于一栋建筑物而言，一个剖面图是不够的，往往需要在几个有代表性位置的绘制剖面图，才可完整地反映楼层剖面的全貌。

建筑剖面图主要表达以下内容。

01 剖面图的比例。剖面图的比例与平面图、立面图一致，为了图示清楚，也可用较大比例画出。

02 剖切位置和剖视方向。从图名和轴线编号与平面图上的剖切位置和轴线编号相对应，可知剖面图的剖切位置和剖视方向。

03 表示被剖切到的房屋各部位，如各楼层地面、内外墙、屋顶、楼梯和阳台等的构造做法。

04 表示建筑物主要承重构件的位置及相互关系，如各层的梁、板、柱及墙体的连接关系等。

05 房屋的内外部尺寸和标高。图上应标注房屋外部、内部的尺寸和标高。外部尺寸一般应注出室外地坪、勒脚、窗台、门窗顶和檐口等处的标高和尺寸，且应与立面图相一致。当房屋两侧对称时，外部尺寸可只在一边标注。内部尺寸一般应标出底层地面、各层楼面与楼梯平台面的标高，室内其余部分，如门窗洞、搁板和设备等，应标注出其位置和大小的尺寸，楼梯一般另有详图。剖面图中的高度尺寸有 3 道：第 1 道尺寸靠近外墙，从室外地面开始分段标出窗台、门和窗洞口等尺寸；第 2 道尺寸注明房屋各层层高；第 3 道尺寸为房屋建筑物的总高度。另外，剖面图中的标高是相对尺寸，而大小尺寸则是绝对尺寸。

06 坡度表示。房屋倾斜的地方，如屋面、散水、排水沟与出入口的坡道等，需用坡度来表明倾斜的程度。较小的坡度用百分比 n%加箭头表示，其中 n%表示屋面坡度的高宽比，箭头表示流水方向。较大坡度用直角三角形表示，直角三角形的斜边应与屋面坡度平行，直角边上的数字表示坡度的高宽比。

07 材料说明。房屋的楼地面、屋面等是用多层材料构成，一般应在剖面图中加以说明。常用方法是用一条引出线指向说明的部位，并按其构造的层次顺序，逐层加以文字说明。对于需另用详图说明的部位或构件，则在剖面图中用标志符号加以引出索引，以便查阅、核对。

9.3.2 绘制剖面图

剖面图绘制需要使用的技术是平面图和立面图的结合。剖面图包含墙线、外轮廓线、门窗剖面图、门窗立面图、楼梯线和标高的标注等，所以在剖面图的绘制中，将会使用很多在平面图和立面图中使用的绘图技术。

1. 绘制轴线和辅助线

在绘制剖面图之前，首先要在平面图中绘制剖切符号，不同的剖切位置，绘制出的剖面图是不一样的。其具体操作步骤如下。

01 打开底层平面图，绘制剖切符号，剖切符号由多段线绘制而成，设置垂直和水平长度均为 300、线宽为 50，绘制剖切符号效果如图 9-142 所示。

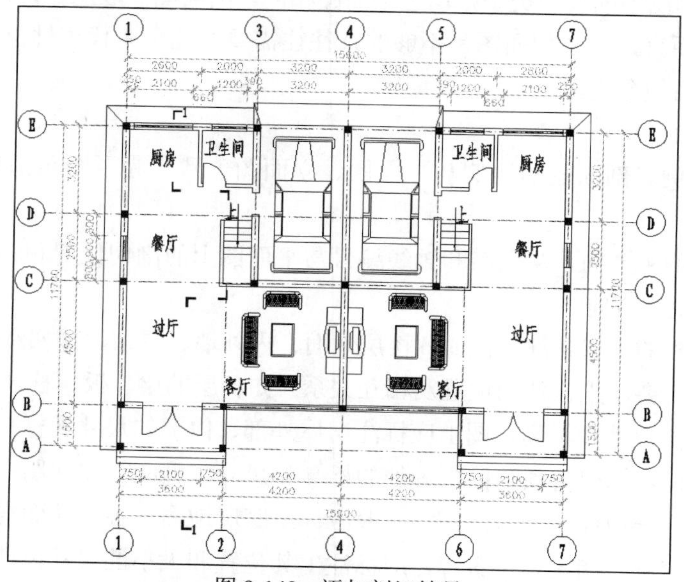

图 9-142　添加剖切符号

02 创建剖面图图层，效果如图 9-143 所示。

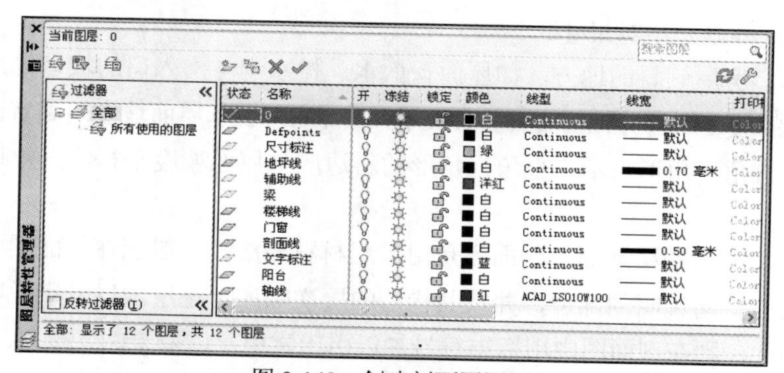

图 9-143　创建剖面图图层

03 打开“轴线”图层，绘制垂直构造线，并将构造线向右偏移，编辑尺寸如图 9-144 所示。选择所有垂直轴线，右击，在弹出的快捷菜单中选择“特性”命令，在“特性”选项板中设置线型比例为 50。打开辅助线图层，继续执行“构造线”命令绘制水平辅助线，完成效果如图 9-144 所示。

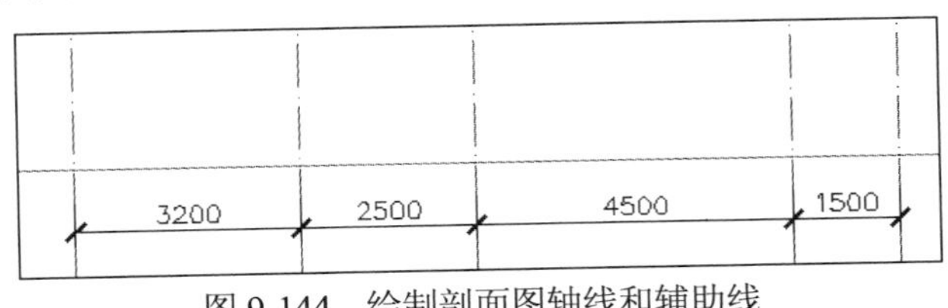

图 9-144　绘制剖面图轴线和辅助线

2. 绘制地坪线

剖面图中地坪线的绘制与立面图中类似，具体操作步骤如下。

01 执行“直线”命令，绘制地坪线一部分，效果如图 9-145 所示。

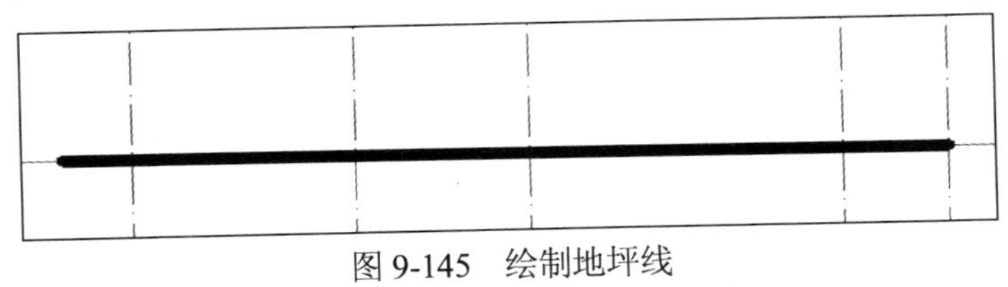
图 9-145　绘制地坪线

02 执行“多段线”命令，绘制台阶，设置台阶面宽为 245、高为 150，绘制效果如图 9-146 所示。

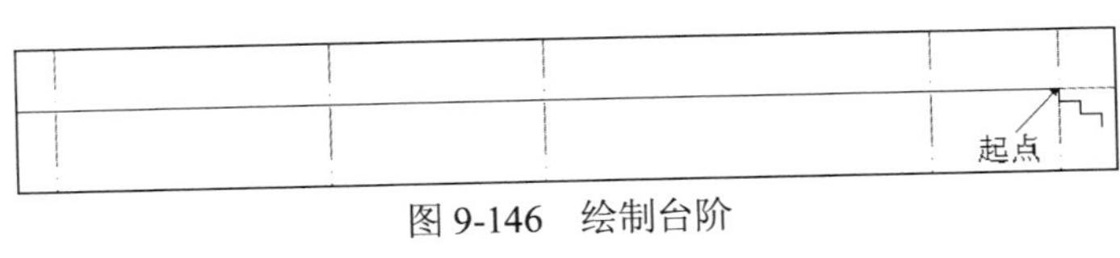

图 9-146　绘制台阶

03 执行“直线”命令补充其余的地坪线，完成效果如图 9-147 所示。

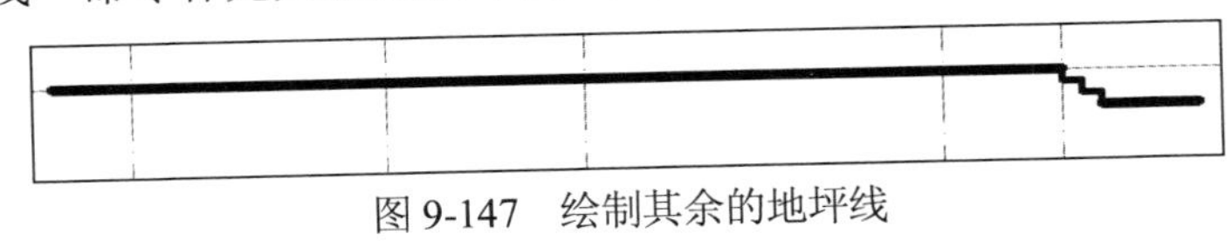
图 9-147　绘制其余的地坪线

3. 绘制墙线和楼面板线

剖面图中墙线和楼面板线的绘制与平面图中墙线的绘制类似，都通过执行多线命令完成。其具体操作步骤如下。

01 创建 W240 多线样式，执行“多线”命令，绘制墙体剖面线，起点如图 9-148 所示，第二个点坐标为(@0,10500)，绘制效果如图 9-148 所示。

02 执行“偏移”命令，将辅助线分别向上偏移 3600、6900 和 10200，偏移效果如图 9-149 所示。

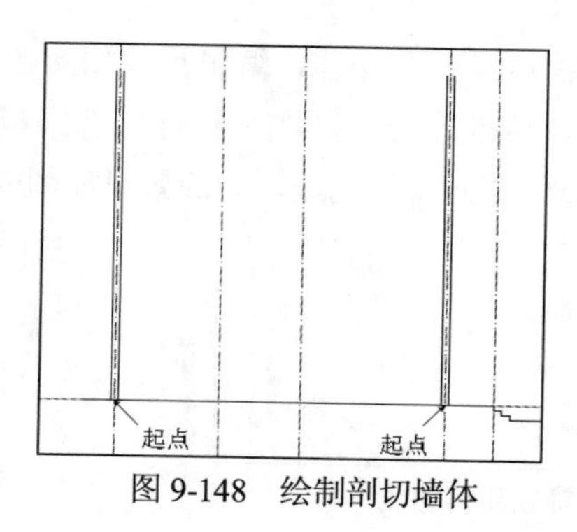

图 9-148 绘制剖切墙体

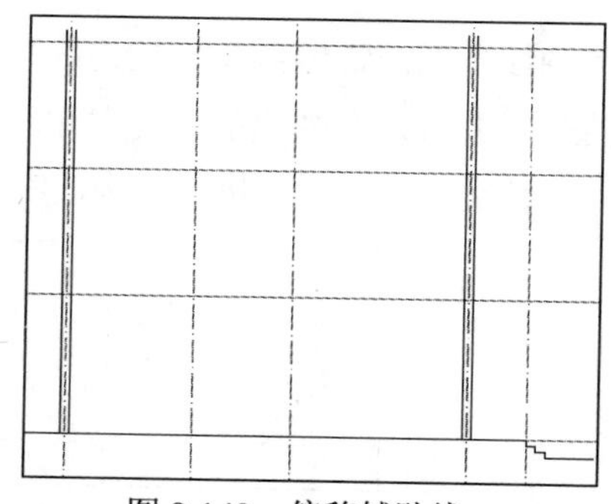
图 9-149 偏移辅助线

03 执行“多线”命令，命令行提示如下：

```
命令: _mline
当前设置: 对正 = 无，比例 =1.00，样式 =W240
指定起点或 [对正(J)/比例(S)/样式(ST)]: st //输入 st，设置多线样式
输入多线样式名或 [?]: standard //使用 standard 样式
当前设置: 对正 = 无，比例 =1.00，样式 =STANDARD
指定起点或 [对正(J)/比例(S)/样式(ST)]: s //输入 s，设置比例
输入多线比例 <1.00>: 120 //设置比例为 120
当前设置: 对正 = 无，比例 =120.00，样式 =STANDARD
指定起点或 [对正(J)/比例(S)/样式(ST)]: j //输入 j，设置对正样式
输入对正类型 [上(T)/无(Z)/下(B)] <无>: t //设置对正样式为 t
当前设置: 对正 = 上，比例 =120.00，样式 =STANDARD
指定起点或 [对正(J)/比例(S)/样式(ST)]: //捕捉如图 9-150 所示的点为起点
指定下一点://捕捉另外一侧对应的点为下一点，完成效果如图 9-150 所示
指定下一点或 [放弃(U)]: //按 Enter 键，完成绘制
```

04 参照步骤**03**的方法，绘制其他的楼层面板线，效果如图 9-151 所示。

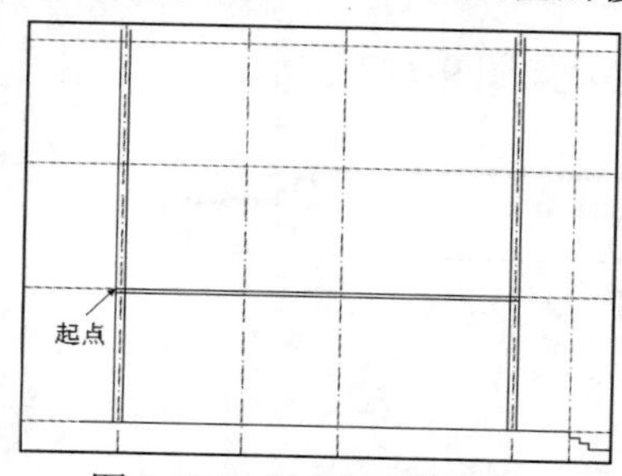

图 9-150 绘制二层楼面板

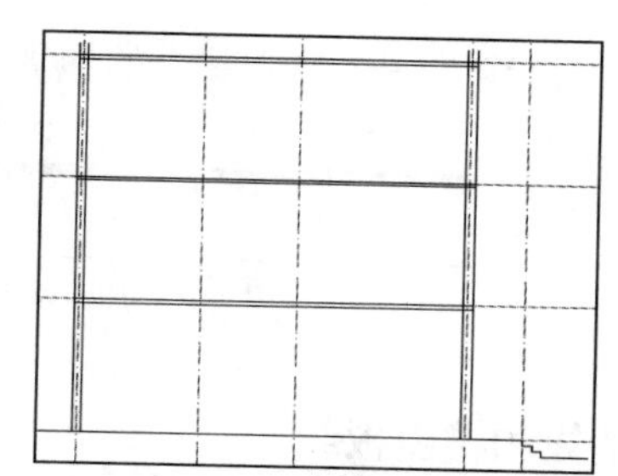
图 9-151 绘制其他楼层面板

4. 绘制梁

剖面图中梁的绘制方法与平面图中柱的绘制方法类似。其具体操作步骤如下。

01 执行“矩形”命令，绘制 240×400 的矩形，并填充 SOLID 图案，定义为“400 梁”图块。然后绘制 240×600 的矩形，填充 SOLID 图案，定义为“600 梁”图块，基点均为矩形上边的中点，

绘制效果如图 9-152 所示。

02 执行“插入”|“块”命令，插入“400 梁”图块，效果如图 9-153 所示。

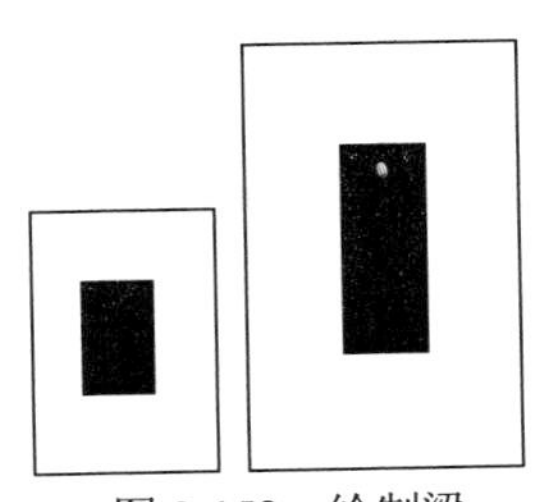

图 9-152　绘制梁

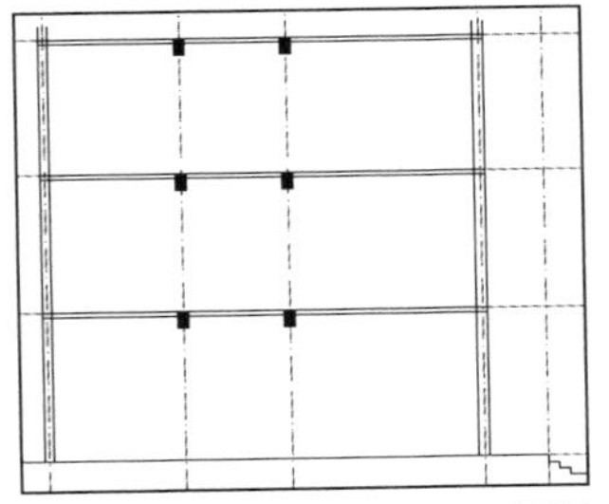

图 9-153　插入“400 梁”图块

03 执行“插入”|“块”命令，插入“600 梁”图块，效果如图 9-154 所示。

04 执行“直线”命令，补充绘制未剖切的墙线和二层被剖切的墙线，完成效果如图 9-155 所示。

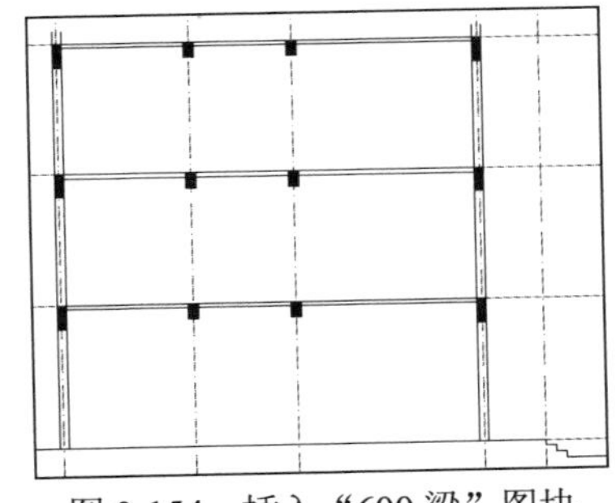

图 9-154　插入“600 梁”图块

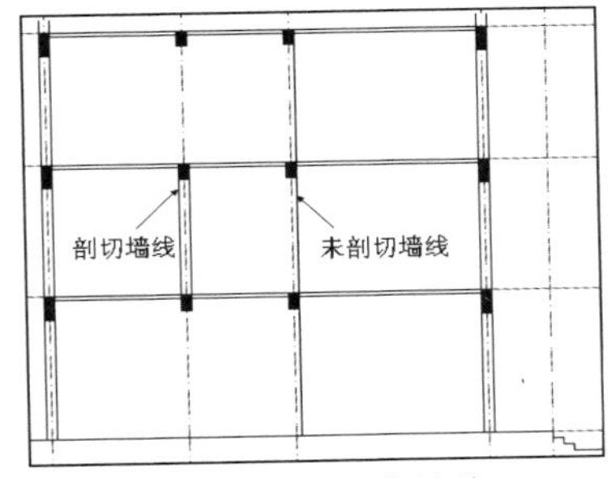

图 9-155　补充墙线

5．绘制剖面图窗

剖面图窗的绘制方法与平面图窗的绘制方法类似。其具体操作步骤如下。

01 绘制 240×2100 的矩形并分解，将左右边向内偏移 80，定义图块名称为“2100 窗剖面”。然后绘制窗 240×1800 的矩形并分解，左右边向内偏移 80，图块名称为“1800 窗剖面”。绘制效果如图 9-156 所示。

02 执行“偏移”命令，将辅助线向上分别偏移 600、4500 和 7800，插入窗剖面图块，一层为“2100 窗剖面”，二三层为“1800 窗剖面”，完成效果如图 9-157 所示。

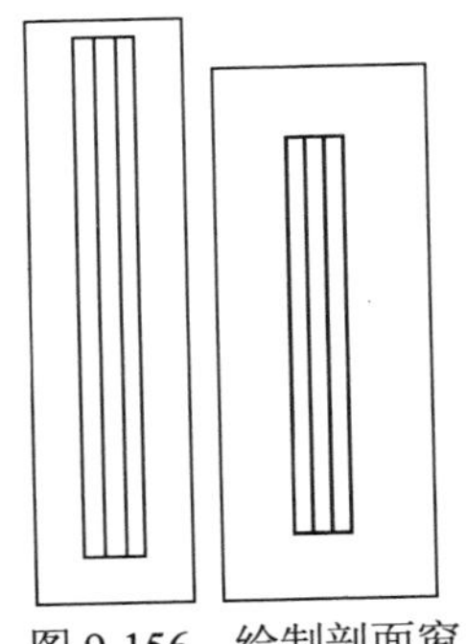

图 9-156　绘制剖面窗

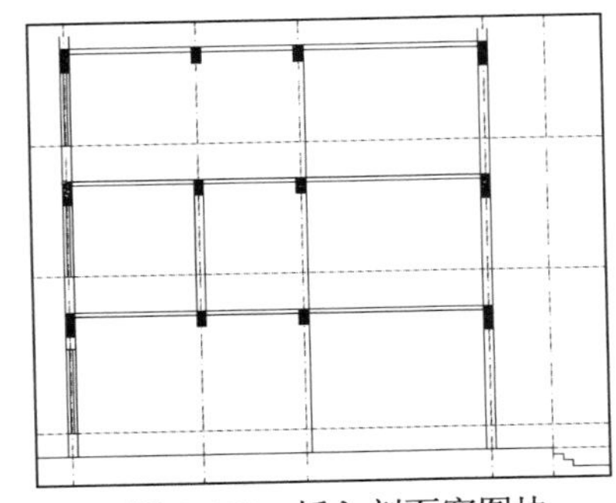

图 9-157　插入剖面窗图块

6. 绘制楼梯间剖面图

楼梯间的一部分被剖切了，另一部分没有被剖切，因此绘制时需注意，对于剖切楼梯的绘制通常通过执行多段线命令完成，也可以通过执行栅格和直线命令完成。本节通过执行多段线命令完成。其具体操作步骤如下。

01 执行“偏移”命令，将自左向右的第三条轴线向右偏移 120，将偏移生成的轴线向左偏移 1200，再将偏移生成的轴线继续向左偏移 1250，偏移效果如图 9-158 所示。

02 执行“多段线”命令，命令行提示如下：

```
命令: _pline
指定起点://捕捉图 9-159 所示的地坪线与偏移轴线的交点为起点
当前线宽为 0.0000
指定下一个点或 [圆弧(A)/半宽(H)/长度(L)/放弃(U)/宽度(W)]: @0,165
指定下一点或 [圆弧(A)/闭合(C)/半宽(H)/长度(L)/放弃(U)/宽度(W)]: @250,0
指定下一点或 [圆弧(A)/闭合(C)/半宽(H)/长度(L)/放弃(U)/宽度(W)]: @0,165
指定下一点或 [圆弧(A)/闭合(C)/半宽(H)/长度(L)/放弃(U)/宽度(W)]: @250,0
指定下一点或 [圆弧(A)/闭合(C)/半宽(H)/长度(L)/放弃(U)/宽度(W)]: @0,165
指定下一点或 [圆弧(A)/闭合(C)/半宽(H)/长度(L)/放弃(U)/宽度(W)]: @250,0
指定下一点或 [圆弧(A)/闭合(C)/半宽(H)/长度(L)/放弃(U)/宽度(W)]: @0,165
指定下一点或 [圆弧(A)/闭合(C)/半宽(H)/长度(L)/放弃(U)/宽度(W)]: @250,0
指定下一点或 [圆弧(A)/闭合(C)/半宽(H)/长度(L)/放弃(U)/宽度(W)]: @0,165
指定下一点或 [圆弧(A)/闭合(C)/半宽(H)/长度(L)/放弃(U)/宽度(W)]: @250,0
指定下一点或 [圆弧(A)/闭合(C)/半宽(H)/长度(L)/放弃(U)/宽度(W)]: @0,165
指定下一点或 [圆弧(A)/闭合(C)/半宽(H)/长度(L)/放弃(U)/宽度(W)]: @1100,0
指定下一点或 [圆弧(A)/闭合(C)/半宽(H)/长度(L)/放弃(U)/宽度(W)]: @0,900 //依次输入相对坐标
指定下一点或 [圆弧(A)/闭合(C)/半宽(H)/长度(L)/放弃(U)/宽度(W)]: //捕捉垂足
指定下一点或 [圆弧(A)/闭合(C)/半宽(H)/长度(L)/放弃(U)/宽度(W)]: //按 Enter 键，完成绘制，效果如图 9-159
所示
```

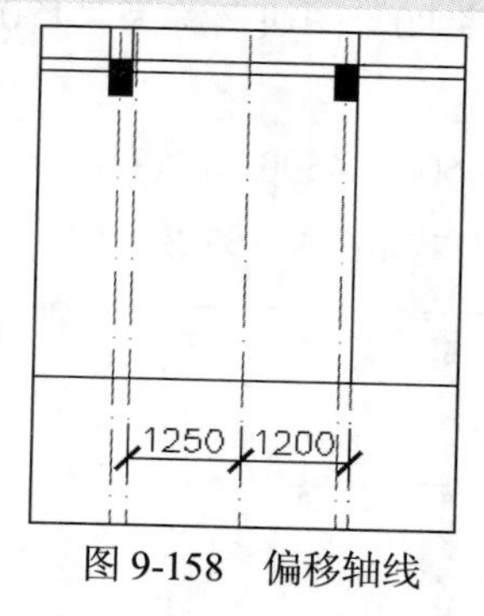

图 9-158 偏移轴线

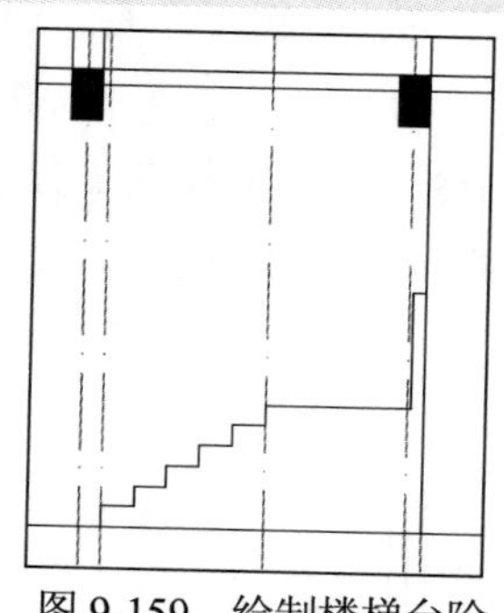

图 9-159 绘制楼梯台阶

03 执行“构造线”命令，通过踏步线绘制构造线，将构造线向下偏移 100，完成效果如图 9-160 所示。

04 分解步骤**02**绘制的多段线，将休息平台线向下偏移 100，完成效果如图 9-161 所示。

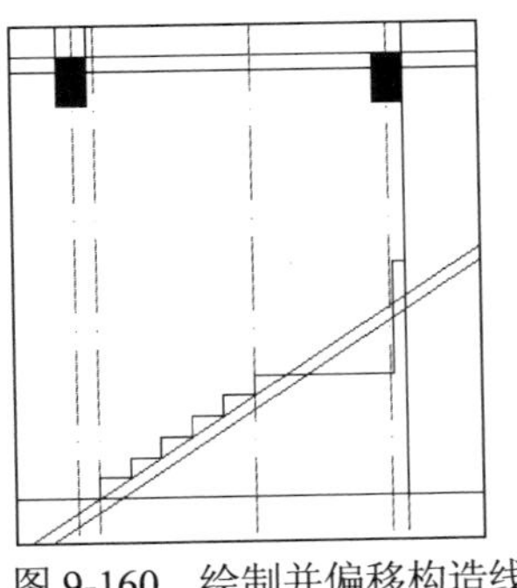

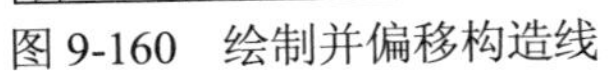

图 9-160　绘制并偏移构造线

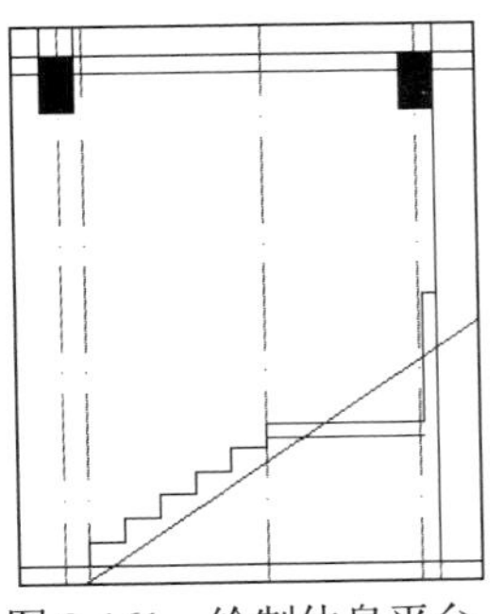

图 9-161　绘制休息平台

05 执行“矩形”命令，绘制为楼梯梁的矩形 200×400，效果如图 9-162 所示。

06 执行“修剪”命令，对楼梯剖切面的线进行修剪，并将步骤 **04** 偏移生成的直线向右延伸到墙线，完成效果如图 9-163 所示。

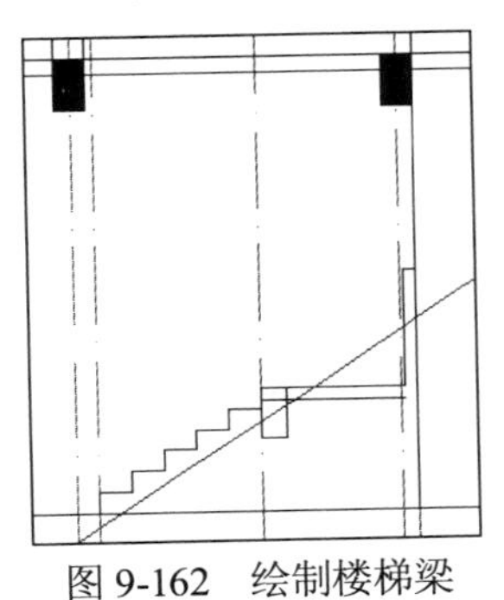

图 9-162　绘制楼梯梁

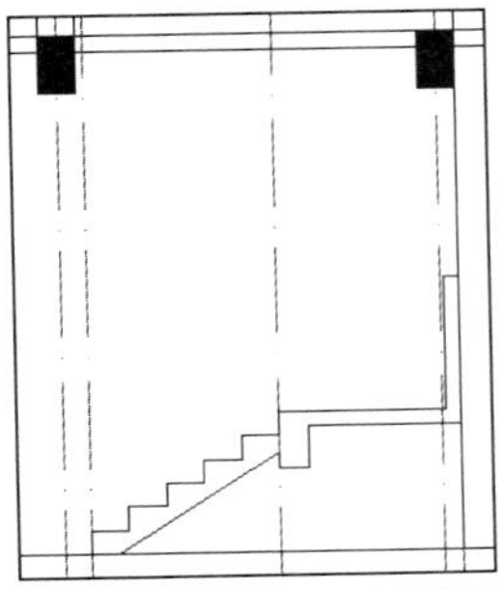

图 9-163　楼梯调整效果

07 执行“填充图案”命令，填充 SOLID 图案，效果如图 9-164 所示。

08 执行“偏移”命令，将轴线向右偏移 100，并过轴线绘制墙线，删除轴线，完成效果如图 9-165 所示。

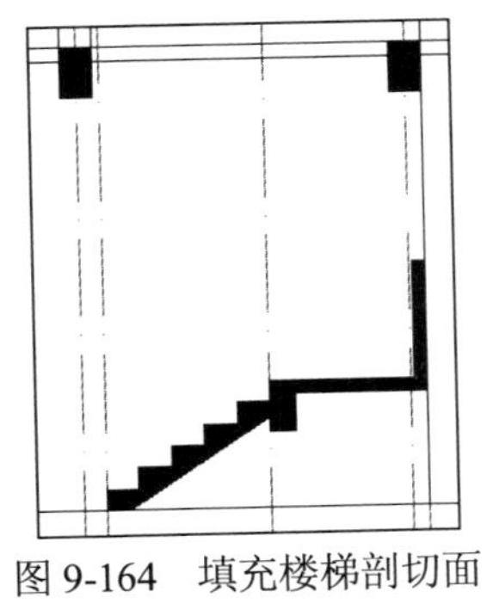

图 9-164　填充楼梯剖切面

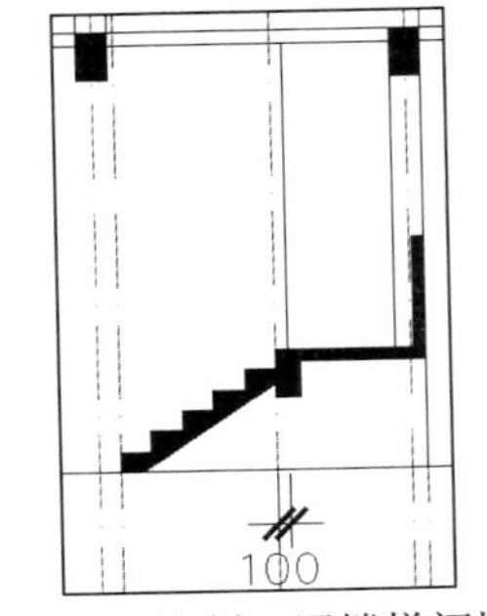

图 9-165　绘制一层楼梯间墙线

09 执行“直线”和“偏移”命令，绘制踏步线，尺寸及效果如图 9-166 所示。

10 删除偏移的轴线，并将自左向右的第二条轴线向右偏移 1250，完成效果如图 9-167 所示。

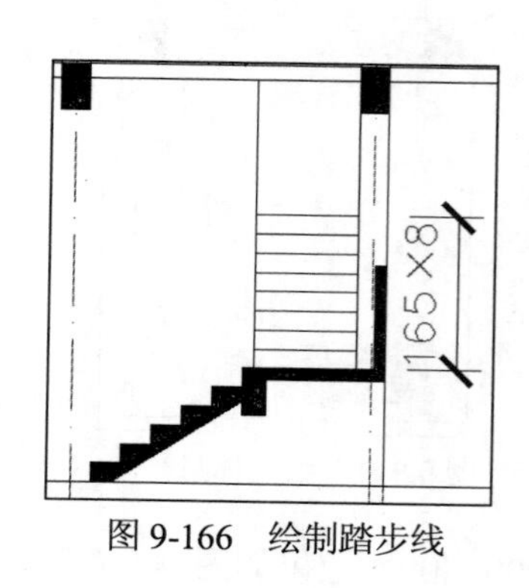

图 9-166　绘制踏步线

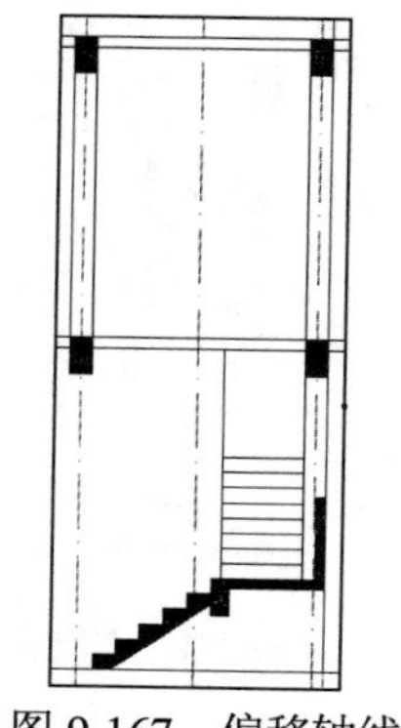
图 9-167　偏移轴线

11 将步骤**10**偏移生成的轴线分别向左和向右偏移 50，通过执行直线命令连接偏移轴线与楼面板交点，删除偏移轴线，完成效果如图 9-168 所示。

12 执行“偏移”命令，将步骤**11**绘制的直线分别向左和向右偏移50，绘制楼梯扶手，效果如图 9-169 所示。

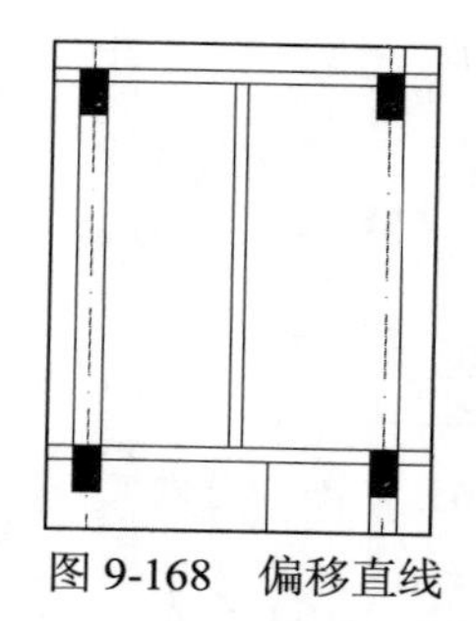
图 9-168　偏移直线

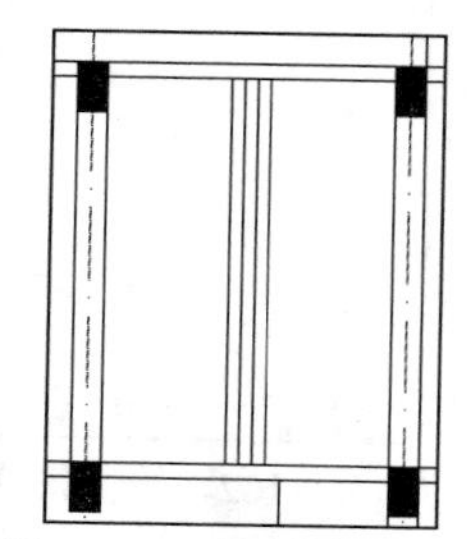
图 9-169　绘制楼梯扶手

13 执行“直线”和“偏移”命令绘制楼梯线，尺寸及效果如图 9-170 所示。

14 执行“修剪”命令，对楼梯扶手线进行修剪，修剪效果如图 9-171 所示。

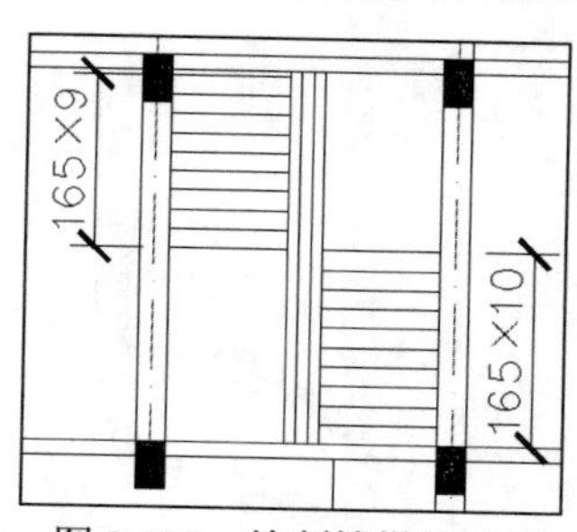

图 9-170　绘制楼梯线效果

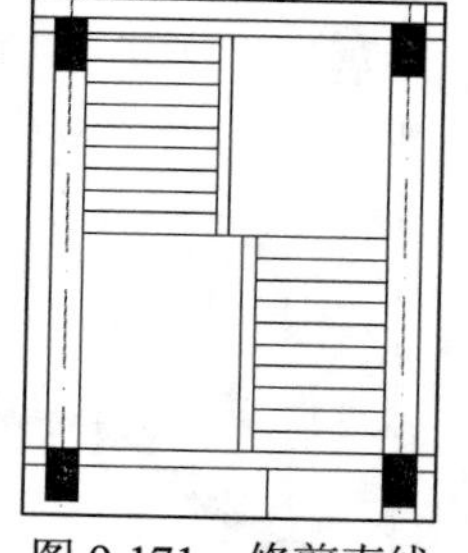
图 9-171　修剪直线

7. 绘制门

剖面图中的门有两种，剖切到的门和未剖切到的门，相对应一个是剖面图，一个是立面图。绘制方法与平面图和立面图的绘制类似。其具体绘制步骤如下。

01 执行“偏移”命令，将轴线偏移，偏移尺寸及效果如图 9-172 所示。

02 执行“矩形”命令，绘制一层通往汽车间的门，绘制 800×2000 的矩形，第一个角点如图 9-173 所示。

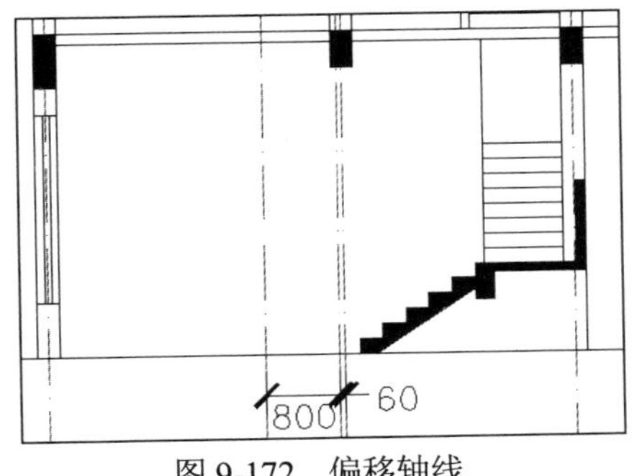

图 9-172　偏移轴线

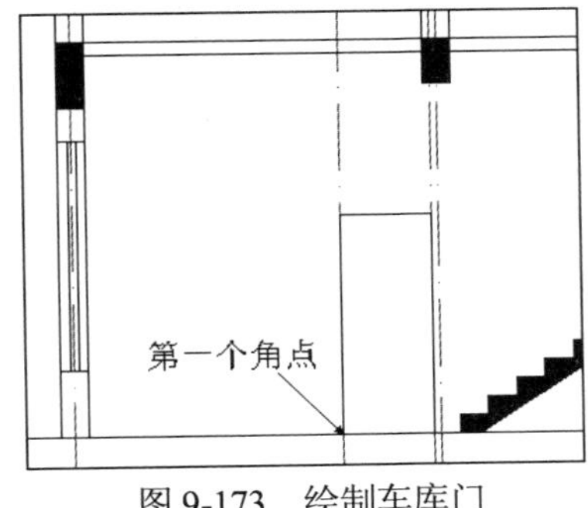

图 9-173　绘制车库门

03 执行“矩形”和“偏移”命令，绘制 240×2700 的矩形，并将其分解，将左右边各向内偏移 80，定义图块“门剖面”，基点为矩形的左下角点。

04 执行“插入”|“块”命令，插入“门剖面”图块，效果如图 9-174 所示。

8. 绘制阳台剖面

阳台剖面图绘制是剖面图中特有的。由于不同的建筑图阳台设计不一样，所以没有统一的画法，通常阳台板采用多线完成，其他如栏板等内容，可以根据具体情况，结合使用各种二维绘图命令完成。其具体操作步骤如下。

01 执行“多线”命令，选择多线样式 Standard，设置比例为 120，对正样式为 T，绘制阳台板，效果如图 9-175 所示。

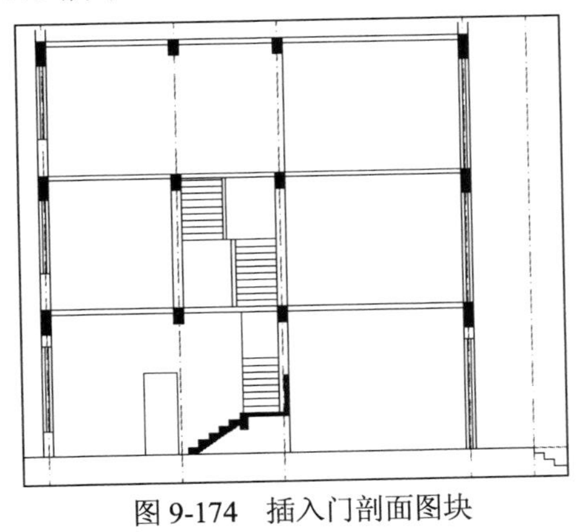
图 9-174　插入门剖面图块

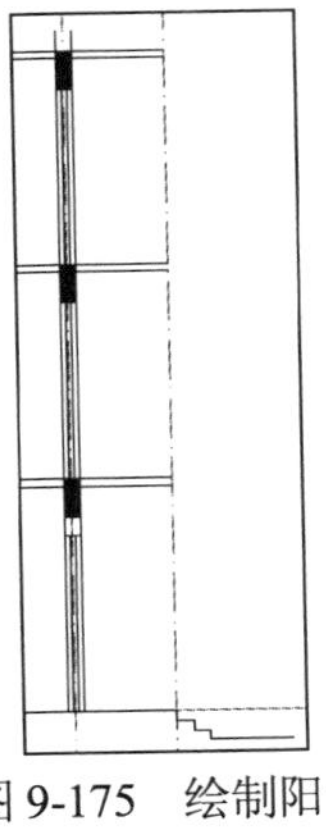

图 9-175　绘制阳台板

02 执行“插入”|“块”命令，插入“600 梁”图块，效果如图 9-176 所示。

03 执行“多段线”命令，命令行提示如下：

```
命令: _pline
指定起点://捕捉图 9-177 所示的梁的右上角点
```

当前线宽为 0.0000
指定下一个点或 [圆弧(A)/半宽(H)/长度(L)/放弃(U)/宽度(W)]: @120,0
指定下一点或 [圆弧(A)/闭合(C)/半宽(H)/长度(L)/放弃(U)/宽度(W)]: @0,-60
指定下一点或 [圆弧(A)/闭合(C)/半宽(H)/长度(L)/放弃(U)/宽度(W)]: @-60,0
指定下一点或 [圆弧(A)/闭合(C)/半宽(H)/长度(L)/放弃(U)/宽度(W)]: @0,-60
指定下一点或 [圆弧(A)/闭合(C)/半宽(H)/长度(L)/放弃(U)/宽度(W)]: @-60,0 //依次输入其他点的相对坐标
指定下一点或 [圆弧(A)/闭合(C)/半宽(H)/长度(L)/放弃(U)/宽度(W)]: //按 Enter 键，完成绘制，效果如图 9-177 所示

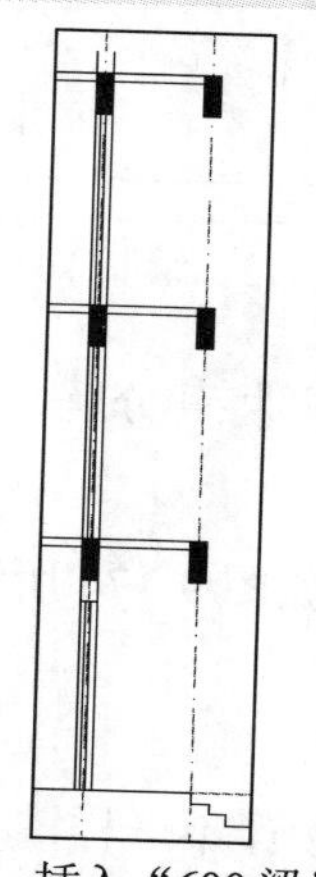

图 9-176　插入“600 梁”图块

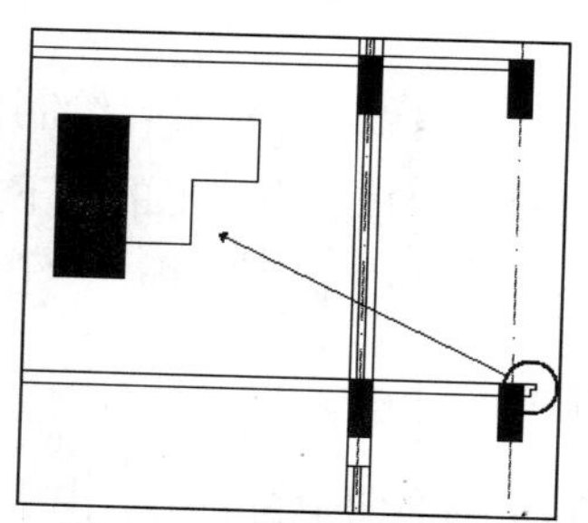

图 9-177　绘制阳台突出

04 执行“镜像”和“复制”命令，绘制其他的阳台突出部分，执行“填充图案”命令，选择 SOLID 图案，填充突出部分。完成效果如图 9-178 所示。

05 执行“直线”命令，绘制一层柱子，添加栏板线，尺寸及效果如图 9-179 所示。

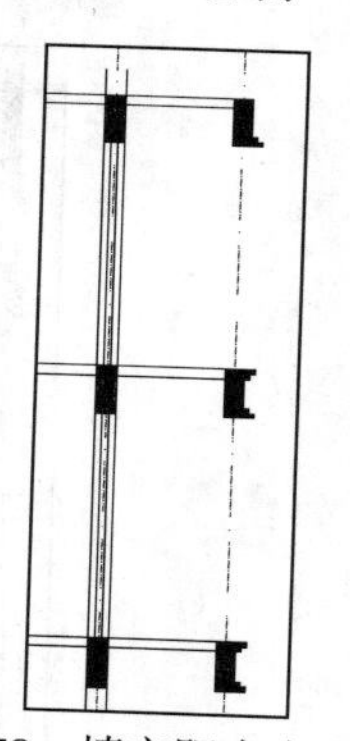

图 9-178　填充阳台突出

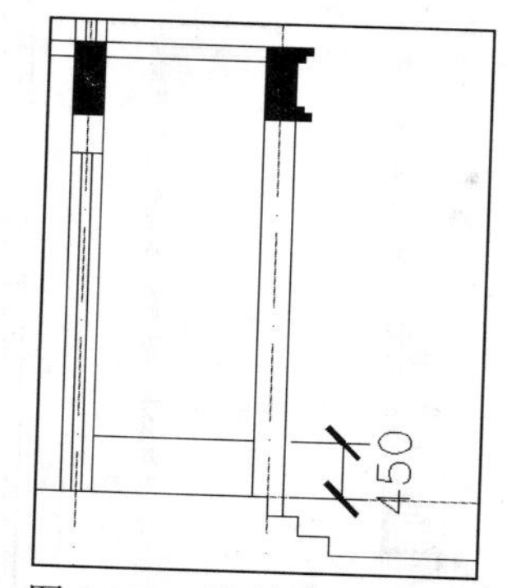

图 9-179　绘制一层大门栏板

06 执行“直线”和“偏移”命令，绘制二层栏板，尺寸及效果如图 9-180 所示。

07 执行“填充图案”命令，对剖切部分进行填充，设置填充图案为 SOLID，执行“直线”命令绘制阳台玻璃线，并向右偏移 80，完成的阳台窗线效果如图 9-181 所示。

08 执行“直线”命令，绘制二层的栏杆线，尺寸及效果如图 9-182 所示。

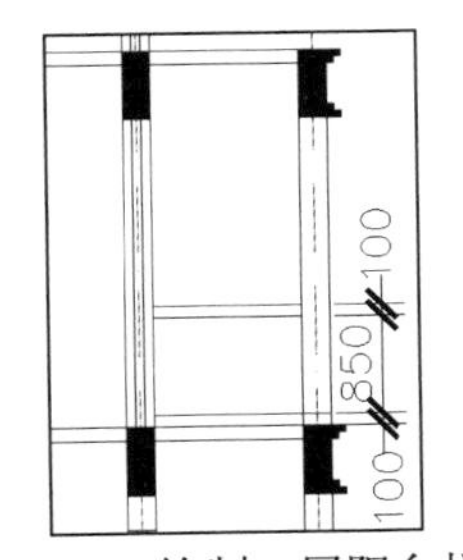

图 9-180　绘制二层阳台栏板

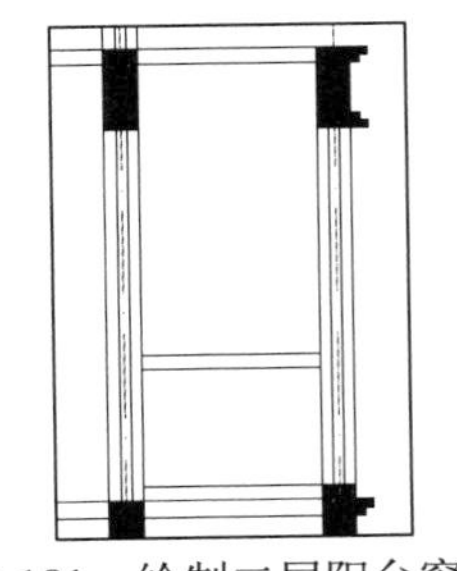
图 9-181　绘制二层阳台窗线

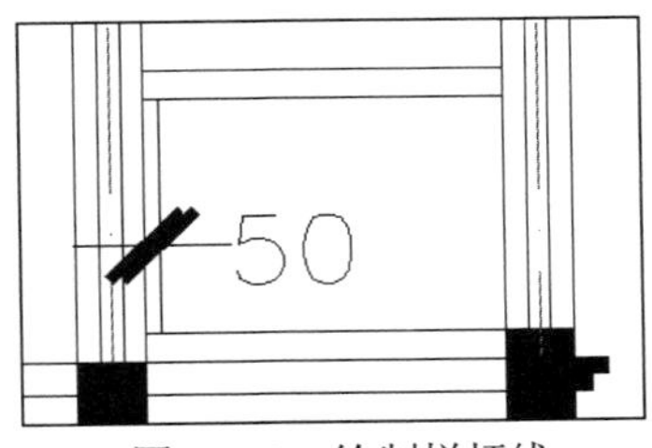

图 9-182　绘制栏杆线

09 执行“矩形阵列”命令，选择步骤**08**绘制的栏杆线为阵列对象，设置阵列行数为 1，列数为 25，列偏移为 50，阵列效果如图 9-183 所示。

10 参照二层阳台的方法绘制三层的阳台，绘制效果如图 9-184 所示。

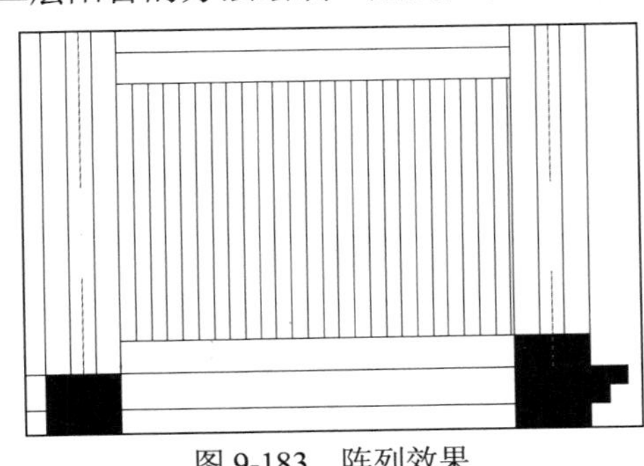
图 9-183　阵列效果

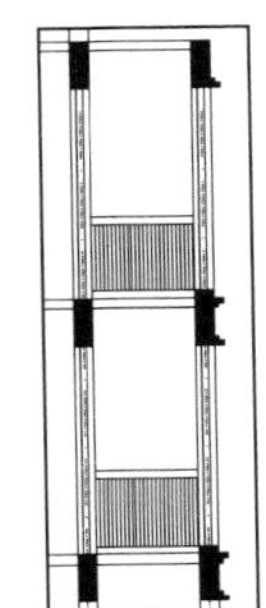
图 9-184　绘制三层阳台

9. 绘制屋顶

屋顶的绘制主要通过执行多段线、偏移、修剪、延伸以及图案填充等命令完成。其具体操作步骤如下。

01 执行“多段线”命令，命令行提示如下：

```
命令: _pline
指定起点://捕捉图 9-185 所示的阳台梁的左上角点
当前线宽为 0.0000
指定下一个点或 [圆弧(A)/半宽(H)/长度(L)/放弃(U)/宽度(W)]: @0,300
指定下一点或 [圆弧(A)/闭合(C)/半宽(H)/长度(L)/放弃(U)/宽度(W)]: @360,0
指定下一点或 [圆弧(A)/闭合(C)/半宽(H)/长度(L)/放弃(U)/宽度(W)]: @0,-60
指定下一点或 [圆弧(A)/闭合(C)/半宽(H)/长度(L)/放弃(U)/宽度(W)]: @-60,0
指定下一点或 [圆弧(A)/闭合(C)/半宽(H)/长度(L)/放弃(U)/宽度(W)]: @0,-60
指定下一点或 [圆弧(A)/闭合(C)/半宽(H)/长度(L)/放弃(U)/宽度(W)]: @-60,0 //依次输入其他点的相对坐标
指定下一点或 [圆弧(A)/闭合(C)/半宽(H)/长度(L)/放弃(U)/宽度(W)]: //捕捉阳台梁的右上角点
指定下一点或 [圆弧(A)/闭合(C)/半宽(H)/长度(L)/放弃(U)/宽度(W)]: //按 Enter 键，完成绘制
```

02 执行“填充图案”命令，为步骤**01**绘制的区域，填充 SOLID 图案，效果如图 9-186 所示。

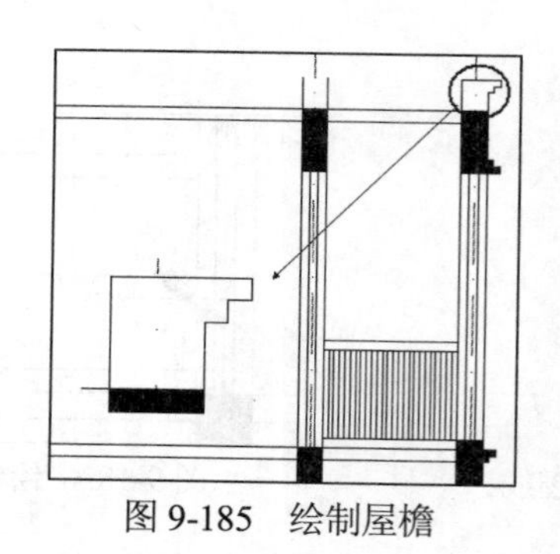
图 9-185 绘制屋檐

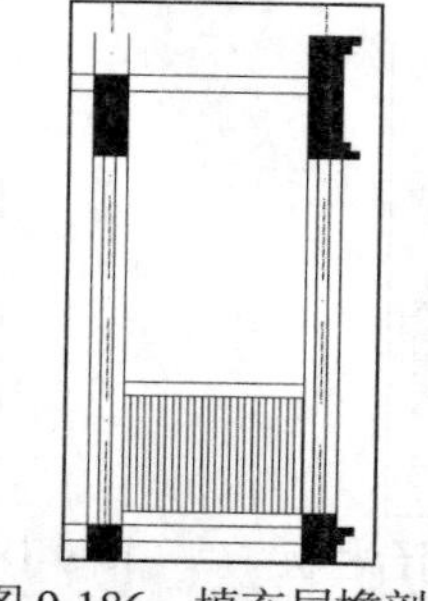
图 9-186 填充屋檐剖切

03 执行"偏移"命令，将辅助线向上偏移 13050，左侧轴线向右偏移 5100，左右两条轴线分别向左右两侧偏移 500，偏移尺寸及效果如图 9-187 所示。

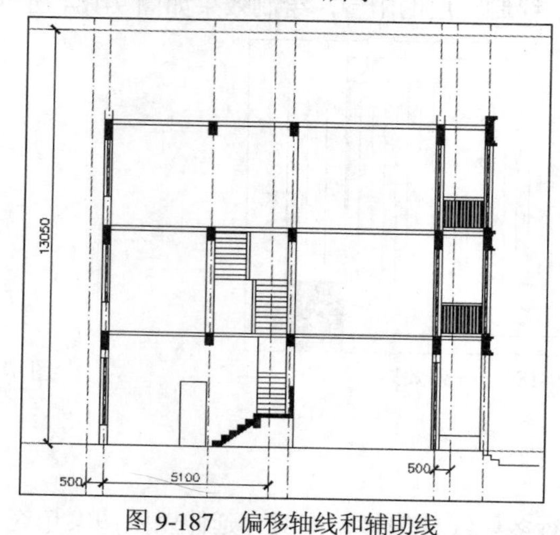

图 9-187 偏移轴线和辅助线

04 执行"多段线"命令，使用多段线连接交点，绘制部分屋顶线，效果如图 9-188 所示。

05 执行"延伸"命令，将步骤**04**完成的屋顶线延伸到偏移轴线，延伸效果如图 9-189 所示。

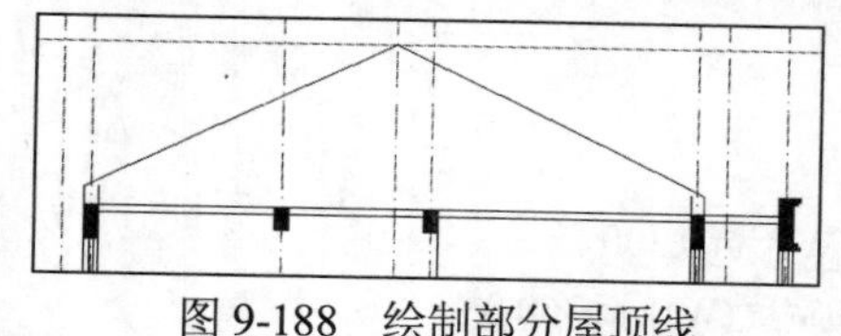
图 9-188 绘制部分屋顶线

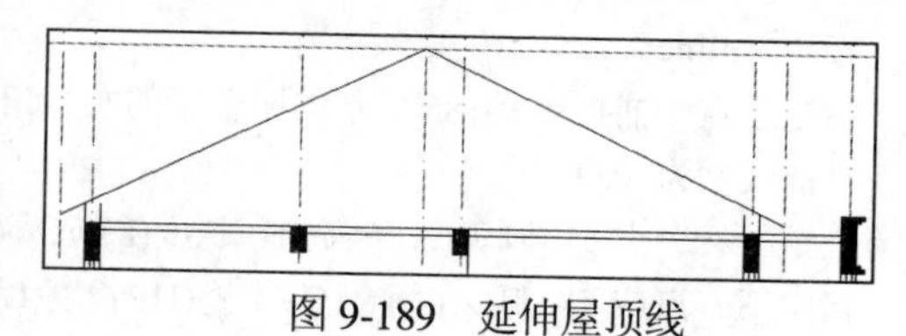
图 9-189 延伸屋顶线

06 将步骤**05**延伸产生的多段线向下偏移 100，用直线连接多段线，完成效果如图 9-190 所示。

07 执行"分解"命令，分解外墙线，对墙线进行修剪和延伸，完成效果如图 9-191 所示。

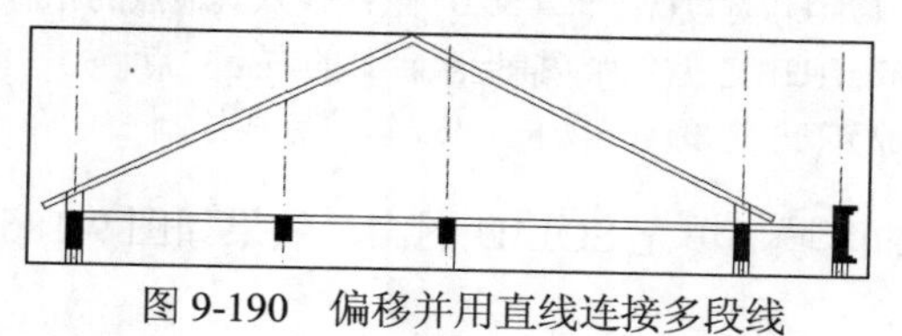
图 9-190 偏移并用直线连接多段线

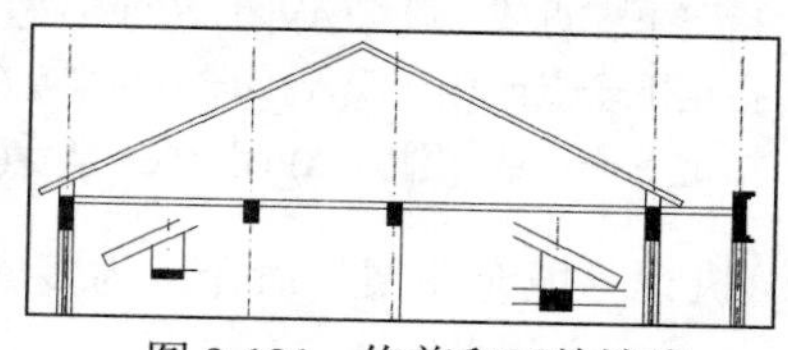
图 9-191 修剪和延伸墙线

08 关闭轴线图层，设置 SOLID 为填充图案填充屋顶和楼面板，填充效果如图 9-192 所示。

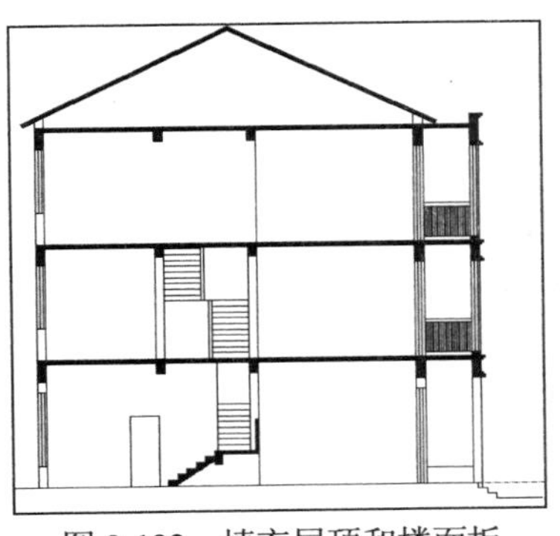

图 9-192　填充屋顶和楼面扳

10. 绘制其他内容

在剖面图中，同样需添加轴线编号、标高及尺寸标注，方法与平面图和立面图中类似。其具体操作步骤如下。

01 删除辅助线，执行“修剪”命令修剪轴线，添加轴线编号，完成效果如图 9-193 所示。

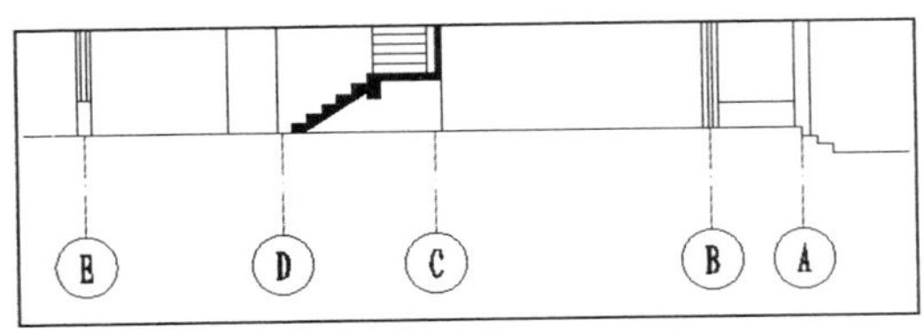

图 9-193　添加轴线编号

02 参照创建立面图标高的方法创建剖面图标高，插入标高时应注意，由于标高图块初始方向如图 9-194 所示，所以需使用图块的夹点编辑功能，调整标高的方向，最终添加标高后的效果如图 9-195 所示。

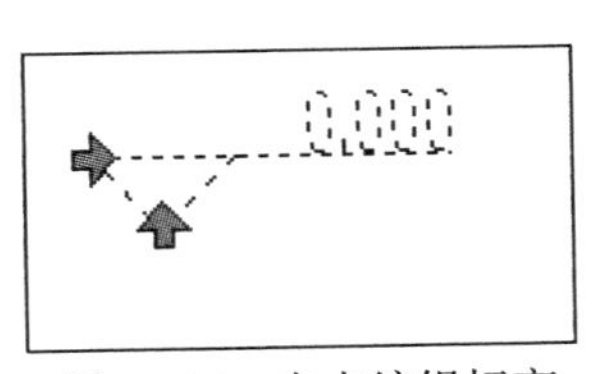

图 9-194　夹点编辑标高

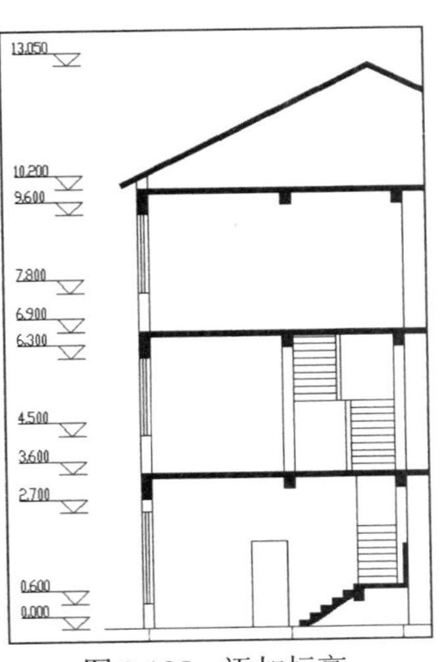

图 9-195　添加标高

03 执行“线性标注”和“连续标注”命令添加尺寸标注，并添加轴线编号。最终完成效果如图 9-196 所示。

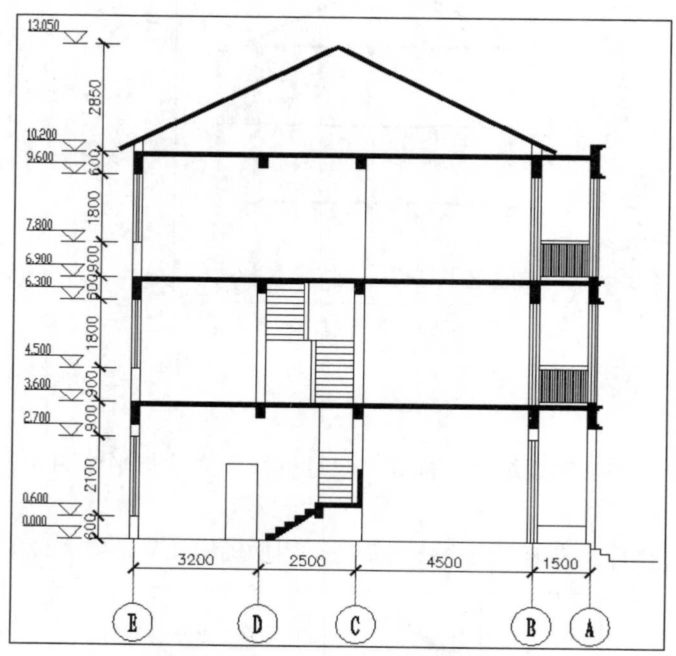

图 9-196　添加尺寸标注和轴线编号

第10章　建筑详图绘制

建筑详图是建筑平面图、立面图和剖面图的重要补充，是对房屋的细部、构件和配件按正投影的方式做的详细表述。一般来说，建筑详图包括外墙墙身详图、楼梯详图、卫生间详图、立面详图、门窗详图及阳台、雨棚和其他固定设施的详图。

本章主要介绍建筑详图的绘制方法。通过本章的学习，用户将掌握利用平面图、剖面图资源绘制详图的方法，以及从头开始绘制详图的方法。

10.1 建筑详图概述

采用较大的比例按照正投影并辅助文字说明等必要的方法，将某些建筑构配件和某些剖视节点的具体内容表达清楚的图样，称为建筑详图。一般情况下，详图的数量和图示方法，应视所表达部位的构造复杂程度而定，有时只需一个剖面详图就能表达清楚(如墙身剖面图)，有时还需另加平面详图(如卫生间、楼梯间等)或立面详图(如门窗)，甚至有时还要另加一个轴测图作为补充说明。

建筑详图主要有以下几类。

01 节点详图：常见的节点详图有外墙身剖面节点详图。

02 构配件详图：包括门窗详图、雨篷详图和阳台详图等。

03 房间详图：包括楼梯间详图、卫生间详图和厨房详图等。

建筑详图所表现的内容相当广泛，几乎可以不受任何限制。一般情况下，只要平、立和剖视图中没有表达清楚的地方都可以用详图进行说明。因此，根据房屋的复杂程度，建筑标准的不同，详图的数量及内容也不尽相同。建筑详图包括外墙墙身详图、楼梯详图、卫生间详图、门窗详图及阳台、雨棚和其他固定设施的详图。

建筑详图中需要表明以下内容。

01 详图的名称和绘图比例。

02 详图符号及其编号，还需另画详图时的索引符号。

03 建筑构配件(如门、窗、楼梯、阳台)的形状、详细构造、连接方式和有关的详细尺寸等。

04 详细说明建筑物细部及剖面节点(如檐口、窗台、明沟、楼梯扶手、踏步、屋顶等)的形式、做法、用料、规格及详细尺寸。

05 表示施工要求及制作方法。

06 定位轴线及其编号。

07 需要标注的标高等。

10.2 外墙身详图

使用一个假想的垂直于墙体轴线的铅垂剖切面，将墙体某处从防潮层剖开，所得到的建筑剖面图的局部放大图可视为外墙身详图。外墙详图主要表达了屋面、楼面、地面、檐口构造、楼板与墙的连接、门窗顶、窗台和勒脚、散水、防潮层、墙厚等外墙各部位的尺寸、材料和做法等详细构造情况。外墙详图与平面图、立面图和剖面图配合使用，是施工中砌墙、室内外装修、门窗立口及概算、预算的主要依据。

建筑剖面图的绘制过程中，已经绘制了外墙的大致轮廓，但是对于外墙的具体构造并不清楚，因此还需要外墙身详图来进一步说明。

10.2.1 提取外墙轮廓

由于提取的墙身轮廓并不符合外墙身详图的要求，因此要作部分改动，删去不符合要求的部分。

具体操作步骤如下。

01 打开第 9 章绘制的剖面图，并删除所有尺寸标注，完成效果如图 10-1 所示。

02 执行“构造线”命令，绘制如图 10-2 所示的水平和垂直构造线。

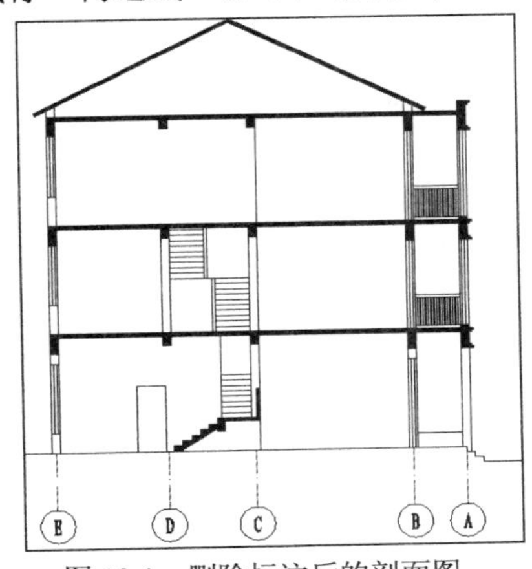

图 10-1　删除标注后的剖面图

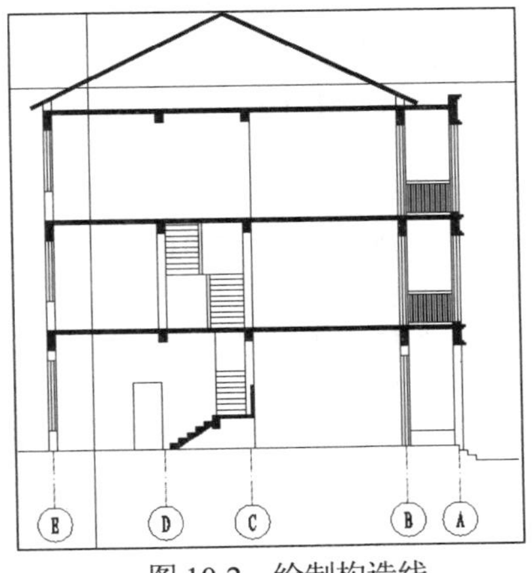

图 10-2　绘制构造线

03 执行“删除”和“修剪”命令，将构造线以外的多余部分删除，修剪效果如图 10-3 所示。

04 执行“构造线”命令，绘制辅助线，命令行提示如下：

```
命令: _xline 指定点或 [水平(H)/垂直(V)/角度(A)/二等分(B)/偏移(O)]: h //输入 h，绘制水平线
指定通过点: from //使用相对点法输入点
基点: //捕捉一层窗户下顶点
<偏移>: @0,200 //输入相对偏移距离
```

05 参照步骤**04**的方法绘制 6 条如图 10-4 所示的构造线，并将窗图块分解，修剪构造线之间的图形，完成效果如图 10-5 所示。

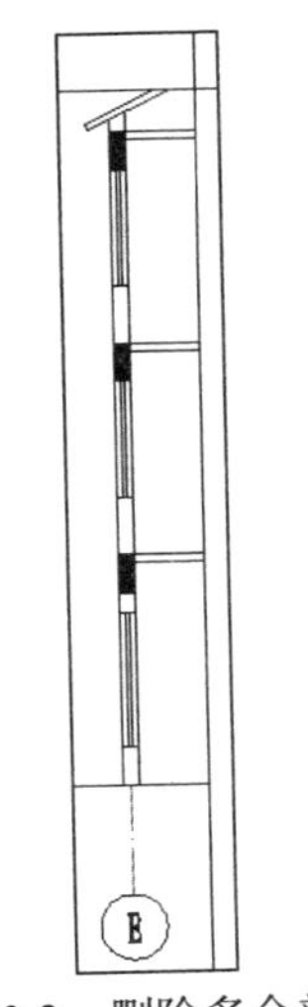

图 10-3　删除多余部分

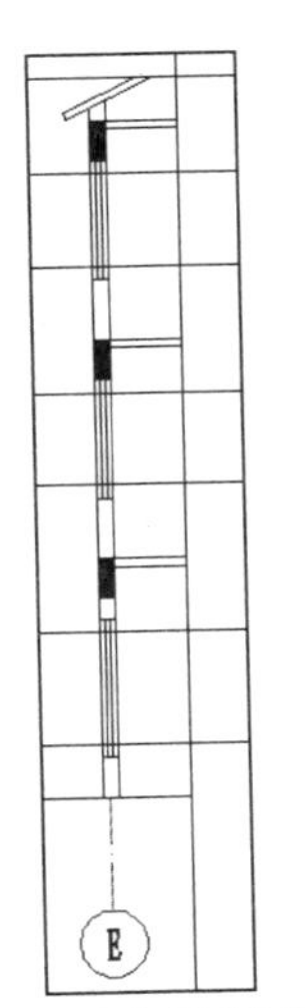

图 10-4　绘制折断辅助线

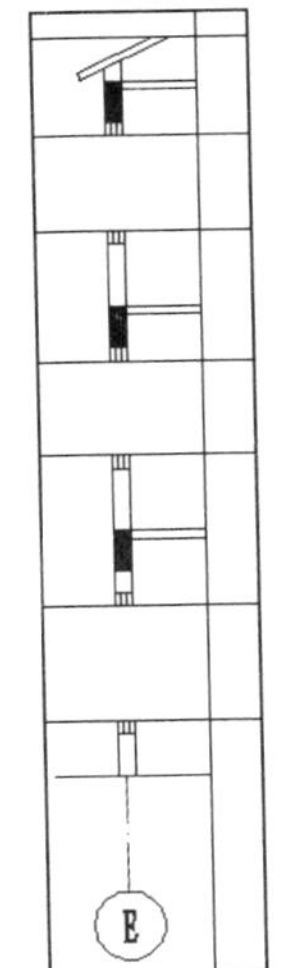

图 10-5　折断外墙身

10.2.2 修改墙身轮廓

由于提取的墙身轮廓并不符合外墙身详图的要求，因此要作部分改动，使用折断线折断不符合要求的部分。其具体步骤如下。

01 在“绘图”工具栏中单击“直线”按钮，执行“直线”命令，命令行提示如下：

```
命令: _line 指定第一点: //在绘图区拾取任意一点
指定下一点或 [放弃(U)]: @200,0 //输入相对坐标
指定下一点或 [放弃(U)]: @25,100
指定下一点或 [闭合(C)/放弃(U)]: @50,-200
指定下一点或 [闭合(C)/放弃(U)]: @25,100
指定下一点或 [闭合(C)/放弃(U)]: @200,0 //依次输入相对坐标
指定下一点或 [闭合(C)/放弃(U)]: //按 Enter 键，完成绘制，效果如图 10-6 所示
```

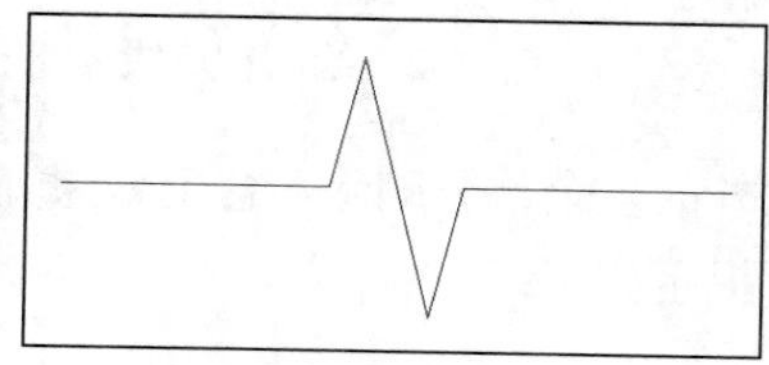

图 10-6　绘制单折断线

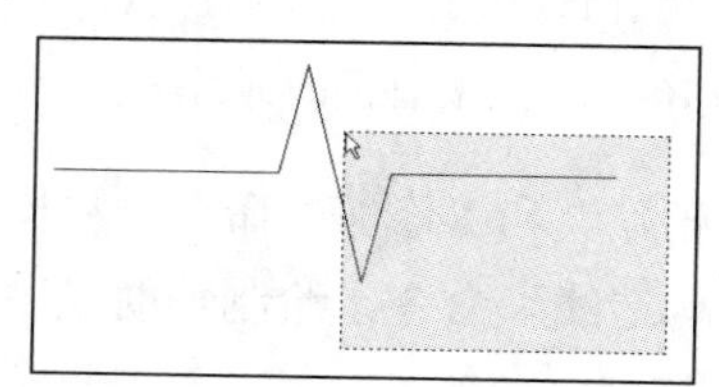

图 10-7　选择拉伸对象

02 在“修改”工具栏中单击“拉伸”按钮，执行“拉伸”命令，命令行提示如下：

```
命令: _stretch
以交叉窗口或交叉多边形选择要拉伸的对象...
选择对象: 指定对角点: 找到 3 个 //使用交叉窗口法选择如图 10-7 所示的图形
选择对象://按回车键，完成对象选择
指定基点或 [位移(D)] <位移>: //拾取任意一点
指定第二个点或 <使用第一个点作为位移>: @100,-100 //输入相对坐标，表示位移，拉伸效果如图 10-8 所示
```

03 执行“构造线”命令过如图 10-8 所示的长斜线向线中点绘制的垂直构造线，并执行“偏移”命令将构造线分别向左和向右偏移 40，偏移效果如图 10-9 所示。

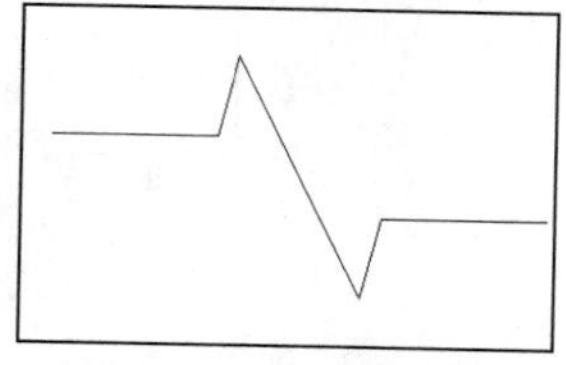

图 10-8　拉伸效果

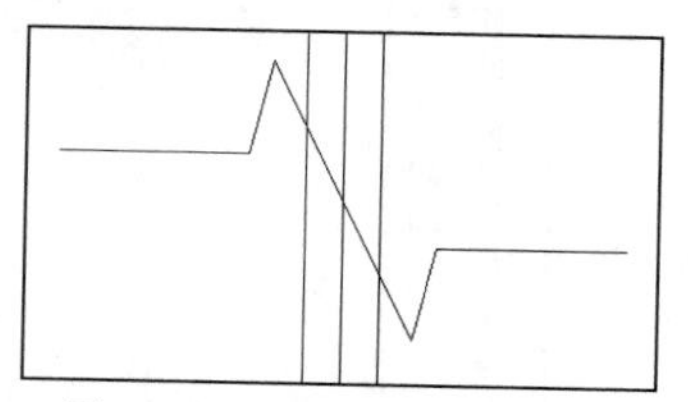

图 10-9　绘制并偏移构造线

04 使用延长线捕捉，绘制如图 10-10 所示的直线，参照同样的方法，绘制另外半段直线，完成效果如图 10-11 所示。

05 执行“删除”命令，删除偏移完成的辅助线，最终完成效果如图 10-12 所示。

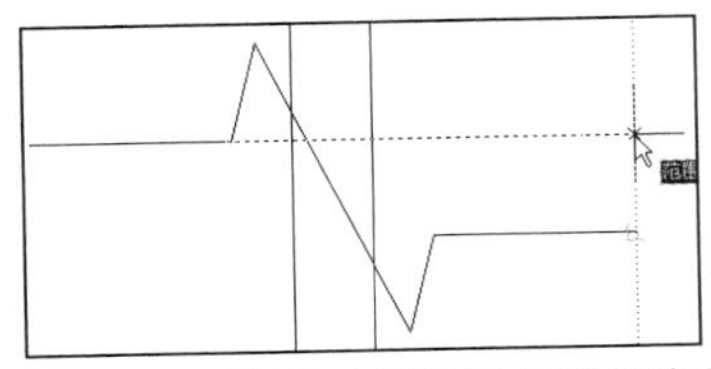
图 10-10　使用延长线捕捉绘制直线

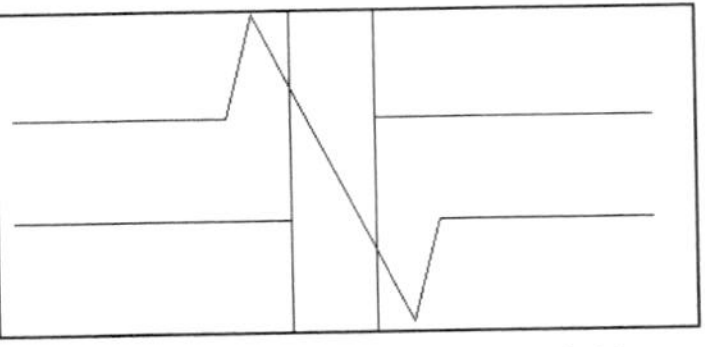
图 10-11　绘制另外半段直线

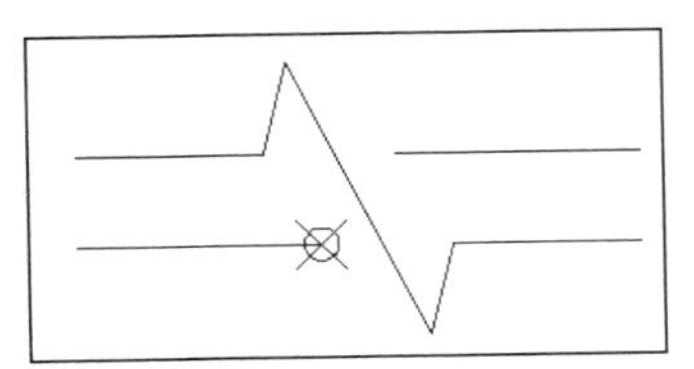
图 10-12　绘制完成的折断符号

06 在“修改”工具栏中单击“复制”按钮，执行“复制”命令，命令行提示如下：

```
命令: _copy
选择对象: 指定对角点: 找到 7 个 //拾取如图 10-12 所示的折断符号
选择对象://按 Enter 键，完成选择
当前设置:  复制模式 = 多个
指定基点或[位移(D)/模式(O)] <位移>: //拾取如图 10-12 所示的⊗图标所在位置的点作为基点
指定第二个点或 [阵列(A)] <使用第一个点作为位移>:
指定第二个点或 [阵列(A)/退出(E)/放弃(U)] <退出>:
指定第二个点或 [阵列(A)/退出(E)/放弃(U)] <退出>: //依次捕捉点，如图 10-13 所示
指定第二个点或 [阵列(A)/退出(E)/放弃(U)] <退出>: //按 Enter 键，完成复制
```

07 在“修改”工具栏中单击“移动”按钮，执行“移动”命令，命令行提示如下：

```
命令: _move
选择对象: 指定对角点: 找到 22 个 //选择如图 10-14 所示的移动对象
选择对象://按 Enter 键，完成选择
指定基点或 [位移(D)] <位移>:  //拾取图 10-14 所示的基点
指定第二个点或 <使用第一个点作为位移>: //拾取图 10-14 所示的延长线的交点为移动插入点，移动效果如
图 10-15 所示
```

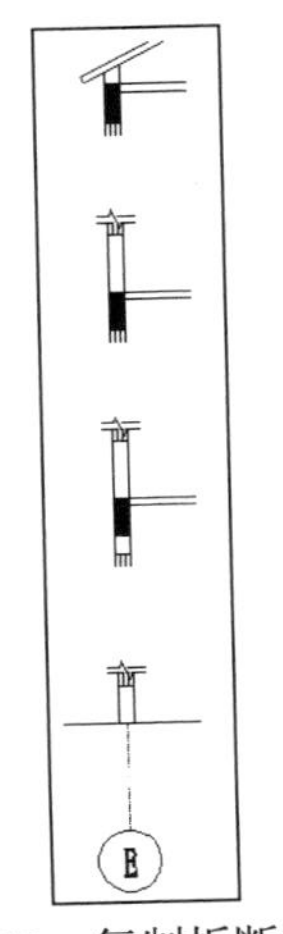

图 10-13　复制折断符号

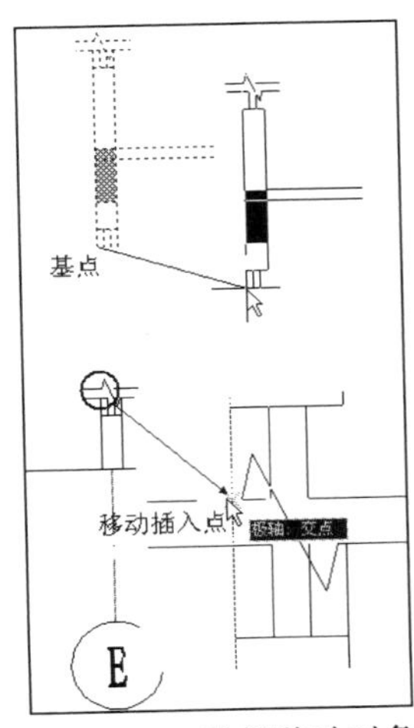

图 10-14　选择移动对象

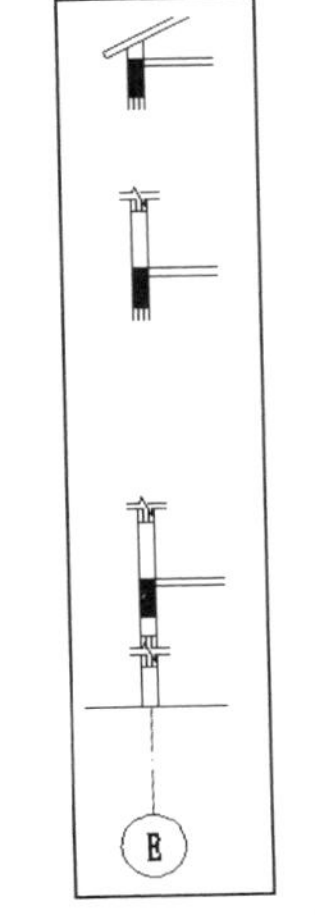

图 10-15　移动效果

08 继续执行“移动”命令，将外墙体其他部分移动至如图 10-16 所示的位置，并执行“修剪”

命令对墙线和窗户线进行修剪。

09 在“修改”工具栏中单击“旋转”按钮，执行“旋转”命令，命令行提示如下：

```
命令: _rotate
UCS 当前的正角方向:  ANGDIR=逆时针   ANGBASE=0
命令: _rotate
选择对象: 指定对角点: 找到 5 个 //拾取如图 10-6 所示的单折断线
选择对象: //按 Enter 键，完成选择
指定基点: //拾取单折断线上任意一点
指定旋转角度，或 [复制(C)/参照(R)] <0>:  90 //设置旋转角度，按 Enter 键，旋转效果如图 10-17 所示
```

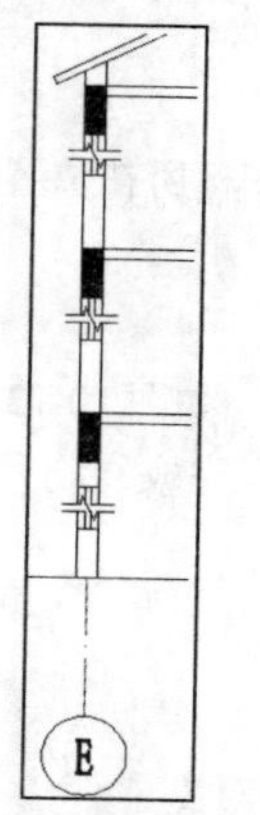

图 10-16　外墙移动后的效果

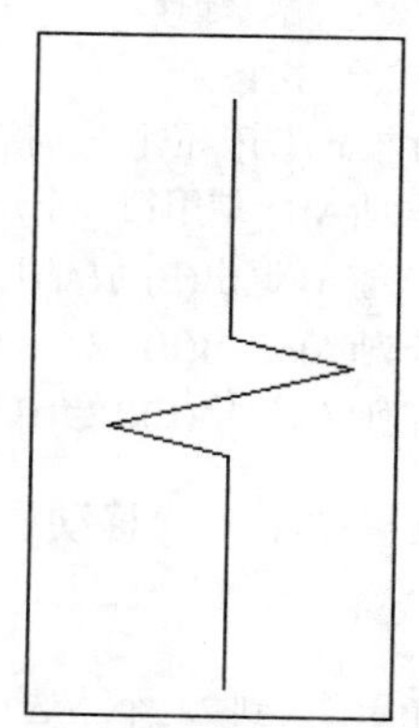

图 10-17　垂直单折断符号

10 执行“复制”命令，将垂直单折断线复制到外墙体的其他位置，同时把水平单折断线复制到如图 10-18 所示的位置。

11 执行“延伸”和“修剪”命令，对外墙体进行细部修剪，修剪效果如图 10-19 所示。

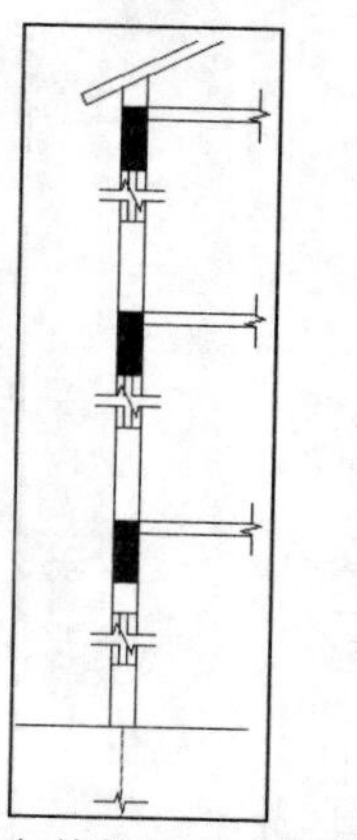

图 10-18　在其他部位布置折断符号

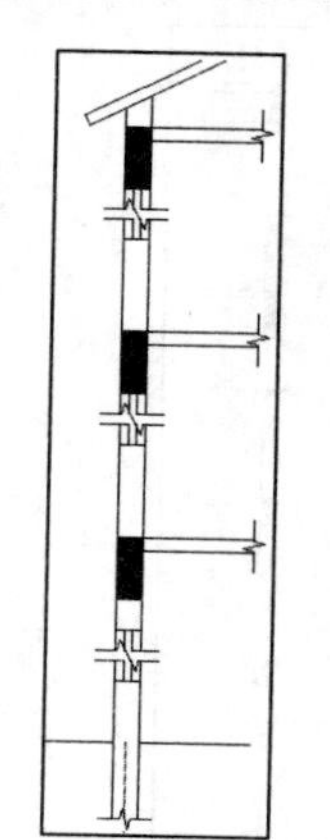

图 10-19　修剪完成后的外墙体

10.2.3 修改地面

地面部分的构造是非常复杂的，包括防水层、室内外地面、散水和勒脚等。在剖面图中，对地面部分的绘制采用了简化处理，但是在外墙详图中，需要详细地表示出其构造。本节以防水层和内外地面绘法为例进行介绍。其具体绘制步骤如下。

01 执行“偏移”命令，将地平线和正负零线分别向下偏移 100，再将偏移完成的直线向下偏移 200，偏移效果如图 10-20 所示。

02 执行“矩形”命令，命令行提示如下：

```
命令: _rectang
指定第一个角点或 [倒角(C)/标高(E)/圆角(F)/厚度(T)/宽度(W)]: from //使用相对点法绘制第一个角点
基点: //捕捉如图 10-21 所示的点为基点
<偏移>: @0,100 //输入相对偏移距离
指定另一个角点或 [面积(A)/尺寸(D)/旋转(R)]: @240,-600 //输入另一个角点的相对坐标，绘制效果如图 10-21 所示
```

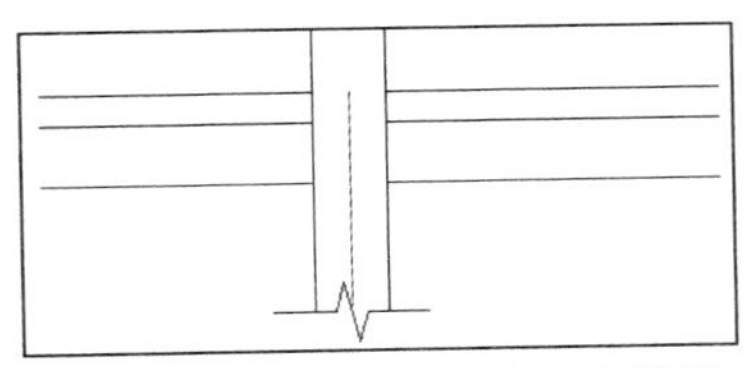

图 10-20 偏移地平线和正负零线

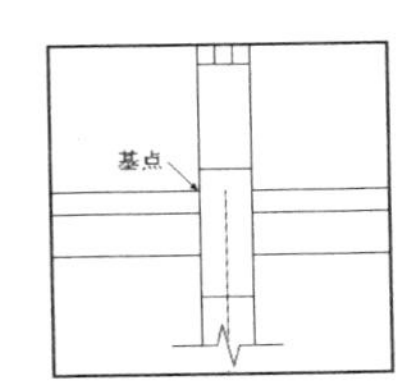

图 10-21 绘制防水层轮廓

03 执行“直线”命令，将图形封闭，绘制隔断线，以便填充图形。

04 在“绘图”工具栏中单击“图案填充”按钮，执行“图案填充”命令对图形进行填充。室内和室外地面上部均为混凝土，下部为灰土，防潮层为防水砂浆砌砖。在“图案填充和渐变色”对话框中分别选择填充图案为 AR-CONC、AR-SAND 和 ANSI37，填充比例分别为 0.5、0.5 和 20，完成图案填充的图形如图 10-22 所示。填充完毕后，删除隔断线。

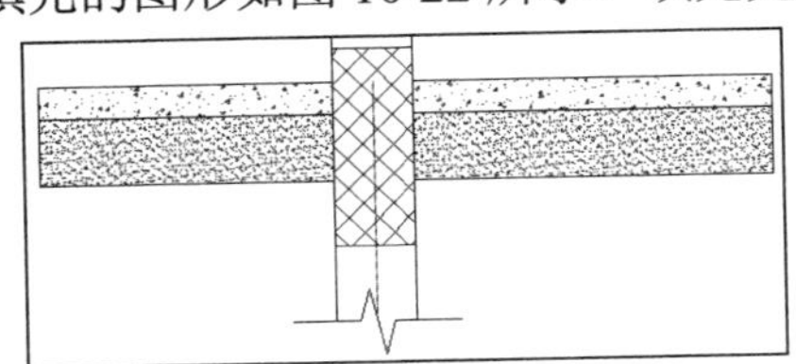

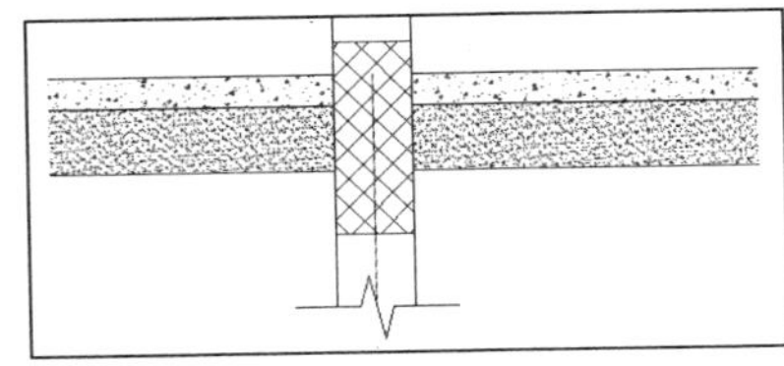

图 10-22 地面、散水和防潮层填充完成的效果

10.2.4 修改楼板

本例中的连排别墅采用的是现浇楼板，但是在剖面图中并没有表达出来，因此需要在外墙详图中将其绘制出来。其具体步骤如下。

01 在墙的梁的底部绘制直线，并执行“删除”命令删除梁图块，完成效果如图 10-23 所示。

02 执行“修剪”和“延伸”命令，对梁和楼板的结合处进行修剪和延伸，完成效果如图 10-24 所示。

03 执行“填充图案”命令，对梁和楼板进行填充，设置填充图案为 AR-CONC，填充比例为 0.5，填充效果如图 10-25 所示。

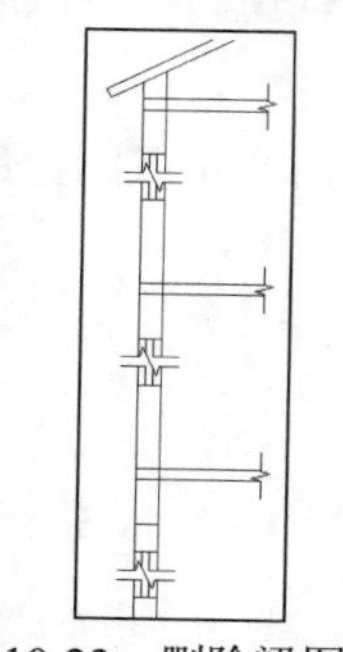

图 10-23　删除梁图块

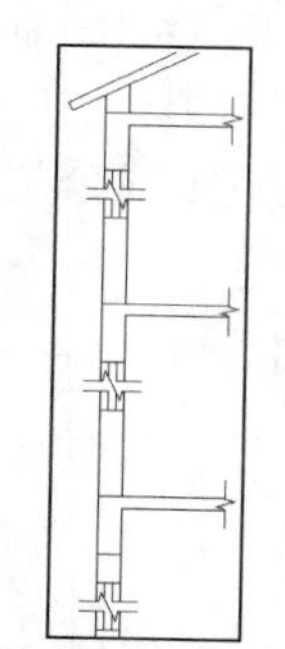

图 10-24　修剪和延伸梁板结合处

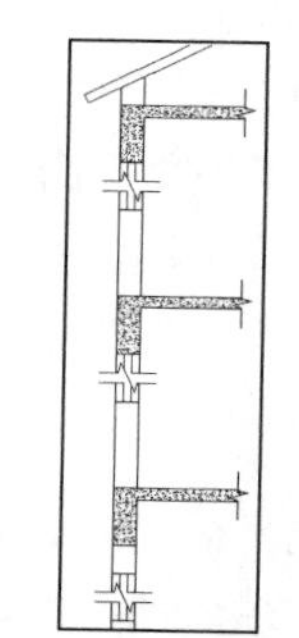

图 10-25　填充梁板图案

10.2.5　填充外墙

对外墙进行填充，可以执行“填充图案”命令，设置填充图案为 LINE，填充角度为 45°，比例为 20。填充了外墙的效果如图 10-26 所示。

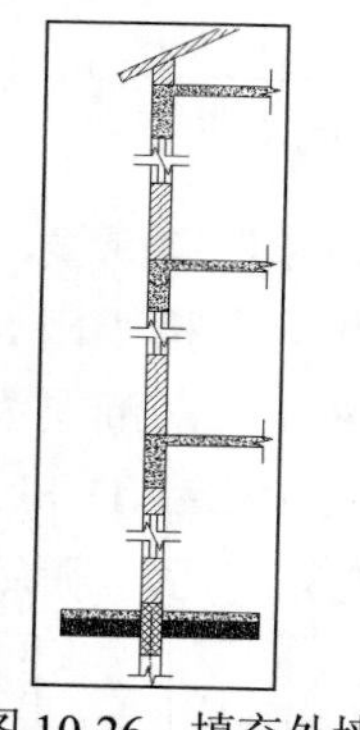

图 10-26　填充外墙

10.2.6　尺寸标注

对填充完成的外墙，需要添加各种尺寸标注，具体步骤如下。

01 选择“标高”图块，给外墙体设置标高，标高值分别为 0.000、3.600、6.900 和 10.200，效果如图 10-27 所示。

02 选择“格式”|“标注样式”命令，弹出“标注样式管理器”对话框，修改 GB100 标注样式的部分参数。在“线”选项卡的“延伸线”选项组中，设置“固定长度的尺寸界线”为 300，参数设置如图 10-28 所示。

03 在“符号和箭头”选项卡的“箭头”选项组中，将“箭头大小”设置为 150，参数设置如图 10-29 所示。

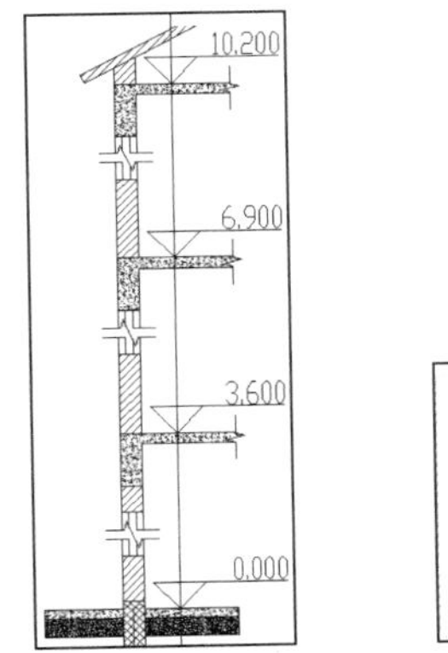

图 10-27　添加标高符号

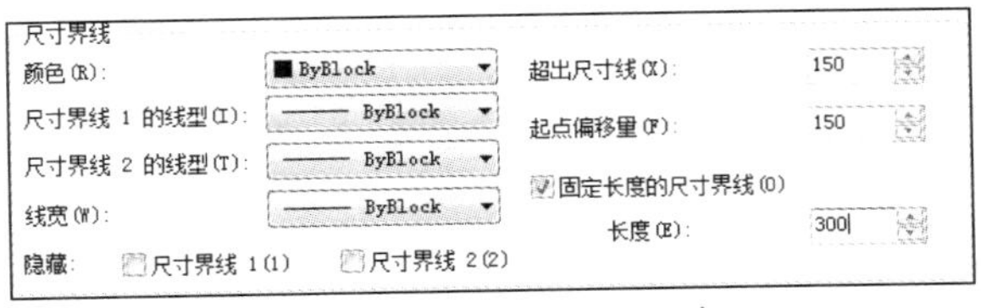

尺寸界线
颜色(R): ByBlock　超出尺寸线(X): 150
尺寸界线 1 的线型(I): ByBlock　起点偏移量(F): 150
尺寸界线 2 的线型(T): ByBlock　固定长度的尺寸界线(O)
线宽(W): ByBlock　长度(E): 300
隐藏: 尺寸界线 1(1)　尺寸界线 2(2)

图 10-28　设置尺寸界线长度

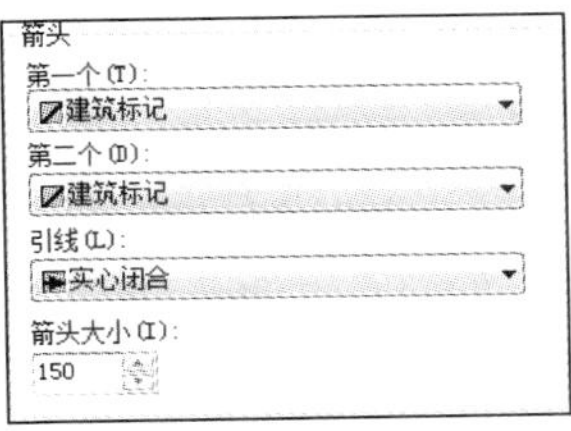

图 10-29　修改箭头大小

04 在“文字”选项卡中单击“文字样式”下拉列表后的...按钮，弹出“文字样式”对话框，创建文字样式 GB150，参数设置如图 10-30 所示。返回“修改标注样式”对话框，设置文字样式为 GB150，参数设置如图 10-31 所示。

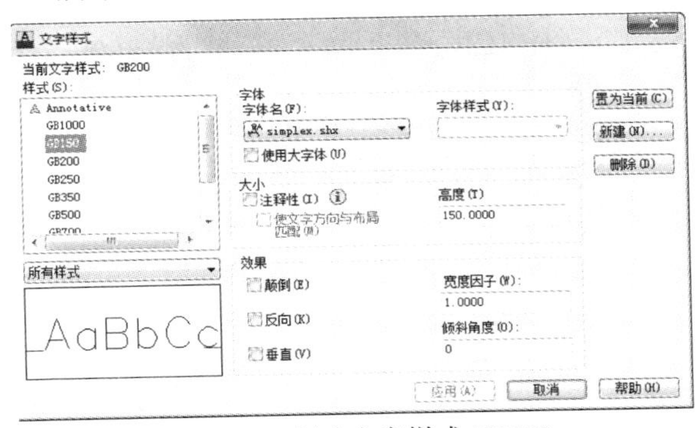

图 10-30　创建文字样式 GB150

05 执行“线性标注”和“连续标注”命令，对详图进行尺寸标注，标注效果如图 10-32 所示。

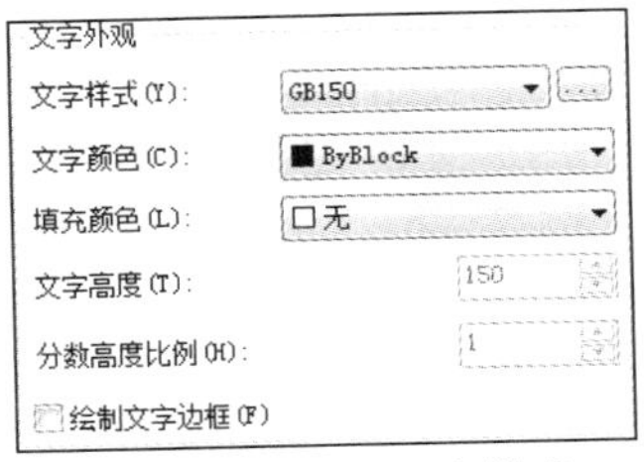

文字外观
文字样式(Y): GB150
文字颜色(C): ByBlock
填充颜色(L): 无
文字高度(T): 150
分数高度比例(H): 1
绘制文字边框(F)

图 10-31　设置文字样式

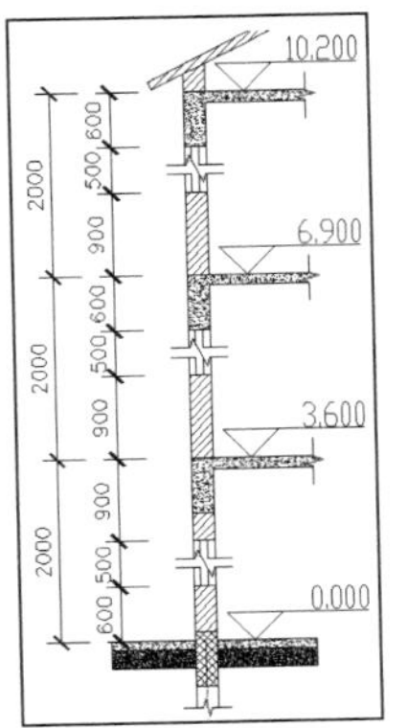

图 10-32　完成的尺寸标注

06 打开“标注”工具栏，单击工具栏上的“编辑标注”按钮，执行“编辑标注”命令，命令行提示如下：

```
命令: _dimedit
输入标注编辑类型 [默认(H)/新建(N)/旋转(R)/倾斜(O)] <默认>: n //输入 n，表示新建标注值，弹出多行文字编辑器，输入新的标注值 3600，如图 10-33 所示，单击“确定”按钮，返回命令行
选择对象: 找到 1 个 //选择图 10-32 所示的数值为 2000 的标注
选择对象://按 Enter 键，修改效果如图 10-34 所示
```

图 10-33　多行文字编辑器

07 参照步骤**06**的方法，将另外两个标注值为 2000 的尺寸标注修改为 3300，将最下方的标注值为 500 的尺寸标注修改为 2100，上方的两个尺寸标注修改为 1800，修改效果如图 10-35 所示。

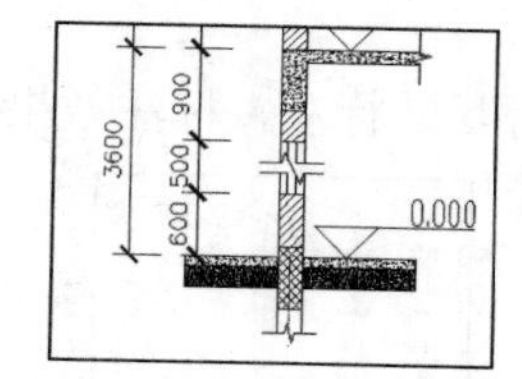

图 10-34　修改标注数值

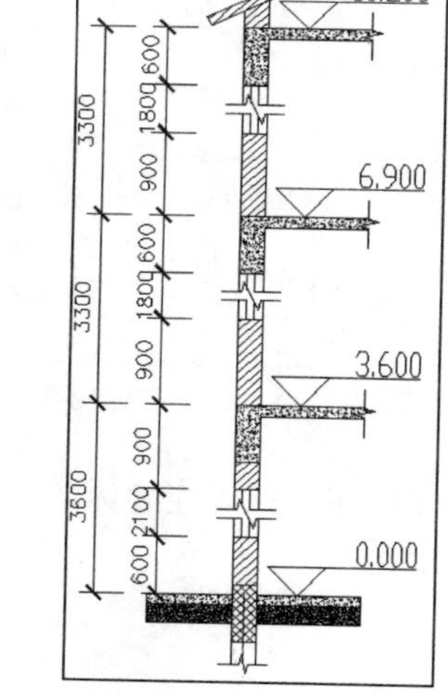

图 10-35　修改其他标注值

10.2.7　文字说明

建筑详图需要输入很多文字以说明其构造、材料和做法等，包括室内、外地面的材料和做法，防水层的材料和做法，以及各部位名称等。其具体操作步骤如下。

01 创建新的文字样式 GB200，文字样式参数设置如图 10-36 所示。

02 执行“直线”命令，绘制如图 10-37 所示的文字引出线，相对点分别为(@600，600)和(@300,0)，绘制方法在第 7 章中比较详细地讲解过，在此不再赘述。执行“单行文字”命令创建说明文字，文字样式为 GB200，完成效果如图 10-37 所示。

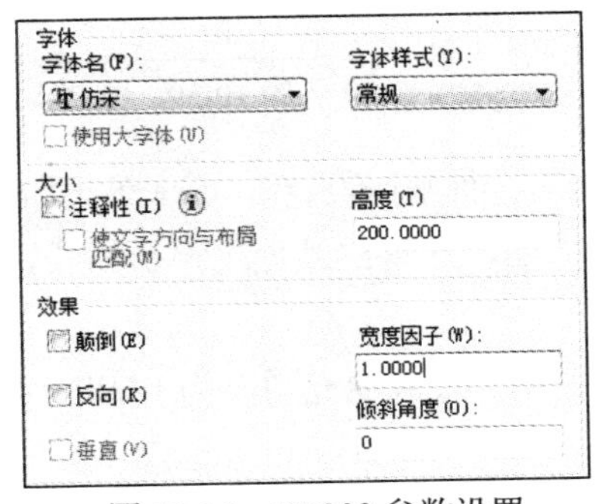

图 10-36　GB200 参数设置

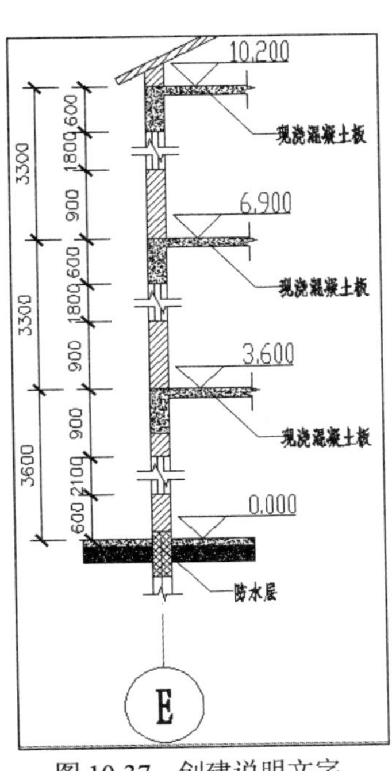

图 10-37　创建说明文字

10.3 楼梯详图

楼梯是多层房屋上下交通的主要设施，一般应有足够的坚固耐久性，且还要满足行走方便、人流疏散畅通和搬运物品的要求。梯段是联系两个不同标高平台的斜置构件。梯段上有踏步，踏步上的水平面称为脚踏面，垂直面称为脚踢面。休息平台是供人们暂时休息和楼梯转换方向所用。

10.3.1 平面详图

一般来说，在平面图中，已经详细地绘制了楼梯的轮廓，绘制楼梯平面详图的最简单有效的方法是对楼梯平面图进行编辑处理得到。对于本书第 9 章创建的案例来讲，楼梯平面详图的创建方法与外墙身详图差不多，在此不再赘述。下面以另一套图纸中的平面图为例，从平面图中提取楼梯，绘制楼梯详图。其具体步骤如下。

01 打开建筑平面图，效果如图 10-38 所示。执行“构造线”命令绘制构造线，效果如图 10-39 所示。

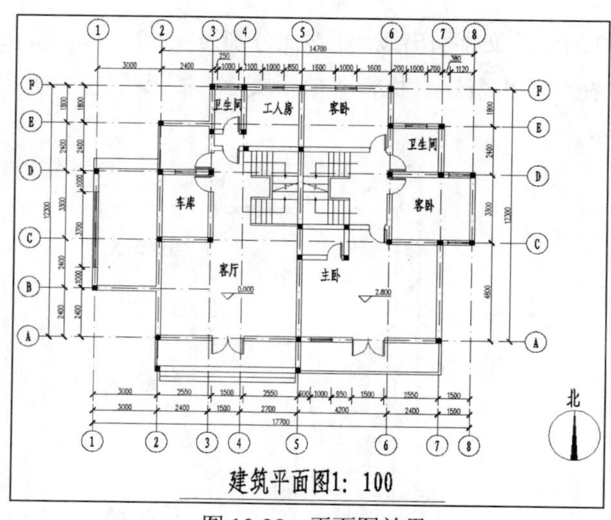

图 10-38 平面图效果

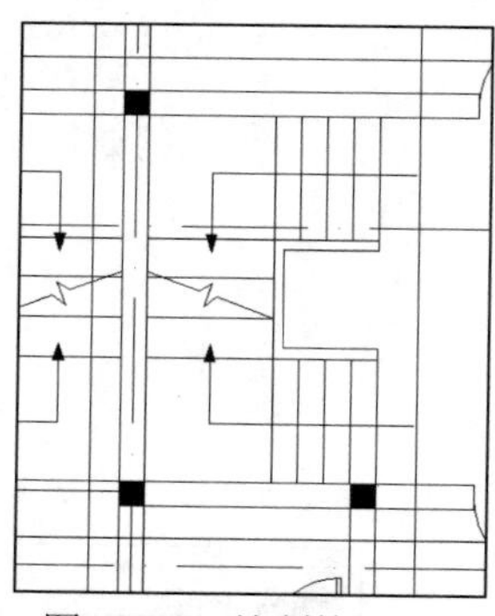

图 10-39 绘制构造线

02 执行“修剪”命令，对楼梯以外的图形进行修剪，并删除构造线，完成效果如图 10-40 所示。

03 在外墙身详图中已经讲解过单折断线的绘制方法，这里继续使用单折断线，完成效果如图 10-41 所示。

04 执行“图案填充”命令，为墙体填充相应的图案，设置填充图案为 LINE，填充比例为 15，填充角度为 45°，填充效果如图 10-42 所示。

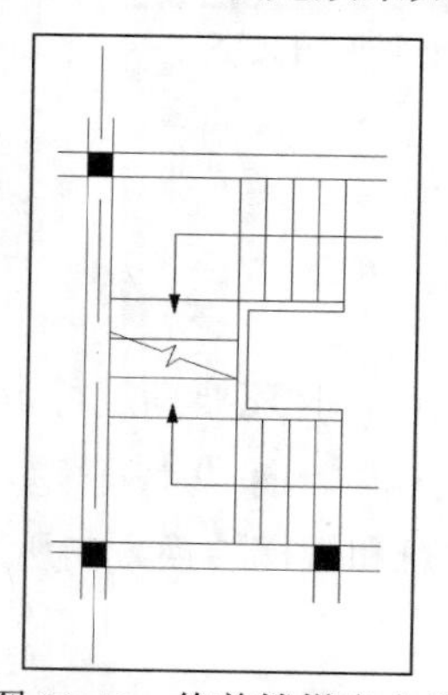

图 10-40 修剪楼梯多余线

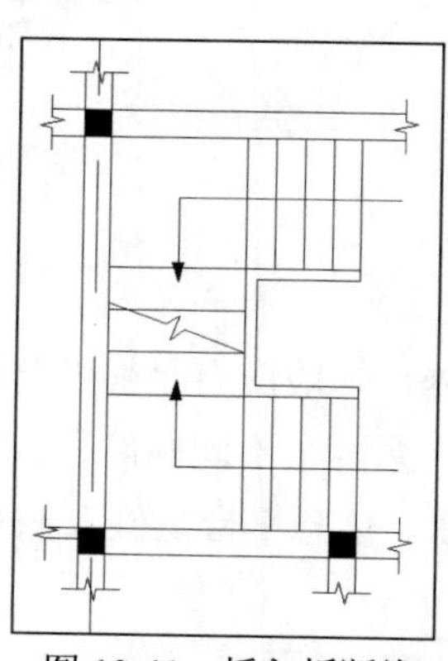

图 10-41 插入折断线

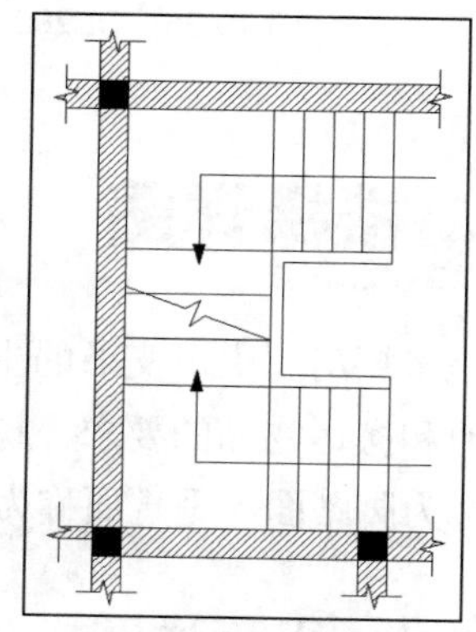

图 10-42 填充墙体

05 在“绘图”工具栏中单击“直线”按钮，执行“直线”命令，命令行提示如下：

```
命令: _line 指定第一点: from //使用相对点法绘制点
基点://捕捉图 10-43 所示的⊗图标所示的位置
 <偏移>: @-200,0 //输入相对坐标确定第一点
指定下一点或 [放弃(U)]: @0,-1000 //输入相对坐标确定第二点
指定下一点或 [放弃(U)]: //捕捉垂直点
指定下一点或 [闭合(C)/放弃(U)]: //按 Enter 键，完成绘制，效果如图 10-43 所示
```

06 右击“标准”工具栏，在弹出的快捷菜单中选择“特性”命令，打开“特性”工具栏。在“特性”工具栏的“线型控制”下拉列表框中选择“其他”命令，弹出“线型管理器”对话框，单击“加载”按钮，弹出如图 10-44 所示的“加载或重载线型”对话框，从中选择 DASHED 线型。

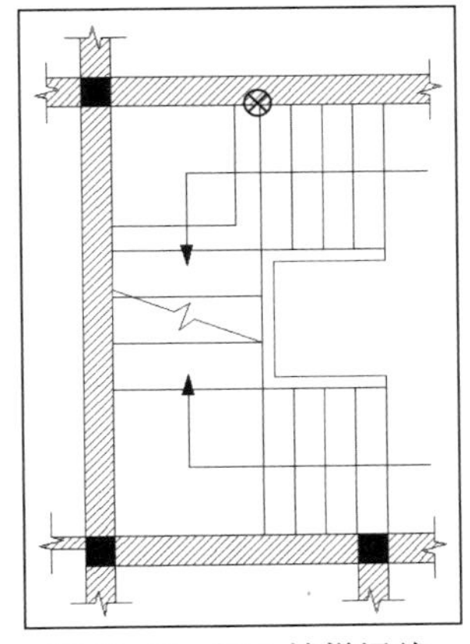

图 10-43　插入楼梯梁线

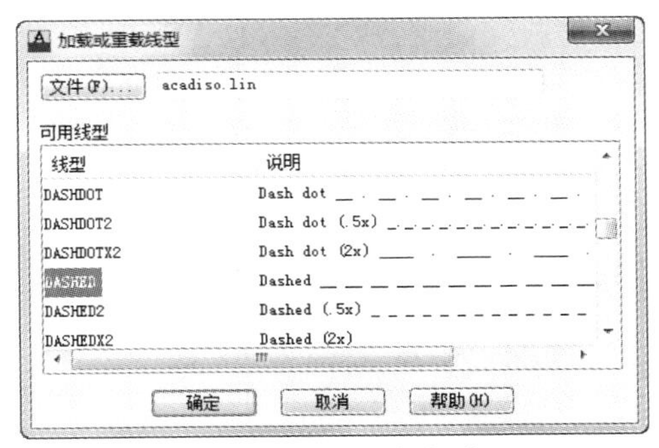

图 10-44　加载线型

07 执行“镜像”命令，绘制楼梯的另一半楼梯梁，选择楼梯梁线，设置线型为 DASHED，完成效果如图 10-45 所示。

08 打开“特性”选项板，设置线型比例为 10，完成效果如图 10-46 所示。

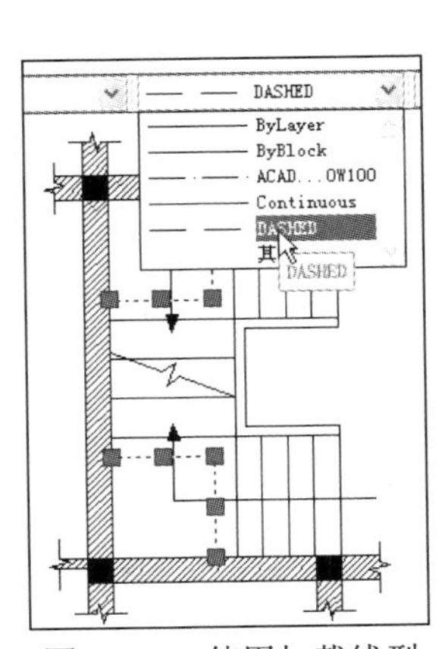

图 10-45　使用加载线型

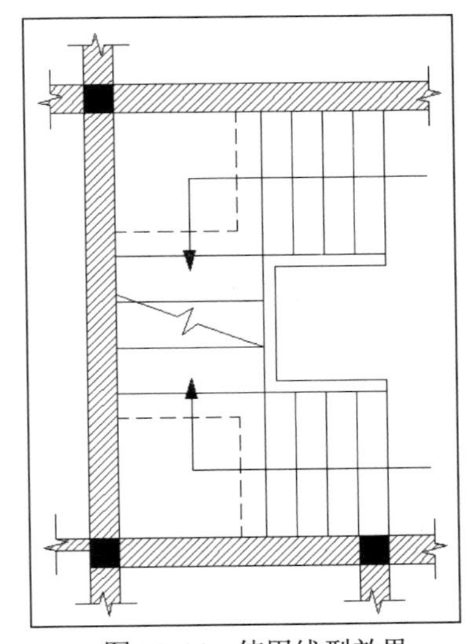

图 10-46　使用线型效果

09 执行“圆”命令，绘制半径为 200 的圆，并移动圆到如图 10-47 所示的位置。

10 执行“单行文字”命令，输入轴线编号，设置文字样式为 GB350，命令行提示如下：

```
命令: _dtext
当前文字样式:  GB500  当前文字高度:  500
指定文字的起点或 [对正(J)/样式(S)]: s //输入 s，确认文字样式
```

输入样式名或 [?] <GB500>: GB350 //使用文字样式 GB350
当前文字样式: GB350 当前文字高度: 350
指定文字的起点或 [对正(J)/样式(S)]: j //输入 j，确认对正样式
输入选项[对齐(A)/调整(F)/中心(C)/中间(M)/右(R)/左上(TL)/中上(TC)/右上(TR)/左中(ML)/正中(MC)/右中(MR)/左下(BL)/中
下(BC)/右下(BR)]: mc //采用正中对正样式
指定文字的中间点: //捕捉轴线圆的圆心
指定文字的旋转角度 <0>: //按 Enter 键，输入文字 5，完成效果如图 10-48 所示

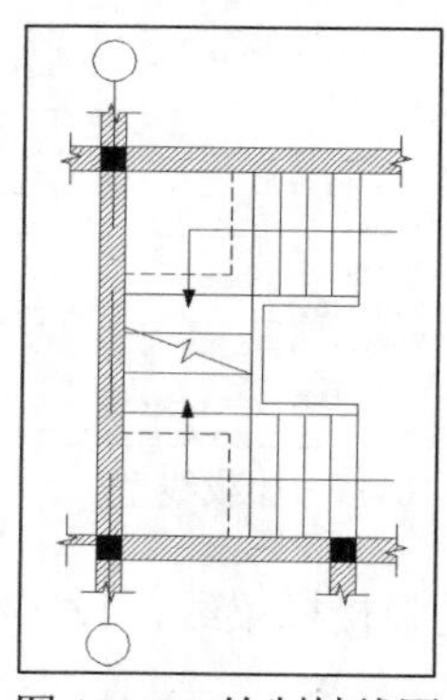

图 10-47 绘制轴线圆

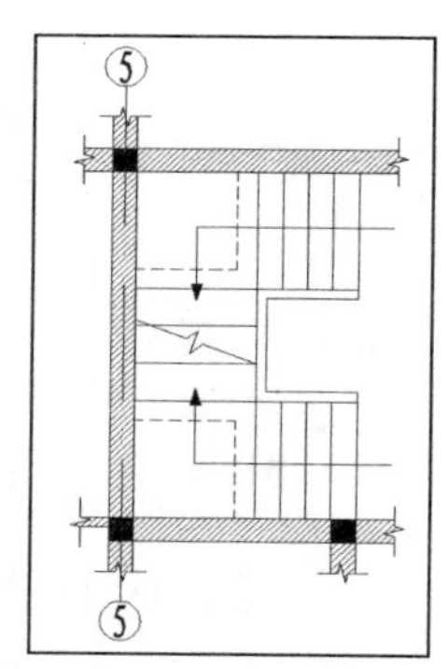

图 10-48 输入轴线编号

11 选择“格式”|“标注样式”命令，打开“标注样式管理器”对话框，修改 GB100 标注样式，在“线”选项卡中设置固定长度的尺寸界线为 400，参数设置如图 10-49 所示。

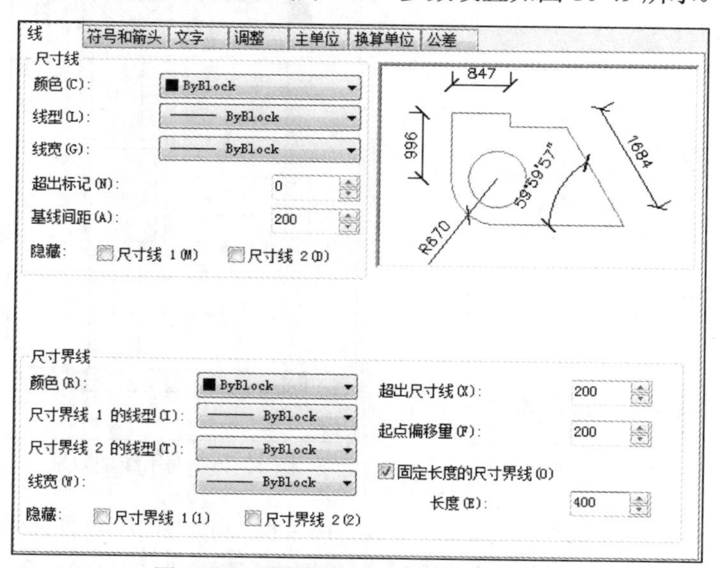

图 10-49 设置固定尺寸界线长度为 400

12 在“符号和箭头”选项卡中，设置箭头大小为 150，参数设置如图 10-50 所示。在“文字”选项卡中，设置文字样式为 STANDARD，文字高度为 200，参数设置如图 10-51 所示。

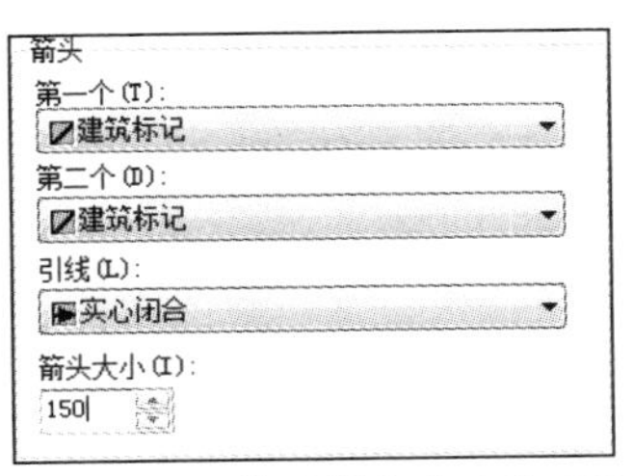

图 10-50　修改箭头大小为 150

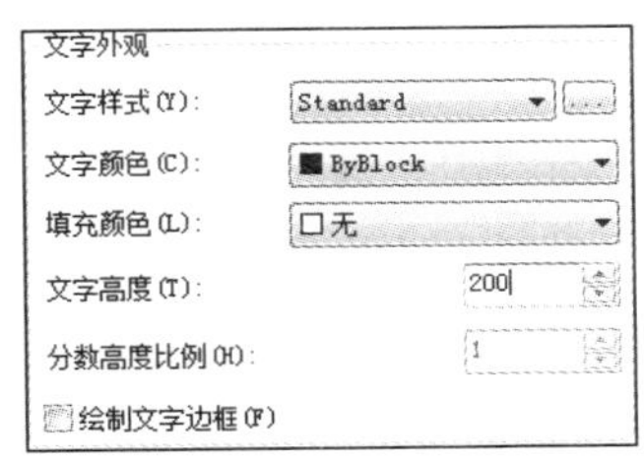

图 10-51　修改文字高度为 200

13 设置为 GB100 样式标注长度尺寸，并将标注值为 1000 的标注修改为 250×4，标注值为 1160 的标注修改为 387×3，完成效果如图 10-52 所示。

14 执行“单行文字”命令，输入文字“上 5”和“下 5”，文字样式设置为 GB350，完成效果如图 10-53 所示。

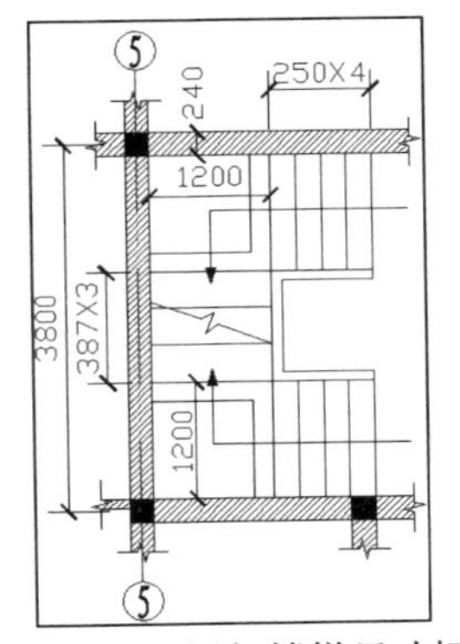

图 10-52　添加楼梯尺寸标注

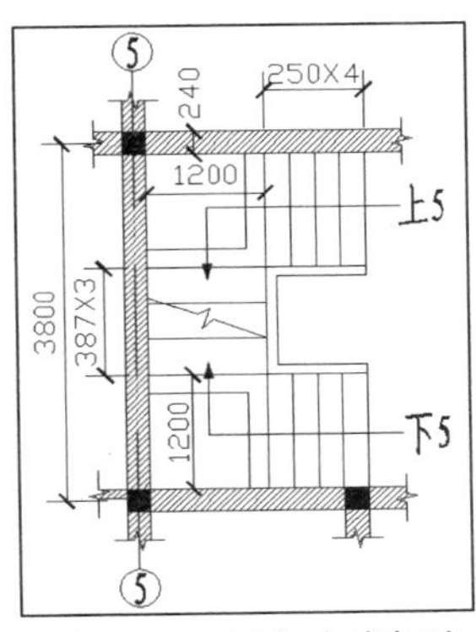

图 10-53　添加文字标注

15 参照二层楼梯平面详图的方法，分别绘制一层楼梯平面详图和三层楼梯平面详图。绘制效果分别如图 10-54 所示和图 10-55 所示。

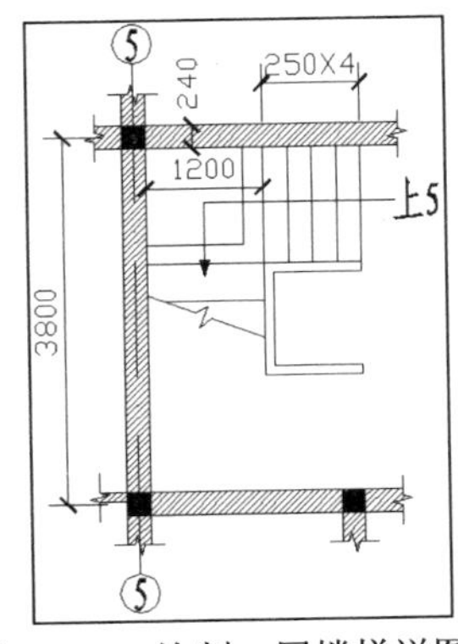

图 10-54　绘制一层楼梯详图

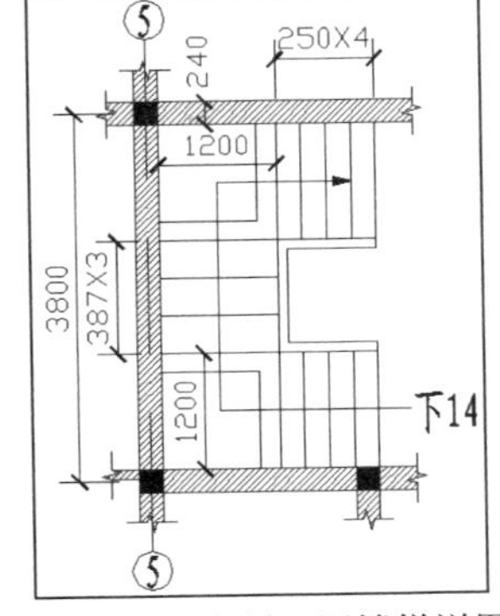

图 10-55　绘制三层楼梯详图

10.3.2　剖面详图

在楼梯平面详图中，添加如图 10-56 所示的添加剖切符号。根据剖切线绘制楼梯剖切详图，具体步骤如下。

01 打开建筑剖面图，对剖面图进行修剪，修剪效果如图 10-57 所示。

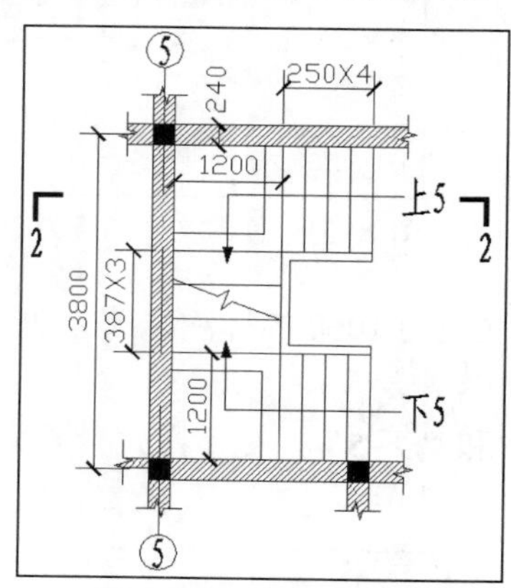

图 10-56　添加剖切符号

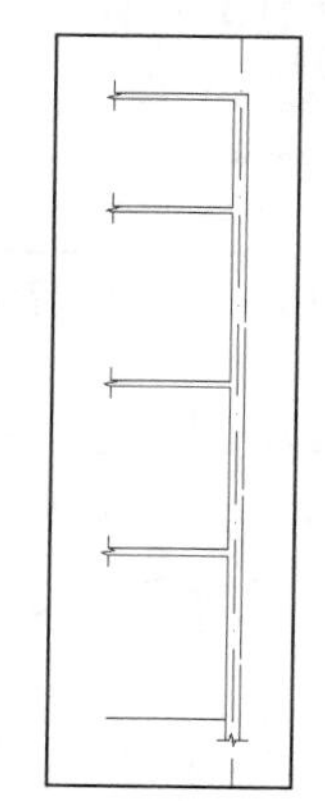

图 10-57　修剪建筑剖面图

02 在"绘图"工具栏中单击"直线"按钮，执行"直线"命令，命令行提示如下：

```
命令: _line 指定第一点://指定任意一点
指定下一点或 [放弃(U)]: @0,200
指定下一点或 [放弃(U)]: @250,0
指定下一点或 [闭合(C)/放弃(U)]: @0,200
指定下一点或 [闭合(C)/放弃(U)]: @250,0
指定下一点或 [闭合(C)/放弃(U)]: @0,200
指定下一点或 [闭合(C)/放弃(U)]: @250,0
指定下一点或 [闭合(C)/放弃(U)]: @0,200
指定下一点或 [闭合(C)/放弃(U)]: @250,0
指定下一点或 [闭合(C)/放弃(U)]: @0,200
指定下一点或 [闭合(C)/放弃(U)]:@1200,0 //使用相对坐标输入各点坐标
指定下一点或 [闭合(C)/放弃(U)]: //按 Enter 键，完成楼梯面和踢脚线的绘制，效果如图 10-58 所示
```

03 执行"直线"命令，绘制楼梯板的辅助线，效果如图 10-59 所示。

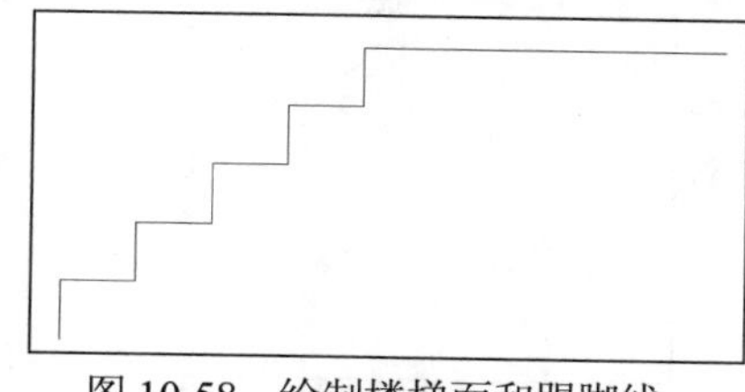

图 10-58　绘制楼梯面和踢脚线

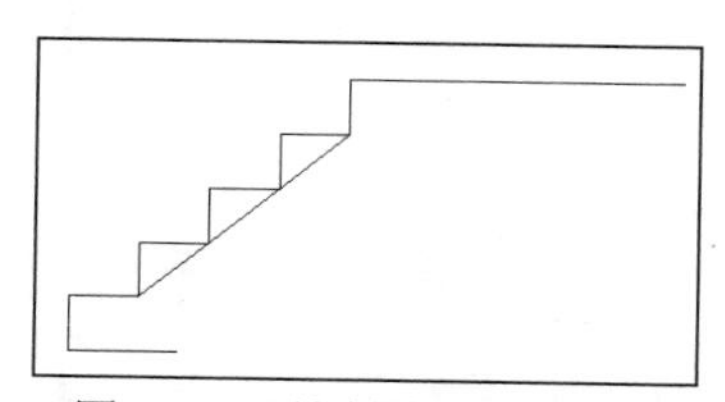

图 10-59　绘制楼梯板辅助线

04 执行"偏移"命令，将步骤**03**绘制的直线向右下偏移 100，最上一层踢脚线向右偏移 200，将平台板线分别向下偏移 100 和 350，偏移效果如图 10-60 所示。

05 执行"修剪"和"延伸"命令，对图形进行调整，完成效果如图 10-61 所示。

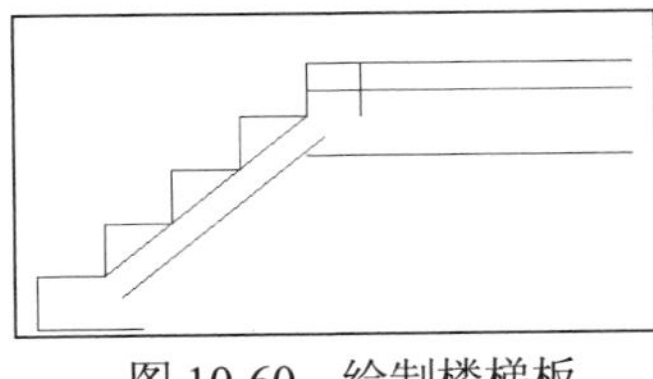
图 10-60　绘制楼梯板

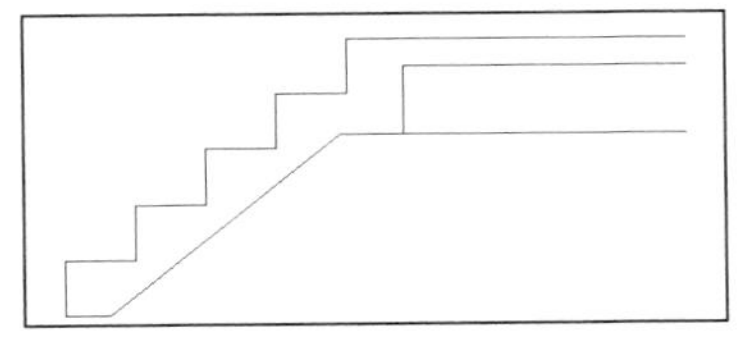
图 10-61　调整直线形成楼梯板线

06 执行“偏移”命令，将平台板线分别向上偏移 200、400、600 和 800，偏移效果如图 10-62 所示。

07 执行“复制”命令，复制如图 10-62 所示的楼梯线和踢脚线，其中基点为如图 10-63 所示下部⊗图标所示点，复制目标点为上部⊗图标所示点。

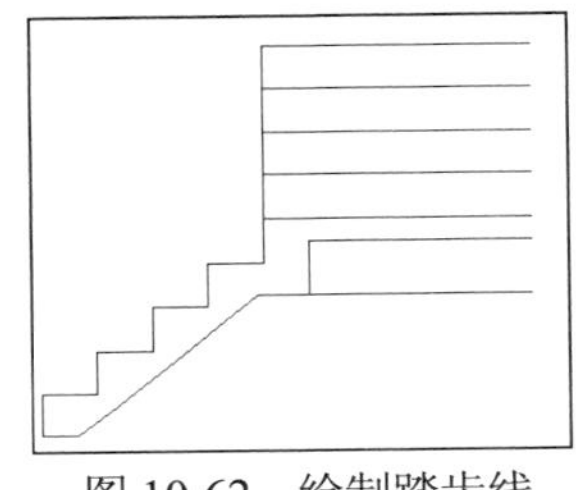
图 10-62　绘制踏步线

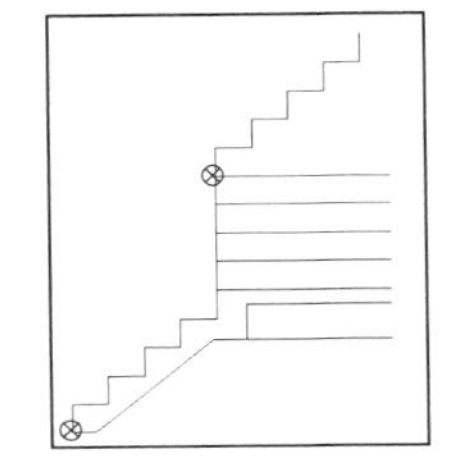
图 10-63　复制楼梯线和踢脚线

08 在“修改”工具栏中单击“镜像”按钮，执行“镜像”命令，命令行提示如下：

```
命令: _mirror
选择对象: 指定对角点: 找到 8 个
选择对象: 找到 1 个，总计 9 个 //拾取如图 10-63 中复制完成的楼梯线和踢脚线
选择对象://按 Enter 键，完成选择
指定镜像线的第一点: //拾取镜像线上一点
指定镜像线的第二点: //拾取镜像线上另一点
要删除源对象吗？[是(Y)/否(N)] <N>: y //输入 y，删除源对象，按 Enter 键，镜像效果如图 10-64 所示
```

09 按照步骤**04**和步骤**05**的方法，绘制第 3 阶楼梯的楼梯板，效果如图 10-65 所示。

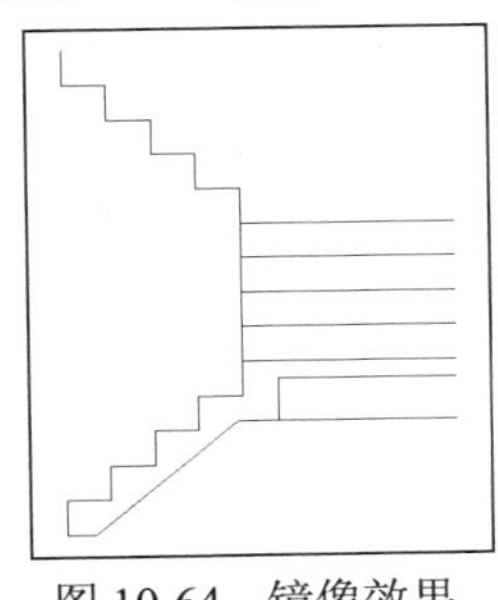
图 10-64　镜像效果

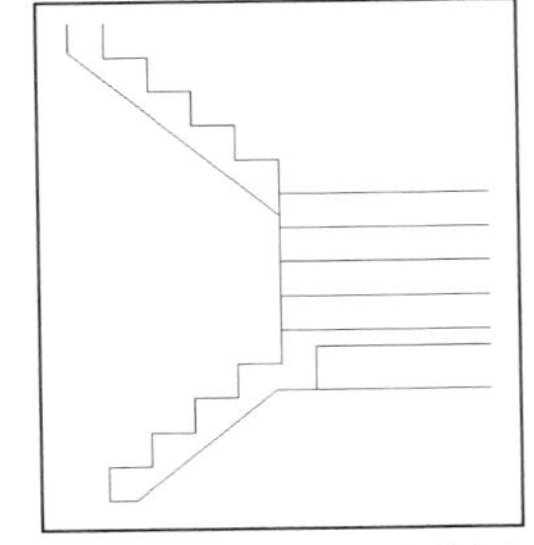
图 10-65　绘制楼梯板

10 在“修改”工具栏中单击“复制”按钮，执行“复制”命令，命令行提示如下：

```
命令: _copy
选择对象: 指定对角点: 找到 31 个 //选择如图 10-65 所示的图形
```

```
选择对象: //按 Enter 键完成选择
当前设置:  复制模式 = 多个
指定基点或[位移(D)/模式(O)] <位移>: //拾取图 10-65 所示图形的最左下角点为基点
指定第二个点或 [阵列(A)] <使用第一个点作为位移>: from //使用相对点法确认第二个点
基点: //捕捉正负零线与墙体的交点
<偏移>: @-2200,0 //输入相对偏移距离
指定第二个点或 [阵列(A)/退出(E)/放弃(U)] <退出>:from //使用相对点法确认第二个点
基点: //捕捉二层楼面线与墙体的交点
<偏移>: @-2200,0 //输入相对偏移距离
指定第二个点或 [阵列(A)/退出(E)/放弃(U)] <退出>: //按 Enter 键，完成复制，效果如图 10-66 所示
```

11 执行“直线”命令，绘制三层的墙体投影线，效果如图 10-67 所示。

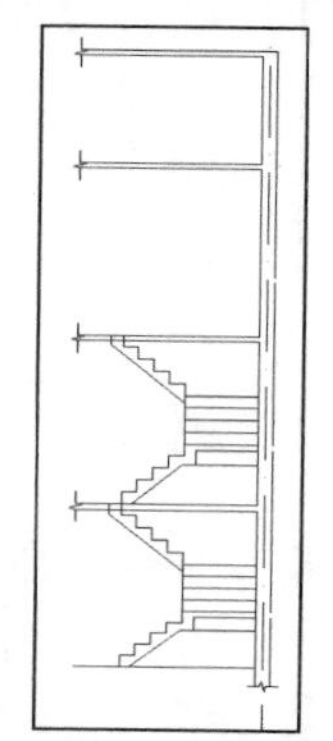

图 10-66 复制其他楼层楼梯

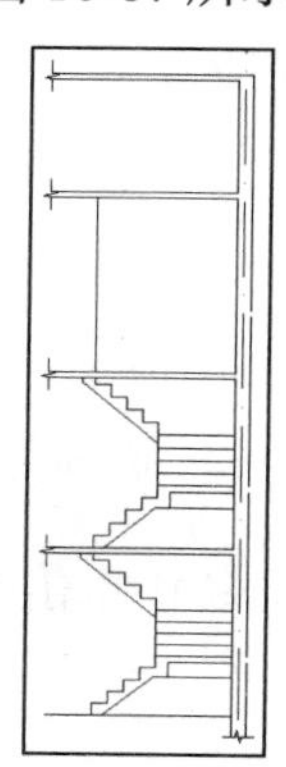

图 10-67 绘制三层楼投影线

12 执行“填充图案”命令，为剖切到的楼梯板填充材质。由于楼梯为钢筋混凝土结构，因此需选择填充的图案为 LINE 和 AR-CONC。第 1 种图案的填充比例为 50，角度为 135°；第 2 种图案的填充比例为 1。填充效果如图 10-68 所示。

13 绘制楼梯扶手，扶手高度为 800，扶手宽 100，具体绘制过程在此不再赘述。绘制效果如图 10-69 所示。

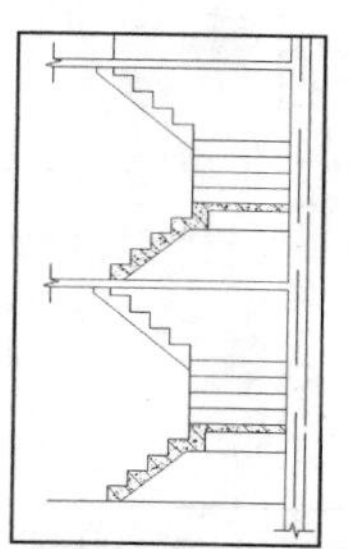

图 10-68 对楼梯剖切部分进行填充

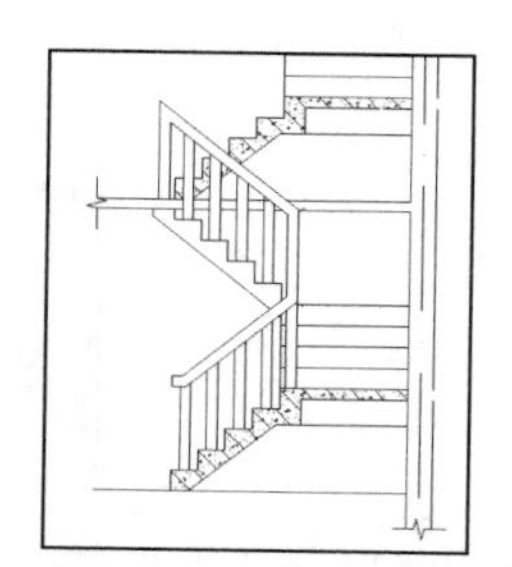

图 10-69 绘制扶手

14 执行“修剪”和“延伸”命令，对绘制完成的楼梯剖面图进行调整，调整效果如图 10-70 所示，主要修剪被挡住的对象。

15 选择“线性”尺寸标注添加长度尺寸标注，选择“标高”图块添加楼层标高，同时添加轴线编号，添加效果如图 10-71 所示。

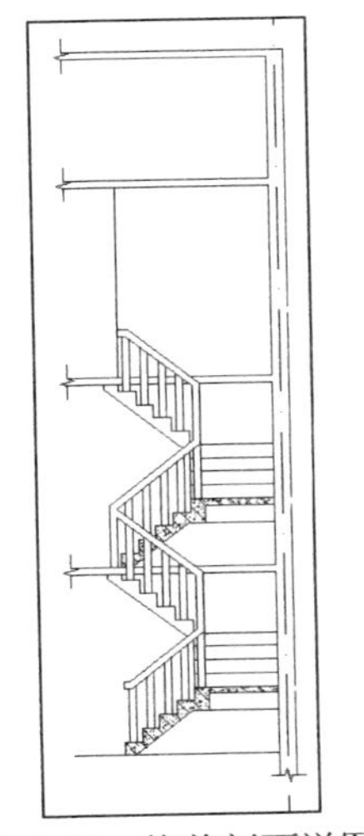

图 10-70　修剪剖面详图

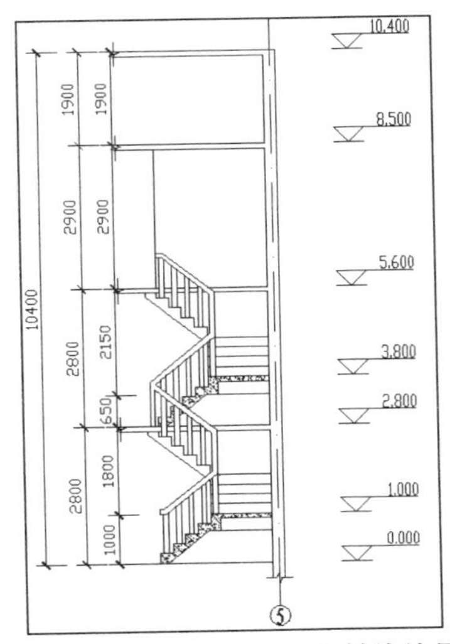

图 10-71　添加尺寸标注和轴线编号

10.3.3　踏步、扶手与栏杆详图

在绘制楼梯剖面图时，踏步、扶手和栏杆的具体构造都没有详细的表示。下面将对踏步详图的绘制进行讲解，扶手和栏杆详图的绘制步骤不再赘述。

楼梯踏步表层通常为水泥抹面，在踏步的边缘磨损较大，比较光滑，因此在踏步边沿沿水平线应设置防滑条。这些细节在踏步详图上都应得到表示，具体绘制步骤如下。

01 绘制踏步详图，采用的绘图比例为 1:10，执行“矩形”命令，绘制 2500×2000 矩形，效果如图 10-72 所示。执行“分解”命令分解矩形，并将上边向下偏移 200，左边向右偏移 200，进行修剪。完成效果如图 10-73 所示。

图 10-72　绘制矩形

图 10-73　绘制踏步抹面层

02 在“绘图”工具栏中单击“矩形”按钮□，执行“矩形”命令，命令行提示如下：

```
命令: _rectang
指定第一个角点或 [倒角(C)/标高(E)/圆角(F)/厚度(T)/宽度(W)]: from //使用相对点法确认点
基点: //拾取如图 10-74⊗图标所示的点
```

<偏移>: @400,-100 //输入相对偏移距离

指定另一个角点或 [面积(A)/尺寸(D)/旋转(R)]: @200,200 //输入另外一个点的相对坐标，绘制效果如图 10-74 所示

03 执行“修剪”命令，对抹面进行修剪，修剪效果如图 10-75 所示。

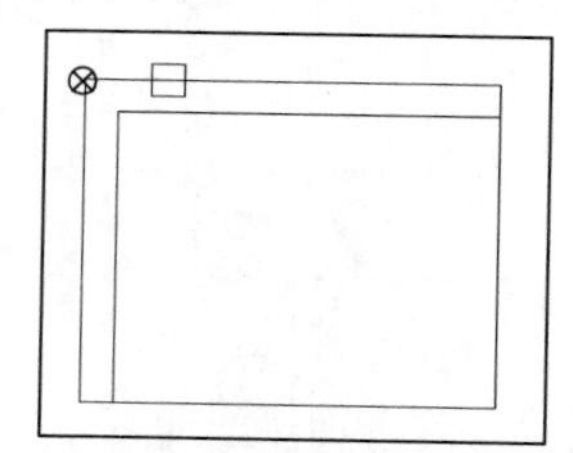

图 10-74　绘制防滑条矩形

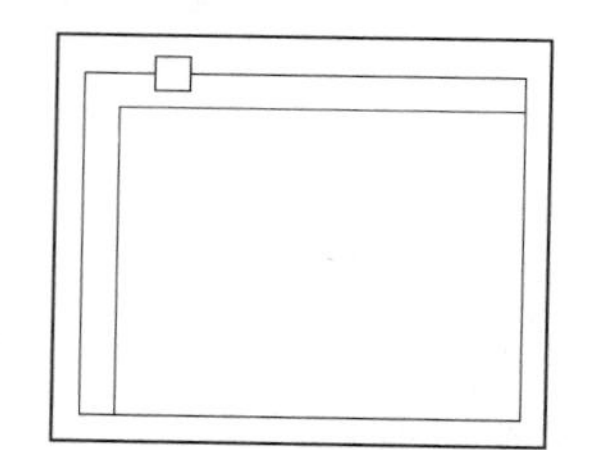

图 10-75　修剪经过矩形的直线

04 执行“填充图案”命令填充踏步。其中，水泥抹面部分和防滑条的填充图案采用 AR-SAND，填充比例为 2；踏步主体部分为钢筋混凝土，设置填充图案为 LINE 和 AR-CONC。第 1 种图案的填充比例为 200，角度为 135°；第 2 种图案的填充比例为 2。填充效果如图 10-76 所示。

05 创建新的标注样式名为 GB10，基础样式为 GB100，参数设置如图 10-77 所示。

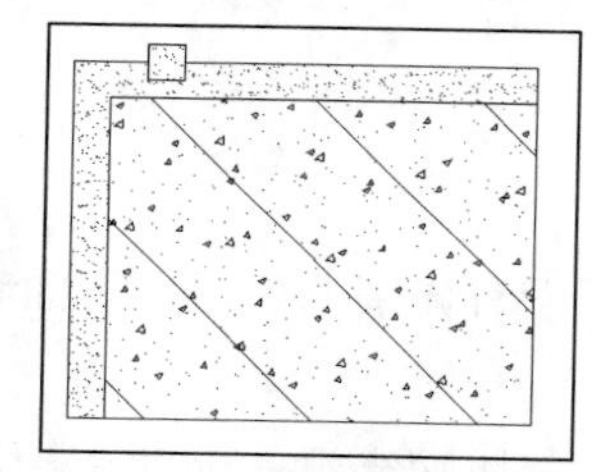

图 10-76　填充踏步填充图案

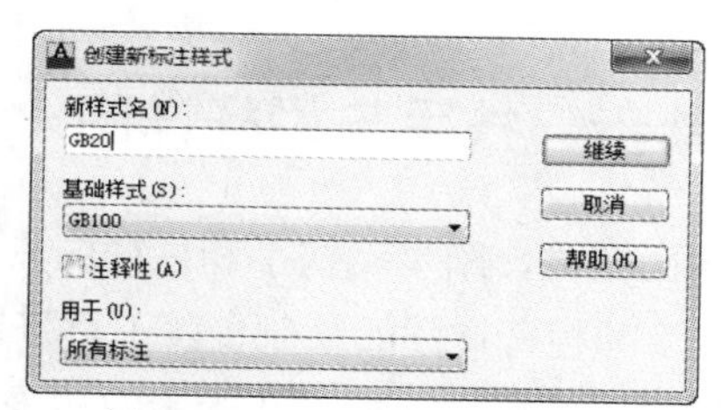

图 10-77　创建 GB10 标注样式

06 单击“继续”按钮，弹出“创建新标注样式”对话框，在“主单位”选项卡中设置比例因子为 0.1，如图 10-78 所示。

07 将 GB10 置为当前标注样式，对踏步进行标注，完成效果如图 10-79 所示。关于防滑条文字的添加方法在第 7 章中已经详细讲解，在此不再赘述。

图 10-78　修改比例因子

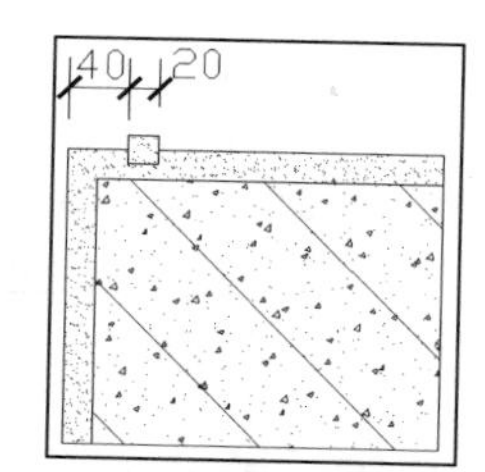

图 10-79　添加尺寸和文字标注

第11章　单体家具及室内效果图绘制

前几章已详细介绍了室内布置平面图的绘制方法，本章将介绍各种单体家具和室内布置三维效果图的绘制方法。室内效果图是通过三维图形展示建筑物室内布置和装修的图形，其绘制过程要比室内布置平面图复杂。通过本章的学习，用户将熟练掌握各种三维操作方法。

11.1 单体家具绘制

在建筑制图中，常见的单体家具包括床、沙发、茶几、用餐家具、椅子、凳子、盆景、电视及电视桌等。本节将介绍沙发、餐桌椅和双人床的绘制方法。

11.1.1 绘制沙发

在起居室里，沙发一般分为单人沙发和多人沙发两种。绘制沙发的操作步骤如下。

01 在“建模”工具栏中单击“多段线”按钮，执行“多段线”命令，命令行提示如下：

```
命令: _pline
指定起点: //拾取 XY 平面内任意一点，即图 11-1 所示图形的左上角点
当前线宽为 0
指定下一个点或 [圆弧(A)/半宽(H)/长度(L)/放弃(U)/宽度(W)]: @0,-150
指定下一点或 [圆弧(A)/闭合(C)/半宽(H)/长度(L)/放弃(U)/宽度(W)]: @700,0
指定下一点或 [圆弧(A)/闭合(C)/半宽(H)/长度(L)/放弃(U)/宽度(W)]: @0,150 //依次输入相对点坐标
指定下一点或 [圆弧(A)/闭合(C)/半宽(H)/长度(L)/放弃(U)/宽度(W)]: a //输入 a，绘制圆弧
指定圆弧的端点或
[角度(A)/圆心(CE)/闭合(CL)/方向(D)/半宽(H)/直线(L)/半径(R)/第二个点(S)/放弃(U)/宽度(W)]: s //输入 s，表示绘制圆弧第二个点
指定圆弧上的第二个点: from //采用相对点法绘制圆弧第二个点
基点: //拾取图 11-1 所示图形的右上角点
<偏移>: @-350,50 //输入相对偏移距离
指定圆弧的端点: //捕捉图 11-1 所示的左上角点
指定圆弧的端点或
[角度(A)/圆心(CE)/闭合(CL)/方向(D)/半宽(H)/直线(L)/半径(R)/第二个点(S)/放弃(U)/宽度(W)]: cl //输入 cl 将多段线闭合，绘制效果如图 11-1 所示
```

02 在“建模”工具栏中单击“三维旋转”按钮，执行“三维旋转”命令，命令行提示如下：

```
命令: _3drotate
UCS 当前的正角方向:  ANGDIR=逆时针   ANGBASE=0
选择对象: 找到 1 个  //选择步骤01绘制的多段线
选择对象: //按 Enter 键，完成选择
指定基点: //指定左下角点为基点
拾取旋转轴: //拾取 X 轴方向为旋转轴，如图 11-2 所示
指定角的起点: 90 //设置旋转角度为 90°，按 Enter 键，旋转效果如图 11-3 所示
正在重生成模型
```

03 在“建模”工具栏中单击“拉伸”按钮，执行“拉伸”命令，命令行提示如下：

```
命令: _extrude
当前线框密度:  ISOLINES=4，闭合轮廓创建模式 = 实体
```

选择要拉伸的对象或 [模式(MO)]: _MO 闭合轮廓创建模式 [实体(SO)/曲面(SU)] <实体>: _SO

选择要拉伸的对象或 [模式(MO)]: 找到 1 个//拾取步骤02旋转完成的多段线

选择要拉伸的对象或 [模式(MO)]: //按回车键，完成对象选择

指定拉伸的高度或 [方向(D)/路径(P)/倾斜角(T)/表达式(E)] <147.7748>:600 //设置拉伸高度为 600，拉伸效果如图 11-4 所示

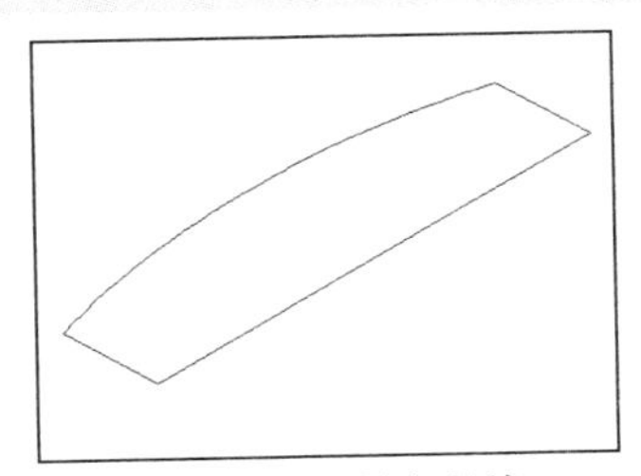

图 11-1　绘制多段线

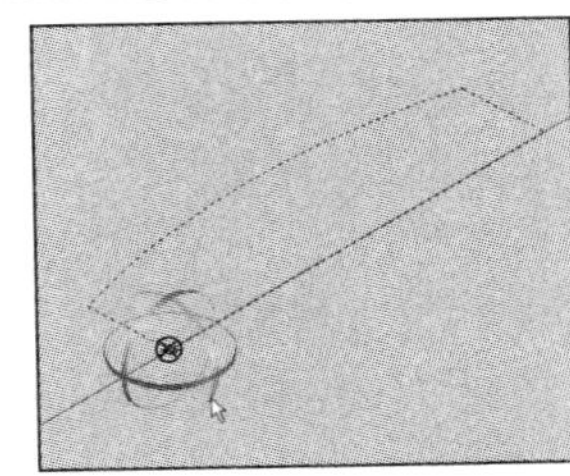

图 11-2　旋转多段线

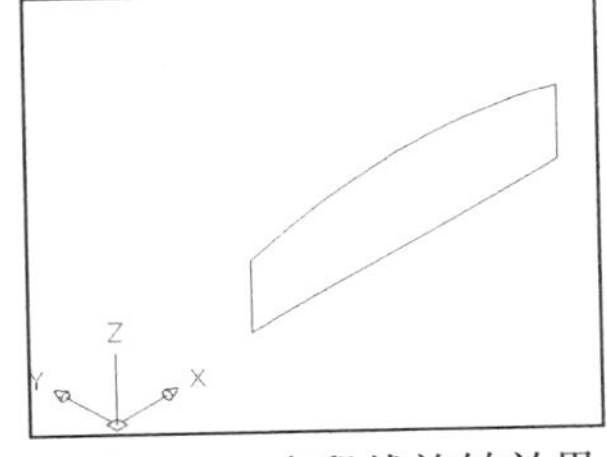

图 11-3　多段线旋转效果

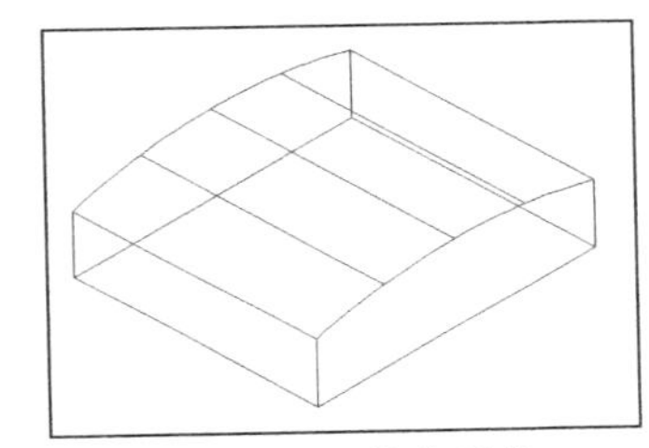

图 11-4　拉伸多段线

04 在“建模”工具栏中单击“长方体”按钮，执行“长方体”命令，命令行提示如下：

命令: _box

指定第一个角点或 [中心(C)]: //捕捉拉伸图形底面矩形的最下端点

指定其他角点或 [立方体(C)/长度(L)]: //捕捉拉伸图形底面矩形的最上端点

指定高度或 [两点(2P)]: -100 //设置矩形高度，绘制效果如图 11-5 所示

05 在“建模”工具栏中单击“圆柱体”按钮，执行“圆柱体”命令，命令行提示如下：

命令: _cylinder

指定底面的中心点或 [三点(3P)/两点(2P)/切点、切点、半径(T)/椭圆(E)]: from //采用相对点法绘制底面中心点

基点: //捕捉步骤04绘制底面矩形的下端点

<偏移>: @50,50 //设置偏移距离

指定底面半径或 [直径(D)]: 25 //设置圆柱体底面半径

指定高度或 [两点(2P)/轴端点(A)]: -50 //设置圆柱体高度，绘制效果如图 11-6 所示

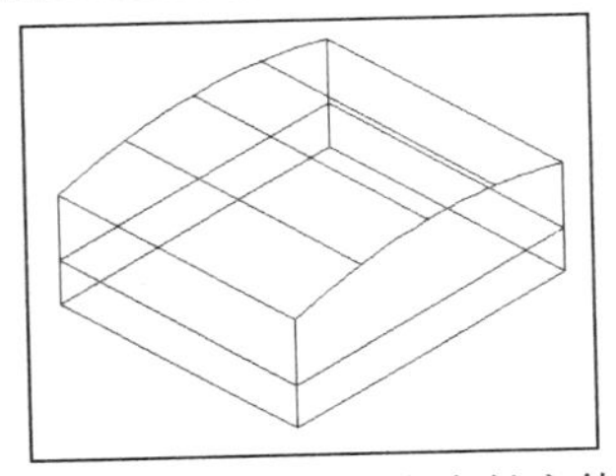

图 11-5　绘制沙发底座长方体

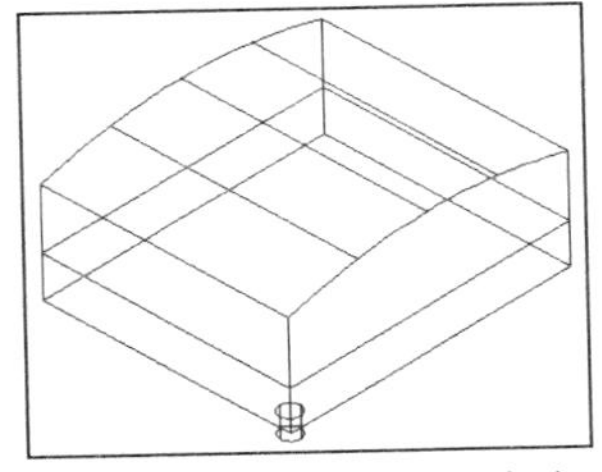

图 11-6　绘制沙发一个脚

06 在“修改”工具栏中单击“复制”按钮，执行“复制”命令，命令行提示如下：

```
命令: _copy
选择对象: 找到 1 个 //选择步骤05绘制的沙发脚
选择对象: //按 Enter 键，完成选择
当前设置:  复制模式 = 多个
指定基点或 [位移(D)/模式(O)] <位移>: //捕捉步骤05绘制的圆柱体的上底面圆心为基点
指定第二个点或 [阵列(A)] <使用第一个点作为位移>: from //采用相对点法输入第二个点
基点: //捕捉步骤04绘制的长方体底面矩形的右端点
<偏移>: @-50,50 //设置相对偏移距离
指定第二个点或 [阵列(A)/退出(E)/放弃(U)] <退出>: from //采用相对点法输入第二个点
基点: //捕捉步骤04绘制的长方体底面矩形的上端点
<偏移>: @-50,-50 //设置相对偏移距离
指定第二个点或 [阵列(A)/退出(E)/放弃(U)] <退出>: from //采用相对点法输入第二个点
基点: //捕捉步骤04绘制的长方体底面矩形的左端点
<偏移>: @50,-50 //设置相对偏移距离
指定第二个点或 [阵列(A)/退出(E)/放弃(U)] <退出>: //按 Enter 键，完成复制，效果如图 11-7 所示
```

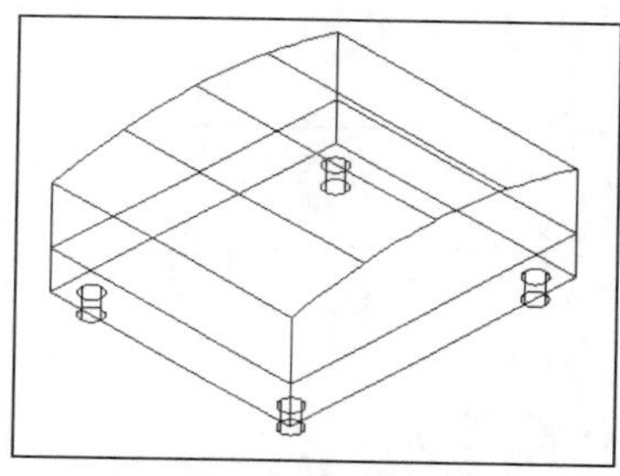

图 11-7　绘制其他 3 个脚

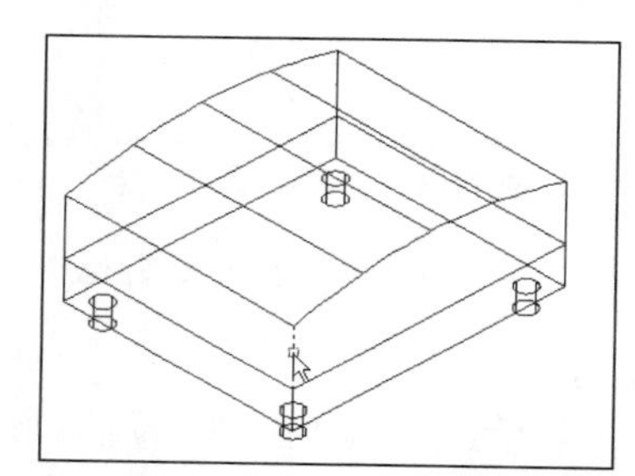

图 11-8　选择圆角对象

07 在“修改”工具栏中单击“圆角”按钮，执行“圆角”命令，命令行提示如下：

```
命令: _fillet
当前设置: 模式 = 修剪，半径 = 50
选择第一个对象或 [放弃(U)/多段线(P)/半径(R)/修剪(T)/多个(M)]: //选择步骤03拉伸完成的实体
输入圆角半径 <50>: //设置圆角半径为 50
选择边或 [链(C)/半径(R)]: //选择图 11-8 所示的边
选择边或 [链(C)/半径(R)]: //按 Enter 键，完成选择，圆角效果如图 11-9 所示
已选定 1 个边用于圆角。
```

08 参照同样的方法，对步骤**03**拉伸形成的实体的左侧边进行圆角操作，对步骤**04**绘制的矩形下侧和左侧边进行圆角操作，圆角半径均为 50，圆角效果如图 11-10 所示。

09 执行“消隐”命令，将图 11-10 中的辅助线进行消隐，消隐效果如图 11-11 所示。

10 在“建模”工具栏中单击“长方体”按钮，绘制沙发靠背下半部分为 250×600×250 的长方体，执行“长方体”命令，命令行提示如下：

命令: _box
指定第一个角点或 [中心(C)]: <动态 UCS 关> //捕捉沙发底座和坐垫的右上侧面右下角点
指定其他角点或 [立方体(C)/长度(L)]: @250,600 //输入角点相对坐标
指定高度或 [两点(2P)] <-50>: 250 //设置长方体高度，绘制效果如图 11-12 所示

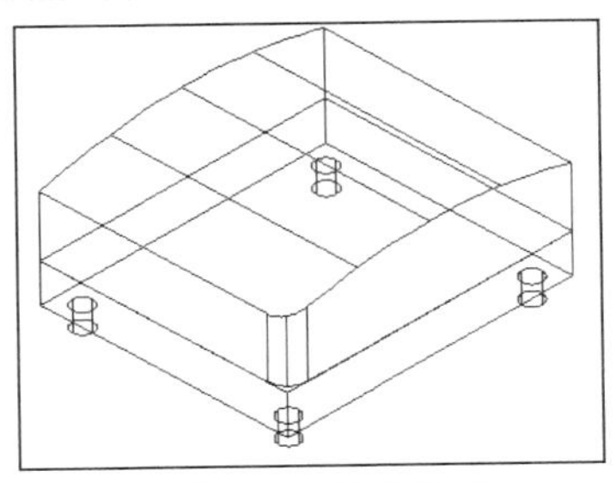

图 11-9　圆角效果

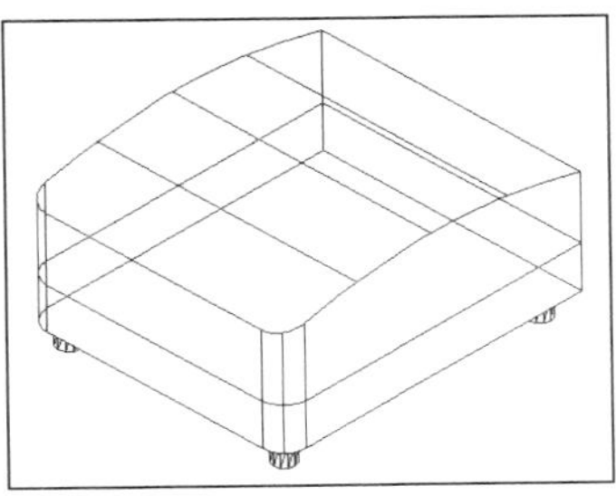

图 11-10　完成圆角的效果

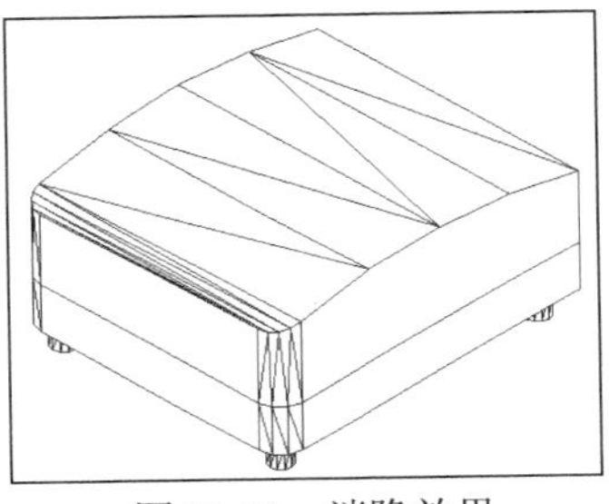

图 11-11　消隐效果

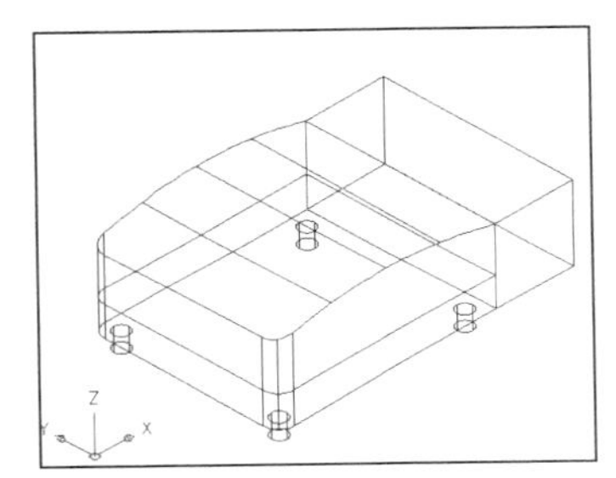

图 11-12　绘制沙发靠背下半部分

11 在“建模”工具栏中单击“长方体”按钮，绘制沙发靠背上半部分为 250×600×500 的长方体，执行“长方体”命令，命令行提示如下：

命令: _box
指定第一个角点或 [中心(C)]: //捕捉步骤**10**绘制的长方体上底面矩形下端点
指定其他角点或 [立方体(C)/长度(L)]: //捕捉步骤**10**绘制的长方体上底面矩形上端点
指定高度或 [两点(2P)]: 500 //设置长方体高度，按回车键，绘制效果如图 11-13 所示

12 执行“圆角”命令，对沙发靠背上半部分进行圆角操作，设置圆角半径为 25，效果如图 11-14 所示。

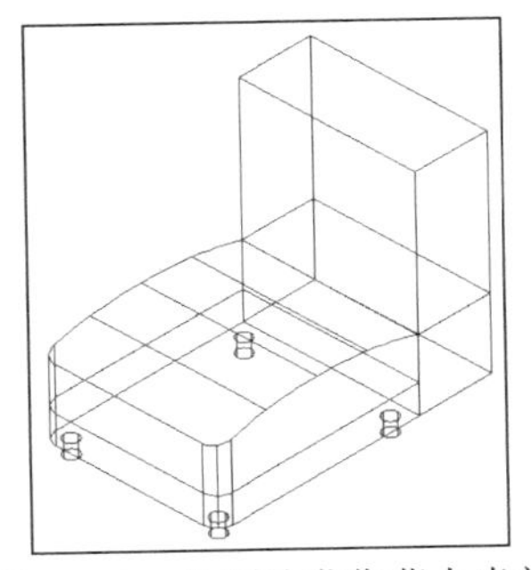

图 11-13　绘制沙发靠背上半部分

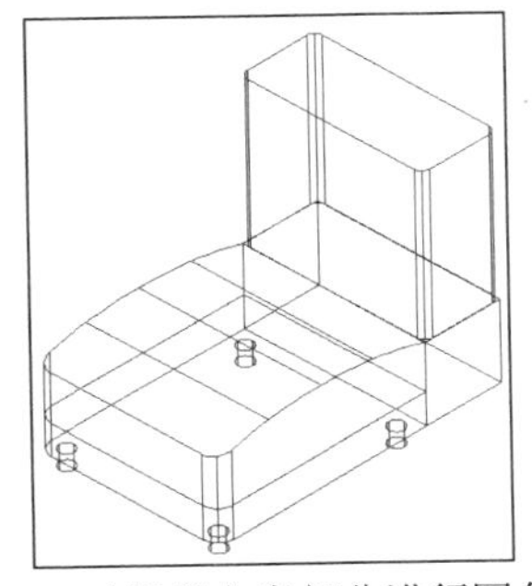

图 11-14　对靠背上半部分进行圆角处理

13 单击"长方体"按钮，绘制沙发一侧的扶手为800×200×500的长方体，执行"长方体"命令，命令行提示如下：

```
命令: _box
指定第一个角点或 [中心(C)]: from //使用相对点法输入第一个角点
基点: //捕捉沙发坐垫圆角弧面最下端弧线的最右侧端点
<偏移>: @-25,0 //设置相对偏移距离
指定其他角点或 [立方体(C)/长度(L)]: @800,-200 //输入其他角点相对坐标
指定高度或 [两点(2P)] <500>: 500 //设置高度，按 Enter 键，绘制效果如图 11-15 所示
```

14 执行"圆角"命令，对扶手进行圆角操作，设置圆角半径为25，圆角效果如图11-16所示。

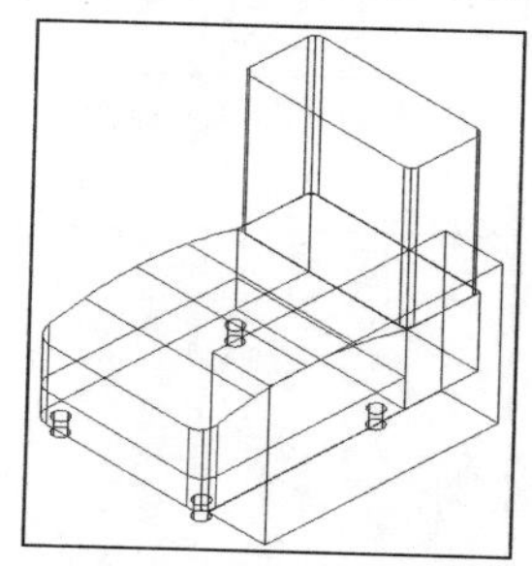

图 11-15　绘制沙发一侧扶手

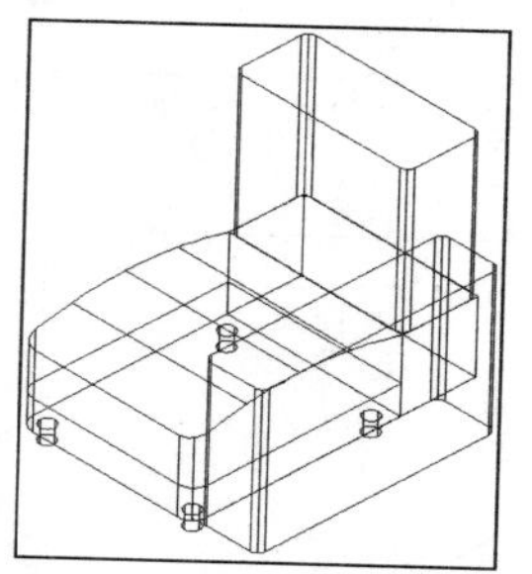

图 11-16　对沙发扶手圆角

15 选择"修改"|"三维操作"|"三维镜像"命令，命令行提示如下：

```
命令: _mirror3d
选择对象: 找到 1 个 //选择步骤13和步骤14绘制完成的一侧扶手
选择对象: //按 Enter 键，完成选择
指定镜像平面 (三点) 的第一个点或
[对象(O)/最近的(L)/Z 轴(Z)/视图(V)/XY 平面(XY)/YZ 平面(YZ)/ZX 平面(ZX)/三点(3)] <三点>: //采用三点法确定镜像平面
在镜像平面上指定第一点:
在镜像平面上指定第二点:
在镜像平面上指定第三点: //捕捉沙发靠背上底面和下底面矩形的右上边和左下边中点
是否删除源对象? [是(Y)/否(N)] <否>: //按 Enter 键，完成镜像操作，效果如图 11-17 所示
```

16 执行"消隐"命令，对图11-17进行消隐，消隐效果如图11-18所示。

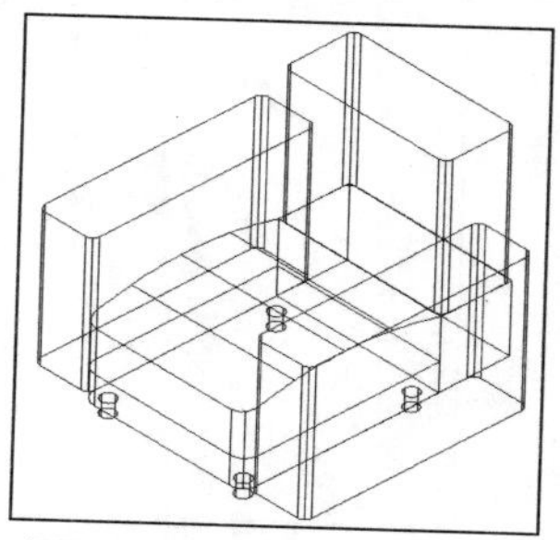

图 11-17　镜像另一侧扶手

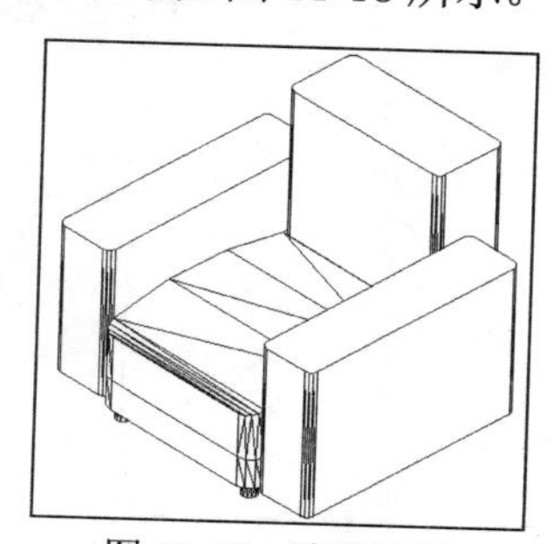

图 11-18　消隐效果

17 删除单人沙发左上侧的扶手。选择“修改”|“三维操作”|“三维镜像”命令，将单人沙发除扶手之外的部分，沿沙发左上侧面执行“镜像”命令，命令行提示如下：

```
命令: _mirror3d
选择对象: 指定对角点: 找到 9 个 //选择删除左上侧扶手的单人沙发
选择对象: 找到 1 个，删除 1 个，总计 8 个 //按 Shift 键，删除右下侧扶手
选择对象: //按 Enter 键，完成选择
指定镜像平面 (三点) 的第一个点或
[对象(O)/最近的(L)/Z 轴(Z)/视图(V)/XY 平面(XY)/YZ 平面(YZ)/ZX 平面(ZX)/三点(3)] <三点>:
在镜像平面上指定第二点: 在镜像平面上指定第三点: //拾取沙发左上侧面上的任意三点
是否删除源对象? [是(Y)/否(N)] <否>: //按 Enter 键，完成镜像，效果如图 11-19 所示
```

18 参照绘制沙发的方法，对沙发单体(包括扶手)执行“镜像”命令，镜像效果如图 11-20 所示。至此，三人沙发绘制完成。

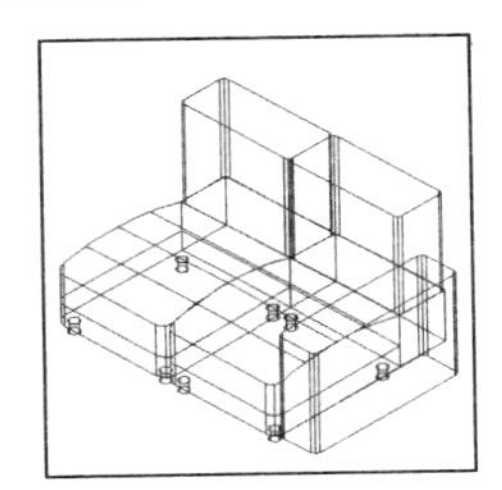
图 11-19　镜像单人沙发

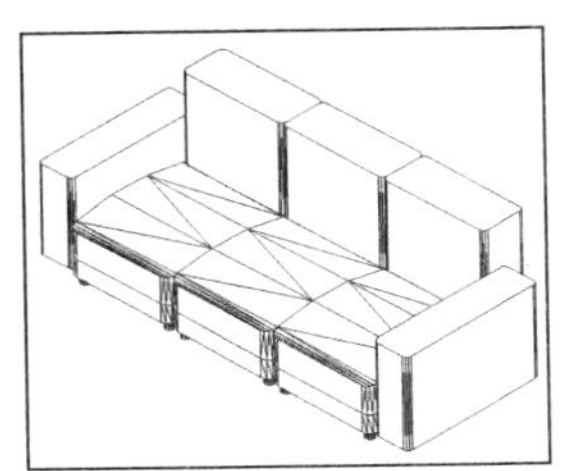
图 11-20　完成的三人沙发

11.1.2　绘制双人床

双人床是卧室的必备家具，尺寸规格一般不统一。本节将绘制长为 2600、宽为 1800 的双人床。其具体操作步骤如下。

01 打开俯视图，执行“矩形”命令绘制 1800×2600 的矩形，绘制效果如图 11-21 所示。

02 在“绘图”工具栏中单击“多边形”按钮⬠，执行“多边形”命令，命令行提示如下：

```
命令: _polygon 输入侧面数 <4>: 6 //输入 6，表示绘制六边形
指定正多边形的中心点或 [边(E)]: from //使用相对点法指定中心点
基点: //捕捉矩形的左下角点
<偏移>: @100,100 //输入相对偏移距离
输入选项 [内接于圆(I)/外切于圆(C)] <I>: //采用内接圆法绘制多边形
指定圆的半径: 100 //设置外接圆半径，按 Enter 键，绘制效果如图 11-22 所示
```

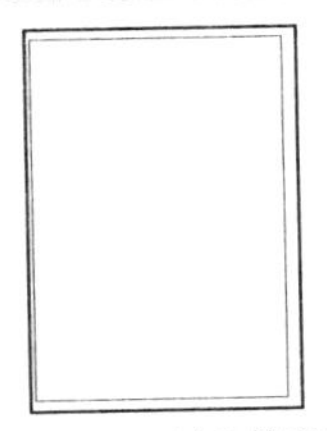
图 11-21　绘制矩形

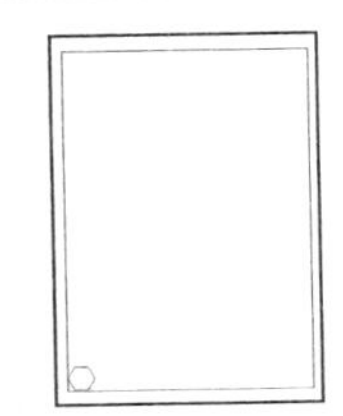
图 11-22　绘制六边形

03 在“修改”工具栏中单击“矩形阵列”按钮，选择步骤02绘制的正六边形为阵列对象，设置阵列行数为 2，列数为 2，行偏移为 2400，列偏移 1600。阵列效果如图 11-23 所示。

04 将俯视视图切换到西南等轴测图，如图 11-24 所示。

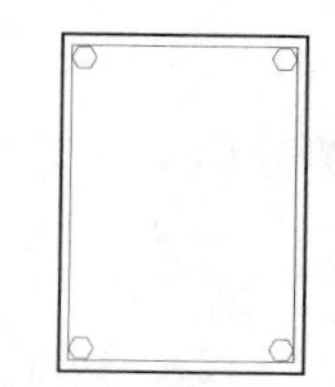

图 11-23 阵列效果

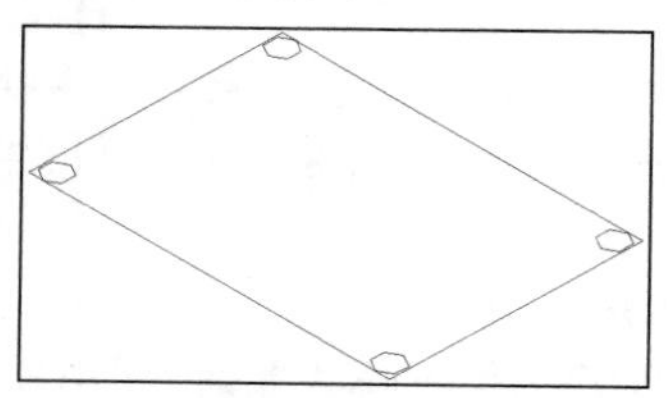

图 11-24 切换到西南等轴测图

05 执行“拉伸”命令，将六边形向上拉伸 20，矩形向上拉伸 380，拉伸效果如图 11-25 所示。

06 在“修改”工具栏中单击“移动”按钮，执行“移动”命令，命令行提示如下：

```
命令: _move
选择对象: 找到 1 个 //选择矩形拉伸形成的长方体
选择对象: //按 Enter 键，完成选择
指定基点或 [位移(D)] <位移>:  //拾取任意一点为基点
指定第二个点或 <使用第一个点作为位移>: @0,0,20 //输入相对移动距离，移动效果如图 11-26 所示
```

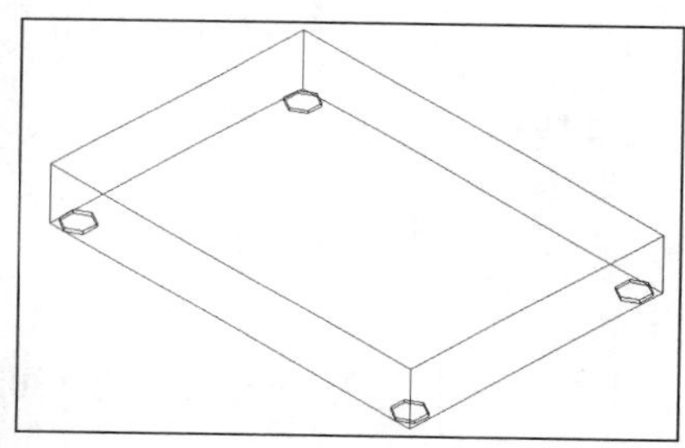

图 11-25 拉伸矩形和六边形

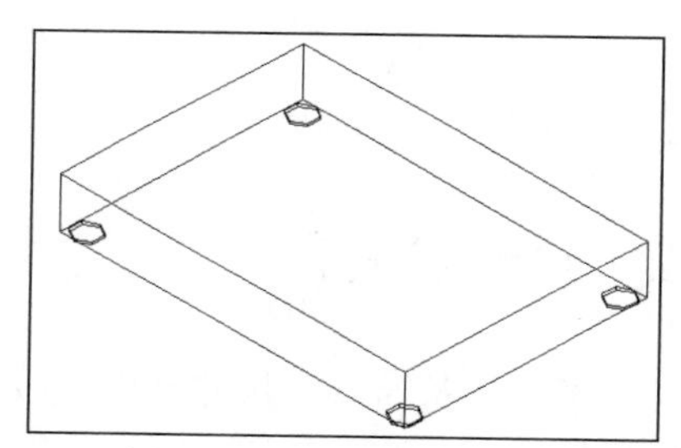

图 11-26 偏移拉伸长方体

07 执行 UCS 命令，在命令行中输入 UCS，命令行提示如下：

```
命令: ucs
当前 UCS 名称: *主视*
指定 UCS 的原点或 [面(F)/命名(NA)/对象(OB)/上一个(P)/视图(V)/世界(W)/X/Y/Z/Z 轴(ZA)] <世界>://捕捉拉伸长方体的左侧垂直线上端点
指定 X 轴上的点或 <接受>: //按 Enter 键，完成坐标系移动，效果如图 11-27 所示
```

08 执行 UCS 命令，在命令行中输入 UCS，命令行提示如下：

```
命令: ucs
当前 UCS 名称: *没有名称*
指定 UCS 的原点或 [面(F)/命名(NA)/对象(OB)/上一个(P)/视图(V)/世界(W)/X/Y/Z/Z 轴(ZA)] <世界>: y
//输入 y，坐标系沿 Y 轴旋转
指定绕 Y 轴的旋转角度 <90>: 90 //设置绕 Y 轴旋转 90°，效果如图 11-28 所示
```

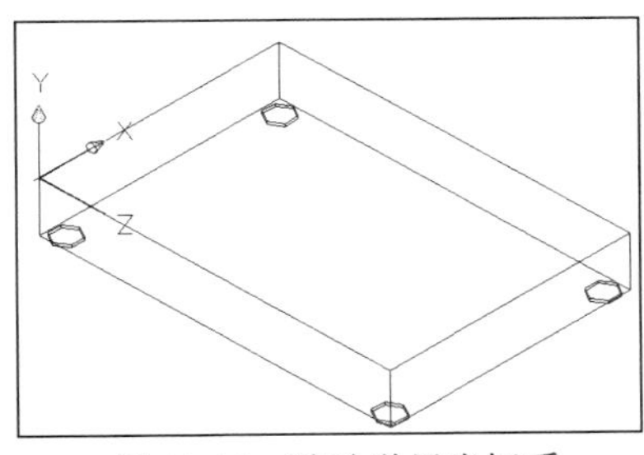

图 11-27　移动世界坐标系

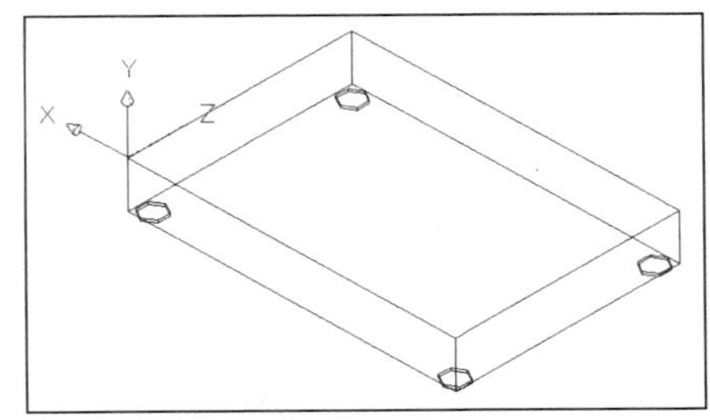

图 11-28　旋转坐标系

09 在“绘图”工具栏中单击“多段线”按钮，执行“多段线”命令，命令行提示如下：

```
命令: _pline
指定起点://拾取坐标系原点所在位置为起点
当前线宽为 0
指定下一个点或 [圆弧(A)/半宽(H)/长度(L)/放弃(U)/宽度(W)]: @0,800
指定下一点或 [圆弧(A)/闭合(C)/半宽(H)/长度(L)/放弃(U)/宽度(W)]: @-100,0
指定下一点或 [圆弧(A)/闭合(C)/半宽(H)/长度(L)/放弃(U)/宽度(W)]: @-100,-400
指定下一点或 [圆弧(A)/闭合(C)/半宽(H)/长度(L)/放弃(U)/宽度(W)]: @-200,0
指定下一点或 [圆弧(A)/闭合(C)/半宽(H)/长度(L)/放弃(U)/宽度(W)]: @0,-400 //依次输入多段线相对坐标
指定下一点或 [圆弧(A)/闭合(C)/半宽(H)/长度(L)/放弃(U)/宽度(W)]: c //输入 c，闭合多段线，绘制效果如图 11-29 所示
```

10 执行“拉伸”命令，将步骤**09**绘制的多段线拉伸 1800，拉伸效果如图 11-30 所示。

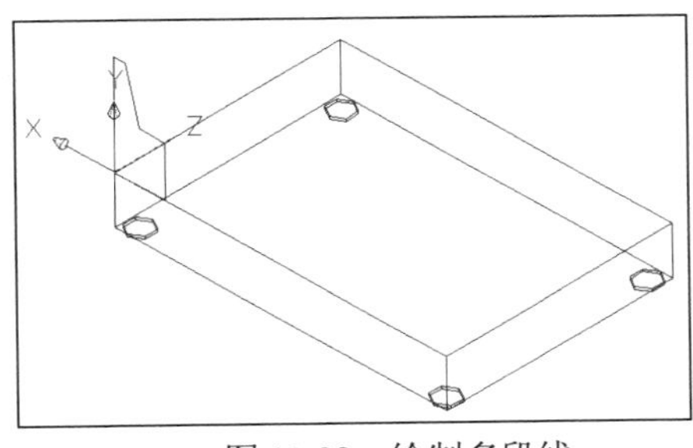

图 11-29　绘制多段线

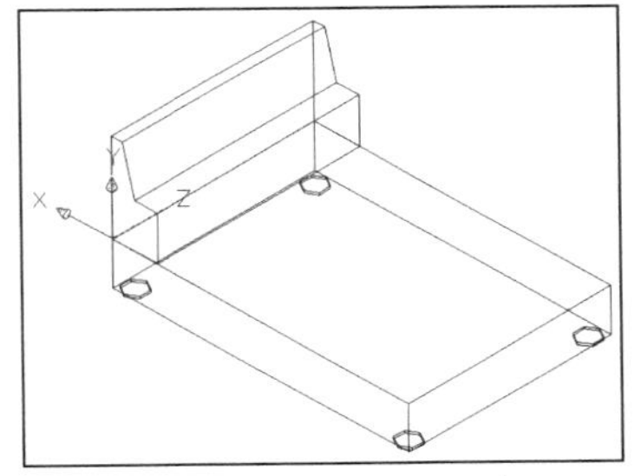

图 11-30　拉伸多段线

11 执行 UCS 命令，在命令行中输入 UCS，命令行提示如下：

```
命令: ucs
当前 UCS 名称: *没有名称*
指定 UCS 的原点或 [面(F)/命名(NA)/对象(OB)/上一个(P)/视图(V)/世界(W)/X/Y/Z/Z 轴(ZA)] <世界>: w
//输入 w，按 Enter 键，返回世界坐标系
```

12 执行“长方体”命令绘制 870×380×380 的长方体，绘制效果如图 11-31 所示。

13 在“修改”工具栏中单击“移动”按钮，执行“移动”命令，命令行提示如下：

```
命令: _move
```

选择对象: 找到 1 个 //选择步骤12绘制完成的长方体
选择对象: //按 Enter 键，完成选择
指定基点或 [位移(D)] <位移>: //选择长方体的最下角点为基点
指定第二个点或 <使用第一个点作为位移>: from //使用相对点法指定第二个点
基点: //捕捉如图 11-32 所示的点为基点
<偏移>: @20,0,0 //输入偏移距离，移动效果如图 11-33 所示

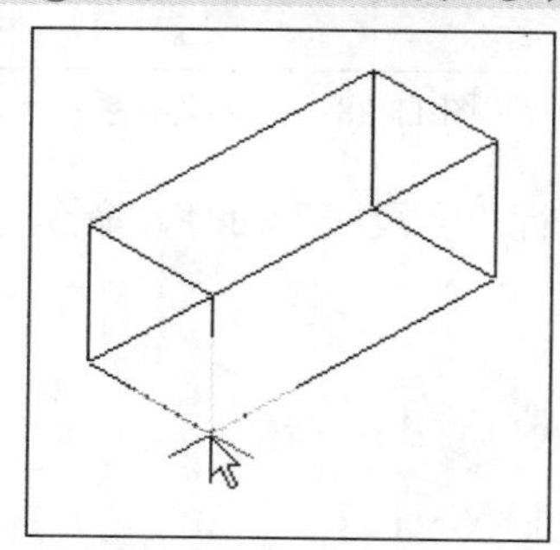

图 11-31 绘制长方体

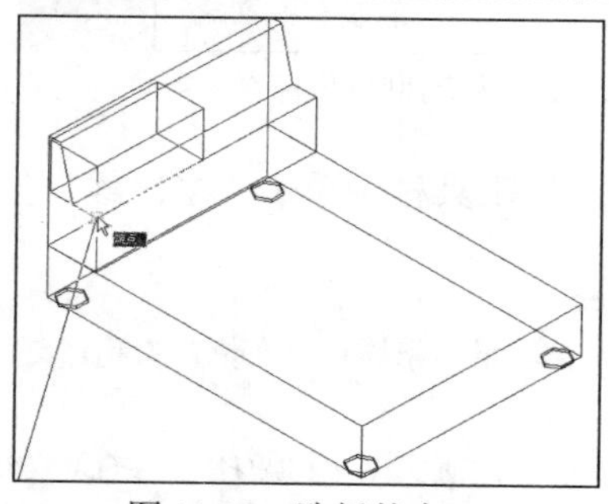

图 11-32 选择基点

14 在“修改”工具栏中单击“复制”按钮，执行“复制”命令，命令行提示如下：

命令: _copy
选择对象: 找到 1 个 //选择步骤13移动的长方体
选择对象: //按 Enter 键，完成选择
当前设置: 复制模式 = 多个
指定基点或 [位移(D)/模式(O)] <位移>: //指定长方体的最下角点为基点
指定第二个点或 [阵列(A)] <使用第一个点作为位移>: from //使用相对点法指定第二个点
基点: //指定长方体底面的右侧端点为基点
<偏移>: @-20,0,0 //输入相对偏移距离
指定第二个点或 [阵列(A)/退出(E)/放弃(U)] <退出>: //按 Enter 键，完成复制，效果如图 11-34 所示

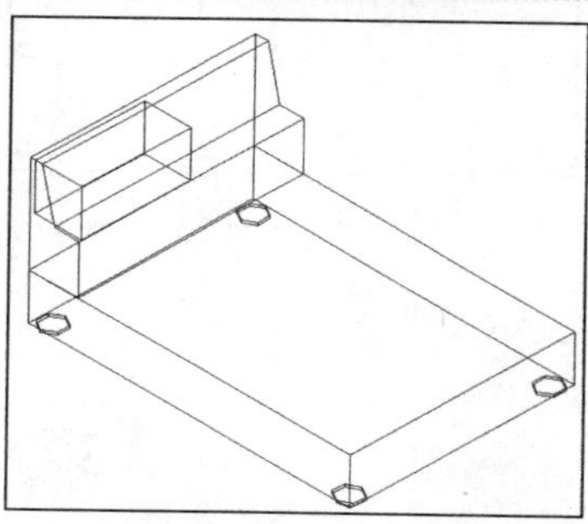

图 11-33 移动长方体效果

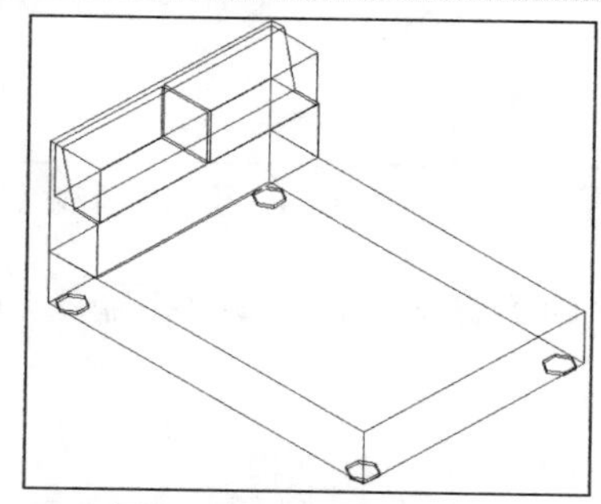

图 11-34 复制长方体

15 单击“差集”按钮，执行“差集”命令，命令行提示如下：

命令: _subtract 选择要从中减去的实体或面域...
选择对象: 找到 1 个 //选择步骤10拉伸多段线形成的实体
选择对象: //按 Enter 键完成选择

```
选择要减去的实体或面域 ..
选择对象: 找到 1 个 //选择一个长方体
选择对象: 找到 1 个，总计 2 个 //选择另一个长方体
选择对象: //按 Enter 键，完成选择，差集效果如图 11-35 所示
```

16 执行“长方体”命令，绘制尺寸为 1700×2150×150 的床垫，效果如图 11-36 所示。

17 在“修改”工具栏中单击“移动”按钮，执行“移动”命令，命令行提示如下：

```
命令: _move
选择对象: 找到 1 个 //选择步骤16绘制的床垫
选择对象: //按 Enter 键，完成选择
指定基点或 [位移(D)] <位移>: //拾取床垫的任意一点
指定第二个点或 <使用第一个点作为位移>: @50,50 //输入相对坐标确认第二点，按 Enter 键，移动效果如图
11-36 所示
```

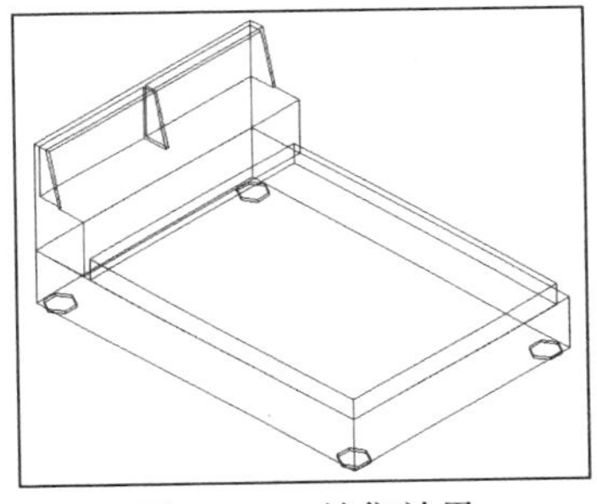

图 11-35　差集效果

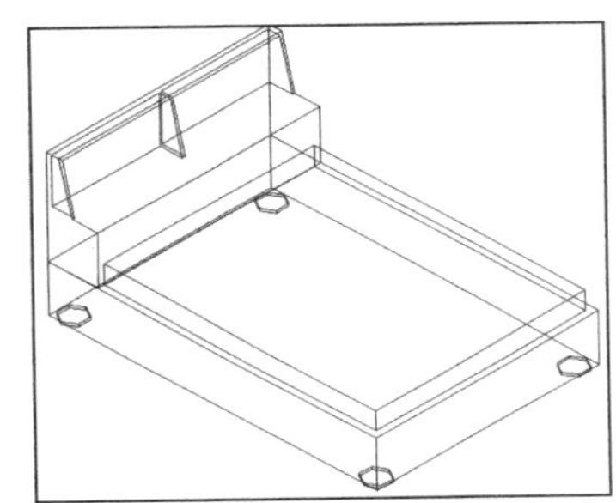

图 11-36　绘制床垫

18 执行“圆角”命令，对床垫进行圆角操作，设置圆角半径为 30，圆角效果如图 11-37 所示。

19 执行“消隐”命令，对双人床进行消隐操作，消隐效果如图 11-38 所示。

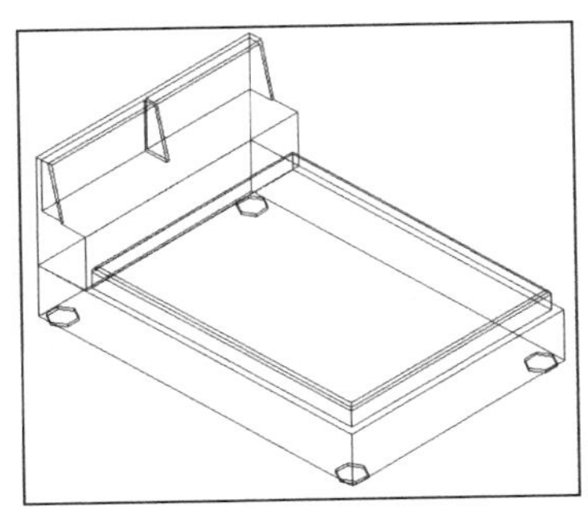

图 11-37　对床垫进行圆角

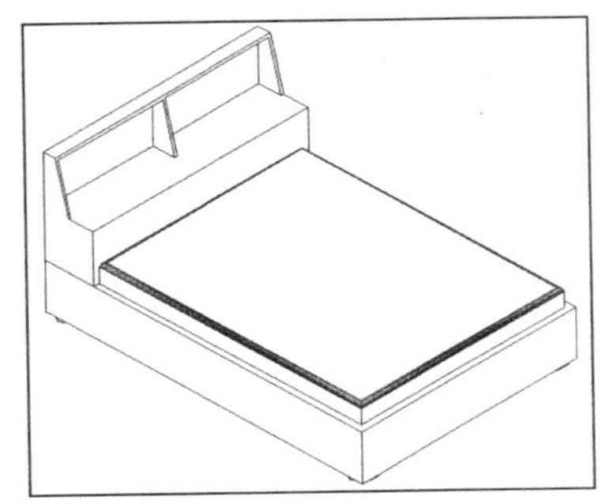

图 11-38　消隐效果

11.2 绘制室内三维效果图

室内三维效果图主要由墙体构成的室内空间及各种家具组成。室内空间一般将顶部剖切，展示

一个开放的空间，主要由“拉伸”命令来完成。室内空间绘制完成后，插入事先完成的各种家具图块即可完成室内三维效果图的绘制。其具体操作步骤如下。

01 执行“多线”命令，绘制简易的室内平面图，设置墙厚分别为 240 和 100。绘制效果如图 11-39 所示。

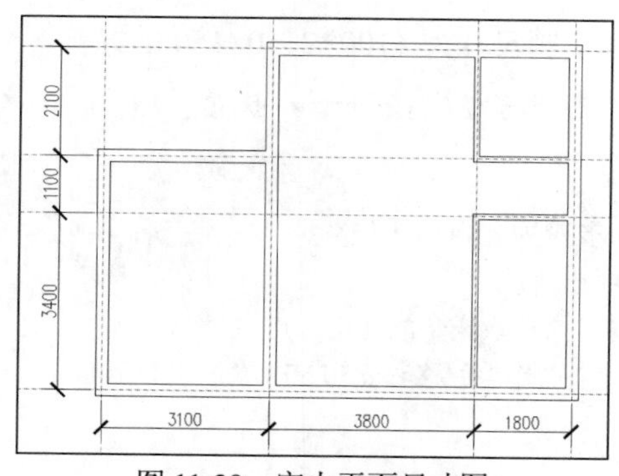

图 11-39　室内平面尺寸图

02 在图 11-39 的基础上，对墙线进行修剪，形成门洞。其中，最上方门宽为 1500，最下方门宽为 2400，右侧两个门宽均为 700，左侧门宽为 800，且与相邻轴线的距离为 200。完成效果如图 11-40 所示。

03 在图 11-40 的基础上，对墙线进行修剪，形成门洞和窗洞。其中，左侧窗宽为 1500，右侧窗宽为 1000，离地均为 800，且居中布置。完成效果如图 11-41 所示。

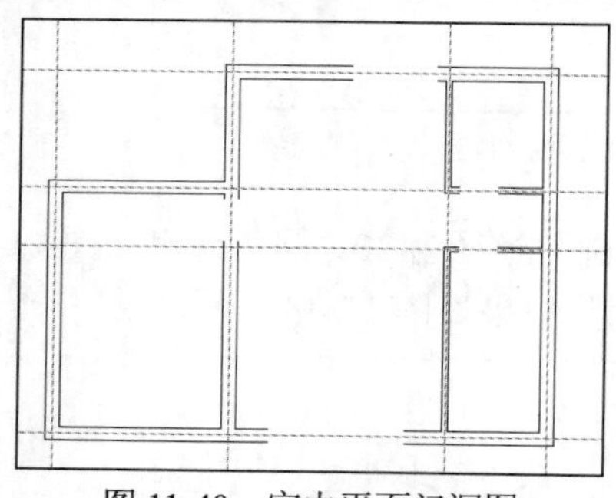

图 11-40　室内平面门洞图

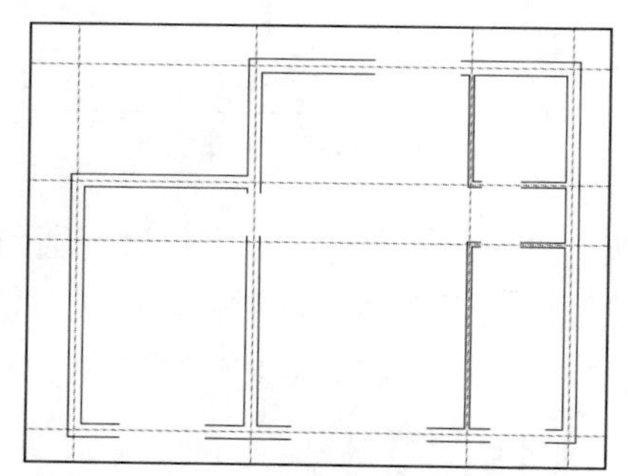

图 11-41　室内平面窗洞和门洞图

04 在图 11-41 的基础上，执行“多段线”命令绘制封闭图形，绘制效果如图 11-42 所示。

05 在图 11-42 的基础上，执行“多段线”命令绘制封闭图形，绘制效果如图 11-43 所示。

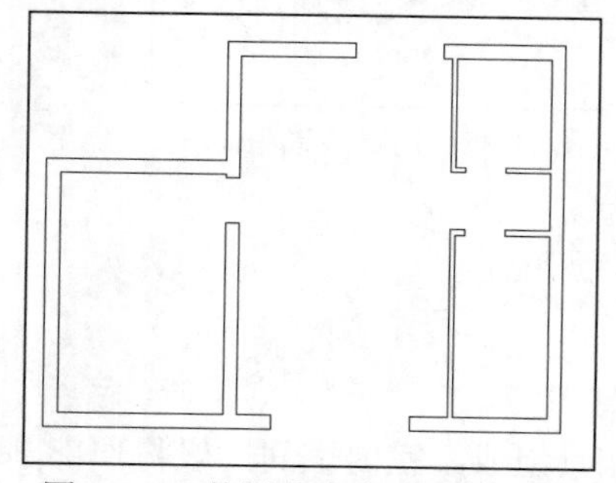

图 11-42　使用多段线绘制门洞图

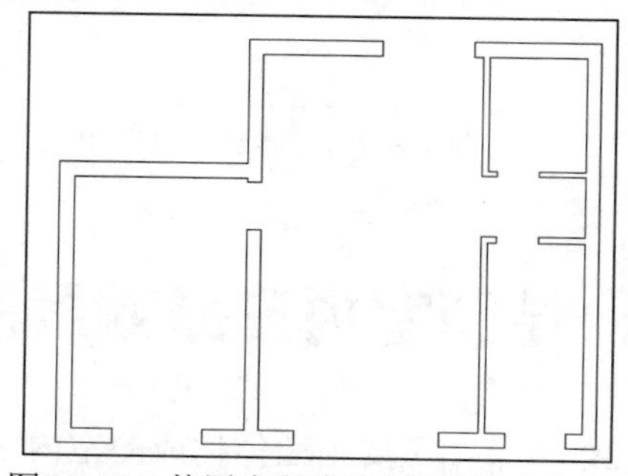

图 11-43　使用多段线绘制窗洞和门洞图

06 由于窗户离地为 800，因此执行“拉伸”命令，将图 11-43 所示的门洞图向上拉伸 800，拉伸效果如图 11-44 所示。

07 执行“拉伸”命令，将图 11-44 所示的窗洞和门洞图均向上拉伸 1200，拉伸效果如图 11-45 所示。

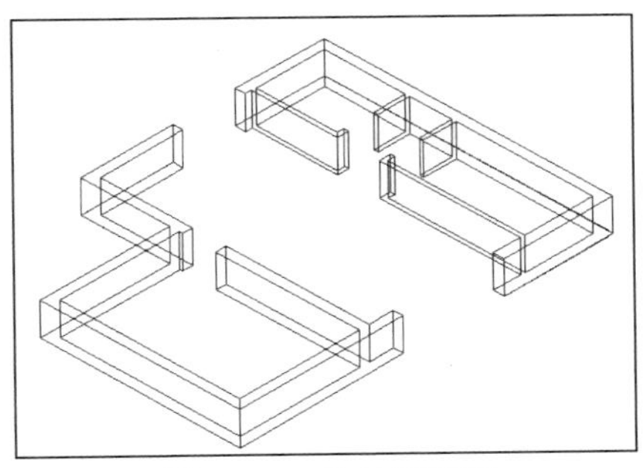
图 11-44　拉伸门洞图

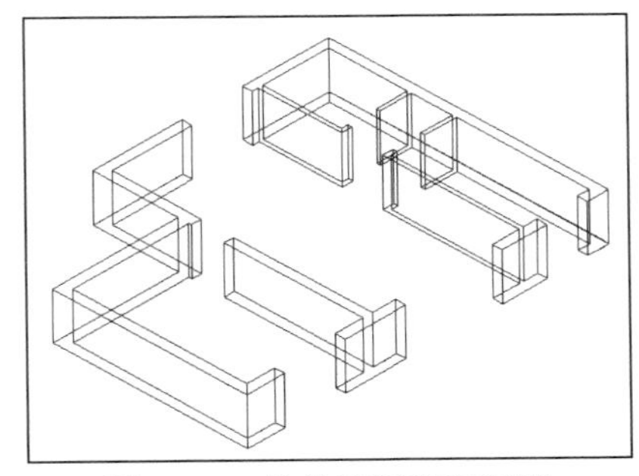
图 11-45　拉伸窗洞和门洞图

08 执行“移动”命令，将图 11-45 所示的实体移动到图 11-44 所示实体的正上方，完成效果如图 11-46 所示。

09 执行“并集”命令，将两部分实体合并，并集效果如图 11-47 所示。

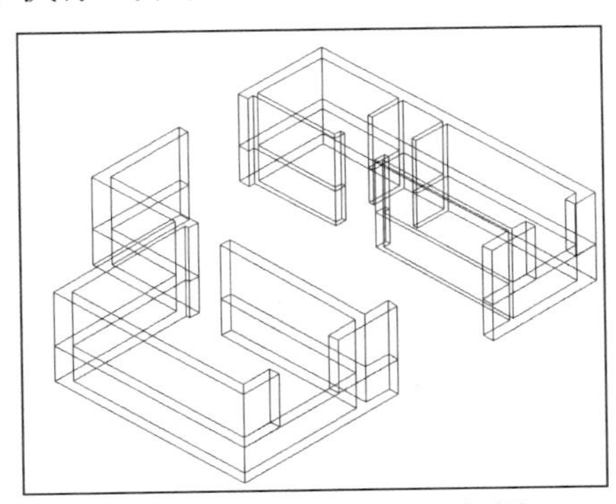
图 11-46　移动窗洞和门洞图

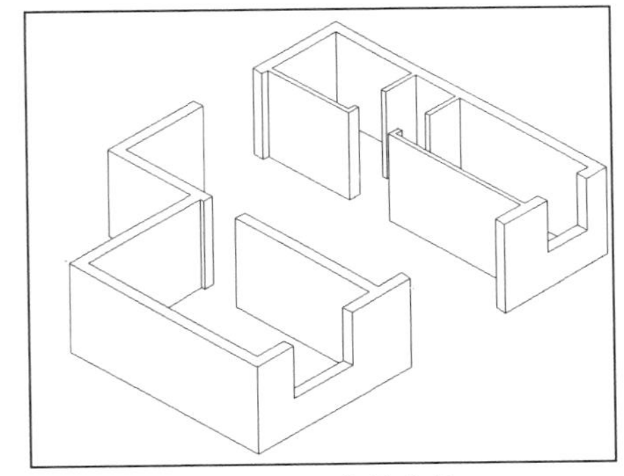
图 11-47　合并实体

10 执行“并集”命令，分别将单体家具合并，以便插入室内模型中。

11 在“修改”工具栏中单击“移动”按钮，执行“移动”命令，命令行提示如下：

```
命令: _move
选择对象: 找到 1 个 //选择双人床模型
选择对象://按 Enter 键，完成选择
指定基点或 [位移(D)] <位移>:  //拾取床的最左侧下侧点为基点
指定第二个点或 <使用第一个点作为位移>://以如图 11-48 所示的墙角点为第二个点，移动效果如图 11-49 所示
```

12 继续执行“移动”命令，将其他模型插入室内模型中，插入效果如图 11-50 所示。

13 执行“消隐”命令对实体进行消隐操作，消隐效果如图 11-51 所示。

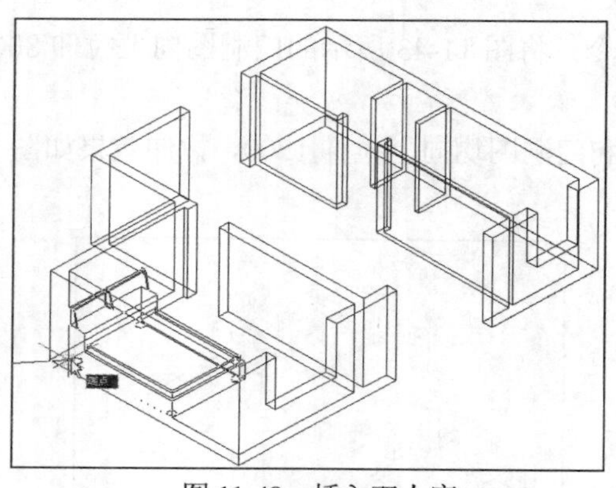

图 11-48 插入双人床

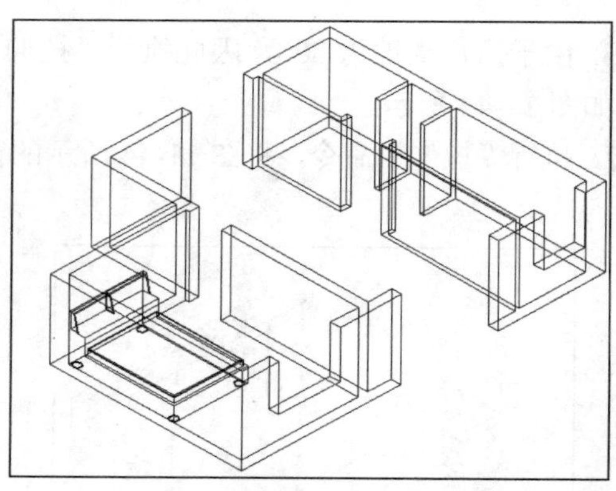

图 11-49 插入双人床效果

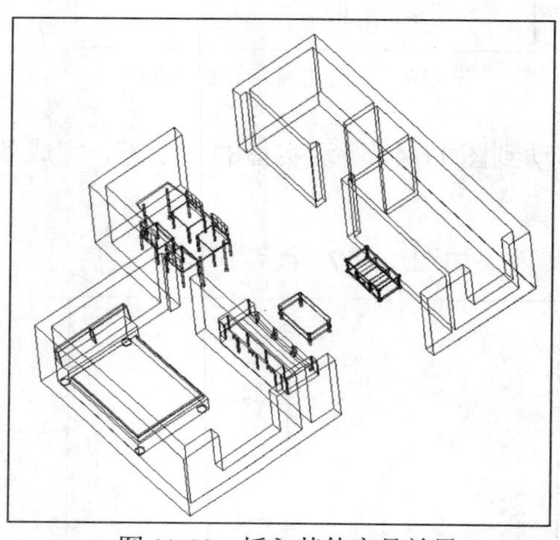

图 11-50 插入其他家具效果

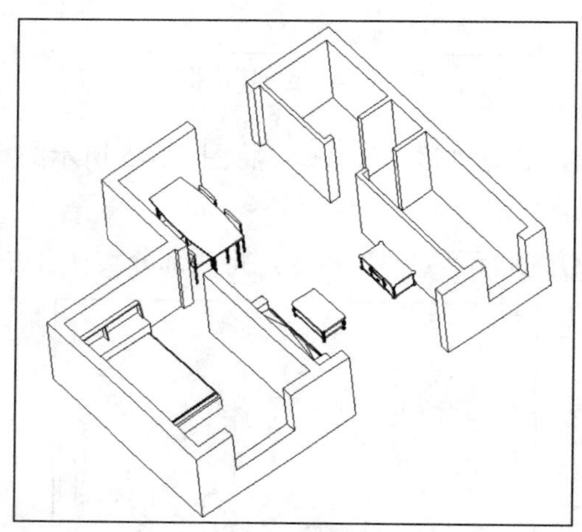

图 11-51 消隐效果

14 将视图切换到俯视视图，在 XY 平面中绘制多段线作为动画路径，多段线的尺寸不作严格要求。其完成效果如图 11-52 所示。

15 执行“移动”命令，将步骤**14**绘制完成的多段线向上移动 1000，移动效果如图 11-53 所示。

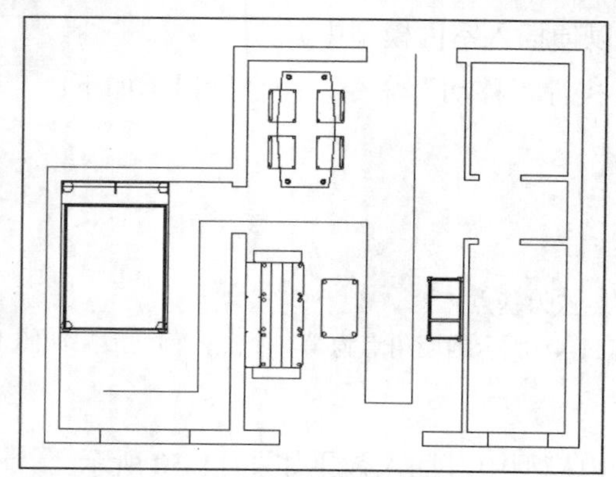

图 11-52 绘制动画路径

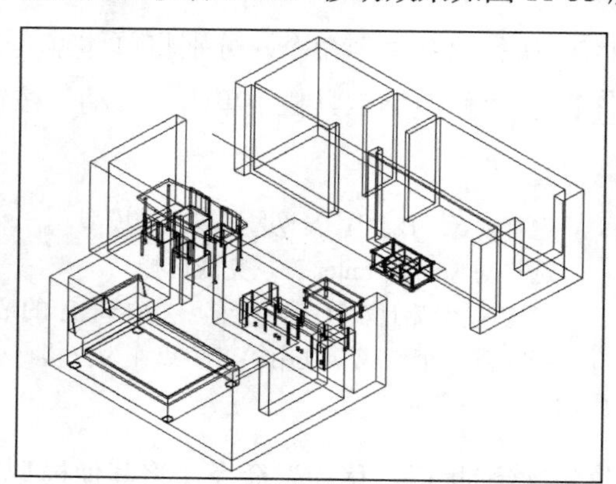

图 11-53 将路径向上移动

16 选择“视图”|“运动路径动画”命令，弹出“运动路径动画”对话框，在“相机”选项组中设置将相机链接至路径，单击“选择路径”按钮，切换到绘图区选择路径，选择步骤**15**移动完成的多段线，弹出如图 11-54 所示的“路径名称”对话框，设置路径名称为“多段线路径”。

图 11-54　“路径名称”对话框

17 单击“确定”按钮，返回“运动路径动画”对话框，设置其他参数。具体参数设置如图 11-55 所示。

18 设置完毕后，单击“确定”按钮，弹出如图 11-56 所示的“另存为”对话框，指定保存文件的路径和名称，设置动画名称为“室内运动动画”。

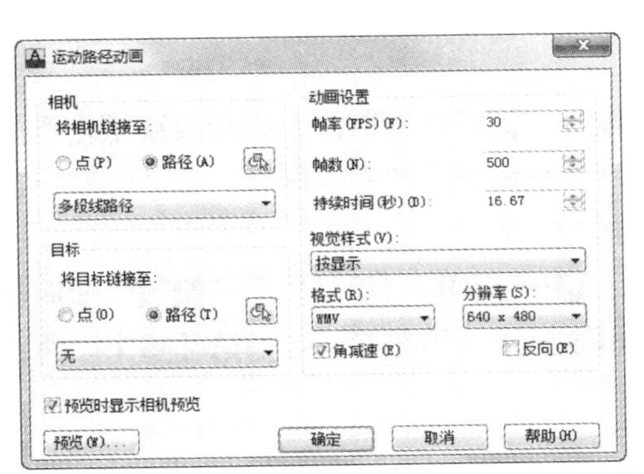

图 11-55　设置“运动路径动画”对话框中的参数

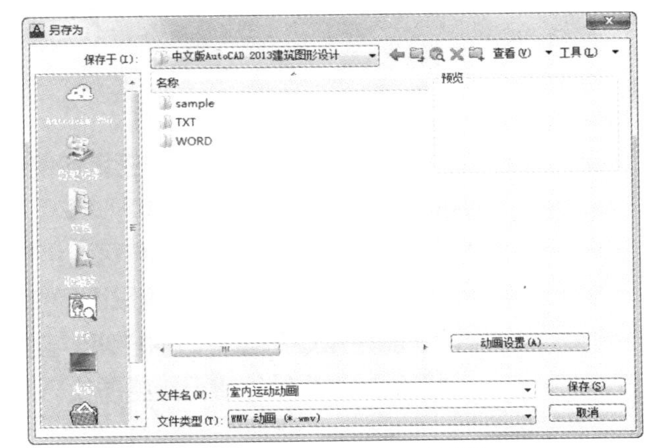

图 11-56　“另存为”对话框

19 单击“保存”按钮，如图 11-57 所示开始录制运动路径动画，创建完成的运动路径动画保存为 AVI 文件格式，可以使用 Windows 自带的 Windows Media Player 播放器进行播放。

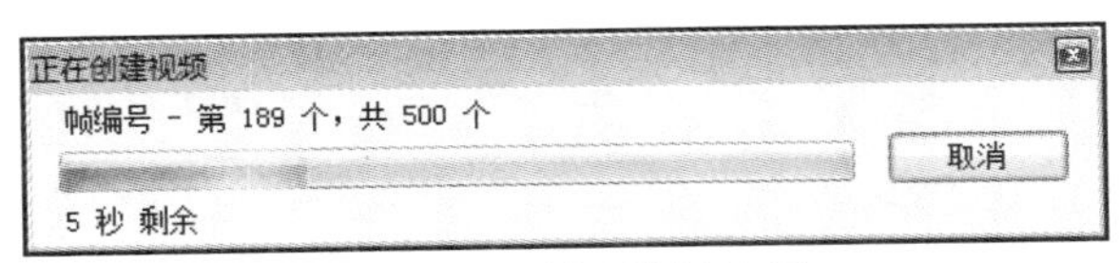

图 11-57　创建路径动画

第12章　小区三维效果图

在建筑制图中，小区三维效果图反映了小区的建筑单体、设施以及绿化之间搭配的情况。通常根据小区总平面图执行“拉伸”、“三维阵列”、“复制”和“三维旋转”等命令绘制小区三维效果图。

本章在第 8 章的小区平面图基础上，进一步阐述了绘制小区三维效果图的方法。通过本章的学习，用户将学会绘制小区三维效果图的一般方法和基本思路，并能够熟练掌握各种三维绘图技巧。

12.1 小区三维效果图绘制

在第 8 章讲解的建筑总平面图中，设置绘图比例为 1:1000，因此在绘制小区三维效果图时，设置与高度相关的尺寸均要考虑此比例关系，且尽量使用建筑总平面图中已有的图形。

创建小区三维效果图的具体步骤如下。

01 打开第 8 章的小区建筑总平面图，切换到西南等轴测图，在“建模”工具栏中单击“多段体”按钮，执行“多段体”命令，命令行提示如下：

```
命令: _Polysolid
指定起点或 [对象(O)/高度(H)/宽度(W)/对正(J)] <对象>: w //设置多段体的宽度
指定宽度 <24>: 24 //设置宽度为 24
指定起点或 [对象(O)/高度(H)/宽度(W)/对正(J)] <对象>: j //设置多段体的对正方式
输入对正方式 [左对正(L)/居中(C)/右对正(R)] <居中>: c //设置对正方式为居中
指定起点或 [对象(O)/高度(H)/宽度(W)/对正(J)] <对象>: h //设置多段体的高度
指定高度 <320>: 320 //设置高度为 320
指定起点或 [对象(O)/高度(H)/宽度(W)/对正(J)] <对象>: //拾取总平面图塔楼图形上某一端点
指定下一个点或 [圆弧(A)/放弃(U)]: //沿塔楼图形拾取其他端点
指定下一个点或 [圆弧(A)/放弃(U)]: //沿塔楼图形拾取其他端点
指定下一个点或 [圆弧(A)/闭合(C)/放弃(U)]: //沿塔楼图形拾取其他端点
……
指定下一个点或 [圆弧(A)/闭合(C)/放弃(U)]: //沿塔楼图形拾取其他端点
指定下一个点或 [圆弧(A)/闭合(C)/放弃(U)]: c //输入 c，闭合多段线，创建效果如图 12-1 所示
```

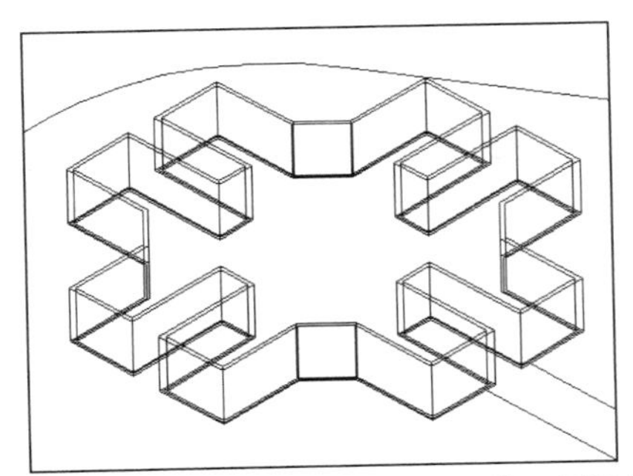

图 12-1　使用多段体命令创建塔楼一层墙体

02 执行“长方体”命令，绘制 100×24×150 的长方体窗户，在“修改”工具栏中单击“复制”按钮，执行“复制”命令，命令行提示如下：

```
命令: _copy
选择对象: 找到 1 个 //选择窗户长方体
选择对象: //按 Enter 键，完成选择
当前设置:  复制模式 = 多个
指定基点或 [位移(D)/模式(O)] <位移>: //拾取窗户长方体的最下角点为基点
```

```
指定第二个点或 [阵列(A)] <使用第一个点作为位移>:from //使用相对点法指定第二点
基点: //捕捉如图 12-2⊗图标所示的点为基点
<偏移>: @112,0,80 //输入相对偏移距离
指定第二个点或 [阵列(A)/退出(E)/放弃(U)] <退出>:@200,0,0 //使用相对坐标确认其他点
指定第二个点或 [阵列(A)/退出(E)/放弃(U)] <退出>:@200,0,0 //使用相对坐标确认其他点
指定第二个点或 [阵列(A)/退出(E)/放弃(U)] <退出>: //按 Enter 键，完成复制，效果如图 12-2 所示
```

03 在“修改”工具栏中单击“复制”按钮，执行“复制”命令，命令行提示如下：

```
命令: _copy
选择对象: 找到 1 个 //选择窗户长方体
选择对象: //按 Enter 键，完成选择
当前设置:  复制模式 = 多个
指定基点或 [位移(D)/模式(O)] <位移>: //拾取窗户长方体的最下角点为基点
指定第二个点或 [阵列(A)] <使用第一个点作为位移>:from //使用相对点法确认第二点
基点: //拾取与步骤02中相同的点
<偏移>: @137,0,80 //使用相对坐标确认偏移距离
指定第二个点或 [阵列(A)/退出(E)/放弃(U)] <退出>:@250,0,0 //输入相对坐标确认第二点
指定第二个点或 [阵列(A)/退出(E)/放弃(U)] <退出>: //按 Enter 键，完成复制，效果如图 12-3 所示
```

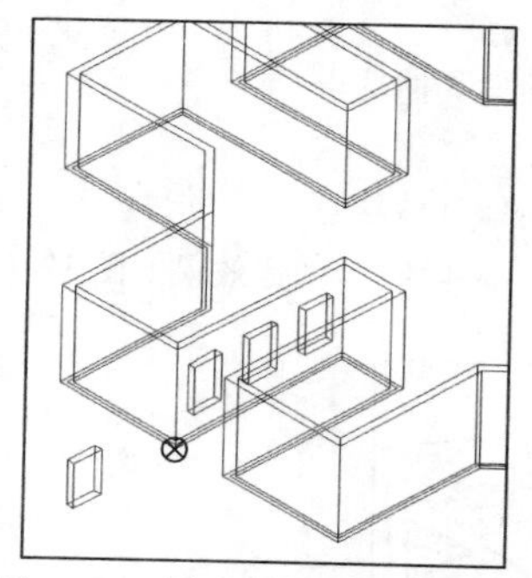

图 12-2　创建塔楼的一部分窗户

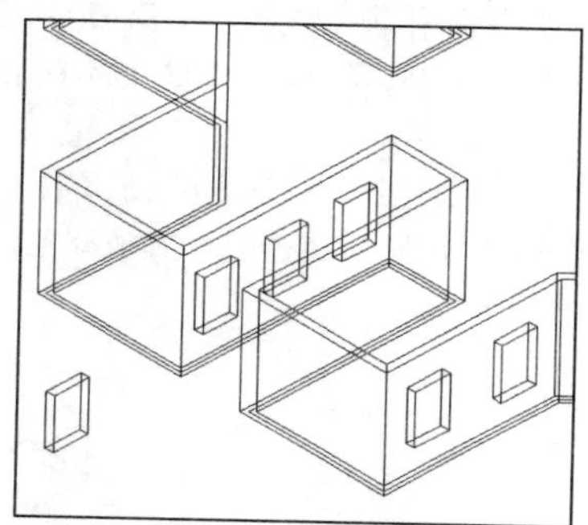

图 12-3　创建塔楼第二部分窗户

04 执行“三维旋转”命令，将窗户长方体绕 Z 轴旋转 90°，移动到墙体的居中位置，距离地面 80，旋转效果如图 12-4 所示。

05 执行“修改”|“三维操作”|“三维镜像”命令，命令行提示如下：

```
命令: _mirror3d
选择对象: 找到 1 个
选择对象: 找到 1 个，总计 2 个
选择对象: 找到 1 个，总计 3 个
选择对象: 找到 1 个，总计 4 个
选择对象: 找到 1 个，总计 5 个
选择对象: 找到 1 个，总计 6 个 //依次选择墙体上的窗户
选择对象: //按 Enter 键，完成选择
```

```
指定镜像平面 (三点) 的第一个点或
[对象(O)/最近的(L)/Z 轴(Z)/视图(V)/XY 平面(XY)/YZ 平面(YZ)/ZX 平面(ZX)/三点(3)] <三点>: //选择中间墙体上的中间面上一点
在镜像平面上指定第二点: //选择中间墙体上的中间面上第二点
在镜像平面上指定第三点: // 选择中间墙体上的中间面上第三点
是否删除源对象？[是(Y)/否(N)] <否>: //按 Enter 键，完成镜像，效果如图 12-5 所示
```

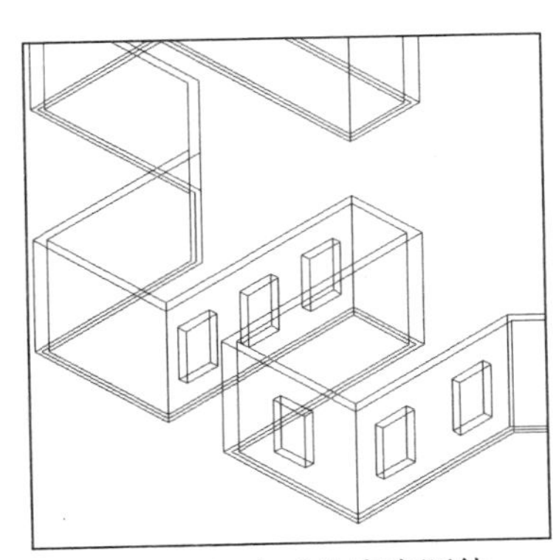

图 12-4　完成的窗户源件

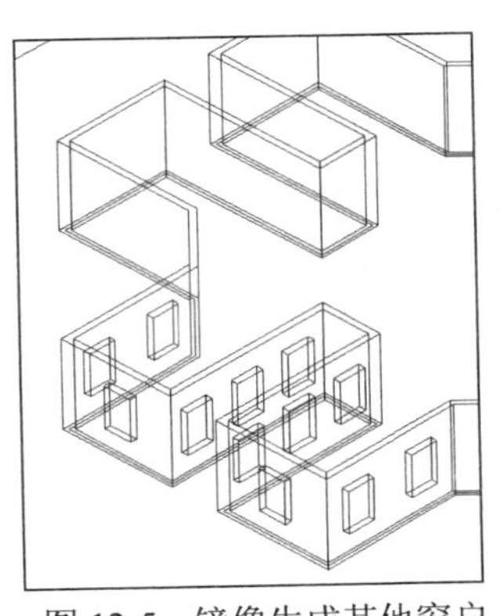

图 12-5　镜像生成其他窗户

06 继续执行“三维镜像”命令，沿塔楼斜向对称面和正对称面执行“镜像”命令。镜像效果如图 12-6 所示。

07 执行“差集”命令，其中“从中减去的实体或面域”为一层墙体，“要减去的实体或面域”为镜像的所有窗户，差集后执行“消隐”命令。完成效果如图 12-7 所示。

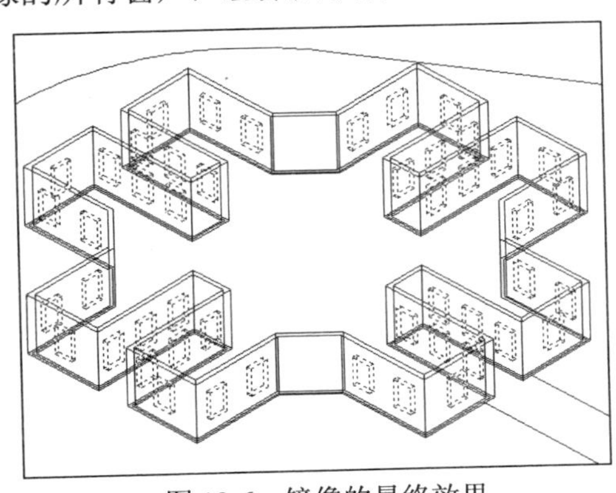

图 12-6　镜像的最终效果

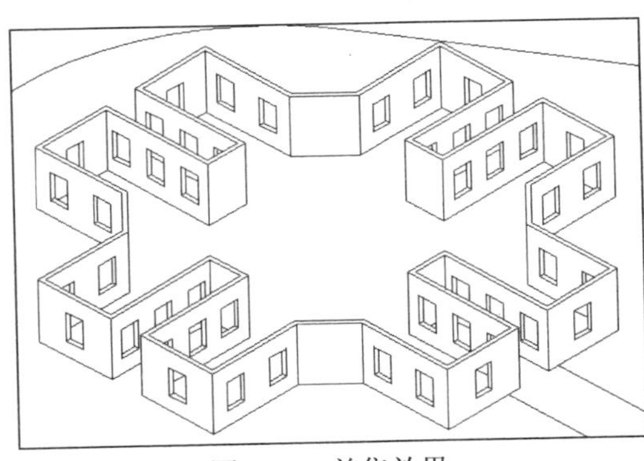

图 12-7　差集效果

08 选择“修改”|“三维操作”|“三维阵列”命令，执行“三维阵列”命令，命令行提示如下：

```
命令: _3darray
选择对象: 找到 1 个 //选择如图 12-7 中差集后的实体
选择对象: //按 Enter 键，完成选择
输入阵列类型 [矩形(R)/环形(P)] <矩形>:r //输入 r，采用矩形阵列
输入行数 (---) <1>: //按 Enter 键，采用默认行数 1
```

输入列数 (|||) <1>: //按 Enter 键，采用默认列数 1
输入层数 (...) <1>: 18 //楼为 18 层
指定层间距 (...): 320 //层间距为 320，按 Enter 键，完成三维阵列，效果如图 12-8 所示

09 执行“消隐”命令，消隐效果如图 12-9 所示。

10 执行“多段线”命令沿塔楼最顶层外侧绘制多段线，执行“拉伸”命令向上拉伸 10，并执行“消隐”命令，完成效果如图 12-10 所示。

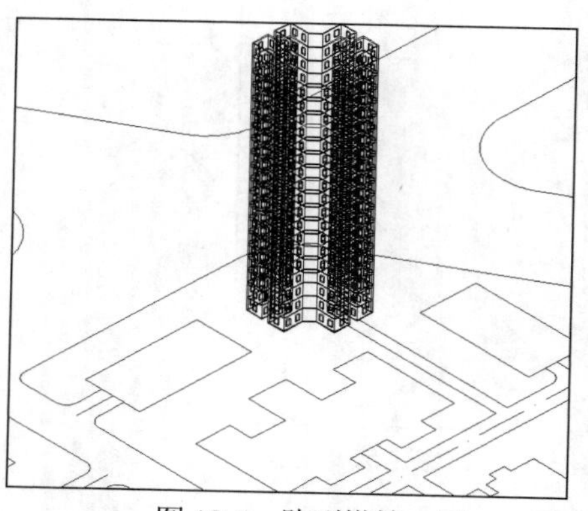

图 12-8 阵列塔楼一层

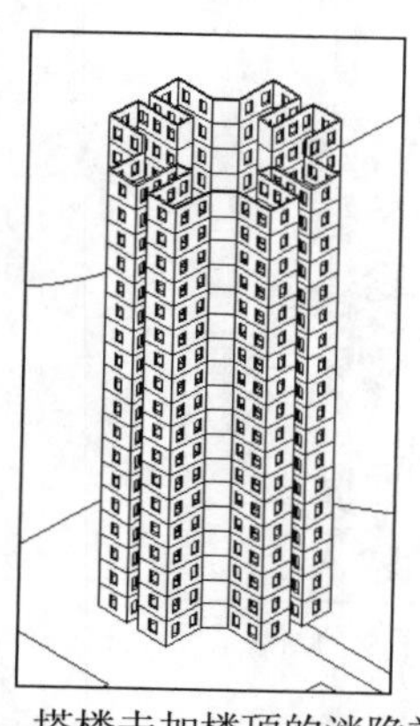

图 12-9 塔楼未加楼顶的消隐效果

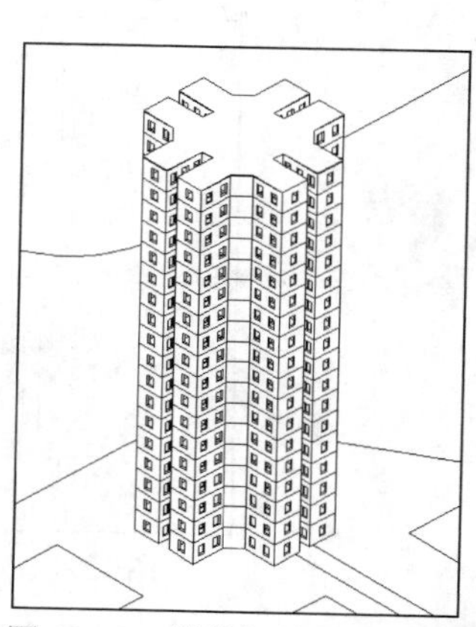

图 12-10 塔楼加楼顶消隐效果

11 打开 DUCS 功能，移动动态 UCS 到塔楼顶层的上顶面上，居中绘制 200×200×200 的长方体，完成效果如图 12-11 所示。

12 执行“消隐”命令，消隐效果如图 12-12 所示。

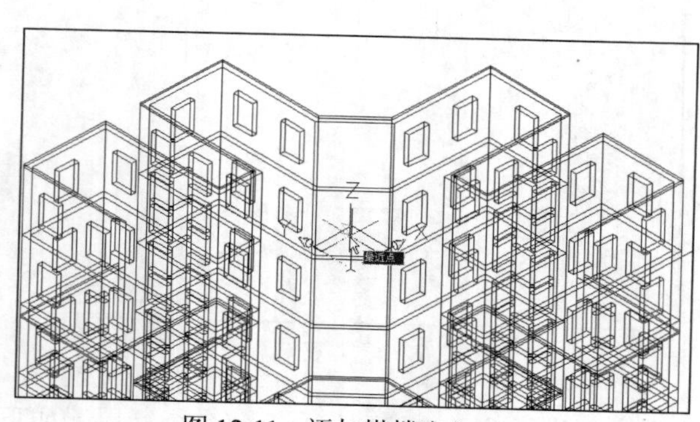

图 12-11 添加塔楼出入口

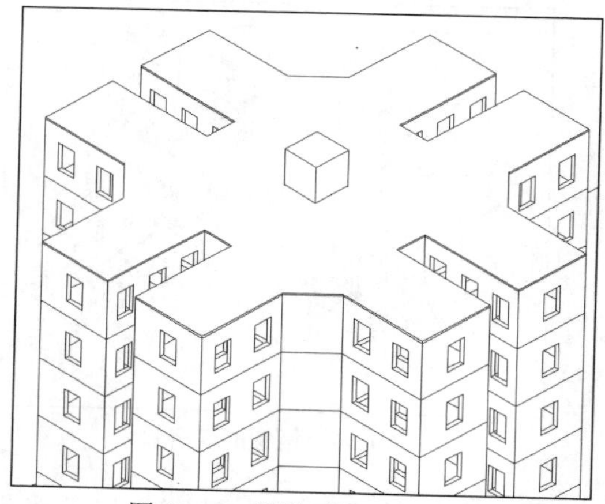

图 12-12 塔楼顶部三维效果

13 按照创建塔楼的方法，创建板楼 2 的一层墙体和窗户，设置墙厚为 24、墙高为 320，门尺寸为 240×24×240，窗户尺寸为 100×24×150。创建效果如图 12-13 所示。

14 右击板楼 2 的第一层楼层，在弹出的快捷菜单中选择“带基点复制”命令，选择最下角点为基点，右击，在弹出的快捷菜单中选择“粘贴”命令，墙体对正。完成效果如图 12-14 所示。

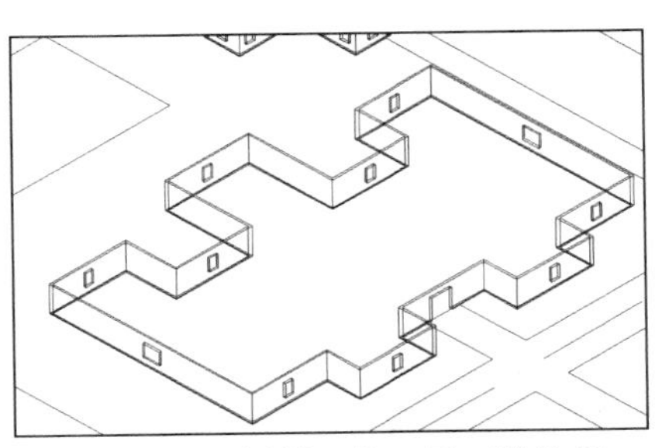
图 12-13　板楼 2 的一层三维效果

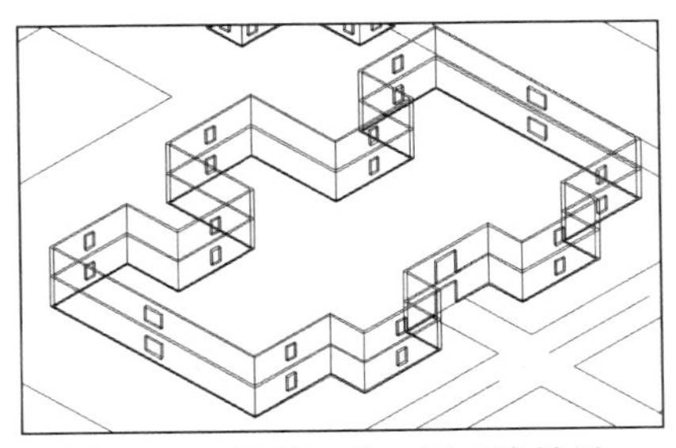
图 12-14　板楼 2 的二层三维效果

15 执行“长方形”命令，在二层门部位绘制 240×24×240 的长方体，选择二层墙体和刚绘制完成的长方体，执行“并集”命令，完成效果如图 12-15 所示。

16 选择“修改”|“三维操作”|“三维阵列”命令，执行“三维阵列”命令，命令行提示如下：

```
命令: _3darray
正在初始化...  已加载 3DARRAY。
选择对象: 找到 1 个 //选择板楼 2 的二层
选择对象://按 Enter 键，完成选择
输入阵列类型 [矩形(R)/环形(P)] <矩形>: //按 Enter 键，采用默认的矩形阵列
输入行数 (---) <1>: //按 Enter 键，采用默认行数 1
输入列数 (|||) <1>: //按 Enter 键，采用默认列数 1
输入层数 (...) <1>: 9 //设置楼层数 9
指定层间距 (...): 320 //设置楼层高 320，按 Enter 键完成阵列，阵列后的消隐效果如图 12-16 所示
```

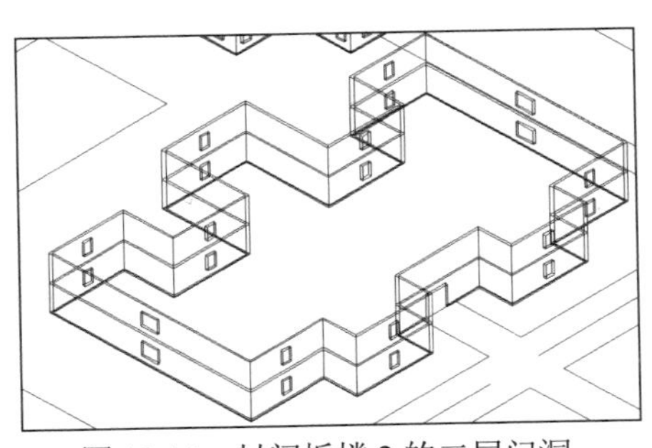
图 12-15　封闭板楼 2 的二层门洞

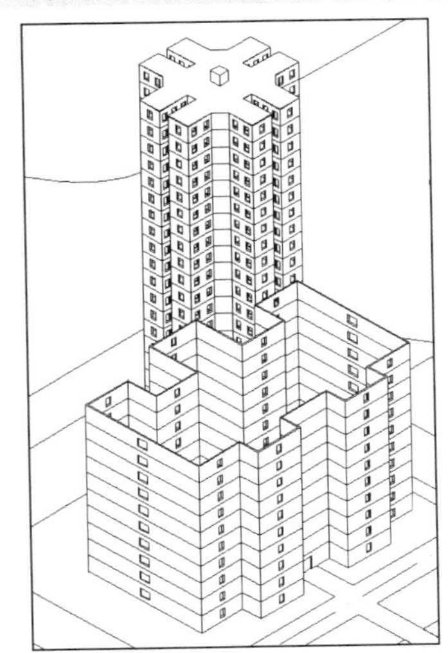
图 12-16　三维阵列板楼 2

17 执行 UCS 命令，在命令行中输入 UCS，命令行提示如下：

```
命令: ucs
当前 UCS 名称: *俯视*
指定 UCS 的原点或 [面(F)/命名(NA)/对象(OB)/上一个(P)/视图(V)/世界(W)/X/Y/Z/Z 轴(ZA)] <世界>: //指
```

```
定板楼 2 顶层最外侧点为新的原点，如图 12-17 所示
    指定 X 轴上的点或 <接受>: //按 Enter 键
```

18 执行“拉伸”命令，沿板楼 2 最顶层外侧面绘制封闭多段线，命令行提示如下：

```
    命令: _extrude
    当前线框密度:  ISOLINES=4，闭合轮廓创建模式 = 实体
    选择要拉伸的对象或 [模式(MO)]: _MO 闭合轮廓创建模式 [实体(SO)/曲面(SU)] <实体>: _SO
    选择要拉伸的对象或 [模式(MO)]:找到 1 个 //拾取刚绘制完成的多段线
    选择要拉伸的对象或 [模式(MO)]: //按 Enter 键，完成选择
    指定拉伸的高度或 [方向(D)/路径(P)/倾斜角(T)/表达式(E)] <240>:10 //设置拉伸高度为 10，拉伸后的消隐效
果如图 12-18 所示
```

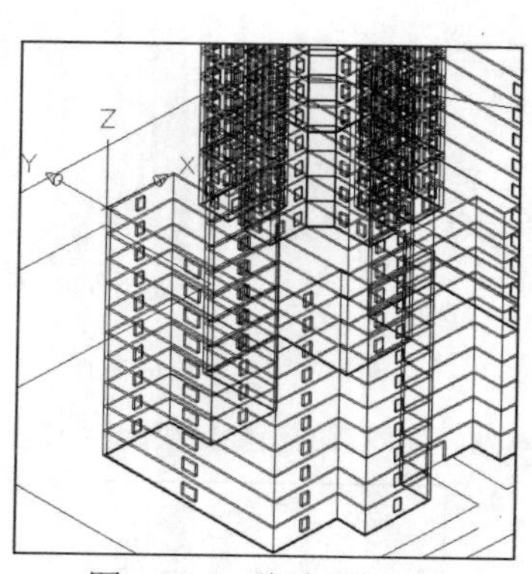

图 12-17　移动坐标系

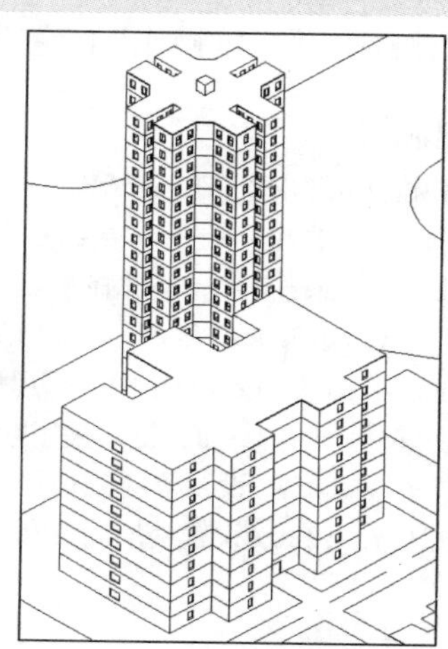
图 12-18　封闭板楼 2 顶部

19 执行“多段线”命令，沿板楼 1 的轮廓绘制封闭多段线，绘制效果如图 12-19 所示。

20 执行“拉伸”命令，将步骤 **19** 绘制完成的轮廓多段线向上拉伸 1600，拉伸效果如图 12-20 所示。

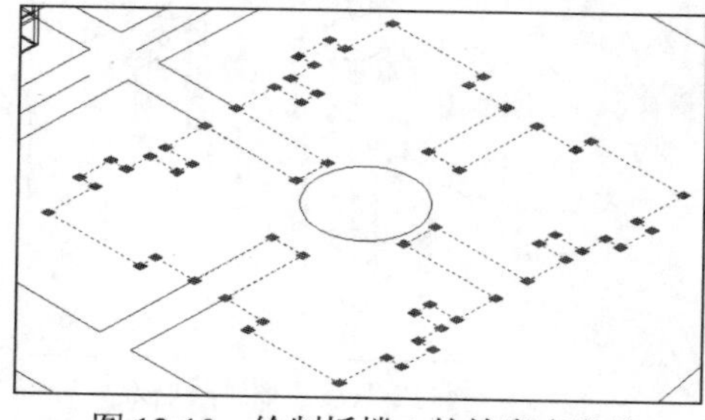
图 12-19　绘制板楼 1 的轮廓多段线

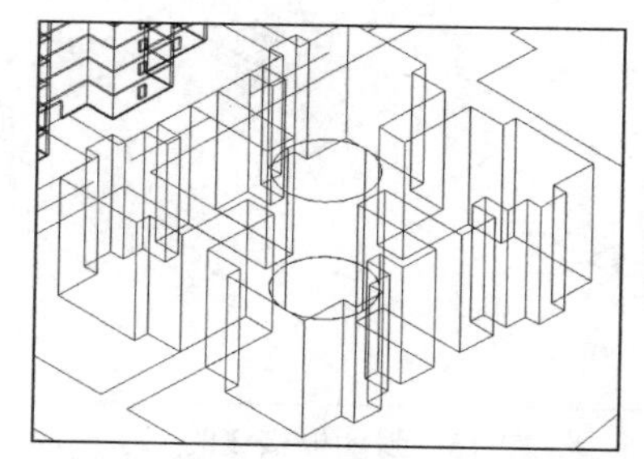
图 12-20　拉伸板楼 1 的轮廓线

21 继续执行“拉伸”命令，将轮廓线的中间圆向上拉伸 1600。

22 执行“差集”命令，用多段线拉伸形成的实体减去圆拉伸形成的实体。差集并消隐后的效果如图 12-21 所示。

23 执行“拉伸”命令，将综合楼的主体向上拉伸 2000，同时将辅助部分分别向上拉伸 1600、1200、800 和 400。拉伸效果如图 12-22 所示。

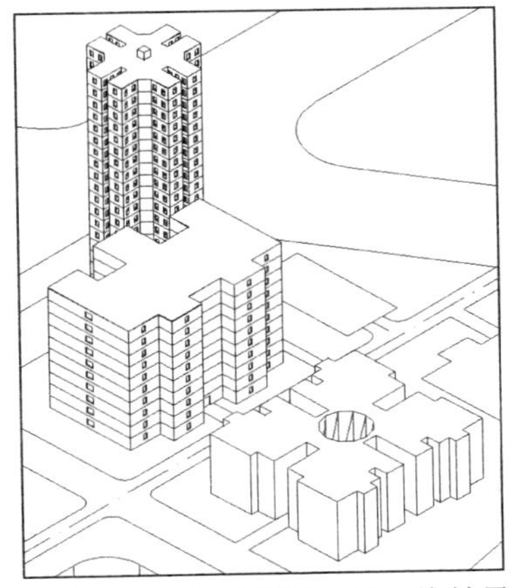

图 12-21　形成板楼 1 的三维效果

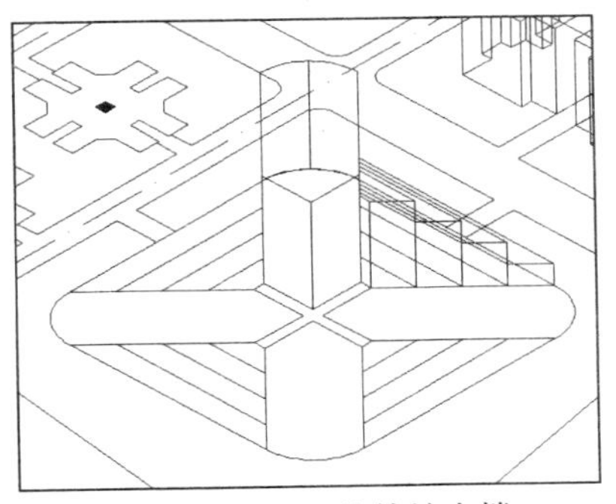

图 12-22　拉伸综合楼

24 绘制通过综合楼正中心点且与 Z 轴平行的构造线。

25 选择“修改”|“三维操作”|“三维阵列”命令，执行“三维阵列”命令，命令行提示如下：

```
命令: _3darray
选择对象: 找到 1 个
选择对象: 找到 1 个，总计 2 个
选择对象: 找到 1 个，总计 3 个
选择对象: 找到 1 个，总计 4 个
选择对象: 找到 1 个，总计 5 个 //依次选择步骤23拉伸的 5 个实体
选择对象://按 Enter 键，完成选择
输入阵列类型 [矩形(R)/环形(P)] <矩形>:p //输入 p，进行环形阵列
输入阵列中的项目数目: 4 //输入阵列数目
指定要填充的角度 (+=逆时针, -=顺时针) <360>: //设置填充角度为 360
旋转阵列对象？ [是(Y)/否(N)] <Y>: //按 Enter 键，采用默认设置，旋转阵列对象
指定阵列的中心点: //拾取步骤24绘制的构造线上一点
指定旋转轴上的第二点: //拾取步骤24绘制的构造线上另一点，阵列效果如图 12-23 所示
```

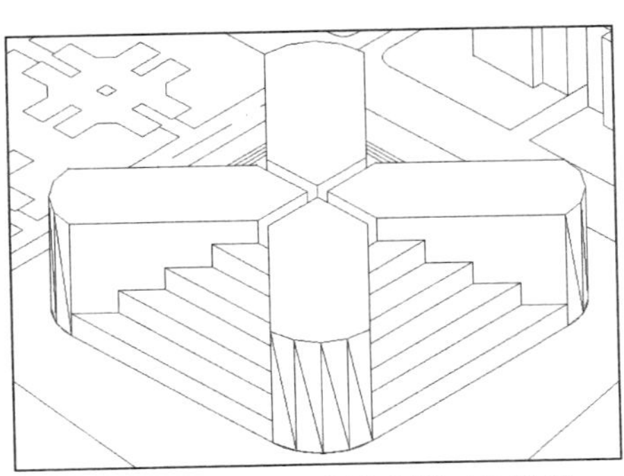

图 12-23　阵列形成综合楼三维效果

26 执行“消隐”命令，可以看到各楼的消隐效果如图 12-24 所示。

27 从图库中调用两个树图块。将树图块置于 XY 平面内。执行“缩放”命令，将树的大小调整为 1:1000 比例。完成效果如图 12-25 所示。

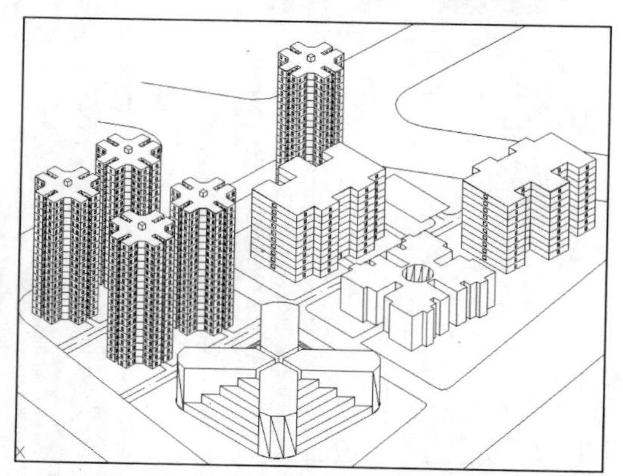

图 12-24　小区总平面各楼消隐效果

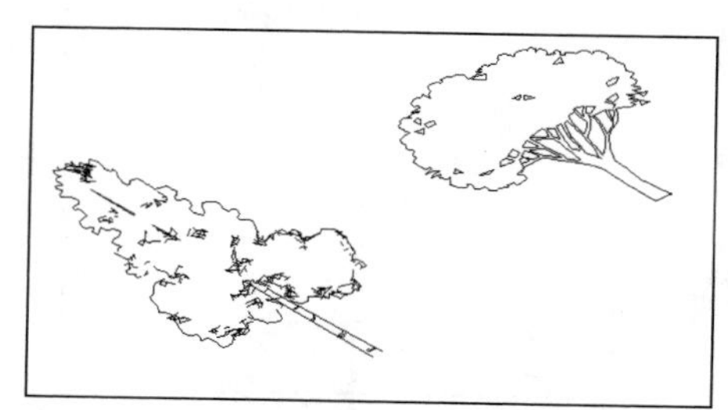

图 12-25　树立面图

28 选择“修改”|“三维操作”|“三维旋转”命令，执行“三维旋转”命令，命令行提示如下：

```
命令: _3drotate
UCS 当前的正角方向:  ANGDIR=逆时针  ANGBASE=0
选择对象: 指定对角点: 找到 2 个 //选择图 12-25 所示的树图形
选择对象: //按 Enter 键，完成选择
指定基点: //拾取左下侧树的根部端点为基点
拾取旋转轴: //拾取 X 为旋转轴，如图 12-26 所示
指定角的起点: 90 //设置旋转角度，按 Enter 键，旋转效果如图 12-27 所示
正在重生成模型。
```

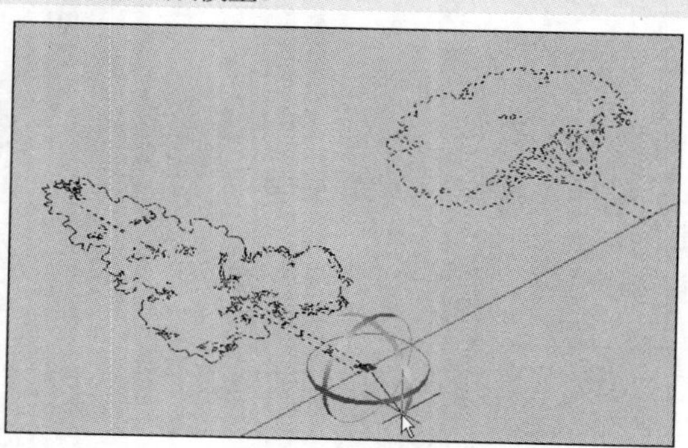

图 12-26　确认旋转轴

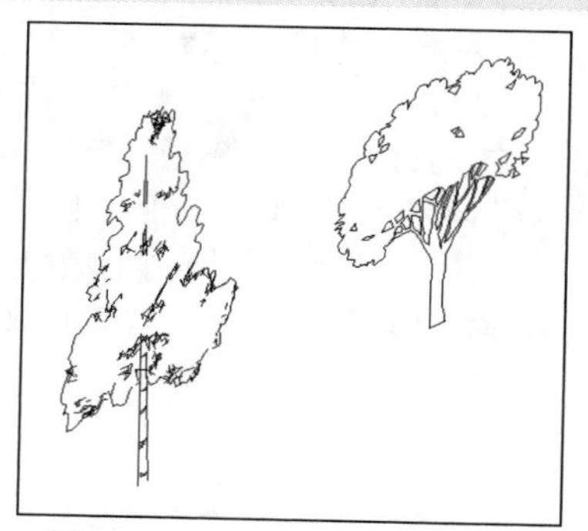

图 12-27　旋转到 Z 方向的树

29 执行“复制”命令，将左下侧的树在原位置复制 5 次，形成 6 棵重合的树。执行“三维旋转”命令，每次旋转一棵树，旋转角度分别为 30°、60°、90°、120° 和 150°，旋转形成三维效果的树如图 12-28 所示。

30 关闭各楼所在的图层。执行“复制”命令，在小区三维图中，插入各种树，同样可以将图

12-27 所示的右上侧树按照步骤29的方法创建为三维树，并插入到小区三维图中。完成效果如图 12-29 所示。

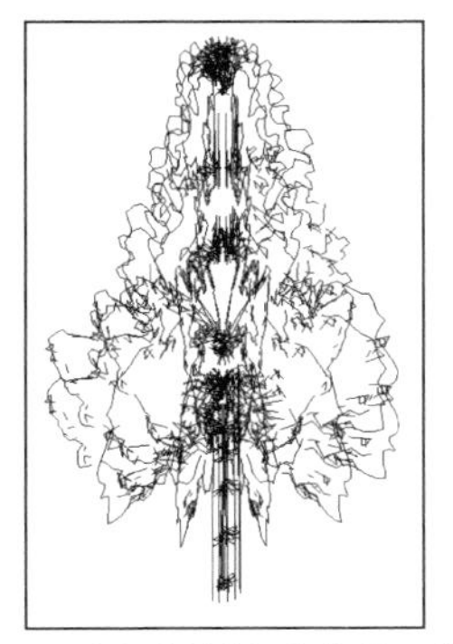

图 12-28　通过旋转形成的三维树

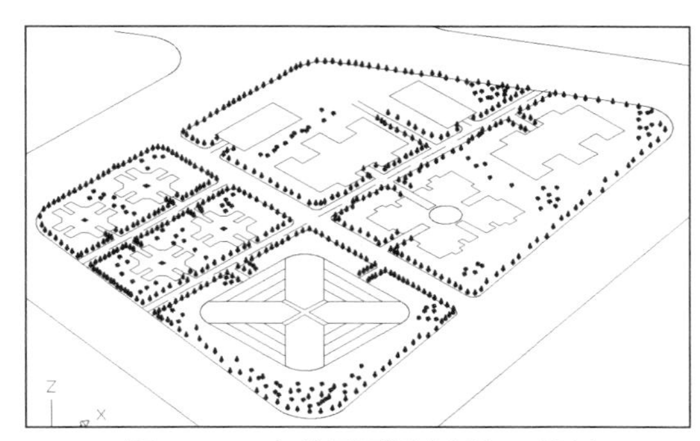

图 12-29　在总平面图中插入三维树

31 打开各楼所在的图层，执行“消隐”命令，观察小区三维效果图。最终效果如图 12-30 所示。

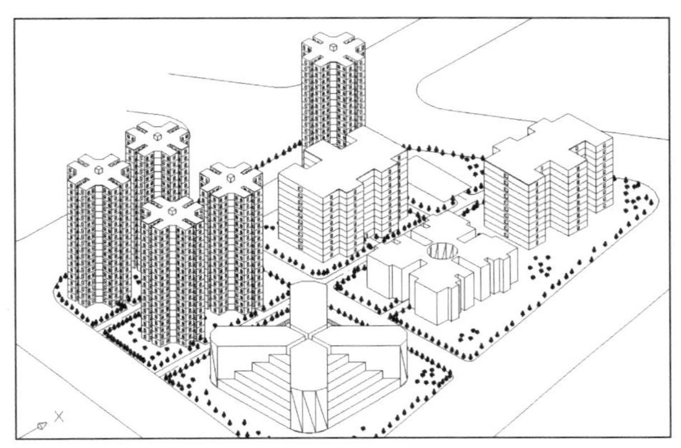

图 12-30　小区三维效果图

12.2 创建三维巡游动画

使用 3ds Max 创建的三维效果图中，经常可以看到精彩的三维巡游动画，通过一定的路径，用户能够身临其境地浏览小区的概貌，在 AutoCAD 2013 中也可以实现这个功能。在第 11 章中创建过室内效果图的路径动画，小区的三维巡游动画的创建与室内效果图路径动画的创建方法相同，在此不再赘述。本节讲解与三维巡游动画关系较大的相机功能。

01 在创建完如图 12-30 所示的三维效果图后，整个 CAD 文件就比较大了，在进行其他操作时，由于文件太大，又要进行实时渲染，因此整个运行速度很慢，这时可以将创建完成的各种塔楼、板楼以及综合楼定义为三维图块，这样文件的大小可减小为原来的 1/3。三维图块的定义方法与二维制图中定义图块的方法相同，在此也不再赘述。

02 在定义完成三维图块后，选择“视图”|“创建相机”命令，添加相机，命令行提示如下：

命令: _camera
当前相机设置: 高度=0 镜头长度=50 毫米
指定相机位置://在绘图区适当的位置拾取相机位置点
指定目标位置://在绘图区适当的位置拾取目标位置点
输入选项 [?/名称(N)/位置(LO)/高度(H)/目标(T)/镜头(LE)/剪裁(C)/视图(V)/退出(X)] <退出>://按 Enter 键，完成相机创建，效果如图 12-31 所示

03 相机创建完成后，系统自动弹出“相机预览”对话框，该对话框相当于给模型即时拍照。在“视觉样式”下拉列表框中可以选择模型呈现的视觉样式。如图 12-32 所示是选择“概念”视觉样式时的相机预览效果。

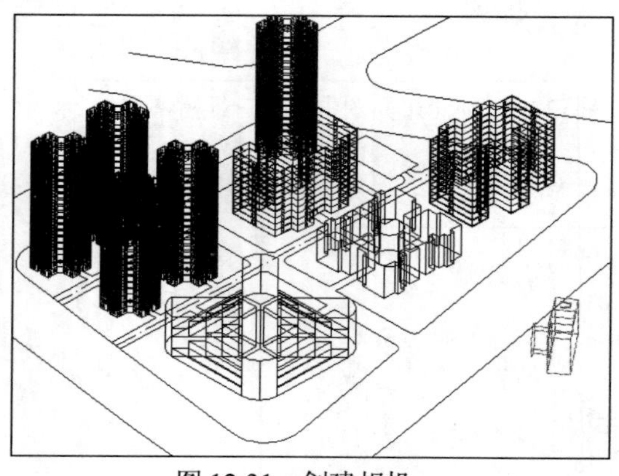

图 12-31　创建相机

图 12-32　相机预览效果

04 相机远近、距离、高低以及相机本身的参数设定，直接关系到拍照的效果，因此在 AutoCAD 中，相机的远近、距离和高低需在不同的视图里进行调整。为了更好地调整相机位置，可以打开多个视口，每个视口采用不同的视图，在不同的视图里调整，在其他视图里就可以看出效果。选择“视图”|“视口”|“四个视口”命令，使小区三维效果图处于 4 个视口状态，并分别设定各个视口的视图，效果如图 12-33 所示。

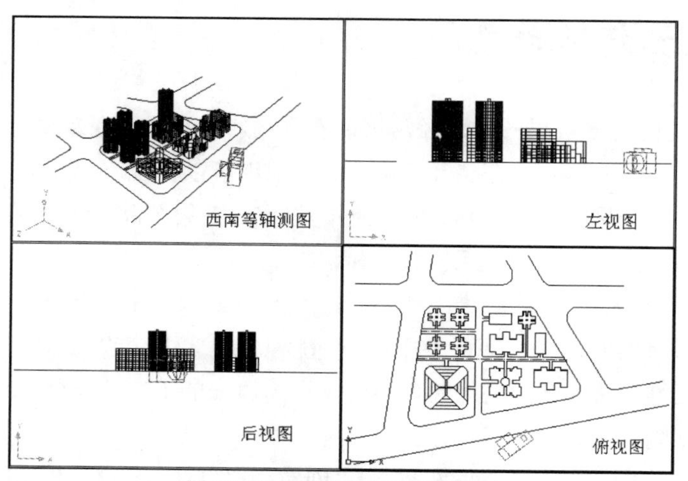

图 12-33　4 个视口的不同视图

05 图 12-33 中关闭了绿化图层，打开绿化图层后效果如图 12-34 所示。在不同的视图中，调整相机的位置以及参数，调整情况如图 12-34 所示。“相机预览”对话框的预览效果如图 12-35 所示。

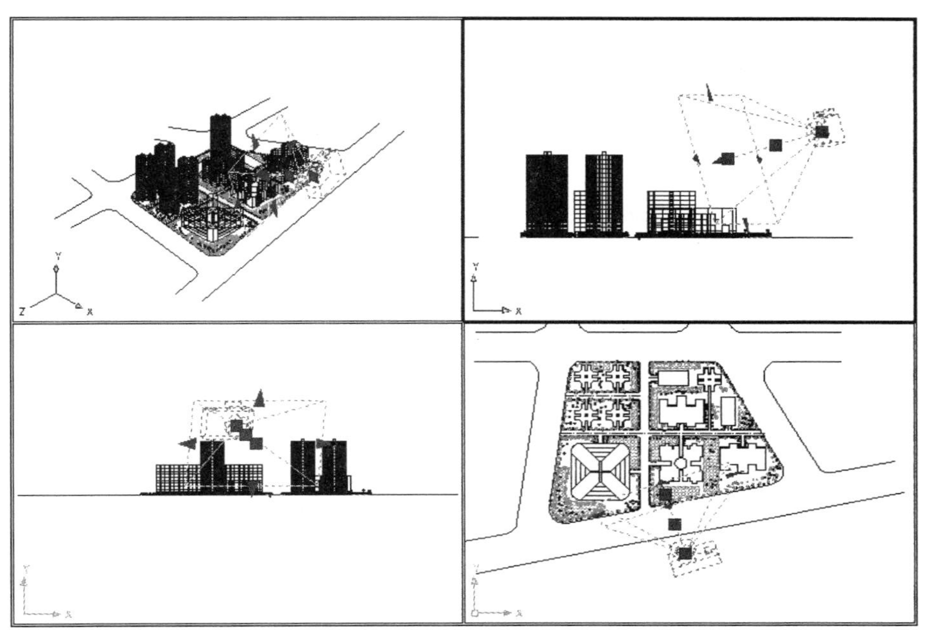

图 12-34　调整相机位置以及参数后的 4 视口

图 12-35　调整相机位置和参数后的预览效果

附录 01　基本测试题

基础测试题 01

根据主视图、俯视图补画左视图。

素材：sample\附录 01\jccst001.dwg
多媒体：video\附录 01\jccst001.wmv

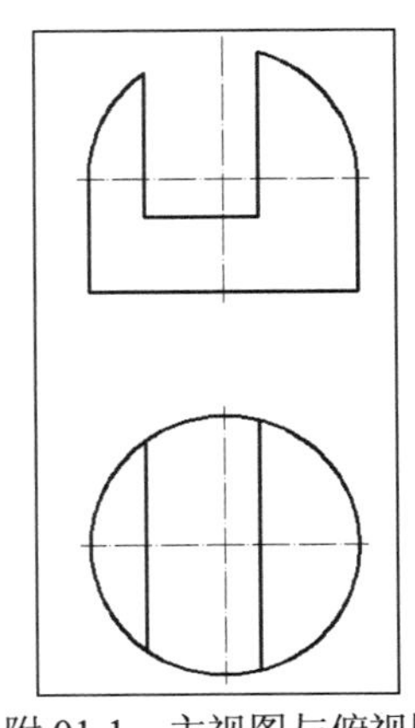

附 01-1　主视图与俯视图

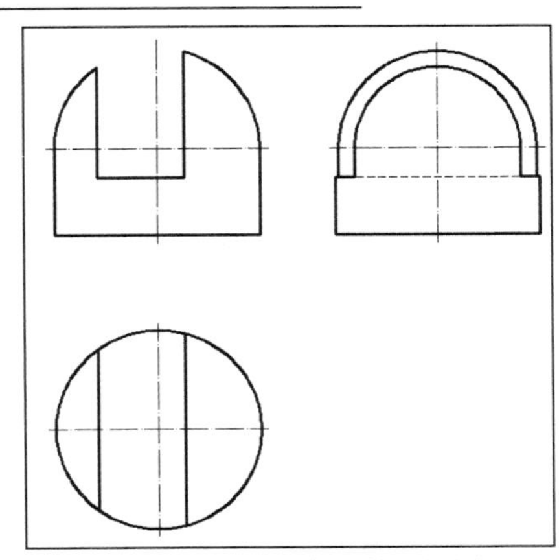

附 01-2　绘制完成的三视图

基础测试题 02

根据三视图绘制正等轴测图。

素材：sample\附录 01\jccst002.dwg
多媒体：video\附录 01\jccst002.wmv

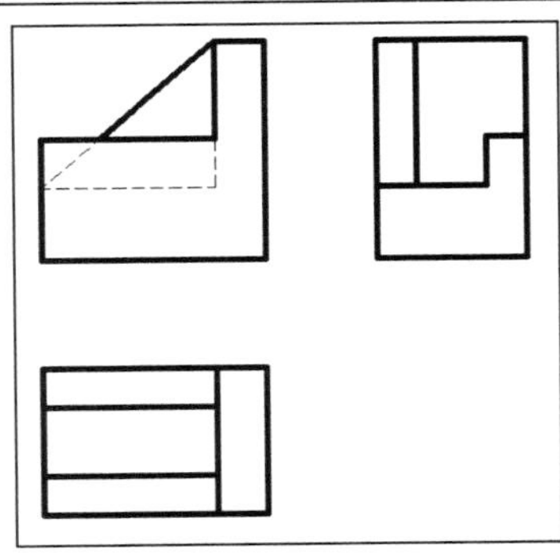

附 01-3　三视图效果

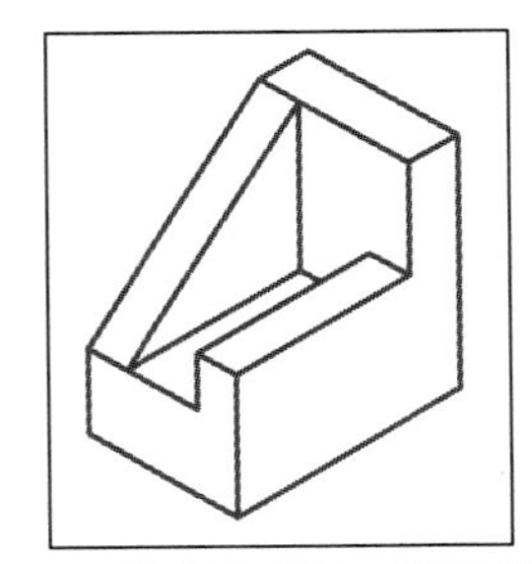

附 01-4　绘制完成的正等轴测图

基础测试题 03

根据已有的 a、c、d 点的投影完成 abcd 平面的投影。

素材：sample\附录 01\jccst003.dwg
多媒体：videSo\附录 01\ jccst003.wmv

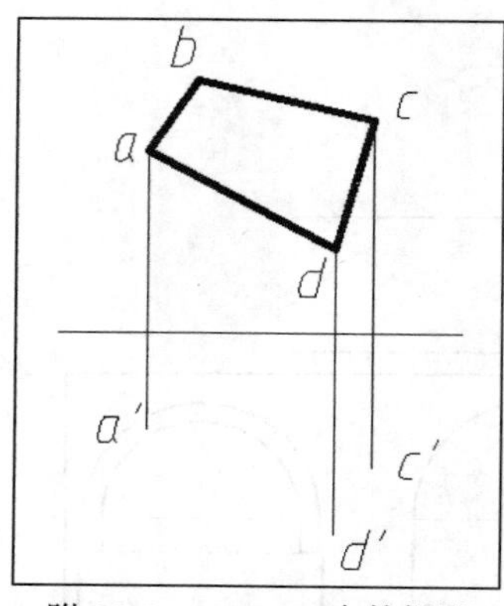

附 01-5　a、c、d 点的投影

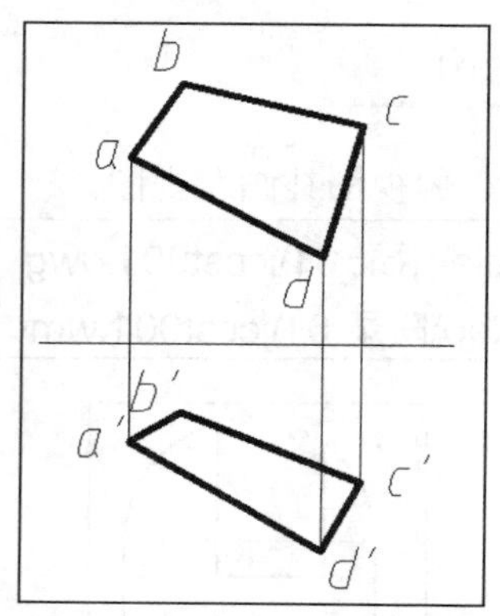

附 01-6　abcd 平面的投影

基础测试题 04

根据三视图绘制正等轴测图。

素材：sample\附录 01\jccst004.dwg
多媒体：video\附录 01\ jccst004.wmv

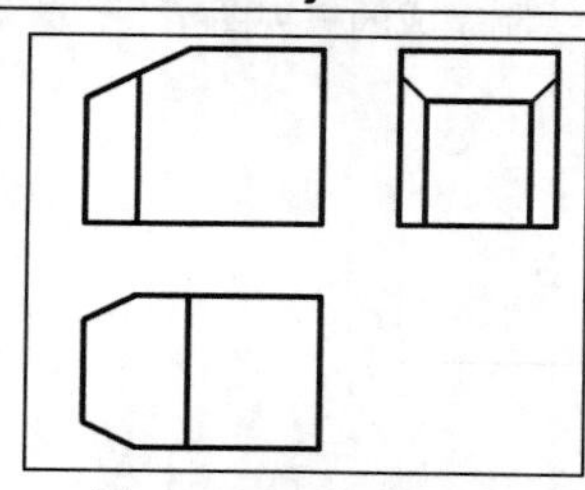
附 01-7　三视图效果

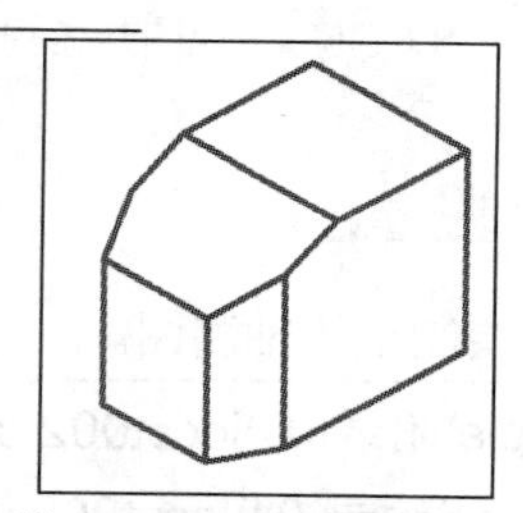
附 01-8　正等轴测图效果

基础测试题 05

根据平面上已知点绘制其投影效果。

素材：sample\附录 01\jccst005.dwg
多媒体：video\附录 01\ jccst005.wmv

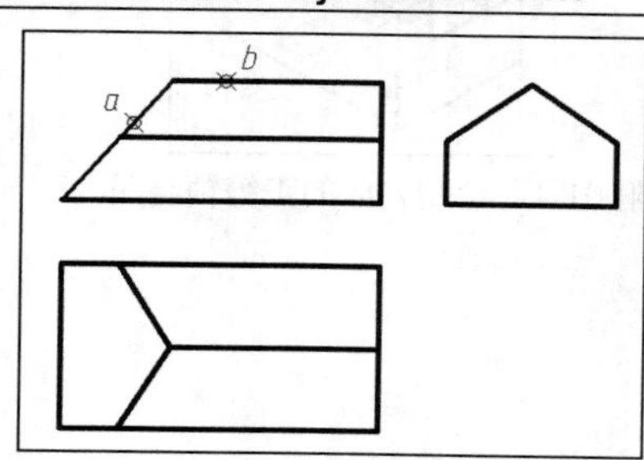

附 01-9　平面上的点

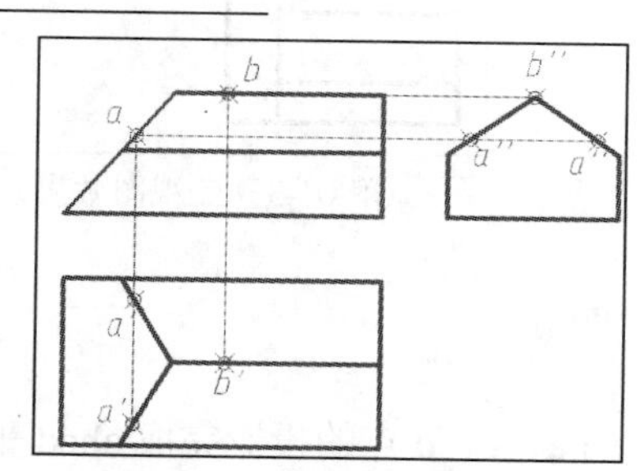
附 01-10　点的投影效果

基础测试题 06

根据前视图和俯视图补画左视图。

素材：sample\附录 01\jccst006.dwg

多媒体：video\附录 01\ jccst006.wmv

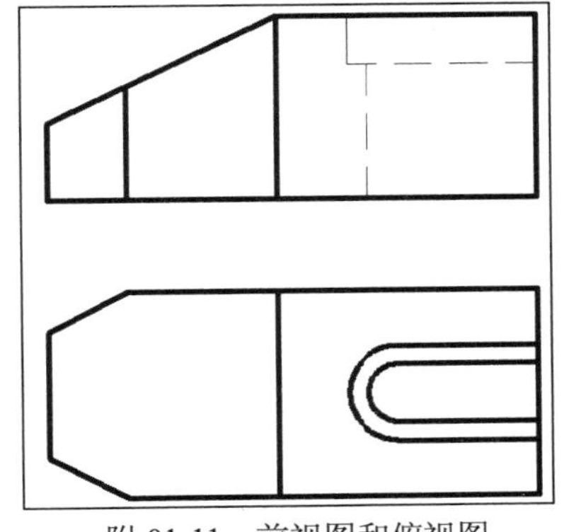

附 01-11　前视图和俯视图

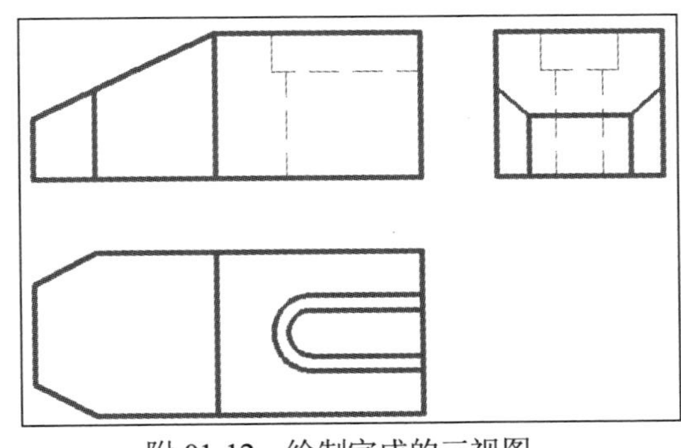

附 01-12　绘制完成的三视图

基础测试题 07

根据三视图绘制正等轴测图。

素材：sample\附录 01\jccst007.dwg

多媒体：video\附录 01\ jccst007.wmv

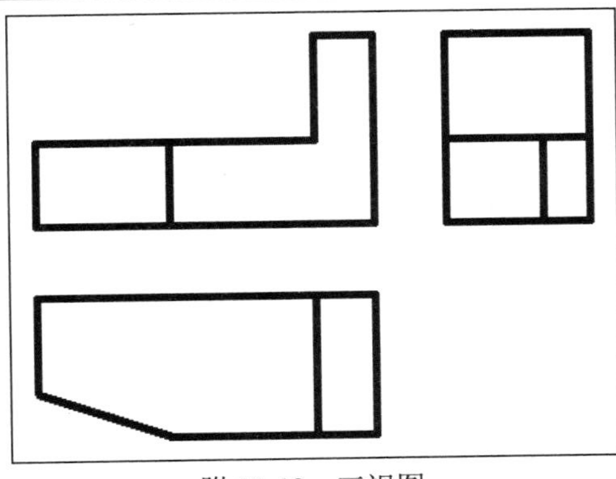

附 01-13　三视图

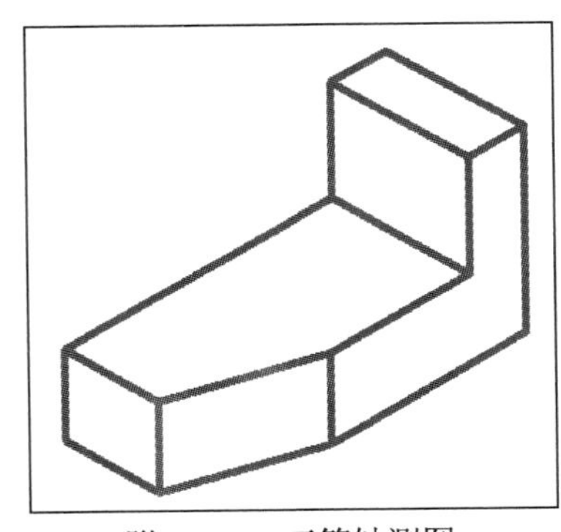

附 01-14　正等轴测图

基础测试题 08

根据现有图形绘制立体图形的相贯线。

素材：sample\附录 01\jccst008.dwg

多媒体：video\附录 01\ jccst008.wmv

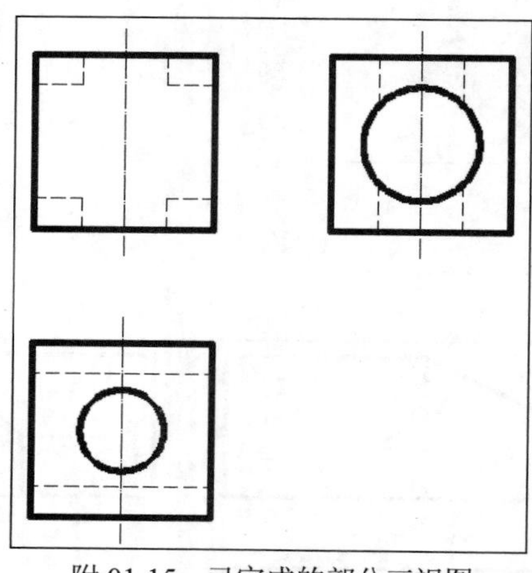

附 01-15　已完成的部分三视图

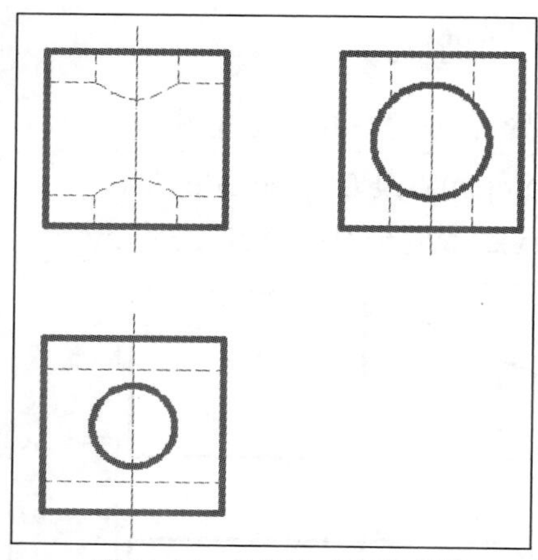

附 01-16　绘制完成的相贯线

基础测试题 09

参考已经绘制的视图绘制正等轴测图。

素材：sample\附录 01\jccst009.dwg

多媒体：video\附录 01\ jccst009.wmv

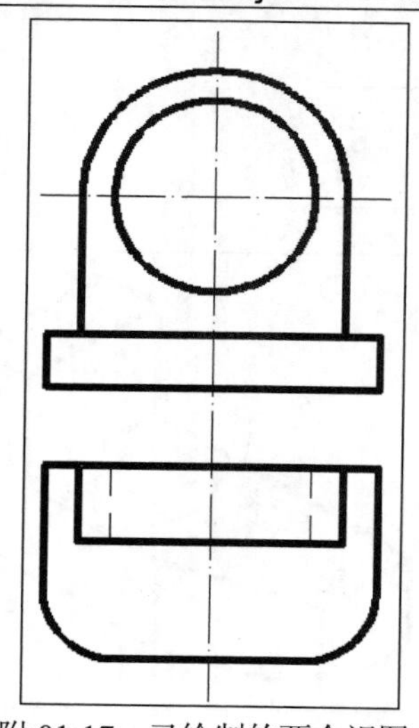

附 01-17　已绘制的两个视图

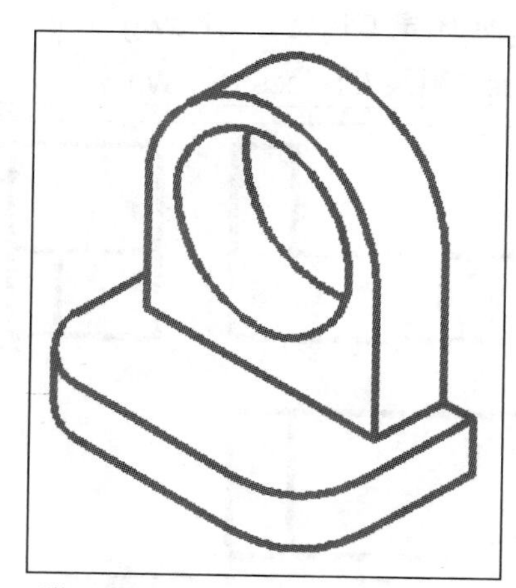

附 01-18　绘制完成的正等轴测图

基础测试题 10

根据俯视图和左视图补画主视图。

素材：sample\附录 01\jccst010.dwg

多媒体：video\附录 01\ jccst010.wmv

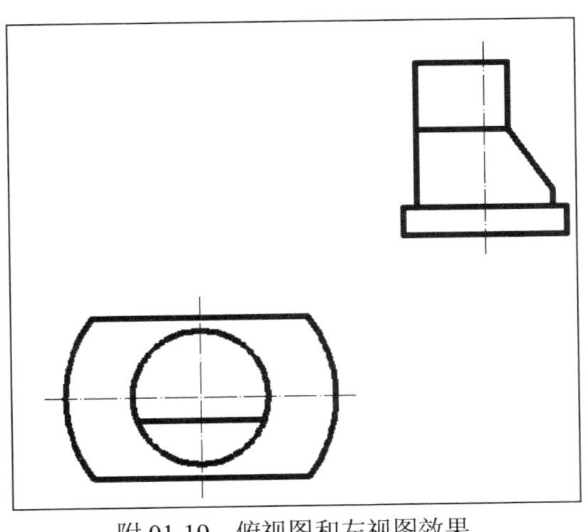

附 01-19　俯视图和左视图效果

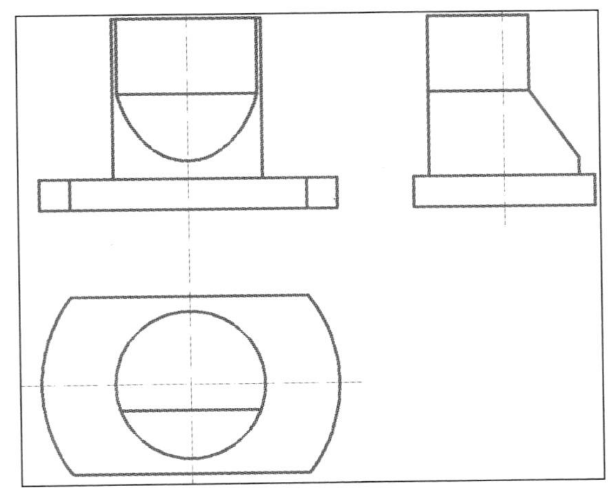

附 01-20　三视图效果

基础测试题 11

作球面上 a 点的 V、W 投影。

素材：sample\附录 01\jccst011.dwg

多媒体：video\附录 01\ jccst011.wmv

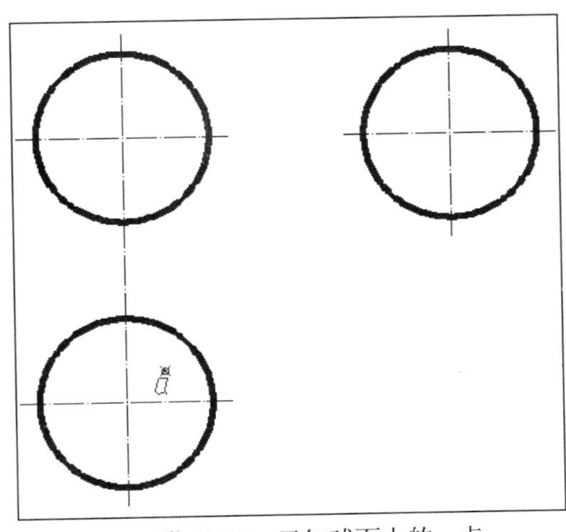

附 01-21　已知球面上的 a 点

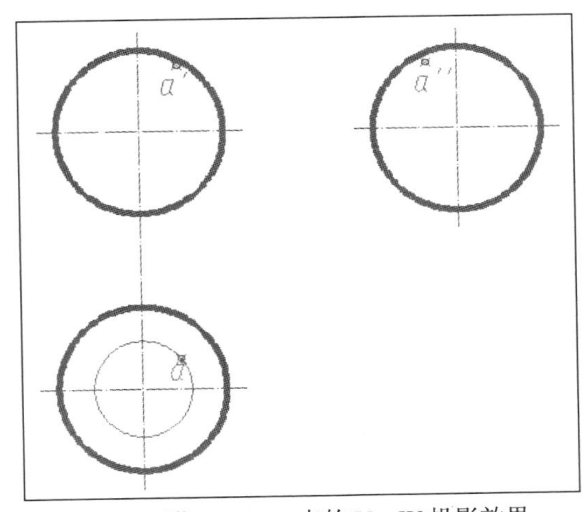

附 01-22　a 点的 V、W 投影效果

基础测试题 12

补画视图中所缺的图线。

素材：sample\附录 01\jccst012.dwg

多媒体：video\附录 01\ jccst012.wmv

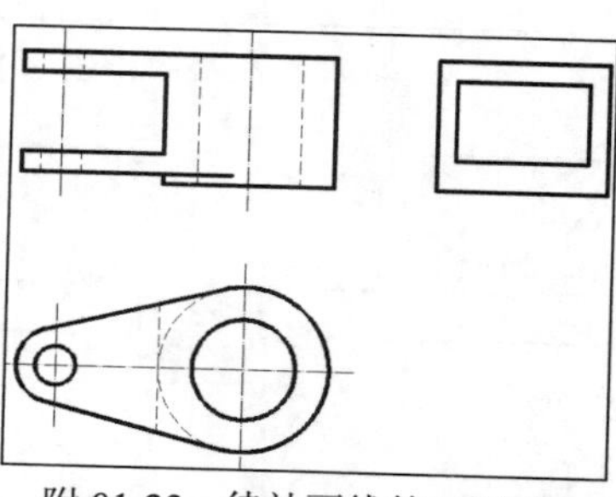

附 01-23 待补画线的三视图

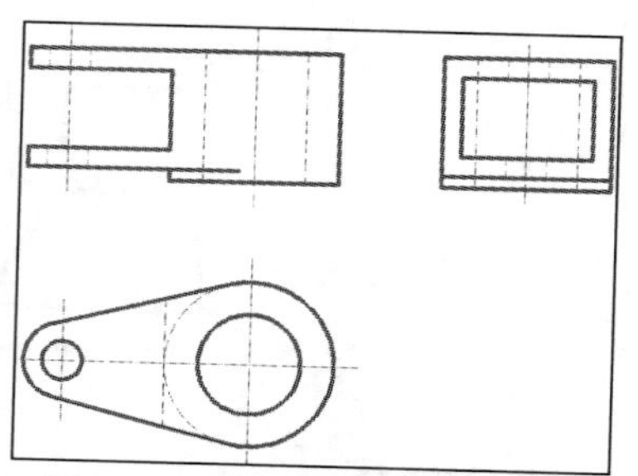

附 01-24 补画线完成的三视图

基础测试题 13

根据俯视图和左视图补画主视图。

素材：sample\附录 01\jccst013.dwg

多媒体：video\附录 01\ jccst013.wmv

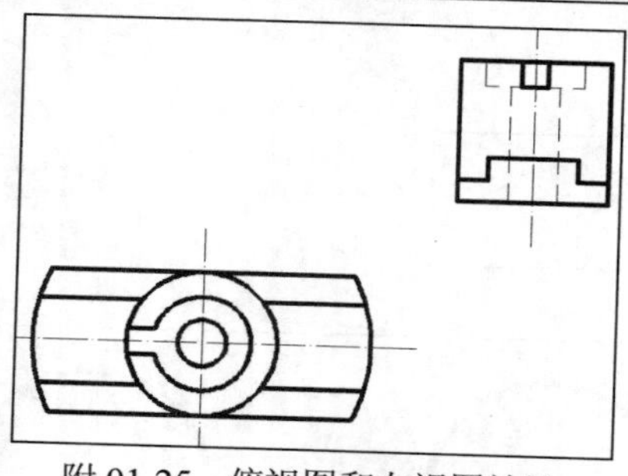

附 01-25 俯视图和左视图效果

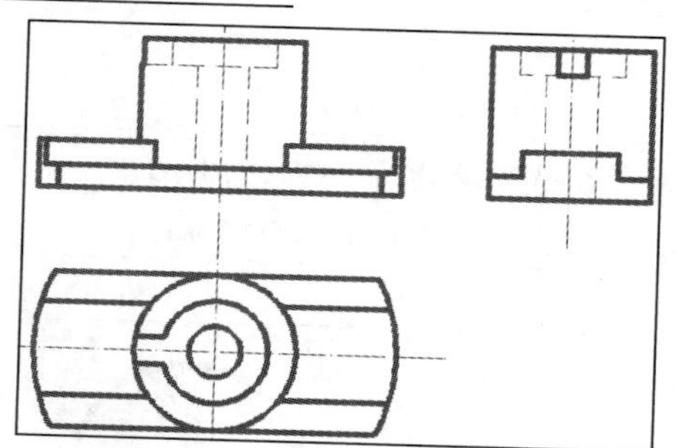

附 01-26 补画完成的三视图效果

基础测试题 14

在三视图基础上补画漏线。

素材：sample\附录 01\jccst014.dwg

多媒体：video\附录 01\ jccst014.wmv

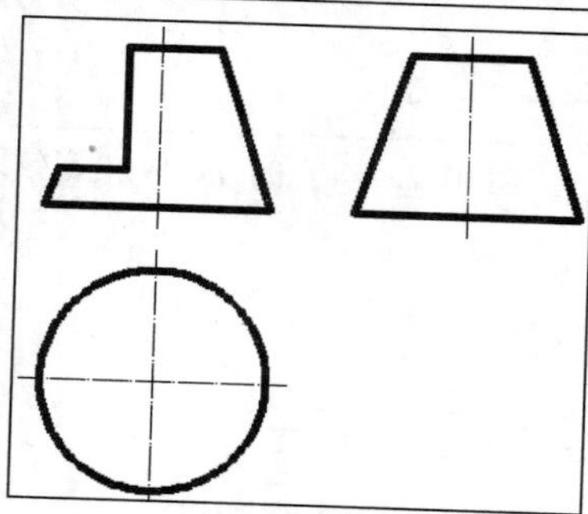

附 01-27 待补画线三视图效果

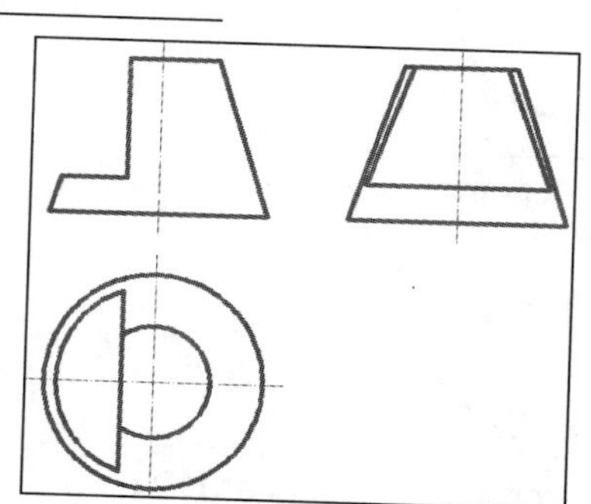

附 01-28 完善后的三视图效果

基础测试题 15

在三视图基础上补画漏线。

素材：sample\附录 01\jccst015.dwg

多媒体：video\附录 01\ jccst015.wmv

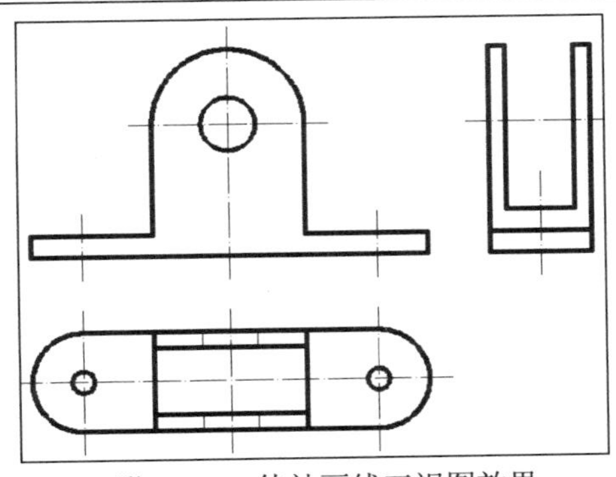

附 01-29　待补画线三视图效果

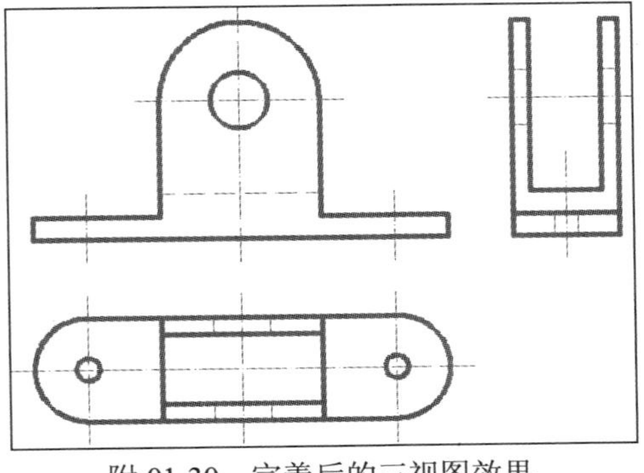

附 01-30　完善后的三视图效果

附录 02　技能测试题

技能测试题 01

素材：sample\附录 02\jncst01.dwg

多媒体：video\附录 02\jncst01.wmv

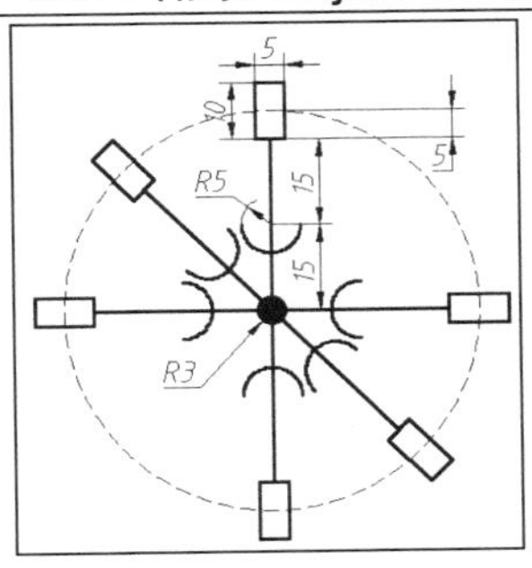

技能测试题 02

素材：sample\附录 02\jncst02.dwg

多媒体：video\附录 02\jncst02.wmv

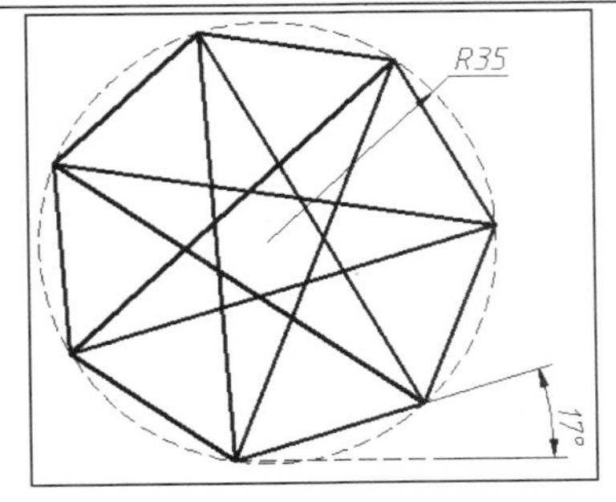

技能测试题 03

素材：sample\附录 02\jncst03.dwg

多媒体：video\附录 02\jncst03.wmv

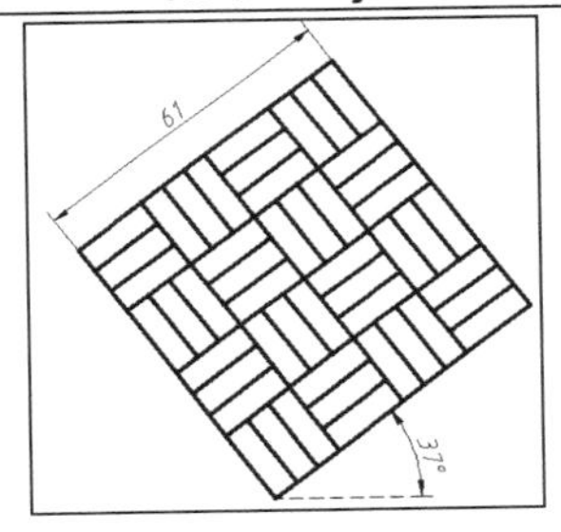

技能测试题 04

素材：sample\附录 02\jncst04.dwg

多媒体：video\附录 02\jncst04.wmv

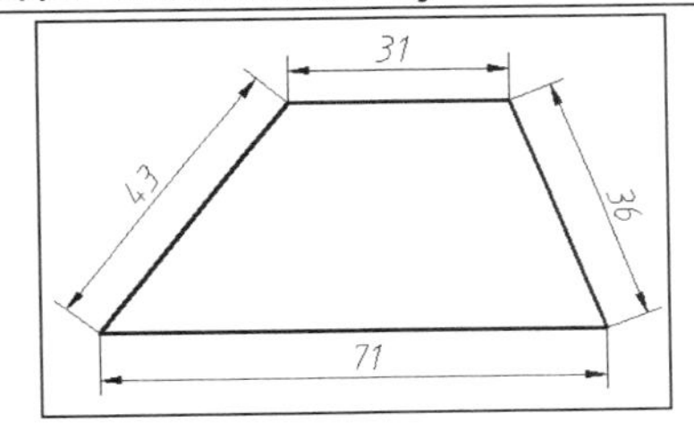

技能测试题 05

素材：sample\附录 02\jncst05.dwg

多媒体：video\附录 02\jncst05.wmv

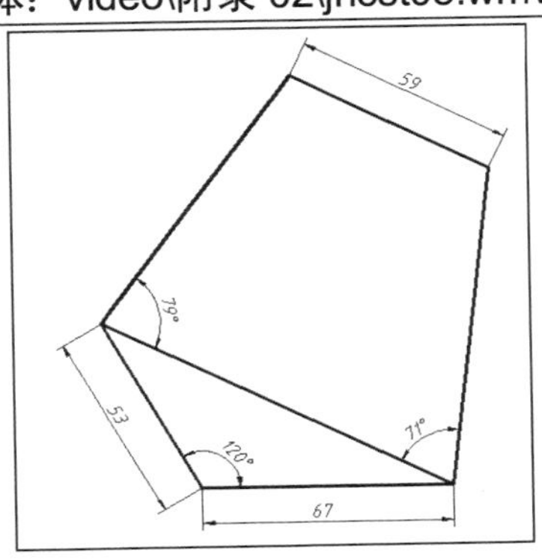

技能测试题 06

素材：sample\附录 02\jncst06.dwg

多媒体：video\附录 02\jncst06.wmv

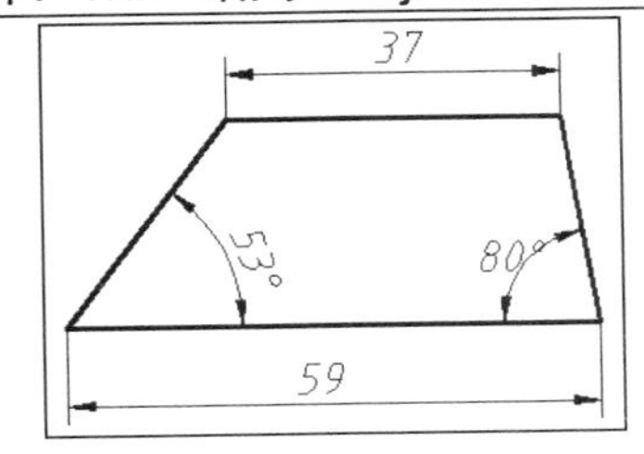

技能测试题 07

素材：sample\附录 02\jncst07.dwg

多媒体：video\附录 02\jncst07.wmv

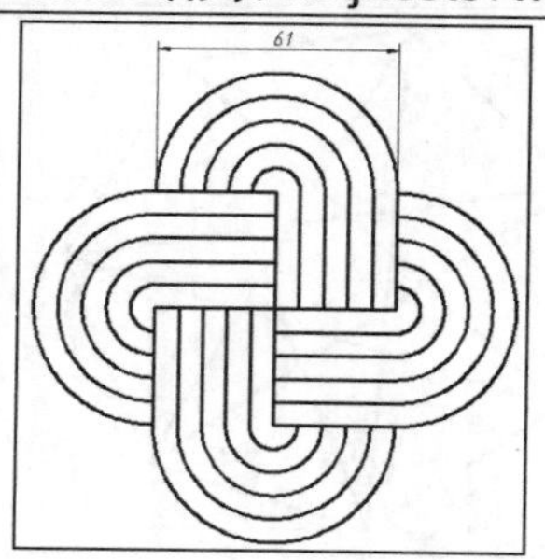

技能测试题 08

素材：sample\附录 02\jncst08.dwg

多媒体：video\附录 02\jncst08.wmv

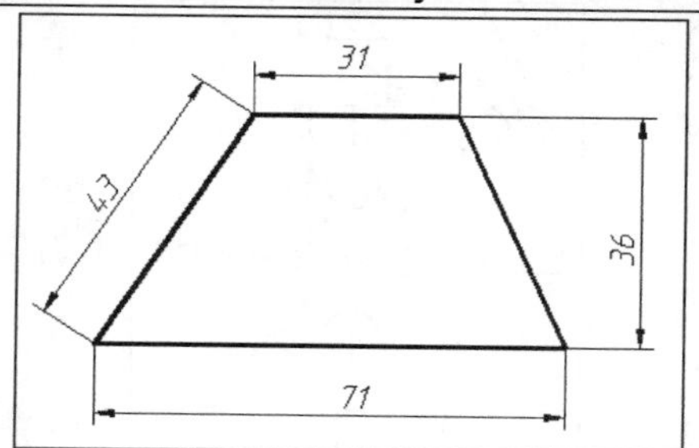

技能测试题 09

素材：sample\附录 02\jncst09.dwg

多媒体：video\附录 02\jncst09.wmv

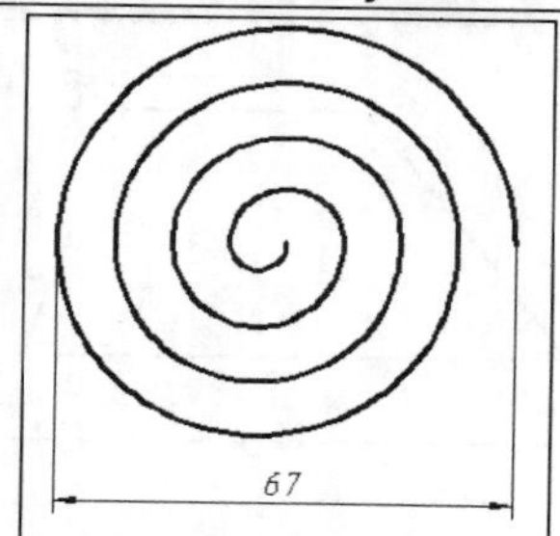

技能测试题 10

素材：sample\附录 02\jncst10.dwg

多媒体：video\附录 02\jncst10.wmv

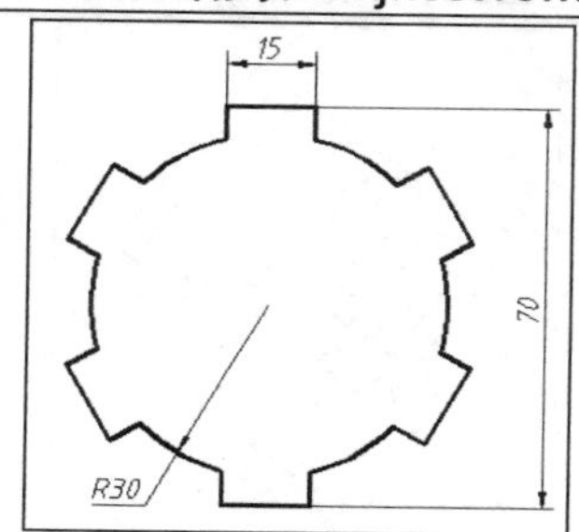

技能测试题 11

素材：sample\附录 02\jncst11.dwg

多媒体：video\附录 02\jncst11.wmv

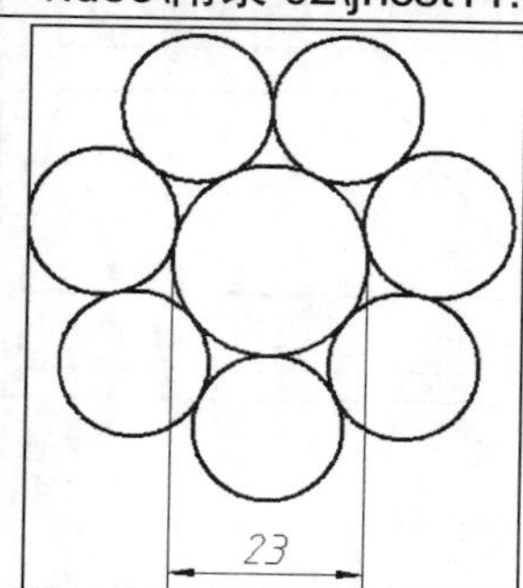

技能测试题 12

素材：sample\附录 02\jncst12.dwg

多媒体：video\附录 02\jncst12.wmv

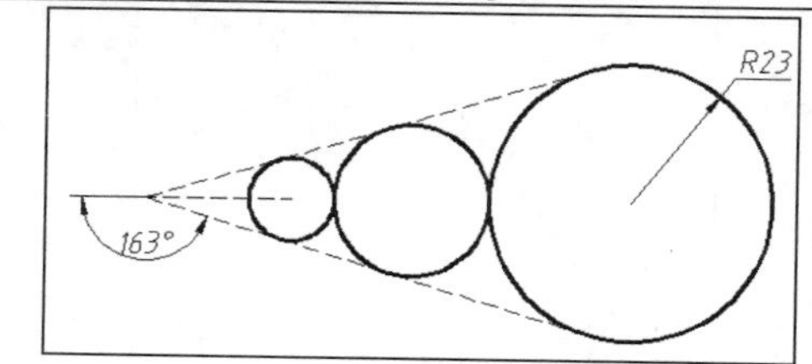

技能测试题 13

素材：sample\附录 02\jncst13.dwg

多媒体：video\附录 02\jncst13.wmv

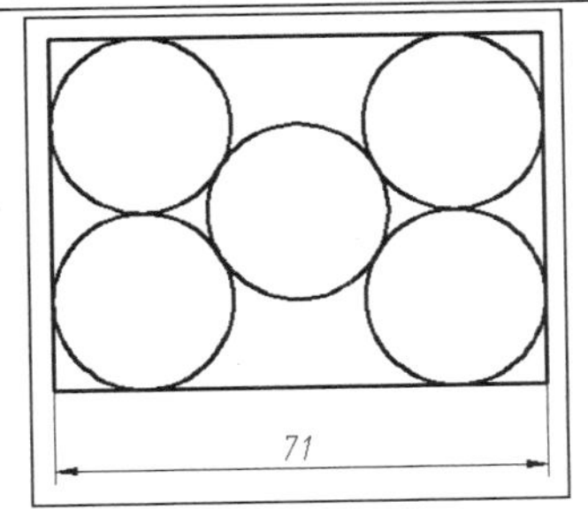

技能测试题 14

素材：sample\附录 02\jncst14.dwg

多媒体：video\附录 02\jncst14.wmv

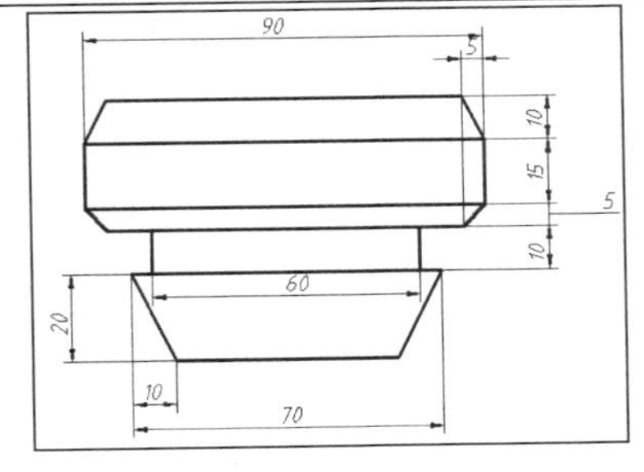

技能测试题 15

素材：sample\附录 02\jncst15.dwg

多媒体：video\附录 02\jncst15.wmv

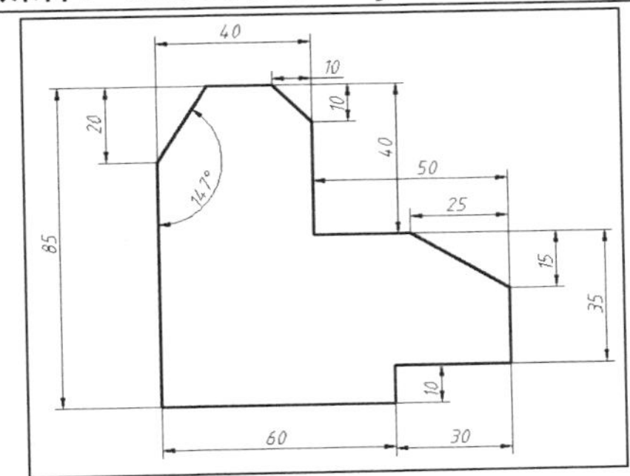

技能测试题 16

素材：sample\附录 02\jncst16.dwg

多媒体：video\附录 02\jncst16.wmv

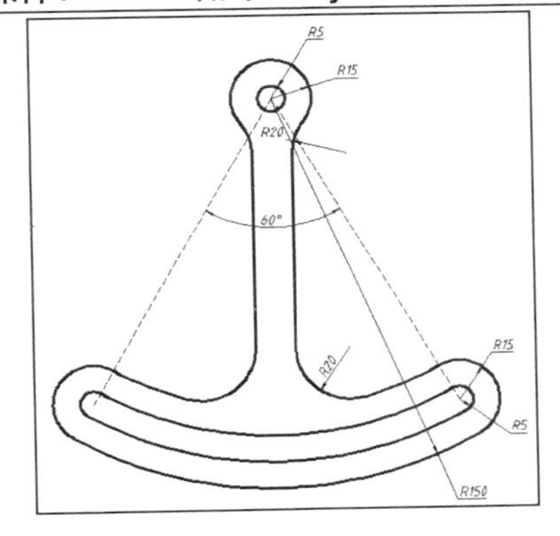

技能测试题 17

素材：sample\附录 02\jncst17.dwg

多媒体：video\附录 02\jncst17.wmv

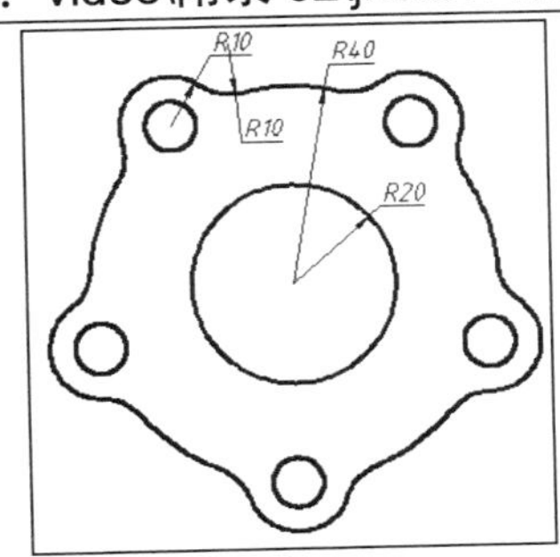

技能测试题 18

素材：sample\附录 02\jncst18.dwg

多媒体：video\附录 02\jncst18.wmv

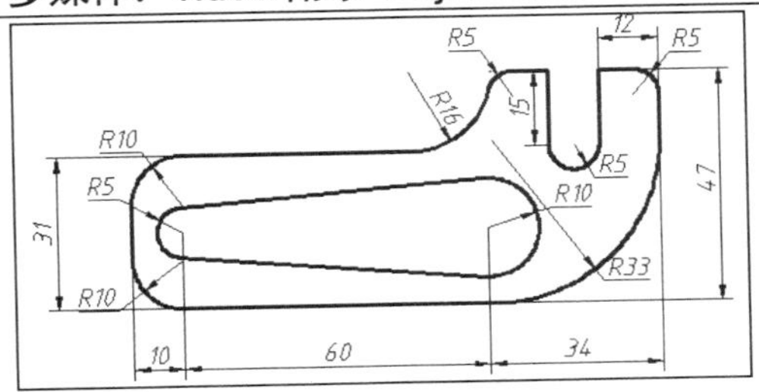

技能测试题 19

素材：sample\附录 02\jncst19.dwg

多媒体：video\附录 02\jncst19.wmv

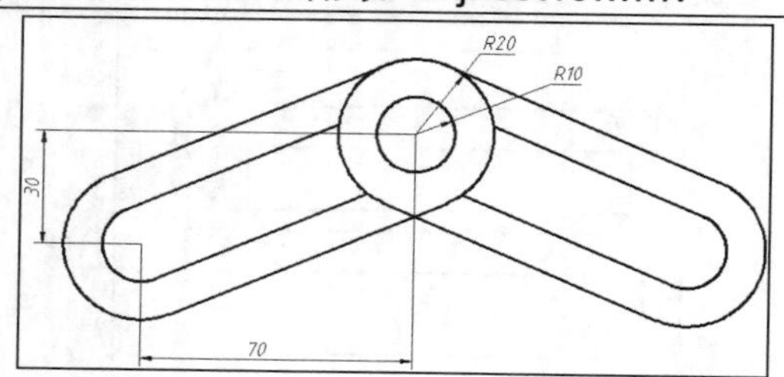

技能测试题 20

素材：sample\附录 02\jncst20.dwg

多媒体：video\附录 02\jncst20.wmv

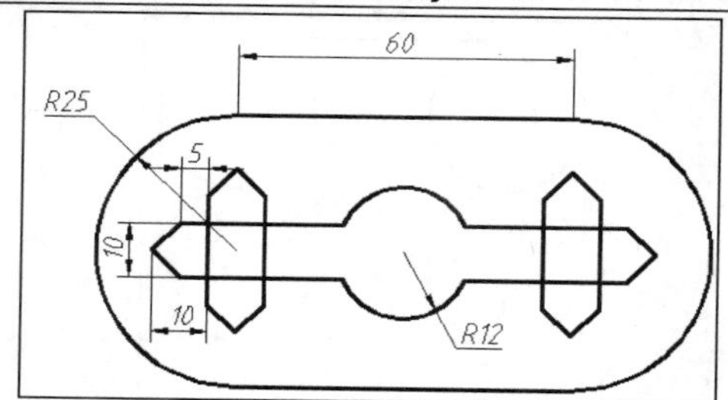

技能测试题 21

素材：sample\附录 02\jncst21.dwg

多媒体：video\附录 02\jncst21.wmv

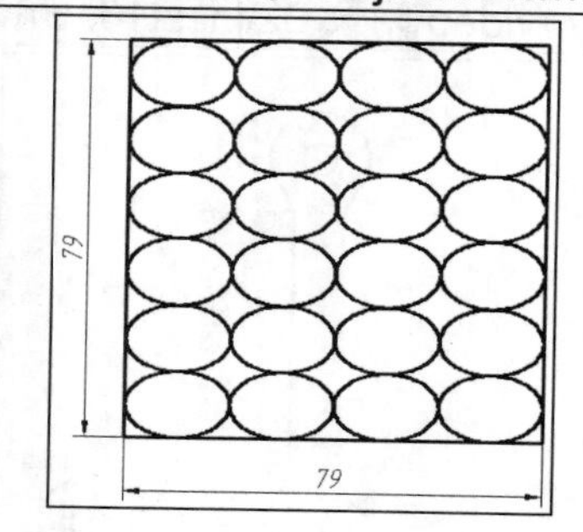

技能测试题 22

素材：sample\附录 02\jncst22.dwg

多媒体：video\附录 02\jncst22.wmv

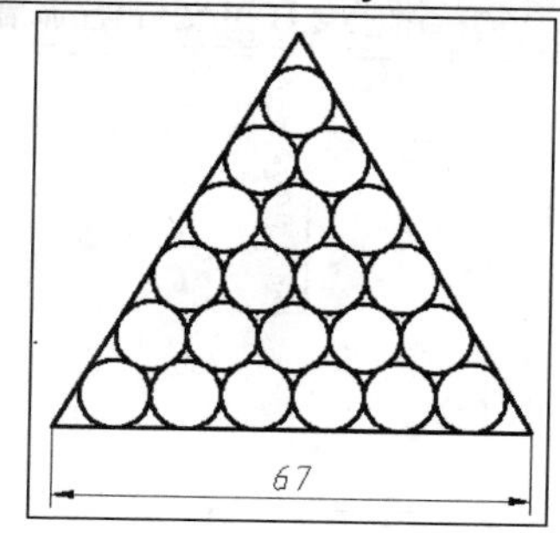

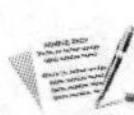

技能测试题 23

素材：sample\附录 02\jncst23.dwg

多媒体：video\附录 02\jncst23.wmv

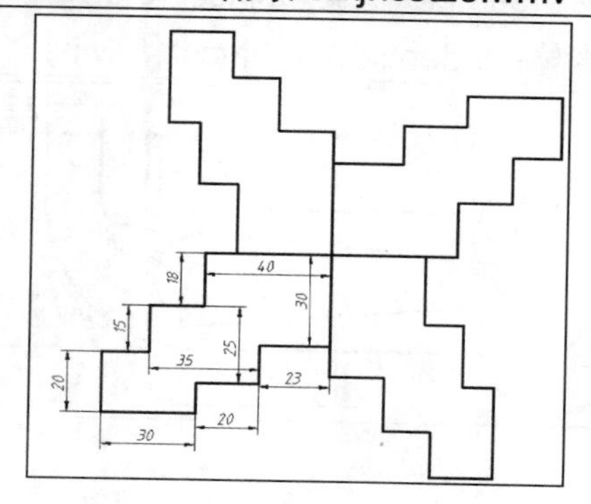

技能测试题 24

素材：sample\附录 02\jncst24.dwg

多媒体：video\附录 02\jncst24.wmv

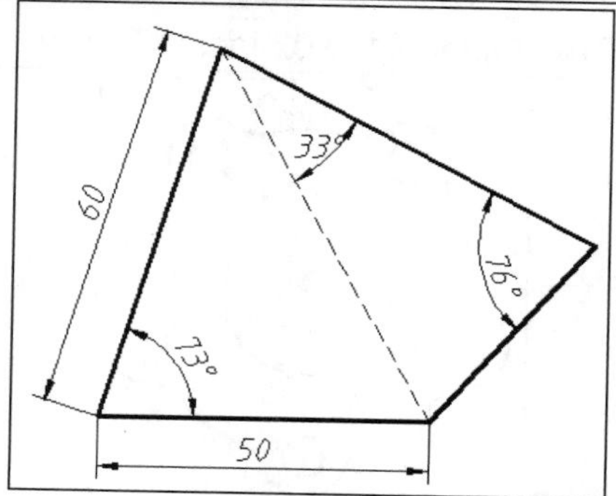

技能测试题 25

素材：sample\附录 02\jncst25.dwg

多媒体：video\附录 02\jncst25.wmv

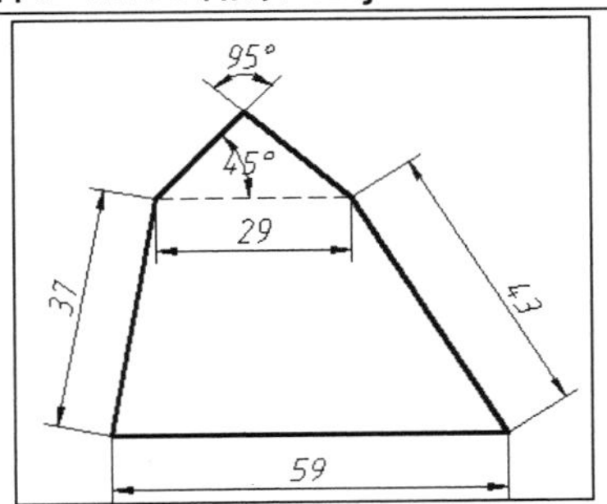

技能测试题 26

素材：sample\附录 02\jncst26.dwg

多媒体：video\附录 02\jncst26.wmv

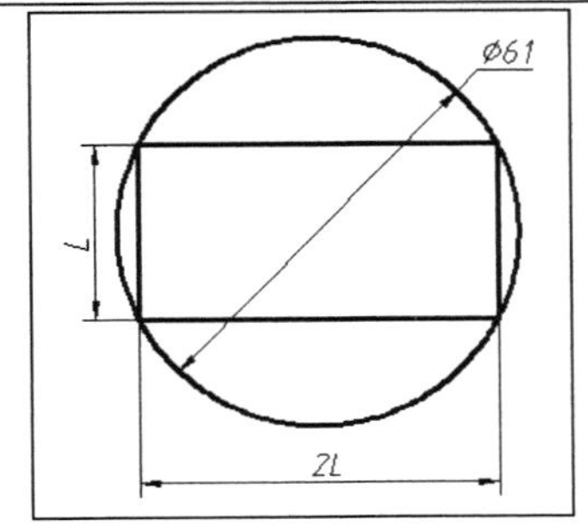

技能测试题 27

素材：sample\附录 02\jncst27.dwg

多媒体：video\附录 02\jncst27.wmv

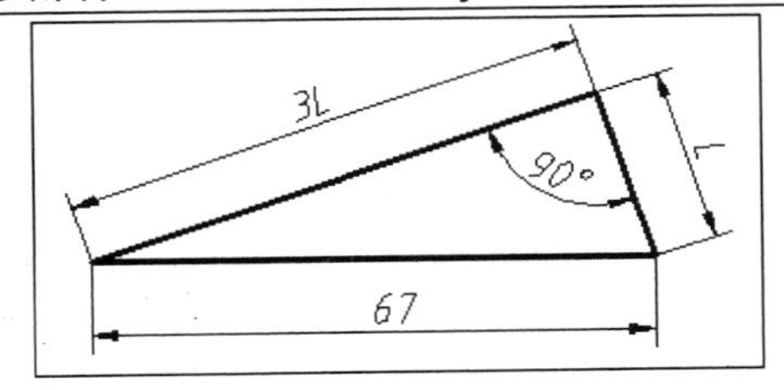

技能测试题 28

素材：sample\附录 02\jncst28.dwg

多媒体：video\附录 02\jncst28.wmv

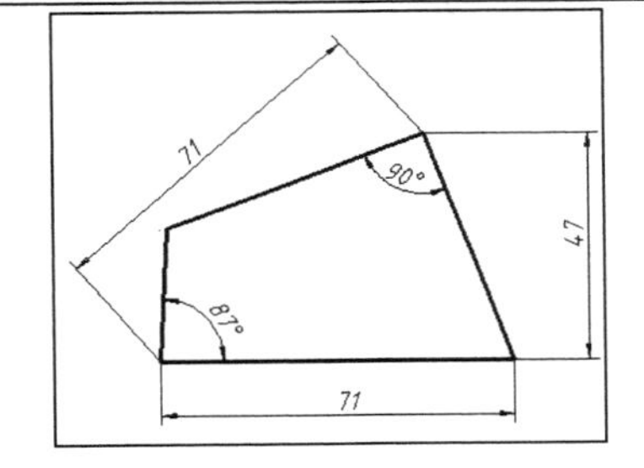

技能测试题 29

素材：sample\附录 02\jncst29.dwg

多媒体：video\附录 02\jncst29.wmv

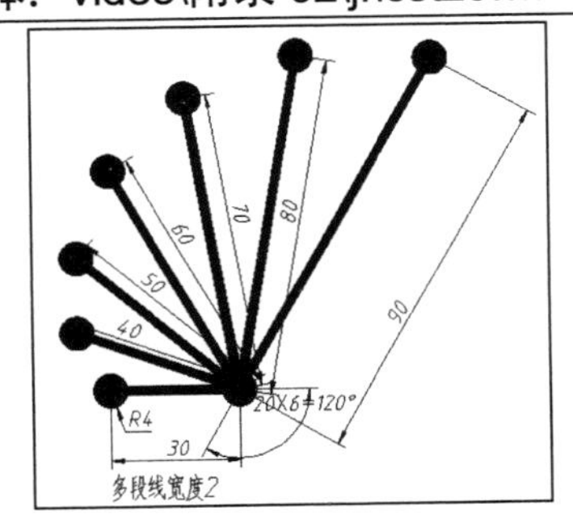

技能测试题 30

素材：sample\附录 02\jncst30.dwg

多媒体：video\附录 02\jncst30.wmv

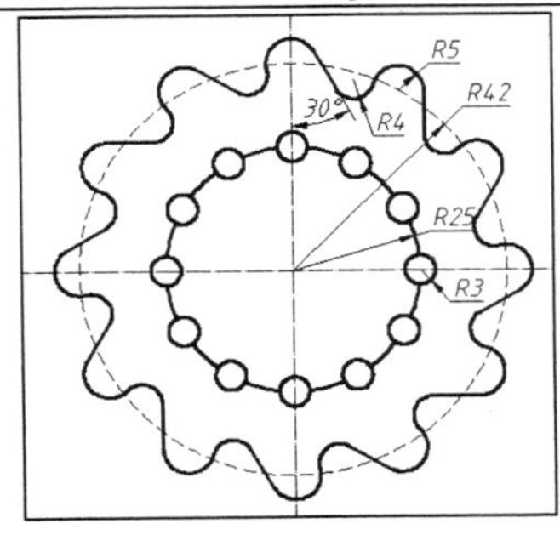

技能测试题 31

素材：sample\附录 02\jncst31.dwg
多媒体：video\附录 02\jncst31.wmv

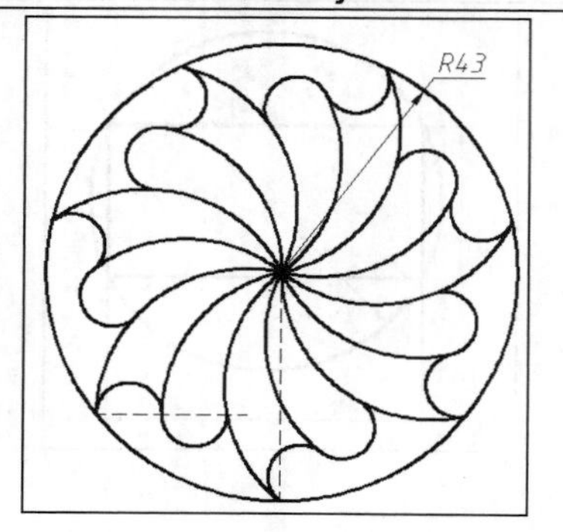

技能测试题 32

素材：sample\附录 02\jncst32.dwg
多媒体：video\附录 02\jncst32.wmv

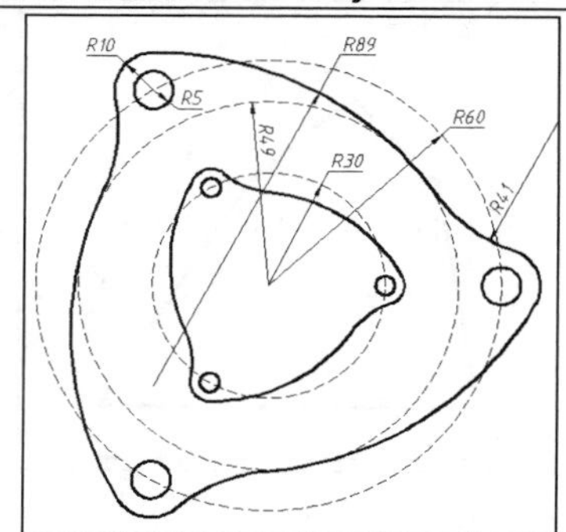

技能测试题 33

素材：sample\附录 02\jncst33.dwg
多媒体：video\附录 02\jncst33.wmv

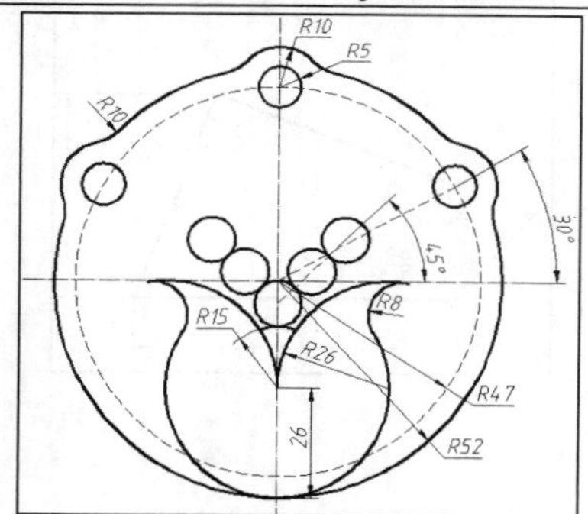

技能测试题 34

素材：sample\附录 02\jncst34.dwg
多媒体：video\附录 02\jncst34.wmv

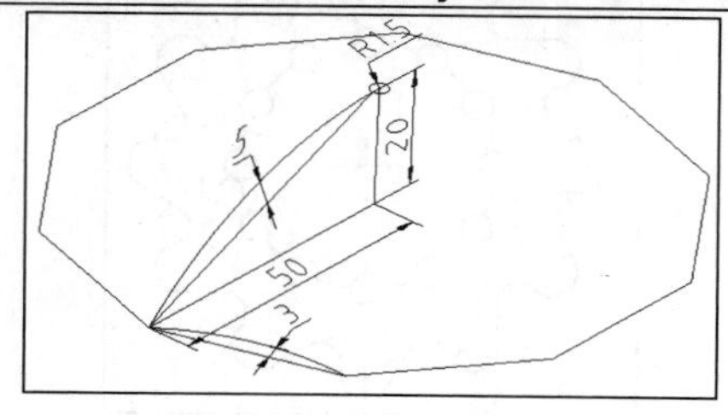

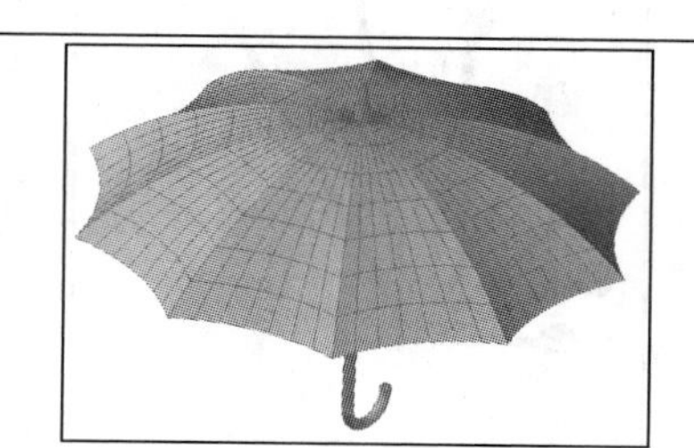

技能测试题 35

素材：sample\附录 02\jncst35.dwg

多媒体：video\附录 02\jncst35.wmv

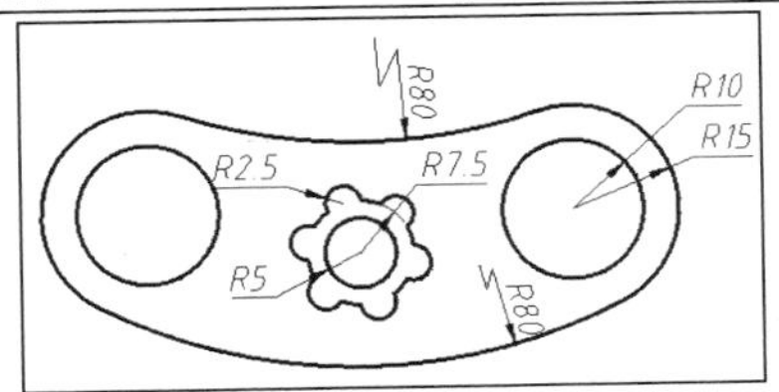

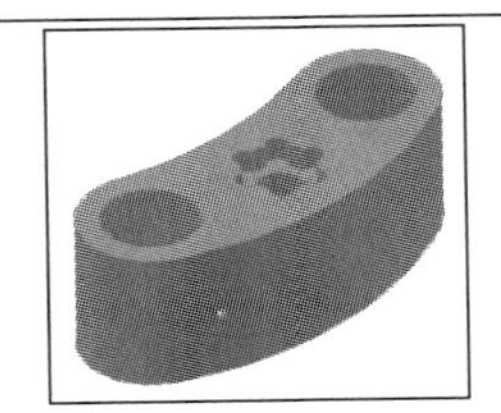

技能测试题 36

素材：sample\附录 02\jncst36.dwg

多媒体：video\附录 02\jncst36.wmv

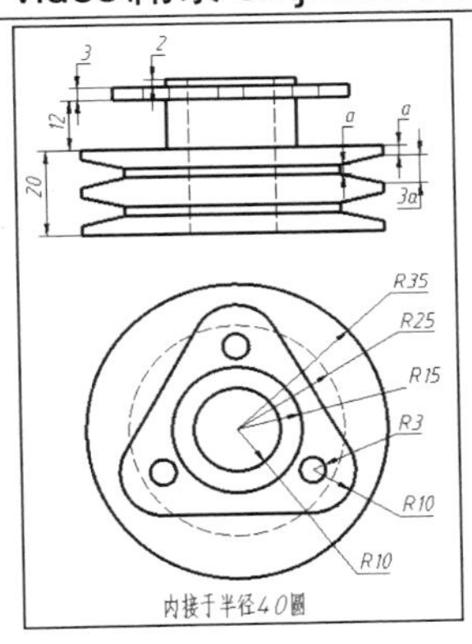

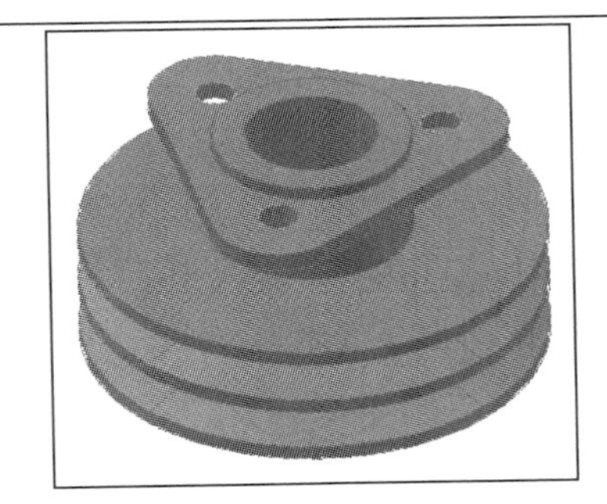

技能测试题 37

素材：sample\附录 02\jncst37.dwg

多媒体：video\附录 02\jncst37.wmv

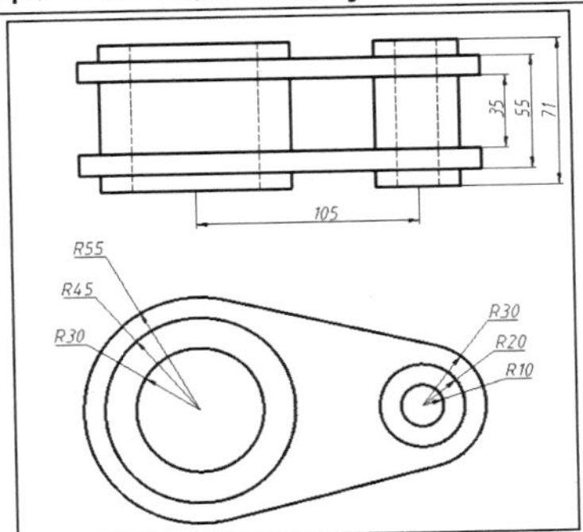

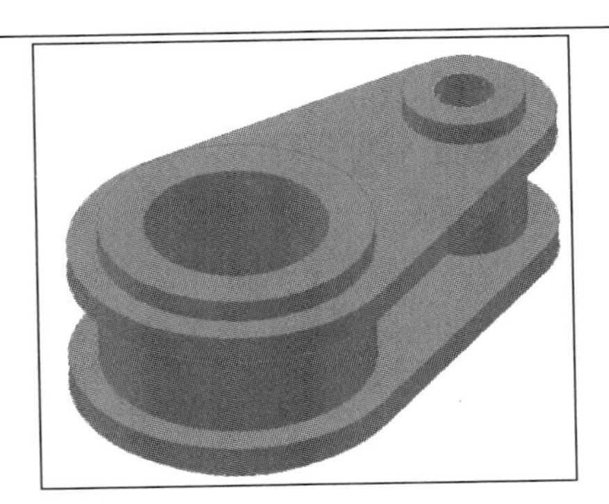

技能测试题 38

素材：sample\附录 02\jncst38.dwg

多媒体：video\附录 02\jncst38.wmv

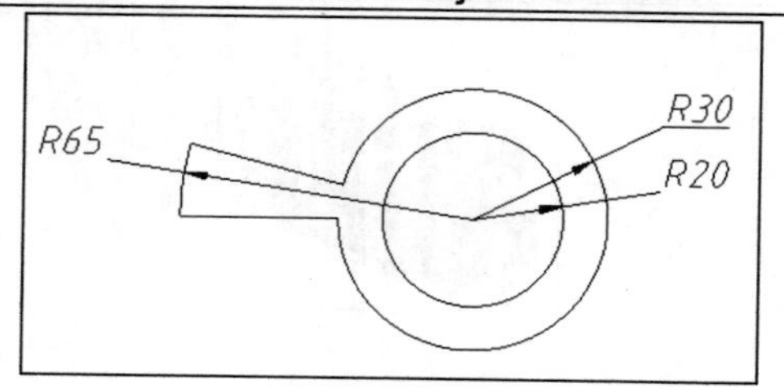

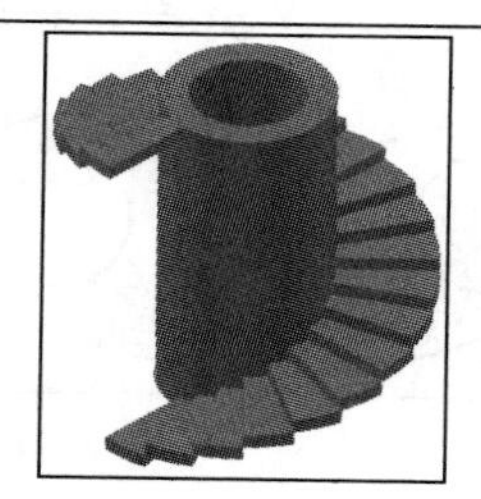

技能测试题 39

素材：sample\附录 02\jncst39.dwg

多媒体：video\附录 02\jncst39.wmv

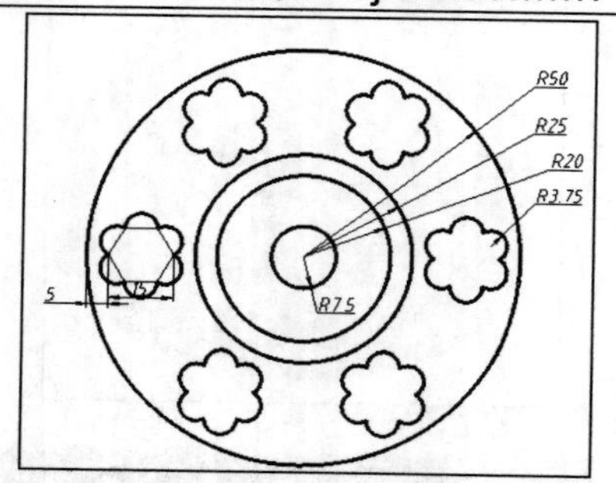

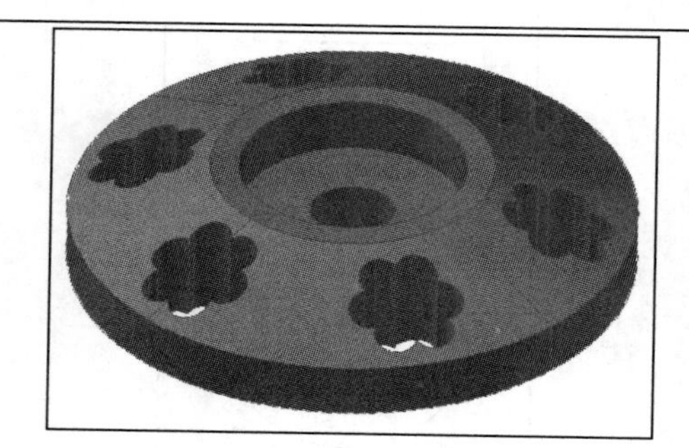

技能测试题 40

素材：sample\附录 02\jncst40.dwg

多媒体：video\附录 02\jncst40.wmv

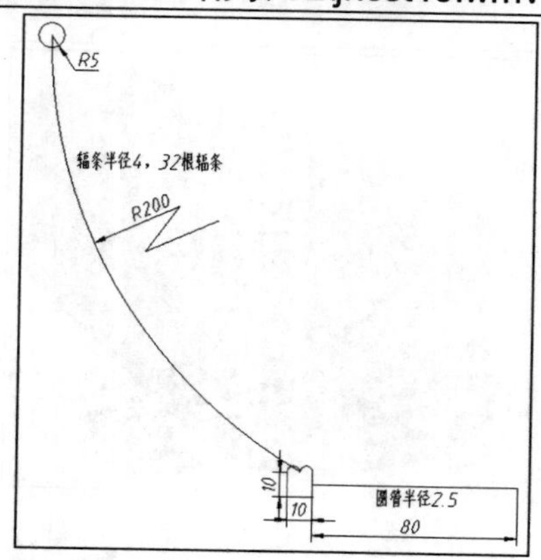

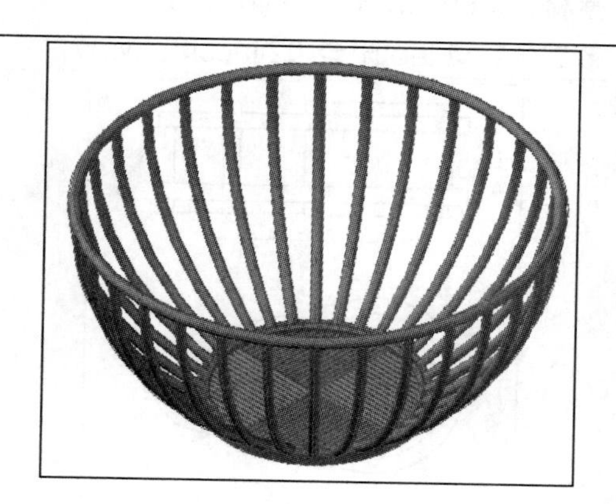

技能测试题 41

素材：sample\附录 02\jncst41.dwg

多媒体：video\附录 02\jncst41.wmv

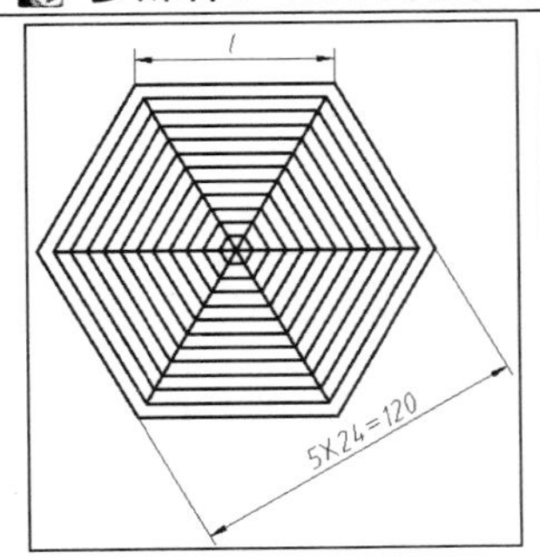

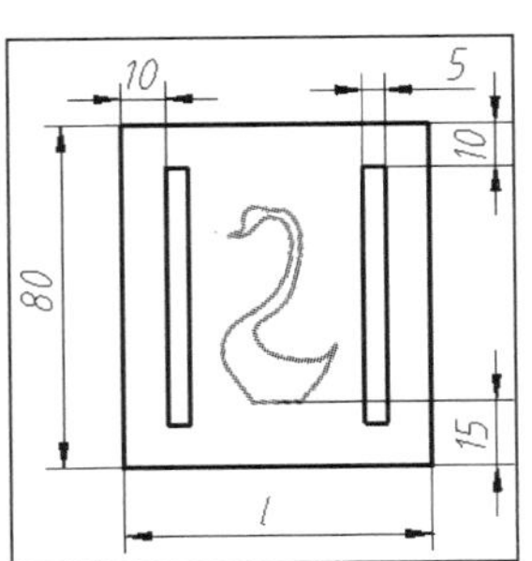

技能测试题 42

素材：sample\附录 02\jncst42.dwg

多媒体：video\附录 02\jncst42.wmv

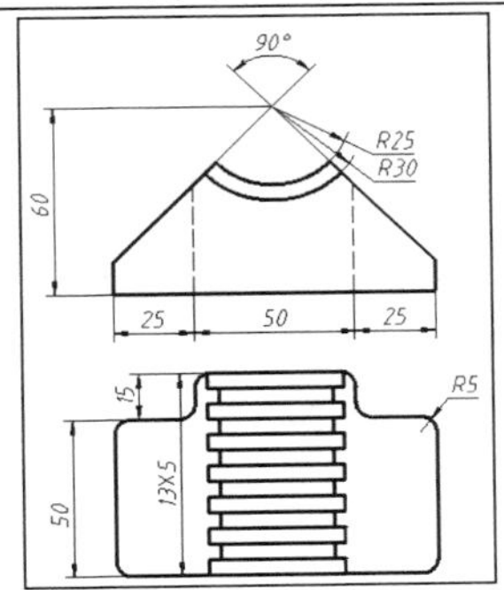

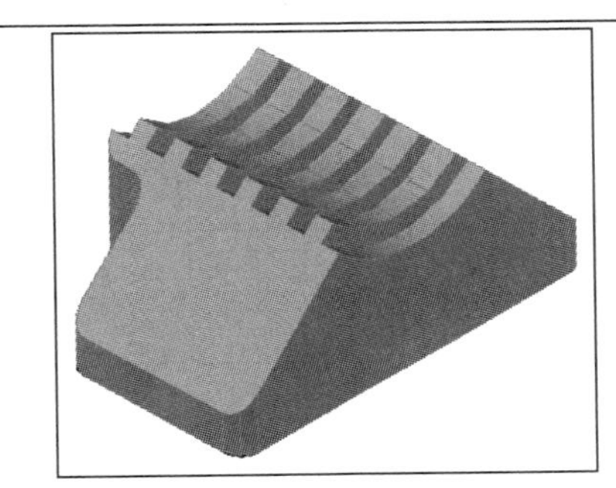

技能测试题 43

素材：sample\附录 02\jncst43.dwg

多媒体：video\附录 02\jncst43.wmv

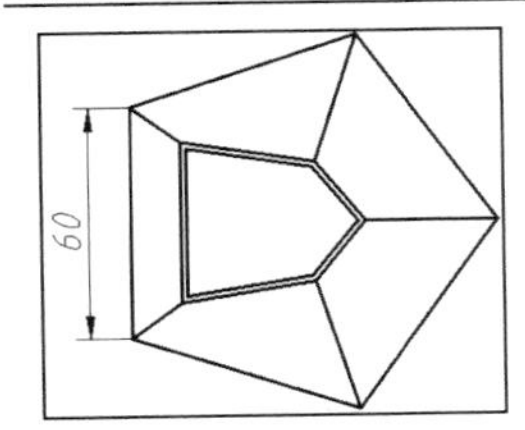

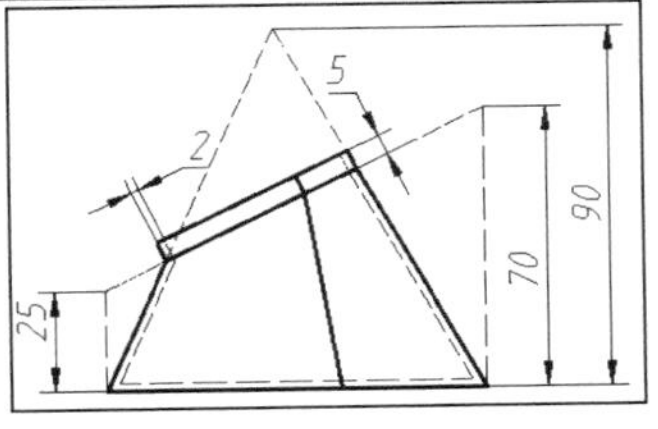

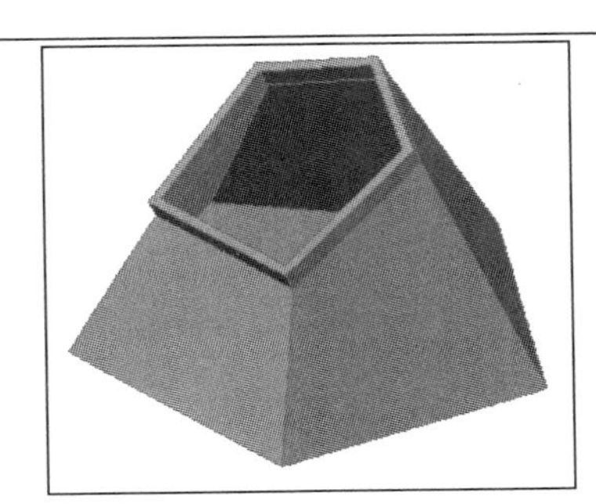

技能测试题 44

素材：sample\附录 02\jncst44.dwg

多媒体：video\附录 02\jncst44.wmv

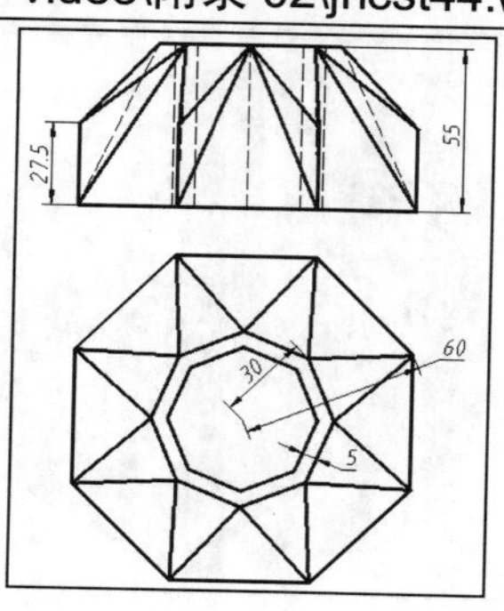

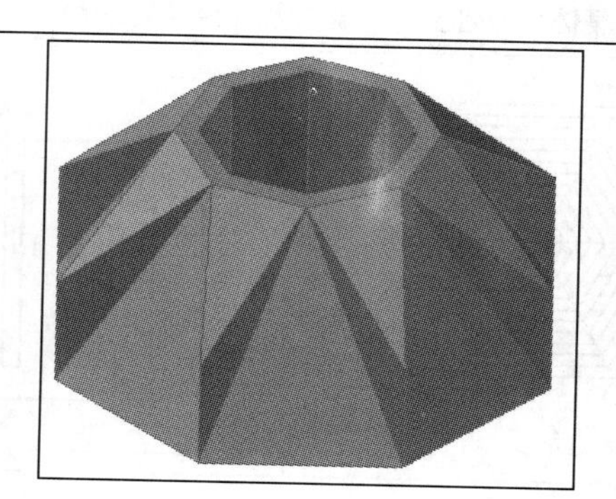

技能测试题 45

素材：sample\附录 02\jncst45.dwg

多媒体：video\附录 02\jncst45.wmv

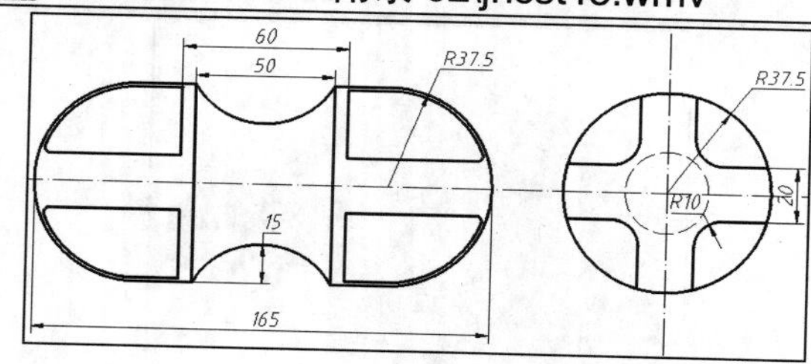

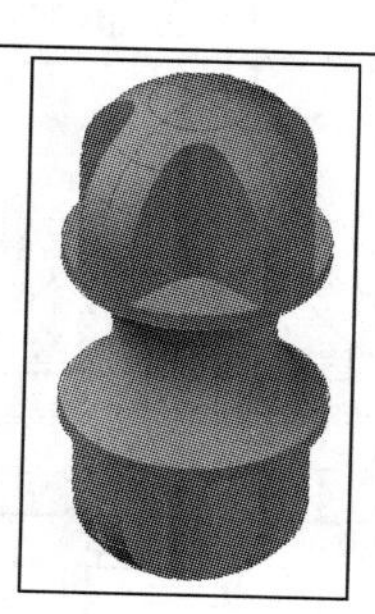

技能测试题 46

素材：sample\附录 02\jncst46.dwg

多媒体：video\附录 02\jncst46.wmv

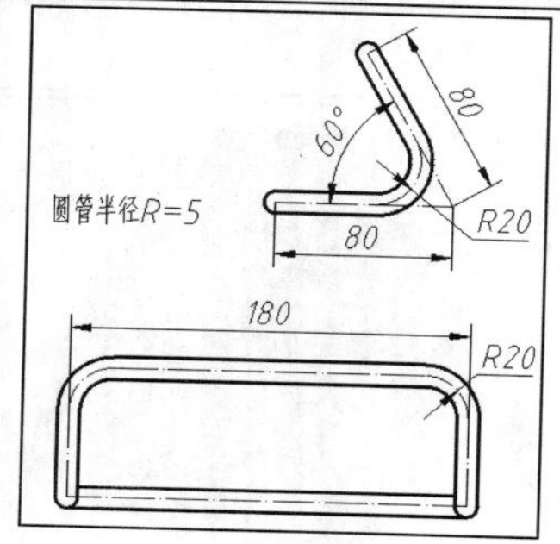

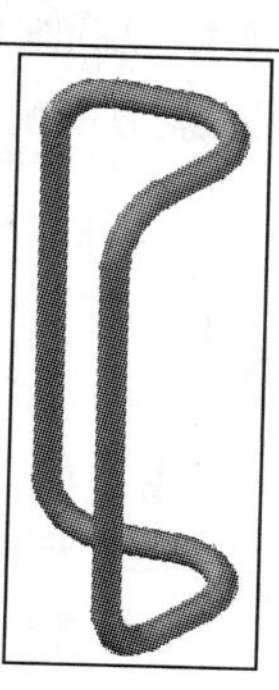

技能测试题 47

素材：sample\附录 02\jncst47.dwg

多媒体：video\附录 02\jncst47.wmv

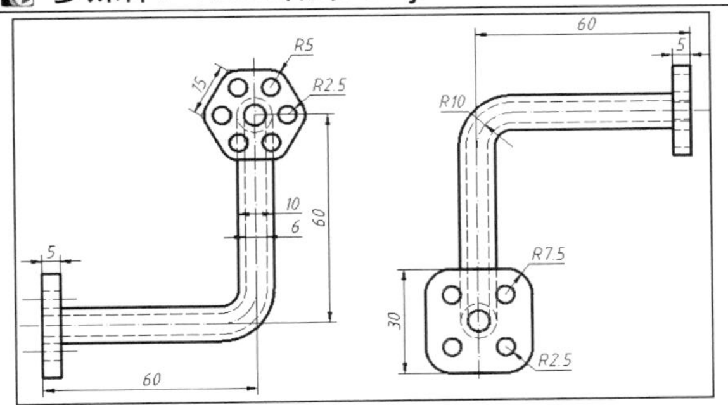

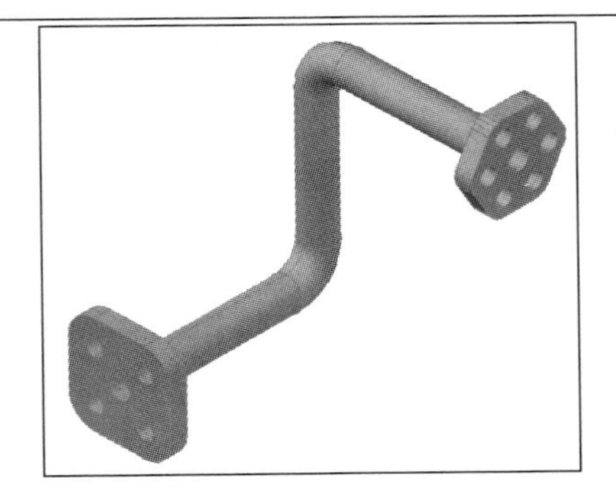

技能测试题 48

素材：sample\附录 02\jncst48.dwg

多媒体：video\附录 02\jncst48.wmv

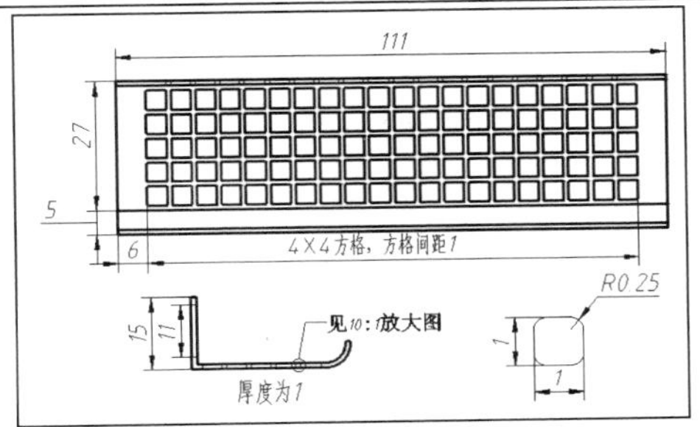

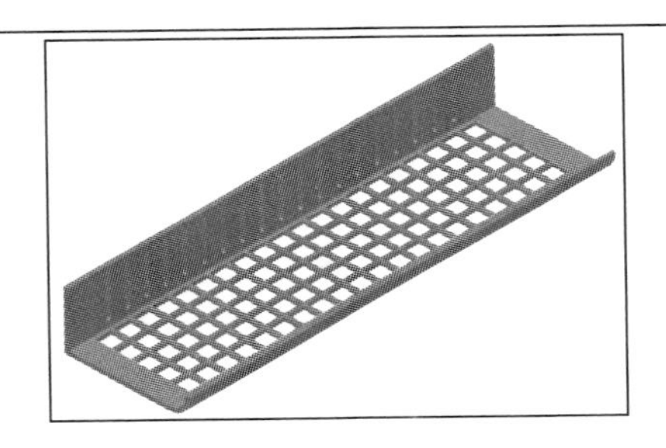

技能测试题 49

素材：sample\附录 02\jncst49.dwg

多媒体：video\附录 02\jncst49.wmv

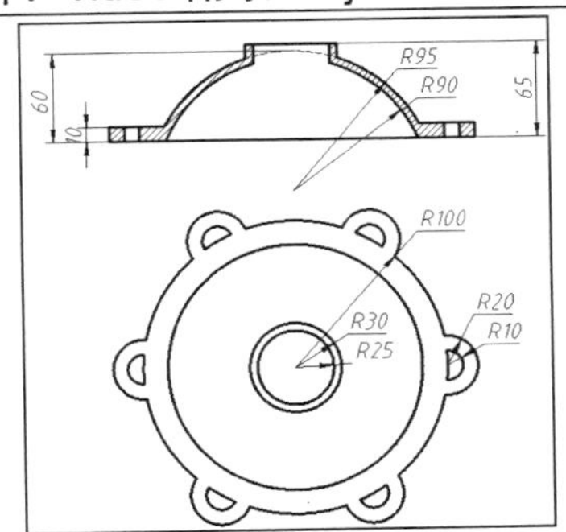

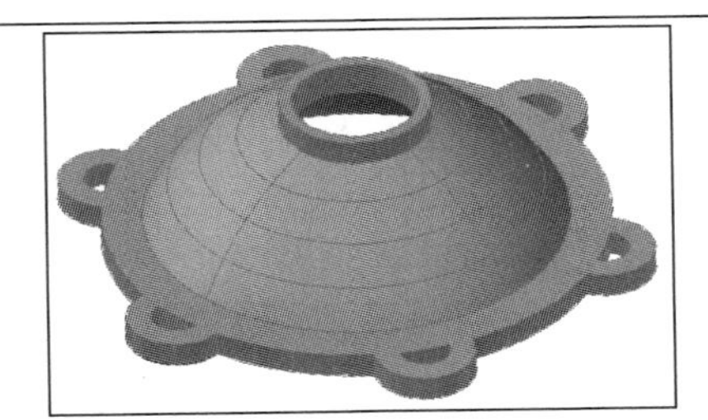

技能测试题 50

素材：sample\附录 02\jncst50.dwg

多媒体：video\附录 02\jncst50.wmv

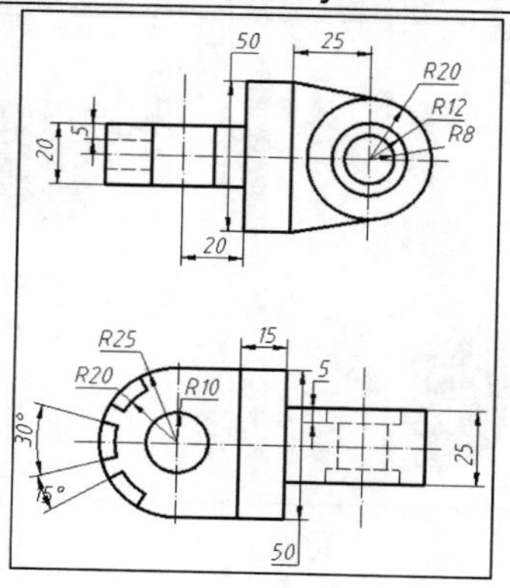

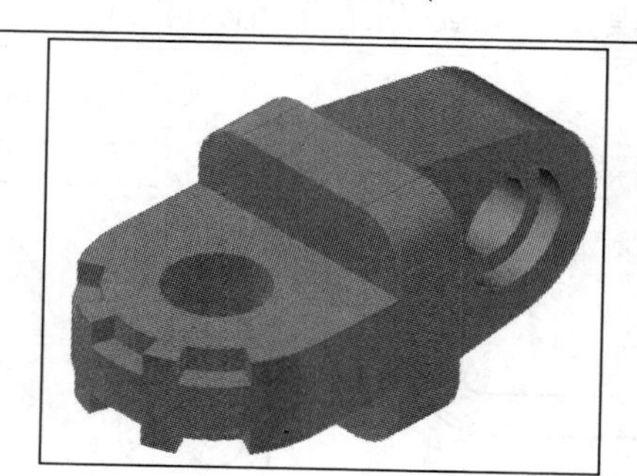

专业测试题 01

绘制某小区的总平面图，总平面图绘制比例为 1:1000，绘制效果如图附 03-1 所示。

素材：sample\附录 03\zycst01-总平面图 01.dwg

多媒体：video\附录 03\zycst001.avi

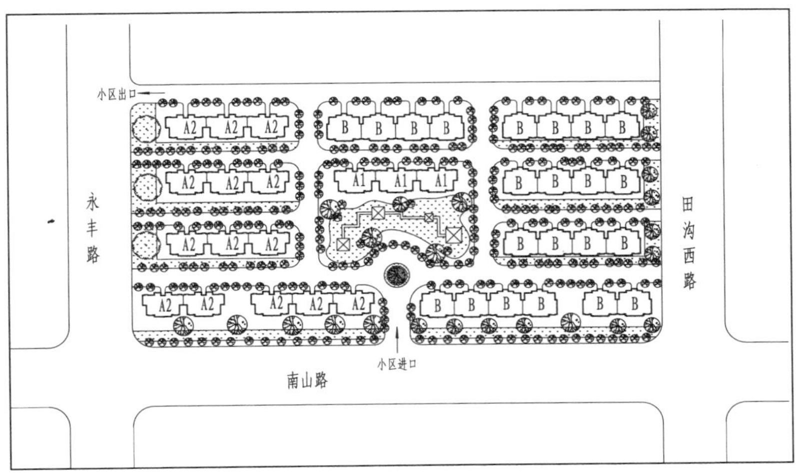

附 03-1　小区总平面图 1

专业测试题 02

绘制如图附 03-2 所示的总平面图，总平面图绘制比例为 1:1000。

素材：sample\附录 03\zycst02-总平面图 02.dwg

多媒体：video\附录 03\zycst002.avi

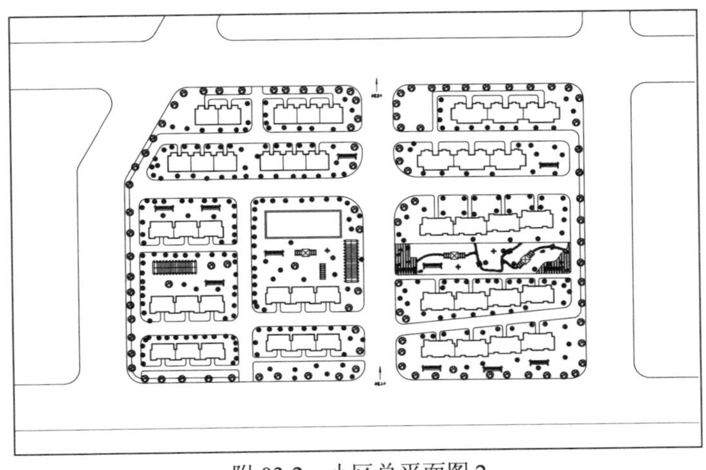

附 03-2　小区总平面图 2

专业测试题 03

绘制某中学教学楼的建筑平面图。其中，图附 03-3 为一层平面图，图附 03-4 为二层平面图，图附 03-5 为四层平面图，图附 03-6 为六层平面图，图附 03-7 为屋顶平面图，图附 03-8 为 1~12 轴立面图，图附 03-9 为 1-1 剖面图。绘制比例均为 1:100。

素材：sample\附录 03\zycst03-中学建筑建筑施工图.dwg

多媒体：video\附录 03\zycst003-01.avi、zycst003-02.avi

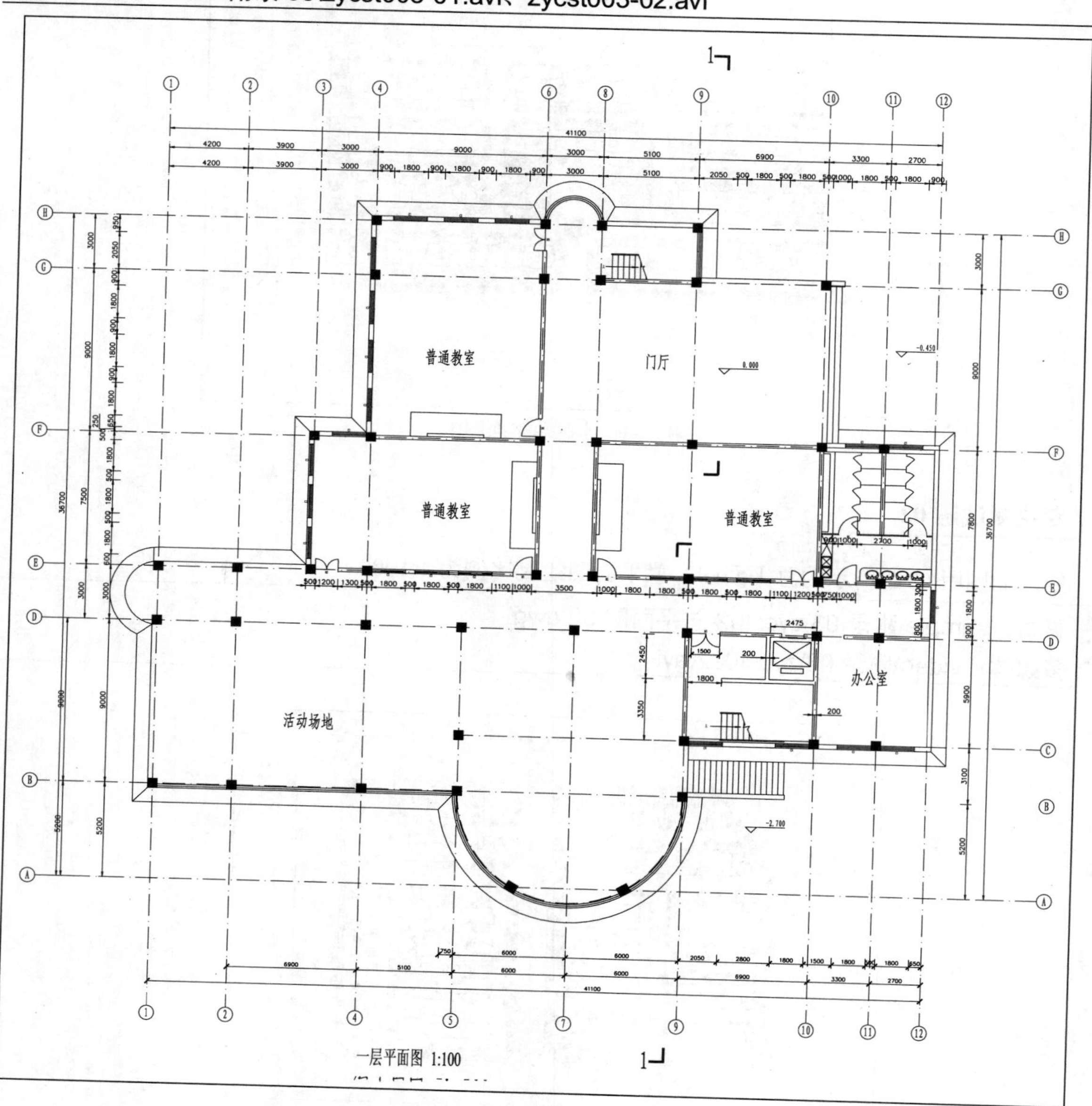

附 03-3 中学教学楼一层平面图

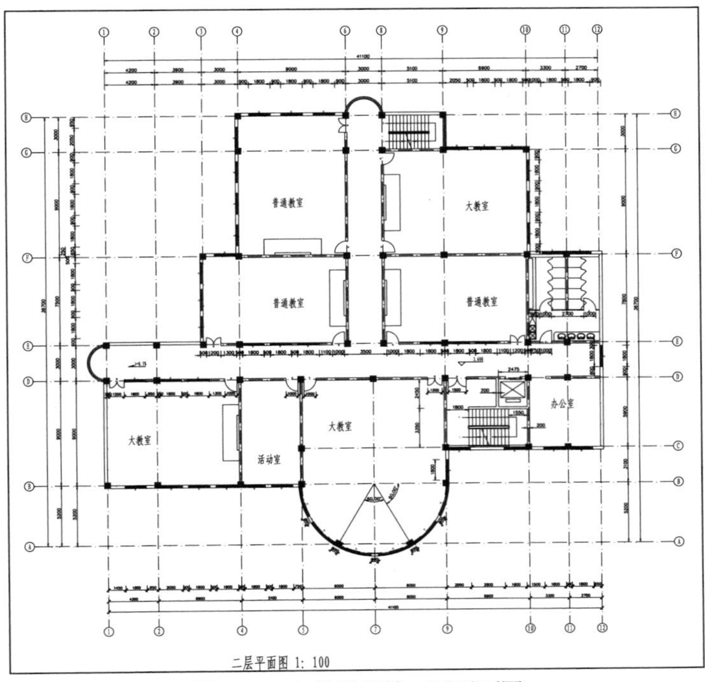

附 03-4　中学教学楼二层平面图

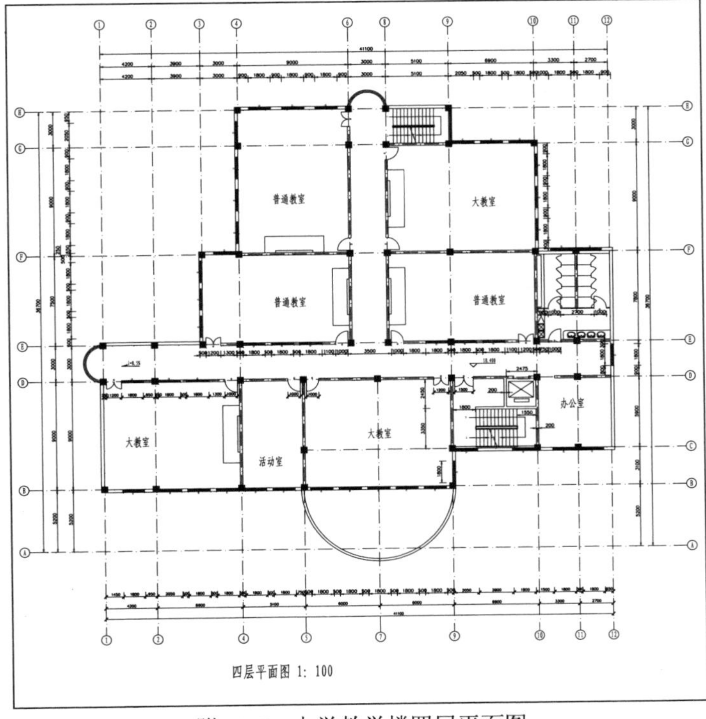

附 03-5　中学教学楼四层平面图

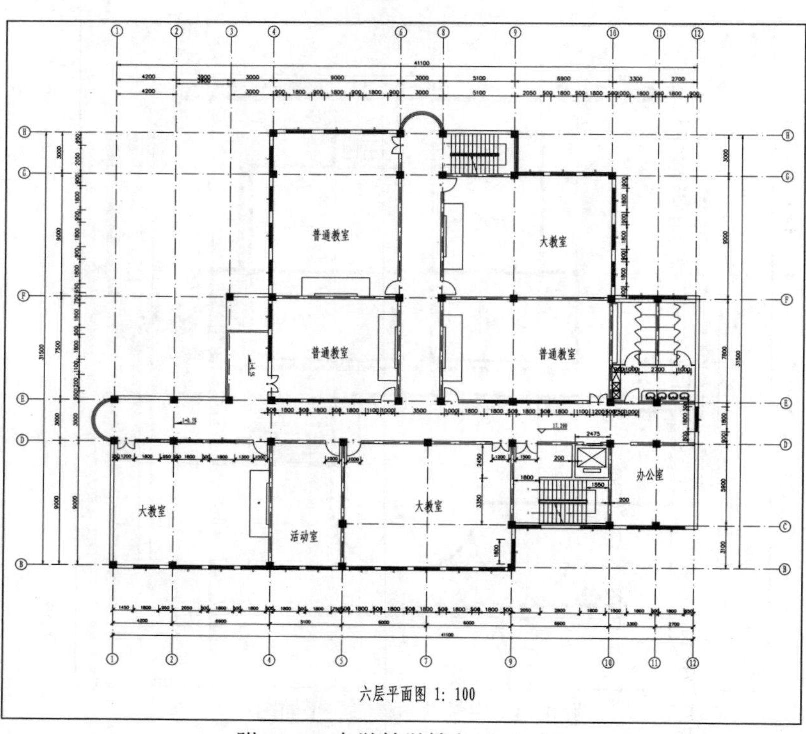

附 03-6 中学教学楼六层平面图

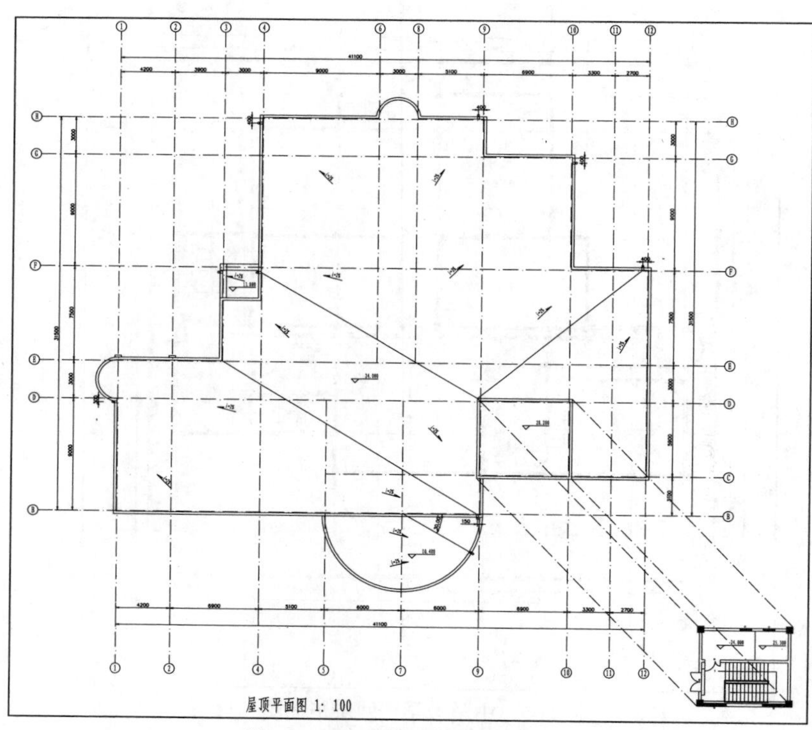

附 03-7 中学教学楼屋顶平面图

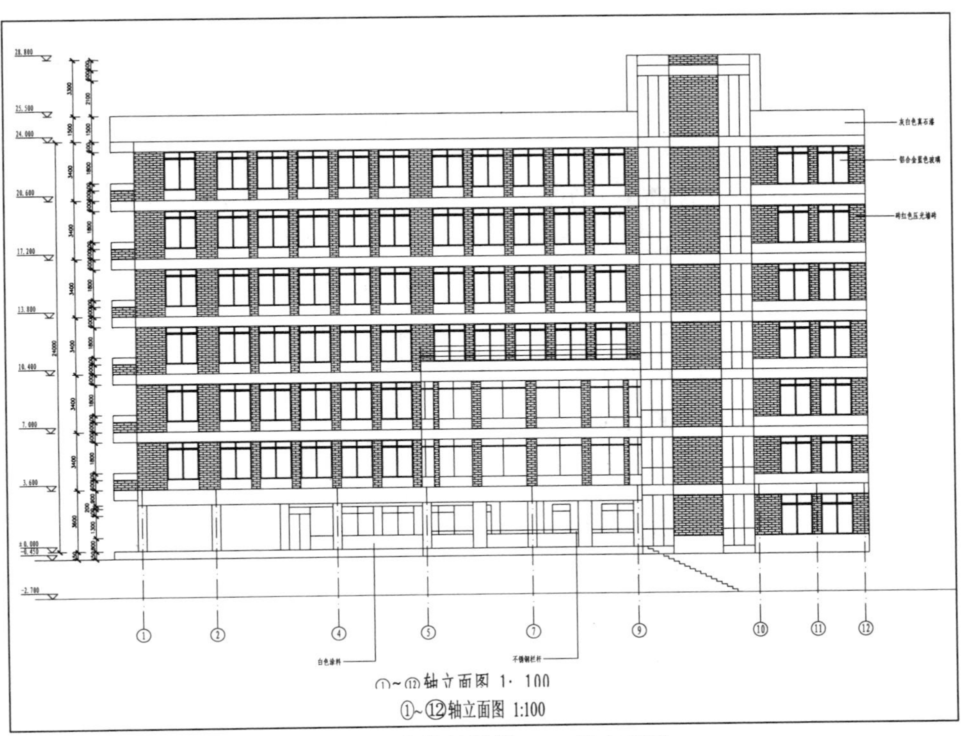

附 03-8 中学教学楼 1~12 轴立面图

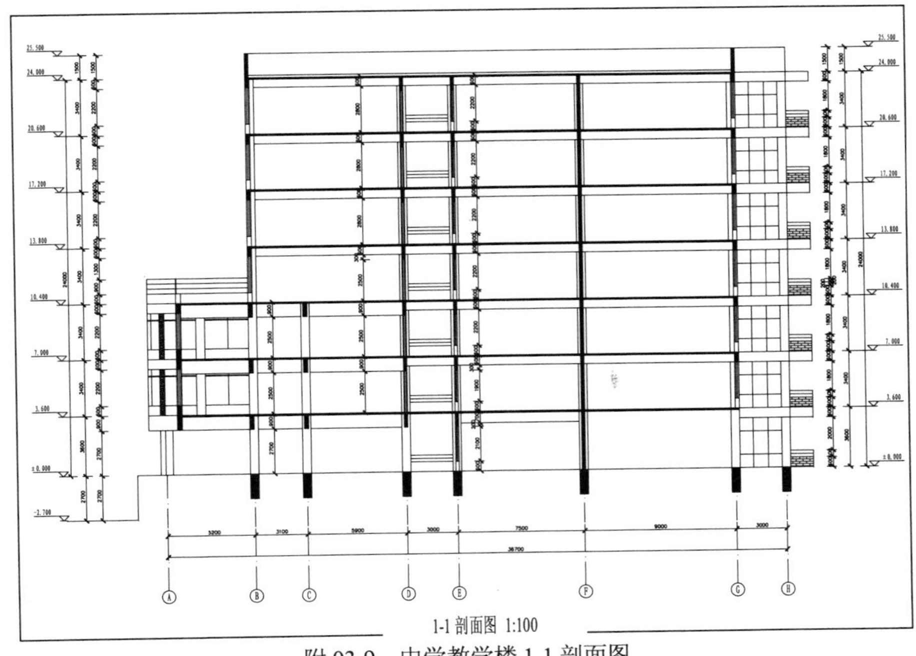

附 03-9 中学教学楼 1-1 剖面图

专业测试题 04

绘制某别墅的全套图纸。其中，图附 03-10 为别墅门窗明细表，图附 03-11 为别墅一层平面图，图附 03-12 为二层平面图，图附 03-13 为 1~5 轴立面图，图附 03-14 为 1-1 剖面图，图附 03-15 为基础平面图，图附 03-16 为一层板配筋图，图附 03-17 为基础详图，图附 03-18 为一层给排水平面图，图附 03-19 为二层给排水平面图，图附 03-20 为给排水系统图，图附 03-21 为一层采暖平面图，图附 03-22 为二层采暖平面图，图附 03-23 为电气图例表，图附 03-24 为一层照明平面图，图附 03-25 为一层插座平面图，图附 03-26 为配电系统图。绘制比例均为 1:100。

素材：sample\附录 03\zycst04-北方住宅施工图.dwg

多媒体：video\附录 03\zycst004.avi

门窗明细表

序号	类别	工程编号	尺寸（宽×高）	数量	备注
1	门	M0920	900×2000	2	木门
2		M0919	900×1900	4	木门
3		M0924	900×2400	9	木门
4		M1224	1200×2400	1	木门
5	窗	C0615	600×1500	2	单框双玻璃塑钢窗
6		C1215	1200×1500	4	单框双玻璃塑钢窗
7		C1515	1500×1500	5	单框双玻璃塑钢窗
8		C1815	1800×1500	2	单框双玻璃塑钢窗
9		C1821	1800×2100	1	单框双玻璃塑钢窗

附 03-10　门窗明细表

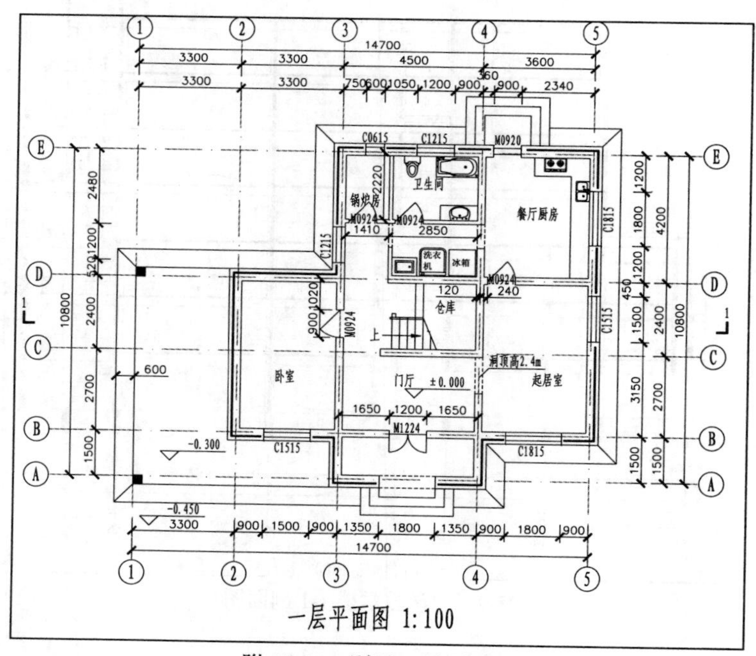

附 03-11　别墅一层平面图

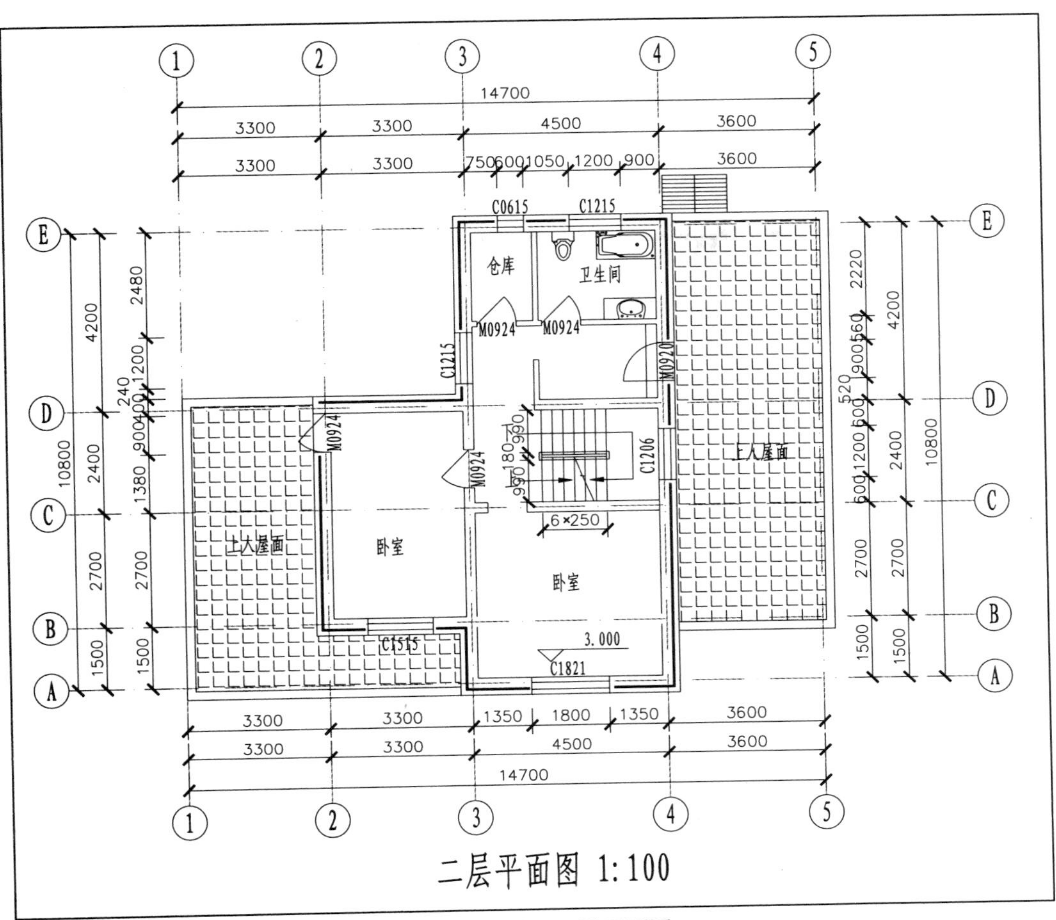

附 03-12　别墅二层平面图

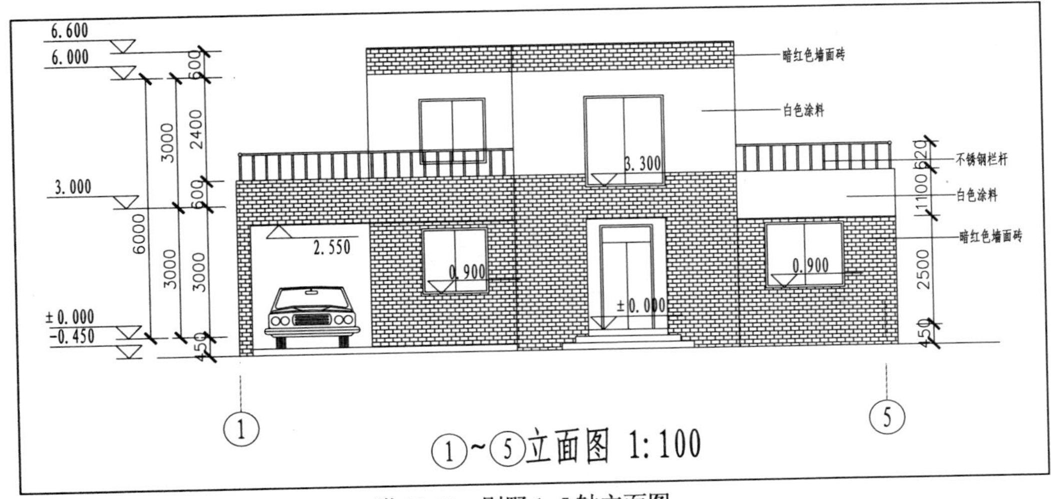

附 03-13　别墅 1~5 轴立面图

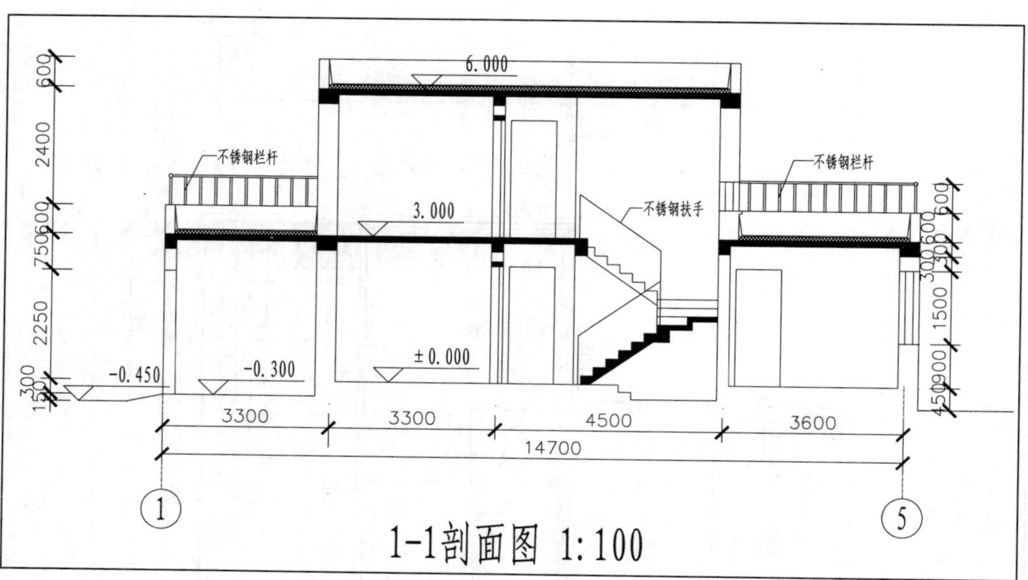

附 03-14　1-1 剖面图

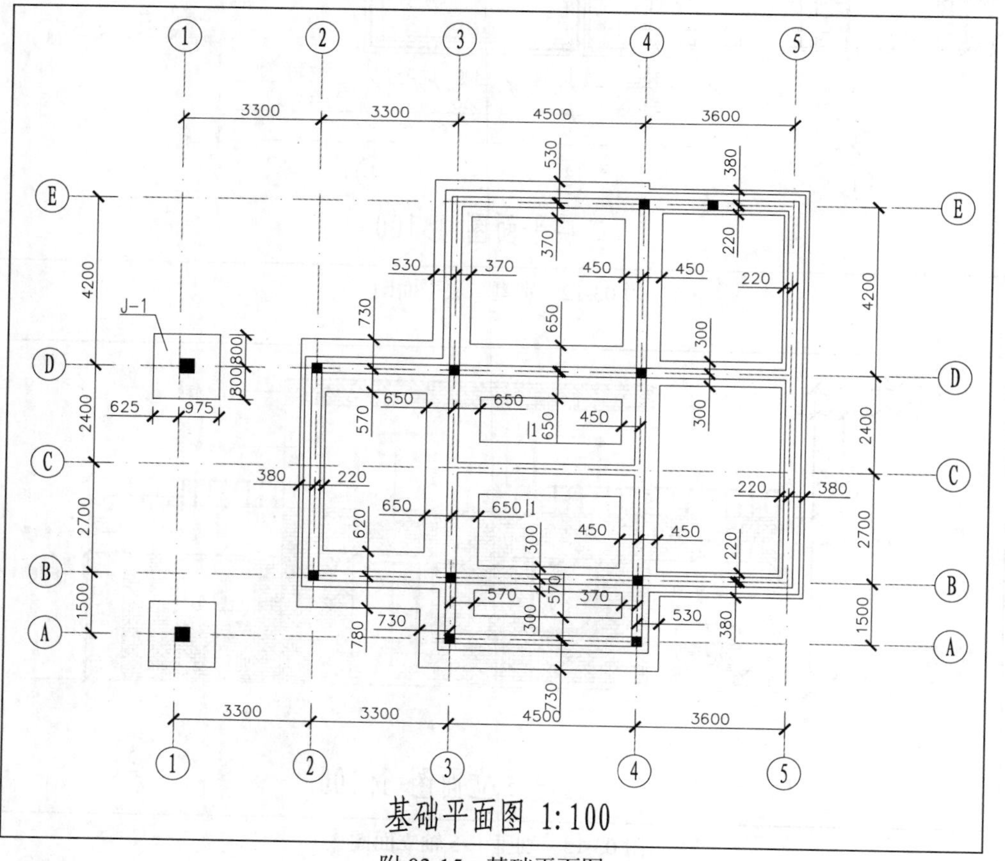

附 03-15　基础平面图

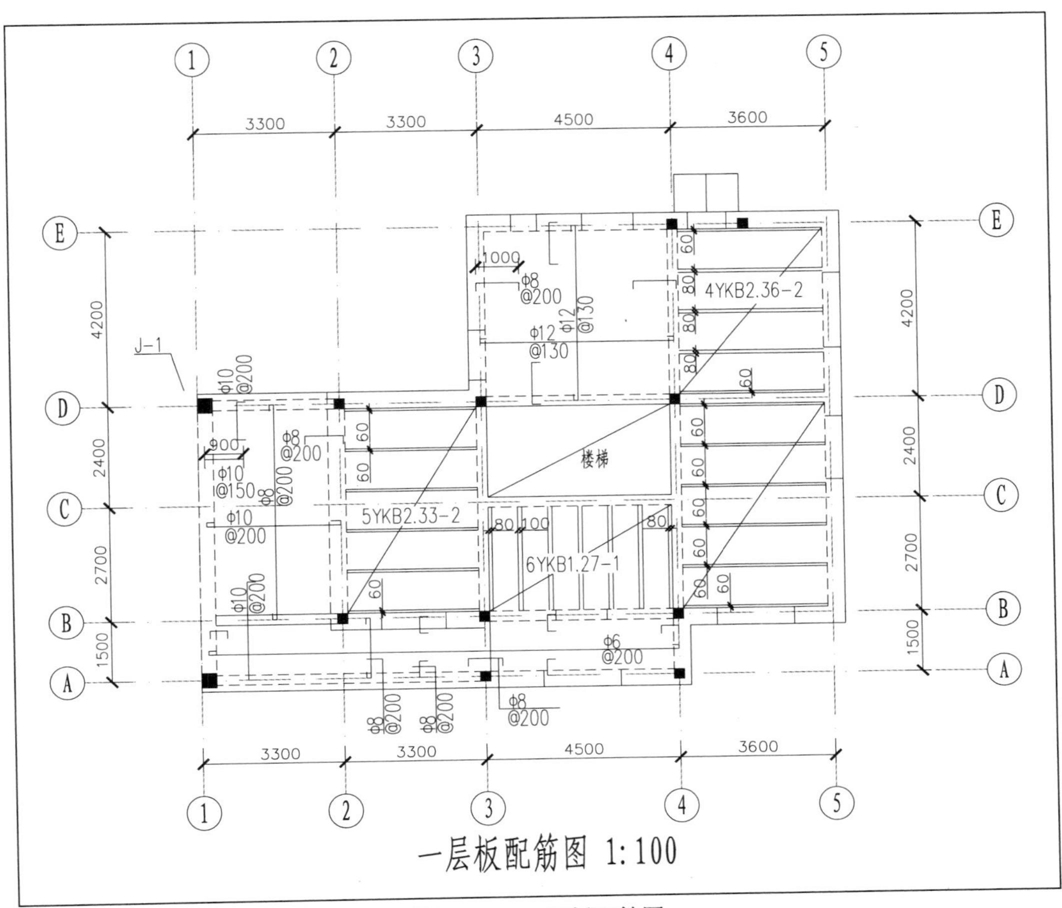

附 03-16　一层板配筋图

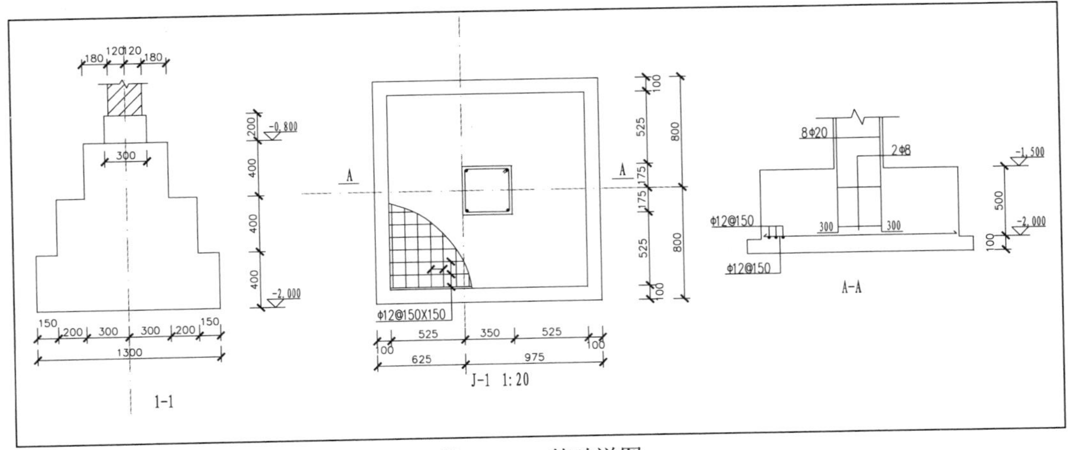

附 03-17　基础详图

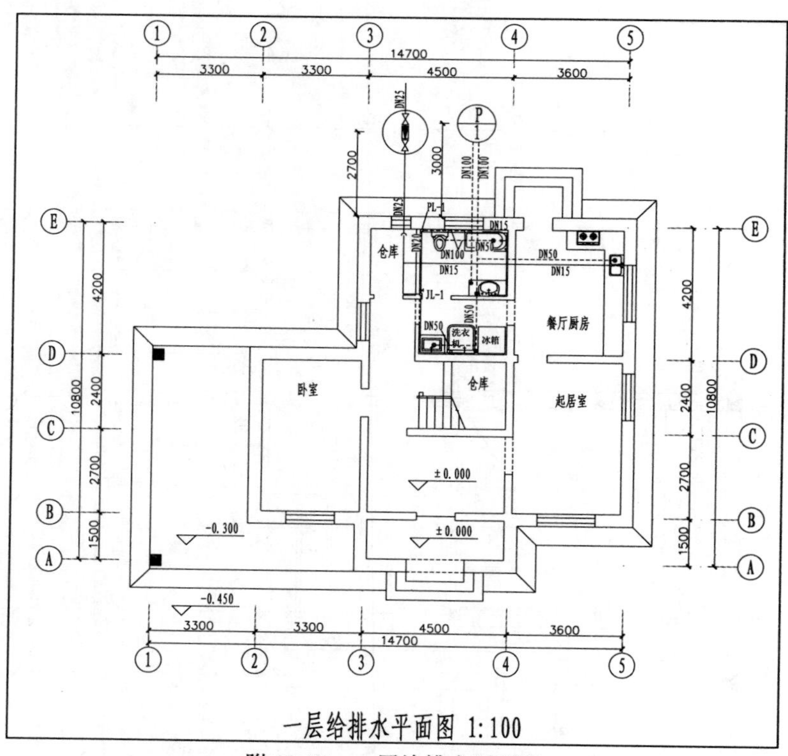

附 03-18　一层给排水平面图

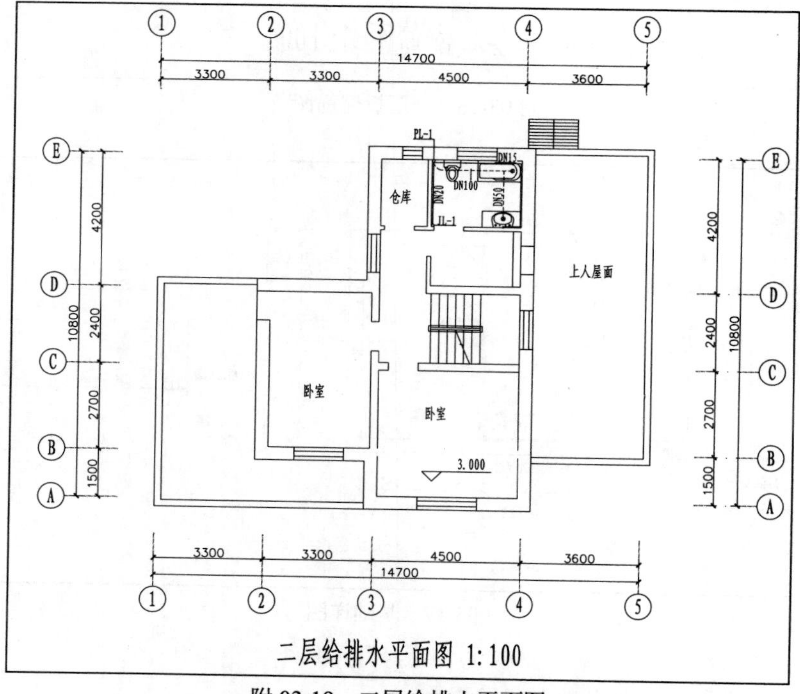

附 03-19　二层给排水平面图

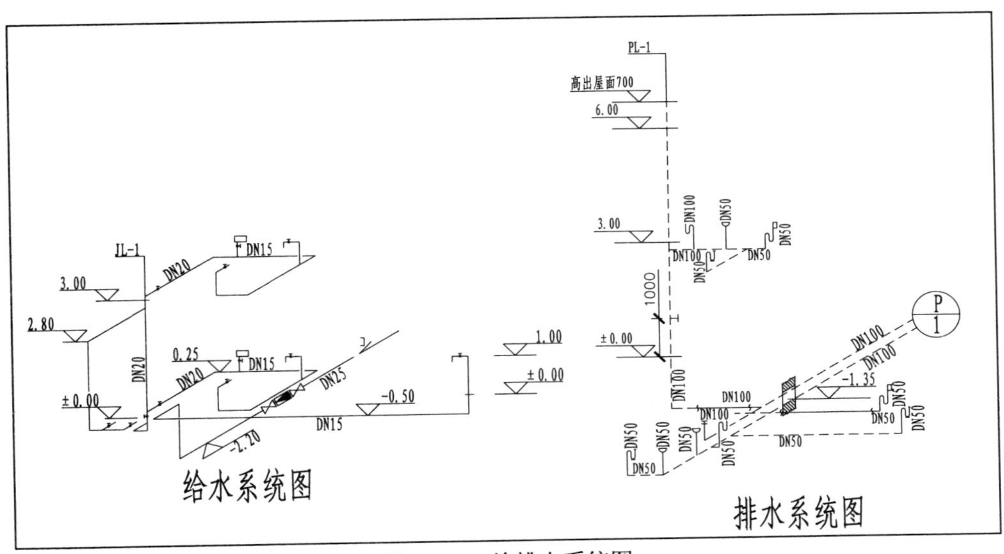

附 03-20　给排水系统图

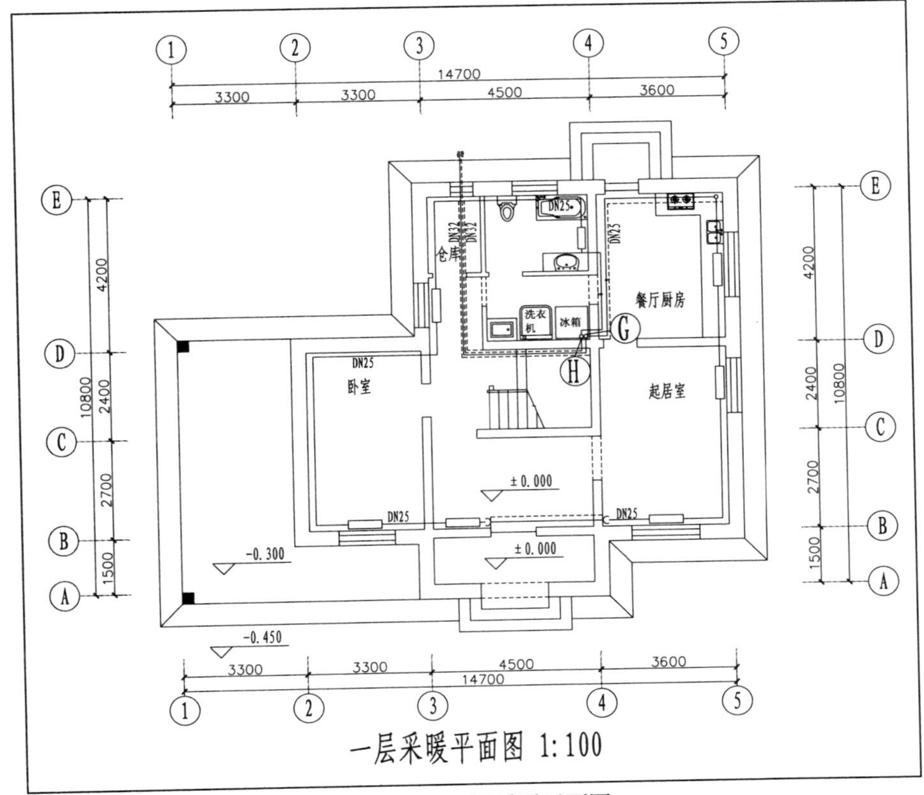

附 03-21　一层采暖平面图

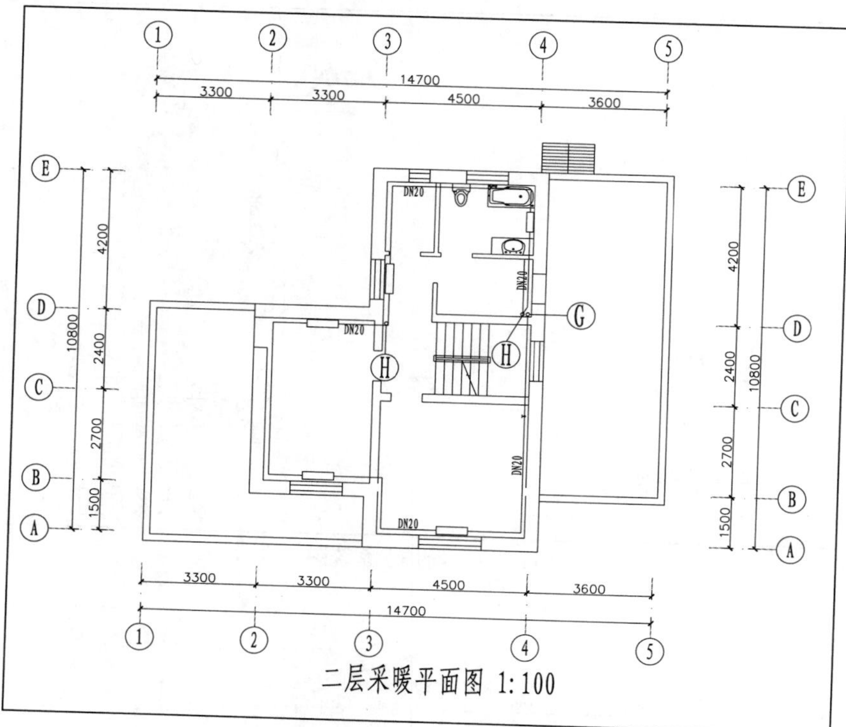

附 03-22　二层采暖平面图

电气图例

序号	图例	名称	型号及规格	备注
1		照明配电箱	见系统图	
2		日光灯	2×40W	
3		防水圆球吸顶灯	1×40W	
4		小花灯	4×40W	
5		大花灯	6×40W	
6		吸顶灯	1×40W	
7		暗装单相二、三极插座	250V　16A	安全型
8		暗装单相三极插座	250V　16A	排油烟机、卫生间插座（防水防溅安全型）
9		暗装单、双三极开关	250V　10A	
10	TP	电话用户出线盒		
11	TV	电视用户出线盒		
12	1	白炽灯	1×40W	
13		接线盒		
14		暗装单极双控开关	250V　10A	

附 03-23　电气图例表

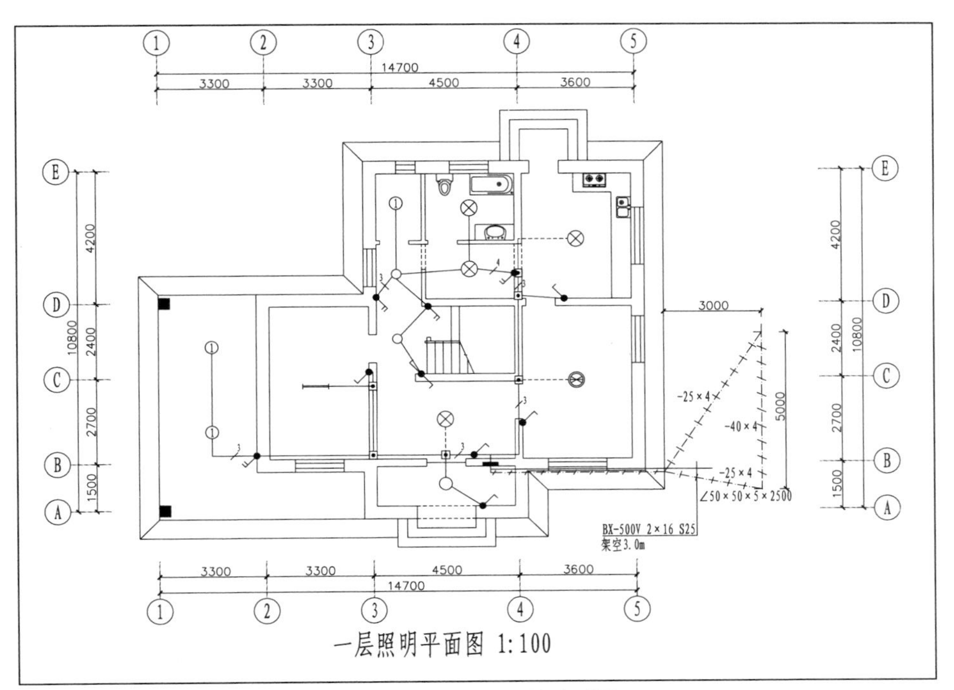

附 03-24　一层照明平面图

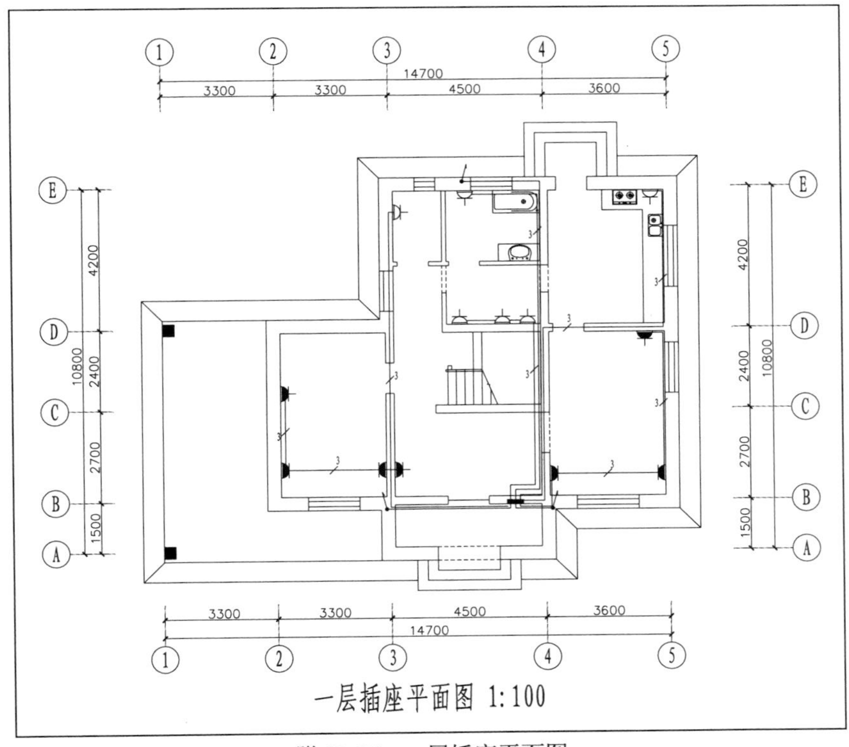

附 03-25　一层插座平面图

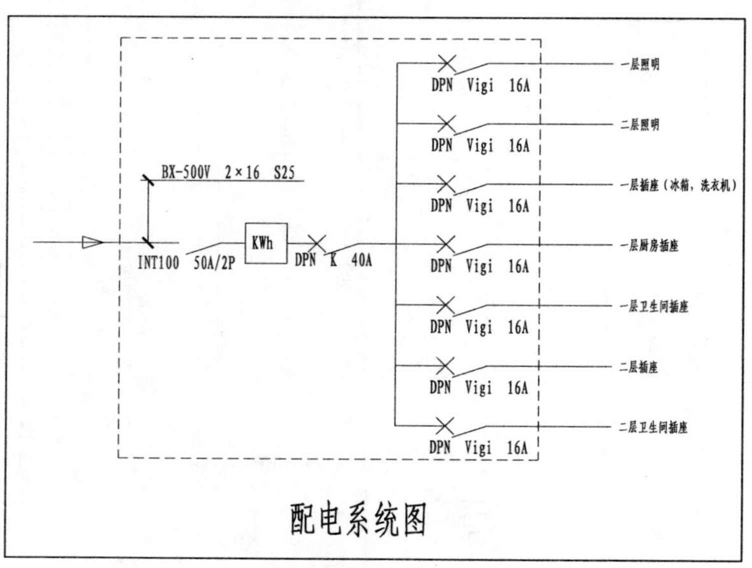

附 03-26 配电系统图

专业测试题 05

绘制某钢结构厂房的基本图纸。其中，图附 03-27 为厂房基础平面图，图附 03-28 为厂房屋面结构平面图，图附 03-29 为厂房檩条平面布置图。绘制比例均为 1:100。

素材：sample\附录 03\zycst05-钢结构图纸.dwg

多媒体：video\附录 03\zycst005.avi

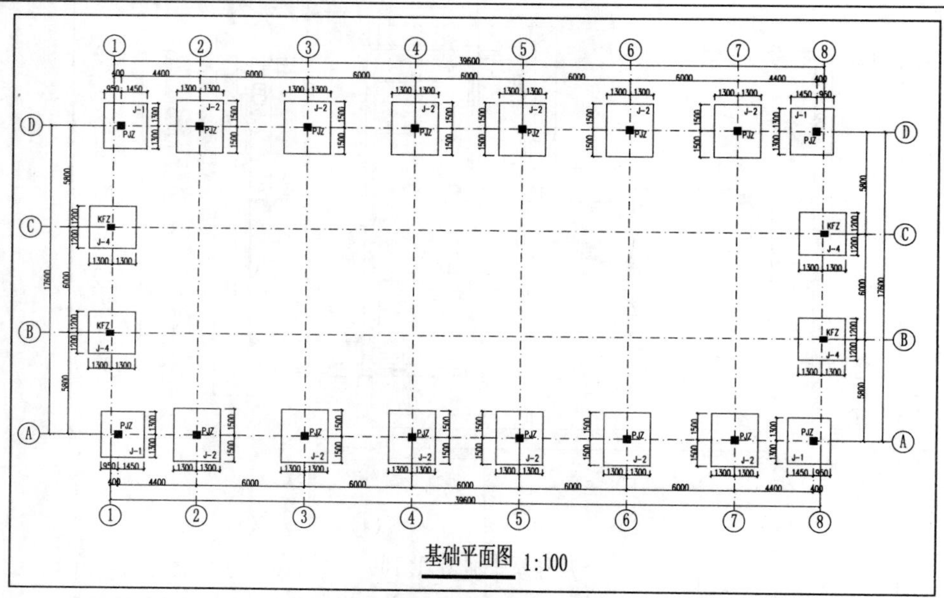

附 03-27 厂房基础平面图

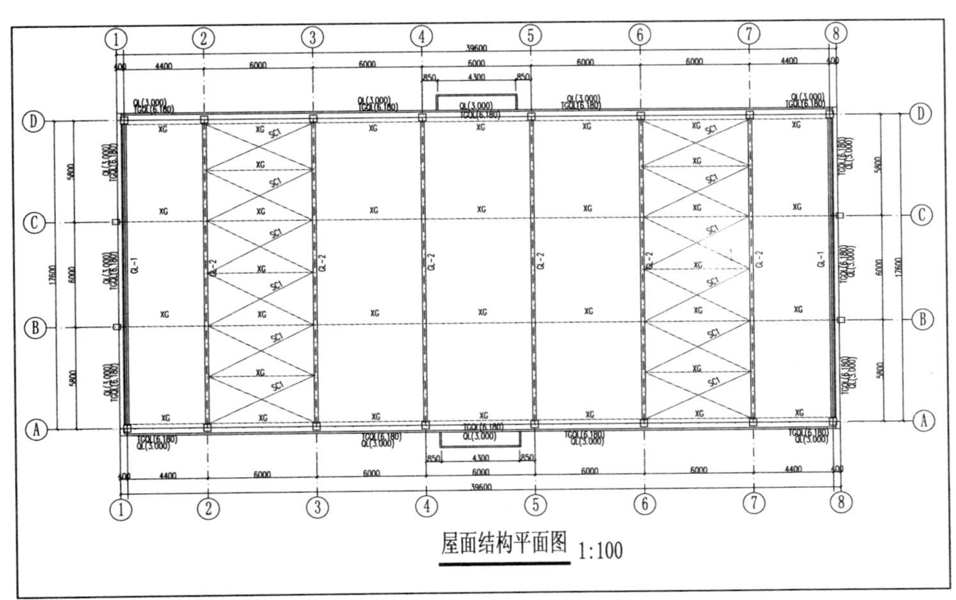

附 03-28　厂房屋面结构平面图

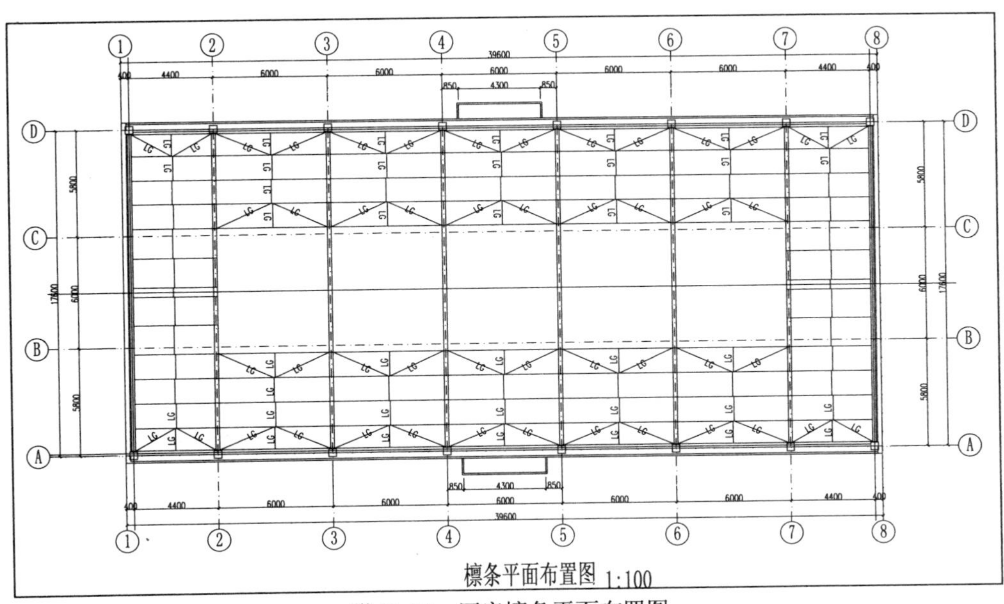

附 03-29　厂房檩条平面布置图

参 考 文 献

[1] 黄水生. 画法几何及土木建筑制图【M】. 广州：华南理工大学出版社，2007.

[2] 黄水生，李国生. 画法几何及土木建筑制图习题集【M】. 广州：华南理工大学出版社，2008.

[3] 尚久明. 建筑识图与房屋构造【M】. 北京：电子工业出版社，2007.

[4] 胡腾，李增民. 精通 AutoCAD 2008 中文版【M】. 北京：清华大学出版社，2007.

[5] 建筑制图标准汇编【M】. 北京：中国计划出版社，2003.